职业技能培训教程与鉴定试题集

石油金属结构制作工

(下册)

中国石油天然气集团公司人事服务中心 编

石油工业出版社

内 容 提 要

本书是由中国石油天然气集团公司人事服务中心,依据石油金属结构制作工工人技术等级标准,统一组织编写的《职业技能培训教程与鉴定试题集》中的一本。本书包含石油金属结构制作工高级工、技师和高级技师三个级别的内容,分别介绍了应掌握的基础知识、技能操作与相关知识,并给出了部分理论知识试题和技能操作试题。本书语言通俗易懂,理论知识重点突出,且实用性强,可操作性强,是石油金属结构制作工职业培训和鉴定的必备教材。

图书在版编目(CIP)数据

石油金属结构制作工. 下册/中国石油天然气集团公司人事服务中心编.
北京:石油工业出版社,2006.6
 (职业技能培训教程与鉴定试题集)
 ISBN 978 – 7 – 5021 – 5540 – 7

Ⅰ. 石⋯

Ⅱ. 中⋯

Ⅲ. 油田工厂 – 金属结构 – 制作 – 技术培训 – 习题

Ⅳ. TE68 – 44

中国版本图书馆 CIP 数据核字(2006)第 057795 号

出版发行:石油工业出版社
　　　　　(北京安定门外安华里 2 区 1 号　100011)
　　　　　网　　址:www.petropub.cn
　　　　　编辑部:(010)64523585　发行部:(010)64523620
经　　销:全国新华书店
排　　版:北京乘设伟业科技排版中心
印　　刷:北京晨旭印刷厂

2006 年 6 月第 1 版　2011 年 9 月第 4 次印刷
787×1092 毫米　开本:1/16　印张:33.25
字数:850 千字

定价:38.00 元
(如出现印装质量问题,我社发行部负责调换)
版权所有,翻印必究

《职业技能培训教程与鉴定试题集》
编审委员会

主　任： 孙祖岭

副主任： 刘志华　孙金瑜　徐新福

委　员： 向守源　任一村　职丽枫　朱长根　郭向东
　　　　　　史殿华　郭学柱　丁传峰　郭进才　刘晓华
　　　　　　巩朝勋　冯朝富　王阳福　刘　英　申　泽
　　　　　　商桂秋　赵　华　时万兴　熊术学　杨诗华
　　　　　　刘怀忠　张　镇　纪安德

前　言

为提高石油工人队伍素质,满足职工培训、鉴定的需要,中国石油天然气集团公司人事服务中心组织编写了这套《职业技能培训教程与鉴定试题集》。这套书包括44个石油天然气行业特有工种和21个社会通用工种的职业技能培训教程与鉴定试题集,每个工种依据《国家职业(工人技术等级)标准》分初级工、中级工、高级工、技师、高级技师五个级别编写。

本套书的编写坚持以职业活动为导向,以职业技能为核心的原则,打破了过去传统教材的学科性编写模式。依据职业(工种)标准的要求,教程分为基础知识部分和技能操作与相关知识部分。基础知识部分是本职业(工种)或本级别应掌握的基本知识;技能操作与相关知识是本级别应掌握的基本操作技能与正确完成技能操作所涉及到的相关知识。试题集中理论知识试题分为选择题、判断题、简答题、计算题四种题型,以客观性试题为主;技能操作试题在编写中增加了考核内容层次结构表,目的是保证鉴定命题的等值性和考核质量的统一性。为便于职工培训和鉴定复习,在每个工种、等级理论知识试题与技能操作考核试题前均列出了《鉴定要素细目表》。《鉴定要素细目表》是考核的知识点与要点,是工人培训的知识大纲和鉴定命题的直接依据。为保证职工鉴定前能够进行充分的考前培训、学习,真正达到提高职工技术素质的目的,此次编入试题集中的理论知识试题只选取了试题库中的部分试题,职工鉴定前复习时应严格参照教程与试题集的《鉴定要素细目表》,认真学习本等级教程规定内容。

为使用方便,本套书中《石油金属结构制作工》分上、下两册出版,上册为初级工和中级工两个级别的内容,下册为高级工、技师和高级技师三个级别的内容。《石油金属结构制作工》由华北石油管理局组织编写,王会江、刘军、刘荣主编。基础知识部分由段建(新疆石油管理局)、白青山、高峰、陈玉忠、董殿坤编写;技能操作与相关知识部分,初级工和中级工由王会江、曹淑芳编写,高级工由大庆石油管理局刘军、姚云江、马云飞、王春华、李民编写,技师和高级技师由中国石油天然气第一建设公司刘科发、刘新儒、粘桂莲、史玉峰、赵志明、王喜荣、覃生编写;初级工、中级工和高级工的理论知识试题部分,由段建和王会江编写,技能操作试题部分,由王会江、赵国岗、白青山、刘永峰、马金生编写;技师和高级技师的理论知识试题部分和技能操作试题部分,由中国石油天然气第一建设公司刘庆国、卫建良、粘桂莲、董秋英、史玉峰、赵志明、王健、曾小海、覃生编写。最后经中国石油天然气集团公司职业技能鉴定指导中心组织专家进行审定,参加审定的人员有中国石油天然气第一建设公司刘科发、武小芒,华北石油管理局李纪刚。在此表示衷心感谢!

由于编者水平有限,书中难免有疏漏和错误,恳请广大读者提出宝贵意见。

编者

2006 年 2 月

目 录

高 级 工

工人技术等级标准(高级工工作要求) ……………………………………… (3)

第一部分　高级工基础知识

第一章　复杂结构件的展开与放样 ……………………………………… (5)
第二章　高强钢 …………………………………………………………… (16)
第三章　装配基础知识 …………………………………………………… (27)
第四章　胎具设计知识 …………………………………………………… (45)
第五章　气柜的工艺知识 ………………………………………………… (52)

第二部分　高级工技能操作与相关知识

第一章　制作球罐胎模 …………………………………………………… (57)
第二章　放样下料 ………………………………………………………… (68)
第三章　高压、低温容器制作及安装 …………………………………… (91)
第四章　制作安装 $\phi 3800mm$ 以下塔类容器 …………………………… (104)
第五章　锅炉设备的安装 ………………………………………………… (116)
第六章　制作安装浮顶罐和气柜 ………………………………………… (145)

第三部分　高级工理论知识试题

鉴定要素细目表 …………………………………………………………… (158)
理论知识试题 ……………………………………………………………… (161)
理论知识试题答案 ………………………………………………………… (186)

第四部分　高级工技能操作试题

考核内容层次结构表 ……………………………………………………… (192)
鉴定要素细目表 …………………………………………………………… (193)
技能操作试题 ……………………………………………………………… (194)
组卷示例 …………………………………………………………………… (253)

技师和高级技师

工人技术等级标准(技师工作要求) ······ (259)
工人技术等级标准(高级技师工作要求) ······ (261)

第五部分 技师和高级技师基础知识

第一章 焊接图知识 ······ (263)
第二章 设计计算的基本知识 ······ (268)
第三章 钢制球形储罐的制造工艺 ······ (281)
第四章 金属结构、容器的缺陷检查、补强与修理 ······ (288)
第五章 金属结构制造工艺 ······ (298)
第六章 管理基本知识 ······ (306)
第七章 培训的基本知识 ······ (331)

第六部分 技师和高级技师技能操作与相关知识

第一章 金属结构制作的模(胎)具设计与制作 ······ (340)
第二章 金属结构的展开放样及下料 ······ (346)
第三章 $50000m^3$ 浮顶油罐的制作与安装 ······ (353)
第四章 $1000m^3$ 球罐的制作安装 ······ (369)
第五章 大直径塔类设备的制作安装 ······ (395)
第六章 大型气柜制作 ······ (414)
第七章 复合钢板及有色金属容器制作与安装 ······ (428)
第八章 大型复杂钢结构构架制作与安装 ······ (433)
第九章 压力容器整体退火热处理和容器内壁脱脂 ······ (441)
第十章 培训 ······ (447)

第七部分 技师和高级技师理论知识试题

鉴定要素细目表 ······ (449)
理论知识试题 ······ (452)
理论知识试题答案 ······ (484)

第八部分 技师和高级技师技能操作试题

考核内容层次结构表 ······ (499)
鉴定要素细目表 ······ (500)
技能操作试题 ······ (501)
参考文献 ······ (524)

高 级 工

工人技术等级标准(高级工工作要求)

职业功能	工作内容	技 能 要 求	相 关 知 识
一、施工准备	(一) 准备预制安装所需设备、工具、卡具、模具、胎架	(1)能排除设备故障 (2)能检修常用的机械设备 (3)能使用本工种需要的各种设备	
	(二) 准备球形罐球瓣冷压成形胎模	能制作球罐瓣片冷压胎模	冲压胎模制作工艺
二、放样、下料	(一) 展开球形罐球壳瓣片	能用计算法对球壳进行展开计算及下料	球体制件不可展开曲面的近似展开及计算知识
	(二) 展开 $\phi 2600mm$ 以上分瓣椭圆封头	能用放样法(即弧线分割和直线分割法)对瓣片展开及下料	
	(三) 求圆管与球表面相交的相贯线	能用辅助截平面截切相贯体法求相贯线	
三、钢结构、容器的制作与安装	(一) 制作、安装 $5000m^3$ 以下浮顶罐和气柜	(1)能制作、安装浮顶罐浮顶及附件 (2)能绘制气柜中节、钟罩、水槽壁的排板图 (3)能制作、安装气柜水槽和螺旋导轨	钢制储罐制作、安装工艺流程、技术标准及验收规范
	(二) 制作、安装高压容器、低温容器	(1)能选择压力容器用材 (2)能制作、安装高压容器、低温容器	(1)压力容器分类与构造 (2)压力容器制作工艺、设备及制造工艺 (3)压力容器制作标准规范
	(三) 制作、安装 $\phi 3800mm$ 以下塔类	(1)能分段预制和现场组装塔体 (2)能安装塔内固定件 (3)能安装塔类附件	塔类设备安装基本知识
	(四) 安装锅炉设备	能安装立式、卧式锅炉设备及其附件	锅炉设备安装知识
	(五) 大直径分瓣椭圆封头成形加工	(1)能设计并指导制作较复杂的胎具、模具、卡具和胎架 (2)能在组装胎具上组对分瓣椭圆封头 (3)能修正分瓣椭圆封头的瓜瓣板和中心顶圆板	模具设计的基础知识

续表

职业功能	工作内容	技能要求	相关知识
四、检验	(一) 检查较复杂钢结构质量	(1)能进行展开下料的壁厚、预留量、焊接收缩量等的处理 (2)能对构件进行去应力退火处理 (3)能鉴定工具、模具、卡具的使用情况并进行修复	钢结构制作、安装的质量要求,组装工具及使用方法,防止结构变形的措施和焊接工艺
	(二) 检查容器部件加工质量	(1)能检查受压元件的标记移置质量 (2)能检查受压元件钢板的表面质量 (3)能检查封头、筒节对接的几何尺寸 (4)能检查坡口、钝边质量及筒节对口间隙和错边量 (5)能检查分瓣封头板的几何尺寸	(1)标记移置要求 (2)GB 150 封头尺寸及对接质量要求 (3)分瓣封头尺寸、组对要求及检查方法 (4)工具、卡具使用注意事项,模具制作及检验要求
	(三) 压力容器成品检验	(1)能对压力容器进行气压试验和液压试验 (2)能控制容器气密性试验和耐压试验的重要环节 (3)能检查容器试验的升压、停压和降压情况 (4)能评定容器耐压试验结果	压力容器液压试验和气压试验方法及试压技术要求
五、管理	(一) 质量管理	能根据质量管理体系要求,进行本工种范围内的质量管理	质量管理体系有关知识
	(二) 执行施工工艺	能按施工的实际情况组织设计、实施施工方案及提出合理化建议	施工工艺规程

第一部分 高级工基础知识

第一章 复杂结构件的展开与放样

一、几何形体的截交线

平面与立体表面相交,可以看作是立体表面被平面切割,如图1-1-1及图1-1-2所示。图1-1-1为一平面与三棱锥相交,切割立体的平面P称为截平面,截平面与立体表面的交线1—2、2—3、3—1为截交线,截交线所围成的平面图形△1—2—3称为截面。研究平面与立体表面相交的主要目的是求截交线。

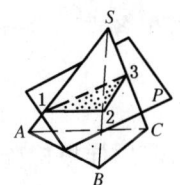

图1-1-1 平面与立体相交

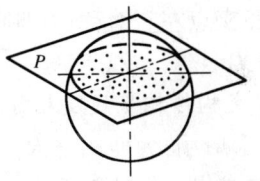

图1-1-2 球形截面

(一)截交线的性质

不论是平面立体还是曲面立体,尽管因被截平面切割的位置不同,所得到的截交线形状各异,但任何截交线都具有下面的性质:

(1)由于形体在空间有一定的范围,所以截交线一定是由直线或曲线围成的封闭平面图形;

(2)截交线是被截切体与切面的公有线,同时也是相交两物体的分界线;

(3)一般情况下,曲面体的截交线是曲线,平面体的截交线是直线或折线。

(二)截面实形和截交线的求法

由于构件形状和截切位置不同,截面实形的求法也不相同。但大体上可按以下步骤求实形:

(1)画出构件的主视图、俯视图或有关视图;

(2)画出截交线的两面投影;

(3)若截平面为水平面时,截交线的水平投影反映实形,不必另求;若截平面为垂直面时,用旋转法或交换投影面法求截面实形;若截平面为正垂面或侧垂面(需画出左视图)时,用变换投影面法求实形;若截平面为一般位置平面时,需将截平面变换成投射面(垂直面)的视图,再进行变换投影(二次变换投影法),即可求出截面实形。

例1 曲面立体:矩形管。

图1-1-3所求为正垂面P斜切矩形管,主视图A—A为剖切迹线,1—2为截交线的正面投影,截交线的水平投影与俯视图重合,A—A截面为矩形。

① 选用已知尺寸画出主视图、俯视图和剖切迹线A—A。连接A—A得交点1、2。

② 过1、2两点引1—2的垂线,并作一矩形,使其长等于1—2,宽等于俯视图中的a,即为

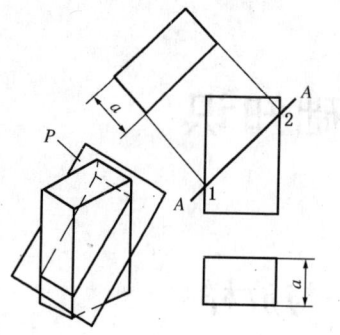

图 1-1-3 正垂面 P 斜切方管

A—A 断面实形。

例 2 平面和曲面构成的立体:切平面水平截切不反映实形的圆管。

从图 1-1-4 的主视图和俯视图可知圆管上端向右后方倾斜,切平面迹线距离管底中心线高度为 h_1 水平截切,由于主视图不反映圆管实形,因此断面实形不能直接求出。需先求出圆管实形图及剖切迹线。

① 圆管实形图的画法:在由俯视图 O_1、O_2 点引对 O_1O_2 直角线上作垂线 BO_1'',取 $B5'$、BO_2'' 分别等于主视图 h_1、h_2,得 $5'$、O_2'' 两点。连接 $O_1''O_2''$ 为圆管轴线实长。由 O_1''、O_2'' 左右以圆管半径画轮廓线,即得圆管实形图。再由 $5'$ 点引 BO_1'' 的平行线 $A'—A'$,表示截切迹线。

② 以 O_1'' 为圆心,用圆管半径画 1/2 断面,6 等分断面半圆周,等分点为 1,2,3,…,7。由等分点引与 $O_1''O_2''$ 平行线,得与截切迹线 $A'—A'$ 的交点,分别为 $1'、2'、3'、…、7'$。再由截切迹线与管轮廓 $0'$ 向左引与轴线平行线,交圆管断面于 0。

③ 断面实形的画法:在由截交线 $1'—0'$ 各点,引对 $1'—0'$ 直角线上作垂线 $1''—0''$,得与各线交点,由各交点左右对称截以圆管断面各点至 1—7 的距离,得出各点,并连成椭圆曲线,即得所求断面实形。

(三)相交构件相贯线及相贯线的求法

断面实形应用:为使相交构件符合质量要求,在制作过程中,需用样板检验构件的断面尺寸,因此需要求出构件的断面实形或两面夹角实形。

例 3 画等径三通补料带的检验样板。

等径斜交三通补料带的检验样板为沿该带中线 $A—A$ 断面的里口实形,如图 1-1-5 所示。

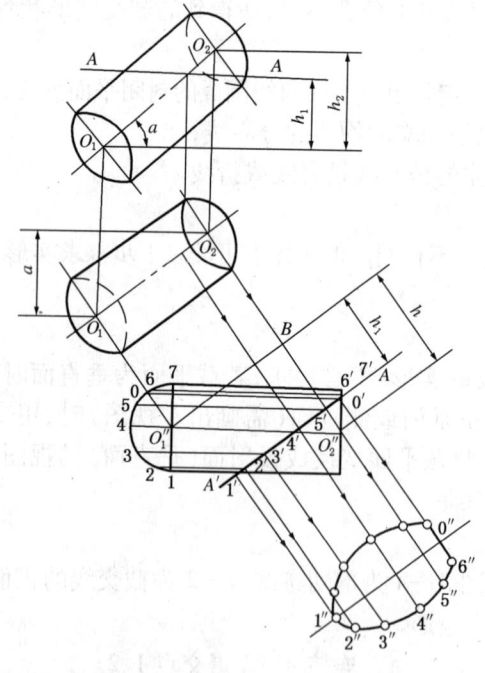

图 1-1-4 截切不反映实形的圆管

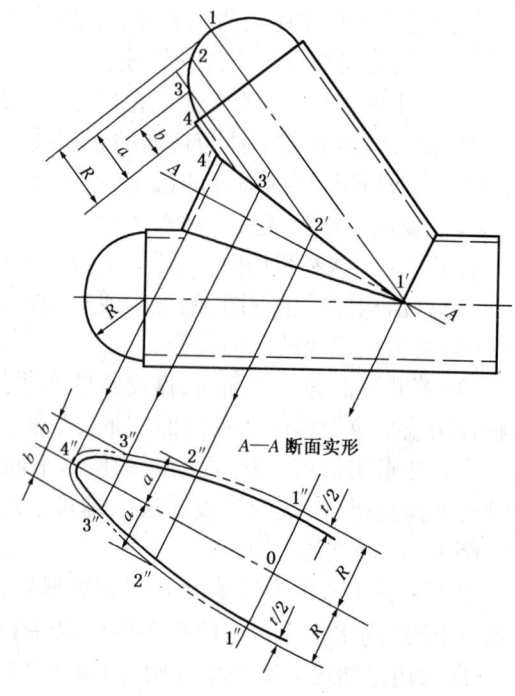

图 1-1-5 等径三通补料带的检验样板

① 先用已知尺寸画出主视图。断面图(按平均直径)和剖切迹线 A—A。

② 3 等分支管 1/4 断面,等分点为 1、2、3、4。由等分点引支管素线,得与相贯线 1′—4′交点(等径相交相贯线正面投影为直线,可直接画出)。

③ 断面实形画法:在相贯线 1′—4′各点引对 A—A 直角线上作的垂线 0—4″上得到与各线交点。由各交点左右对称截取断面图 R、a、b,得 1″、2″、3″、4″、3″、2″、1″。将各点连成光滑曲线,再由曲线各点向内截取板厚的一半($t/2$),画与外曲线平行的内曲线,得 A—A 断面的里口实形。

二、复杂结构件的展开

(一)锥柱形体的复杂相交构件

下面的例子,重点将放在求相贯线方面。虽然这里是锥、柱形体相交构件的例子,但其他类型的相交构件,也可参照进行。

例 4 圆—圆锥—圆管三节直角换向连接管。

图 1-1-6(a)为实物投影图,已知尺寸为 a、b、c、d_1、d_2、h_1、h_2、t。

(1)相贯线的求法。已知的三个图面都不能表示实角,故必须求出实角才能求出相贯线。先画俯视图的中心 A—B—C,如图 1-1-6(b)。在由 A 点对引 AB 的垂直线上截取 h_1、h_2,得 G、A′、H 各点。∠HA′B′ 即为管Ⅰ与管Ⅱ中心线的实角,A′B′ 为管Ⅱ中心线实长。以点 A′、B′ 分别为中心,画管Ⅰ管Ⅱ的断面。连两个圆的公切线,与由 A′圆切点引与 HA′平行线得交点为 F_1、F_2。F_1F_2 即为管Ⅰ与管Ⅱ的相贯线。再求管Ⅱ与管Ⅲ的相贯线。以 B 点为圆心,A′B′作半径画圆弧,与 DA 延长线交点为 A′。∠A′BC 即为管Ⅱ与管Ⅲ中心线的实角。以点 A′、B 分别为圆心画管Ⅰ、管Ⅱ断面。连接两个圆的公切线,得交点为 B_1、B_2,B_1B_2 即为管Ⅱ与管Ⅲ的相贯线。由管Ⅱ中间任意垂直中心线切断,分为两部分,如图中 f_1 和 f_2。在 A′B′延长线上画 E_1E_2 断面,即得出两段错心差 t_2。

(2)管Ⅰ的展开图画法。如图 1-1-6(c)。在水平线取 3—3 等于管Ⅰ板厚中径展开长度。再由 3 点引上垂线,取图 1-1-6(b)的 $h_2′$、r、r 得点为 1、0、5。以 0 点为圆心,r 作半径画半圆,由 4 等分半圆周的等分点向右引水平线,与由 8 等分水平线 3—3 的等分点分别引的上垂线的对应交点连成曲线,即得出所求Ⅰ展开图。用同样的方法画管Ⅲ的展开图,如图 1-1-6(e)所示。说明省略。

(3)管Ⅱ的展开图画法。将图 1-1-6(b)管Ⅱ两部分画在一起,如图 1-1-6(d)。由 4 等分半圆周的等分点引与 E_1O 的平行线,与 E_1E_2 得出的交点与 O 连线并延长,与 F_1F_2、B_1B_2 得出的交点,引与 E_1E_2 平行线,其与 F_2O 得出交点。再以 O 点为圆心,以 E_2O 作半径画的圆弧上截取 1—1 等于 E_1 圆周长,并截取各等分点与 O 连线并延长,与以 O 点为圆心,以 5—O 上各点至 O 分别作半径,画同心圆弧,对应交点连成曲线,即得 A′E 段展开图。再将各等分点向左移 L_2 长度,得出各点与 O 连线,与以 O 点为圆心,B_2O 上各点至 O 分别作半径,画同心圆弧,对应交点连成曲线,即得出管Ⅱ的展开图。

(二)螺旋面构件的近似展开

1. 螺旋线

螺旋线是工程上应用较广的空间曲线之一。螺旋线可以在不同的面上形成,分为圆柱螺旋线、圆锥螺旋线等等,其中最常见的是圆柱螺旋线。

圆柱螺旋线是一个点运动的轨迹:点顺着圆柱面的母线做匀速直线运动,同时,该母线绕着柱轴匀速转动,点的这种复合运动的轨迹,称为圆柱螺旋线。这里的圆柱称为螺旋线的导圆柱。

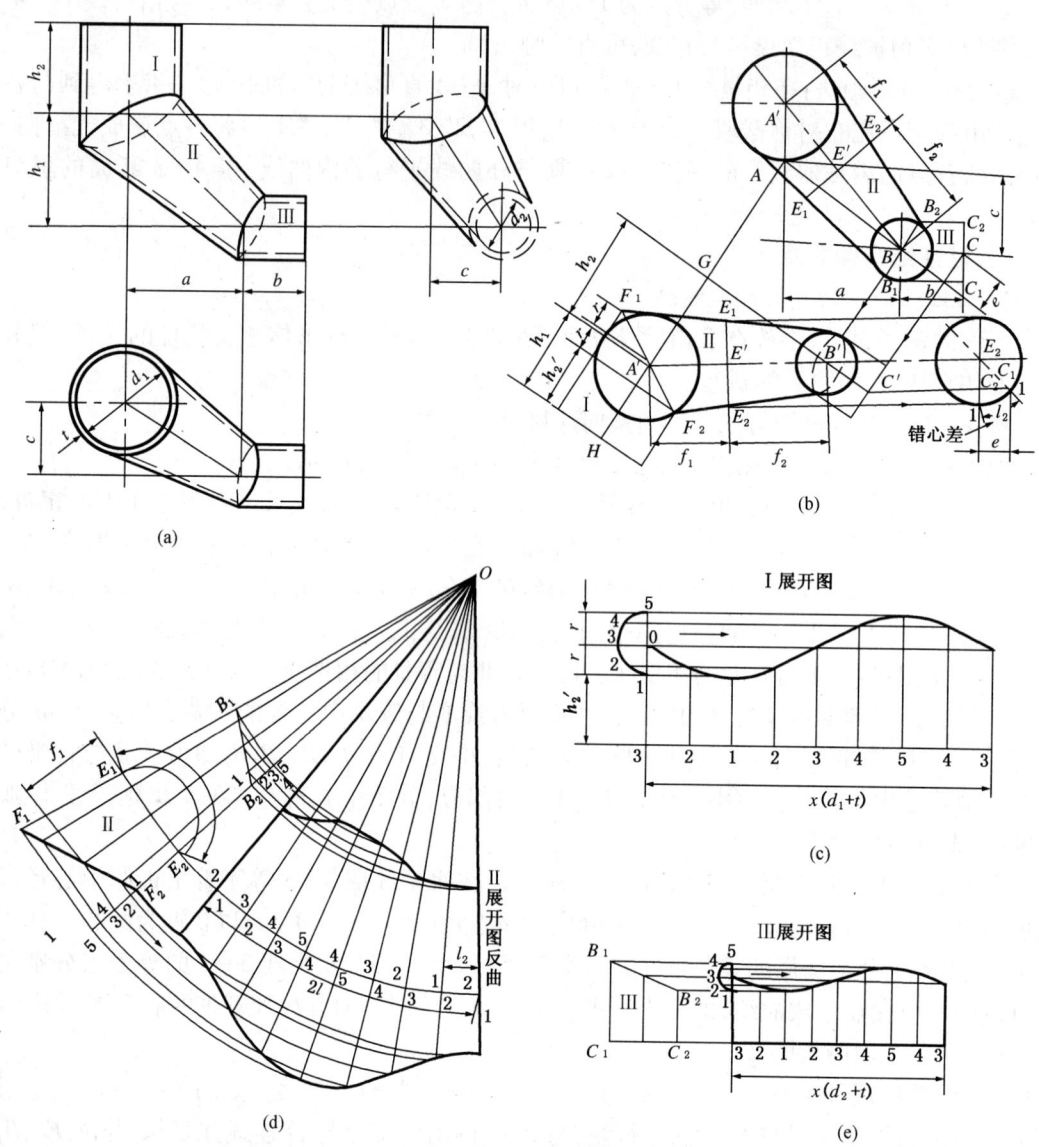

图 1-1-6 圆—圆锥—圆管三节直角换向连接管
(a)实物投影图;(b)管Ⅱ中心线实长;(c)管Ⅰ展开图;
(d)管Ⅱ展开图;(e)管Ⅲ展开图

现在研究如给定圆柱螺旋线的三个基本要素,怎样作螺旋线的投影图。图1-1-7(a)所示为画右旋螺旋线的过程。首先根据导圆柱的直径,作出它的投影图,将圆周分为12等分,用0,1,2,…,11,12按逆时针方向依次将各等分点标注在俯视图上,取一段高为导程 p,将这段也分成相同的等分数,各分点自下而上依次编号。最后自正面投影各分点作水平线,自水平投影各分点作 0—x 轴垂线,与正面投影上相对应的水平线的交点(如 $1', 2' \cdots, 10', 11', 12'$),即为圆柱螺旋线上点的正面投影,用曲线板将这些点连接起来,就完成了该圆柱螺旋线的正面投影。圆柱螺旋的水平投影是一个圆。它的正面投影是正弦曲线。

图1-1-7(b)所示为圆柱螺旋线展开后的图形,由于圆柱螺旋线的形成规律,点在展开

图中水平方向与垂直方向都是匀速运动,因此圆柱螺旋线的展开为一直线。它是以导柱正截圆周之长(πd)和导程(p)为两直角边的直角三角形的斜边,在一个导程内,圆柱螺旋线的长度等于$\sqrt{(\pi d)^2 + p^2}$。

根据上述几何关系,可以看到圆柱螺旋线的两个基本特性:

(1)圆柱螺旋线是属于圆柱表面不在同一素线上的两点之间最短距离的连线,也称为圆柱面上的测量线。

(2)圆柱螺旋线与圆柱上任何素线交于相等的角度,如图1-1-7(b)中的β角,称β角为该圆柱螺旋线的螺旋角。它的余角α,称为该圆柱螺旋线的升角。对一条螺旋线来说,它的α、β角是常数,从圆柱螺旋线上任一点所作的切线,都与水平面成相等的α角(图1-1-7(c))。

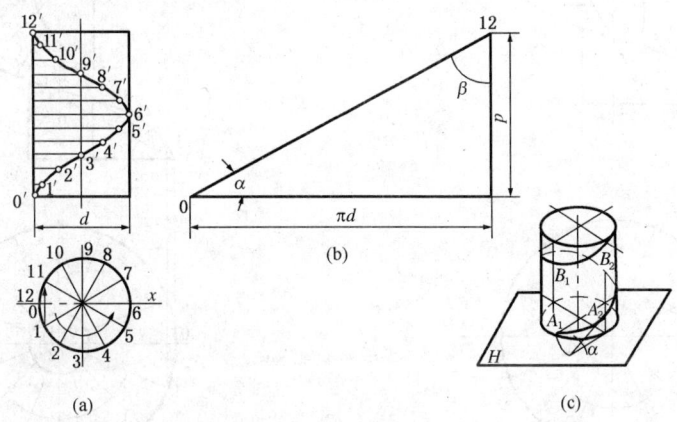

图1-1-7 圆柱螺旋线
(a)螺旋线的投影;(b)圆柱螺旋线的展开;(c)螺旋立体图

2. 螺旋面

螺旋面母线做螺旋运动形成的曲面,称为螺旋面。其导线为螺旋线及轴线,工程上用得最多的是直母线螺旋面,母线与轴线相交成直角者,称为正螺旋面,斜交者,称为斜螺旋面。

(1)正螺旋面:正螺旋面是母线一端沿着圆柱作螺旋线运动,并且母线始终保持垂直于轴线而形成的曲面。

作正螺旋面的投影图时,除了画出导线的投影,还需画出一系列素线的投影。图1-1-8中的投影,正螺旋面的轴线为铅垂线,而其素线与轴线交成直角,因此各条素线皆处于水平线位置,其正面投影皆平行于0—x轴,水平投影则皆交于圆心O_1点。

正螺旋面的母线运动时,母线上所有各点分别作半径不等的螺旋运动,但它们的导程都是相等的,图1-1-8表示出当正的螺旋面有一小圆柱的轴心时,则螺旋面与小圆柱相交,在小圆柱面上形成一条螺旋线。

(2)斜螺旋面。斜螺旋面是母线的一端沿着圆柱螺旋线运动,并且母线始终保持与轴线斜交成一定角度而形成的曲面。图1-1-9是一斜螺旋面的投影图。该螺旋面的母线与轴线相交成α角。根据已知导线(动点沿圆周方向移动的距离)螺旋线的投影,先作平行于锥面的素线,从0′点开始,作正平线的正面投影$0'0_1'$,其与轴线交角反映α角的实形。水平投影00_1,为自0_1点引的圆半径。其余素线根据两端点的轨迹作用,即素线每旋转一角度时,母线两端点升高一相同的高度,这样母线始终保持与轴线相交成α角。图中当0点转过360°/16度到

1点时,得正面投影为1(在导线的投影上),这时在轴线上的 0_1 点也上升1/6导程而移到 $1_1'$ 点,连 $1'—1_1'$ 即为第二根素线的正面投影,其水平投影为半径 $0_1—1$。用同样方法依次求出其他素线的正面投影 $2'—2_1'、3'—3_1'\cdots\cdots$ 和水平投影 $0_1—2、0_1—3\cdots\cdots$ 在正面投影上,沿各素线投影的外侧,用实线描出斜螺旋面的外形线,即斜螺旋面的投影,如图1-1-9所示。

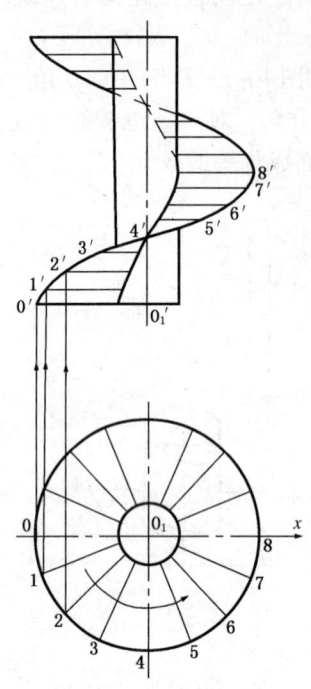 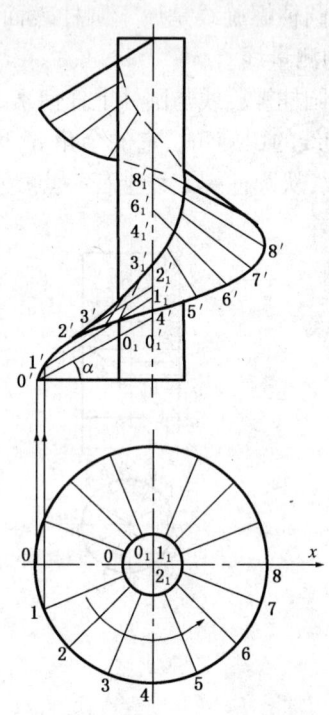

图1-1-8　正螺旋面　　　　　　　　　图1-1-9　斜螺旋面

3. 螺旋体

一平面图形(例如三角形、正方形、梯形等)绕一圆柱做螺旋运动,则得到一螺旋体。在工程和机器中,常用到很多形式的螺旋体。

三、不可展曲面的近似展开法

(一)球表面的近似展开

球面为曲线表面,它在两个方向同时弯曲,所以不能自然地展开成为平面,是典型的不可展曲面,只能作近似的展开。假设不可展曲面构件的表面是由许多小块板料拼接而成,而每一小块板料看成是单向弯曲可展的,于是整个球面便被近似的展开。将各小块下料成形,拼接完成整个球体。

球面分割方式通常有:分块法和分带法两种。球表面等分数愈多球面愈光滑,但相应的落料成形愈繁,等分数的多少应根据球直径大小而定。

1. 球面的分瓣展开

球面分瓣法是沿径线方向分割球面为若干块,每块大小相同,展开图为柳叶形,如图1-1-10所示。具体作法如下:

(1)用已知尺寸和12块板料等分数画出有极帽的主视图和1/4断面图,4等分断面1—5,圆弧;等分点为1、2、3、4、5。由等分点向上引垂线得与结合线交点。

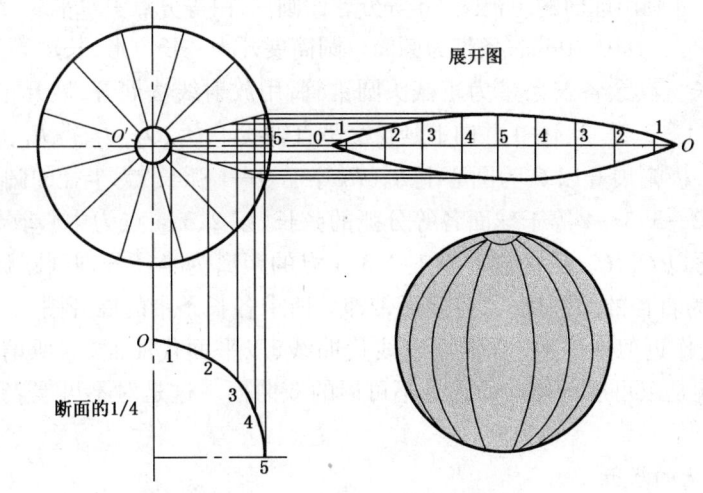

图 1-1-10 球面的分瓣展开

(2)作展开。在向右延长的水平轴线上截取 $O—O$ 等于断面图半圆周长,并由中点 5 向左右照录断面图 4、3、2、1 点,通过各点引垂线,与结合线各点向右所引水平线得对应交点分别连成光滑曲线,得球面展开图的 1/2。

2. 球面的分带展开

球面分带法是沿纬线方向分割球面为若干横条带,横条带的数量多少依据球的直径而定,每一横条带可看成是正截头圆锥管。用放射线法展开,如图 1-1-11 所示。具体作法如下:

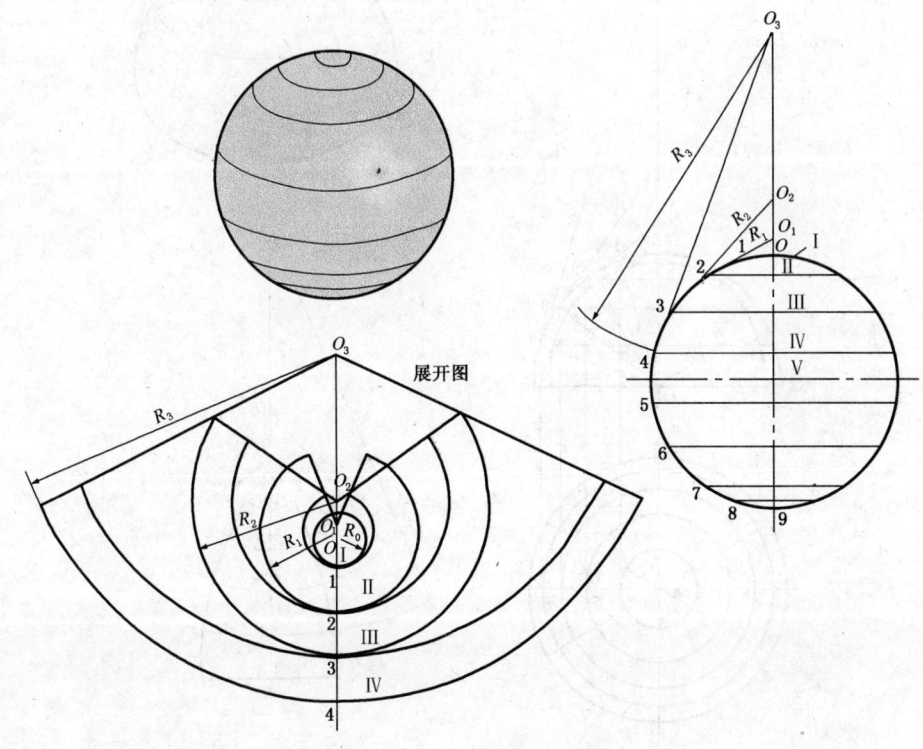

图 1-1-11 球面的分带展开

(1) 用已知尺寸画出球面的主视图，16等分球面圆周，由等分点引水平线（纬线）分球面为两个极帽、七个长条带。其中，中间长条带为圆筒。圆筒展开为一长方形，长边等于球面周长，短边等于等分弧的弦长。其余各长条带为正截头圆锥管，用放射线法展开，展开半径为 R_1、R_2、R_3。半径的求法：连接 1—2、2—3、3—4 并向上延长交竖直轴线于 O_1、O_2、O_3，得 R_1、R_2、R_3。

(2) 作展开。极帽展开以 O 为圆心上 R_0（R_0 等于 O—1 弧长）为半径的圆。在过 O 点的竖直线上，取 1—2、2—3、3—4 等于球面各等分弧的弦长，以 2、3、4 点为中心取 R_1、R_2、R_3 向上截取得 O_1、O_2、O_3。再以 O_1、O_2、O_3 为圆心到 1、2、3、4 点的距离为半径分别画圆弧，取各弧长对应等于球面各纬线为直径的纬圆周长，各扇形带即为所求各长条带的展开图。

由以上可知，作近似展开时，常常以直线代曲线，以平面代曲面，即所谓："以直代曲"和"以平代曲"，也就是以可展的单曲面逼近不可展的双曲面。这是对不可展表面作近似展开时常用的方法。

（二）球体封头的展开

球体封头的组合形式有多种，小型的可由整块板料加工成形，大直径的球体封头，由于受原材料尺寸和加工条件所限常采用分块下料拼接制造。如图 1-1-12 所示的封头，为高炉用热风炉帽。因直径较大，由六块板料及极帽拼制成，展开方法有多种，这里仅介绍其中常用的球面分瓣，既作经线方向的分瓣，又作纬线方向的分带相结合的展开法。这种方法是把球面看成由若干纬圆组成，而每一纬圆又在不同纬度的正截头异径圆锥面上（锥底直径），若求出各圆锥母线（展开半径），便可展开各纬圆，从而作出球面分瓣的展开图。具体作法如下：

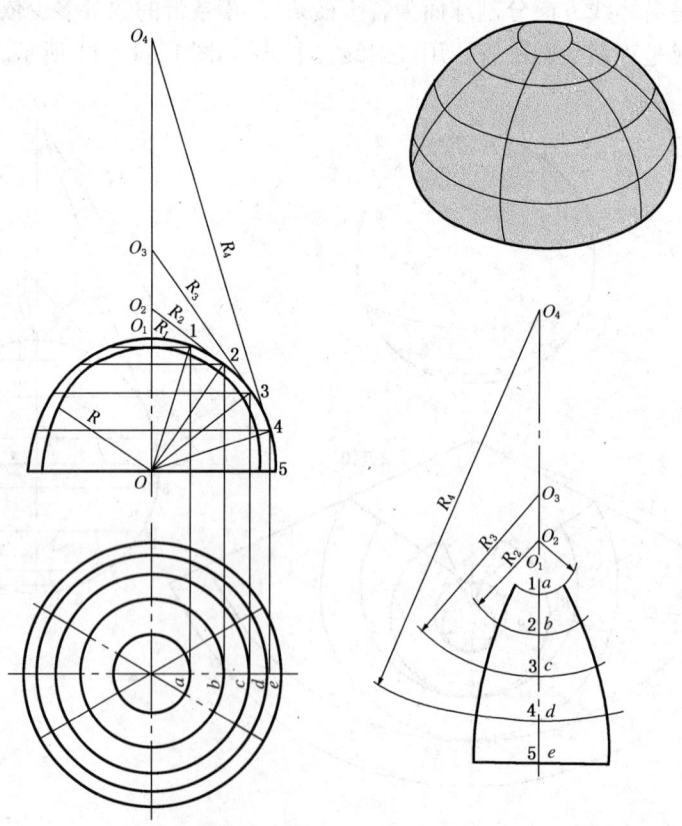

图 1-1-12 球体封头的展开

(1) 用已知板厚中心半径 R 画出主视图和俯视图。6 等分俯视图圆周(图中未注明符号),过圆心连接各等分点与极帽圆相交,为各块料结合线的水平投影。

(2) 4 等分主视图 1—5、等分点为 1、2、3、4、5。过等分点引纬线,并在俯视图画纬圆,与结合线相交。各纬圆的 1/6 弧长分别以 a、b、…、e 表示。

(3) 由 1、2、3、4 点分别引圆的切线交竖直轴延长线于 O_1、O_2、O_3、O_4,并以 R_1、R_2、R_3、R_4 表示各切线长。

(4) 作展开。画竖直线 1—5 等于主视图 1—5 弧伸直长度,并照录 2、3、4 点。以 1、2、3、4 点为中心取 R_1、R_2、R_3、R_4 长在 1—5 延长线上截取得 O_1、O_2、O_3、O_4。再以各点为圆心 R_1、R_2、R_3、R_4 为半径分别画圆弧,取各弧长对应等于俯视图 a、b、c、d、e 弧长,再由 5 点引水平线等于 e,得出各点分别连成光滑曲线,即为所求半球面的 1/6 瓣的展开图。

极帽展开图是以极帽弧长为直径的圆(图中未画出)。

(三) 正螺旋面的近似展开

圆柱形螺旋输送机又名搅龙,可用来输送颗粒状、粉末状等物质,也可以作搅拌机构,用途较广。在制造时,需要将螺旋叶片焊接在机轴上。它与螺纹一样有单、双线,左、右旋之分。单线螺旋周节等于导程;双线螺旋周节等于 1/2 导程。螺旋叶片通常按一个导程或稍大于一个导程的螺旋面展开下料,胎曲成形后将若干个螺旋面拼接成整体搅龙。也有专门生产螺旋输送机的工厂,搅龙叶片是以长条带料代替按导程放样的圆料。由于减少了叶片的拼接工序和焊接变形,工作效率高,产品质量好。但叶片需在专用设备和夹具下加工成形。一般工厂均用圆柱螺旋面作为搅龙的叶片。下面介绍正圆柱螺旋面近似展开的方法(见图 1-1-13)。

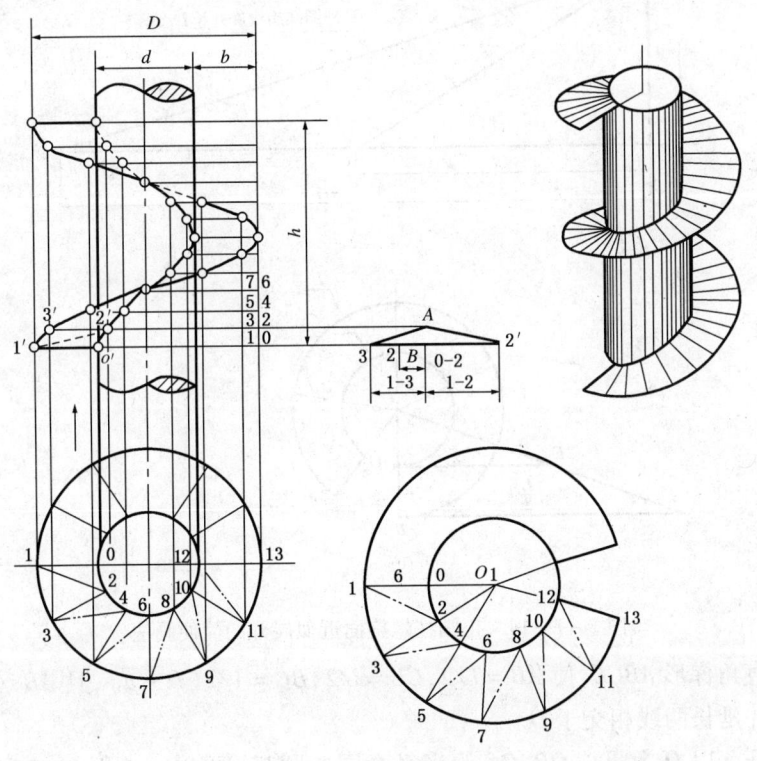

图 1-1-13 正圆柱螺旋面近似的展开

1. 三角形法

圆柱螺旋面为不可展曲面,只能用近似的方法展开。即将螺旋面分成若干三角形面,然后求出这些三角形的边长,再依次画出它们的实形。作图步骤:

(1)用圆柱螺旋面的内外直径 d、D 画出俯视图,12 等分俯视图大小圆周,等分点为 1、3、5、…、13,0、2、4、…、12。以点划线和实线交替连接各点。在主视图取 h 等于导程,并作 12 等分。由等分点引水平线,与由俯视图大小圆周等分点所引上垂线得对应交点分别连成两条螺旋曲线,完成主视图。

(2)求实长,作展开。从主、俯两图不难看出螺旋面上各三角形的实线边为水平线,其水平投影反映实长,且各线实长相等;各点划线及大小圆的等分弧为一般位置直线和曲线,各线的两面投影均不反映实长,可用直角三角形法求出。如实长图,取 $B—2$、$B—3$、$B—2'$ 等于俯视图 $0—2$、$1—3$、$1—2$,取 $AB = h/12$,连接 $A—2$、$A—3$、$A—2'$ 为俯视图两圆等分弧所对应的螺旋线及各点划线的实长。再用各实长线作出展开图。

2. 简便展开法

从图 1-1-13 则知,一个导程的圆柱螺旋面,其展开图为一环形切口圆。若已知正螺旋面的外径 D、内径 d 和导程 h 可用简便法作展开图。用简便法展开,无需画螺旋面的投影。具体作法:

(1)用直角三角形法求出内外螺旋线的实长 l 及 L[图 1-1-14(a)]。

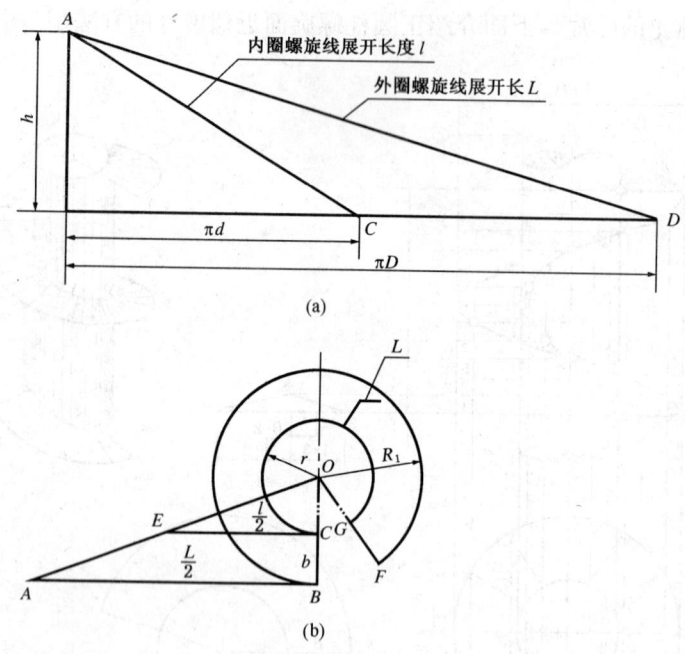

图 1-1-14 正圆柱螺旋面近似展开的简便画法

(2)作一直角梯形 $ABCE$,使 $AB = L/2$,$CE = l/2$,$BC = 1/2(D-d)$,且 $AB // CE$,$BC \perp AB$。连接 AE、BC,并延长两线相交于 O。

(3)作展开 以 O 为圆心 OB、OC 为半径画同心圆弧,取 $BF = L$;连接 FO 交内圆弧于 G 即得所求展开图。

— 14 —

3. 计算法

从图 1－1－14 中则有：

$$L = \sqrt{(\pi D)^2 + h^2} \qquad (1-1-1)$$

$$l = \sqrt{(\pi d)^2 + h^2} \qquad (1-1-2)$$

若环形圆的内、外半径以 r、R 表示。

则 $\qquad \dfrac{\frac{l}{2}}{\frac{L}{2}} = \dfrac{r}{R_1} = \dfrac{r}{r+b}$

展开 $\qquad l(b+r) = Lr \qquad lb = r(L-l)$

$$r = lb/(L-l) \qquad (1-1-3)$$

$$b = 1/2(D-d) \qquad (1-1-4)$$

$$\alpha = 360°(1 - 1/2\pi R_1) \qquad (1-1-5)$$

例5 设圆柱螺旋面的外圆直径 $D=310\text{mm}$，内径 $d=140\text{mm}$，导程 $h=300\text{mm}$，试用计算法求出展开图的主要参数、并作展开图。

解：

$$L = \sqrt{(310\pi)^2 + 300^2} = 1019(\text{mm})$$

$$l = \sqrt{(140\pi)^2 + 300^2} = 532.4(\text{mm})$$

$$r = 532.4 \times 85/(1019 - 532.4) = 93(\text{mm})$$

$$R_1 = 85 + 93 = 178(\text{mm})$$

$$\alpha = 360°(1 - 1019/2\pi \times 178) = 32°$$

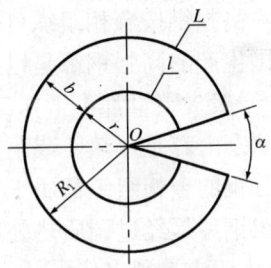

图 1－1－15 正圆柱螺旋面
计算展开的主要参数

根据以上各式求出的值，即可作出展开图，如图 1－1－15。在实际放样中，圆柱螺旋面的展开图一般不作扇形切口，而是完整的环形圆，这时的螺旋面稍大于一个导程。

第二章 高 强 钢

一、高强钢简介

(一)高强钢的概念

在碳素钢的基础上,为了提高材料强度又不至于影响其工艺性而加入一定量的合金元素所形成的低合金钢称为低合金高强钢,简称为高强钢。高强钢的合金成分尽管不大于5%,但其强度却大幅度的增大了。因此,一般把标准抗拉强度 $\sigma_b \geqslant 540\text{MPa}$,屈强比 $(\sigma_s/\sigma_b) \geqslant 0.6$ 的低合金钢称为高强钢。

(二)常用高强钢的种类

钢结构常用高强钢的代表有:16Mn、16MnR、16MnDR、15MnVR、15MnVNR、09Mn$_2$VDR、15CrMo、15CrMoR、12Cr$_2$Mo$_1$ 及 CF-62 等。国外高强钢品种更多,仅以日本钢材为例,我国常进口使用的有:SM400B、SM500B、SM530C、SPV350、SPV490 及 N-TUF490 等。

(三)高强钢的金相组织及特点

高强钢按金相组织可分为铁素体(F)+珠光体(P)、贝氏体(B)及马氏体(M)形。目前,我国生产的高强钢都是以我国富有的 Mn 资源的合金元素为基础,在含碳量方面都属于低碳钢,一般含碳量都小于0.3%;在合金方面以加入一种或两种合金元素的钢占很大比重;在供货状态上都是以热轧或正火状态供货;为了提高钢的综合性能,不少钢种加入了稀土元素;大部分钢的金相组织都属于 F+P 组织,只有部分超高强钢才是 M 或 M+B 组织。M 或 M+B 组织钢种是经过调质热处理后才应用于焊接结构的。例如 CF-62 就属于这类钢材。CF-62 钢,由于它有很多优点,因此,它将成为我国球形储罐的专用钢种。超高强钢的屈强比已达到 0.8~0.9。

屈强比的提高是高强钢相对于同等含碳量的碳素结构钢的显著特点。随着屈强比的提高,材料的承载能力上升,但其塑性储备、耐疲劳抗力都有所降低。对应力集中的敏感性相对增加了。在设备制造方面,由于高强钢具有较高的屈强比,因此,它的可焊性,以及变形能力都有一定程度降低,而裂纹敏感性却增强了,这便使高强钢在设备制造方面具有一定的特殊性。

二、高强钢制设备(构件)应力形成的原因

高强钢由于 Mn 元素的合金化作用,使得碳-锰钢发生同素异形转变,结果是强度增加了。这种同素异形转变的本身就使钢材有着相当大的组织应力,如果再对其采用别的加工手段时因措施不力,方法不当,材料的内应力聚集到一定极限时,便以材料碎裂而告终便是很自然的事。为此,我们必须要深入地了解高强钢在制造过程中所产生应力的原因,以便扬长避短更好地在工程上应用。

高强钢制设备(构件)应力形成原因可从两个方面来分析。

(1)冷加工。冷加工包括滚板弯卷变形、冷冲压成形加工等。高强钢随着屈强比的提高,导致塑性相应减小,变形抗力却相应增加。为了成形的需要,必须加大外力,在相当大的外力作用下,金属产生塑性变形,金属晶粒间由于滑移必然增大其内摩擦力,金属晶体组织结构因晶格歪曲、紊乱乃至晶粒破碎,从而造成更大的组织应力,这就是冷加工成形所产生的内应力。

(2)热加工。热加工主要指焊接加工。焊接是一个不均匀的局部加热过程,在焊缝上最

高温度可达材料的沸点,而离开焊缝则温度急剧下降,直至等同于环境温度。焊接区在电弧的高温作用下,要发生膨胀,而周围的母材金属限制其膨胀,这就使被焊区金属承受压力同时产生压缩塑性变形,同时内部还有一定的残余拉应力,这个残余应力,可超过材料的屈服强度。这个由焊接而产生的内应力称为焊接应力,焊接应力对高强钢焊接极为不利。

三、高强钢设备(构件)应力的防止与消除

高强钢设备(构件)应力产生的原因是冷变形及焊接加工的结果。然而这两种加工手段又是设备(构件)制造所必不可少的。为此,许多有关材料机构的科技工作者做了大量的研究,其目的就是寻求防止与消除高强钢制造设备(构件)产生应力的有效措施。

(一)高强钢设备(构件)应力的防止

1. 焊接措施

石化工业的设备或构件制造中,焊接占很重要的地位,往往一个钢种的焊接性能直接影响该钢种的使用前途。所谓焊接性能是指钢材经过焊接后的硬化性能、裂纹敏感性和热碎化。焊接性能由于与焊接热循环及热处理有关,焊接热循环及热处理又与焊接应力有关,因此焊接应力与焊接性能就有直接关系了。

1) 防止焊接硬化

高强钢由于有合金元素的存在,故在焊后冷却过程中,焊缝金属及热影响区就由于马氏体或贝氏体组织的形成而使其硬化,即延性降低,焊后发生裂纹或在使用中受到较小载荷就产生脆性破坏等。从焊接接头的硬度分布可看出,焊缝的热影响区硬度最高,故一般用该区的硬度值作为焊缝硬化程度衡量基准。

导致热影响区硬度值增高的因素很多,主要是母材化学成分和焊后冷却速度。

化学成分的影响,一般都采用碳当量(C_{eq})的经验公式来估算其硬度值的高低。如果C_{eq}越大,则钢的硬化程度越高。只有强度高的材料硬度才高。因此也可以这样说,C_{eq}越大,钢材的强度越高,屈强比越大。

碳当量是目前国内外估计钢材,特别是高强钢焊接性能好坏的一个重要因素。材料可焊性好坏判别的一般规律是:钢材随着碳元素含量的增加,则焊接性能逐渐变差;钢材的强度却是与其成正比例变化。低合金高强钢的高强度是由于在低碳钢组成元素的基础上添加少量合金强化元素形成的。实验表明,靠加入合金元素来提高钢材强度的高强钢,强度级别越高,则焊接性越差。可见,合金元素的加入,使钢材强度增加就相当于增加碳元素组成比例所引起的效果一样;也就是说,加入合金元素,就好像增加了相当量的碳元素。因此,可以这样说,把高强钢钢材化学成分中的碳同其他合金元素所折算成一定比例的碳含量的百分含量之和,称之为该钢材的碳当量。

国际焊接协会组织通过大量的焊接实验得出了各种合金元素对材料增加作用(硬化作用)可用等于加入碳元素的相当量来对钢材进行焊接性评估的结论。国际焊接协会并发布了碳当量的计算公式。各种强度级别碳当量的计算公式如下:

$\sigma_b < 790 \text{MPa}$ 时:

$$C_{eq} = C + \frac{Mn}{6} + \frac{Si}{24} + \frac{Ni}{40} + \frac{Cr}{5} + \frac{Mo}{4} + \frac{V}{14} \qquad (1-2-1)$$

$\sigma_b > 790 \text{MPa}$ 时:

$$C_{eq} = C + \frac{Mn}{9} + \frac{Ni}{40} + \frac{Cr}{20} + \frac{Mo}{8} + \frac{V}{10} \qquad (1-2-2)$$

注：上两式中的化学符号代表该元素在钢中的质量分数。

冷却速度则较复杂，它与材料在各种温度下的物理性能、热源种类、位置、形状、环境、焊接方式等有关。一般认为对硬化起主要作用的为550℃时的冷却速度。

实际应用上采用国际焊接协会的最高硬度试验法来求得热影响区的最高硬度值。

对各种强度级别钢材的最高允许硬度值规定见表1-2-1。

表1-2-1　各种强应级别钢材的最高允许硬度值

σ_b,MPa	HV(负荷10kg)	σ_b,MPa	HV(负荷10kg)
490	350	690	430
590	380	790	450

上表所示硬度极限是用来评定钢材焊接性优劣，它并非说明焊接接头的硬度在此界限就能满足使用要求。

如果一般钢材的C_{eq}低于表1-2-2数值，在施焊中满足对预热温度要求，最高硬度试验中的实际最高硬度值为许可值，则表明该材料有良好的焊接性(试板厚度不大于25mm)，故可不做硬度试验。由于最高硬度试验法只表明了影响某种钢材的焊接性的一个方面，而未计入焊接钢材时的刚性约束及冷却条件，因此，评价一种材料焊接性是否良好，必须要结合其他焊接性试验方法而后才能做出正确结论。

表1-2-2　焊接预热温度估计表

σ_b,MPa	C_{eq},%	估计预热温度t,℃
490	≤0.46	
590	≤0.52	≥70
690	≤0.58	≥100
790	≤0.62	≥150

可见，控制材料碳当量，采用焊前预热是防止焊接硬化的措施之一。

2) 控制材料的裂纹敏感系数

裂纹敏感性主要是指高强钢对产生焊接裂纹的活跃程度。由内应力产生的焊接裂纹种类很多。从发生部位分，主要有热影响区和焊缝金属裂纹；按产生裂纹的温度分，主要有冷裂纹及热裂纹；按发生时间分，则有焊接裂纹、再热裂纹(消除应力热处理时产生)以及延迟裂纹等。高强度钢所产生的焊接裂纹以冷裂纹、特别是延迟裂纹较多。

冷裂纹的发生受化学成分、冷却速度、拘束程度和氢含量的影响。对高强钢来说，氢对冷裂纹有很大的影响。由于焊接熔池在凝固时，特别是由奥氏体向铁素体的转变中，氢的溶解度剧烈减少。急冷时氢的过饱和度变大，逸出的大量氢造成很大静压力，致使焊缝形成裂纹。

为了避免冷裂纹其措施之一便是调整材料的化学成分，即控制裂纹敏感系数(P_{cm})。钢材的裂纹敏感系数可由式(1-2-3)计算：

$$P_{cm} = C + \frac{Si}{30} + \frac{Mn + Cu + Cr}{20} + \frac{Ni}{60} + \frac{Mo}{15} + \frac{V}{5} + 5B \qquad (1-2-3)$$

式中各元素符号代表该元素在钢中的质量分数。

为了避免冷裂纹，其措施之二是通过预热、焊后热处理、采用低氢焊条等方法予以改善。

冷裂纹敏感性的试验方法,对高强钢来说采用 Y 形坡口对接裂纹试验(又称小铁研试验)。最高硬度试验针对热影响区裂纹的小型试验和窗形拘束对接裂纹试验,冷裂纹敏感性试验针对高强钢球形容器结构的大型试验。前者可用以比较各种钢的裂纹敏感性或用以选择较佳的焊条;后者试验主要是选定实际生产的最佳施焊条件,如预热温度、后热温度、线能量、焊接层间温度及施焊环境条件等。

3)防止热脆化

在高强钢的焊接中,由于焊接热输入的影响造成焊缝金属晶粒粗大,碳及氢原子析出,从而使焊缝热影响区附近材料的冲击韧性降低而形成脆化区的现象称为焊接热脆化。时效塑变也是热脆化现象之一。防止焊接热脆化的方法是减少热输入量,即控制线能量;选择低氢碱性电焊条,且焊前经过 400℃ 左右烘干;同时对焊接坡口彻底清理均是有效方法。防止冷变形过度是对防止时效塑变可收到很好的效果。

4)焊前预热

焊前预热是防止高强钢焊接裂纹最有效的方法。预热到底起到什么作用呢?预热的作用归结起来有下述几点:

(1)减少焊缝金属与母材之间的温差,从而减少残余应力。特别对降低垂直于设备壳体板面(厚度方向)的残余应力最有效。

(2)控制钢材组织转变,避免在热影响区形成脆性马氏体,从而减少焊缝属及母材的延性及韧性的损失。

(3)加速氢的扩散,消除热影响区中高含量氧的集中。

(4)降低冷却速度,便于造渣。

(5)降低焊接需要热量,特别在厚板的施焊,能保证母材完全熔融,从而改善焊接工艺性能。

高强钢的抗拉强度在 590MPa 以上时,应采用 100~200℃ 预热。

哪种高强钢需要预热?什么厚度以上要求预热?预热温度应是多少数值为宜?这应从三个方面来分析确定:

(1)碳当量法。众所周知,碳对硬度及延性有直接影响。各种化学成分对硬度、延性等方面的影响折合成相当于碳对硬度、延性的影响,便可得出估计预热的碳当量经验公式:

$$C_{eq} = C + \frac{Mn}{6} + \frac{Mo}{4} + \frac{V}{5} + \frac{Ni}{15} + \frac{Cr}{5} + \frac{P}{2} + \left(\frac{Cu}{13}\right) \qquad (1-2-4)$$

式中各元素符号代表该元素在钢中的质量分数。其中 Cu 元素只有当其含量大于 0.5% 时才计入。

当上式计算结果得出,即可按如下要求预热:

$C_{eq} > 0.35\%$ 时,要考虑预热;

$C_{eq} > 0.45\%$ 时,应预热 100~200℃。

(2)从厚度方面考虑。标准抗拉强度 σ_b = 490MPa 和 540MPa 级别的高强钢,如果厚度超过 25mm,可根据结构刚性,考虑做 100℃ 以上的预热。

如果强度级别更高,则要求预热温度更高,而且要求结构的刚性愈小。

(3)从施焊环境考虑。施焊时,板材温度低于 0℃ 时,施焊前可做预热,此时可将引弧点四周 80mm 范围内的金属加热到 45℃ 以上。

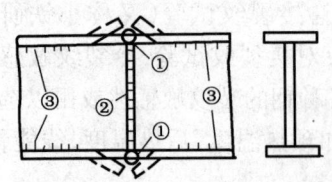

图 1-2-1 按受力大小确定焊接顺序

采用小铁研法及窗形拘束试验法来检验预热温度是否适当。

5)焊接工艺措施

(1)选用合理的焊接顺序方向。先焊收缩量比较大的焊缝,尽量使焊缝能自由地收缩,从而减小内应力。在拼板焊接时,应先焊错开的短缝,然后再焊直通长焊缝。如图 1-2-1、图 1-2-2 所示。

(2)采用反变形的方法进行焊接。在焊接封闭焊缝或刚性较大的焊缝时,可以采取反变形的方法增加焊缝的自由度。减小内应力,如图 1-2-3 所示。

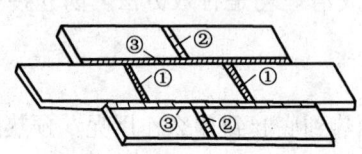

图 1-2-2 按焊缝长短确定焊接顺序

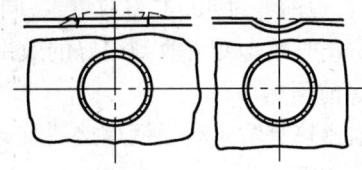

图 1-2-3 降低局部刚度来减小内应力

2. 冷变形措施

高强钢的屈服强度比低碳钢高,故弯曲时所需的能量也较大。弯卷高强钢相当于低碳钢的当量厚度 S_{eq} 按下式计算

$$S_{eq} = S\sqrt{\frac{\sigma_s}{25}} \qquad (1-2-5)$$

式中　S_{eq}——相当于低碳钢的当量厚,mm;

　　　S——高强钢的实际板厚,mm;

　　　σ_s——高强钢的屈服强度,MPa。

防止应力的措施关键是控制表面伸长率(或称延伸率)应小于3%。冷成形时的伸长率按下式计算:

$$\delta = \left\{\frac{R_1R_2 - \dfrac{R_1S}{2}}{R_1R_2 - \dfrac{R_2S}{2}} - 1\right\} \times 100\% \qquad (1-2-6)$$

式中　δ——伸长率,%;

　　　R_1——弯曲后曲率半径,mm;

　　　R_2——弯曲前曲率半径,对平板取 $R_2 = 2 \times 10^3$ mm;

　　　S——板厚,mm。

如果经计算 $\delta > 3\%$ 时,则应分段进行弯卷或冲压。变形每发生一次后,为了消除其内应力,应进行一次低温退火处理。当通过热处理来改变机械性能时,则在成形前应进行一次退火处理,以增强塑性。采用硬度试验即可鉴别退火后的高强钢的塑性是否提高。

如果在设计选材时,应尽量选用细晶粒高强钢。因为多晶体金属的晶粒越细小,金属的变形越均匀,金属的总变形量就越大,其塑性自然就越好。

如果高强钢用于爆炸成形制造封头时,爆炸后立即进行消除应力热处理,最好在爆炸作业前进行一次退火处理。

经软化硬度热处理的高强钢,冷作成形后还应进行增强热处理,以满足使用要求。

(二)高强钢的应力消除

高强钢在制造过程中特别是焊接过程中,尽管采取了一系列防止内应力的措施,但终归还是不能完全避免。在制造过程中产生的内应力称为制造应力。如果在某一局部范围内既存在着变形应力,又存在着焊接残余应力,两者同向应力叠加就可能达到该区域材料失去弹性而变为塑性状态从而使设备破坏;如果设备不是因残余应力大于材料的屈服强度而破坏,那么也有可能在腐蚀介质作用下,由于内应力的不均匀性而导致大应力大的部位(当然是焊缝区域)首先产生应力腐蚀开裂。为了消除设备总体的残余应力或者说消除内应力的不均匀性,目前世界上已有了许多方法,下面就传统的较先进的消除残余应力的方法做一简要介绍。

1. 消除应力热处理

采用低温退火(或称回火)消除应力是一种传统的工艺方法。一般采取整体热处理、分段热处理,或者只对高应力部位进行局部热处理三种方法。如果设备的壳体内应力均匀(包括工况应力及制造应力),且低于材料的 $0.9\sigma_s$,则设备仍是安全的。在这种理论的指导下,于是产生了液压及爆炸消除残余应力的方法。

液压消除残余应力法是将设备静止充水加压到1.25倍的工作压力,使不均匀的内应力在内压作用下趋于均衡。这种方法早已在受压容器中的最终水压试验做强度检验时已悄然应用了。

爆炸消除残余应力方法是原苏联及南斯拉夫等国进行研究消除焊接残余应力的新方法,它在研究国已进入到工业规模应用水平,其应用的范围大多是6~8mm的薄板焊接结构件。爆炸消除焊缝残余应力是爆炸加工技术领域中提出的新课题。

爆炸消除焊接残余应力是用适当的炸药以适当的方式在焊区引爆,利用爆炸冲击波的能量,使残余应力区的金属产生塑性变形,从而达到消除或降低残余应力目的的一种方法。爆炸消除焊接残余应力具有显著的优点,一是花钱少,能源消耗低;二是操作工艺简单;三是不受设备本身几何形状或尺寸大小的限制等。特别是桥梁、潜艇、海上采油设备等大型金属结构,采用低温退火热处理方法消除焊接残余应力是很难实现的。但是,爆炸消除焊接残余应力这一方法至今仍未被研究得十分成熟,我国已开展了多年的球罐中厚板应用研究,但至今尚未被认可和推广使用。

2. 消除应力热处理的典型工艺

消除应力热处理的目的有两个,其一是消除冷作硬化,其二是消除焊接残余应力。由于高强钢制设备在制造过程中产生的内应力是以焊接残余应力为主导,故对其采用焊后消除残余应力热处理,当然冷作成形所产生的内应力也将随之消除或减小。本节将重点介绍焊后消除应力热处理(简称焊后热处理,代号WHT)。

焊后热处理是将设备加热至临界温度(AC_1)以下,一般比 AC_1 低50℃保温至所需时间后缓冷,这就是低温退火热处理。对一般高强钢的加热温度在600~650℃范围内,但对调质钢来说,消降应力热处理温度一定得低于回火温度,实践证明,该钢种采用600~650℃消除焊接残余应力已经满足要求了。对含Ni、Cr、V等高强钢可能会在热处理时发生回火脆性,因此含V高强钢的消除应力热处理温度应低于600℃,一般推荐为570℃。

消除应力热处理除上述方法外尚有低温消除应力热处理。这种消除应力的方法是在焊缝两侧60~130mm范围内加热至150~200℃,随后以水急冷缓释焊接应力,这种方法对大型高强钢构件缓解残余应力十分有效。由于它操作简便,值得推广。这种消除应力方法的实质是一种应力改组方法,通过近缝区的急冷使焊缝残余应力的峰值降低,当然该地区的材料塑性及韧性储备也降低了。因此,在使用这种方法之前应首先确保材料经此种热处理工艺后仍具有相当的韧性和塑性,同时要避免操作不当而引发意外。由于这种方法有可能给被处理构件带来弊病,故工程界争论未决,因此建议慎用。

(1)整体消除应力热处理。

整体热处理消除应力是将设备整体置于热气氛包围中加热以消除应力的一种常用方法。加热方法有炉内加热,加热炉有烧油炉或电热炉两种;设备内热,即将设备视为炉体,在其间采用燃油(气)或电热器加热。

一般高强钢热处理温度在600~650℃左右。为了保证消除应力,最少保温时间为每25mm 1h。若材料厚度小于6mm,则至少保温0.25h。保温时间应以设备最大厚度计算。300℃以下时升温速度不限,当加热温度超过300℃时则升温速度应控制在60~80℃/h(日本及其他国家标准规定为50~200℃/h);降温速度控制在30~50℃/h,这个速度是难实现的,国际ISO及日本JIS以及高压气体管理法特定设备规定为50~270℃/h。升温中的最大温差我国规定同国外相差无几。我国规定温差为每4.5m为130℃,日本是每4.5m为100℃。降温至300℃时可不受限制。

(2)分段消除应力热处理。

当设备太长超过热处理炉极限时即把设备分段入炉进行热处理。分段热处理每次入炉的连接处重叠加热长度应小于1.5m。为了不产生过大温差应力,炉外段设备应于保温。分段热处理工艺与整体热处理相同。

(3)局部消除应力热处理。

局部热处理也是因设备受制造条件的限制而既不能整体热处理,又不能分段热处理的情况下产生的一种热处理补救方法。例如超长的塔类设备受运输的限制,制造厂只能对每运输段进行热处理,而现场组焊的环焊缝只能在现场采取局部热处理的方法对其进行热处理。焊缝进行局部热处理时,此时应对焊缝两边最小宽度为$2\sqrt{DS}$的环带一同热处理(式中:D为容器直径,mm;S为容器壁厚,mm),非热处理部分应保温。

局部热处理的一般工艺为:升温速度为220℃/h;降温速度为275℃/h;恒温时间为$\frac{1}{20} \cdot \delta$($\delta$为钢厚,mm),最少不少于30min。

高强钢热处理应防止再热裂纹及再热脆化。当$\sigma_b \geq 590$MPa的高强钢在热处理前应按下式确定再热裂纹有否产生的条件。如果再热裂纹敏感系数$P_{SR} \leq 0$时,则不会发生再热裂纹;$P_{SR} > 0$时,则有产生裂纹的可能性,则必须做再热裂纹敏感性试验来确定合适的热处理温度。

$$P_{SR} = Cr + 2Mo + 10V + 7N_b + 5Ti - 2$$

式中各元素符号代表该元素在钢中的质量分数。

上式适用条件(对材料而言):$C \leq 0.1\%$;$V \leq 0.15\%$;$Ti \leq 0.15\%$;$Nb \leq 0.15\%$;$Cr \leq 1.5\%$;$Mo \leq 2.0\%$;$Cu < 1.0\%$。

四、国产典型高强钢制容器工艺规程举例

以《国产CF-62钢制球罐的制造工艺规程》为例。

本规程仅适用于 CF-62 钢焊制城市煤气、氧气及丙烯等类型球罐的制造;对于由日本引进的 HT60CF 钢制同类球罐的制造工艺也可参照此规程执行。

（一）球罐制造及验收技术要求

应按 GB 12337《钢制球形储罐》的规定执行;本规程未涉及的有关要求应遵守国家有关法令、法规,并接受劳动部颁发的有关监察法规的监察。

（二）钢板

(1) 球壳用 CF-62 钢板的化学成分及力学性能和工艺性能应分别符合表 1-2-3 与表 1-2-4 的规定。

表 1-2-3　CF-62 钢的化学成分要求　　　　　　　　　　　　　　　　　　　%

C	≤0.09	S	≤0.020	V	0.02~0.06
Si	0.15~0.35	Ni	≤0.50	B	≤0.003
Mn	1.10~1.50	Cr	≤0.30	P_{cm}	≤0.20
P	≤0.030	Mo	≤0.30		

注:根据需要加入。

表 1-2-4　CF-62 钢的力学性能和工艺性能要求

板厚 t mm	供货状态	取样方向及部位	拉力实验			冲击实验			冷弯实验 180°
			σ_s MPa (kgf/mm²)	σ_b MPa (kgf/mm²)	δ_s %	最低试验温度 ℃	夏比冲击功 J(kgf·m)		
							平均值	单个值	
20~50	调质	横向 $\frac{1}{4}t$	≥490 (≥50)	610~740 (62~75)	≥17	-40	≥47 (≥4.8)	≥33 (≥3.4)	$d=3a$

(2) 球壳用 CF-62 钢板的化学成分除应符合上条规定外,为保证钢板优良的综合性能,当板厚大于 32mm 时,钢中必须加入适量的硼元素,但为降低再热裂纹敏感性,硼含量控制在 0.0015% 左右为宜;对设计温度低于 -20℃ 的球罐用钢板,必须加入 0.20%~0.50% 的镍元素。

(3) 球壳用 CF-62 钢板需逐张进行力学性能和工艺性能检验,并应符合表 1-2-4 的规定。对设计温度大于或等于 -20℃ 和大于 -40℃ 至 -20℃ 的球罐用钢板,最低冲击试验温度分别为 -20℃ 和 -40℃。

(4) 球壳用 CF-62 钢板的超声波探伤检查按 JB 4730《压力容器无损检测》进行,并应逐张检查,以 Ⅱ 级为合格。

(5) 钢厂提供的球壳用 CF-62 钢板合格证书,除应符合本条的规定外,其他有关技术要求还应符合 GB 6654《压力容器用碳素钢和低合金钢厚钢板》的规定。

（三）焊条

(1) CF-62 钢手工电弧焊采用配套的新结 607CF 焊条,该焊条需有出厂合格证,其焊缝金属的化学成分及熔敷金属的力学性能应分别符合表 1-2-5 与表 1-2-6 的规定;其他技术要求应符合 GB 5118(低合金钢焊条)的规定。

表 1-2-5　焊缝金属的化学成分要求　　　　　　　　　　　　　　　%

C	Si	Mn	P	S	Ni	Mo
≤0.10	≤0.50	1.0~1.60	≤0.020	≤0.015	0.60~1.20	0.15~0.35

表 1-2-6　熔敷金属的力学性能要求

拉力试验				冲击试验		
σ_s MPa (kgf/mm²)	σ_b MPa (kgf/mm²)	δ_s %	ψ %	最低试验温度 ℃	夏比冲击功，J(kgf·m) 平均值	夏比冲击功，J(kgf·m) 单个值
≥490 (≥50)	≥610 (≥62)	≥60	≥20	-20 -40	≥100(≥10) ≥47(≥4.8)	≥80(≥8.0) ≥37(≥3.8)

(2)熔敷金属扩散氢含量([H])的测定按 GB 3965《电焊条熔敷金属中扩散氢测定方法》中的甘油法进行，以[H]≤1.5mL/100g 为合格。

(3)新结 607CF 焊条使用前必须经 400℃×(1~2)h 烘干，并应在 100~150℃下保温，随用随取；焊工应使用焊条保温筒，保温筒内焊条须在 4h 内用完，否则应重新烘干，但重复烘干次数不宜超过两次。

(4)新结 607CF 焊条采用直流电源，焊条接正极，可进行全位置焊接，不同规格焊条所采用的焊接电流推荐如表 1-2-7；如需采用交流电源施焊时，焊机空载电压应大于 80V，焊接电流比直流施焊时约大 10%左右。施焊时，应采用短弧且以不摆动焊为宜。

表 1-2-7　不同规格焊条所采用的焊接电流

焊条直径，mm		φ3.2	φ4	φ5
焊接电流 A	平焊、横焊	100~120	140~180	190~210
	立焊、仰焊	90~110	130~160	170~190

(四)锻件

(1)球罐受压元件用锻件钢是平炉、电炉或氧气转炉冶炼的优质镇静钢。

(2)球罐受压元件用锻件应符合 JB 755《压力容器锻件技术条件》中Ⅲ级锻件的规定。

(3)锻件用钢的化学成分应符合表 1-2-8 规定。

表 1-2-8　锻件用钢的化学成分要求　　　　　　　　　　　　　　　%

C	Si	Mn	P	S	Ni	Cr	Mo	V	B	P_{cm}
≤0.10	0.2~0.4	1.0~1.40	≤0.02	≤0.02	1.20~1.60	0.20~0.60	≤0.20~0.50	0.02~0.06	≤0.003	≤0.22

(4)锻件技术要求除应符合本条规定外，其余按 JB 755《压力容器锻件技术条件》的规定执行。

(五)球壳瓣片成形

(1)球壳瓣片下料可采用火焰切割法；为保证下料精度及球壳瓣片弧度，以采用二次下料法为宜。

(2)球壳瓣片成形工艺应采用冷成形工艺；压制方法可采用多点冷成形法；球壳瓣片成形

时应缓慢压至所规定的曲率,避免急剧成形加工。

(3)球壳瓣片成形应在0℃以上进行。

(4)坡口可采用气割加工或机械加工,气割坡口表面应平滑,局部凹凸不大于2mm,熔渣、氧化皮应清除干净,并进行宏观检查(5倍放大镜),其坡口表面不允许有裂纹、分层等缺陷存在,坡口加工后应涂上可焊性涂料。

(六)焊接

(1)焊前应严格消除坡口及两侧30mm内的熔渣、氧化皮、铁锈及油污等。

(2)考虑到目前国内球罐的制造水平和下文中(十)(1)及(十)(2)款的有关规定,焊前预热温度暂按表1-2-9规定执行。预热时加热温度应均匀,加热宽度为每侧距焊缝中心三倍球壳厚度的范围,且不少于100mm,测温点距焊缝中心50mm。

表1-2-9 施焊不同厚度球壳时的焊前预热温度

球壳厚度,mm	20~25	>25~32	>32~38	
焊前预热温度,℃	—	≥50	≥75	≥95①

① 对不进行焊后热处理的场合。

(3)焊接层间温度应不低于预热温度,且不超过200℃为宜;每条焊缝应一次连续焊完,如因故中断,在继续施焊前应按本文(六)(2)款的规定重新预热。

(4)对设计温度大于或等于-20℃的球罐施焊时,焊接线能量范围为10~45kJ/cm;对设计温度大于或等于-40℃至-20℃的球罐施焊,焊接线能量应控制在40kJ/cm以下;不同位置下手工电弧焊焊接线能量推荐如表1-2-10。

表1-2-10 各种焊接位置下焊接线能量

接焊位置	平焊	立焊	横焊	仰焊
焊接线能量,kJ/cm	10~25	10~35	10~25	10~30

(七)清焊根

(1)清焊根可采用碳弧气刨,也可采用风铲或磨削等方法。

(2)碳弧气刨清焊根时应按(六)(2)款的规定进行预热,清完焊根后应清除熔渣及氧化皮等,方可施焊。

(八)焊后热处理

(1)对下列焊缝之一者焊后必须立即进行后热处理:

① 球壳厚度超过32mm的对接焊缝;

② 球壳与人孔、接管及支柱的连接焊缝。

(2)后热处理规范为(150~200℃)×(0.5~1h);其加热可采用火焰或电加热方法;要求后热须均匀,后热宽度不小于预热范围的规定。

(九)焊缝返修

当发现焊缝存在不允许的缺陷时,可采用碳弧气刨方法清除,经渗透探伤确认缺陷清除干净后再进行返修。焊接同一部位的返修次数不宜超过两次。

(十)焊后消除应力热处理

(1)CF-62钢焊制球罐,焊后消除应力热处理的有关要求参照如下日本相应标准、规范执行:

① JIS 8243—1981《压力容器的构造》；
② 日本高压气体安全协会 1980 年标准《高强度钢使用规范》；
③ 日本高压气体法规《特定设备检查规则》。

(2) 球壳对接焊缝处厚度小于或等于 32mm 时可不进行焊后消除应力热处理；厚度大于 32mm 至 38mm 时,如进行 95℃ 以上的预热后也可不进行焊后消除应力热处理。

(3) 对于球壳与人孔、接管连接部位,当对接焊缝处焊件厚度在 25mm 以上的应进行焊后消除应力热处理。

(4) 球壳与人孔、接管及支柱组焊后,如需消除应力热处理,可在制造厂热处理炉内进行；其加热温度为 550~580℃,最少保温时间按 δ/25(h)(δ/25 其物理含义是材料每 25mm 厚度则至少需保温 1h)。加热时,当温度升到 300℃ 后,其加热速度应控制在小于或等于 120℃/h,达到要求温度并保温后,须随炉冷至 300℃ 以下。

(5) 经焊后消除应力热处理的所有焊缝应再次进行 100% 超声波磁粉或着色（渗透）探伤检查。

第三章 装配基础知识

在金属结构制造过程中,将组成结构的各个零件按照一定的位置、尺寸关系和精度要求组合起来的工序,称为装配。

一、装配的基本条件和定位原理

(一)装配的基本条件

进行金属结构的装配,必须具备定位、夹紧和测量三个基本条件。

1. 定位

定位就是确定零件在空间的位置或零件间的相对位置。图 1-3-1 所示为在平台 6 上装配工形梁,工形梁的两翼板 4 的相对位置是由腹板 3 和挡板 5 来定位,腹板的高低位置是由垫块 2 来定位,而平台工作面既是整个工形梁的定位基准面,又是结构装配的支承面。

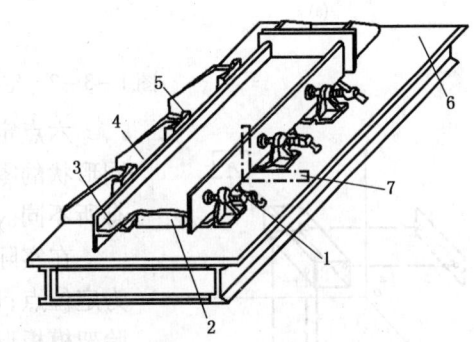

图 1-3-1 工形梁的装配
1—螺杆;2—垫块;3—腹板;4—翼板;
5—挡板;6—平台;7—直角尺

2. 夹紧

夹紧就是借助于外力使零件准确到位,并将定位后的零件固定。图 1-3-1 中翼板与腹板间相对位置确定后,是通过调节螺杆 1 来实现夹紧的。

3. 测量

测量是指在装配过程中,对零件间的相对位置和各部尺寸进行一系列的技术测量,从而衡量定位的准确性和夹紧的效果,以指导装配工作。图 1-3-1 中所示的工形梁装配中,在定位并夹紧后,需要测量两翼板的平行度、腹板与翼板的垂直度、工形梁高度尺寸等项指标。例如,通过用直角尺 7 测量两翼板与平台面的垂直度、来检验两翼板的平行度是否符合要求。

上述三个基本条件是相辅相成的,缺一不可。若没有定位,夹紧就成无的放矢;若没夹紧,就不能保证定位的准确性和可靠性;而若没有测量,就无法进行正确的定位,也无法判定装配的质量。因此,研究装配技术,总是围绕这三个基本条件进行的。

(二)定位原理

1. 六点定位规则

如图 1-3-2(a)所示,任何空间的刚体未被定位时都具有六个自由度,即沿三个互相垂直的坐标轴的移动(图 1-3-2(b))和绕这三个坐标轴的转动(图 1-3-2(c))。因此,要使零件(一般可视为刚体)在空间具有确定的位置,就必须约束其六个自由度。

为要限制零件在空间的六个自由度,至少要在空间设置六个定位点与零件接触,如图 1-3-3 所示为确定一长方体零件的空间位置,在三个互相垂直的坐标平面内,分布六个定位点,其中:在 xoy 平面上的三个定位点,限制了零件的三个自由度,使零件不能绕 ox、oy 轴转动和 oz 轴移动;在 yoz 面上的两个点,限制了零件的两个自由度,使零件不能沿 ox 轴移动和绕 oz 轴转动;在 xoz 平面上的一个点,限制了零件沿 oy 方向移动的最后一个自由度。这样,以六个定位点来限制零件在空间的自由度,以求得完全确定零件的空间位置,称为"六点定位规则"。

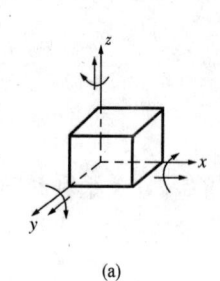 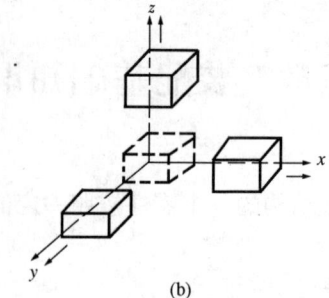 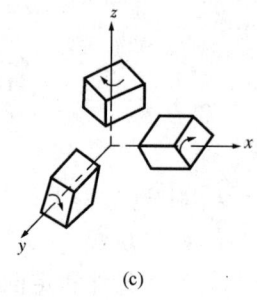

图 1-3-2 空间刚体的六个自由度

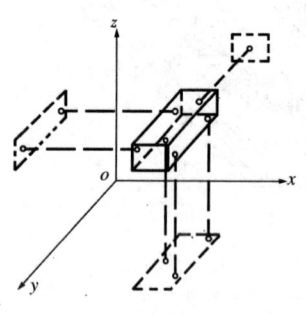

图 1-3-3 长方体零件的六点定位

六点定位规则,适合于任何形状零件的定位,只是对不同形状的零件定位时,六个定位点的形式及其在空间的分布有所不同。

在实际装配中,可由定位销、定位块、挡板等定位原件作为定位点;也可以利用装配台或工件表面上的平面、边棱及胎架模板形成的曲面代替定位点,有时还由在装配平台或工件表面画出的定位线起定位点的作用。

2. 定位基准及其选择

1) 定位基准

在结构装配过程中,必须根据一些指定的点、线、面,来确定零件或部件在结构中的位置,这些作为依据的点、线、面,称为定位基准。

如图 1-3-4 所示,圆锥台漏斗上各件间的相对位置,是以轴线和 M 面为定位基准确定的。图 1-3-5 所示为一四通接头,装配支管 Ⅱ、Ⅲ 在主管 Ⅰ 上的相对高度是以 H 面为定位基准而确定的,而支管的横向定位则以主管轴线为定位基准。

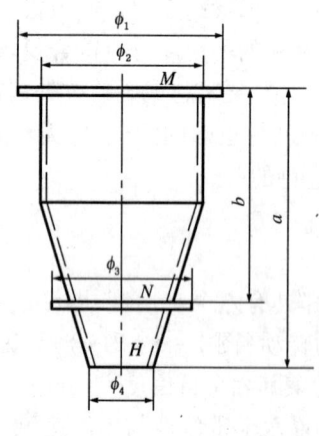 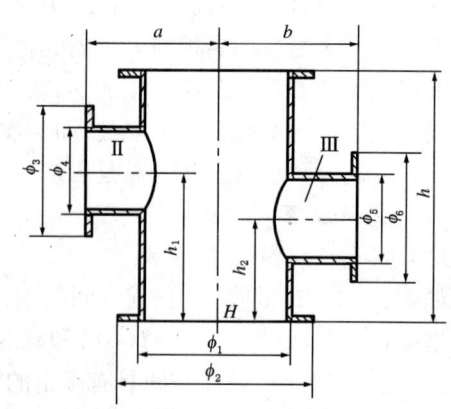

图 1-3-4 圆锥台漏斗   图 1-3-5 四通接头

2) 定位基准的选择

合理地选择装配定位基准,对保证装配质量,安排零、部件装配顺序和提高装配效率,有着重要的影响。通常根据如下原则选择定位基准:

(1) 尽可能选用设计基准作定位基准,这样可以避免因定位基准与设计基准不重合而引起较大的定位误差。

如图 1-3-4 所示的圆锥台漏斗,M 面为其设计基准之一。按其使用要求,装配中应保证大、小两法兰盘上 M、N 面间的距离。装配时,若以 H 面为定位基准进行小法兰盘的装配定位,则 M、N 面间的距离要由 a 和 $(a-b)$ 两个尺寸来保证,其定位误差是这两个尺寸误差之和;而若以 M 面为定位基准,M、N 两面间的距离仅由 b 一个尺寸来保证,其定位误差仅是尺寸 b 的误差,显然要比前者小,故实际装配应选 M 面为定位基准。此外,从 M 面的尺寸大于 H 面尺寸来看,这样的选择也是合理的。

(2) 同一构件上与其他构件有连接或配合关系的各个零件,应尽量采用同一定位基准,这样能保证构件安装时与其他构件的正确连接或配合。如图 1-3-5 所示的四通接头的两支管 Ⅱ、Ⅲ,就应以同一定位基准进行装配定位。

(3) 应选择精度较高,又不易变形的零件表面或边棱作定位基准,这样能够避免由于基准面、线的变形造成的定位误差。

(4) 所选择的定位基准应便于装配中的零件定位与测量。

在实际装配中,定位基准的选择要完全符合上述所有的原则,有时是不可能的。因此,应根据具体情况进行分析,选出最有利的定位基准。

二、装配中的测量

装配中的测量技术包括正确、合理地选择测量基准,准确而迅速地完成零件定位所需要的测量项目的测量。较常用的测量项目有:线性尺寸、平行度(包括水平度)、垂直度(包括铅垂度)、同轴度以及角度等。

(一) 测量基准

测量中,为衡量被测点、线、面的尺寸和位置精度而选作依据的点、线、面,称为测量基准。一般情况下,多以定位基准作为测量基准。如图 1-3-4 所示的圆锥台漏斗上小法兰盘的装配,是以 M 面为定位基准,测量尺寸 b 时,又可以 M 面作为测量基准。这样,在这个小法兰盘的装配中,设计基准、定位基准、测量基准三者合一,可以有效地减小装配误差。

当以定位基准作测量基准不利于保证测量的精确度或不便于测量操作时,就应本着能使测量准确、操作方便的原则,重新选择合适的点、线、面作为测量基准。例如图 1-3-1 中所示的工形梁,其腹板平面是腹板与翼板垂直定位的基准,但以此平面作为测量基准去测量腹板与翼板的垂直度,则不很方便,也不利于获得精确的测量值。这时,若按图 1-3-1 中所采用的以装配平台作为测量基准,则既容易进行测量,又能保证测量结果的准确性。

有时我们还可以在号料时,预先在零件坯料上留出装配测量基准线,以备装配时使用。如图 1-3-6 所示,即为利用预留的测量基准线进行圆筒纵缝对接的情形。装配时,只需测量两基准线之间的距离 a,即可保证圆筒纵缝的正确对接。

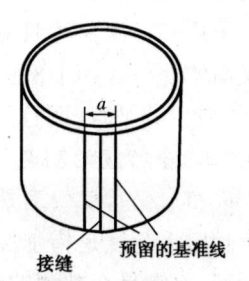

图 1-3-6 圆筒装配预留测量基准线

(二) 线性尺寸的测量

线性尺寸,是指零件上被测的点、线、面与测量基准间的距离。由于组成构件的各个零件间都有尺寸要求,因此线性尺寸测量在装配中应用最多,而且在进行其他项目的测量时,往往也需辅之以线性尺寸的测量。

进行线性尺寸的测量,主要是利用各种刻度尺(卷尺、盘尺、直尺、木折尺等)来完成。有时,也用画有标志的样棒进行线性尺寸的测量。如图 1-3-7 所示在槽钢上装配立板,为确定立板与槽钢接合线的位置,需要测量其中一块立板距槽钢端面的尺寸 a 及两立板间距离尺寸 b。这两个尺寸即属于线性尺寸。图 1-3-8 所示的角钢桁架上各件的连接位置,也要通过盘尺(或卷尺)进行线性尺寸测量来确定。

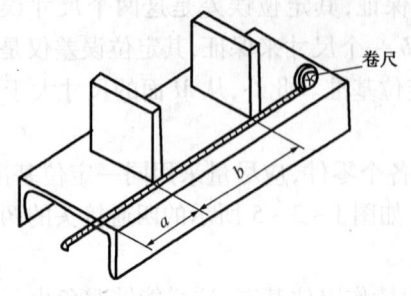 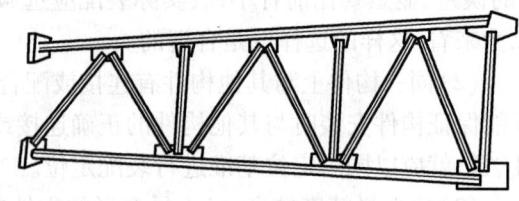

图 1-3-7　槽钢上装配立板的尺寸测量　　　　图 1-3-8　角钢桁架

构件上的某些线性尺寸,有时因受构件形状等因素的影响而不能直接用尺测量,需要借助一些其他量具来达到测量的目的。如图 1-3-9 所示的圆锥台与圆筒,按图示的位置装配,在测量整体高度时,由于圆锥台小口端面(封闭的)较圆筒外壁缩进一段,无法用尺直接测量,这时可借助于用轻型工字钢制成的大平尺来延伸圆锥台小口端平面,再用尺去间接测量。

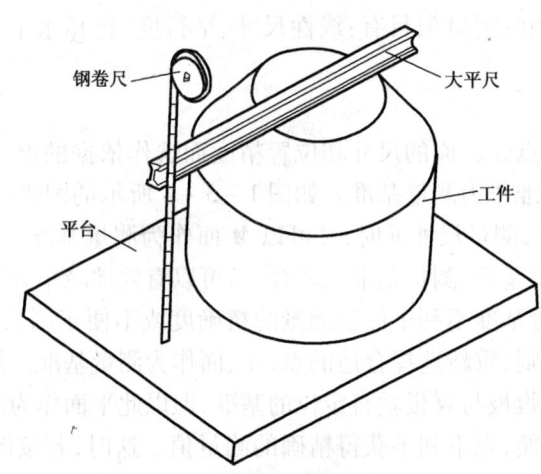

图 1-3-9　间接测量工件高度

采用间接测量法时应注意:所采用的测量方法和辅助量具应能保证测量结果的精确度,而且应简便易行。如上例中为保证测量结果的精度,所用大平尺的工作面(代替零件被测面的尺面)应十分平直,而且尺身应不易变形。此外,为使用方便,大平尺不宜过重。

(三)平行度的测量

1. 相对平行度的测量

相对平行度是指工件上被测的线(或面)相对于测量基准线(或面)的平行度。测量相对平行度,通常是在被测的线(或面)上选择较多的测量点,与测量基准线(或面)上的对应点进行线性尺寸的测量,当由各对应测量点所测得的线性尺寸都相等时,被测的线(或面)则与测量基准线(或面)相互平行,否则就不平行。

图1-3-10(a)、(b)分别为在一平板上装配两根与板边平行的角钢和在一圆筒上装配两条相互平行的加强带圈时的定位测量,它们都是通过直接进行多点线性尺寸测量来达到测量平行度的目的。

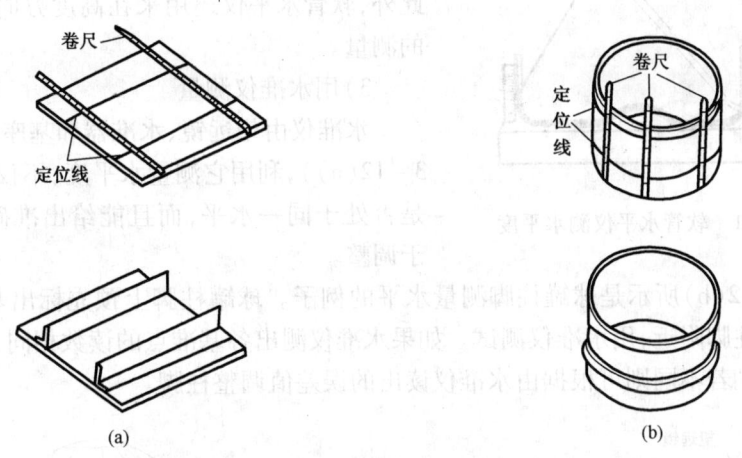

图1-3-10 相对平行度的测量
(a)角钢间相对平行度的测量;(b)钢带圈间相对平行度的测量

测量两零件间的相对平行度,有时也需要通过间接测量来完成。如在图1-3-9所示圆锥台与圆筒的装配中,若要测量圆锥台小口端面与圆筒下端面的平行度时,则仍要借助大平尺来间接测量。测量时要转换大平尺的方位,以获得多点测量。而每一对应点的测量方法,则与图1-3-9所示的方法相同。

2. 水平度的测量

容器里的水或其他液体在静止状态下,其表面总是处于与重力作用方向相垂直的位置,这种位置称之为水平。水平度就是衡量零件上被测的线(或面)是否处于水平位置。许多钢结构制品,在使用中要求有良好的水平度。例如桥式起重机(天车)的运行轨道,就需要有良好的水平度,否则将不利于起重机在运行中的控制,甚至引起事故。

金属结构制作工装配中常用水平尺、软管水平仪、水准仪、经纬仪等量具或仪器来测量零件的水平度。

1)用水平尺测量

水平尺是测量水平度最常用的量具。测量时,将水平尺放在构件的被测平面上,查看水平尺上玻璃管内气泡的位置。如在中间,即达到水平;如果气泡偏在一侧,则说明没有达到水平,气泡所在的一侧高。这时应调整零件的位置,直至气泡处在管内正中位置为止。使用水平尺时应轻拿轻放,不可敲击和振动。为避免结构表面的局部凸凹不平影响测量结果,有时在水平尺下面垫一平直的厚木板。

2)用软管水平仪测量

软管水平仪是由一根较长的橡皮管两端各接一玻璃短管所构成,管内注入液体。加注液体时,要从其中一端管口注入,不能两端齐注,以免橡皮管内留有空气而造成测量错误。冬季使用时,要注入不易冻的液体,如酒精或乙醚。

测量时,取两根标有相同刻度的标杆,将玻璃管分别贴靠在标杆上,把其中的一根标杆置于被测平面的一角,另一根标杆连同橡皮管放在被测平面上的不同点,观察两玻璃管内的水平

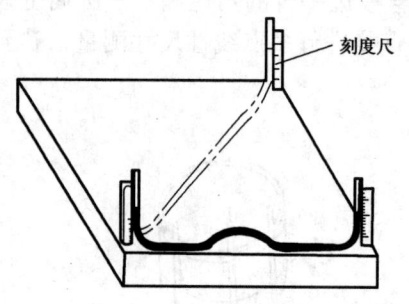

图1-3-11 软管水平仪测水平度

面高度是否相同(图1-3-11)。如在测试各点时,玻璃管内水平面高度都相同,说明被测平面为水平。软管水平仪通常用来测量较大结构的水平。此外,软管水平仪还用来在高度方向进行线性尺寸的测量。

3)用水准仪测量

水准仪由望远镜、水准器和基座等组成(图1-3-12(a)),利用它测量水平度,不仅能衡量各测点是否处于同一水平,而且能给出准确的误差值,便于调整。

图1-3-12(b)所示是球罐柱脚测量水平的例子。球罐柱脚上预先标出基准点,把水准仪安置在球罐柱脚附近,用水准仪测试。如果水准仪测出各基准点的读数相同,说明各柱脚处于同一水平面。若不同则可根据由水准仪读出的误差值调整柱脚。

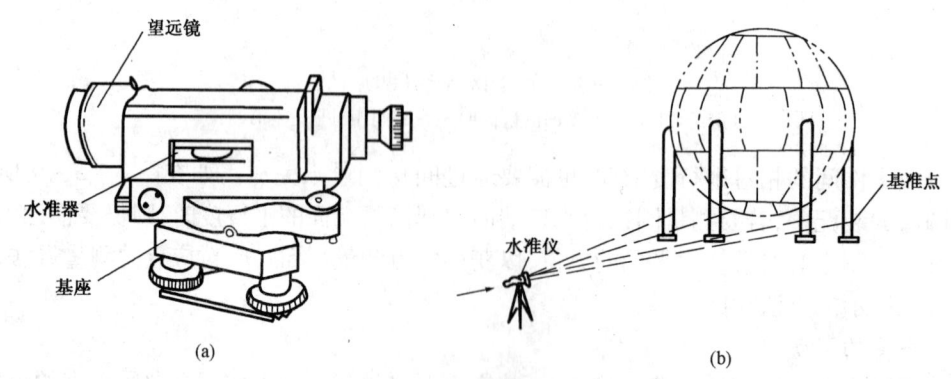

图1-3-12 水准仪测量水平度

(四)垂直度的测量

1. 相对垂直度的测量

相对垂直度,是指零件上被测的直线(或面)相对于测量基准线(或面)的垂直程度。相对垂直度是装配工作中极常用的测量项目,并且很多产品都对其有严格的要求。例如高压电架线铁塔等呈棱锥形的结构,它往往由多节组成,装配时,技术要求的重点是每节两端面与中心线垂直。只有每节的垂直度符合技术要求之后,才有可能保证总体安装的垂直度。

测量相对垂直度,通常是利用直角尺直接测量(图1-3-13),当基准面和被测面分别与直角尺的两个工作尺面贴合时,说明两面垂直,否则不垂直。使用直角尺测量相对垂直度,简单易行。但在使用直角尺时不可磕碰,以免损坏直角尺或因直角尺角度变化造成测量误差。

使用直角尺测量相对垂直度,还要注意直角尺的规格与被测面尺寸相适应。当零件的被测面长度远远大于直角尺的长度时,用直角尺测量往往会产生较大的误差,这时可采用辅助线测量法。图1-3-14(a)所示为辅助线测量法测量单直角的例子,它是用刻度尺作辅助线,在被测面与基准面的垂直断面上构成一直角三角形,利用"勾股定理"求出辅助线理论长度(斜边长),再去测量实际辅助线。若两者长度相等,说明两面垂直。图1-3-14(b)所示为辅助线测量法检验一矩形框的四个直角的例子,若两辅助对角线相等($ac = bd$),说明矩形框的四个内角均为直角,即各相邻面互相垂直。

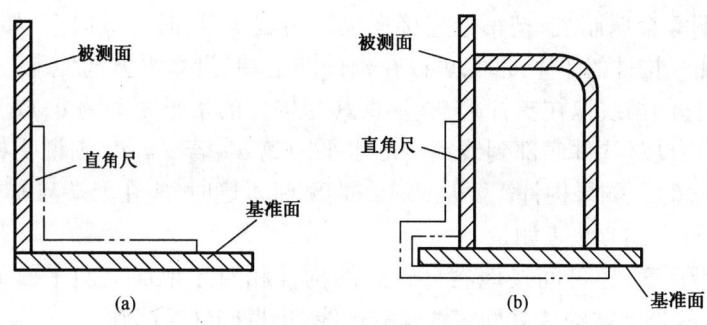

图 1-3-13 用直角尺测量相对垂直度

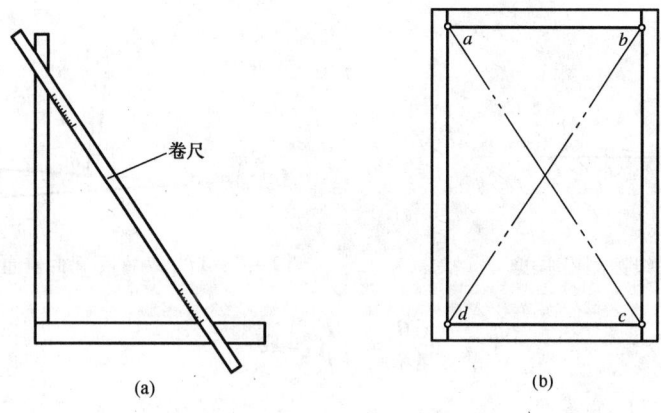

图 1-3-14 利用辅助线测量相对垂直度

对于一些桁架类构件上某些部位的垂直度难以直接测量时,可采用间接测量法测量。图 1-3-15 所示为对一塔类桁架的一节两端面与中心线的垂直度进行间接测量的例子。首先过桁架两端面的中心拉一钢丝,再将其平置于测量基准面上,并使钢丝与基准面平行。然后用直角尺(或其他方法)测量桁架两端面与基准面的垂直度,若桁架两端面垂直于基准面,必同时垂直于桁架中心线,这样就间接测量了桁架两端面与中心线的垂直度。

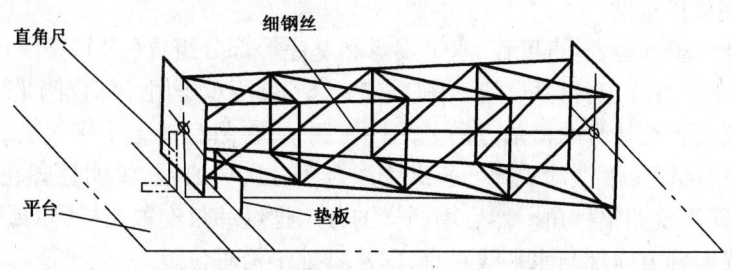

图 1-3-15 用间接测量法测量相对垂直度

2. 铅垂度的测量

铅垂度是衡量零件上被测的线(或面)是否与水平面垂直的一个测量项目,它常作为构件安装的技术条件。常用的测量铅垂度的工具和仪器是吊线锤和经纬仪。

1）吊线锤测量铅垂度

吊线锤多用铜等金属制成，把吊线连接在锤的尾端，使用时锤尖向下，如图1-3-16所示。当用吊线锤测量构件的铅垂度时，可以在构件的上端，沿水平方向伸出一个支杆，并与构件加以固定，将线锤的吊线拴在支杆上，并量得其与构件的水平距离为 a；放下线锤使锤尖接近地面并稳定后，再度量构件底部到线锤尖的水平距离 a'，若 $a = a'$，则说明构件此侧与水平线垂直（图1-3-16）。如果构件需要从两个方向测铅垂度时，应在上端与前支杆垂直方向固定另一个支杆，再用上述方法去测量。

利用线锤测铅垂度，还可间接地测量较大的构件相对于地面上斜平面的垂直度。如图1-3-17所示，在构件上端的 A 处固定线锤的吊线，量得构件底部到

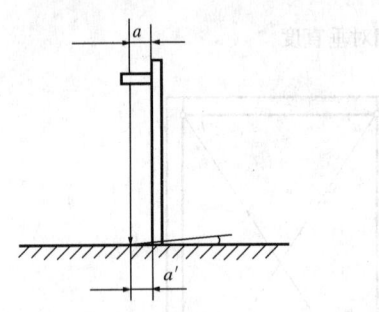
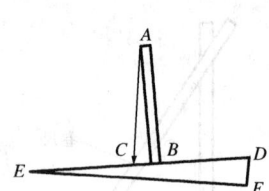

图1-3-16　吊线锤测铅垂度　　　　图1-3-17　构件与斜面垂直度的测量

$$\frac{CB}{AB} = \frac{DF}{EF} = M$$

A 点的垂直距离 AB。利用已知斜面的斜度 M（即 $\frac{DF}{EF}$），计算出线锤尖接地点 C 沿斜面方向到 B 点的准确值 CB，计算公式：

则

$$CB = \frac{AB \cdot DF}{EF} = AB \cdot M$$

上式中 AB、DF、EF 的长度均为已知（或可直接量得），故 CB 长度可以算出。若实测的 CB 值与其计算值相同，则构件 AB 垂直于斜面 ED。

2）经纬仪测量铅垂度

经纬仪主要由望远镜、竖直度盘、水平度盘和基座等部分组成（图1-3-18(a)）。它可测角、测距、测高、测定直线、测铅垂度等。图1-3-18(b)所示是用经纬仪测量球罐柱脚的铅垂度。先把经纬仪安置在柱脚的横轴方向上，对中，调平，再将目镜上十字线的纵线对准柱脚中心线的下部，将望远镜上下微动观测。若纵线重合于柱脚中心线，说明柱脚在此方向上垂直。如果发生偏离，就需要调整柱角。然后用同样的方法把经纬仪安置在柱脚的纵轴方向上观测，如果柱脚在纵横两轴方向都与水平线垂直，则柱脚处于铅垂位置。

（五）同轴度的测量

同轴度是指构件上具有同一轴线的几个零件，装配时其轴线的重合程度。测量同轴度的方法很多，这里举例介绍几种常用的测量方法。

图1-3-19所示为由两节圆筒连接而成的长圆筒，测量它的同轴度，可先在各节圆筒的端面安上临时支撑（应注意不使圆筒变形），再在各临时支撑上分别找出圆心位置，并钻出20～

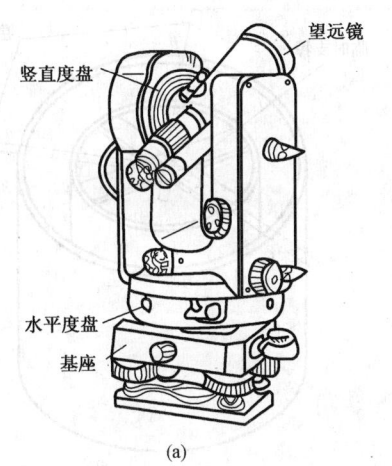
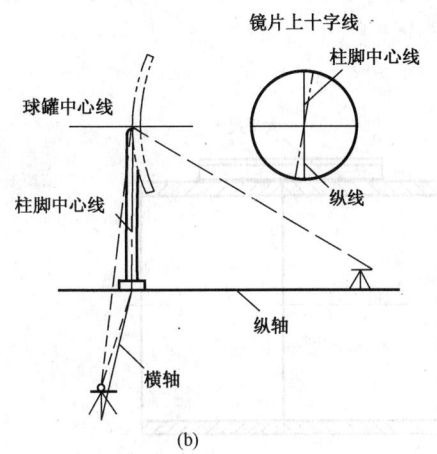

图 1-3-18 经纬仪及其应用

30mm 的孔,然后过长圆筒两外端面的中心拉一钢丝,使其从各端面支撑的孔中通过。这时观察钢丝是否处于各端面上孔的中心位置,若钢丝过各端面中心,说明几节圆筒同轴,否则不同轴,需要调整。

如果每节圆筒的成形误差和尺寸误差都很小,也可采取在圆筒外侧拉钢丝,通过测筒外壁与钢丝的距离或贴合程度,来测量几节圆筒的同轴度(图 1-3-20)。应用这种方法,至少应在整圆周上选择三处拉钢丝测量,以保证测量结果的准确。

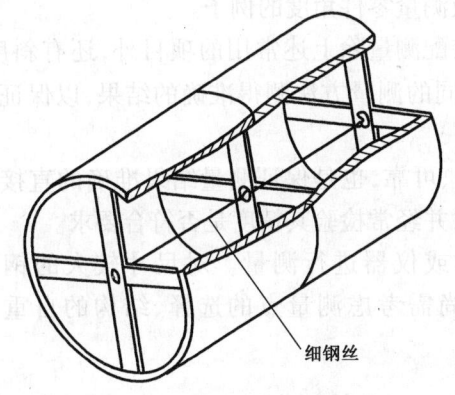
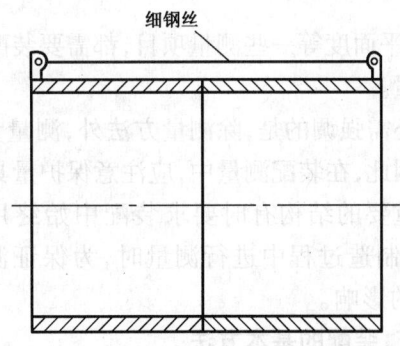

图 1-3-19 圆筒内拉钢丝测量同轴度　　图 1-3-20 圆筒外拉钢丝测量同轴度

若仅为两节并不很长的圆筒相接,也可将大平尺在接合部位沿圆筒素线立于圆筒外壁上,根据大平尺与筒外壁的贴合程度来测量其同轴度(图 1-3-21)。

多节塔类桁架同轴度的测量,可参照上述方法进行。

图 1-3-22 所示为一双层套筒,同轴度测量时,先在内筒两端面加上临时支撑,并在其上找出圆心位置,然后用尺测量外筒圆周上各点至圆心的距离。如果各测点的圆心距相等,说明内、外两圆筒同心。当在套筒两端面测得内、外筒皆同心时,则说明内、外筒同轴。

如果套筒的装配精度要求不高,也可以通过测量其两端面上内、外筒的间距,来控制套筒的同轴度。

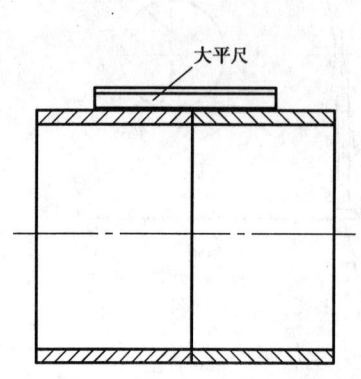

图1-3-21 用大平尺测量同轴度

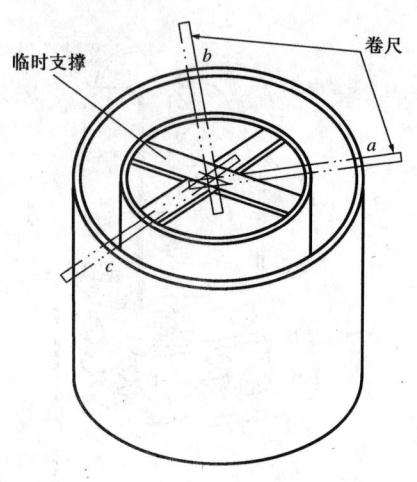

图1-3-22 套筒的同轴度测量

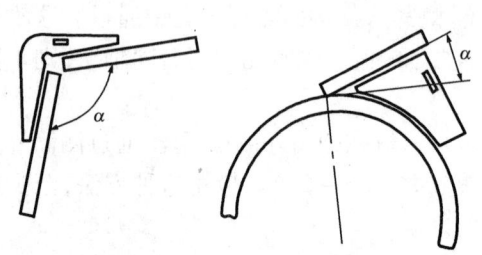

图1-3-23 角度的测量

（六）角度的测量

装配中，通常是利用各种角度样板测量零件的角度。测量时，将角度样板塞入形成夹角的两侧面之间，并使样板与两侧面同时垂直，再观察样板两边是否与两侧面都贴合。若都已贴合，则说明零件角度正确。图1-3-23为两个利用角度样板测量零件角度的例子。

装配测量除上述常用的项目外，还有斜度、挠度、平面度等一些测量项目，都需要装配工采取不同的测量方法测得准确的结果，以保证装配质量。

还需强调的是，除测量方法外，测量量具的精确、可靠，也是保证测量结果准确的直接因素。因此，在装配测量中，应注意保护量具不受损坏，并经常检验其精度是否符合要求。

重要的结构有时要求装配中始终用同一量具或仪器进行测量。对尺寸较大的钢结构，在制造过程中进行测量时，为保证测量精度，尚需考虑测量点的选择、结构的自重和日照的影响。

三、装配的基本方法

（一）装配前的准备工作

准备工作是装配工艺的重要组成部分。充分、细致的准备工作，是高质量、高效率地完成装配工作的有力保证。装配前的准备工作，通常包括如下几个方面。

1. 熟悉产品图样和工艺规程

产品图样和工艺规程是整个装配工作的主要依据，通过熟悉图样和工艺规程，应达到如下目的：

（1）了解产品的特性、用途、结构特点、数量和装配技术要求，并依此确定装配方法。

（2）了解各零件间的位置关系、连接形式、装配尺寸和精度，选择好定位基准和装配夹具类型。

（3）了解各零件的数量、材质及其特性。

2. 划分部件

金属结构产品是一个独立和完整的总体,它由一系列的零件和部件所构成。零件是组成产品的基本件,由若干个零件组成一个可独立装配的、比较完整的结构称为部件。

对于大型、复杂的金属结构产品,通常是将总体分成若干个部件,将各部件装配或焊接后,再进行总装。这样,可以减少装配时间,使许多不利的焊接位置变为有利,扩大了自动焊、半自动焊的应用,减少了高空作业,改善了施工条件,提高了装配效率,保证了装配质量。同时,也有利于实现装配工作机械化。

划分部件时应考虑下列几点:

(1)要尽量使划分出的部件有一个比较规则、完整的轮廓形状。

(2)部件之间的连接处不宜太复杂,以便于总装时的定位、夹紧和测量。

(3)部件装配后,能有效地保证装配质量。

3. 装配现场的设置

装配工作场地应尽量选择在起重机械的工作区间内,而且场地应平整、清洁,便于安置装配工作台,零件堆放要整齐且便于取用,人行道应通畅,还要保证运输车辆通行无阻。

在装配场地周围,应选择适当的位置安置工具箱、电焊机、气割设备,同时根据装配需要配置其他设备,如钳桌台和台虎钳等。

4. 工、量、夹具和吊具的准备

装配前,应备齐装配中常用的工具、量具、夹具和吊具。

常用的工具有大锤、手锤、錾子、手砂轮、撬杠、扳手及各种画线用的工具等。

常用的量具有钢卷尺、平尺、水平尺、线锤、直角尺及各种检验零件定位情况的样板等。

此外,装配前还要根据不同结构的具体情况,准备或制作一些专用的工、夹具。

5. 零、部件预检和防锈

产品装配前,对于从上道工序转来或零件库中领取的零、部件及装配当中所用的辅助材料,都要进行核对和检查,以便于装配工作的顺利进行。零、部件预检的主要内容有:

(1)按图样和工艺文件检查零、部件的形状、尺寸和材质。

(2)查对零、部件的数量。

(3)核对电焊条等辅助材料的型号与工艺要求是否相符。

(4)按工艺规定检查螺栓、螺母等辅助零件的规格、材质。

装配前还要对零、部件的连接处的表面进行去毛刺、除污垢、除锈等清理工作,并要在清理后,按技术要求进行防锈处理。对于零部件在装配后难于施行清理、防锈处理的部位,也应在装配前采取措施。

6. 安全措施

在装配工作中,大部分属于多工种联合作业,涉及不安全的因素较多,因此,安全措施对装配工作尤为重要,必须在装配前的准备工作中,就予以充分的考虑。例如:氧气瓶和乙炔发生器要放在离人行道和火源较远的地方,消防用具要放在取用方便的地方;所有的吊具,都要进行严格的检查;接电的地方,要有预防触电的措施;高空作业的安全带要经严格的检查等。

(二)装配方式与支承形式

1. 装配方式

金属结构件的装配方式按装配时结构的位置划分主要有正装、倒装和卧装,正装和倒装又合称为立装(图1-3-24)。所谓正装,是指工件在装配中所处的位置,与其使用时位置相同。

图1-3-24(a)所示的铁道车辆总装,就是采用的正装方式。倒装是指工件在装配中所处的与其使用时的位置相反。图1-3-24(b)所示的翻斗车车体装配,就采用了将车体倒置过来,以车体敞口平面与工作台接触的倒装法。卧装是指将工件按其使用位置垂直旋转90°,使它的侧面与工作台相接触而进行装配。图1-3-24(c)所示的某厂多头钻的床身装配,就采用了卧装的方式。

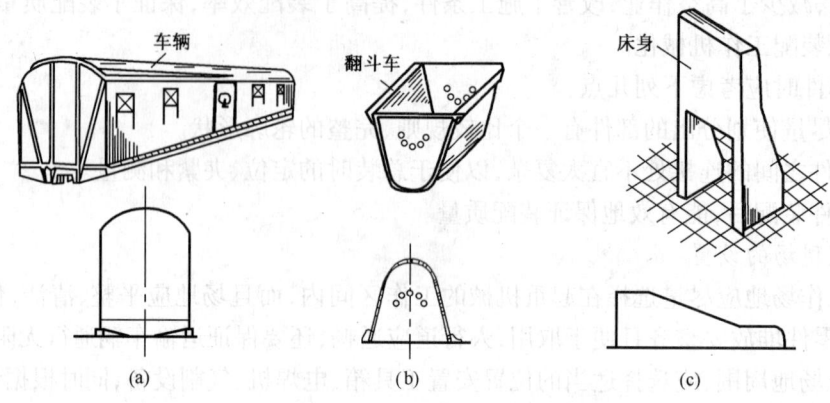

图1-3-24 装配方式

一个工件采用何种装配方式进行装配,一般可从下列几方面考虑:

(1)所选的装配方式,应使工件在装配中能较容易地获得稳定的支承。例如顶部大底部小的工件,一般采用倒装;细高的工件一般采用卧装。

(2)所选的装配方式,应有利于工件上各零件的定位、夹紧和测量,以保证装配质量。

(3)所选的装配方式,应有利于工件装配中以及装配后的焊接或其他连接。

(4)所选的装配方式,应与装配场地的大小、起重机械的能力等工作条件相适应。

选定了工件的装配方式以后,即可根据工件的结构特点、数量和装配技术要求等因素,确定工件在装配中的支承形式。

2. 工件的支承形式

工件在装配中的支承形式有装配平台支承和装配胎架支承。

1)装配平台

装配平台一般水平放置,而且它的工作表面要求达到一定的平直度。金属结构制作工常用的装配平台有以下几种:

(1)铸铁平台。铸铁平台由一块或多块经过表面加工的铸铁制成。它坚固耐用,工作表面精度较高。为了便于夹紧工件,铸铁平台上有许多孔或沟槽。

(2)钢结构平台。钢结构平台通常由厚钢板和型钢组合而成,有时也将钢板直接铺在地面上构成简易的钢结构平台。它的工作表面一般不经切削加工,所以平直度比铸铁平台差,常用于拼接钢板或装配精度要求不太高的工件。

(3)导轨平台。导轨平台由一些导轨安装在混凝土基础上制成,每条导轨的上表面都经过切削加工,并有紧固工件用的螺栓沟槽。它主要用于装配大型工件。

(4)水泥平台。水泥平台用钢筋混凝土制成,平台上预埋一些拉环、柱桩和交叉设置的扁钢,作为装配中固定工件用。这种平台多于大型工件的装配。

(5)电磁平台。电磁平台的主体用钢板和型钢制成,地平台内安置许多电磁铁,通电后,可将工件吸附在平台上。电磁平台多用于板材的拼接,因为电磁铁对钢板的吸附作用能有效地减少焊接变形。

2)装配胎架

在工件结构不适于以装配平台作支承(如船舶、飞机和各种容器等需以曲面作支承)时,就需要制造装配胎架来支承工件,进行装配。

装配胎架按其功能分为通用胎架和专用胎架。图1-3-25(a)所示为一装配圆筒形工件的通用胎架,它由两根辊筒平行地装在固定支架上构成,辊筒间保持一定距离。在装配不同直径的圆筒形工件时,均可用来对工件进行支承定位。

图1-3-25(b)所示为装配某一油罐罐顶的专用胎架,构成胎架支承工作面的是模板,模板是通过放样得出实际形状然后加工而成,这样的专用胎架,只适用一种形状、尺寸的工件装配所用。

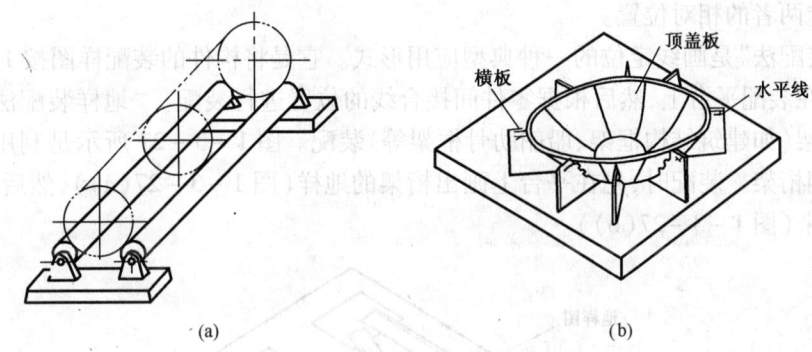

图1-3-25 装配胎架

装配胎架应符合下列要求:

(1)胎架工作面的形状应与工件被支承部位的形状相适应。

(2)胎架结构应便于在装配中对工件施行装、卸、定位、夹紧等操作。

(3)胎架上应画出中心线、位置线、水平线和检验线等,以便于装配中对工件进行校正和检验。

(4)胎架必须在坚固的基础之上,并具有足够的强度和刚度,以避免在装配过程中基础下沉或胎架变形。

(三)零件的定位

根据零件的具体情况,灵活地运用六点定位规则来确定适宜的定位方法,以完成工件上各零件的定位,是装配工作的一项主要内容。装配中常用的定位方法有画线定位、样板定位、定位元件定位三种。

1.画线定位

画线定位是利用在零件表面或装配台表面画出工件的中心线、接合线、轮廓线等作为定位线,来确定零件间的相互位置。

图1-3-26所示为利用画在零件表面的定位线进行零件定位的两个例子。图1-3-26(a)是以画在工件底板上的中心线和接合线作定位线,来确定槽钢、立板和三角形加强板的位置。

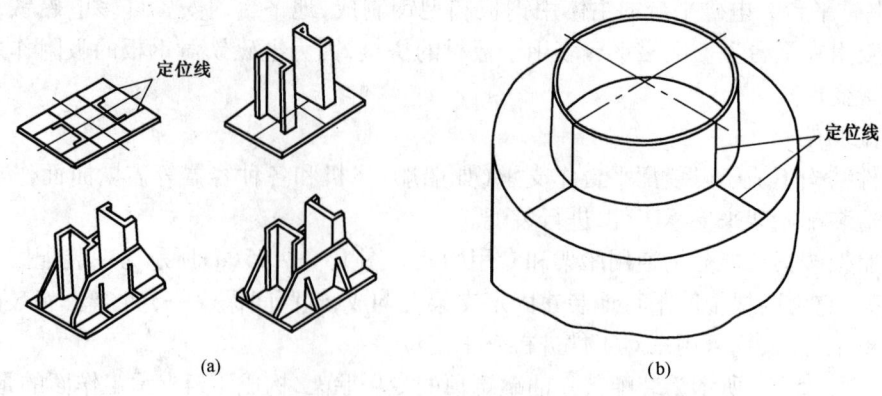

图1-3-26 画线定位举例

图1-3-26(b)所示是利用大圆筒盖板上的中心线和小圆筒上的等分线(也常称其为中心线)来确定两者的相对位置。

"地样装配法"是画线定位的一种典型应用形式。它是将构件的装配样图按1:1的实际尺寸直接绘制在装配平台上,然后根据零件间接合线的位置进行装配。"地样装配法"主要适用于桁架或框架(如建筑结构框架、船舶肋骨框架等)装配。图1-3-27所示是利用"地样装配法"装配一钢桁架。装配时,先在平台上画出桁架的地样(图1-3-27(a)),然后依照地样将零件组合起来(图1-3-27(b))。

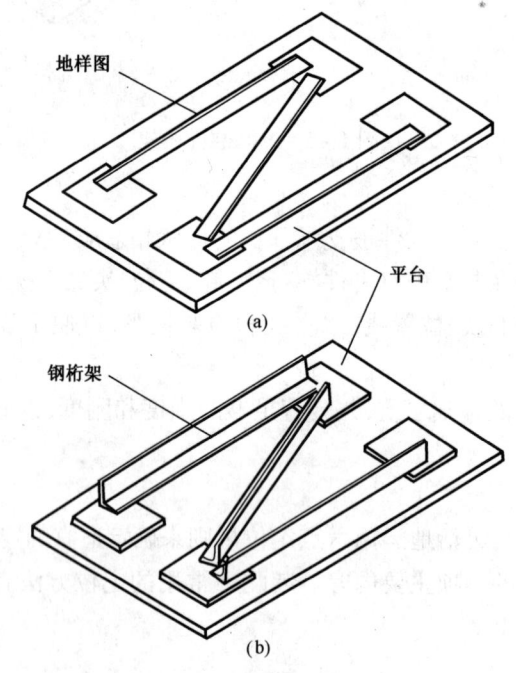

图1-3-27 钢桁架的地样装配

图1-3-28(a)所示为多瓣球形封头,也可采用地样装配。装配时,在平台上画出封头俯视图上、下口线和接缝线,在下口线的外圆周焊上辅助定位挡铁,然后将封头瓣片底边紧靠挡铁,并对准下口线,用角尺或吊线锤检验上口边缘的位置,使其对准平台上的上口线(图1-3-28(b)),这样依次将各瓣片定位,增加临时支撑,再点焊组装。

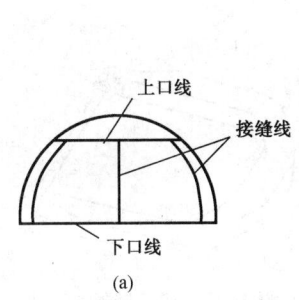
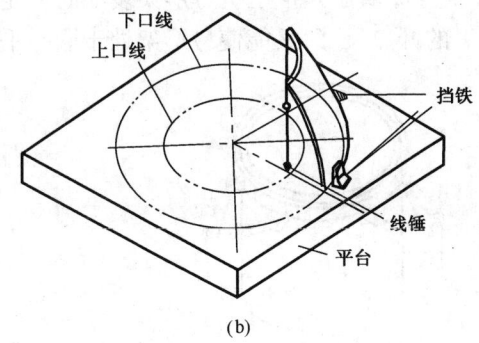

图 1-3-28 多瓣球形封头的地样装配

2. 样板定位

样板定位是指根据工件形状制作相应的样板,作为空间定位线,来确定零件间的相对位置。装配中对零件的各种角度位置,通常采用样板定位。图 1-3-29 所示为斜 T 形结构的装配,根据斜 T 形结构立板的倾斜度,预先制作样板。装配时在立板与平板接合位置确定后,即以样板去确定立板的倾斜度,使其得到完全定位。

断面形状对称的结构,如屋架、梁、柱等结构,可采用样板定位的特殊形式——仿形复制法进行装配定位。图 1-3-30(a)所示为简单钢桁架部件装配应用仿形复制法的示例:在平台上先装配角钢和连接板(图 1-3-30(b)),连接板和角钢间点焊固定后,成为单面结构,以此作为仿形样板装配定位,即可复制出相同单面结构(图 1-3-30(c))。当一批构件单面结构装配完后再分别在每个单面结构上装配另一角钢(图 1-3-30(d)),从而完成整个部件的装配。

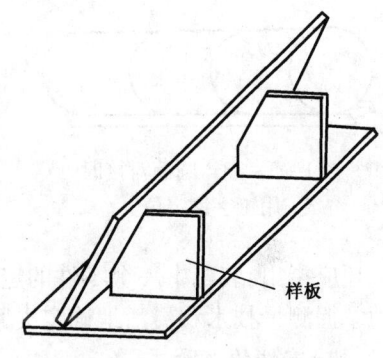

图 1-3-29 复制装配

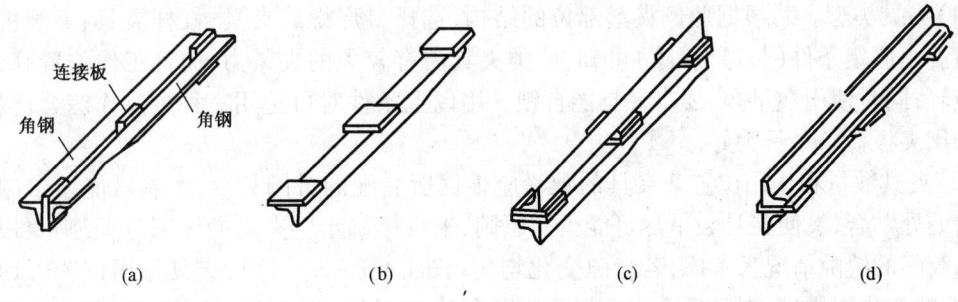

图 1-3-30 仿形复制装配

3. 定位元件定位

定位元件定位,就是用一些特定的定位元件(如板块、角钢、圆钢等)构成空间定位点,来确定零件的位置。这些定位元件,根据不同工件的定位需要,可以固结在工件或装配台上,也可以是活动的。

图 1-3-31 所示为在装配大圆筒外部加强钢带圈时,在大圆筒外表面焊上若干定位挡板,以这些挡板为定位元件确定加强带圈在大圆筒上高度位置。

图 1-3-32 所示是推土机弓形架装配时的定位方法,它以销轴 2 作为定位元件,即能控制弓形架 1 的开口尺寸,又能使弓形架处于同一平面位置。

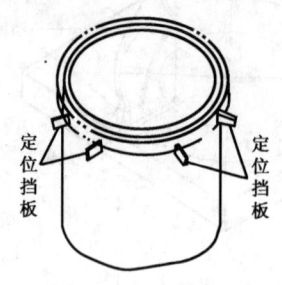

图 1-3-31 挡板定位

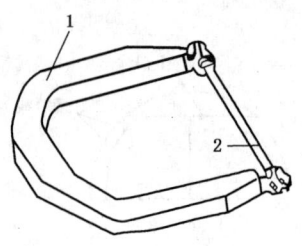

图 1-3-32 销轴定位
1—弓形架;2—销轴

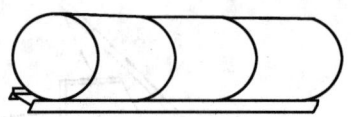

图 1-3-33 圆筒对接时用工字钢定位

图 1-3-33 所示为三节圆筒对接时,将一工字钢置于三节圆筒下,以工字钢两翼板边棱为定位线,控制对接圆筒的同轴度,同时保持圆筒在装配中的稳定。

以上三例均为定位元件定位。上述三种定位方法,在装配定位中,可以单独使用,也可以同时使用,互为补充,以方便定位操作和保证定位准确。

还应指出,装配中一个零件的定位、夹紧和测量,往往是交替进行并互相影响的。因此,熟练地掌握测量技术和灵活地确定夹紧方法,是准确而迅速地进行零件定位的重要保证。

(四) 零件的夹紧

在金属结构件的装配中,零件的夹紧主要是通过各种装配夹具来实现的。要获得较好的夹紧效果和装配质量,进行零件夹紧时,必须对所用夹具的类型、数量、作用位置以及夹紧方式等,作出正确、合理的选择。以图 1-3-31 所示在圆筒外壁装配钢带圈为例,假定圆筒与带圈均由中等厚度钢板制成,带圈分两段装配,由于带圈变形使得带圈与圆筒间有较大缝隙,这时,对它的夹紧方法可作如下分析:

(1) 夹具类型。若根据此例夹紧部位的结构,选择弓形螺旋夹具、杠杆夹具、夹板楔条夹具均可。由假定条件(板厚、缝隙)可知,此类夹具需有较大的夹紧力;而且工作位置高,夹具重量应轻;同时使用数量多,要求夹具能自锁。用以上条件对可选用三种夹具作综合比较,显然以选用夹板楔条夹具为好。

(2) 夹具数量和作用位置。夹具的数量应根据所装配的带圈长度,本着既能使带圈与圆筒外壁处处贴合,又使夹具数量尽可能少的原则,来具体确定。夹具的作用位置,则要根据带圈与圆筒间的缝隙情况来考虑;若缝隙变化均匀(图 1-3-34(a)),夹具作用位置可均匀分布;若缝隙变化不均匀,夹紧后会出现局部不贴合(图 1-3-34(b)),则应在局部存在间隙处增设夹具。

(3) 夹紧方式。装配第一段钢带圈时,夹紧可采取以带圈中间为始点向两侧进行的方式,也可以从带圈一端夹起,逐步向另一端推移,但注意不能从带圈两端向中间夹紧,以免将各处缝隙都推挤到带圈中间位置,而无法消除。装配第二段时,因要使两段带圈对接,故只能采取从对接端向另一端来紧的方式。

此外,在夹紧后出现局部不贴合现象而要增加夹具时,应将要增夹具之点两侧已夹紧的夹具,在带圈可活动的一侧松开,使带圈有活动的余地,再行夹紧。

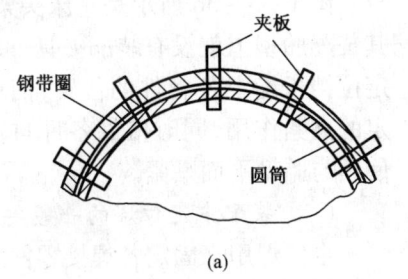 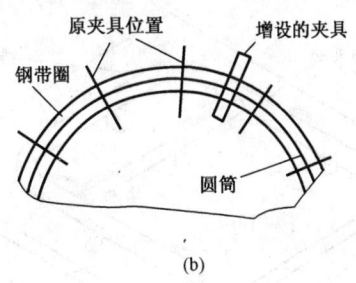

图 1-3-34 夹具作用位置

(五)胎型装配法

在金属结构装配中,当一种工件数量较多,内部结构又不很复杂时,可将工件装配所用的各定位元件、夹具和装配胎架,三者组合为一个整体,构成装配胎型。

利用装配胎型进行装配,可以显著地提高装配工作效率,保证装配质量,减轻体力劳动强度,同时也易于实现装配工作的机械化和自动化。

图 1-3-35(a)所示为越野车门柱踏脚的结构,它由踏脚、前侧门柱、中间门柱和后侧门柱组成。其装配胎型由定位挡铁、肘式螺旋压紧器和平板胎架构成(图 1-3-35(b))。首先装配踏脚,将踏脚置于胎架上,用挡铁和螺旋压紧器定位并固定,然后装配三个门柱,各门柱均用挡铁定位,分别用肘式螺旋压紧器压紧,再将门柱踏脚处用定位焊固定。

当工件装配要求不高,各零件定位又较容易时,还可以采用无夹具的装配胎型进行装配。

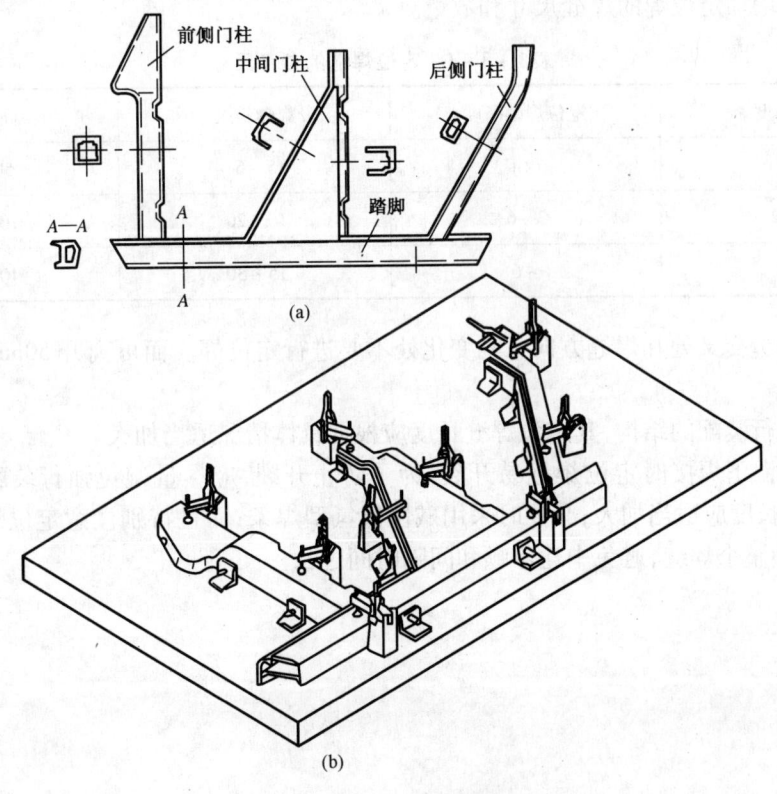

图 1-3-35 越野车门柱踏脚的装配

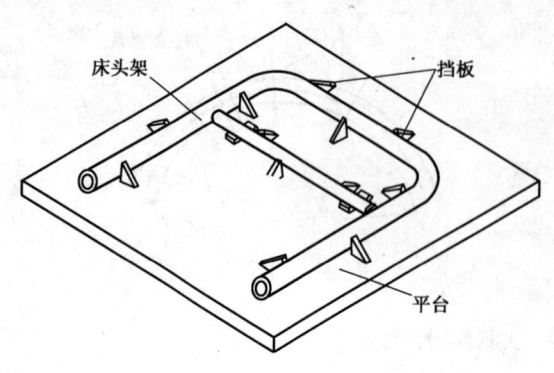

图 1-3-36 床头架的装配

图 1-3-36 所示是一床头架的装配，其装配胎型上就没有装配夹具。装配时用定位挡板确定各管件的位置，挡板还起一定的夹紧作用，同时依靠各件自重的作用使其与胎型平面贴紧。

（六）装配中定位焊的一般要求

定位焊用来固定各焊接零件之间的相互位置，以保证整个结构件得到正确的几何形状和尺寸。定位焊有时也叫点固焊。

定位焊缝一般都比较短小，焊接过程不够稳定，易产生各种焊接缺陷。而定位焊缝又是作为正式焊缝留在焊接结构之中。故对所使用的焊条及对焊工操作技术熟练程度的要求较高。

进行定位焊时应注意以下事项：

（1）定位焊的起头和结尾处应圆滑不应陡，否则在焊缝接头时易在该处造成未焊透。

（2）焊件在焊接时如需预热，则定位焊时亦应进行预热。预热温度与正式焊接时相同。

（3）定位焊为间断焊，工件温度较正式焊接时较低，由于热量不足而容易产生未焊透，故焊接电流较正式焊接时高 10%～15%。

（4）定位焊的尺寸一般可按表 1-3-1 选用。但在个别对保证焊件尺寸起重要作用的部位，可适当地增加定位焊的焊缝尺寸和数量。

表 1-3-1 定位焊缝的参考尺寸   mm

焊件厚度	定位焊缝高度	焊缝长度	间　距
≤4	<4	5～6	50～100
4～12	3～6	10～20	100～200
>12	~6	15～30	100～300

（5）在焊缝交叉处和焊缝方向急剧变化处不要进行定位焊。而可离开 50mm 左右进行定位焊。

（6）经强行装配的结构，其定位焊缝长度应根据具体情况适当加大。

（7）在低温下焊接时定位焊缝易开裂，为了防止开裂，应尽量避免强行装配后进行定位焊，定位焊缝长度应当加大；必要时采用碱性低氢型焊条；而且特别注意定位焊后应尽快进行焊接并焊满整个焊缝，避免中途停顿和间隔时间过长。

第四章 胎具设计知识

胎具及模具都是机械制造业使用的工业装备之一。胎具包含着模具,模具是胎具家族中的一个分支。模具在机加工行业颇为盛行,如铸造专业的木模、砂模或钢模;锻(冲)压专业的压延模、锻模、冲裁模等。在金属结构制作专业里,称呼胎具就很普遍,如大炉常用的型钢煨制胎,封头打凸胎、抹边胎;钢结构组装常用的屋架、桥架组装胎;焊接常用的变位胎;容器组装用的组装胎、撑圆胎;封头加工用的压制胎等。因此,可这样来定义胎具及模具:

胎具是机器制造行业用于成形及方便组焊的工装;模具是从胎具分离出来的专用工装,它是借助机械力约束材料按模腔形态而分离或成形的工装。

胎具和模具在工作时也有差别。模具工作时,必须严格约束工件。且限制其自由度;而胎具则比较随意,工件自由度大,有灵活性。在加工制作上,它们也不相同。模具必须有上、下模,且加工精度高(达微米级),组装较复杂;胎具则不然,有时只有上模或下模,更无须放置导柱,如封头冲压时只有上模,封头爆炸成形就只有下模(有时也不用下模而使用拉环),旋压封头连上下模都没有。胎具的加工精度也不高,组装亦简单。由于冲压封头只有上模,因而把冲封头的工装也称之为胎模。在锻压加工零件时,称自由锻及模锻相结合的锻造方法为胎模锻。

一、压制胎模设计

(一)压制胎模的设计要求

(1)热压胎模应考虑工件的收缩量,冷压胎模应考虑工件的回弹量。
(2)上模应有脱模斜度(指热压胎模),脱胎方法应简单、方便、可靠。
(3)胎模结构应考虑防止受热变形损坏。
(4)多采用简单胎模,少采用复合胎模。
(5)胎模结构要考虑进出料方便、省力,坯料定位装置迅速、准确。

(二)工件热压收缩与冷压回弹

热压后的收缩量与工件的材料、形状、尺寸、板厚、脱模温度及冷却条件有关,收缩率 δ 一般按下式计算:

$$\delta = \alpha \cdot \Delta t \times 100\% \qquad (1-4-1)$$

式中 α——材料的线膨胀系数(见表1-4-1),$℃^{-1}$;

Δt——脱胎温度与室温之差值,℃。

表1-4-1 常用材料线膨胀系数 α $10^{-6}℃^{-1}$

材料	温度范围,℃						
	20~100	20~200	20~300	20~400	20~600	20~700	20~900
碳钢及低合金钢	10.6~12.2	11.3~13.0	12.1~13.5	12.9~13.9	13.5~14.3	14.7~15.0	
1Cr18Ni9Ti	16.6	17.0	17.2	17.5	17.9	18.6	19.3

冷压后的回弹与材料的机械性能、变形程度、工件形状、胎模结构及间隙有关。回弹量通常根据经验估算后,采用试压制后再进行胎模修正。

(三)封头冲压胎模

1.典型结构

封头压制胎模的典型结构其上模分为整体模、滑套模及三瓣式模等,详图如图1-4-1、图1-4-2,图1-4-3所示。各种胎具各有其优缺点。例如,整体模,模具制造简单,采用硬性卸料,故对于板厚小于10mm的大直径封头脱模相当困难;滑套式模具是靠滑套脱离封头而脱模,模具制造较复杂,上模及其行程较长;三瓣式压模的上模靠自重沿圆锥形芯子下滑而缩小其直径,实现封头自动脱模,封头脱模方便、质量好,但模具制造复杂。

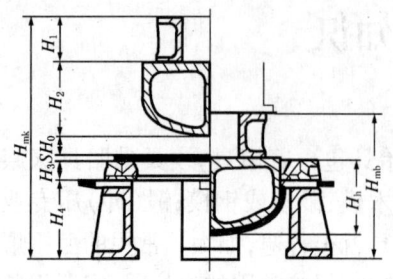

图1-4-1 整体模

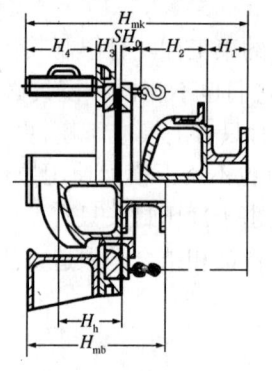

图1-4-2 滑套模

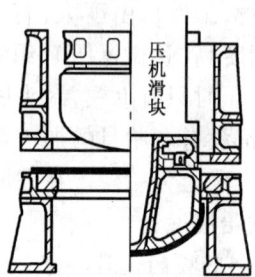

图1-4-3 三瓣式模

2.主要构件设计

1)上模

如图1-4-4所示。同一直径封头,材质、壁厚不同,热压收缩率和冷压回弹率也不相同。在实际生产中以内径为基准的封头,上模设计应考虑同一直径几种相邻壁厚封头的通用性。

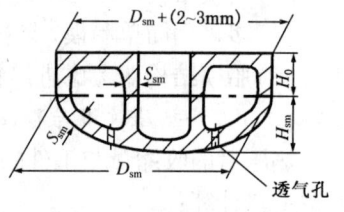

图1-4-4 上模结构图

(1)上模直径 D_{sm}:由(1-4-2)式计算:

$$D_{sm} = D_n(1 \pm \delta) \quad (1-4-2)$$

式中　D_n——封头名义内径,mm;

　　　$\pm\delta$——分别为热压收缩率及冷压回弹率(见表1-4-2和表1-4-3)。

表1-4-2　封头热压收缩率表

D_n,mm	<φ600mm	φ700mm~φ1000mm	φ1100mm~φ1800mm	>φ2000mm
δ,%	0.50~0.60	0.60~0.70	0.70~0.80	0.80~0.90

注:① 薄壁封头取下限,厚壁取上限;

　　② 不锈钢封头按上表增加30%~40%;

　　③ 需调质处理的封头应另减调质后的胀大值,其值通常取为0.05%~0.10%;

　　④ 封头各边采用气割时,应增加气割收缩量,其值通常取为0.04%~0.06%。

表1-4-3 冷压封头回弹率表

材 料	碳素钢	不锈钢	铝	铜
$\delta,\%$	0.20~0.40	0.40~0.70	0.10~0.15	0.15~0.20

(2)上模曲面部分高度:上模曲面部分高度按式(1-4-3)计算:

$$H_{sm} = H(1 \pm \delta) \qquad (1-4-3)$$

式中 H——封头曲面部分高度(查椭圆封头标准),mm;
δ——同式(1-4-1)。

(3)上模直边高度H_0:上模直边高度H_0按式(1-4-4)计算:

$$H_0 = H_1 + H_2 + H_3 + H_4 \qquad (1-4-4)$$

式中 H_1——封头产品直边高度(查椭圆封头标准),mm;
H_2——封头高度修边余量,mm,一般取$H_2 = 15~40$mm;
H_3——卸料板厚度,mm,一般取$H_3 = 40~80$mm;
H_4——保险余量,mm,一般取$H_4 = 40~100$mm。

(4)上模上部直径D_0:上模上部直径按式(1-4-5)计算:

$$D_0 = D_{sm} + (2~3)(mm) \qquad (1-4-5)$$

(5)上模壁厚S_{sm}:
当压力机吨位不大于400t时,$S_{sm} = 30~40$mm;
当压力机吨位大于1500t时,$S_{sm} = 70~90$mm。

2)下胎

下胎设计成拉环结构,如图1-4-5所示。拉环结构包括拉环及拉环座两部分。

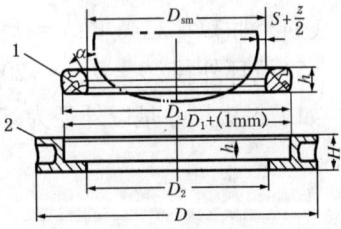

图1-4-5 下胎(拉环)结构图
1—拉环;2—拉环座

(1)下胎拉环直径D_{xm}:拉环直径D_{xm}按式(1-4-6)计算:

$$D_{xm} = D_{sm} + 2S + Z \qquad (1-4-6)$$

式中 S——封头壁厚,mm;
D_{sm}——上模直径,mm;
Z——胎具直径间隙,mm;
热压 $Z = (0.1~2.5)S$;
冷压 $Z = (0.2~0.3)S$。

间隙Z选择原则:① 薄壁封头取较小值,厚壁封头取较大值;② 球形封头或直边较长的椭圆形封头取较大值;③ 设备能力偏小时取大值,并可适当加大间隙范围。

(2)下胎圆角半径:下胎圆角半径R_m如图1-4-6所示。
当采用压边装置时:

$$R_m = (2~3)S$$

无压边装置时：

$$R_m = (3 \sim 6)S$$

当坯料很厚而下胎高度受限制时，可采用如图1-4-7所示的双曲率圆角或斜坡圆角。

$$R_1 = 80 \sim 150 \mathrm{mm}, R_2 = (3 \sim 4)S \quad \mathrm{mm}$$

$$\alpha = 30° \sim 40°$$

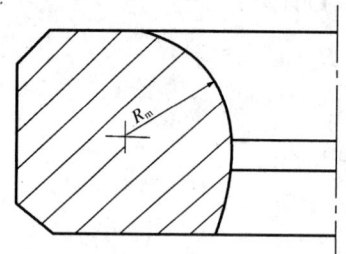

图1-4-6 下胎拉环圆角半径示意图

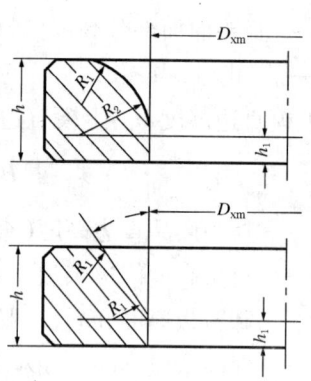

图1-4-7 特殊下胎拉环圆角图
(a)双曲率圆角；(b)斜坡圆角

(3)下胎拉环直边高度：$h_1 = 40 \sim 70$mm
(4)下胎拉环总高度：$h = 100 \sim 250$mm
(5)拉环外径：$D = D_{xm} + (200 \sim 400)$mm

如果封头尺寸是以外径为基准时，则收缩与回弹应考虑在下胎拉环上，而胎具间隙取在上模上。

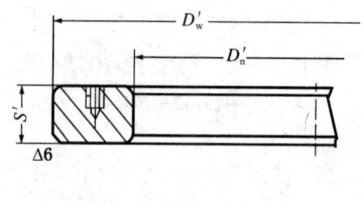

图1-4-8 压边圈

3)其他构件

(1)拉环座(图1-4-5)：拉环座外径 D 应大于坯料直径，高度 $H = h + (60 \sim 100)$mm，下口内径 D_2 应比与之配套的最大壁厚封头的下胎拉环内径大 $5 \sim 10$mm。

(2)压边圈：压边圈如图1-4-8所示。内径 $D_n' = D_{sm} + (50 \sim 80)$mm，外径 D_w' 与下胎拉环座外径相同，厚度 $S' = 70 \sim 240$mm。

3.胎模材料

胎模材料为：上模——铸铁；下胎拉环——铸钢或铸铁；拉环座——铸钢；压边圈——铸铁；托架、底座——铸钢或铸铁。

4.胎模的闭合高度

胎模闭合高度 H_{mb} 必须大于压力机闭合高度 H_{jb}，即 $H_{mb} > H_{jb}$。(参见图1-4-1、图1-4-2、图1-4-3) H_{mb} 按式(1-4-7)计算：

$$H_{mb} = (H_1 + H_2 + H_3 + H_4) - H_h \quad (1-4-7)$$

式中 H_h——上模进入下胎的深度，mm。

其他符号与式(1-4-4)相同。

5. 瓦片压胎

图1-4-9是两种典型的瓦片热压胎。

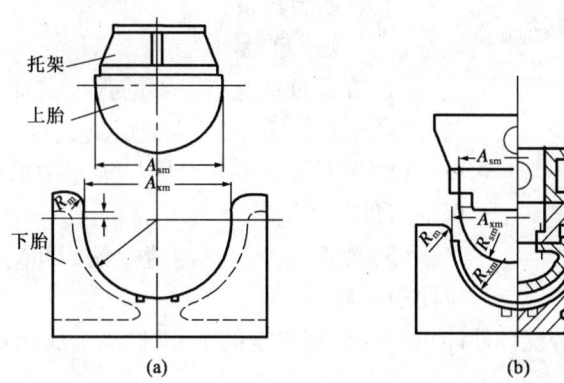

图1-4-9 瓦片压模
(a)简单胎具;(b)带校正压杠胎具

1)上模设计参数

上模 A_{sm} 按式(1-4-8)计算:

$$A_{sm} = A_n(H \cdot \delta) \tag{1-4-8}$$

式中 A_n——工件名义尺寸,mm;
δ——热压收缩率(与热压封头相同)。

$$R_{sm} = A_{sm}/2$$

2)下胎设计参数

下胎直径按式(1-4-9)计算:

$$A_{xm} = A_{sm} + 2S + Z \tag{1-4-9}$$

式中 Z——胎具双边间隙,取 $Z = (0.005 \sim 0.10)S$,mm;
S——工件板厚,mm。

$$R_{xm} = A_{xm}/2$$

下胎圆角半径 $R_m = (1.5 \sim 2.5)S$。厚壁瓦片取下限,薄壁取上限。

胎腔直边高度 $h_1 = (1 \sim 2)S$,厚壁瓦片取下限,薄壁取上限。

3)胎模材料

上模、下胎、托架采用铸钢或铸铁,压杠、卸料板采用锻件。

6. 瓜瓣封头压胎

图1-4-10为典型瓜瓣封头压胎,其设计要点如下:

(1)压胎倾斜度 α 应根据胎具各部分相等和坯料尽量放平两个原则来确定。

(2)胎具中心必须与工件压力中心重合,即投影面积

$$I + II = III + IV; \quad I + III = II + IV$$

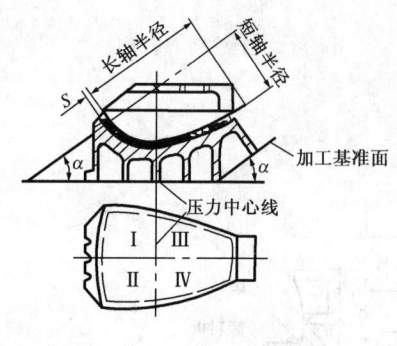

图1-4-10 瓜瓣压胎

(3)胎具型腔部分若需切削加工,应考虑胎具的加工基面。

(4)胎具材料选用铸铁、铸钢或钢板焊接结构件。

二、一般胎具设计

(一)设计原则

(1)在保证胎具有足够的强度前提下,尽量减轻其重量,提高胎具使用寿命,降低胎具成本。

(2)胎具设计要符合图样规定的形状和技术要求,以保证工件制造质量。

(3)合理选择胎具制造方法,尽量减少机加工,同时应便于维修。

(4)采用新工艺、新技术,设计性能可靠。使用安全的工装,提高金属结构制造水平。

(二)设计要求

胎具的设计好坏,最终要通过使用来检验。如果在使用中操作方便,保证安全生产和产品质量,又能为操作者创造良好的劳动条件,这说明达到了使用要求的最终目的。

使用要求包括以下几个方面:

(1)操作方便。保证操作方便的因素很多,比如组装次序合理,减少繁琐作业;操作时有足够的空地,且不受其他物件的阻碍;胎具的高度要适当等,但最主要的是保证零件定位准确和夹紧有力,这样在组装过程中就不会因零件定位不准而再次找正,也不要因夹紧力量不够而辅以锤击。这就省去许多麻烦和减轻了劳动强度。

(2)进料方便。主要指装料过程中把零件放入胎具时很顺利。例如夹紧机构打开的时候,张开的角度和退回的距离要适当。

(3)便于取出工件。当工件成形完毕,要能顺利地从胎型中卸下来,这主要在设置定位器和压紧机构时加以考虑。

(4)便于点焊或施焊。一般组装胎具要求便于点固焊,组装焊接胎则要求便于施焊。

(5)便于检修。这主要是对比较复杂的胎具而言。比如采用风动或液压夹具的组装胎具,所用的风缸、油缸、管道、接头等附属设备出了毛病,应便于检修。

(6)节约成本。胎具的设计要结合本单位的情况,因陋就简,就地取材,节省开支。胎具上所用的零件,其形状尽量简单,方便制作。对于机加工的零件,要合理选择加工精度和表面粗糙度。

(7)利用标准件和通用件。标准化是现代化生产所推行的,它能保证在生产上、技术上实现集中统一、协调和互换性,因此设计胎具时,利用通用件和标准件不但能加快设计和制造的步伐,而且在使用维修时便于互换。

(三)设计步骤

胎具的设计第一步是搜集原始资料;第二步是根据原始资料分析研究设计什么样的胎具;第三步是拟定具体的设计方案,并画出草图;第四步是按照设计草图绘制正式图样。

1.搜集原始资料

(1)产品图样。产品图样是设计组装胎具的技术依据,图样上不仅提供了产品(或零件)的几何形状、内部结构和尺寸,同时提出了对产品的技术要求。技术要求是决定胎具制作精度的根据。所谓制作精度主要是指胎具的水平、定位基面的准确程度。

（2）了解产品生产计划。产品数量是由生产计划来决定的，而制造什么样的胎型与产品数量有关，单件或小量的产品可以制作简单的胎具；产品数量较多的批量生产应设计结构先进的操作方便的胎具。

（3）总结经验。由于人们对客观事物的认识要通过多次实践才能提高，因此在设计新胎之前，有必要研究本单位或外单位使用过的同类型的胎具结构，分析其优缺点，从中总结经验，作为设计新胎具的参考资料。

2. 胎具种类

当把各种原始资料进行综合研究后，就要确定做什么样的胎型。按胎型的功能来分，有组装、焊接两用胎具，也有专门只供组装用的胎具。前者一般能翻转，便于施焊，只适用中、小型产品；后者可在各种情况下使用。其他还有型钢煨制胎，封头压制胎等。

按胎型的复杂程度分，有简单胎具和复杂胎具。简单胎具即在平台上画好线，焊若干个定位挡铁，采用一定的夹具就可以组装简单的构件。复杂胎具自动化程度比较高，有些是和生产线连在一起的。

3. 设计和绘图

设计时应采用强度计算及经验参数相结合的方法。在设计过程中，绘图是必要的。设想的东西是否正确，往往通过绘图能初步检验出来。

第五章 气柜的工艺知识

一、气柜概述

气柜实际上是储气罐,用于储存城市煤气、化工生产中的原料气、半水煤气以及其他气体。在化工生产中,除起着均衡系统负荷和缓冲作用外,同时还有对工艺气体净化除尘的作用。

气柜类型不一,按储气压力大小可分为高压储气罐和低压储气罐两种。低压储气罐按密封方式可分为湿式储气罐和干式储气罐两种。低压储气罐是一种压力基本稳定,储气容积在一定限度内可以变化的低压储气设备。低压湿式气柜有水封装置,而低压干式气柜则无水封装置。低压干式气柜外形有多角形和圆筒形两种,筒内装有一个可以移动的活塞,其直径和罐筒内径相等,为使活塞上下移动稳定,设有导架装置,进气时活塞上升,用气时活塞下降,借助活塞本身的质量将煤气压出,故可使输出煤气的压力基本上保持稳定。

二、气柜形式及优缺点

广泛采用的是低压湿式气柜,其储气部分主要由水槽、中节和钟罩等几部分组成,依靠中节和钟罩在水槽中升降而改变储气容积。

低压湿式气柜可分为三种形式,即外导架直升式、螺旋导轨式和无外导架直升式,它们的主要区别在于导轨结构上,如图1-5-1所示。

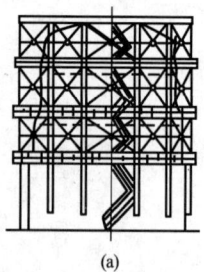
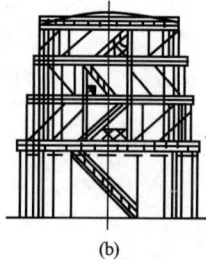
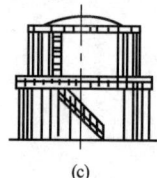

图1-5-1 低压湿式气柜结构形式
(a)外导架直升式气柜;(b)螺旋导轨式气柜;(c)无外导架直升式气柜

低压湿式气柜的优点:
(1)储气容量大、压力较稳定,有一定的调节范围;
(2)修理时可把储气部分的中节、钟罩高度降低,便于检修;
(3)日常运行维护费用相对较低。

低压湿式气柜的缺点:
(1)水槽需装大量水,基础施工费用较高;
(2)发生不均匀沉降时,保持水槽的水平比较困难;
(3)储存的干燥气体易带水分;
(4)中节、钟罩经常浸入和升出水面,需要定期进行防腐维修;
(5)寒冷地区需考虑水槽防冻措施。

三种结构的低压湿式气柜的结构及优缺点见表1-5-1。

表1-5-1 三种结构的低压湿式气相比较

分类	外导架直升式气柜	螺旋导轨式气柜	无外导架直升式气柜
结构	包括一个钟罩、一个或多个中节。安装在充满水的圆柱体水槽中。当气柜充气时，钟罩及中节即从水槽中升起，并将安装在水槽外部垂直立柱作为导轨。多节气柜各节之间都有一水封结构，最下一节，则以水槽内水为水封	在钟罩和每个中节上都安装一定数量、等间距排列并与水平成45°角的螺旋导轨，导轮按等间距排列，安装在水槽平台上及转动的中节上端。充气后，由于上升部分的导轨受到导轮的限制，使气柜沿螺旋形升起	把直导轨固定在钟罩上，上导轮安装在水槽平台上，节省了外导向架
优点	受力情况好，操作平稳，检修工作量小	节省钢材和投资，操作平稳可靠	结构简单，施工方便，比外导架直升式气柜省钢材
缺点	钢材消耗量大，基建投资多（比螺旋式导轨约多耗钢10%~15%，基建投资约多6%左右）	制作难度较大，安装要求高，不能承受强风	导轨与导轮的受力情况以及抗倾覆力矩的能力较差，操作不易平稳，尤其是负荷大时易晃动
应用	适应各种情况	施工力量不足的情况下和风速太大的地区不宜选用	适用于容积小时选用

三、低压湿式气柜结构

低压湿式气柜主要由水槽、中节和钟罩几大部分组成。钟罩和中节安装在充满水的圆柱形的水槽中，气柜充气或用气时，钟罩和中节借助导轨由水槽中升起或下降。

低压湿式气柜中的外导架直升式气柜，公称容积有100m³,200m³,300m³,600m³,10000m³等五种，中节除10000m³气柜为两节外，其余均为一节。其结构图如图1-5-2所示。

螺旋导轨式气柜公称容积有5000m³,10000m³,20000m³,30000m³,50000m³,100000m³,150000m³等七种，中节为1~5节，水槽直径由22m至67m，总高23~68m，结构如图1-5-3所示。

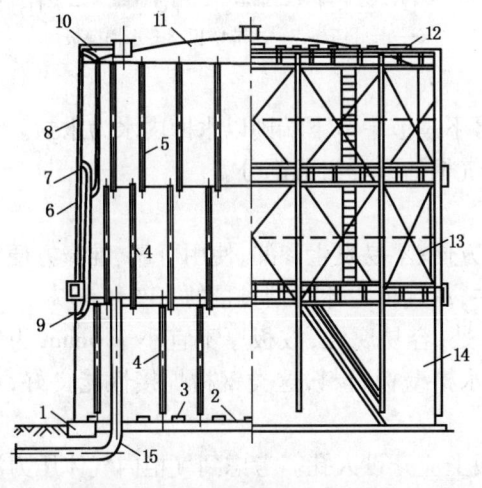

图1-5-2 外导架直升式气柜
1—基础板；2—水槽底板；3—垫梁；4—内导轨；5—内立柱；
6—内导轮；7—外导轮；8—外导架；9—水封（杯圈及挂圈）；
10—顶环；11—钟罩；12—配重；13—中节；14—水槽；
15—进（排）气管

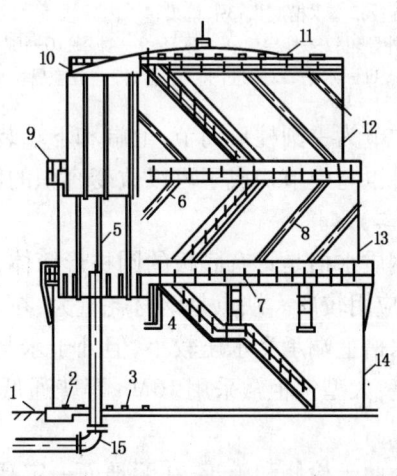

图1-5-3 螺旋导轨式气柜
1—基础板；2—水槽底板；3—垫梁；4—水槽壁板；5—内立柱；
6—中节导轨；7—水槽上导轮；8—螺旋式导轨；
9—水封（杯圈及挂圈）；10—顶环；11—配重；
12—钟罩；13—中节；14—水槽；15—进（排）气管

无外导架直升式气柜公称容积有 $100m^3$、$200m^3$、$300m^3$、$600m^3$、$1000m^3$ 等五种。因容量小故没有中节,结构比较简单,如图 1-5-4 所示。

（一）钟罩与中节

钟罩为圆柱形筒节,顶部的顶板直接铺设在钟罩顶架上,顶板沿钟罩周边采用 8~14mm 钢板,中间部分的顶板为 3~4mm 钢板,化工用气柜因有腐蚀常采用 4.5mm 钢板,顶板厚度不是由强度决定,主要考虑整体刚度和较大的腐蚀裕量,故罩顶为一球面。壁板为对接双面焊,避免或减少搭接焊。钟罩顶部有一顶环,它起着连接顶板、钟罩侧壁及顶架,使之构成为一个整体的作用,可以约束内压所造成的钟罩顶板及侧壁板的变形。钟罩下部一般通过水封与中节相连接,形如套筒可一起升降,水封是钟罩与中节、中节和中节之间的密封部件,其结构如图 1-5-5 所示。在构造上,外导架直升式气柜的水封与螺旋导轨式水封略有不同,但两者构造的组成部分基本相似,主要由水封挂圈和水封杯圈组成。

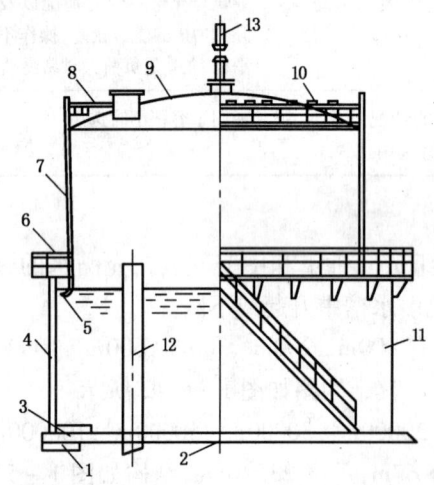
图 1-5-4 无外导架直升式气柜
1—基础板;2—水槽底板;3—垫梁;4—内导轨;5—内导轮;6—外导轮;7—外导轨;8—顶环;9—钟罩;10—配重;11—水槽;12—进(排)气管;13—放空管

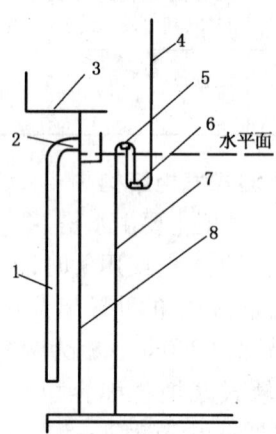
图 1-5-5 水封结构
1—排水管;2—溢水口;3—平台;4—钟罩壁板;5—水封挂环;6—水封杯环;7—中节壁板;8—水槽壁板

中节为一圆柱形筒节,上端和下端装有水封,最下一节中节下端则以水槽内水为水封。
钟罩与中节构成了可以改变容积的储气罐,是气柜的重要组成部分。

（二）水槽

钢质水槽是具有底板的圆柱形筒体,具有施工方便、不易发生渗漏、使用可靠、维修方便等特点,应用较广。缺点是钢材耗量大,在大型气柜中,占气柜主体总钢材量的 30%~40%。

水槽上端承受水压较小,但处于水与大气交接处,容易腐蚀,故板厚不宜小于 6mm,为增加强度,大型气柜常采用 16Mn 等普通低合金钢做水槽壁板材料,这类钢材焊接性能良好,易于施工。

为便于检修和施工,在距地面一定高度处,壁板上应开设人孔。考虑到气柜内气体压力波动和暴雨时水位升高而溢出,在水槽最高水位即水槽溢水口下沿至水槽平台面的距离不小于 100mm 处,沿水槽周边开设 2~4 个满水口。在水槽低板上,沿外圈板全周均布放置垫梁(枕钢),垫梁上表面应在同一水平面上,作为钟罩和中节下落时的支座,同时在安装和检修时,可以保证中节的底部都在同一水平面上,有利于确保气柜各中节的垂直度和圆度。在水槽底板上还开设一个进(排)气管,管口应高出最高液面。

钢筋混凝土水槽有两种情况,整体浇制钢筋混凝土水槽,一般适用于直径和高度较小的小型气柜;整体浇制和预制装配式的预应力钢筋混凝土水槽,适用于大型气柜。

(三)导轨

低压湿式气柜的导轨,依结构分为外导架和螺旋导轨两种。外导架直升式气柜导轨就是外导架,是由沿水槽周边等间距排列的导轨立柱,以及立柱间的拉撑构件和交叉支撑构件所组成的有相当刚度的空间结构。气柜工作时承受风载或地震荷载,外导架是气柜的主要承载构件,外导架立柱也是气柜中各中节垂直升降时起导向作用的导轨。

螺旋导轨一般采用标准轻轨,为螺旋导轨式气柜所采用。螺旋外角为45°,敷设在中节壁板外面呈圆柱螺旋线分布,它是各中节升降时的导向构件,也是相邻两中节以及最下一节与水槽相互衔接的构件。上下两中节的螺旋导轨应按相反方向敷设,一中节向左旋转时,另一中节向右旋转,相互制约,防止向一方倾斜。

螺旋式导轨数量应按结构需要决定,每个中节上的导轨数一般为4的倍数,因为气柜上承受的侧向力下部最大,故最下一个中节的导轨数最多,依次向上递减,钟罩上的导轨数量少。

螺旋式导轨应与钟罩或中节的壁板焊接成为一个整体。

(四)导轮

导轮与导轨相配合,在气柜工作时,使钟罩和中节平稳地升降。不同结构的气柜所用导轮结构以及安装方式也是不同的。

外导架直升式气柜所用导轮分为外导轮和内导轮。外导轮装在钟罩顶部外边缘上或各中节上水封(挂圈)的顶部。内导轮则装在钟罩以及各水封的底部。内外导轨与导轮结构及安装位置如图1-5-6所示。

螺旋导轨式气柜的导轮通常有两种结构,一是导轮的滑轮与轴焊接成为整体,因此轮子与轴共同转动,二是轮轴固定,轮子可以转动,如图1-5-7所示。

无外导架直升式气柜的导轮结构及安装位置与方法,基本上和外导架直升式气柜的导轮相同,也分为外

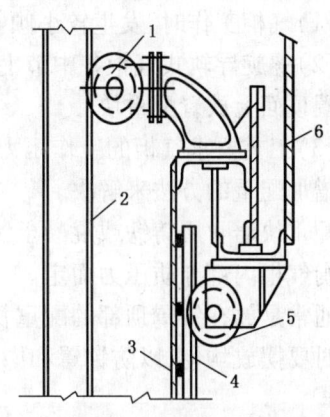

图1-5-6 内、外导轨及导轮结构
1—外导轮;2—外导轨;3—中节壁板;
4—内导轨;5—内导轮

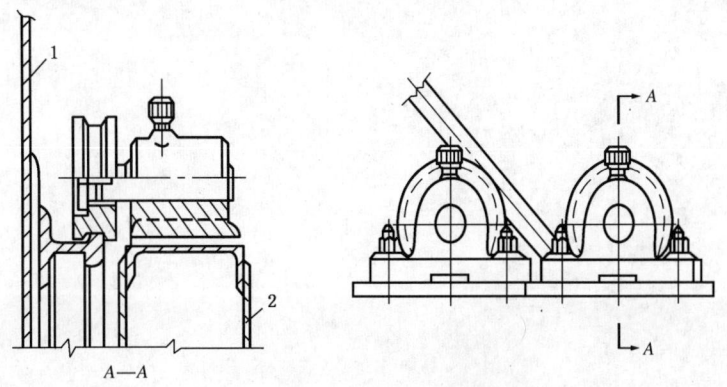

图1-5-7 螺旋导轨式气柜导轮
1—中节壁板;2—中节或水槽壁板

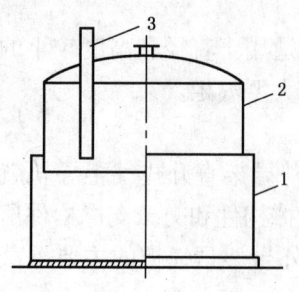

图 1-5-8　自动放空管
1—水槽；2—钟罩；3—放空管

导轮和内导轮，为防止钟罩升起后发生倾斜，内导轮的数目一般比外导轮数目多一倍。

导轮安装前都要拆洗干净，加注润滑油，安装时要使导轮组与导轨滑行灵活，尺寸准确。

（五）升程限制机构

为防止气柜升起后的高度超过允许极限，造成倾翻事故，通常在气柜上都要装设限制机构，常用的有以下两个。

(1)在钟罩上安装自动放空管（图1-5-8）。自动放空管下边缘与钟罩筒壁下边缘留有100~450mm的距离，当钟罩升起高度超过极限后，自动放空管就会放空。这种控制方式多用在单节气柜上。缺点是，放空时，水槽内的水会被气体带出来落在钟罩上，气温低时，钟罩和导轨表面会结冰，影响钟罩正常升降。

(2)仪表控制。目前多装设仪表，并配有报警、联锁装置来控制气柜升程。

（六）配重

配重对钟罩起稳定平衡作用。在下列情况下，常用配重方法。

(1)气柜工作时，发生较小倾斜，可通过调整钟罩上面配重来解决。

(2)螺旋导轨式气柜各中节上有检修用的斜梯，为平衡这部分质量，在斜梯对称部位的水封挂圈顶面上放置配重块。

(3)工艺要求气柜的工作压力较高，而钟罩和中节的质量又达不到该工作压力要求时，可采取增加配重的方法来解决。

配重块通常用铸铁或混凝土制作，配重块的大小和质量以人能搬动为宜，配重的总质量要由平衡气柜内部介质压力而定。

通常是放在钟罩顶部的配重物是混凝土预制块，放在中节内的配重物是铸铁块。安放配重块时要摆放均匀，以防钟罩和中节升起后发生倾斜。

第二部分 高级工技能操作与相关知识

第一章 制作球罐胎模

一、学习目标

(1) 了解模具的设计原则及设计要求基础知识;了解球瓣的几种成形方式。

(2) 熟悉材料力学性能参数;熟悉球瓣冷压成形的特点。

(3) 能制作球罐瓣片冷压胎模;能制作大直径分瓣椭圆封头成形胎具;能设计较复杂的胎具、模具、卡具和胎架并指导制作;能在组装胎架上组对分瓣椭圆封头。

二、操作方法

(一) 球罐瓣片冷压胎模制作

球壳板的成形模具包括压制成形模具和矫正成形模具,它们的结构有区别:一般球壳板的压制成形模具为整体结构,如图2-1-1所示,图2-1-1(a)为凹模,图2-1-1(b)为凸模。

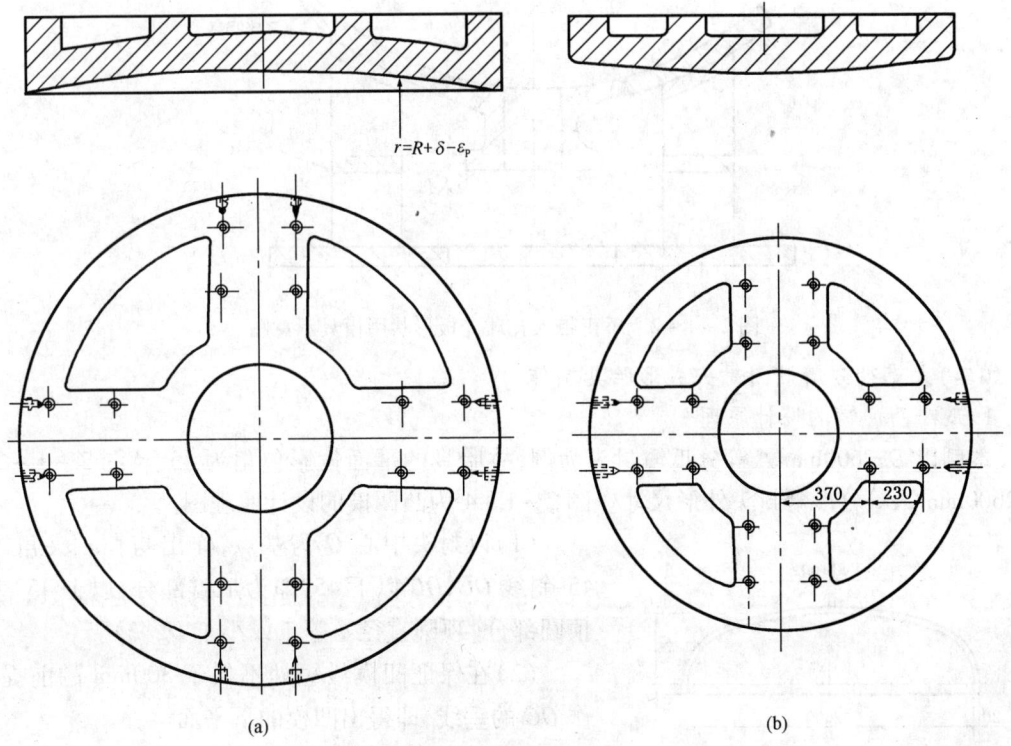

图2-1-1 压制成形模具
(a)凹模;(b)凸模

模具外形成圆形,凹模周围应比模具设计直径大 300~400mm,既提高了强度,同时操作也方便。底座形状按压力机上固定方式确定,模具加工精度要求较高,特别是曲率及表面粗糙度均有较高要求。其中曲率偏差应小于 GB 12337—1998 和 GB 50094—1998 关于球壳板成形偏差的要求,同时以负偏差较好。

模具球面半径:

$$r = R + \delta - \varepsilon_p \quad (2-1-1)$$

式中　r——模具球面半径,mm;
　　　R——球的设计半径,mm;
　　　δ——球壳板厚,mm;
　　　ε_p——弹性变形量,mm。

对模具的材料无特殊要求,主要考虑强度及不变形即目前国内多用铸钢和铸铁材料,但热压成形的模具以球墨铸铁为好,主要考虑球墨铸铁导热性差,保温较好。

模具外径一般在 1.2~2.5m,随着球瓣的大型化,采用较大的压力机和增大模具尺寸,提高压制效率的趋势明显。

矫正成形模具根据具体情况设计,一是考虑需要矫形的球壳板结构,如焊完上部立柱的球壳板和焊完人孔及管座的球壳板,它的结构不同,因此矫正成形模具结构也不同,但矫正成形模具的结构一般多为架体式,以保证立柱、人孔管座等附件不妨碍矫正成形,达到矫正球壳板的目的。图 2-1-2 为矫正带人孔球壳板形状用模具示意图。

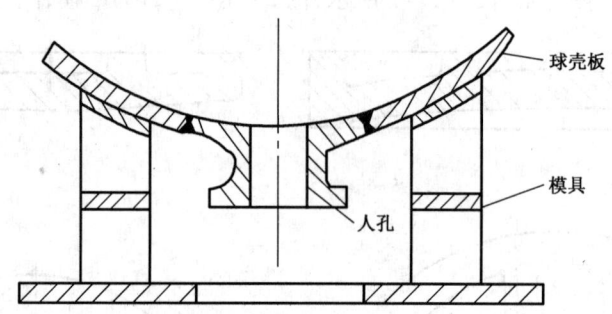

图 2-1-2　矫正带人孔球壳板形状用模具示意图

(二) 大直径分瓣椭圆封头成形胎具制作

1. 瓜瓣凸凹模的设计原理

本例以 $D_g2600$mm 八等分瓜瓣封头为例,故胎具的平面投影包角为 45°。图 2-1-3 为 $D_g2600$mm 八等分瓜瓣封头外形尺寸。图 2-1-4 为凸凹模的设计原理图。

(1) 以封头中心 O 为基点,作出与长轴夹角等于 45°斜线 OC,OC 以下 45°即为瓜瓣部分,以上 45°为半顶圆部分(顶圆直径 d 等于或小于 $D_g/2$)。

(2) 在保证凹模最短处不低于 300mm 的前提下,作 OC 的垂线,即得出凹模的下平面。

(3) 在保证凸模最低处不小于 200mm 的前提下,作 OC 的垂线,即得出凸模的上平面。

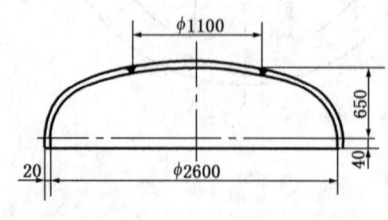

图 2-1-3　封头外形尺寸

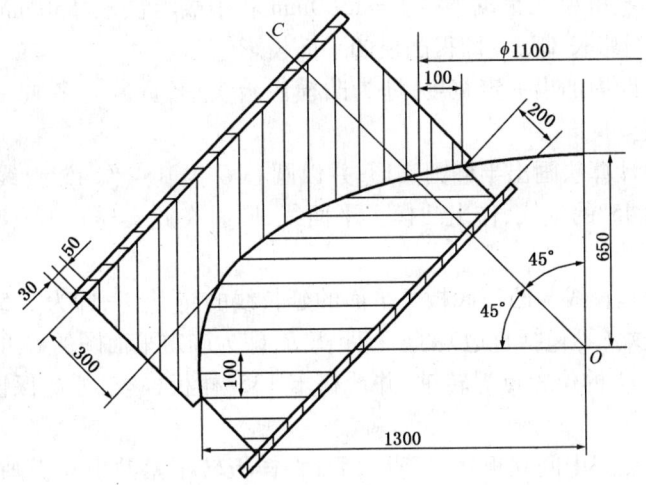

图 2-1-4 凸凹模的设计原理图

(4) 为了适应大端有直边和毛料,小端有毛料的需要,所以凹模大小端各加 100mm。

2. 瓜瓣凸模的制作工艺

如图 2-1-5 所示,为凸模的制作原理及方法。

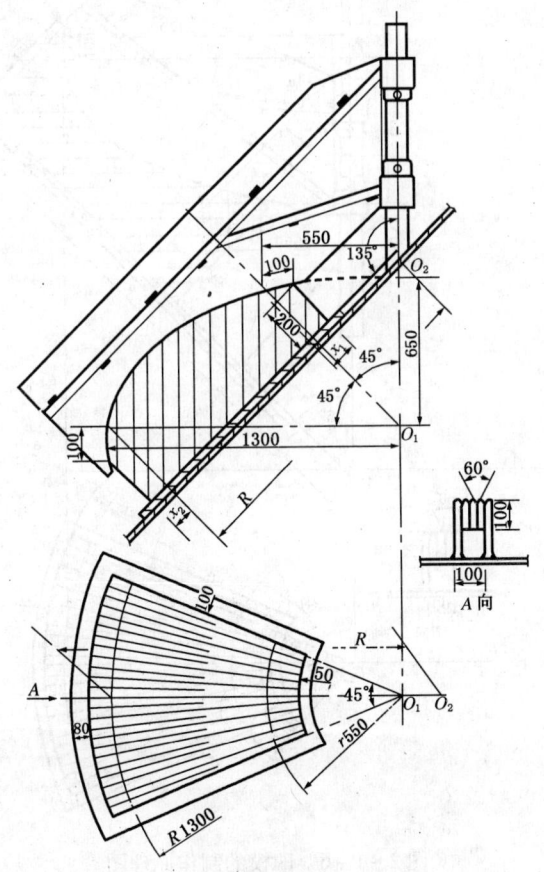

图 2-1-5 凸模的制作原理图
O_1—封头的圆心;O_2—转轴的圆心

(1) 在平台上按包角 45°，大端半径 $R=1300\text{mm}$ 和小端半径 $r=550\text{mm}$ 放实样，外加大小端加长的 100mm 的投影长 x_1，x_2，即得凸模的平面投影轮廓。

(2) 在凸模轮廓四周加出一定宽度，即为凸模底板实形，宽方向多加一些，以各开缺口与压力机压脚相连固定。

(3) 在平台上用计算法画出半椭圆实形，并以圆心 O 为基点作 45°斜线，在保证最短处为 200mm 的前提下，画 45°的垂线，作出凸模上平面线，同时在此实样上画出凸模刮弧样板并与轴相连。

(4) 封头短轴的延长线与凸模底板下平面的延长线的交点 O_2，即为 135°转轴的圆心。

(5) O_2 至封头大端（不包括直边）的垂直距离 R，即为确定平面图的 O_2 的位置数值。

(6) 按照平面图 O_2 的位置点焊转轴，并严格卡 135°样板检查，才能保证刮弧样板的正确位置和精确度。

(7) 在底板上先点焊中间立板，卡正直角后，将样板转至紧贴中立板画线后切割，第 n 块板相同，各立板之间如 A 视图的方法塞满焊牢磨光滑（也可在立板表面铺设一层与其形状相同的钢板）。

3. 凹模的制作原理与方法

如图 2-1-6 所示，为凹模的制作原理及方法，与上述凸模基本相同。

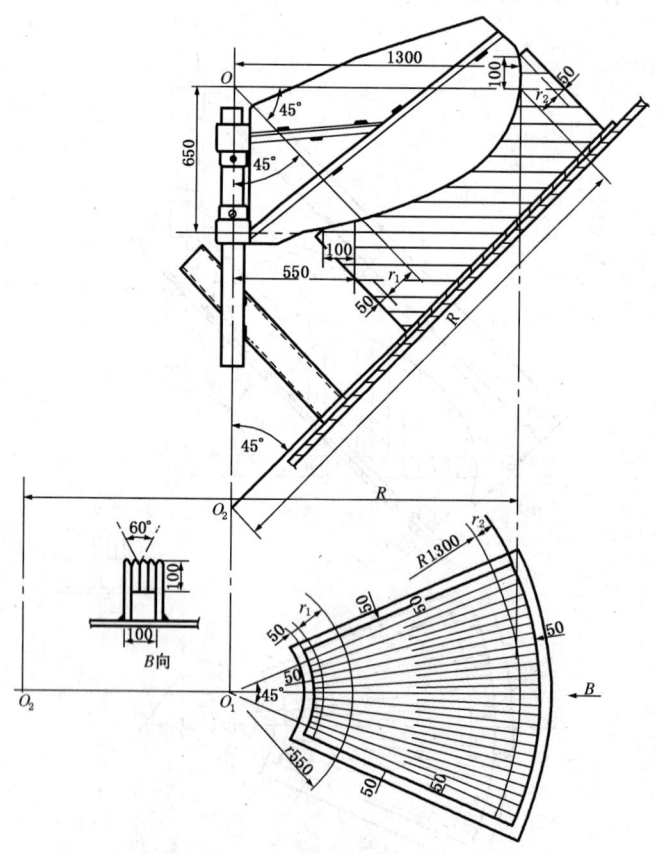

图 2-1-6 凹模的制作原理图

O_1—封头的圆心；O_2—转轴的圆心

4. 中心顶圆板凸凹模的设计原理

图2-1-7为中心顶圆板凸凹模的设计原理图。

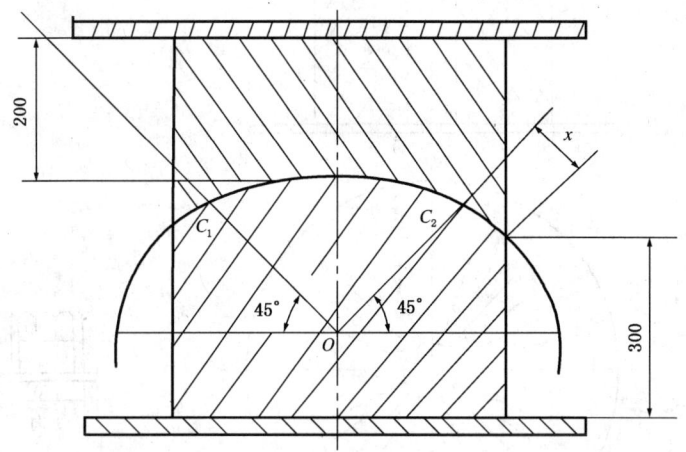

图2-1-7 中心顶圆板凸凹模的设计原理图

(1)以封头中心 O 为基点,作出与长轴夹角等于45°的斜线 OC_1、OC_2,弧线 C_1C_2 即为半顶圆部分,(顶圆直径 d 等于或小于 $Dg/2$)。

(2)在保证凸、凹模最短处分别不低于200mm、300mm的情况下,作 Y 轴的垂线,分别得出凸凹模的上、下底面。

(3)为了保证坯料能放置到模具的中心,凸凹模的四周应留 x 的余料,x 值由坯料的直径与成形后顶圆板的弦长差值确定。

$$x = (坯料直径 - 成形顶圆板弦长)/2 \qquad (2-1-2)$$

5. 中心顶圆板凸模的制作方法

图2-1-8为中心顶圆板凸模的制作原理图。

(1)在平台上放出椭圆封头的实样,用式(2-1-2)计算出 x 值,确定 C_1、C_2 的位置,即得凸模的截面投影轮廓。

(2)如图2-1-8所示,截面投影中 $b_1b_2d_2d_1$ 为一圆管的截面。$a_1b_1d_1f_1$ 为大筋板的形状,其位置布置如剖面图所示。中心圆管的目的是避免立板相交于一点。圆管的管径不宜过大,管壁应较厚,以便能承受更大的压力。

(3)在平台的底板上先号出中心圆管及大小筋板的位置,把切割好的圆管及筋板点固在底板上,要严格保证其与底板的垂直度。各立板之间用 E 向视图的方法塞满焊牢磨光滑。(也可在筋板表面铺设一层形状与板轮廓相同的钢板,并与立板断焊牢固)。中心圆管顶端点焊一块圆滑过渡的弧板。

6. 中心顶圆板凹模的制作方法

中心顶圆板凹模的制作方法与凸模基本相同,见图2-1-9。

(三)组对分瓣椭圆封头

(1)根据给定的数据用计算法或放样法,在已压制成形的封头瓣片上用扁钢条组对点焊出划线胎。其形状如图2-1-10所示。用经校验的划线胎在压制成形的瓣片两侧号出清晰的切割线,划线胎与瓣片的弧面要严密贴合,以保证其准确度。每个封头要留出一块瓣片的一侧不切割作为尾板,在组对封头时根据实际情况修割。

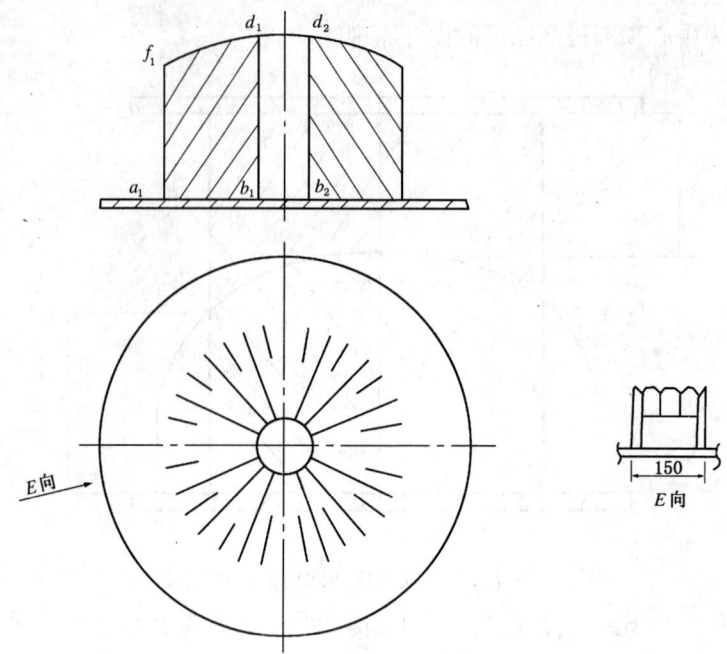

图 2-1-8 中心顶圆板凸模的制作原理图

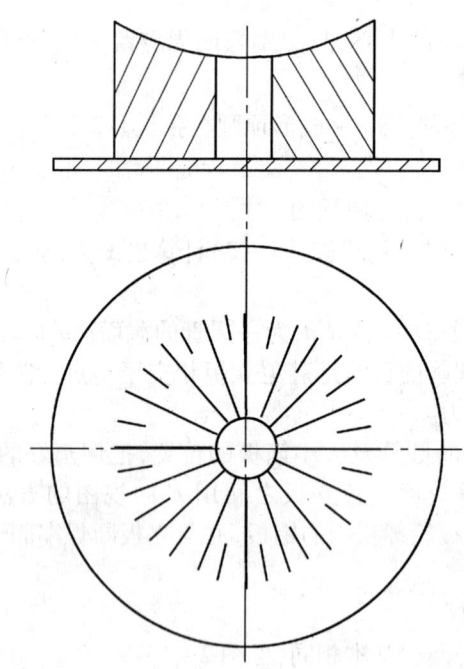

图 2-1-9 中心顶圆板凹模的制作原理图

(2) 制作封头组对支架。

如图 2-1-11 所示,为组对分瓣椭圆封头支架示意图。

① 根据椭圆封头的实际放样,选择合适的位置确定支架的高度及直径。

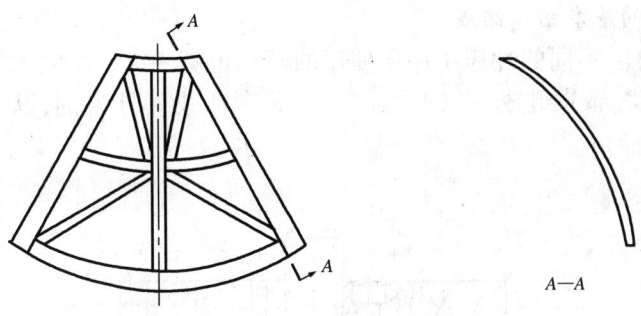

图 2-1-10 封头瓣片划线胎

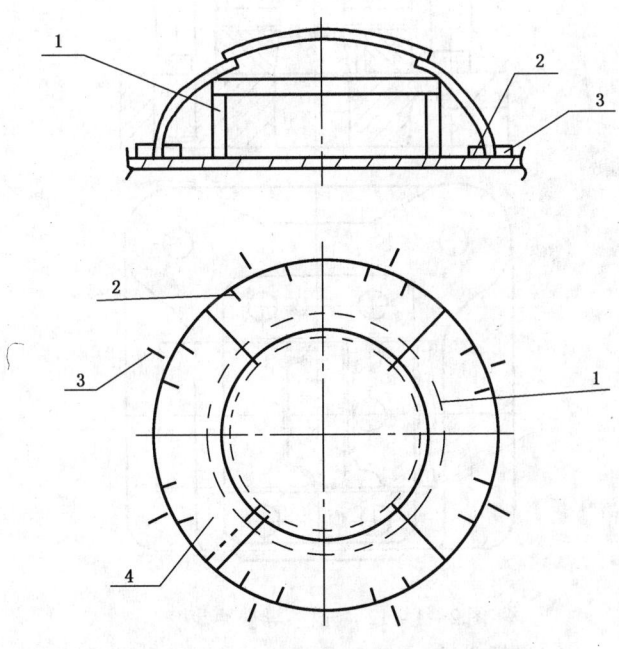

图 2-1-11 组对分瓣椭圆封头示意图
1—组对支架;2—内挡块;3—外挡块;4—尾板

② 根据实际经验,由每道焊缝的焊接收缩量、齐口收缩量来确定封头内直径,从而确定内挡块所在圆的直径,点焊内挡块限位铁,保证每个瓣片可以受到两个内挡块的限位。

(3)外挡块与封头组对外圆应保持一定的距离,以 30～50mm 为好,以便在瓣片成形不好、组对困难时可以用锲子往里紧固。

(4)把齐边合格的瓣片放到组对支架上,下端应紧靠内挡块,逐瓣组对,最后组对尾板。在尾板与相邻的瓣片上点焊加紧丝,测量周长,调整加紧丝至要求值,在尾板上画出切割线,松开加紧丝按线切割,完毕后组对瓣片。

(5)把中心顶圆板放至组对成圈的瓣片上,调整四周均匀,根据顶圆板直接切割瓣片顶端小圆,完毕后组对顶圆板。

(6)焊接完毕后对封头大端齐口。

三、相关知识

(一)冲压模具的基本结构组成

不同的冲压零件,不同的冲压工序所使用的模具也不一样,基本由冲模零部件组成,按其功用大致由以下六部分组成。以典型的导柱导套冲裁模具为例,其基本结构组成如图2-1-12所示。

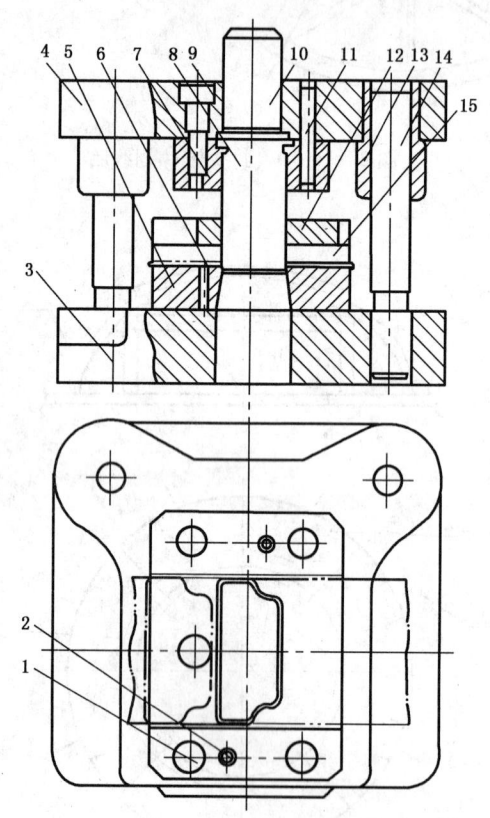

图 2-1-12 导柱、导套冲裁模

1、9—螺钉;2、11—销钉;3—下模座;4—上模座;5—凹模;
6—挡料销;7—凸模固定板;8—凸模;10—模柄;12—卸料板;
13—导套;14—导柱;15—导料板

(1)工作零件:直接对坯料、板料进行冲压加工的冲模零件,如凸模8、凹模5。

(2)定位零件:确定余料或坯料在冲模中正确位置的零件,如挡料销6、导料板15。

(3)压料卸料及出件零件:将冲切后的零件或废料从模具中卸下来的零件,如卸料板12。

(4)导向零件:用以确定上下模的相对位置,保证运动导向精度的零件,如导套13、导柱14等。

(5)固定零件:将凸模、凹模固定于上、下模上以及将上下模固定在压力机上的零件,如上模座4、下模座3、凸模固定板7、模柄10等。

(6)连接零件:把模具上所有零件连接成一个整体的零件,如螺钉1和9、销钉2和11等。

另外,模具分上模部分和下模部分,上模部分由模柄与压力机相连接,下模部分用压板与工作台连接。冲模零部件分类见表2-1-1。

表 2-1-1 冲模零部件分类表

组成	按构件分类	按功用分类	在模具中的名称
冲模零部件	工艺构件	工作零件	凸模
			凹模
			凸凹模
		定位零件	定位板、定位销
			挡料销
			导正销
			导尺（侧压）
			侧刃
		压料、卸料及出件零件	卸料板
			推件装置
			顶件装置
			压边圈
			弹簧、橡胶垫
	辅助构件	导向零件	导柱
			导套
			导板
			导筒
		固定零件	上、下模座
			模柄
			凸凹模固定板
			垫板
			限位器
		连接零件	螺钉
			销钉
			键
			其他

（二）材料的力学性能参数

材料的力学性能是进行模具设计各种计算的主要依据。材料的力学性能主要参数及其概念如下：

(1) 应力。材料单位面积上所受的内力，单位是 N/m^2，也可用 Pa 表示。

(2) 屈服点。材料开始产生塑性变形时的应力值，单位是 N/mm^2（或 Pa）。弯曲、拉伸、成形等工序中，材料都是在达到屈服强度时进行塑性变形而完成该工序的成形的。

(3) 抗拉强度。材料受到拉伸作用，开始产生断裂时的应力值，单位是 MPa。

(4) 抗剪强度 Tb。材料受到剪切作用，开始产生断裂时的应力值，单位是 MPa。

(5) 弹性模量 E。材料在弹性范围内，表示受力与变形的指标，弹性模量大，表示材料受力后变形较小，或者说，产生一定的变形需要较大的力。

(6) 屈服比。材料的屈服强度与抗拉强度之比，其值越小，表示材料允许的塑性变形区越大。在拉伸工序中,材料的屈服比较小时,所需的压边力和所需克服的摩擦力相应减小,有利于提高成形极限。

(7)伸长率δ。在材料性能试验时,试件由拉伸试验机拉断后,对接起来测量长度,其伸长量与原长度之比称为伸长率,其数值用"%"表示,其数值越大表示材料的塑性越好。

(8)杯突值。通过模拟试验方法获得的,表示材料成形性能的参数,其数值大则表示材料的成形性能好。

(三)球壳板的冷压成形

目前国内对球壳板的成形主要采用冲压成形,它一般又可分为冷压成形、温压成形和热压成形,其他一些新成形方法也在发展中,如液压成形、爆炸成形等。具体选用哪一种成形方法取决于材料种类、厚度、曲率半径、热处理、强度、延性和设备能力。

1. 冷压成形的特点

冷压成形就是钢板在常温状态下,经冲压变形成为球面球壳板的过程。冷压成形采用点压法,其特点是小模具、多压点、钢板不必加热、成形美观、精度高、无氧化皮。冲压设备多采用800~2000t的压力机。冷压成形特别适用于热处理状态使用的并以使用状态供货的钢板,对07MnCrMoVR 和07MnCrMoVDR 等调质状态供货的钢板应采用冷压成形。

冷压压点排列顺序有多种类型,成形时可根据球片板料特点及操作者经验合理选用,如长大料片一般先压两端后压中间,以便操作,而球片较小则选择余地较大。球壳板的压点顺序一般如图2-1-13所示,由球壳板的一端开始冲压,按先横后纵顺序排列压点,相邻两压点之间应相互有1/2至1/3的重复率,以保证两压点之间形成过渡圆滑,这种成形方法可使成形应力分布均匀,并得到较好的释放效果,减少成形后的自然变形。

冲压过程中可采用加垫冲压的方式,以掌握球壳板的曲率变化及校正球壳板的曲率。球壳板压形加垫如图2-1-14所示,加垫位置视情况而定。

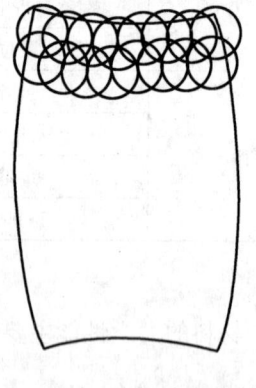

图2-1-13 压点顺序

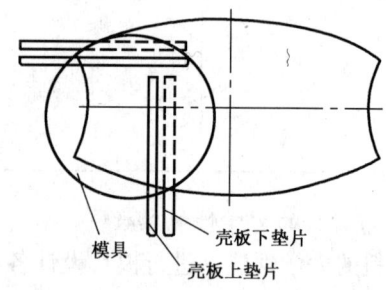

图2-1-14 球壳板压形加垫

2. 冷压成形应注意的问题

(1)冷压钢板边缘如经火焰切割,则需注意消除热影响区硬化部分的缺口。

(2)当冬季环境温度降至5℃以下时,或钢板较厚时,在冷压时应将钢板加热到100~150℃。

(3)当冷压时钢板外层的应变量,碳钢大于4%,低合金钢大于3%时应作中间热处理。球瓣外层纤维应变量按下式计算:

$$\varepsilon = (65t/R_F)(1 - R_F/R_O) \tag{2-1-3}$$

式中　ε——应变；

t——厚度，mm；

R_F——最终的中心线半径，mm；

R_O——初始的中心线半径，mm。

中间消除应力热处理建议按表2-1-2温度选用。

表2-1-2　钢材中间消除应力热处理温度

钢材	碳钢	碳钼钢	锰钼钢	锰钢	铬钼钢	镍钢3.5%（质量分数）	镍钢9%（质量分数）
温度℃	590~650	590~650	617~680	590~680	630~700	590~630	550~580（冷却速度≤160℃/h）

（4）冲压过程中要考虑回弹率造成的变形，一般回弹率大约为成形曲率的20%左右，但是影响回弹率的因素很多，如材料屈服强度高则回弹率相对大些，冲压力大回弹率减少，钢板厚度小，曲率半径大，板材幅面大则回弹率也相应增大。

（5）凡是成形后在球壳板上焊接支柱、人孔及附件的球壳板，冲压曲率要相对增大一些，等焊接收缩变形后即可达到设计要求的曲率，但冲压曲率不可增加太大，否则将给焊后矫形造成困难。

（6）应该特别注意薄板及大板幅球壳板的加工，因球壳板容易变形并且操作不方便，在加工过程中应采取防变形措施。

（四）球壳板的其他几种成形方式

1. 温压成形

温压成形是指将钢板加热到低于下临界点某一温度时压制成形，主要解决工厂压力机能力不足，以及防止某些材料产生低应力破坏。温度介于冷压与热压之间，与热压相比，温压具有加热时间短、氧化皮少等特点，与冷压相比，则无脆性破坏的危险。

2. 热压成形

热压成形一般是将钢板加热到塑性变形温度，然后用模具一次冲压成形，因此需要模具尺寸大，加热炉必须能一次加热若干块钢板，以保证连续冲压。热压成形要求压力比冷压低一些，不需要正火钢板，冲压成形容易，模具强度可以低一些，但耐热性能要好。每块钢板最好一次加热，一次冲压成形，不要重复加热，以免影响钢板性能，同时避免因多次加热产生氧化皮，板厚减薄量过大。

3. 滚压成形

滚压法成形球壳板长度不受限制，用滚压机成形。滚压机由四个从动上辊和五个主动下辊组成。上辊两端细中间粗，下辊两端粗中间细，以形成球形曲面。

4. 液压成形和爆炸成形

液压成形和爆炸成形均属于无模成形工艺，与传统制球工艺相比最大特点是不用模具，其主要流程是精下料切坡口（有时用卷板机弯卷）、组装、焊接、充液打压胀形或爆炸成形。

第二章 放样下料

一、学习目标

（1）了解球壳板坡口切割原理；
（2）熟悉球壳板工厂制造工艺流程；
（3）熟悉分瓣椭圆封头及钢制球形储罐制造检验规范；
（4）熟悉直线分割法及弧面分割法的使用；
（5）能用计算法对球壳板进行展开计算及下料；
（6）能用放样法对瓜瓣椭圆封头展开及下料；
（7）能用辅助截平面截切相贯体法求相贯线。

二、操作方法

（一）球罐球壳瓣片的展开计算及下料

1. 球壳板尺寸的计算

球罐按其分割和球壳板的组合方式不同，可分为桔瓣式球罐、足球瓣式球罐和混合式球罐。混合式球罐的球壳结构兼容了足球瓣式和桔瓣式球壳的优点，国内外大型球罐多采用混合式结构，其计算方法也具代表性。

1）基本原理

球壳板任一边弧线可以看成是平面与球壳相交所得的相贯线，平面有通过球心和不通过球心两种方式，平面与球壳的相贯线均为圆，相贯线的投影因其方向不同则可为圆、椭圆和直线三种形式。

2）符号说明

为了便于问题说明，主要公式符号的意义如下：

R_i——球壳内半径，mm；

D_i——球壳内直径，mm；

α_o——极带的半球心角（°）；

α_i——第 i 带的球心角（°）；

N_i——第 i 带的分瓣数；

θ_1——极带中板的球心角（°）；

θ_2——极带侧板的球心角（°）；

θ_3——极带边板的球心角（°）。

3）极带板尺寸计算

极带分为 7 块的混合式球壳结构及坐标系如图 2-2-1，则相应的各弧曲线方程为：

直线方程：

$$x + y = 0 \quad x - y = 0 \tag{2-2-1}$$

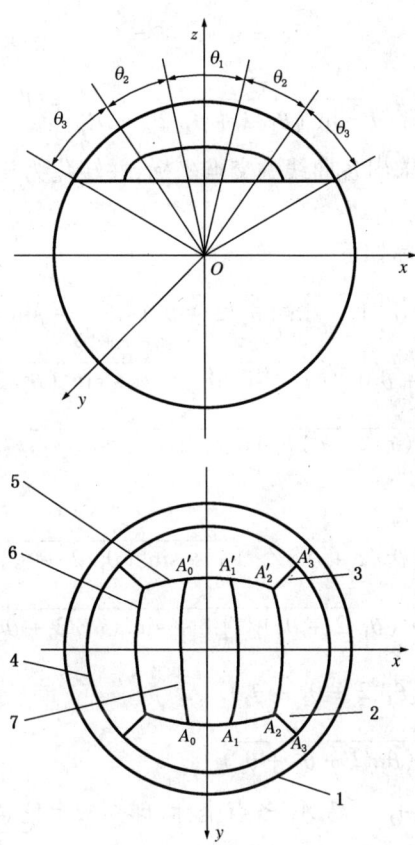

图 2-2-1 混合式球罐极板的分瓣及坐标系
1—外圆;2,3—直线;4—内圆;5,6,7—椭圆

外圆方程:
$$x^2 + y^2 = R_i^2 \tag{2-2-2}$$

内圆方程:
$$x^2 + y^2 = R_i^2 \sin^2 \alpha_o = R_i^2 \sin^2(\theta_1/2 + \theta_2 + \theta_3) \tag{2-2-3}$$

椭圆方程:
$$\frac{x^2}{R_i^2 \sin^2(\theta_1/2)} + \frac{y^2}{R_i^2} = 1 \tag{2-2-4}$$

$$\frac{x^2}{R_i^2} + \frac{y^2}{R_i^2 \sin^2(\theta_1/2 + \theta_2)} = 1 \tag{2-2-5}$$

$$\frac{x^2}{R_i^2 \sin^2(\theta_1/2 + \theta_2)} + \frac{y^2}{R_i^2} = 1 \tag{2-2-6}$$

球面方程:
$$x^2 + y^2 + z^2 = R_i^2 \tag{2-2-7}$$

球壳板中央基准线方程：

$$x = 0 \qquad y = 0 \qquad (2-2-8)$$

$$\frac{x^2}{R_i^2 \sin^2(\theta_1/2 + \theta_2/2)} + \frac{y^2}{R_i^2} = 1 \qquad (2-2-9)$$

为求极带板尺寸只需要求出各曲线的交点坐标，并转化为相应的弦长和弧长即可，各点坐标为上述有关方程联立的解。

经推导 A_1、A_2、A_3 各点坐标如下：

$$x_{A_1} = R_i \sin(\theta_1/2) \sqrt{[1 - \sin^2(\theta_1/2 + \theta_2)]/[1 - \sin^2(\theta_1/2)\sin^2(\theta_1/2 + \theta_2)]}$$

$$y_{A_1} = R_i \sin(\theta_1/2 + \theta_2) \sqrt{[1 - \sin^2\theta_1]/[1 - \sin^2(\theta_1/2)\sin^2(\theta_1/2 + \theta_2)]}$$

$$z_{A_1} = R_i \sqrt{[1 - \sin^2(\theta_1/2) - \sin^2(\theta_1/2 + \theta_2) + \sin^2(\theta_1/2)\sin^2(\theta_1/2 + \theta_2)]/[1 - \sin^2(\theta_1/2)\sin^2(\theta_1/2 + \theta_2)]}$$

$$(2-2-10)$$

$$x_{A_2} = y_{A_2} = R_i \sin(\theta_1/2 + \theta_2)/\sqrt{[1 + \sin^2(\theta_1/2 + \theta_2)]}$$

$$z_{A_2} = R_i \sqrt{[1 - \sin^2(\theta_1/2 + \theta_2)]/[1 + \sin^2(\theta_1/2 + \theta_2)]} \qquad (2-2-11)$$

$$x_{A_3} = y_{A_3} = R_i \sin(\theta_1/2 + \theta_2 + \theta_3)/\sqrt{2}$$

$$z_{A_3} = R_i \sqrt{1 - \sin^2(\theta_1/2 + \theta_2 + \theta_3)} \qquad (2-2-12)$$

根据对称性可得 A_0、A_0'、A_1'、A_2'、A_3' 各点坐标，球壳板上任意两点 P_1、P_2 距离，即两点之间的弦长为：

$$\overline{P_1 P_2} = \sqrt{(X_{P_1} - X_{P_2})^2 + (y_{P_1} - y_{P_2})^2 + (z_{P_1} - z_{P_2})^2} \qquad (2-2-13)$$

当点 P_1、P_2 处于通过球心的平面时，两点间的弧长为：

$$P_1 P_2(大) = [\pi D_i \arcsin(\overline{P_1 P_2}/D_i)]/180 \qquad (2-2-14)$$

当点 P_1、P_2 处于不通过球心的平面时，两点间的弧长为：

$$P_1 P_2(小) = [\pi D_i \sin\theta \arcsin(\overline{P_1 P_2}/D_i \sin\theta)]/180 \qquad (2-2-15)$$

θ 是过 P_1、P_2 点的球半径与极轴的夹角，两种情况弦弧关系见图 2-2-2，按上述原理很容易求得极带板上各种弦长和弧长。

4) 其他各带计算

温带板和赤道板的计算原理可以简化为图 2-2-3 所示。相应的曲线方程为：

直线方程：

$$z_{i-1} = R_i \cos \sum_{j=0}^{i-1} \alpha_j \qquad z_i = R_i \cos \sum_{j=0}^{i} \alpha_j \qquad (2-2-16)$$

椭圆方程：

$$\frac{x^2}{R_i^2 \sin^2(180/N_i)} + \frac{z^2}{R_i^2} = 1 \qquad (2-2-17)$$

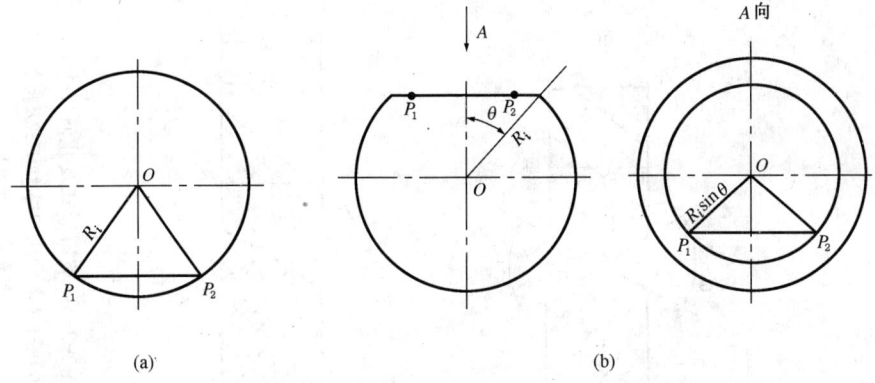

图 2-2-2 球面上任意两点弦弧关系图
(a) P_1、P_2 两点位于球心平面；(b) P_1、P_2 两点位于非球心平面

球面方程：

$$x^2 + y^2 + z^2 = 1 \qquad (2-2-18)$$

将有关方程联立则可求出 B_i、C_i、D_i、E_i 各点坐标，经转化求得球壳板各种弦长和弧长。

5) 计算实例

某化工厂 2000m³ 球罐采用 JB/T 4711—1992 推荐的四带混合式结构，南北极各由 7 块板拼成。球心角为 90°，上温带 20 瓣，球心角为 40°，赤道带 20 瓣，球心角为 50°。按符号代入可知 $R_i = 7850$mm，$\alpha_0 = 45°$，$\alpha_1 = 40°$，$\alpha_2 = 50°$，$\theta_1 = \theta_2 = \theta_3 = 18°$，$N_1 = 20$，$N_2 = 20$，经计算，球壳板各带瓣片尺寸列于表 2-2-1、图 2-2-4 和图 2-2-5。

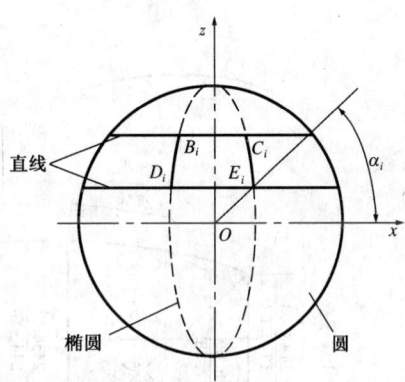

图 2-2-3 温带板和赤道板计算原理图

表 2-2-1 球壳板各带瓣片尺寸

名 称	大		宽		对角线	
	弦,mm	弧,mm	弦,mm	弧,mm	弦,mm	弧,mm
温带板	5369.71	5480.33	1736.67	1743.83	5751.78	5888.90
			2446.67	2456.76		
赤道板	6635.10	6850.41	2446.67	2456.76	6947.92	7197.38
			1736.67	1743.83		
中极板	7057.72	7320.06	2193.87	2201.07	7390.84	7695.28
侧极板	6490.13	6690.83	2237.24	2244.88	7128.16	7399.02
	7057.72	7320.06				
边极板	6490.13	6690.83	1262.44	1263.80	7248.00	7533.82
	7850.00	8719.15				

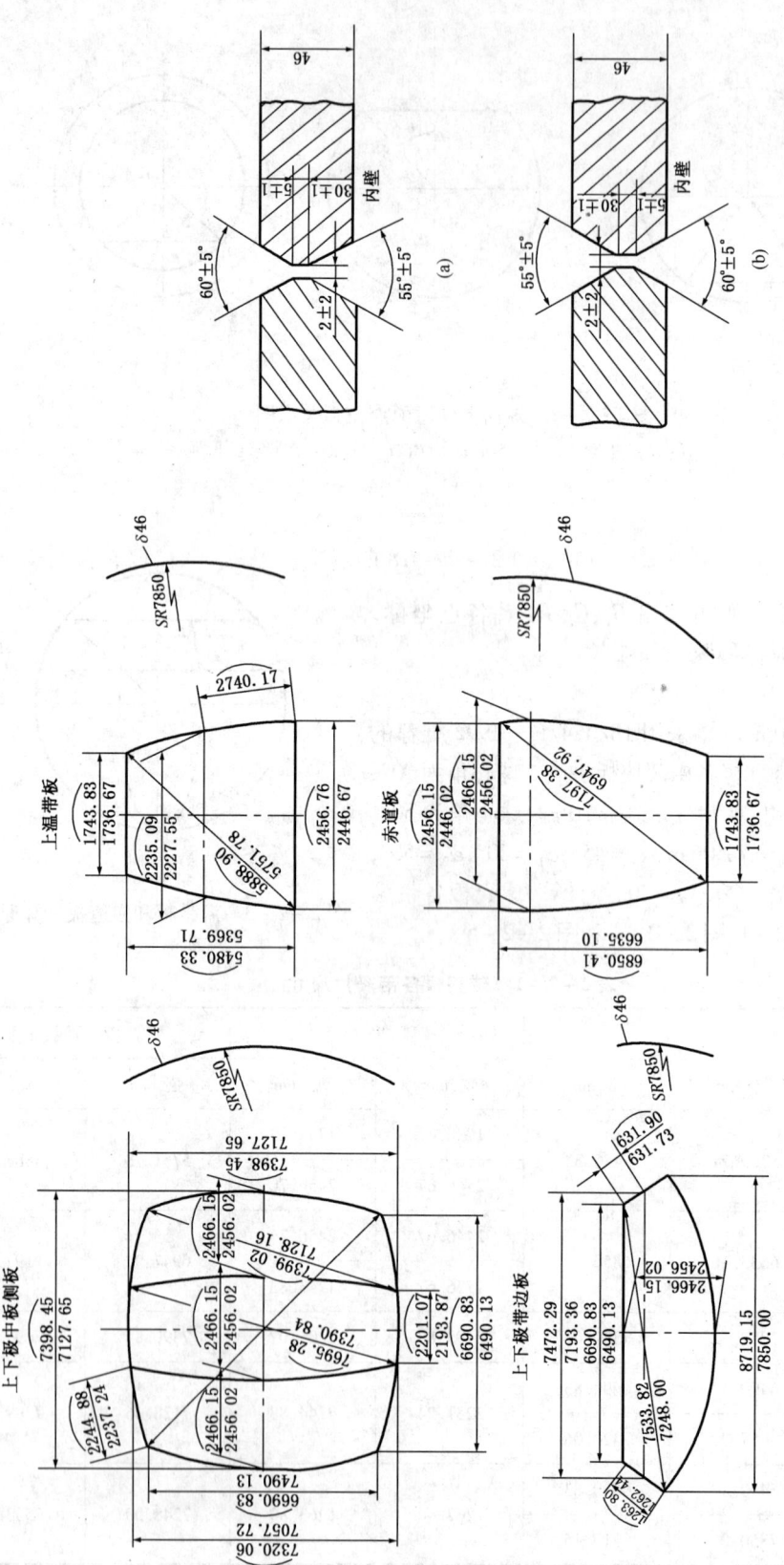

图2-2-5 坡口形式及几何尺寸
(a) 下半球壳对接焊缝坡口形式及尺寸（包括赤道带纵环缝）；
(b) 上半球壳对接焊缝坡口形式及尺寸

图2-2-4 球壳板及坡口几何尺寸

2. 球壳板下料板幅的计算

1)球面近似展开计算模型

圆锥体展开模型及 P 点纬向圆弦口展开图如图 2-2-6 所示,球面上任一点 P,在极轴上引一直线 PG,使 PG 垂直于 P 点的球半径 OP,则以 GP 为母线绕极轴旋转形成锥体的下底圆,使下底圆与 P 点在球面上的纬向圆为同一圆,则 P 点在球面上的纬向圆可按锥体下底圆进行展开计算。

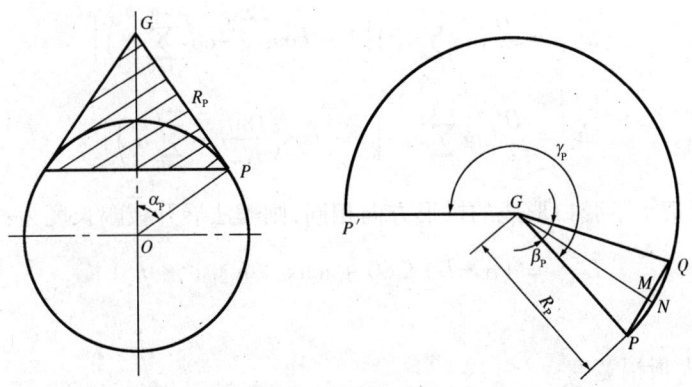

图 2-2-6 圆锥体展开模型及 P 点纬向圆弦口展开图

P 点纬向圆弦口展开半径:

$$R_P = (D \mathrm{tg} \alpha_P)/2 \tag{2-2-19}$$

P 点纬向圆展开后扇形角:

$$\gamma_P = 360 \cos \alpha_P \tag{2-2-20}$$

P 点单块瓣片对应展开角:

$$\phi_P = (360 \cos \alpha_P)/N_P \tag{2-2-21}$$

P 点单块瓣片展开宽度 B_P:

$$B_P = \overline{PQ} = 2R_P \sin(\phi_P/2) = D\mathrm{tg}\alpha_P \sin[(180\cos\alpha_P)/N_P] \tag{2-2-22}$$

对应 B_P 形成的拱高 h_P:

$$h_P = \overline{MN} = R_P - R_P \cos(\phi_P/2) = \frac{D}{2}\mathrm{tg}\alpha_P \{1 - \cos[(180\cos\alpha_P)/N_P]\}$$

$$\tag{2-2-23}$$

式中 N_P——P 点所在带板分瓣数。

2)各带板板幅计算

以下计算直接引用上述公式并参见前面的图形。

(1)温带板和寒带。

瓣片上、下弦口展开宽度 B_{i-1},B_i:

$$B_{i-1} = D\left(\mathrm{tg}\sum_{j=0}^{i-1}\alpha_j\right)\sin\left(\frac{180}{N_P}\cos\sum_{j=0}^{i-1}\alpha_j\right) \tag{2-2-24}$$

$$B_i = D\left(\operatorname{tg}\sum_{i=0}^{i-1}\alpha_j\right)\sin\left(\frac{180}{N_P}\cos\sum_{i=0}^{i-1}\alpha_j\right) \qquad (2-2-25)$$

则瓣片最大展开板幅宽度为：

$$B_{i\max} = \max\{|B_{i-1}|,|B_i|\} \qquad (2-2-26)$$

对应 B_{i-1}、B_i 形成的拱高 h_{i-1}、h_i 为：

$$h_{i-1} = \frac{D}{2}\left(\operatorname{tg}\sum_{j=0}^{i-1}\alpha_j\right)\left[1-\cos\left(\frac{180}{N_P}\cos\sum_{j=0}^{i-1}\alpha_j\right)\right] \qquad (2-2-27)$$

$$h_i = \frac{D}{2}\left(\operatorname{tg}\sum_{j=0}^{i-1}\alpha_j\right)\left[1-\cos\left(\frac{180}{N_P}\cos\sum_{j=0}^{i-1}\alpha_j\right)\right] \qquad (2-2-28)$$

温带板、寒带板上下弦口形成的拱形方向相同，则瓣法展开板幅长度为：

$$L_{i\max} = (\alpha_i\pi D)/360 + \max\{|h_{i-1}|,|h_i|\} \qquad (2-2-29)$$

(2)赤道板。

瓣片展开最大板幅宽度：

$$B_{i\max} = (\pi D)/N_i \qquad (2-2-30)$$

赤道板上下弦口形成的拱形方向相反，瓣片最大展开板幅长度为：

$$L_{i\max} = (\alpha_i\pi D)/360 + |h_{i-1}| + |h_i| \qquad (2-2-31)$$

h_{i-1}，h_i 计算同上。

(3)极带板。

① 中极板最大展开板幅宽：

$$B_{i\max} = (\pi D\theta_1)/360 \qquad (2-2-32)$$

中极板最大展开板幅长：

$$L_{i\max} = \pi D(\theta_1 + 2\theta_2)/360 \qquad (2-2-33)$$

② 侧极板最大展开板幅宽：

$$B_{i\max} = (\pi D\theta_2)/360 \qquad (2-2-34)$$

侧极板最大展开板幅长：$L_{\max} = A_1A_2$

$$L_{\max} = (\pi D/180)\arcsin\left\{\sin(\theta_1/2+\theta_2)\sqrt{[1-\sin^2(\theta_1/2)]/[1-\sin^2(\theta_1/2)\sin^2(\theta_1/2+\theta_2)]}\right\} \qquad (2-2-35)$$

③ 边极板最大展开板幅宽：

$$B_{\max} = \max\{B_{\text{边}}, A_1A_2\} \qquad (2-2-36)$$

$$B_{\text{边}} = D\operatorname{tg}(\theta_1/2+\theta_2+\theta_3)\sin[(180/4)\cos(\theta_1/2+\theta_2+\theta_3)]$$

$$= D\operatorname{tg}\alpha_0\sin(45\cos\alpha_0) \qquad (2-2-37)$$

$$A_1A_2 = (\pi D/180)\arcsin\left\{[\sin(\theta_1/2 + \theta_2)]\sqrt{1 + \sin^2(\theta_1/2 + \theta_2)}\right\} \quad (2-2-38)$$

为极板最大展开板幅长：

$$L_{\max} = \theta_3 \pi D/360（径向） \quad (2-2-39)$$

以上计算是以极板为7块拼成为例。

3）计算实例

以前面所举球罐为例，内径15700mm，壁厚46mm，直径以中径15746mm代入，经计算各带板长及板宽数据列示表2-2-2。

表2-2-2 板长及板宽数据表

名　称	温带板	赤道板	中极板	侧极板	边极板
$B_{i\max}$, mm	2463.89	2473.38	2473.38	2473.38	8302.07
$L_{i\max}$, mm	5544.90	6927.43	7420.13	7341.51	2473.38

3. 球壳板的下料

球面是不可展曲面，因此球面的精确下料从理论上只能在球壳板压制成形以后进行，因此球壳板的精确下料和坡口加工工序合二为一，在坡口加工时必须同时满足球壳板几何尺寸要求。球壳板的下料可分为平面一次下料法和立体二次下料法。一次下料法是在平面上进行展开下料并进行坡口加工，然后压制成形的方法，二次下料法是先在平面上近似下料留出加工余量，压制成形后再按精确尺寸放样加工坡口的方法。

1）球壳板的一次下料法

（1）弧线分割法。

这种方法的基本原理是把球面水平分割成若干带，将每一带看成近似锥面，因锥面是可展曲面，这样可按锥面展开原理近似展开球面，如图2-2'-6所示，以上温带一块球壳板为例，具体做法如下：

① 画出球壳板的主视图和俯视图，然后将该板的对称线作若干等分，如图2-2-6中的 $1'、2'、3'、4'、5'$ 各点即为等分点，等分点越多展开后的精度也相应提高。

② 通过各等分点作球面曲线的切线，并延长使之与垂直的中心线分别交于 $K_1、K_2、K_3、K_4、K_5$，得到各切线长度 $R_1、R_2、R_3、R_4、R_5$。

③ 按其投影关系在俯视图上求出各等分点的水平投影。再通过各等分点的水平投影以假设水平面分割球壳板，则得到通过等分点的各弧长 $a_1、a_2、a_3、a_4、a_5$ 等弧。

④ 作展开图如图2-2-7所示，先作一对称线，在对称线上截取等分点 $1'、2'、3'、4'、5'$ 等，各等分点间的距离应等于主视图上 $1'、2'、3'、4'、5'$ 各点间的弧长，然后以 $R_1、R_2、R_3、R_4、R_5$ 为半径，自对称线的 $1'、2'、3'、4'、5'$ 各点对应截取对称线上的 $K_1、K_2、K_3、K_4、K_5$ 各点，再以 $K_1、K_2、K_3、K_4、K_5$ 各点为圆心分别画弧过对称线上的 $1'、2'、3'、4'、5'$ 各点，以对称线为基准线，量取各弧长分别对应等于 $a_1、a_2、a_3、a_4、a_5$，在展开图上得到 $a、b、c、d、e、f、g、h、i、j$ 各点，并且圆滑连接这些点，即得到一块球壳板的近似展开图。

采用上述方法要注意作图误差和测量误差。其中作图用 R 与弧长 a，等分点之间的距离，均由计算得出较准确之尺寸。这种方法由于用钢卷尺测取弧长，测量方法本身就存在着较大误差，并且接近赤道线处做弧半径尺寸较大，因此很难画出比较精确的球壳板。

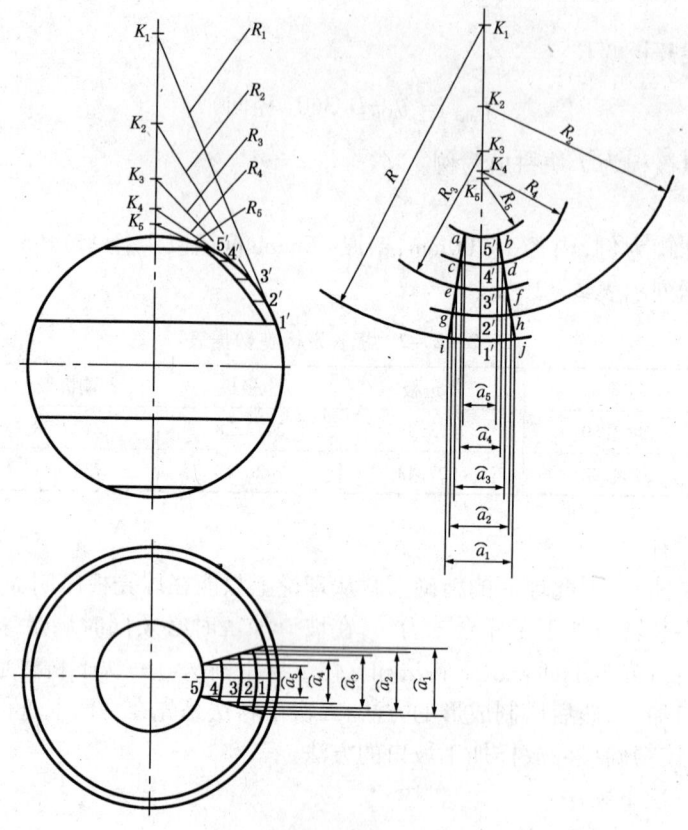

图 2-2-7 弧线分割法下料图

(2)直线分割法。

用直线代替圆弧在球壳板的分割上与前法有所不同。弧线分割法是假设以若干水平面分割球壳板,在直线分割法中是假设以若干通过球心的平面分割球壳板,因此每段弧都是球面弧的一部分,其各弧长短随所对中心角的不同而改变。这种方法是在画展开图时,以直线代替圆弧作图,以减少测量的误差,直线分割展开下料法如图 2-2-8 所示。

直线分割法以上温带板中的一块球壳板为例阐述如下:

① 画球壳板的主视图与俯视图,根据球壳板的大小决定其等分数,等分点为 P_1、P_2、P_3、P_4、P_5、P_6。

② 过等分点作通过球心的辅助截面 OP_1、OP_2、OP_3、OP_4、OP_5,这些截面与球壳板的截交线垂直于温带板的中心线 P_1P_6。

③ 截面截割温带板其各段弧长为 a_1、a_2、a_3、a_4、a_5。

④ 计算出各段弧长的尺寸(以球内径为准),计算方法如前所述。

⑤ 作一中心线,在中心线上截取等分点 P_1、P_2、P_3、P_4、P_5、P_6,等分点距离与球壳板上的等分点距离相等。

⑥ 过等分点作中心线的垂直线,在各垂线上量取 a_1、a_2、a_3、a_4、a_5 分别等于计算出的弧长。

⑦ 过 P_1、P_6 分别以 R_1 和 R_2 为半径画圆。

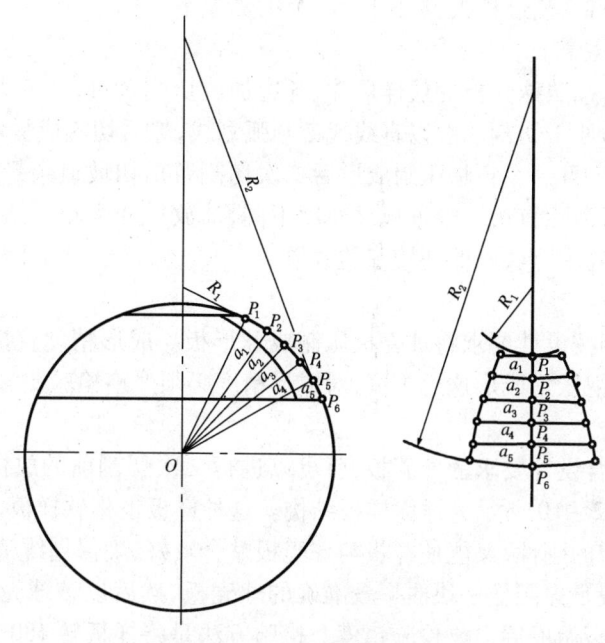

图2-2-8 直线分割展开下料法

⑧ 连接这些点成圆滑弧线即为球壳板展开图。用以上方法得到一块瓣片的展开图，按图形进行精确切割加工出周边坡口，然后进行压制成形即完成一块球壳板。当用人工划线切割时，由于划线测量以及压制过程中的变形影响，可能产生一些局部缺陷，可以用砂轮打磨修整。

2) 球壳板的二次下料法

球壳板的二次下料法的突出特点是坡口加工和二次下料结合进行，坡口精度和球壳板尺寸精度均较高，该方法在国内广泛应用。

(1) 成形下料的基本原理。

球壳板的各段边弧，均由假定的平面和锥面切割球面形成。切割平面通过球心切割球面，形成的圆弧其半径与球体半径相同。切割锥面其锥顶在球心、锥角已知时，锥底直径就是锥面与球面交线，可以计算得出。对于通过球心的边弧可以理解为锥角为180°的特殊情况，这时即相当于通过球心的平面切割球面。

在实际下料中，因为球壳板有一定厚度，因此用锥面切割可以保证球壳板断面的几何形状，锥面切割球面示意图如图2-2-9所示。

通过上述分析可以清楚地看到，一个球用假定平面和锥面截取，就可以得到各种不同形状的球壳板。如果将平面板材压制成球面弧状板，然后按要求将切割工具形成不同的切割面，切割球形面弧状板，就可以得到我们所需要的各种不同形状的球壳板。

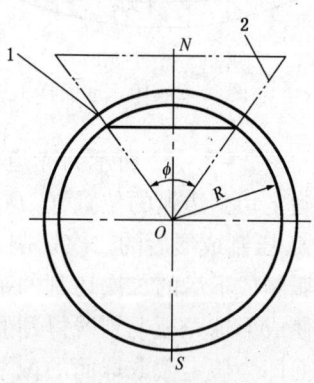

图2-2-9 锥面切割球面示意图
1—球壳板切割断面；2—切割纬圆切口的假想锥面

(2)成形下料工艺。

球壳板的成形下料工艺过程大致可分为四个主要程序：

① 冲压前的一次切割。

将球壳板的板材，按照球壳板的放样尺寸、各边加放切割余量，余量大小根据制造单位二次切割的经验确定，为便于切割一般以直线代替圆弧划线，然后切割成料坯。料坯尺寸将球壳板设计尺寸加大有两个目的。一是压制成形后二次切割留出切坡口余量，二是压制过程中周边成形较好，即切割后消除直边。根据板材厚度不同，加放尺寸大小可适当调整，如薄板可少量加放，厚板则适当多放一点，以保证较好的效果。

② 冲压成形。

将料坯切割后，即按设计要求将球壳板压制成球形板。成形精度直接影响二次下料的切割精度。所以必须重视压延成形这道工序，对成形精度必须严格检验。

③ 放样划线。

经过压延成形符合设计要求的球壳板，就可以进行二次切割前的放样划线。这些划线使用球面样板，如图2-2-10所示为球面样板结构。这种样板也称软样板，用0.3mm钢板制作合适，样板既要有一定的刚性，又能使样板与球壳板贴合较好，确保划线精度。

样板的制作，一般是先制作一块曲率较准确的球壳板，然后以该球壳板为母板，拍打制作裁剪成球面样板。样板做成后需要检验精度。检验方法是将样板转180°，看与做样板用的首块球壳板形状是否准确合线。

用样板放样划线，主要是确定假想切平面的位置，不必划出所有线，如划出所有线反而影响切割精度。一般号料是主要确定8个点，球面样板划线示意图如图2-2-11所示，其中每三个点即可确定一个切割平面的位置。二次切割也称为精确下料，一般均与切割坡口同时完成。

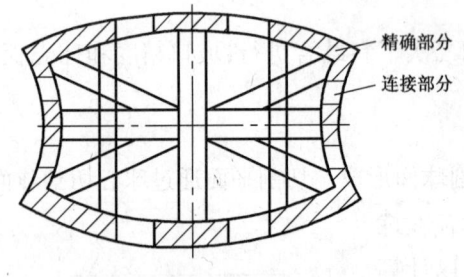

图2-2-10 球面样板结构

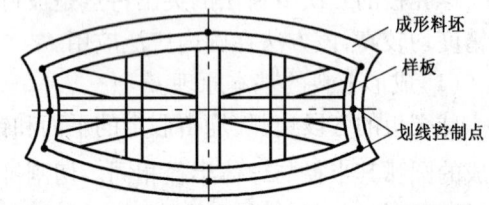

图2-2-11 球面样板划线示意图

如图2-2-12所示为赤道板划线尺寸，划线后得到 A、B、C、D、E 五点，其中 A、B、C 三点即可确定切割边弧的位置，C、D、E 三点即可确定两端弧的位置。

④ 压制成形后的二次切割。

压制成形后的二次切割的基本原理如图2-2-13所示。

使成形球壳板上划线得到的 A、B、C 三点与切割用割炬及球罐理论中心处在同一平面内，该平面即为假定截取球面的截平面，割炬在运动过程中，始终保持在同一平面内，即割炬本身形成的空间轨迹即为 ABC 平面，因为此割线一定通过划线点，划割成所需要的弧边。

⑤ 球壳板二次下料放样尺寸举例。

如前所列2000m³球罐结构为例，其球壳板二次下料放样如图2-2-14所示。

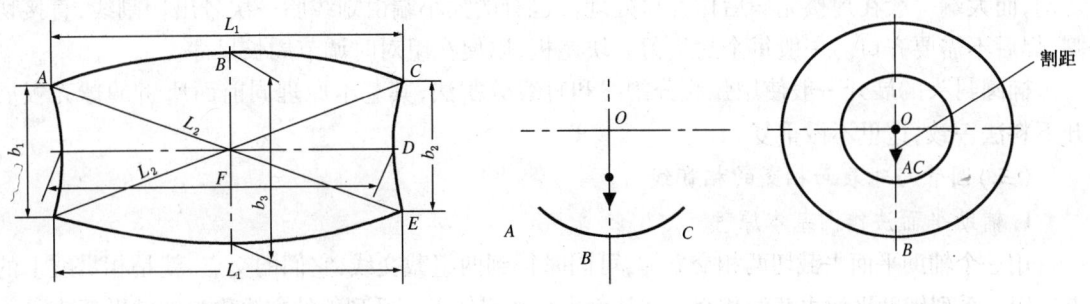

图 2-2-12 赤道板划线尺寸　　　图 2-2-13 二次下料切割原理图

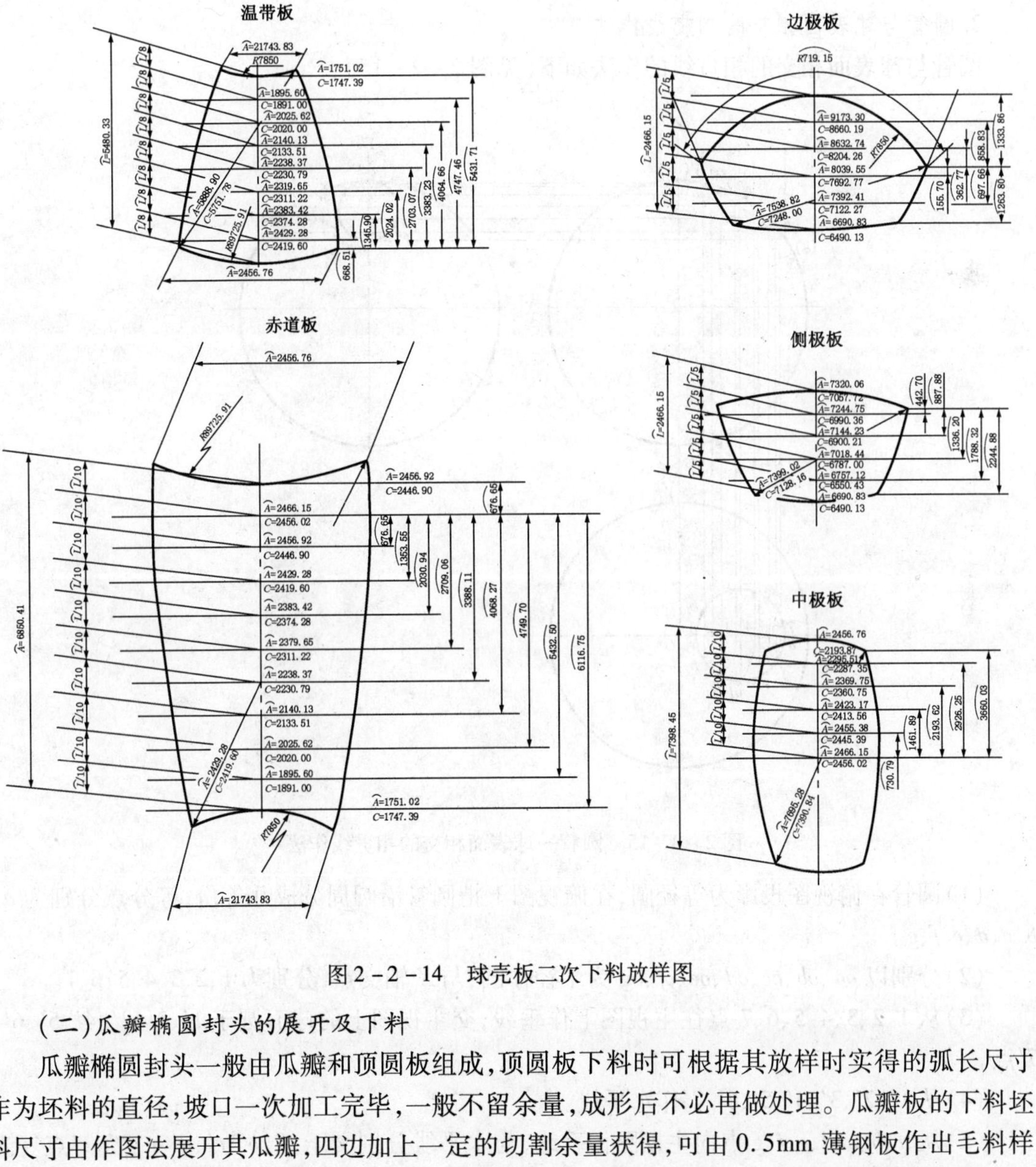

图 2-2-14 球壳板二次下料放样图

(二) 瓜瓣椭圆封头的展开及下料

瓜瓣椭圆封头一般由瓜瓣和顶圆板组成，顶圆板下料时可根据其放样时实得的弧长尺寸作为坯料的直径，坡口一次加工完毕，一般不留余量，成形后不必再做处理。瓜瓣板的下料坯料尺寸由作图法展开其瓜瓣，四边加上一定的切割余量获得，可由 0.5mm 薄钢板作出毛料样板。成形后由划线胎号出两侧切割线进行切割，大、小端暂不切割，小端在顶圆板组对时再做切割,而大端一般在焊接完毕后作齐口处理。也有的大小端由划线胎一次号出切割线,直接切割,焊后不需要齐口。一般每个封头留一块尾板,以便在组对时调节周长尺寸。

椭圆封头的展开一般使用弧线分割线和直线分割法,其基本原理同前面所讲的球壳板展开下料法一致,这里不做重复。

(三)圆管与球表面相交的相贯线

1. 辅助平面法作图基本原理

用一个辅助平面去截切两相交立体,可同时得到两组截交线,它们的交点,就是相贯线上的点。用一系列辅助平面去截两相交立体从而求得相贯线上一系列点的方法称为辅助平面法。

辅助平面法是求相贯线最基本的方法,适用面最广,不论相贯线有无积聚性投影均可使用,但在选用辅助平面时,应使它与两相贯体表面产生的截交线投影作图均最简便,如圆或直线。

2. 圆管与球表面相交的相贯线作法

圆管与球表面相交的相贯线的作法如下(见图2-2-15):

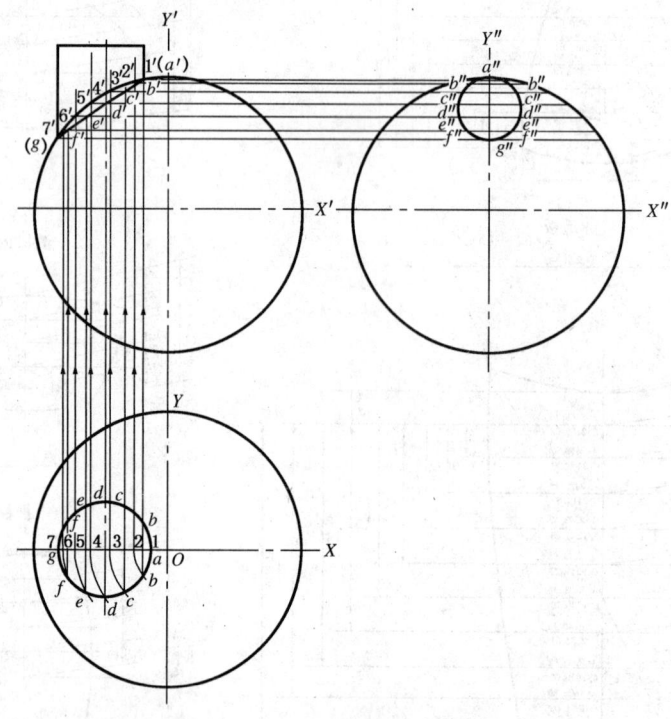

图2-2-15 圆管—球表面相交的相贯线作法

(1)圆管在俯视图投影为等径圆,在俯视图上把圆管沿圆周分成几等份,等分点分别为a、b、c、d、e、f、g。

(2)分别以oa、ob、oc、od、oe、of、og为半径作圆,与X轴交点,分别为1、2、3、4、5、6、7。

(3)从1、2、3、4、5、6、7点往主视图上作垂线,交主视图上的球面圆于$1'$、$2'$、$3'$、$4'$、$5'$、$6'$、$7'$点。

(4)从$1'$、$2'$、$3'$、$4'$、$5'$、$6'$、$7'$作水平线。

(5)从a、b、c、d、e、f、g点向主视图作垂线,与水平线分别交于a'、b'、c'、d'、e'、f'、g'点。光滑连接各点,即得圆管与圆球面正交相贯线主视图。

(6)在侧视图上以 Y'' 轴为中心线,分别在 $1'$、$2'$、$3'$、$4'$、$5'$、$6'$ 水平线截取 $b''b''=bb$、$c''c''=cc$、$d''d''=dd$、$e''e''=ee$、$f''f''=ff$,$1'$、$7'$ 水平线与 Y'' 轴交点分别为 a''、g'',光滑连接 a''、b''、c''、d''、e''、f''、g'' 各点,即得相贯线的侧视图。

三、技术要求

(一)分瓣椭圆封头制造检验规范

分瓣椭圆封头制造检验规范,见表 2-2-3 至表 2-2-6。

表 2-2-3 分瓣椭圆封头制造检验规范

项	目	检 验 标 准	检验方法
下料	划线	(1)长于 1m 的直线应弹粉线,小于 1m 的直线可用钢板尺划线	粉线、钢板尺
		(2)在弧面上划线应使用样板,样板的尺寸误差应小于 0.5mm,样板的弧度用标准样板检验,间隙小于 2mm	样板
		(3)用石笔划线时,石笔应磨成刀刃形,划线时石笔要垂直工件表面并紧靠样板或钢尺,石笔线最大宽度不超 1mm,线条要清晰	目测
	切割	(1)手工焊坡口 $\alpha=30°\pm2.5°$	焊接角度尺
		(2)表面粗糙度 不大于 0.32mm	标准样板
		(3)平面度 平面度小于或等于 $4\%\delta$,且小于 2.0mm	
		(4)上边缘熔化程度 圆角塌边宽度小于或等于 1.5mm	
		(5)缺陷的极限间距 $Q \geq 2mm$(Q——缺陷的极限间距)	钢板尺
		(6)直线度 不大于 2mm	尼龙细线
		(7)垂直度 不大于 $4\%\delta$	焊接角度尺
		(8)坡口表面 坡口表面不得有裂纹、夹渣、分层等缺陷	目测
毛坯加热		见表 2-2-4	
冲压		(1)冲压前应检查模具,不得有磨损、毛刺、氧化皮及其他缺陷	样板
		(2)模具安装时要注意模具在油压机的中心,防止偏心,并使上下胎的间隙均匀,上下胎间隙不均匀值应不大于 1mm	塞尺、目测
		(3)热压封头终压温度应不低于 700℃,有特殊要求的应按专门工艺执行	光学温度计
		(4)加热后的毛坯放到下模上后,必须迅速找正,以防压偏	
		(5)冲压后的封头必须冷却到 500℃(显暗褐色)才能吊运,以防变形	目测
		(6)封头压完冷却后,必须用钢印打上材质标记及移植号,以免混料、搞错	
焊缝布置		(1)封头由瓣片和顶圆板拼制成时,焊缝方向只允许是径向和环向的。各种不相交的焊缝间最小距离应不小于名义厚度 δ_n 的 3 倍且不小于 100mm,中心顶圆板直径应小于封头公称直径的 0.5 倍	卷尺
		(2)封头由两块或由左右对称的三块板对接时,对接焊缝距封头中心线小于封头公称直径的 0.25 倍	
厚度		冲压成形后的封头,其最小厚度不得小于名义厚度减去钢板厚度负偏差	超声波测厚仪
观感		(1)焊缝和热影响区表面不得有裂纹、气孔、弧坑和夹渣等缺陷	目测 超声波测厚仪
		(2)焊缝上的熔渣和两侧的飞溅物必须清除	
		(3)打磨母材及焊缝表面,消除缺陷或机械损伤后的厚度不小于母材的厚度	
外形尺寸		见表 2-2-5	

表 2-2-4 毛坯加热规范

材　料	A3　20　20g A3R　16Mn　16MnR	15MnV 15MnVN 15MnTi	0Cr13 1Cr13	18-8 型
加热温度 ℃	950~1000	930~950	950~1000	1000~1150
保温时间 min/mm	1	1.5	1	1.5

表 2-2-5 封头外形尺寸允许偏差

实测项目	封头公称直径 D_g, mm						检测方法
	<800	800~1200	1300~1600	1700~2400	2500~3000	3200~4000	
直径(ΔD_g), mm	±2	±3	±4	±5	±6	±6	盘尺
椭圆度(e), mm	<2	<4	<6	<8	<9	<10	
表面凸凹量(c), mm	<2	<3	<4	<4	<4	<4	
曲面高度(Δh_1), mm	±4	±6	±8	±12	±16	±20	
直面高度(Δh_2), mm	$^{+5}_{-3}$						钢板尺
纵向皱折, mm	≤1.5						
组对间隙, mm	1~2mm,局部间隙不大于 3mm,且连续长度小于 100mm						
对口错边量	≤0.15δ_n 且不大于 2mm						
手工焊坡口角度	(1)坡口角度 α　　α=30°±2.5° (2)局部凸凹值　　小于 2mm						焊接角度尺
形状偏差	≤1.25%D_1 （用弦长不小于 3/4 设计内直径的内样板检查）						内样板
焊缝宽度	应覆盖每边坡口宽度 2~4mm,对于 V 形坡口手工焊可按下式计算（S——板厚,B——焊缝宽度）： (1)板厚 S 小于或等于 12mm 时,$B=1.5S+(3±10\%)$ (2)板厚 S 大于 12mm 时,$B=1.4S+(3±10\%)$						钢板尺
焊缝余高	见表 2-2-6						焊接角度尺
咬边	(1)奥氏体不锈钢制造及焊缝系数为 1,100% RT,Ⅱ级为合格的封头,焊缝表面不得有咬边 (2)其他封头焊缝表面的咬边深度不得大于 0.5mm,咬边连续长度不得大于 100mm,焊缝两侧咬边的总长不得超过该焊缝长度的 10%						目测 焊接角度尺 及钢板尺

表 2-2-6 焊缝余高

焊缝深度 $\delta(\delta_1)$ mm	焊缝余高 $e(e_1)$, mm	
	手工焊	自动焊
≤12	0~1.5	0~4
12<δ≤25	0~2.5	0~4
25<δ≤50	0~3	0~4
>50	0~4	0~4

(二) 钢制球形罐锥制造检验规范

1. 球壳板

1) 材料

上下极板和与支柱连接的赤道板应逐张进行超声波探伤检查,碳素钢钢板的质量等级应以 JB 4730—1994 中Ⅲ级为合格,低合金钢钢板应以 JB 4730—1994 中Ⅱ级为合格,其余球壳板以图样规定为准。

检验方法:超声波探伤仪。

2) 一次号料

合理用料,号料尺寸按制作工艺执行。

检验方法:粉线,盘尺。

3) 标记移植

在指定位置移植材质号、炉批号、排板编号标记清晰准确。

检验方法:目测。

4) 一次切割

按号线切割,边缘整齐,切割后的熔渣要清除干净。

检验方法:目测。

5) 压形

控制曲率,允差不大于 3mm。

检验方法:内样板。

6) 二次号料

样板准确,冲眼及检查线清晰,并在冲眼处用油漆作出圆形标记。

检验方法:净料样板。

7) 二次切割

(1) 工装定位准确,轨迹清洁。

(2) 坡口表面应平滑,表面粗糙度 R_a≤25μm。

(3) 平面度 B:

当球壳板厚度 δ_n≤20mm 时,B≤0.04δ_n。

当球壳板厚度 δ_n>20mm 时,B≤0.025δ_n。

检验方法:弯尺、钢板尺、标准样板。

8)修磨

熔渣与氧化皮应消除干净,坡口表面不得有裂纹和分层等缺陷。若有缺陷时,应修磨或焊补。焊补时,应将缺陷彻底清除并经渗透探伤确认没有缺陷后方可焊补,焊补后应磨平,使其保持原坡口的形状及尺寸。

检验方法:目测、渗透探伤、焊接角度尺。

9)整形

(1)曲率允差。

小于或等于3mm(当球壳板弦长大于或等于2000mm时,样板的弦长不得小于2000mm;当球壳板弦长小于2000mm时样板的弦长不得小于球壳板弦长)。

检验方法:内样板。

(2)几何尺寸。

① 长度方向弦长允差 ±2.5mm。

② 宽度方向弦长允差 ±2.5mm。

③ 对角线弦长允差 ±3mm。

④ 两条对角线应在同一平面上,用两直线对角测量时,两直线间垂直距离偏差不得大于5mm。

检验方法:盘尺、尼龙细线、钢板尺。

10)预组装

(1)球壳不得采用机械方法强力组装。

(2)对口间隙按图样要求。

检验方法:焊接角度尺。

(3)对口错边量 b 不得大于3mm 且不大于 $1/4\delta_n$。

检验方法:焊接角度尺。

(4)组装后,用弦长 L 不小于1000mm 的样板,沿对接接头每500mm 测量一点,棱角 E(包括错边量)不应大于7mm。

E 值按下式计算:

$$E = A - B \qquad (2-2-40)$$

式中　E——棱角值,mm;

A——球壳与样板的最大距离;

B——球壳设计内半径或外半径与样板曲率半径的径向距离。

$$B = |R - R_{样板}| \qquad (2-2-41)$$

式中　R——球壳的设计内半径或外半径;

$R_{样板}$——样板的曲率半径。

检验方法:样板、塞尺。

11)表面质量

(1)修磨。

球壳板表面的缺陷及工卡具焊迹必须用砂轮机修磨。修磨范围内的斜度至少为3:1,修磨后的球壳板实际厚度不得少于计算厚度加腐蚀裕量。磨除深度应小于球壳名义厚度的5%且不大于2mm,超过时应进行焊补。

(2)焊补。

对球壳板缺陷进行焊补时,每块的焊补面积应在5000mm² 以内。如有两处以上焊补时,任何两处的净距应大于50mm,每块球壳板上焊补面积总和必须小于该块球壳板面积的5%,补焊后的表面应修磨平滑,修磨范围内的斜度至少为3:1,且高度不大于1.5mm。当球壳板表面焊补深度超过3mm时,还应进行超声波探伤。

检验方法:焊接角度尺,超声波探伤仪。

12)测厚

按测点位置示意图进行,球壳板实际厚度不得小于名义厚度减去钢板厚度负偏差。

检验方法:焊接角度尺,超声波探伤仪。

13)无损检测

(1)标准抗拉强度 $\sigma_b \geqslant 540MPa$ 钢材的气割坡口表面应进行磁粉或渗透探伤。

检验方法:磁粉或渗透。

(2)球壳板周边100mm的范围内应按 JB 4730 的规定进行超声波探伤检查,碳素钢球壳板的质量等级以Ⅲ级为合格,低合金钢球壳板应以Ⅱ级为合格。

检验方法:超声波探伤仪。

2. 零部件组焊

(1)上支柱与赤道板的焊接要在防变形胎架上进行。法兰凸缘等与极板的焊接要采取防变形措施。

(2)分段支柱上段与赤道板组焊后用弦长不小于1000mm样板检查赤道板的曲率,最大间隙不得大于3mm。

检验方法:内样板。

(3)人孔、接管与极板组焊:

① 人孔、接管开孔位置及外伸高度的允许偏差不大于3mm。

② 开孔球壳板周边100mm范围内及距开孔中心一倍开孔直径处,用弦长不小于100mm的样板检查极板曲率,最大间隙不得大于3mm。

检验方法:弯尺、钢板尺、内样板。

(4)符合下列条件之一的焊缝,焊后需立即进行消氢处理。

① 厚度大于32mm且标准抗拉强度 $\sigma_b > 540MPa$ 的球壳。

② 厚度大于38mm 的低合金钢球壳。

③ 嵌入式接管与球壳的对接焊缝。

④ 焊接工艺评定确定需消氢处理者,一般为250℃,保温2h。

检验方法:测温热电偶。

(5)法兰面应垂直于接管中心线。安装接管法兰应保证法兰面的水平或垂直(有特殊要求时,应按图样要求),其偏差不得超过法兰外径的1%(法兰外径小于100mm 时,按100mm计算)且大于3mm。

检验方法:弯尺、钢板尺。

(6)支柱的长度允许偏差不大于1.5mm。

检验方法:盘尺。

(7)支柱的直线度允差不大于$L/1000$(L——支柱长度,mm),且不大于10mm。

检验方法:盘尺,尼龙细绳。

(8)支柱与底板的组焊应垂直,其垂直度偏差不大于2mm。

检验方法:弯尺。

(9)焊缝表面不得有裂纹、咬边、气孔、弧坑和夹渣等缺陷并不得保留有熔渣与飞溅物。

检验方法:目测。

(10)角焊缝的焊脚尺寸,在图样无规定时取焊件中较薄者之厚度。补强圈的焊脚,当补强圈的厚度大于等于8mm时,其焊脚等于补强圈厚度的70%且不小于8mm。

检验方法:焊接角度尺。

(11)角焊缝应有圆滑过渡至母材的几何形状。

检验方法:目测。

(12)当球壳板有延迟裂纹倾向时,对与球壳板有关的焊缝的射线探伤和超声波探伤应在焊接结束至少24h后进行,磁粉至少在焊接结束48h后进行。

检验方法:表观。

3. 试板

(1)球壳焊接工艺评定试板不应少于8块,试板的尺寸及要求应按国家标准《钢制压力容器焊接工艺评定》的有关规定。

(2)球罐产品焊接试板不应少于4块,试板的材料必须是合格的且与球壳用材具有相同钢号、规格。试板的尺寸应按GB 150附录G"产品焊接试板焊接接头的力学性能检验"的有关规定。

检验方法:钢板尺,焊接角度尺。

4. 除锈

球壳板除锈至金属光泽,周边50mm范围内涂可焊性涂料,其余涂防锈漆。

检验方法:目测。

5. 二次标记移植

先在凹面标记炉批号、材质号、排板编号,然后移植到凸面。

检验方法:目测。

6. 包装

球壳板采用曲率与球壳板相同的钢结构托架包装,凸面朝上,各板间垫以柔性材料。试板等装箱运输,拉杆件集束包扎。

检测方法:目测。

7. 铭牌

铭牌必须标明下列内容:

(1)制造单位名称及制造许可证号码。

(2)安装单位名称及安装许可证号码。

(3)球罐名称。

(4)球罐产品编号。
(5)球罐图号或位号。
(6)储存物料名称。
(7)设计压力。
(8)试验压力。
(9)设计温度。
(10)容器类别。
(11)公称容积。
(12)最大允许充装量。
(13)球壳材料。
(14)球壳厚度。
(15)制造日期。
检验方法:目测。

四、相关知识

(一)球壳板的切割胎具

球壳板的二次切割和切坡口一次完成,必须有相应的工艺装备,所使用的工艺装备必须有完全的可靠性及保证足够的精度。图2-2-16为切割球壳板胎具示意图。这种切割胎具制造简单,操作容易且成本低。其操作过程如下:

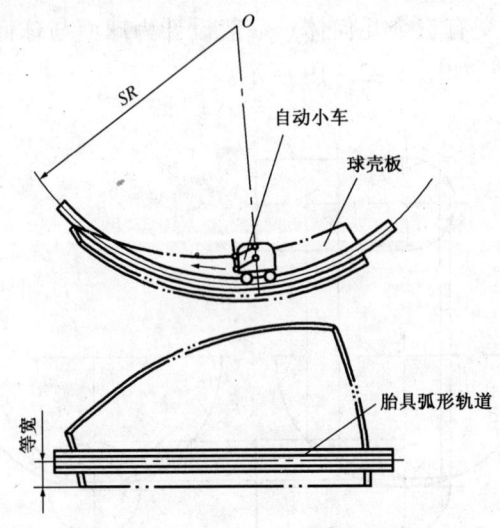

图2-2-16 切割球壳板的胎具示意图

将压制好的球壳板稳定在弧形格板胎具上,使球壳板的一边按划线找正,使之和理论球心O与切割用的割炬在同一垂直平面内,即可达到切割球壳板一个边的目的。

这种胎具由弧形导轨与支撑构件构成,支撑构件与球壳板接触部分的圆弧一定要与被加工的球壳板球面曲率相同,以提高切割精度,切割时切割小车置于导轨上。同一胎具可以切割同一球罐上的所有通过球心截平面与球面相交所得的球壳板边缘坡口。

(二)坡口的切割原理

球壳板的坡口形式多数为带钝边的X形坡口,球壳板坡口尺寸如图2-2-17所示。因此坡口由内坡口面、外坡口面和钝边平面三部分组成,内外坡口面均为圆锥面,钝边为一平面,

内坡口面圆锥角为 $2\alpha_1$，外坡口面圆锥角为 2α，如图 2-2-18 所示为坡口的切割。当球壳板位置固定后，只要切割工具运动的轨迹为一圆锥面或平面，即可形成不同的坡口面。另外使切割工具固定，使球壳板沿其本身所在球罐的半径作不同轨迹平面的旋转，也可形成不同的坡口面。目前国内外生产厂家多采用前种坡口形成原理设计工艺装备，后种方法由于球壳板质量大，运动平稳性差，球壳板难于装卡，因此多不采用。

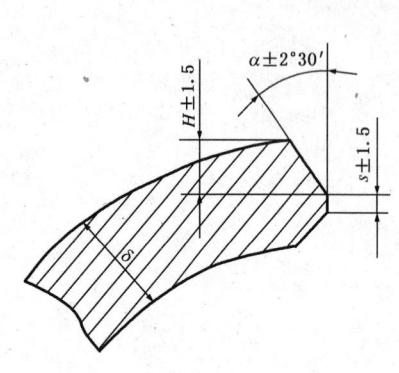

图 2-2-17 球壳板坡口尺寸

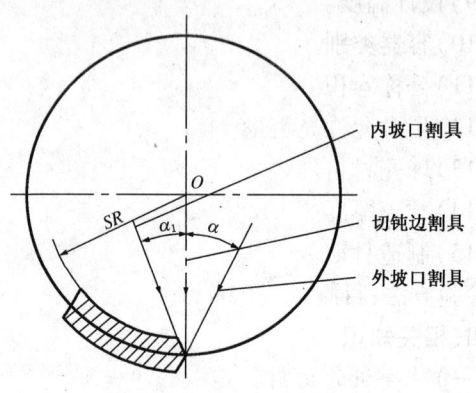

图 2-2-18 坡口的切割

（三）罐体与立柱相贯部分的下料

球壳板与立柱之间相交有三个几何体。一般设计为球面与球面，球面与圆柱面相交，因此，理论上是三个立体相贯，如图 2-2-19 所示。

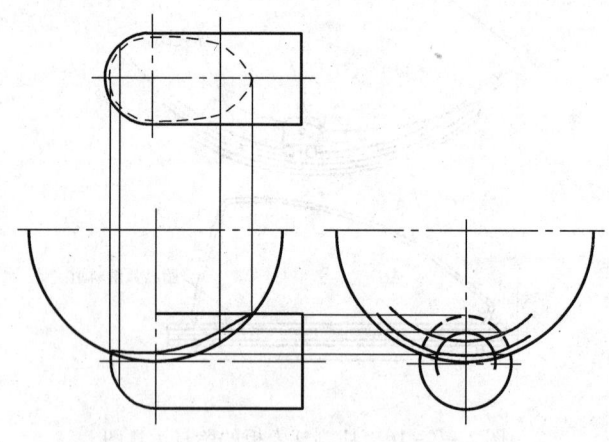

图 2-2-19 球柱与立柱相贯

球壳板与立柱之间的连接，采用立柱上切出球面缺口，然后与球壳板球面吻合焊接。确定立柱切口形状的方法，采取求出球面与柱面相交线上的若干点，然后逐点连接形成，求出这些点（见图 2-2-20）。

在球壳板的制造过程中，一般先将立柱做好，然后再划线切割相交球面切口，这样制造工艺简单，立柱下料卷板成筒较容易，柱顶与立柱之间焊接成形也较方便。待立柱焊接完成后，再在立柱上划线切口，立柱划线切口方法如图 2-2-20 所示，具体划法如下：

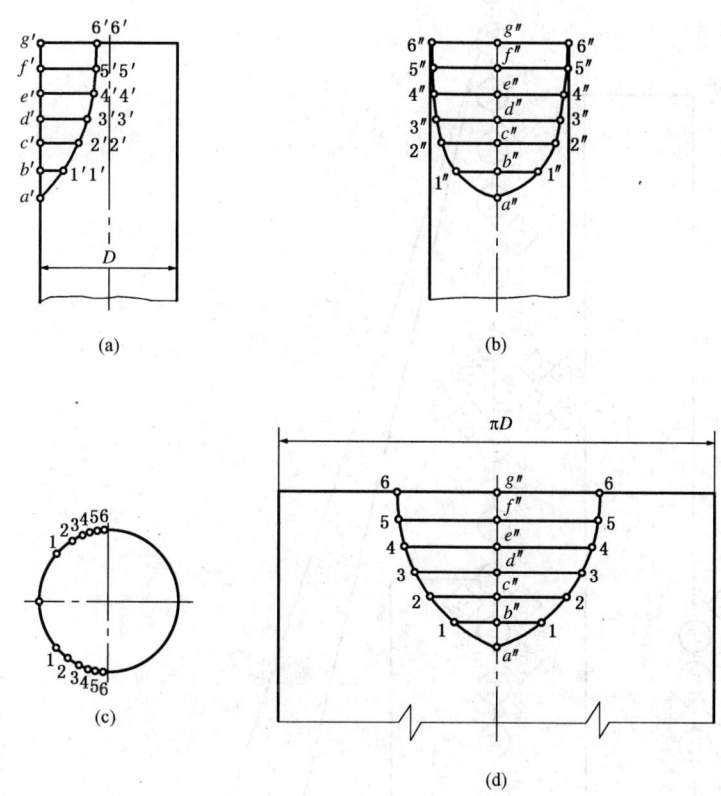

图 2-2-20 立柱切口划线方法

(1)将柱面展开图中切口长方向分成若干点如 a''、b''、c''、d''、e''、f''、g'' 等,如图 2-2-20(d) 所示。

(2)过 b''、c''、d''、e''、f'' 各点作圆柱轴线的垂线,分别与展开图中切口轮廓线相交于 1、1;2、2;3、3;4、4;5、5;6、6 等各点,如图 2-2-20(d)所示。

(3)在焊制好的立柱上按同样方向和距离定出 a''、b''、c''、d''、e''、f''、g'' 各点,如图 2-2-20(b)所示。

(4)过 b''、c''、d''、e''、f'' 各点沿圆柱面垂直轴线方向划圆周线,如图 2-2-20(b)所示。

(5)在圆周线上相应取 1、1;2、2;3、3;4、4;5、5;6、6 等各点,即原来直线长度为圆周长,如图 2-2-20(c)所示。然后,再向主视图作垂线,光滑连接各交点,得到圆柱面上的相贯线,如图 2-2-20(a)所示。

(6)按顺序圆滑连接各点,由 $a''-1''-2''-3''-4''-5''-6''$,即形成柱面与球面相交的空间曲线。

柱顶一般由小型球面或一椭圆平面构成,不论哪种情况与球壳相交均为平面曲线。

(四)球罐工厂制造的生产工艺流程

球罐工厂制造的生产工艺流程见图 2-2-21。

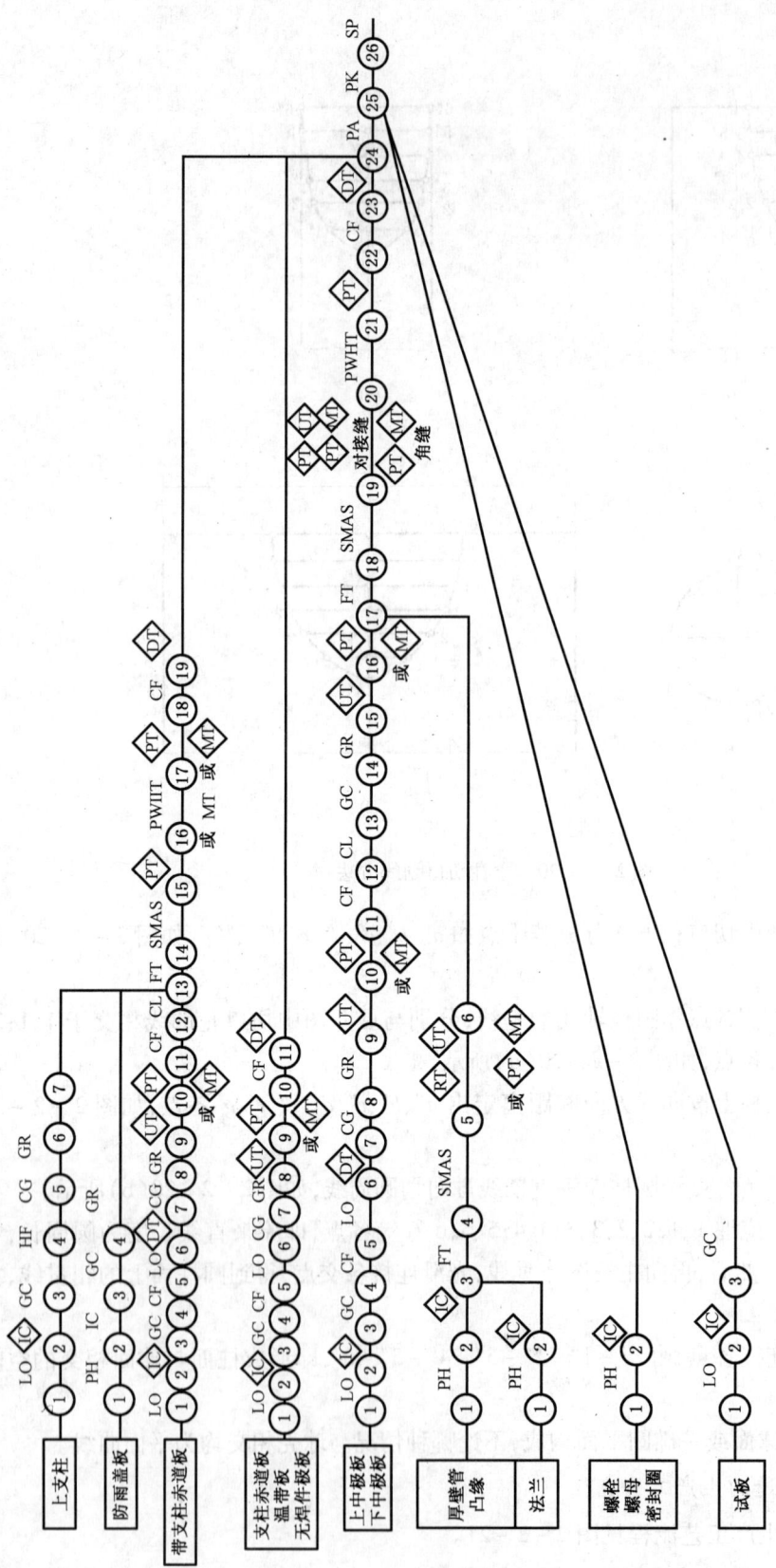

图2-2-21 球罐的生产工艺流程

第三章 高压、低温容器制作及安装

一、学习目标

通过学习能制作安装高压容器、低温容器,了解压力容器分类与构造及掌握压力容器制造工艺和制造工艺。

二、操作方法

压力容器是石油、化工和其他部门广泛应用的设备,其中包括各种储存和运输容器、反应器塔器和换热器等。大多数压力容器的工作压力在35MPa以下,个别压力高达100MPa以上,工作温度在-19~450℃范围内,部分低温容器的工作温度可达-200℃或更低。盛装介质有各种液相和气相物质,有的介质还具有强烈的腐蚀性、毒性和易燃性。压力容器按压力来分,其设计压力$10MPa \leqslant p < 100MPa$为高压容器(代号 H)。按设计温度来分$-20℃ \geqslant t > -196℃$为低温压力容器。按结构来分,可分单层结构和多层结构两大类。单层结构以单层钢板卷焊,多层有多层板包扎热套式、绕板式。在施工中接触最多的应用最广泛的是单层卷焊式容器。

(一)压力容器用钢

1. 钢材的分类

1)钢板

(1)常用的有普通碳素钢 Q235A、B、C、D 级钢板,专门用途优质碳素钢有压力容器用钢20R,焊接气瓶用钢15HP 和15MnHP。

(2)低合金钢板:见表2-3-1。

表2-3-1 低合金钢板

用 途	钢 牌 号
常温压力容器用钢	16MnR,15MnVR,15MnVNR,18MnMoNbR
中温压力容器用钢	15CrMo,12Cr2Mol
低温压力容器用钢	16MnDR,09MnTiCuXtDR,09Mn2VDR,06MnNbDR
焊接气瓶用钢	20HP,12MnHP,15MnHP,16MnHP,10MnNbHP
高压容器用层板	16MnRC,15MnVRC

(3)高合金钢板:常用高合金钢板有1Cr13,00Cr13Ni10,00Cr17Ni14Mo2,Cr18Ni12Mo2Ti。

2)钢管

压力容器常用钢管见表2-3-2。

表2-3-2 压力容器常用钢管

钢管名称	钢 牌 号
碳素钢管	10,20,20g
合金钢管	16Mn,15MnV,09Mn2V,12CrMo,15CrMo,10MoWVNb,12Cr2Mo,1Cr5Mo
不锈钢管	0Cr13,0Cr18Ni9Ti,0Cr18Ni12Mo2Ti,00Cr18Ni10,00Cr17Ni14Mo2,00Cr17Ni14Mo3

3)锻件和圆钢

锻件和圆钢见表2-3-3。

表2-3-3 锻件和圆钢牌号

钢材	锻 件	圆 钢
碳素钢	20,25,35,45	A3,35
合金钢	16Mn,20MnMo,15MnMoV,20MnMoNb,15CrMo,35CrMo,12CrlMo,12Cr2Mo	40MnB,40MnVB,40Cr,30CrMoA,35CrMoA,35CrMoVA,25Cr2MoVA,1Cr5Mo
不锈钢	0Cr13,1Cr18Ni9Ti	2Cr13,0Cr19Ni9,0Cr19Ni12Mo2

2.压力容器用钢选用的原则

压力容器使用的钢材种类很多,需按设计压力、设计温度和介质等条件选定。

(1)代用图样规定的钢材时,应征得原设计单位的同意。

(2)代用钢材应与被代用钢材具有相同或相近的化学成分,交货状态、检验项目,性能指标和检验率以及尺寸公差和外形质量等。

(3)对用较高质量的钢材作为代用材料时,尚需考虑经济合理性。

(二)高压容器的制造工艺

单层卷焊式高压容器制造工艺与中低压容器基本相同,只是由于制造壳体的钢板较厚,在下料卷板,焊接等工序上和要求上存在差别。

1.材料

受压元件材料必须具有材质合格证明书,且经复验合格后方可投入使用。

(1)受压元件用钢板的表面质量应符合下列要求:

① 钢板表面允许存在深度不超过负偏差一半的划痕、轧痕、麻点、氧化皮脱落后的粗糙等局部缺陷。

② 深度超过上条规定的缺陷以及任何拉裂、气泡、裂纹、结疤、折叠、夹渣、焊痕、飞溅等均应予以打磨清除。清除打磨的面积应不大于钢板面积的30%,打磨的凹坑应与母材圆滑过渡,斜度不大于1:3。

③ 打磨后,如剩下厚度不小于设计厚度且凹坑深度小于公称厚度的5%或2mm(取小者),允许不作补焊。

④ 超出上述界线的缺陷应考虑进行补焊。

(2)受压锻件的尺寸、表面质量等应符合以下各项要求:

① 锻件筒体的内径,在任何重要截面上测定,对于互成90°的最大值与最小值之差,不得超过该截面设计内径的1%。

② 锻件的厚度在某些局部区域内小于设计厚度但围绕该区域的邻近具有足够的厚度,且能符合GB 150对补强(开孔)的要求,该锻件允许使用,不必补焊。

③ 锻件表面(锻件的机加工表面除外)允许存在深度不大于公称厚度的5%或1.5mm(取其小者)且长度不大于200m的重皮、结疤、切削刀痕等不规则缺陷,但裂纹之类呈尖锐切口状缺陷,不论深度、长度均应清除。

④ 锻件补焊必须征得设计同意。

2.筒体排板

圆筒体的排板方法有很多,如循环排板、矩形排板、齿状排板、表格排板法等,在高压容器筒体排板中,多采用综合排板法,集各排板之优点,便可排出符合设计要求的排板图。排板图应具备如下内容(图2-3-1):

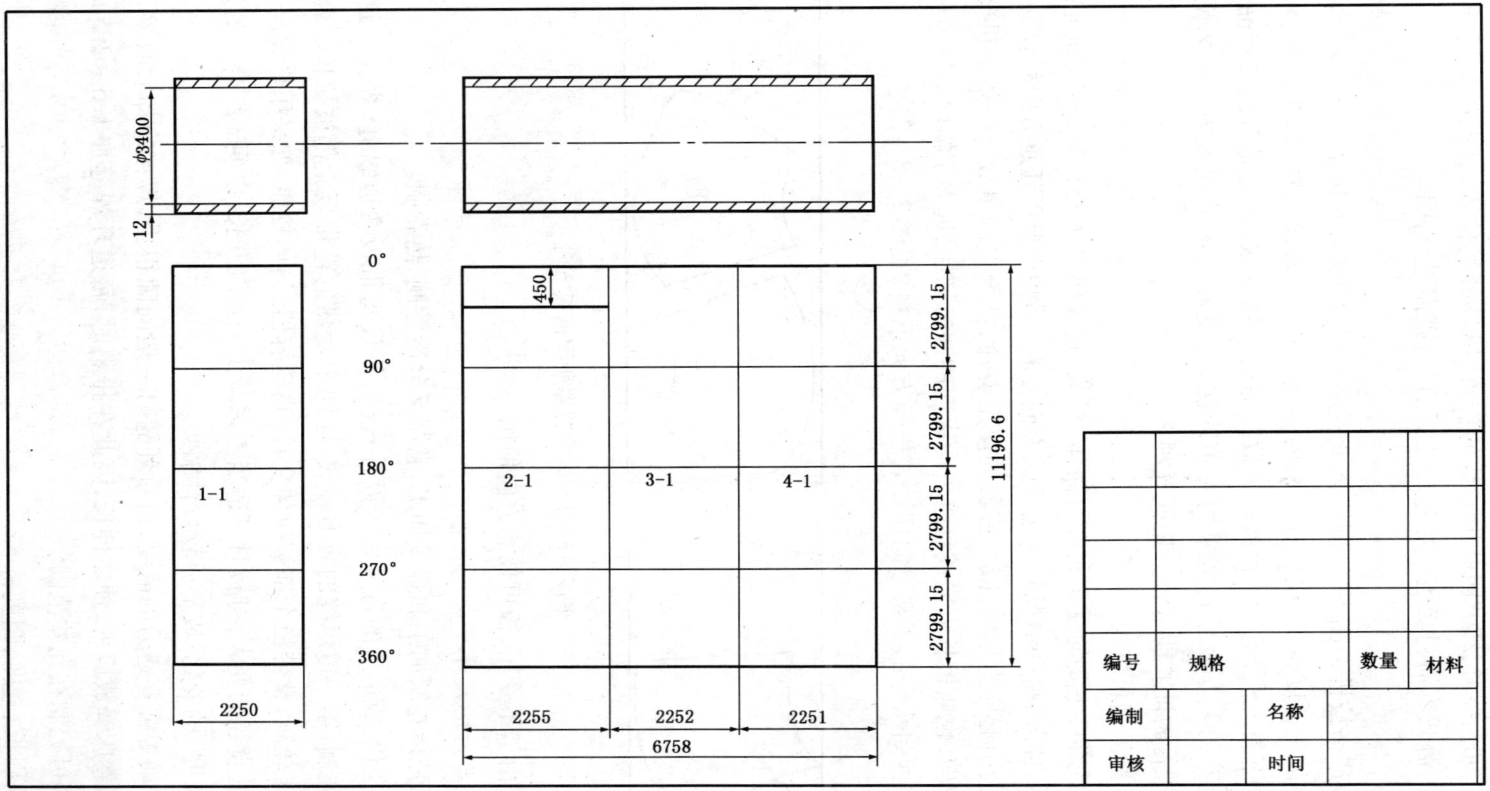

图2-3-1 筒体排板图

（1）容器名称、图号、产品编号、数量、排板时间、排板人、审核人。

（2）筒体的规格、材质、筒的展开长度、单节筒体宽度、坡口形式及技术要求。

（3）筒体0°、90°、180°、270°四条中心线的位置，纵环缝的位置，开孔的位置、开孔位置应尽可能避开焊缝，卧式容器衬板也应尽量避开焊道，否则需进行探伤。

3. 划线下料

压力容器应严格按排板图下料，圆筒体带板展开料是矩形，其矩形的精度越高，卷制成形后的圆筒体端口的正圆度越高，组对成形后的直线度越高（假设组对间隙均匀），最好采用速控切割等先进的下料方法，采用一种精确高效简捷的下料方法，无论是对提高产品质量，提高工效都是十分有益的。一般号料多采用对角线法，长度和宽度的误差为±0.5，对角线误差0～2，号料后要进行验证才能进行剪切或气割。

4. 压力容器所用钢板方向

压力容器的号料，主要的受压元件有筒体、封头、过渡锥形大小口等，非受压元件有裙座、地角环、储罐的筒体等，哪些情况必须按板长方向号料，哪些情况可任意方向号料，必须有个明确的概念，否则会引起应力集中，减少容器的使用寿命，甚至造成事故。一般来讲经轧制的钢板纵向轧制的方向，也叫板长方向或纤维方向纵向的冲击韧性，远大于横向的冲击韧性，因此，受压元件筒体锥面封头等的下料方向应顺着板长方向下料（见图2-3-2）。

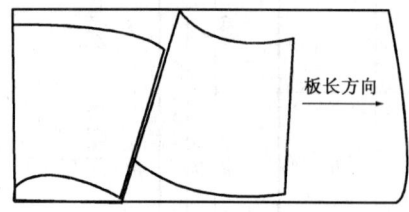 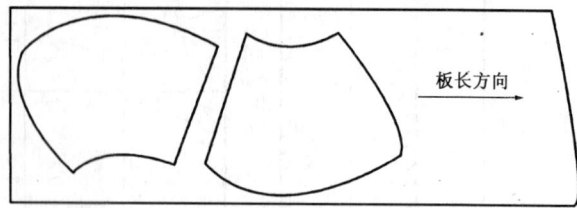

图2-3-2 压力容器所用钢板方向

非受压元件由于不受压，板可任意方向使用。

5. 筒体加工前后的尺寸变化

筒体的加工是指卷制加工和焊接加工，卷制又分冷卷制、热卷制。

（1）直径的变化：成形后的直径大于设计直径，假设每带板两道纵缝，焊完一道纵缝后去卷床卷圆，通过卷制，第一道焊缝的应力释放，连同未受热的整带板全部被拉长。合茬在纵缝焊接后，又回卷床较圆，整带板全部被拉伸变长，高压容器，筒体较厚，如采用热卷制，则通过卷制，筒体成形后的直径会变大，排板时可适当考虑减少一点展开长，以便于结合件的连接。

（2）高度（长度）的变化：成形后较设计缩短。

为了适应自动焊强穿透力的需要，组对环缝时一般间隙很小，焊接冷却后收缩，而又不可能同纵缝一样回卷床释放应力，使之伸长，因此在排料时，每道环焊缝加1.5～2.5mm的收缩量高度（长度）即可控制在允差范围。

（3）直径、圆周长、直度、圆度：

① 一般容器不测定直径及其偏差。当装有装配间隙要求的内件时，其内径允差见表2-3-4。

表 2-3-4　内径允差

内径,mm	≤500	>500~≤1000	>1000~≤2000	>2000~≤4000	>4000
允差,mm	±2	±2.5	±5	±7.5	±10

② 周长公差:外径(公称内径加 2 倍实际板厚)小于等于 650mm 者,周长(外)允差 ±5mm;外径大于 650mm 者,允差为 ±2.5% 圆周长。

③ 圆度:同 GB 150。

④ 直度:同 GB 150,但分段交货的容器,任意 3m 内的筒体直度公差为 3mm,当筒体长度 $H<15m$ 时,直度公差为 $H/1000mm$,筒体长度 $H>15m$ 时,直度公差为 $0.5/1000mm$ 加 8mm。

6. 切割、整形、刨坡口

(1) 采用火焰切割下料时,应清除熔渣及有害杂质并采用砂轮或其他工具将坡口加工磨平。

(2) 受压元件气割的开孔边缘或剪切下料的端部如未经焊接应采用打磨方法去除 3mm 以上。

(3) 对于要求较高的下料,可采用先切割,后刨边机整形的方法。也可采用数控切割机下料。

(4) 由于高压容器,制作壳体的板材较厚,为了工艺的合理性都选用 U 形坡口,刨边机加工而成,以便实现窄间隙焊接。

7. 筒体压头、卷制

(1) 圆筒卷制前端头要压出设计的曲率,以适应由于卷板机轴辊有一定跨度的需要,俗称"压头"。压头的方法很多,可采用弧形胎压头。预弯头凸凹模的曲率确定要考虑板厚,应该比筒体内径稍大一点。这是因为一是压力机的压力很大,被压距离较短,回弹虽很小但总是有;二是成形后在卷板机上矫圆时,弧过要比弧欠要好得多。所以设计凸凹模曲率时要根据设计曲率、板厚、板宽和材质而定。刀型预弯胎,凸模为线状,凹模为弧状。采用刀型预弯胎压头,第一刀压下的位置,要尽量靠边重压,以防直头,遵循宁欠勿过的原则随时卡样板检查,预弯长度同弧状胎。另外如采用轴辊卷板机预弯,同样遵循宁欠勿过的原则,随时卡样板检查。

(2) 圆筒的卷制方法,大致是预弯、板面卷曲、对接三个过程。卷板分冷卷制和热卷制,采用什么样的卷制工艺,应视设备的加工能力和产品的技术要求而定。

(3) 卷制筒体时,人们总是想多压下一些,少转几圈而成形,从而提高工效,但从容器的使用寿命、机械性能、抗应力和抗疲劳等指标看是不合理的。卷制钢板时,内层金属被挤缩,外层金属被拉伸,中性层不伸不缩,其基本塑性变形方式是滑移,从而使金属的硬度、强度提高,塑性、韧性下降,即冷作硬化。卷制后的表面硬度、冷硬深度都随着卷制次数和压力的增加而加大,卷制的过程中总会不同程度地产生冷作硬化现象,进而导致各种缺陷和破坏事故的产生。所以卷制时应尽量少压一些,多卷几次成形。为了消除冷作硬化和焊接后的残余应力,常采用退火的方法,可消除 20%~80% 的残余应力。接口时应采取措施,防止错口、错边缺陷的发生。

8. 焊接

(1) 焊接坡口及其两侧至少 15mm 内的母材表面应消除铁锈、油污、氧化皮及其他杂质。铸钢件应去除铸态表面以显露金属光泽。

(2) 气割坡口的表面质量至少应符合表 2-3-5 要求。

表 2－3－5　气割坡口的表面质量

类　别	定　义	质　量　要　求
平面度	表面凹凸程度	凹凸度小于等于2.5%板厚
粗糙度	表面粗糙度	$R_a 50(\mu m)$
凹坑	局部的粗糙度增大	凹坑宽度小于等于50mm 有每米长度内不大于1个

（3）焊接必须按焊接工艺卡施焊，焊工必须是有其相应项目的有证焊工。

（4）环焊缝采用自动焊焊接：对于埋弧焊和氩弧焊，允许采用较低的预热温度。拘束度较高的部位以及冬季（5℃以下）施工时，应采用更高的预热温度，适当扩大预热区域和延长预热时间。

预热的范围应包括接头中心两侧各3倍板厚的宽度（最小100mm），温度测量点应选位于焊缝两侧50mm处，施焊过程中要始终保持对预热温度的监控。

（5）筒体封头，环焊缝焊接完后，进行100%射线探伤，结果应符合 JB 4730 的相关规定。

9．选定测量基准面、号孔

（1）立式容器的测量基准面可选择位于容器底封头与筒体的环焊缝以上50mm 处；卧式容器可选择位于容器一端的封头与筒体环焊缝往筒体方向50mm 处。

具有设备法兰的容器，也可以法兰密封面为基准面。设计可选择其他平面作为基准面（如以切线或环焊缝为基准面），但应在图样上标注清楚。

容器的轴线为通过基准面中心的直线。

基准面的0°、90°、180°、270°各点在容器壳体外侧应打印标记，标记用油漆划线显示。

（2）壳体上的开孔应尽量不安排在焊缝及其邻近区域，但符合下列情况之一者，允许在上述区域内开孔：

① 符合 GB 150 开孔补强要求的开孔可在焊缝区域开孔。

② 符合 GB 150 规定的允许不另行补强的开孔，可在环焊缝区域开孔。但此时应以开孔中心为圆心，对直径为3倍开孔直径长度的圆所包括的焊缝进行100%射线或超声波探伤，并符合要求。凡因开孔而可予去除的焊缝可不受探伤质量的影响。

（3）接管：对焊法兰与接管焊道探伤合格后安装。

立式容器上表示的接管公差与卧式容器相同。

① 接管（非人孔）到基准面的安装尺寸允差为±6mm，但下列情况除外：

a. 接管到相邻内件支撑环或受液盘的尺寸允差为±3mm；

b. 接管之间的尺寸有特殊装配要求者，如液面计。

② 沿壳体外壁测量，接管及其他附件（如人孔、支耳等）的方位允差为±6mm。

③ 接管法兰面（包括斜接接管的法兰）与筒体外表面或与基准面之间的尺寸允差为±5mm。

④ 法兰面的水平度或垂直度公差应符合 GB 150 要求。

⑤ 接管法兰螺栓中心圆上相邻两孔之弦距的允差为±0.8mm，任意两孔之弦距允差为±1.5mm，螺栓中心圆直径允差为±1.6mm。

容器法兰、平盖、筒体端部的螺栓中心圆直径和相邻两孔弦长的允差为±0.6mm;任意两孔的弦长允差列于下表2-3-6。

表2-3-6 任意两孔的弦长允差

筒体内径,mm	<600	600~1200	>1200
允差,mm	±1.0	±1.5	±2.0

⑥ 接管之间有特殊装配要求者,如液面计,应达到以下公差:
a. 两接管距离允差为±1.5mm;
b. 通过两接管中心垂线的间距不大于1.5mm;
c. 通过两接管法兰中心的垂直线间距不大于1.5mm;
d. 法兰面的垂直度公差不得大于0.5/100。
(4)人孔、手孔等:
① 人孔等安装位置的尺寸允差为±13mm;
② 人孔等的法兰面与筒体外表面之间的尺寸允许偏差±10mm;
③ 人孔法兰面的最大垂直度或水平度公差为6mm。
(5)法兰的螺孔应与法兰中心线跨中,筒体上的接管法兰中心线一般平行于筒体的轴线,封头上的接管法兰中心线一般为法兰中心与封头圆心的连接线。

10.压力试验与致密性试验
(1)容器在无损检测合格后,方可进行压力试验。
(2)压力试验前所有内表面应清扫干净,使容器内没有焊渣、熔渣、焊条头、松散的锈垢、脏物和杂质。
(3)容器压力试验后如再行补焊,则应再进行压力试验。
(4)压力试验时,补强板或垫板上的信号孔应打开。
(5)符合下列情况时,容器应考虑进行致密性试验:
① 介质为易燃、易爆;
② 介质为极度危害或高度危害时;
③ 对真空有较严格要求时;
④ 如有泄漏将危及容器的安全性(如衬里等)和正常操作者。
(6)致密性试验时,补强板和垫板上的信号孔应打开,密封用垫片应采用正常操作时采用的同种材料。

11.热处理
(1)将容器经保温处理后,缓慢加热至600~650℃,经一段时间保温后,随炉缓慢冷却至室温,这种热处理称低温退火,又称应力退火,也称焊后热处理,压力容器是否进行热处理,主要取决于焊接应力的大小、材料对焊接裂纹的敏感性以及容器工作介质对材料是否具有应力腐蚀等因素,同样的材料焊件越厚,焊接残余应力越大,所以壁板较厚的容器必须进行热处理。
(2)对碳钢和低合金钢制造的容器,必须进行焊后热处理的条件是:
① 碳钢如Q235A、Q235B、20R等壁厚大于34mm。
② 低合金钢:对16MnR,壁厚大于30mm,对15MnVR壁厚大于28mm,对于12CrMo壁厚

大于16mm。

③ 有些低合金钢如 15CrMo、18MnMoNbR 等对焊接裂纹敏感性较强,易产生滞后裂纹,用这些材料制作的容器,都必须进行焊后热处理。

④ 一般冷卷筒体,规定必须进行热处理的条件是碳钢及 16MnR,壁厚不小于公称直径的 3%,对其他低合金钢,壁厚不小于公称直径的 2.5%。

(3) 热处理的方法大致分两类,一类是外部加热,一类是内部加热。外部加热有燃油加热炉和电加热炉;内部加热有球罐内部多喷嘴液化气加热和容器内部远红外电加热器加热。

(4) 热处理后的容器不允许再动火施焊。

(三) 高压容器的安装

容器有立式、卧式两种形式,正确顺利地安装容器的步骤是:

(1) 立式容器支座和卧式容器鞍座地角螺栓孔在允差范围之内。

(2) 地脚螺栓的预埋位置,符合安装要求。

(3) 用吊车将容器就位。

(4) 垫铁找平。

(5) 把紧螺栓。

(6) 将配管法兰与工艺管线相接。

(四) 低温压力容器制造工艺

低温压力容器就是设计压力不大于 35MPa,设计温度等于或低于 -20℃,且不低于 -196℃的钢制容器,低温压力容器与中低压压力容器的制造工艺基本相同,但铁素体钢在低于某一转变温度且具有相当应力水平和存在足够的尖锐的缺口(缺陷)时,可能导致低应力脆性破断,因此它具有特殊性。

1. 材料

(1) 低温压力容器受压元件所采用的钢材,必须是镇静钢。

(2) 低温压力容器及其受压元件所采用的钢材,除因材料截面尺寸太小,无法制取 2.5mm×10mm×55mm 的小尺寸试样的情况外,必须要求进行夏比(V形缺口)低温冲击试验。

(3) 低温压力容器受压元件用材料标准、使用状态及冲击试验最低试验温度按有关钢材标准及 GB 150 的规定。

(4) 制造低温压力容器受压元件用钢板应由容器制造单位复验低温冲击韧性。如钢材质量证书中缺少低温夏比(V形缺口)冲击试验数据,低温冲击韧性试验需按规定加倍复验。

(5) 制造低温压力容器受压元件用的钢材,钢材未作无损探伤交货时,容器制造单位应按下列相应的要求进行无损探伤检验。

(6) 用于制造低温压力容器筒体、凸形封头和球壳的钢板,厚度超过以下数值时,需按 JB 4730 进行超声波探伤,且不低于Ⅲ级。

① 板厚大于 16~20mm 的钢板,每批抽检 20%,最少一张。

② 板厚大于 20mm 的钢板,逐张检查。

③ 用做低温压力容器筒体的无缝钢管应逐根按 JB 4730 进行超声波探伤检查。

(7) 低温压力容器用锻件按 JB 4726 和 JB 4727,应不低于Ⅱ级要求,设计压力大于等于 1.60MPa 时,应不低于Ⅲ级。

(8)采用国外低温压力容器用钢材进行设计或施工者,也必须符合本规定对材料的相应要求,材料的许用应力按 GB 150 规定的安全系数计取。

(9)与低温压力容器受压元件直接焊接的非受压附件材料,其低温韧性及焊接接头性能需与受压元件匹配。

(10)坯料热成形前的加热,必须在均热炉内进行,不得采用焦炭火焰直接加热。材料在加热过程中,若出现合金元素烧损、金相组织破坏(无法通过热处理恢复)或表面龟裂,应予报废。

(11)规定正火状态使用的材料,必须采用正火工艺控温热成形或热成形后重新正火处理。

2. 加工成形

不采用热加工也不进行消除应力热处理的低温受压元件,不准打钢印。允许打少量基准线锪眼(冲样的尖端应磨圆),但深度不得超过 0.5mm。材料和件号标记用油漆涂写。

钢板及钢管不得在冷态下用钢锤敲打成形或校形。若需在冷态下成形或校形,必须采用胎具缓慢变形或用木锤、橡皮锤轻打,并需对其变形度(纤维伸长率)加以控制,各种材料允许的冷加工变度因材料不同而有差异。

3. 对焊法兰制造

(1)对焊法兰应采用无缝的锻制或轧制工艺生产,不允许采用厚钢板切制而成,但允许采用型钢或钢板弯曲、焊接制成。如采用钢板弯制,应将钢板沿轧制方向切成条形。弯曲时应使钢板表面平行于法兰的中心线,同时,还必须对钢板进行超声波探伤,不得存在分层缺陷。

(2)设计压力大于等于 1.60MPa 且盛装易燃或毒性为极度、高度危害介质的容器法兰,或具有较大外加载荷的接管法兰,应采用对焊法兰。

4. 焊接坡口

低温压力容器受压元件材料为铁素体钢,属于下列 1 或 2 款情况之一者,焊接坡口焊前必须经磁粉或渗透探伤。

(1)合金元素总含量大于 3%。

(2)钢材标准规定的最低抗拉强度 σ_b 大于 540MPa 的低合金钢,其焊接坡口采用火焰切制或碳弧气刨者。

(3)在钢板表面(而不是端面)进行施焊的安放式接管、平封头、管板与壳体连接结构处,坡口处 3 倍焊缝宽度范围内的钢板表面应作超声波探伤,且无分层缺陷存在。

5. 焊接

低温压力容器用焊接材料(手工电焊条、气体保护焊焊丝、埋弧焊焊丝和焊剂等),应符合下列要求。

(1)低温压力容器受压元件或受压元件与非受压元件焊接用手工电弧焊焊条,应选用 GB 5117《碳钢焊条》和 GB 5118《低合金焊条》的低氢碱性焊条。埋弧焊焊剂应选用碱性或中性焊剂。

(2)铁素体钢之间的焊接,一般应采用铁素体型焊接材料(9% Ni 钢除外)。焊接接头的低温冲击试验温度以及焊缝金属、熔合线(工艺评定时作)、热影响区低温冲击功要求均与母材相同。

(3)铁素体钢之间的异种钢焊接用焊材一般按韧性较高侧的母材选用。

(4)奥氏体钢之间的焊接材料选用应符合下列要求。

① 焊缝金属含碳量小于等于0.10%。

② 焊缝金属的化学成分应符合GB 983《不锈钢焊条》中E308、E3081、E309和GB 4233、4242《焊接用不锈钢丝》中H0Cr21Ni10/H0Cr26Ni21的要求。

(5)低温压力容器受压元件的焊接需符合以下要求：

① 引弧须采用引弧板或在坡口内引弧，不得在非焊接部位引弧。

② 焊接附件或工装卡具、拉筋等必须使用与壳体相同的焊接材料和焊接工艺，由合格的正式焊工施焊，焊道长度不得小于50mm。

③ 接管及人孔根部与容器壳体相连的焊缝，以及接管及法兰的对接焊缝，必须焊透。

④ 对接焊缝必须焊透，余高应尽量减少；角焊缝应圆滑，不允许向外凸起，焊缝圆滑度差或成形不良者必须打磨；焊缝表面不得存在咬边。

6. 接管

(1)与壳体相焊的管段，壁厚应不小于5mm，其中$D_n \leq 50mm$的短接管宜采用锻造后车制的厚壁管台(延长部分可采用普通壁厚的无缝钢管)或异径管。

(2)弯头应采用煨弯或压制弯头，不得采用直管拼接(虾米腰)。

(3)介质有危险(易燃或毒性为极度、高度危害)或压力大于等于1.6MPa时，T形接管应采用无缝挤压三通或加厚管开孔焊接。

(4)与壳体相焊采用插入式结构时，管端的尖角需车削或打磨成$R \geq 3mm$的圆角。

(5)钢板卷管的纵焊缝及管段相接的环焊缝，应采用全焊透结构。

7. 开孔、补强

(1)开孔应尽量避开主焊缝及其附近区域，如必须在焊缝区域开孔时，应符合HG 20584相应条款的要求。

(2)为便于接管根部施焊、打磨和检查，补强圈允许对分两半，但对分面必须置于应力最低处(如筒体的横截面)。分割面须制备对焊坡口，每个半补强圈靠近分割面各设M10试压检验孔一个。两个半补强圈在接管与壳体焊接及检验完成后，装配并对焊成一体。

8. 焊缝表面及无损探伤

(1)低温压力容器的对接焊缝符合下列情况之一者，应经100%射线或超声波探伤检查。

① 盛装易燃介质的容器，且设计压力大于0.6MPa者；

② 设计压力大于等于1.60MPa者；

③ 壳体板厚大于25mm者；

④ 钢材标准规定的最低抗拉强度$\sigma_b > 540MPa$或合金元素含量大于3%者；

⑤ 设计温度小于-40℃者；

⑥ 符合GB 150附录C有关规定者。

(2)除上述规定以外的对接焊缝允许局部探伤，其检验长度不小于相应焊缝总长的50%。

(3)低温压力容器下列部位应按JB 4730进行表面磁粉或渗透探伤。

① 符合上述的对接焊缝，但无法进行射线或超声波检查者。

② 符合上述的容器壳体上的C类、D类焊缝以及附件焊接的角接焊缝、填角焊缝的可及表面。

③ 钢材标准规定的最低抗拉强度 $\sigma_b >$ 540MPa 的高强度钢容器壳体上的全部焊缝及热影响区表面。

④ 受压壳体上工装卡具、拉筋板等临时附件拆除的焊痕表面、焊补前的坡口及焊补的表面以及电弧擦伤处。

(4) 设计压力大于等于 1.60MPa,且设计温度低于 -40℃的设备法兰用紧固件材料为铁素体钢时,应逐件进行磁粉探伤。

9. 焊后热处理

受压元件焊接接头厚度超过 16mm 时,低温压力容器或部件全部施焊工作完成后,应进行消除应力热处理。热处理工艺应与焊接工艺评定的热处理制度(温度曲线)一致。

10. 压力试验与致密性试验

(1) 试压方法及压力数值按 GB 150 或设计文件的规定。

(2) 压力试验时,容器壁温必须比壳体材料和焊接接头的冲击试验温度(取高者)高 20℃以上。

(3) 液压试验后不应再在受压元件上进行焊接之类可能引起焊接应力和缺口应力集中的加工,否则须重新试压。

(4) 致密性试验

当试验压力等于设计压力时,试验温度应不低于设计温度。

当试验压力高于设计压力 10% 以下时,试验温度需比设计温度高 20℃以上。

11. 产品焊接试板

每台低温压力容器至少应作一块产品焊接试板。当一台容器的主要受压元件(筒体、凸形封头)采用数种经评定的焊接工艺施焊时,应相应增加产品焊接试板的数量。

产品焊接试板须在产品制作过程中,以产品制作时同样的材料(包括母材和焊接材料)、同样的焊接工艺和焊接条件与产品焊缝同时焊接,不得在产品完成后补作。

产品焊接试板的常规机械性能检验按 GB 150《钢制压力容器》附录 E 中产品焊接试板焊拉接头的力学性能检验的有关规定。

12. 外观质量要求

低温压力容器及其受压元件表面由材料生产或加工制造过程中引起的表面缺陷,应经肉眼检查。如发现有裂纹、折叠、压入氧化皮、结疤、撕裂、飞溅、电弧擦伤、咬边、弧坑、尖锐的机械划伤和撞击凹痕、清除工夹具等引起的焊疤等有害缺陷,应予打磨清除。修磨的凹坑应与母材圆滑过渡。

13. 紧固件

(1) 低温压力容器法兰用螺栓、螺柱等紧固件不得采用一般的铁素体商品固件。符合低温低应力工况的压力容器,当其调整后的设计温度等于或高于 -20℃时,可不受此限制。

紧固件用配套螺母允许使用一般的商品螺母,但使用温度应不低于 -40℃。

(2) 推荐采用中部无螺纹部分的芯杆直径不大于 0.9 倍螺纹根径的弹性螺柱。

(3) 设计温度不低于 -100℃的铁素体钢容器,应采用铁素体钢紧固件(螺栓、螺柱、螺母、垫圈)。

设计温度低于 -100℃的奥氏体钢容器,应有要用奥氏体钢紧固件。

(4)符合 GB 3098.6《紧固件机械性能——不锈钢螺栓、螺钉、螺柱和螺母》A2 级的奥氏体钢商品紧固件可使用至不低于 -196℃ 的低温压力容器。

14.密封垫片

(1)使用温度低于 -40℃ 的密封垫片用金属材料(如金属包覆垫的金属外壳、缠绕式垫片的金属带以及实心的金属垫),应采用奥氏体不锈钢、铜、铝等在低温下无明显转变特性的金属材料。

(2)密封垫片用非金属材料应采用石棉、膨胀(柔性)石墨、聚四氟乙烯等在低温下呈良好弹塑性状态的材料。

一般石棉橡胶板,允许用于使用温度不低于 -46℃、压力容器不高于 1.6MPa(150 磅级)的法兰。

引进的非石棉橡胶板可参考产品样本的规定,但使用温度应不低于 -70℃,且公称压力不高于 1.6MPa(150 磅级)。

(五)低温压力容器安装

低温压力容器安装与高压压力容器安装步骤基本相同。

三、相关知识

(一)受压元件

(1)定义:受压元件是指直接或间接承受介质压力的元件。

(2)分类:根据零件在容器上承压的重要程度分为:主要受压元件及一般受压元件。

(3)主要受压元件包括:筒体、封头(端盖)、球壳板换热器管板和换热管、膨胀节、开孔补强板设备法兰,M36 以上的设备主要螺栓、人孔盖人孔法兰、人孔接管以及 $DN \geq 250mm$ 的接管。

(4)一般受压元件:$DN < 250mm$ 的接管,连接用法兰,筒体加强圈等。

(二)压力容器材料的使用

1.压力容器材料使用的基本要求

(1)压力容器受压元件用钢应符合 GB 150 中关于材料的规定,非受压元件用钢应具有良好的焊接性能。

(2)选择压力容器用钢,必须考虑容器的使用条件(如设计温度、设计压力、介质特性和操作特点等),材料的焊接性能,容器的制造工艺性及经济合理性。

(3)压力容器用钢必须具有钢材质量证明书(或复印件),且按质量证明书对钢材进行验收,必要时进行复验。

2.碳素镇静钢板的适用范围

(1)Q235B 钢板:容器设计压力 $p \leq 1.6MPa$,钢板使用温度为 0~350℃,用于壳体时钢板厚度不大于 20mm,不得用于毒性程度为高度或极度危害的压力容器。

(2)Q235C 钢板:容器设计压力 $p \leq 2.5MPa$,钢板使用温度为 0~400℃,用于壳体时钢板厚度不大于 30mm。

3.碳素钢和低合金钢钢板的使用

(1)下列碳素钢和低合金钢钢板,应在正火状态下使用:

① 用于壳体厚度大于 30mm 的 20R 和 16MnR。

② 用于其他受压元件(法兰、管板平盖等)厚度大于 50mm 的 20R、16MnR。

③ 厚度大于 16mm 的 15MnVR。

(2)下列碳素钢钢板和低合金钢钢板应逐张进行拉伸和夏比(V形缺口)冲击(常温或低温)试验：

① 调质状态供货的钢板。

② 多层包扎压力容器的内向钢板。

③ 用于壳体,厚度大于 60mm 的钢板。

(3)用于壳体的下列碳素钢和低合金钢板,应逐张进行超声检测,钢板的超声检测方法和质量标准按 JB 4730 的规定：

① 厚度大于 30mm 的 20R 和 16MnR,质量等级应不低于Ⅲ级。

② 厚度大于 25mm 的 15MnVR、18MNMoNbR、13MnNiMoNbR、15MnNbR 和 Cr-Mo 钢板,质量等级应不低于Ⅲ级。

③ 厚度大于 20mm 的 16MnDR、15MnNiDR 和 09MnNiDR 质量等级不低于Ⅲ级。

④ 多层包扎压力容器的内向钢板,质量等级不低于Ⅱ级。

⑤ 调质状态供货的钢板,质量等级应不低于Ⅱ级。

第四章 制作安装 ϕ3800mm 以下塔类容器

一、学习目标
(1)能分段预制塔体和现场组装。
(2)能对塔内固定件安装进行定位。
(3)能安装塔类附件。

二、操作方法

(一)塔器的结构特点

塔器是用来进行气相和液相或液相间传质的设备。与一般容器和热塔器结构不同的是其长径比较大,绝大多数为直立设备。

塔器按其内件结构来分,可以分为两大类,即板式塔和填料塔。板式塔是在塔体内安装若干层塔板,以便于两传质相的层级分离。在石油化工设备中,板式塔的塔板主要是泡罩、筛板和浮阀结构,板式塔特别是泡罩塔和筛板塔自 19 世纪中叶开始在工业中应用以来,已有了很大的发展,目前所使用的浮阀塔就是一种高效率的筛板塔与用途广泛的泡罩塔相结合的新结构,为了支持固定塔板以及溢流和抽取的需要在板式塔的内壁上焊装有支持圈,降液板和受液盘等部件,板式塔内各部件相对位置的尺寸及塔板水平度直接影响到塔的分离效果和效率,因此板式塔内件制造和安装也是塔器制造的特点之一。

其内堆积着一定高度填料层的塔器被称为填料塔。在石油化学工业中,填料塔虽然不及板式塔那样使用广泛,但在许多装置上都有应用,填料塔可分为两大类,一类是颗粒实体填料,另一类是规则的网状填料,填料(特别是颗粒实体填料)除商购外,通常也是石油化工设备厂的配套生产任务。

(二)塔体制造

由于塔器一般均较长(10~60m 以上),所需筒节为十几节甚至几十节,因此必须从单节预制、组装、焊接及至吊装,运输等诸多方面考虑其制造的合理性和可靠性。

1. 筒节预制

首先,用于制作各筒节的钢板在滚制成形前其下料必须准确,以保证其滚制成形后的周长偏差及长度偏差,其误差允许值见表 2-4-1。

表 2-4-1 筒节预制允许误差值   mm

项目		允许偏差	检查方法
筒体直径	<800	±5	用钢卷尺检查
	800~1200	±7	
	1300~1600	±9	
	1700~2400	±11	
	2600~3000	±13	
	3200~4000	±15	

续表

项　　目		允许偏差	检查方法
最大直径与最小直径之差	内压	≤D/100 且不大于 25mm	料板和钢卷尺检查
	外压	≤0.2δ	
筒体长度	H≤20	≤2H/1000 且≤20	用钢卷尺及粉线检查
	20<H<30	≤H/1000	
	30<H≤50	≤35	

制作出的每一个筒节在保证上述表格的允许数值后方可进行下道工序。

2．筒节组对

由于塔类容器比较长，所以组装工作都是先分段组装再整体组装，而分段组装前必须按塔体的实际长度在考虑到方便组装及倒运的前提下将塔体分成若干段，一般一段的尺寸在 10～20m 之间，如果将塔体分成 4 段则各筒节应组对成如图 2-4-1 所示 4 种形式。

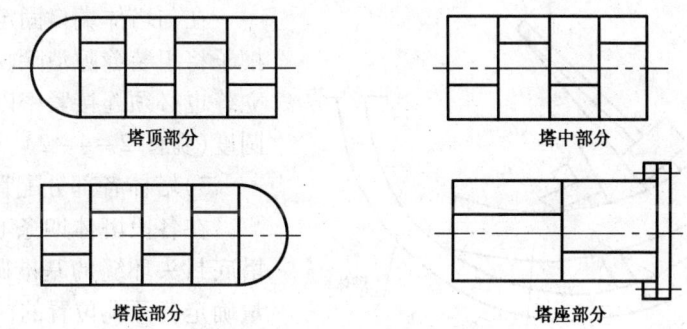

图 2-4-1　筒节组对示意图

各筒节在组对成分段形式过程中要注意三点：

(1) 各分段部分的分长度之和必须满足设计数值及允许偏差。

(2) 塔底部分的封头环缝在未焊接之前应沿塔壁边缘向塔体内侧 100mm 反出一个基准圆。以备安装塔内部件时使用（因为经自动焊形成焊道之后已无法找准基准点）。

(3) 各分段塔体的直线度必须符合以下规定：$(\Delta L) H \leq 20m$ 时，$\Delta L \leq 2H/1000$ 且 $\Delta L < 20mm$。

目前测量直线度的方法很多。如激光测定法、经纬仪测定法和拉线测定法。实际生产中多采用拉线测定法。一般情况下各分段塔体的筒节组对是在组对胎上进行的，基本上可以保证其允许偏差，但组对成形后还应用拉线法进行复测，达到要求后方可进行焊接。

3．塔内部件组装

1) 划线

划线应先从塔底部分的封头环缝基准圆开始首先在塔体内打出四条基准线并分别标出 0°、90°、180°、270°（按排板图进行）。四条心线打好后将其准确移植到塔体外壁，并将度数标好，具体做法如下：

(1) 在基准圆上找准一点为基准点。

(2) 按排板图作分别向两侧在圆周方向等距离找两点。

(3) 以两点为圆心用划规以中位线法找出另外一点。

(4)连接基准点与此点并将该直线用粉线延长至塔底敞口端。

(5)然后再用此方法将该直线反到塔体外侧。

其余三条线用等分圆周法找出。

内部心线打好之后(其余各段均依据排板图接上述方法找出4条心线)就可以划内部支持圈的定位线了。支持圈的定位线通常以支持圈上表面尺寸为准,从塔底基准圆依次划向塔顶,支持圈的定位线是一个圆形,每个圆形与下一个圆形的间距必须以一个基准用盘尺划起而不能用钢卷尺一个一个的画,以减少累积误差,同时圆形的成形点应足够多。最后一个圆线划完后应矫正其与塔顶环缝的间距。

2)安装胀圈

为了保证各分段塔体端口的圆度,以便在塔体内各部件组装完毕后顺利地进行各腰缝的组对,在实际生产过程中通常采取在各段塔体端口100mm位置上加胀圈的办法。

胀圈一般是用$\delta=16$以上的钢板,宽度应不小于150mm。而且一定要用数控切割机下料,以保证其外弧弧度的准确性,通常是按圆周方向均匀的分成几份。

在与塔体端口固定时要用龙门架和楔子将组装缝隙消除。同时每块胀圈的立缝也必须连接紧密以保证其组对后的圆度(见图2-4-2)。

3)塔体各部分配管的划线、开孔

在各段塔体四条心线的基础上,以塔底封头环缝的基准圆为基准线,来测量确定各开孔位置的标高,标高确定后,按各孔点的开孔方位角度,准确量出其确定位置,应用样冲眼做以标记并用石笔标出孔位号,孔径大小。

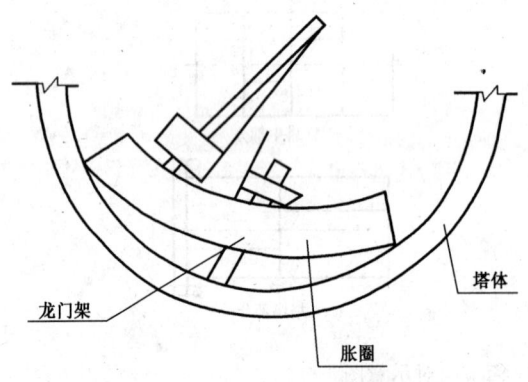

图2-4-2 胀圈安装示意图

各孔点号完之后,还要进行一次系统的检查,确认无误后方可进行划圆,切割工作。

切割时,要按图纸要求(内坡口或外坡口)将坡口直接带出。割完后,清理氧化铁并在圆周20mm范围内打磨出金属光泽以待安装配管。

封头环缝基准圆的距离其误差在±3之内,同时还要保证相邻两层支持圈的间距允许误差不得超过±3mm,任意两层支持圈间距允差在20层内不得超过±10mm,方可判定划线合格。

4)安装支持圈

安装支持圈用的板一般为厚度10mm、宽度为60mm的弧形钢板,在安装前必须检查钢板的弧度及平度以确保安装质量。

在安装时,一是必须按照划好的定位线进行安装,第二必须保证支持圈与塔侧壁的垂直度。在所有支持圈安装完并点焊牢固后要再仔细检查一下各部尺寸,要连到划线时的误差范围后才能进行焊接。焊接时上表面满焊,下表面断焊以减少焊接变形。焊接成形后为保证其水平度严禁用锤敲击局部。支持圈与塔壁焊接后,其上表面在300mm弦长上的局部不平度均不得超过1mm。

5)塔板的安装

塔板是塔器的重要部件,按其液相的流程可以分为单溢流和双溢流两种形式,如图2-4-3所示。

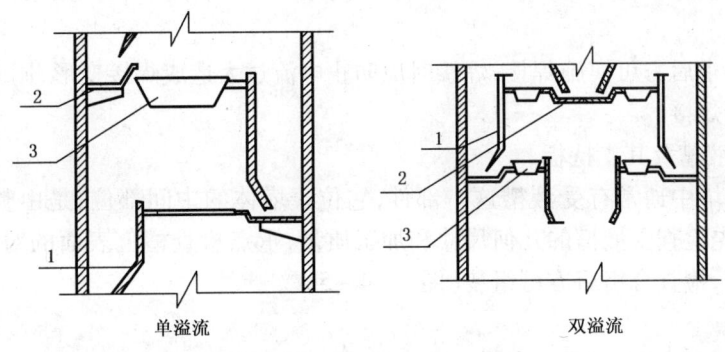

单溢流　　　　　　　　双溢流

图 2-4-3　塔板安装示意图
1—降液板；2—受液盘；3—受液槽

在安装前,应先检查降液板和受液盘的几何尺寸。受液盘的局部不平度在 300mm 长度内均不得超过 2mm,整个受液盘的弯曲度,当受液盘的长度小于或等于 4m 时不得超过 3mm。

(1)安装受液盘及受液盘支持板。

受液盘的安装其上表面应与支持圈上表面平齐,检测时应视其为支持圈的一部分进行检测。同时受液盘圆弧端应与塔壁垂直。在准确安装完第一层受液盘并点焊牢固后依次以其为基准进行其他受液盘的定位安装。安装完毕后,找准支持板的位置将其与受液盘及塔内壁点焊。

(2)安装降液板。

降液板在安装时,一是先要保证 L 的尺寸,具体做法是用卷尺准确量出 L 长并做出 3 个标记点之后用粉线或钢板尺(长度不超过 1m 的)划出一条平行于板边的线,组对时就以此线为基准,来保证 L 的尺寸(图 2-4-4)。

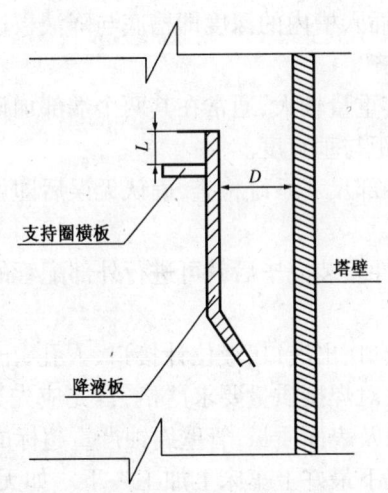

图 2-4-4　降液板安装示意图

在保证 L 的同时还要保证降液板平面与塔体轴线的平行度,即 D 的尺寸。这就要求降液板的两侧边在达不到要求时应用气焊进行修整。

降液板安装完毕后各部尺寸应达到下述标准:

塔内壁至降液板距离±6mm(D);两支承板间距±3mm;中间降液板间距±6mm(双溢流型)。

达到标准要求后方可实施焊接,焊接时应防止电流过大造成焊接变形,同时应将角度转至有利位置再进行焊接。

(3)安装受液槽及其支持板。

在双溢流型塔中通常有受液槽这一部件,它位于塔体的中间部位,是由整块钢板压制而成,在安装前应先检查受液槽的几何尺寸和加工质量,重点检查槽上表面的对角线,以及两侧翻边板的平面度,检查合格后方可组装(图2-4-5)。

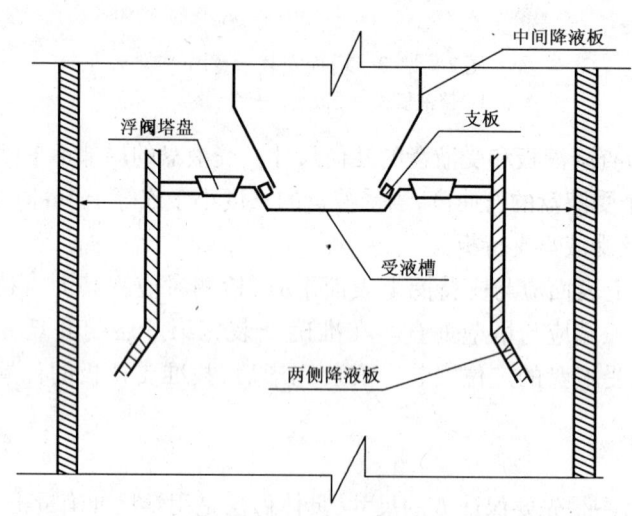

图2-4-5 受液槽及支持板安装示意图

组装时要注意三点:一是受液槽的两侧边与两块中间降液板的距离应相等并且尺寸应符合设计要求。二是中间降液板插入槽内的深度即槽底与降液板边的距离应符合设计值。三是受液槽的上表面应与支持圈平齐。

受液槽点焊固定后,由于其重量较大,通常在其两个端部加设支持三角板。安装支持板时要注意贴合缝的严密以及板间距与垂直度。

组对完成后,再进行一次各部尺寸系统检查,确认无误后即可进行焊接。

4.各配管安装

各段塔体内部主要塔板构件安装完毕后就可进行外部配管的安装了。

1)外部配管的预制

塔器的配管,通常包括进液口、出液口、液位计接口、人孔、出入孔等,预制这些配管时,由于一般都是对焊法兰,所以通常对焊接质量要求严格,首先应先选择符合设计要求的无缝管,包括管径、管壁厚、材质、长度以及表面质量,管壁腐蚀严重超标的不许使用。各管段的预制如坡口及管端齐口,有条件的情况下最好上车床上加工一下。如无车床也应在用气焊切割下料完之后,用砂轮机进行打磨加工。

2)配管与法兰的对接

法兰在与配管对接前,应先检查法兰的质量,重点检查孔距,法兰厚及法兰密封面情况,检查合格后的法兰方可与配管进行组对,组对时要保证法兰平面与配管轴线垂直,需要射线探伤或其他方法检测的焊口要尽量用氩弧焊打底,以提高其焊缝一次合格率(图2-4-6)。

3) 成形配管与塔体的组装

组对成形并焊接合格经检测达到要求的配管,就可以分别找准其在塔体的位置进行组对安装(图 2-4-7)。

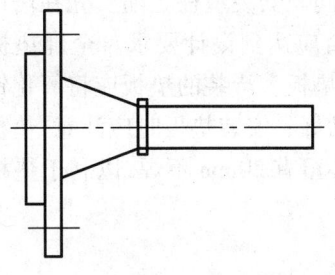

图 2-4-6 配管与法兰对接示意图

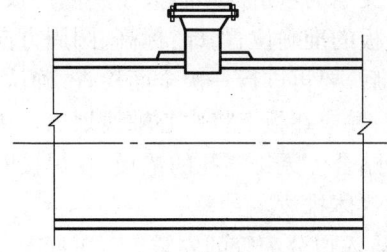

图 2-4-7 成形配管与塔体组对示意图

对于有补强圈的接管应在塔体内壁开里坡口,补强圈的指示孔位置应安置在塔体直立时的最低部。补强圈的内圆侧开外坡口,安装时先组对焊接补强圈,然后安装配管。对于无补强圈的配管,应在塔壁外侧开外坡口,圆周 20mm 范围打磨出金属光泽后再安装相应配管。

安装成形后的配管要达到表 2-4-2 要求方为合格。

表 2-4-2 成形配管与塔体安装允许偏差

项　　目	允许偏差	检验方法
接管法兰	伸出高度 ±5mm 倾斜度 ≤0.5°	用钢卷尺检查
接管或人孔标高	接管 ±6mm 人孔 ±12mm	
液面计对应接口间距	±3mm	
接管中心线距塔盘面的距离	±3mm	
液面计对应接口周向偏差 液面计法兰面倾斜度	1mm 0.3mm	
液面计两接管长度差	5mm	

4) 塔体附件的安装

塔类的附件通常包括:人孔盖回转装置,塔顶吊柱的定位装置,外部平台盘梯的支持垫板。内部塔底的防涡流板,检修爬梯,入口分配管,升气管以及外部保温支持圈。

(1) 人孔盖回转装置。

因为是直立的塔器,这就要求人孔盖回转装置多采用垂直吊臂式回转形式,其安装要求如下:

① 连接板与人孔法兰焊接牢固;

② 转臂应能在轴套内自由转动;

③ 拉环应与人孔盖焊接牢固。

(2) 塔顶吊柱的定位装置安装。

塔顶吊柱是在塔体现场立起之后,吊装其他小型待安装件用的,吊柱一般采用 φ159mm 或 φ219mm 的厚壁无缝管煨制而成(视吊装吨位定吊柱直径),吊柱的固定定位装置通常采用如下形式:其安装位置按方位图进行。吊柱的中间部位装有转动手柄,由呈垂直方向的两根圆钢制成。吊柱的底部焊接一小型封头,装放在转动槽内,槽内灌注黄油以利于灵活转动。在安装吊柱时应保证吊柱竖垂轴线与塔体轴线平行。

(3) 外部平台盘梯的支持垫板安装。

按支承的重量及形状大小不同垫板的外形尺寸也不同。安装垫板之前要先在塔体上号出每块垫板的准确位置,即:标高、圆周方向角度这两个数值应达到设计要求。全部垫板定位线号完之后,要再进行一次全面检查,确认无误后方可安装垫板。待装的垫板应将氧化铁毛刺处理干净,并应在板上将中心轴线划出。板上的排气孔应钻好。安装垫板时应注意:垫板应与塔壁紧密贴合。无排气孔的垫板,在焊接时应在板底部中心留有 20mm 不焊,以利于垫板与塔壁夹层的气体排放。

(4) 入口分配管的安装。

单溢流型塔一般设置一个入口管,而双溢流型塔通常设置两个入口分配管,入口分配管的形式如图 2-4-8 和图 2-4-9 所示。

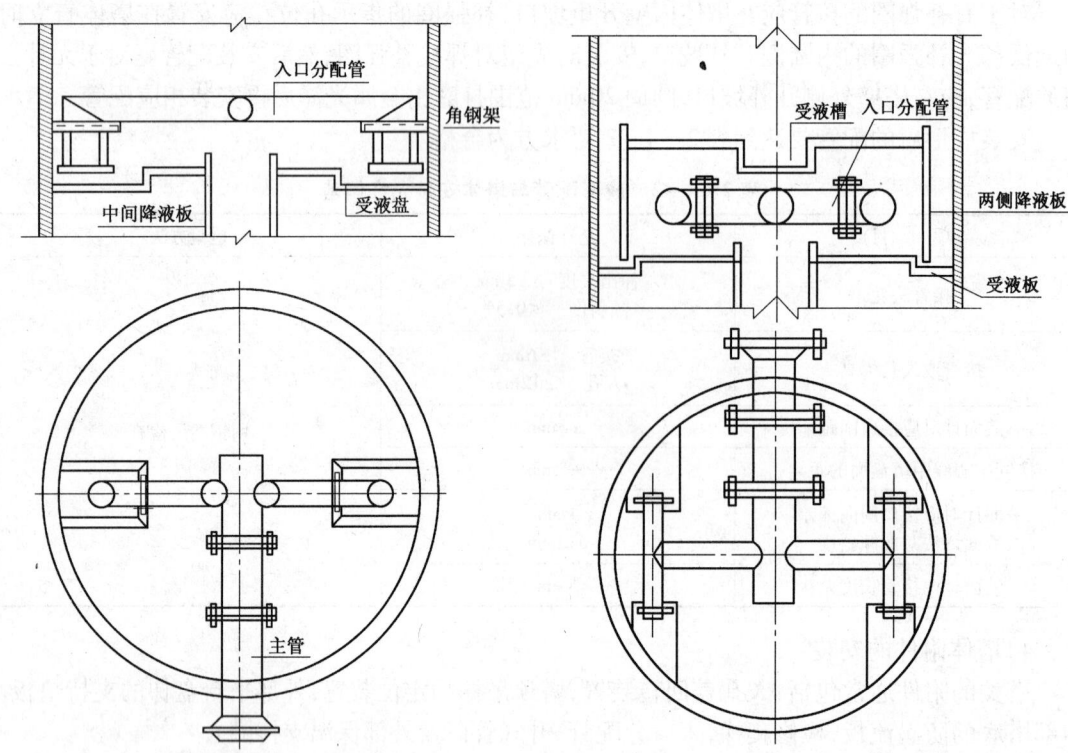

图 2-4-8 单溢流型塔入口分配管　　　　图 2-4-9 双溢流型塔入口分配管

上述两种入口分配管形式一般共存于一个双溢流型塔内,安装时要注意:

① 分配管主管与支管上的平焊法兰必须把紧,防漏;

② 两侧分配管距离受液盘、塔盘的高度及定位尺寸应准确;

③ 各管件的平度、垂直度应达到要求。

(5) 升气管的安装。

升气管在制作安装过程中要注意各部分的几何尺寸及定位尺寸。要安装准确,允差均在 ±3mm 之内。各焊道均为连续焊。在安装焊接完毕后须充水试漏(图 2-4-10)。

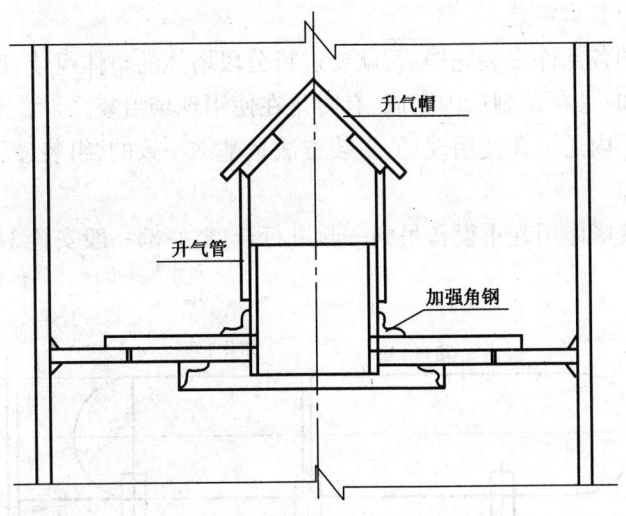

图 2-4-10　升气管安装示意图

(6) 保温支持圈的安装。

塔体在施工现场安装后,外表面一般都要进行保温工作,所以在预制厂出厂前,塔外部的保温支持圈应安装就位,保温支持圈的形式一般有以下两种:

① 整圈焊接式:该种形式保温支持圈为一整圈扁铁圈形式,通常分成几等份后进行安装,上部满焊,下部断焊,整个一圈应与塔壁垂直。各保温支持圈的间距为 2~3m 之间。

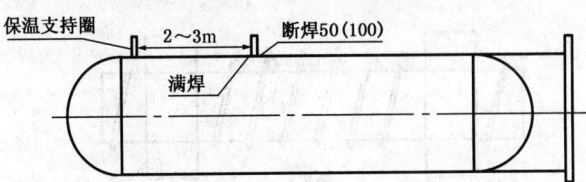

图 2-4-11　整圈焊接式保温支持圈安装示意图

② 带连接板形式:该种形式保温支持圈如图 2-4-12 所示,一般按圆周等分为 1m 左右一段,连接板与支持圈数目相同,连接板与塔壁满焊牢固后各支持圈均点焊搭接在支持板上。

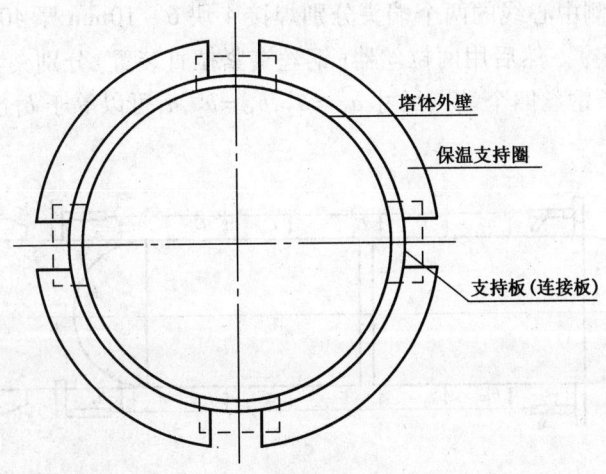

图 2-4-12　带连接板的保温支持圈安装示意图

5. 各分段塔体的整体组装

分段塔体内外的各部件安装完毕后,就要进行分段塔体的整体组装,这一工作视塔体长度及拉运条件而定,有时是在预制厂内完成,有时是在使用现场组装。

无论是在预制厂内还是在使用现场,组装方法是基本一致的,组装过程分下述几步:

1)两段塔体合口

先将两段待组装塔体用起重设备吊到一起进行合口,底部一般安置3个组对胎具,位置见图2-4-13。

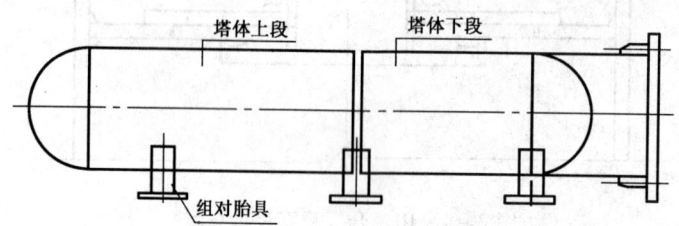

图2-4-13　组对胎具安装示意图

两段塔体在组对胎具上就位后,任选一条心线为基准线将两段塔体的基准线用起重设备转至最上部,用夹紧丝装置将两条基准线的端点对在一起(图2-4-14)。

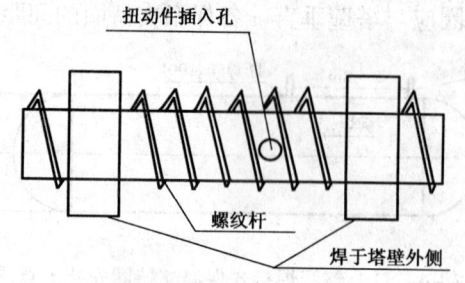

图2-4-14　夹紧丝装置示意图

2)调直塔体两侧线

首先应在塔体两侧中心线的两个端头分别焊接4块6~10mm厚40mm宽300mm长的钢板(视实际情况而定)。然后用两拉丝器(钢丝夹紧拉直装置)分别夹紧于四块钢板上,将钢丝拉紧后,使得两条钢丝四个端点尺寸 $a_1 = a_2$, $b_1 = b_2$, a_1 可以等于 b_1 也可以不等于 b_1 (图2-4-15)。

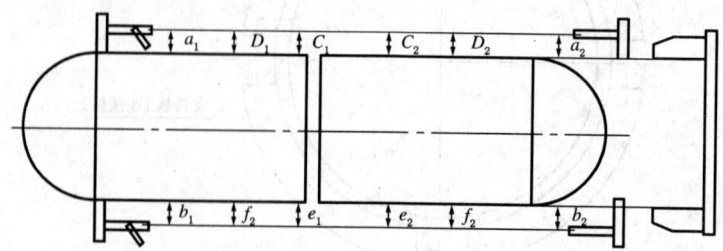

图2-4-15　塔体两侧线调直示意图

将上述工作做完后,就可以用钢卷尺量尺寸了。量尺寸的点主要集中于两段塔体的敞口端部4点,端部一头的中心部位4点,然后对这8个点的尺寸进行分析:

(1)如果 C_1、C_2、D_1、D_2 均小于 a_1、a_2,同时 E_1、E_2、F_1、F_2 均大于 b_1、b_2,则说明塔体发生如图2-4-16所示弯曲。

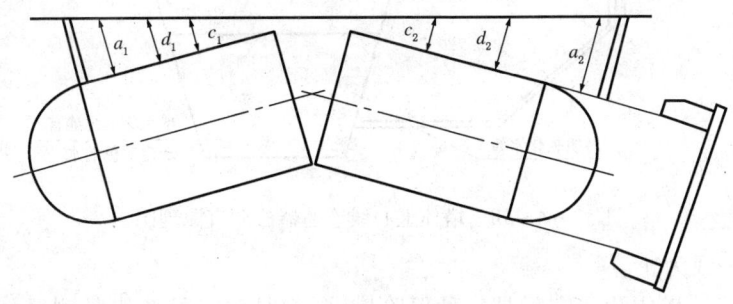

图2-4-16 塔体调直变形示意图(一)

(2)如果 C_1、C_2、D_1、D_2 均大于 a_1、a_2,同时 E_1、E_2、F_1、F_2 均小于 b_1、b_2,则说明塔体发生如图2-4-17所示弯曲。

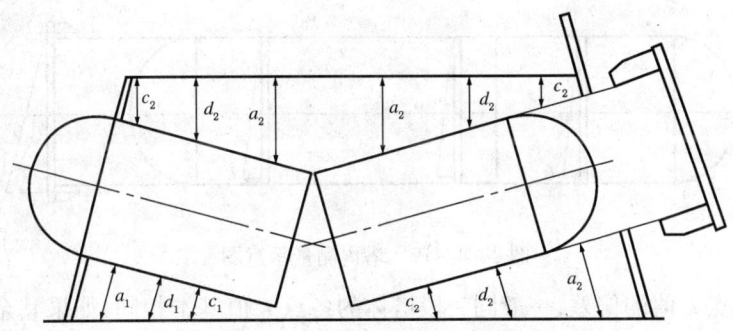

图2-4-17 塔体调直变形示意图(二)

出现上述两种情况,要采取措施将塔体调直,一般采用两种方法:

① 用夹紧丝法将夹紧丝安装在组对缝隙大的一侧,扭动中间丝杠将两段塔体拉紧同时测量 C_1、C_2、D_1、D_2 及 E_1、E_2、F_1、F_2 值,当 C_1、C_2、D_1、$D_2 = a_1$、a_2,E_1、E_2、F_1、$F_2 = b_1$、b_2 时说明塔体两侧已调直。

② 用导链法将塔体的待调整段用钢丝绳套住,用导链拉钢丝绳使其发生位移,在拉动导链过程中反复测量 C_1、C_2、D_1、D_2 及 E_1、E_2、F_1、F_2 值,当 C_1、C_2、D_1、$D_2 = a_1$、a_2,E_1、E_2、F_1、$F_2 = b_1$、b_2 时,说明塔体两侧已调直(调直后将两侧点点焊固定)。

3)调直塔体上、下心线

由于塔体底部心线不好测量通常只将上心线调直就可以了。上心线调直通常采用起重设备进行,测量的方法分塔体外、塔体内两种方法。

(1)塔外测量。通常采用连通器法,即利用连通器原理将塔体调直(图2-4-18)。首先应制作一个连通器:盛水容器的横截面积应足够大,使得水管里水位的高低对盛水容器的液面高低无影响。然后将盛水容器挂在距塔腰部不远的固定架上,估计液面高度比塔上表面高200mm左右,用带钢板尺的管头在塔头至塔尾分若干点进行测量,管头内液面高度可由钢板尺的读数读出,读数时注意眼睛应平视。读数以液面底凹面为准,读数不一致时用起重机调整

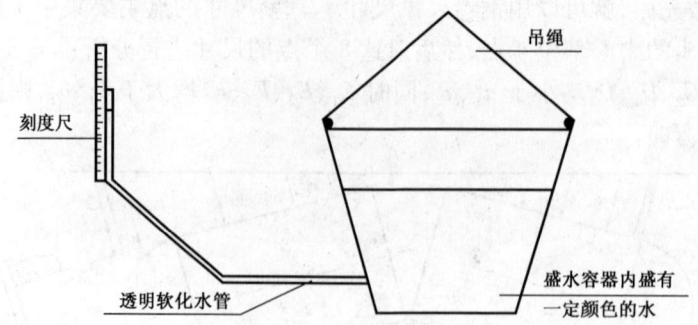

图 2-4-18　塔体上心线连通器法调直原理图

塔体,直至读数一致为止。

(2)塔内测量。塔内测量实际是一种保险措施,它是为了校验塔外测量的准确性。具体的操作方法是:在外测量完毕,已经符合要求的情况下,从人孔进入塔体内,选择几圈塔盘支持圈(间隔的有代表性的选取,并使之能覆盖整个塔体)用磁力线坠测量各支持圈的倾斜度,用 L 衡量,准确地测量并记录每一个 L 值,并且通常在裙座底面也选择一点(图 2-4-19)。

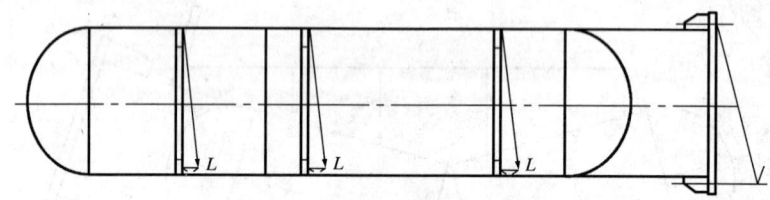

图 2-4-19　塔内测量示意图

然后分析各点 L 值的偏差,一般同一段塔体的各点 L 值基本相同,如果其余各段塔体的 L 值也互相基本相同(误差 ± 3)则说明该塔已基本调直,如果有偏差(起出误差范围)则要逐个分析原因,主要有以下几点:

① 可能是塔盘支持圈的水平度有问题;

② 选取测量的点太少,缺乏全面性;

③ 如果塔体内径不一致,L 值要按比例换算。

如果内外测量结果相差无几则认为已调直;如果测量结果相差不大,则可考虑将两测量结果均匀一下,使其平均;如果偏差很大就要按照原因加以分析改正。

4)组对焊接

塔体调直后,需要进行焊接,焊接前一定要注意将点焊点焊接牢固,如果没有把握,最好用起重设备或其他方法将各段塔固定好,再实施焊接,焊接时最好选择对称焊接避免焊接变形,焊接完毕后应按图纸要求进行射线探伤。

6. 整体内部件的外观处理

塔内部组对时起临时作用的胀圈、刀把、临时固定板等应割除并用砂轮机打磨平整,塔内部的焊道成形,药皮,飞溅,各部件的毛刺氧化铁均应处理干净。

外观的处理,包括焊道成形、咬边、药皮、飞溅、各接管的相对位置,几何尺寸,壳体划伤等。

7. 压力试验

水压试验之前应先对补强圈进行风压试验,风压压力一般为 0.45MPa,用肥皂水试漏。

整体水压试验之前还应做下述准备工作:

(1)水压试验必须选用合格压力表,量程为试验压力的1.5~2倍,压力表的精度等级应符合规范要求。

(2)用做水压试验的水质必须洁净,对于不锈钢制塔器的水压试验,为防止氯离子的腐蚀,当试压后不能除净水渍时,要求控制水中氯离子的含量不超过25×10^{-6}。

(3)试验温度包括水温和试验环境温度,为防止材料特别是低合金高强度钢在试压中的低温脆性破坏,要求试验温度必须在材料无塑性转变温度以上的某一温度下进行,例如16MnR和碳素钢要求$T_{试} \geq 5℃$,除低温钢外的其他合金钢,其$T_{试} \geq 15℃$。

准备工作完成后,将制造完毕的塔器水平放置,充水并完全排净空气,以保证水压试验的安全,排净空气后,关闭放空口并升压。

塔器的试压装置如图2-4-20所示。

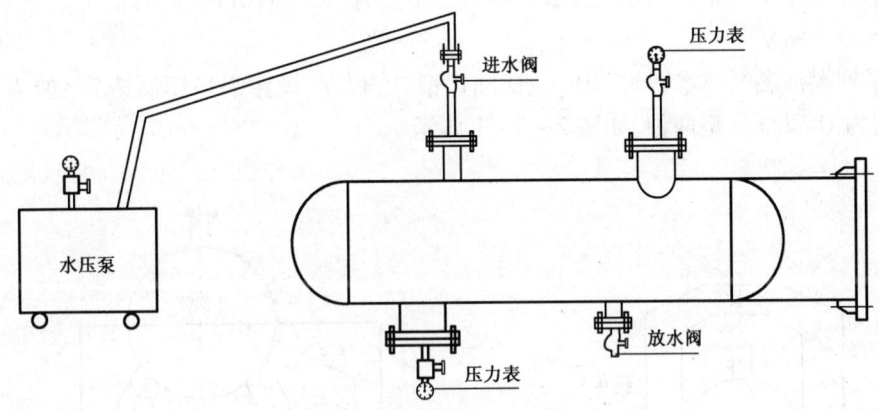

图2-4-20 塔器试压装置示意图

当压力缓慢升压至设计压力后,确认无泄漏后,继续升压至规定的试验压力,根据容积保持压力10~30min,然后降至设计压力下保压进行检查,保压时间不少于30min,检查期间压力应保持不变,不得采用连续加压以保证试验压力不变的做法,不得带压紧固螺栓。

压力容器液压试验后,符合下列情况即认为合格:

(1)无渗漏。

(2)无可见的异常变形。

(3)试验过程中无异常响声。

液压试验完毕后,应用压缩空气对其内部吹干,如果塔内盛装的介质毒性程度为极度、高度危害或设计上不允许有微量泄漏的压力容器,必须进行气密性试验。

气密性试验应在液压试验合格后进行。

(1)试验过程中所用气体应为干燥洁净的空气、氮气或其他惰性气体。

(2)碳素钢和低合金钢制压力容器的试验气体温度不得低于15℃。

(3)气压试验时应先缓慢升压至规定试验压力的10%,保压5~10min,并对所有焊道和连接部位进行初次检查,如无泄漏可继续升压到规定试验压力的50%,如无异常现象,其后按每级为规定试验压力的10%逐级升压到试验压力,可根据容积大小保压10~30min,检查期间压力应保持不变,不得采用连续加压以维持试验压力不变的做法,不得在压力下紧固螺栓。

(4)气压试验经肥皂液或其他检漏液检查无漏气,无可见的异常变形即为合格。

第五章　锅炉设备的安装

一、学习目标

能安装油田常用锅炉及设备、附件,通过学习能深入掌握各种常用锅炉的内部构造、外部配置,以及安装锅炉所需的其他相关知识。

二、操作方法

(一)联合站用采暖热水炉及加热用蒸汽炉

目前,油田内部各联合站所用的采暖热水炉主要有 SZS、WNS 两种形式。

1. SZS 系列锅炉

SZS 系列燃油燃气热水锅炉(10t 一般为 D 型,由长春、天津锅炉厂制造)一般为 10t 以下炉,其结构为 O 型和 D 型两种,如图 2-5-1 所示。

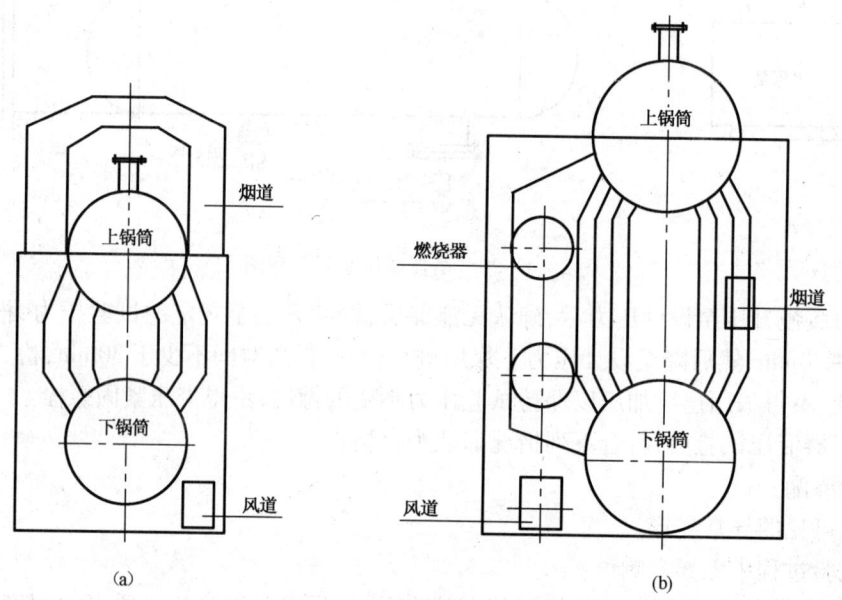

图 2-5-1　SZS 系列锅炉结构示意图
(a)O 型;(b)D 型

上述锅炉由于其结构紧凑,质量轻,保温护墙比较牢固,所以多采用整体吊装就位,它的安装仅为在施工现场进行外部管系连接,主要包括进水管线、出水管线、安全阀、压力表、风道、烟道、油(气)管线,排污管线等的连接。

(1)风道的连接:SZS 系列的锅炉风箱道一般为内置于炉体,在炉的后墙底部有一风箱连接口,安装风箱时应先预制一段风,风道两端口配连接法兰,法兰应制作平整,一端与锅炉引出的风道法兰用螺栓相连,另一端与一墙之隔的鼓风机相连。风道各侧板应下料准确,使其断面呈方形,同时由于是薄板制作,要防止其变形,法兰面可采用石棉板密封。

(2)烟道的连接:这种锅炉一般是在炉体最后两侧墙的上部装有烟道引出法兰(图2-5-2)。安装烟道,也需要先按图样尺寸要求先预制出一段连接引出法兰与烟囱之间的一段烟道,在制作该段烟道时要注意首先保证其本身的水平度和垂直度,还需做好油试漏(这样在安装时才会有整体尺寸保证)同时要特别注意法兰面的平度,确保密封,防止漏烟。在安装时可先搭脚手架利用导链将其就位于待安装部位。应先将烟道引出口的螺栓连接紧密,密封材料选用耐火石棉绳,再将另一端按图样要求与烟囱相连(多采用焊接形式)。

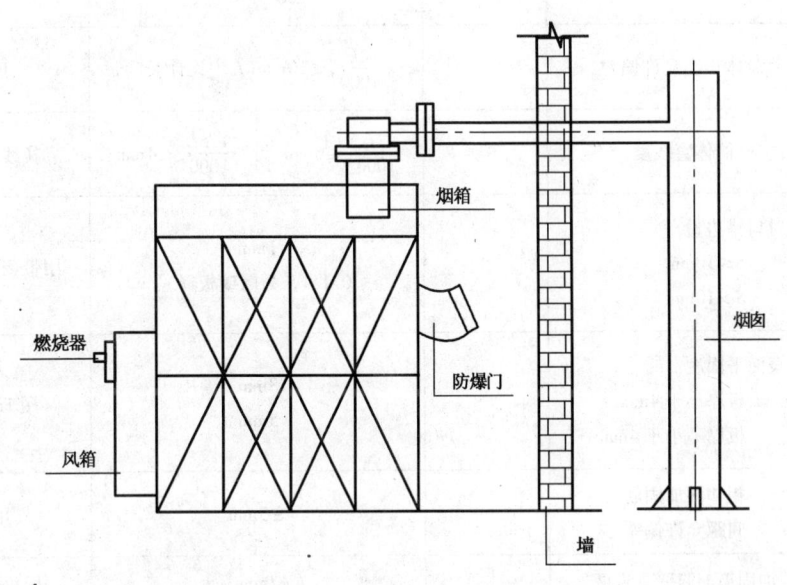

图2-5-2 SZS系列锅炉烟道安装示意图

烟道的安装自始至终要特别注意密封问题,如果密封不好造成漏烟,一是直接影响锅炉房内的工作卫生环境,再者还可导致烟道过热。

(3)其他附件的安装如进水、出水、排污以及油气管线等,只要按图纸设计的安装位置进行安装,同时保证其去向的水平度和垂直度就可以了。

(4)压力表及安全阀,安装前必须做水压试验,必须使用经劳动监察部门校验及检定合格的产品。油气管线的电磁阀以及连接阀门、控制阀门要密封严密,防止发生漏气事故造成炉膛爆炸。

(5)烟风道安装前注意事项:

① 风烟道中调节风烟流量的风门、烟门在安装前要进行检查检修,以保操作灵活,检修气风门应进行挡板开闭试验,以检查挡板开关是否到位。

② 用石棉绳做密封时应按连接螺栓绕成波浪形。以石棉垫做密封材料时,衬垫两侧应涂白铅油或水玻璃涂料。

③ 对烟风道的支吊架,生根吊点及预埋件进行检查,其位置、部件及强度应符合图纸要求。质量技术要求见表2-5-1至表2-5-4。

表 2-5-1 方(矩)形管道质量技术要求

项次	检验指标	性质	质量标准 合格	质量标准 优良	检验方法和器具
1	边长允许偏差		$\pm\dfrac{2L}{1000}, \leq 4mm$ (L 为设计边长)		用尺检查
2	两对角线差	主要	$\dfrac{4L}{1000}, \leq 8mm$	$\dfrac{3L}{1000}, \leq 6mm$	用尺检查
3	两端面与轴线垂直度		$\dfrac{L}{100}, \leq 5mm$		拉线用角尺和尺检查
4	筒体长度允许偏差		$+\dfrac{2L}{1000}, \leq 10mm$ (L 为设计长度)		用尺检查
5	筒体直线度	主要	$\dfrac{2L}{1000}, \leq 6mm$	$\dfrac{1.5L}{1000}, \leq 4mm$	拉线和用尺检查
6	对口错边量 $S \leq 10mm$ $S > 10mm$		1mm 0.1S (S 为筒壁板厚)		用带刻度样板尺检查
7	表面平面度 板厚小于 4mm 板厚不小于 4mm		8mm 5mm		用 1m 平尺检查
8	相邻两加固筋间距允许偏差		±5mm		用尺检查
9	加固箱与筒壁垂直度		2mm		用角尺和尺检查

表 2-5-2 方(矩)形弯头质量技术要求

项次	检验指标	性质	质量标准 合格	质量标准 优良	检验方法和器具
1	边长允许偏差		$\pm\dfrac{2L}{1000}, \leq 4mm$ (L 为设计边长)		用尺检查
2	两对角线差	主要	$\dfrac{4L}{1000}, \leq 8mm$	$\dfrac{3L}{1000}, \leq 6mm$	用尺检查
3	两端面对轴线垂直度		$\dfrac{L}{100}, \leq 5mm$		拉线用角尺和尺检查
4	弯头角度允许偏差	主要	±1°30′		划线和用角度尺检查
5	表面平面度 板厚小于 4mm 板厚不小于 4mm		5mm 3mm		用 1m 水平尺检查
6	弯头弯曲半径允许偏差		$\dfrac{2R}{1000}$ (R 为设计弯曲半径)		用尺检查

续表

项次	检验指标	性质	质量标准 合格	质量标准 优良	检验方法和器具
7	对口错边量 $S \leq 10\text{mm}$ $S > 10\text{mm}$		1mm 0.1S(S为壁厚)		用带刻度样板尺检查
8	相邻两加固筋间距允许偏差		±5mm		用尺检查
9	加固筋与筒壁垂直度		2mm		用角尺检查

表2-5-3 圆形管道质量技术要求

项次	检验指标	性质	质量标准 合格	质量标准 优良	检验方法和器具
1	外径周长允许偏差 $D \leq 500\text{mm}$ $D > 500\text{mm}$		±3mm $\pm\frac{6D}{1000}$,≤8mm(D为设计外径)		用尺检查周长
2	圆度	主要	$\frac{10D}{1000}$	$\frac{8D}{1000}$	用尺检查几个方向
3	两端面与轴线垂直度		$\frac{D}{100}$,≤5mm		用角尺和尺检查
4	管道直线度	主要	$\frac{2L}{1000}$,≤8mm	$\frac{1.5L}{1000}$,≤6mm	拉线用尺检查
5	对口错边量 纵向 环向		0.1S 0.2S(S为板厚)		用带刻度样板尺检查
6	相邻两节纵向焊缝位置		错开100mm以上		观察检查
7	焊缝处棱角		0.1S+2		用弦长$D/6$不小于300mm的样板检查
8	表面平面度		3mm		用弦长$D/6$不小于300mm的样板检查
9	加固圈与焊缝边缘距离		>50mm		用尺检查
10	表面锤击深度		≤1mm		目测

表 2-5-4 圆形焊接弯头质量技术要求

项次	检验指标	性质	质量标准 合格	质量标准 优良	检验方法和器具
1	外径周长允许偏差 $D \leq 500mm$ $D > 500mm$		$\pm 3mm$ $\pm \dfrac{6D}{1000}, \leq 8mm$（$D$ 为设计外径）		用尺检查周长
2	圆度	主要	$\dfrac{10D}{1000}$	$\dfrac{8D}{1000}$	用尺检查
3	两端面与轴线垂直度		$\dfrac{D}{100} \leq 5mm$		拉线并用角尺和尺检查
4	弯头角度允许偏差	主要	$\pm 1°30'$		划线和用角度尺检查
5	弯头弯曲半径允许偏差		$\pm \dfrac{2R}{1000}$（R 为设计弯曲半径）		用尺检查
6	对口错边量 纵向 环向		$0.1S$ $0.2S$（S 为板厚）		用带刻度样板尺检查
7	焊缝处棱角		$0.1S + 2$		用弦长 $D/6$ 不小于 300mm 的样板检查
8	表面平面度		$3mm$		用弦长 $D/6$ 不小于 300mm 的样板检查
9	表面锤击伤痕深度		$\leq 1mm$		目测
10	相邻两节纵向焊缝位置		应错开 100mm 以上		用尺检查

2. WNS 系列锅炉

其次还有一种炉型比较常见,即 WNS 系列锅炉,其为火管锅炉,卧式内燃热水锅炉,这种锅炉的结构特点为:其也为快装炉,外部连接管系与其他快装炉类似,但是其风道一般需单独配置(图 2-5-3)。

(1) 燃烧器的安装。应保证燃烧器的安装位置,位于炉膛正中心,同时,燃烧器伸入炉膛内的部分与炉体耐火混凝土的缝隙应用硅酸铝纤维板填充严密以防高温烟气直接辐射燃烧器板。同时在用螺栓与炉体固定连接时应用耐火石棉绳密封好,防止漏烟造成过热(图 2-5-4)。

(2) 风道和烟道的安装。该种炉型风道一般为方形,置于炉体一侧,其一端与燃烧器的底座法兰相连一端连接和风机上,风道的安装一要平直,二要保证密封,烟道因其出口法兰为圆形,所以配置的烟道也为圆形烟道,其一端与炉与体配置法兰相连,另一端与烟囱相连,安装的标准参见 SZS 锅炉。

其他配套设施与 SZS 炉相似,不再一一细述。

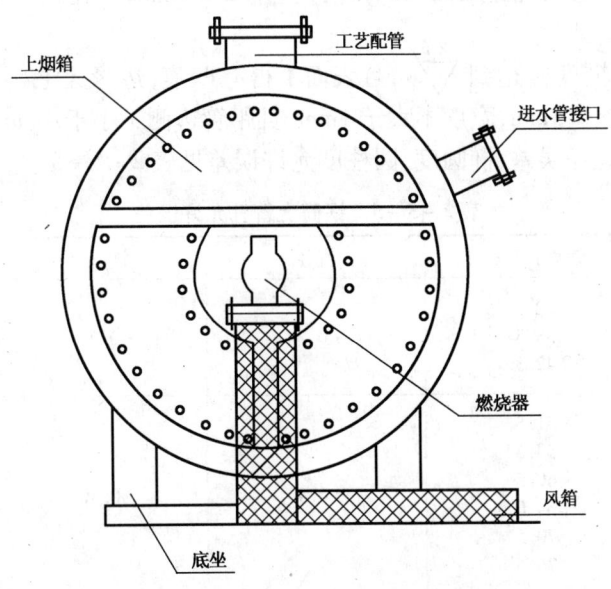

图 2-5-3　WNS 系列锅炉风道配置图

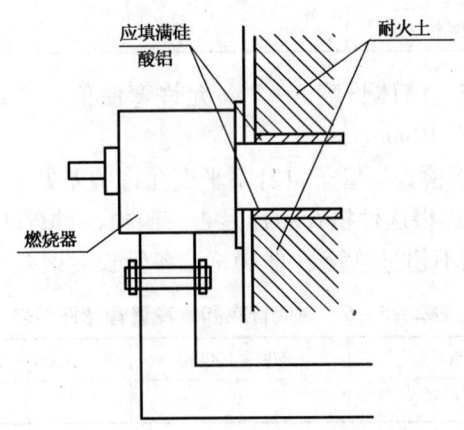

图 2-5-4　燃烧器安装示意图

(二) 大型采暖用燃煤热水锅炉的安装

油田内部除以上两种系列的燃油小型热水锅炉比较普遍外,近年来随着燃料的费用问题日益突出,大庆部分地区开始采用以油代煤集中供热系统,如在 2001 年就在大庆的外围地区建造了 6 个以煤代油锅炉房,这些大型采暖用燃煤热水锅炉由于体积大结构工艺复杂,所以多采用散件运抵现场后再进行组装的方法。具体操作方法如下。

1. 安装前的准备工作

为保证安装质量应对到货的设备进行逐件查点,缺件、损件应进行详细记录,在规格数量查对清楚后应进行质量检验。

(1) 锅筒孔间距的检查。

纵向锅炉管孔间距误差:两孔距≤260mm,允许偏差±1.5mm;两孔距 261～500mm,允许偏差±2.0mm。

横向相邻管孔间距:两孔距≤260mm,允许偏差±1.5mm;两孔距261~500mm,允许偏差±2.0mm。

(2)锅筒管孔粗糙度应达到 $\sqrt{12.5}$,且表面不得有凹痕,边缘无毛刺和纵向沟纹,如有环向沟使,深度应不大于0.5mm,宽度不大于1mm,且距管边侧不小于4mm。

(3)锅筒上管孔孔径误差、椭圆度、圆柱度允许误差见表2-5-5。

表2-5-5 锅筒上管孔允许误差　　　　　　　　　　　　　　　　　　mm

管外径	锅筒孔直径	直径	椭圆度	圆柱度
32	32.3			
38	38.3	±0.34	0.27	0.27
42	42.3			
51	51.5			
57	57.5			
60	60.5			
67.5	64.0	±0.40	0.30	0.30
70	70.5			
76	76.5			
83	83.6			
89	89.6	±0.46	0.37	0.37
102	102.7			
108	108.8			

(4)锅炉锅筒弯曲检查。筒体长度5~7m,允许弯曲值小于或等于7mm;筒体长度7~10m,允许弯曲值小于或等于10mm。

(5)对流管束、水冷壁管检查。管子自身不平度允许偏差见表2-5-6。如果要用的省煤器为铸铁肋片式省煤器,应逐根逐件检查肋片是否有破损,每根管中肋片破损应不超过总肋片数10%,全部破损肋片管数不超过总管数的10%。各管长度误差不大于1mm。

表2-5-6 对流管束和水冷壁管允许偏差

管子长度,mm	≤500	500~1000	1000~1500	>1500
不平度小于或等于	3	4	5	6

(6)钢架及钢结构的检查。钢架及钢结构设备允许偏差见表2-5-7。

表2-5-7 钢架及钢结构设备允许偏差

检查项目		允许偏差,mm
立柱横梁长度偏差		±5
立柱横弯曲	每米	2
	全长	10
平台柱架不平度	每米	2
	全长	10
护板、护板框架不平度		5
螺柱孔中心距偏差	相邻两孔	±2
	任意两孔	±3

(7) 链式炉排的检查。炉排构架件及传动轴允许偏差见表2-5-8。

表2-5-8 炉排构架件及传动轴允许偏差

项次	检查项目	允许偏差,mm
1	型钢构件长度偏差	±5
2	型钢、构件的弯曲度	1
3	各链轴与轴线中间距离	±2
4	同一轴上链条,其齿尖部分前后错位	3

检查完上述项目合格后,就可以进行整个炉体的安装了:

基础验收划线、处理→钢架安装→锅筒集箱→胀管→本体管道→附件→炉排→尾部炉墙砌筑→尾部受热面→相关附件→水压试验→燃烧室炉墙砌筑→烘炉、煮炉→整套试运。

2. 基础验收划线、处理

基础验收项目允许偏差见表2-5-9。

表2-5-9 基础验收项目允许偏差

项次	检查项目	允许偏差,mm
1	基础纵向横向中心线	±20
2	基础各平面标高	+0 -20
3	基础平面外形尺寸 凸台外形尺寸 凹穴外形尺寸	±20 -20 +20
4	基础平面水平度	每米 5 全长 20
5	竖向误差	每米 5 全长 20

3. 钢架安装

按安装图进行安装,安装后应达到表2-5-10所列质量标准。

表2-5-10 钢架安装允许偏差

项次	检查项目	允许偏差
1	各立柱的位置偏差	±5mm
2	各立柱间距离偏差	

钢架一般都是由厂家散件供货到现场后进行单片预组装。

单榀架子进行预组装之前应先搭设一个临时组对平台,平台应坚固不变形并保持需要的水平度,架子应按图纸要求各部件的尺寸进行组对焊接,焊接时要有防变形措施,钢架组装完毕后要仔细检查水平度和垂直度,同时在组装的同时要避免任意开口割断,如果实在避免不了,必须进行时应经厂家同意办理正式手续方可进行。

钢架制作完毕后,要将钢架立起安装在钢架基础上由于钢架吨位较重而且锅炉在开始安装时四周的锅炉厂房也需同步进行,在内部设置汽车起重机很现实而在厂房外设置吊车由于构架高,要求吊臂长吨位必须够大,这样费用太高,也不可取。

以 40t/h 锅炉散件安装为例。通常在实际生产中采取抱杆起重的方法,简单有效且费用较低拆卸方便,具体做法是:

(1)先用 $\phi 325mm \times 12mm$ 或 14mm 左右的厚壁无缝钢管制作一个主抱杆。主抱杆的各钢管连接点要用钢板加强筋进行加固,下支座连预埋基础,为了保证其稳固(主要受弯曲作用)还需用 6 或 8 根绷绳均布拉住。

(2)主抱杆制作完毕后,还需制作一根副抱杆和一根溜尾抱杆,副抱杆一般采用 $\phi 219mm \times 10mm$ 以上的厚壁管制作(视起吊重量而定)溜尾桅杆采用 $\phi 159mm$ 的厚壁管。三根抱杆制作完毕后如图 2-5-5 所示进行组装,组装时注意以下四方面的内容:

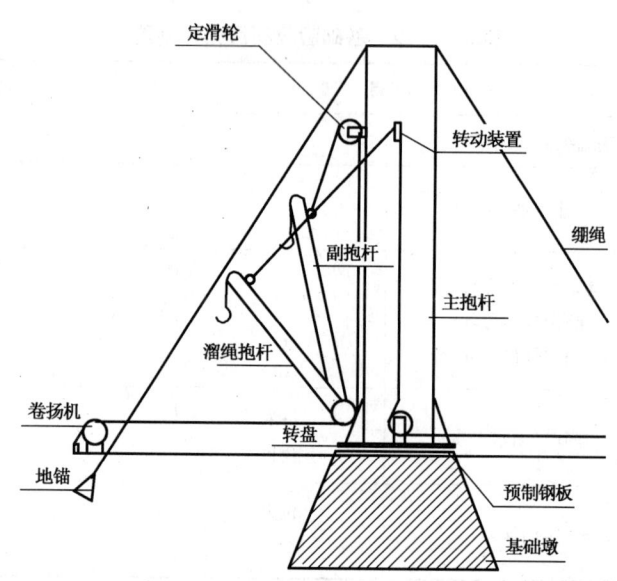

图 2-5-5 抱杆起重装置示意图

① 主抱杆高度、位置要必须保证能将需要吊装的重部件吊装就位。
② 绷绳的拉伸角度要能使副抱杆和溜尾抱杆在底下自由转动到任意角度。
③ 转动装置中的滑轮及转盘轴承应转动灵活,卷扬机应布置合理便于指挥。
④ 连接点应连接牢固。

吊装用抱杆装置安装就位后,就应开始立钢架了。第一榀钢架立起就位于基础上之后,除应将钢架底板与预埋钢板焊接牢固以外,由于钢架较高,重量较大,为稳固起见还应在平面两侧布置绷绳,将其拉牢。待第二榀架子固定好之后就可以连接架子。连接架子时要确保每榀架子的垂直度。同时,在施焊过程中应避免大风及湿雨环境,如避免不了应有防护措施。钢架安装好后其质量标准见表 2-5-11。

表 2-5-11 钢架成形质量检验标准

项次	检查项目	允许偏差
1	各立柱位置偏差	±5mm
2	各立柱间距离偏差	主柱高度的 1/1000,最大 ±10mm
3	立柱横梁的标高偏差	±5mm
4	各立柱相互间标高差	3mm
5	各立柱的倾斜铅垂度	立柱高度的 1/1000,最大 ±10mm
6	两柱间在铅垂面内两对角线的不等长度	对角线长度的 1/1000,最大 ±10mm
7	各立柱上水平面内或下水平面内两对角线的不等长度	对角线长度的 1.5/1000,最大 ±15mm
8	横梁的不水平度	横梁全长的 1/1000,最大 5mm
9	支持锅筒的不水平度	锅筒全长的 1/1000,最大 ±3mm

钢架安装时应注意:

(1)预埋钢筋与柱脚板焊接时,可用烤把加热热弯,紧贴立柱后焊接,焊缝长度应满足图纸要求。

(2)钢架必须形成稳定结构,二次灌浆强度达到设计,强度的 70% 以上,才允许吊装锅筒。

4. 锅筒、集箱、水冷壁管安装

锅筒、集箱支承座安装:按锅炉纵横中心线及设计图确定锅筒(集箱)中心位置及标高。找平、找正后安装滑动、固定支座,滑动支座应有足够膨胀量。

上下锅筒支承座找好后,应临时固定,以防吊装锅筒移位。吊装锅筒时,按锅筒划线就位于支承座上,进一步核对上下锅炉关系尺寸(中心水平)无误后将上下锅筒临时固定。如尺寸不符,可以下锅筒为准调整上锅筒。

锅筒和集箱安装完毕后应符合表 2-5-12 尺寸要求。

表 2-5-12 锅筒和集箱及水冷壁管安装验收标准

项次	项目	允许偏差,mm
1	锅筒纵横中心线与立柱中心线水平距离	±5
2	锅筒(集箱)标高	±5
3	锅筒(集箱)水平度(全长)	±5
4	锅筒(集箱)中心距离	±3
5	水冷壁集箱与立柱距离	±3
6	过热器两集箱对角线	3
7	过热器集箱中心至蛇形管底部长度	±5

5. 胀管

工业锅炉安装中经常有胀管工作,在制作水冷壁管及对流管时经常应用。胀接是利用管子可塑性变形和锅炉管孔弹性变形等固有特性将管子胀接于锅筒上,目前胀接方法主要是按扩胀管方式来分的,有两种,一种是机械胀管方法,一种是爆炸胀管法。其中机械胀管方法有手工胀接法,电动胀接法,风动胀接法,液压胀管法,这四种胀接均是通过机械力的传递来达到扩管目的。爆炸胀接法是通过爆炸时产生冲击波来进行扩管;目前国内多采用手工或电动胀管法。

1)胀接法适用范围

(1)适用于工作介质压力小于或等于2.5MPa,壁温不超过400℃的新装工业锅炉。

(2)胀接管子的锅筒壁厚度应小于或等于12mm,胀接管孔间净距应大于19mm,胀接母管应小于或等于102mm。

2)胀接前的准备工作

(1)炉管检查、校正和被胀管端处理。

① 胀接管必须具有材质合格证书,否则应做化学成分分析和机械性能试验。

② 清理胀接管,检查管子不应有重皮、裂纹、严重变形或锈蚀。

③ 检查管端外径尺寸,每根均做测量和记录其允许偏差见表2-5-13和表2-5-14,测量时应注意,测量管端内外测点必须位于同一轴线上,第一测点与第二测点互相垂直,管外径与管孔配合。

表2-5-13 胀接管外径允许偏差   mm

管子公称外径	32	38	42	51	57	60	63.5	70	76	83	89	102
管子最小外径	31.35	37.85	41.35	50.19	56.13	59.1	62.57	69	74.84	81.77	87.71	100.58

表2-5-14 胀接管外径与管孔配合最长间隙允许值   mm

管子公称外径	32	38	42	51	57	60	63.5	70	76	83	89	102
最大间隙		1.29		1.41	1.47	1.5	1.53	1.6	1.66	1.89	1.95	2.18

④ 管端退火处理。为使管端的硬度和塑性达到胀接要求要对胀接管的胀接部位进行抽查,并记录。如抽查试验结果超过HB170时,管端部必须进行退火处理。这是为了进一步调整原材机械性能,使之既不过分降低原材强度,又使原材有较好的塑性。

⑤ 胀管前管端清理。胀管前对已检查合格的胀管,要对管端的油污、氧化层锈点、斑痕、纵向沟槽进行清理。管端待胀部位应用磨光机配毛刷打磨出金属光泽,磨出管端长度应为锅筒壁厚+50mm,最后用砂布精修磨光。打磨后管端应呈圆形,无麻点及纵向沟纹。一般打磨深度建议不超过原管0.2mm,在管端内径处100mm长区域也要进行仔细清理,这是由于管内不洁净会影响胀管率,如管内锈层达0.025~0.05mm时可使胀管率增大0.1%~0.2%。

打磨后对管端尺寸进行最终复查,符合要求方可进行胀接。

(2)锅筒管孔清洗检查处理编号。

① 清洗锅筒孔,除去防锈油料及污垢直至露出金属光泽为止,在有加工微痕或轻微锈蚀,尺寸又允许加工的条件下,用1#砂布进行打磨,打磨时必须保证管孔圆度,并且应首先按管圆方向打磨。

② 胀接管孔尺寸及允许偏差应符合表2-5-15要求。

表2-5-15 胀接管尺寸及允许偏差   mm

管子公称外径		32	38	42	51	57	60	63.5	70	76	83	89	102
管子直径		32.3	38.3	42.3	51.3	57.5	60.5	64	70.5	76.5	83.6	89.6	102.7
管孔允许公差	直径	+0.34 0			+0.40 0						+0.46 0		
	圆长	0.14			0.15						0.19		
	圆柱形	0.14			0.15						0.19		

测量管孔尺寸应以位于管孔纵横中心的各自一点为准,管孔的超差不得超过规定偏差值的 50%,超差孔率当管孔总数小于或等于 500 孔时,不得超过管孔总数的 2%,且不超过 5 个孔;管孔总数大于 500 孔时,不得超过管孔总数的 1% 且不超过 10 个孔。

(3)管孔与炉管的选配。

① 装管前应根据管孔和炉管实测尺寸,力求管孔和炉管间隙适中,这样有利于胀管和控制胀管率。

② 经选配的管孔,炉管应做好对应记录,以期达到"对号入座"。

(4)试胀试验。

试胀的目的主要是掌握胀管器性能,所用材质实胀性能。试胀管板、管子一般由锅炉厂提供,无论是用自备材料,还是厂代材料做试胀,其材质,几何尺寸加工精度、硬度等均应与实胀件一样。

3)试胀程序

(1)试胀前准备工作。

选取几组有代表性管孔,炉管尺寸,加工精度加工试胀管孔及炉管,根据预测间隙,预选胀管率,计算出终胀后管内径及限位垫片厚度。采用内径控制法时,其终胀内径

$$d_j = d_3 H + d_2 + \sigma$$

式中　d_j——管子的计算终胀内径;

　　　H——预定胀管率,%;

　　　d_2——胀前管子内径;

　　　d_3——胀前管孔内径;

　　　σ——胀前管孔外径与管孔标准直径差,mm,其扩胀值 $\Delta = H d_3$,式中 Δ 为胀杆在胀管器中每前进 1mm 时,胀管器直径的扩大值。

用计算的胀杆插入深度来确定限位片厚度,限位片一般制成垫圈型式,其厚度为 1~2mm(例如胀杆锥度为 1/25 时,每前进 1mm 扩胀量为 0.04mm;每增加 2mm 垫片其扩值为 0.08mm)。

(2)固定胀接。

检查管孔和炉管尺寸接触面清洗程度符合规定后,将选配好的炉管与管孔对号入座,用固定式胀管器进行胀接。当管间隙消除时,管子在管孔中不摇动,用电动胀管再扩张 0.2~0.3mm,记录其电流值。

(3)翻边扩胀胀接。

用翻边胀管器进行胀接,当已达到预选胀管率时,不立即退胀管器,在原地再转三圈左右,这时记录电流值,进行胀口测量并记录。

(4)进行外观检查。

检查胀口管端是否有裂纹,胀接过渡区是否有偏胀和挤台,喇叭口根部与管壁结合状态,胀口各部尺寸是否符合要求;并观察孔径周围氧化皮脱落情况。

(5)水压试验。

将试胀后管口封闭,按设计的水压试验规定值进行水压试验。在水压试验过程中逐一检查胀接部位,对试压渗漏管子可进行补胀,记录其电流值及补胀后胀口变化情况。

解剖检查:将试胀胀口进行解剖检查,重点检查管外径与孔壁接触状态的印痕,啮合情况。

管壁厚减薄数值,管孔变形情况。根据上述结果,确定最佳胀管率。一般控制胀管率在1.6%左右为最佳。

(6)穿管。

具备胀接条件进行穿管时应对管孔及炉管端部进行一次清理,管子两胀接端应能自由穿入其安装孔内,没有卡阻及偏斜现象,管端插入长度应符合技术规范要求及图纸设计要求,如发现管子角度不对或伸入锅炉长度超差,必须进行校正和处理,严禁强力穿管。

穿管时应先穿基准管,一般取垂直于锅炉纵向中心线的最外侧两排管,为保证伸入锅筒长度一致,可使用穿管卡子,管卡子应牢固可靠。管排列应符合图纸,给炉墙砌筑奠定基础。

(7)胀接工艺。

① 胀接的基本要求:

a. 锅筒内清扫干净,内部照明应采用12V电源,内部应铺绝缘橡胶板。

b. 在胀接过程中,应严禁油、水、灰尘渗入胀接口中,胀管应在环境温度0℃以上进行,胀管过程中每胀20~30个胀口对胀管器进行一次检查。

c. 在胀管过程中胀管器应保持正确位置,转动应平稳、均匀。

d. 采用翻边胀接时,翻边终胀位置应与始胀位置重合,而且终胀位置应终止于鼻梁宽度最大处,手动胀接时不要一次胀完,一般换1~2个起点,错口位置应为1/3~1/4,翻边胀管达到胀管率后,在不进给条件下,转2~3圈,进而修正胀口不圆度。

e. 胀管时如用机械胀管器,速度一般控制在30r/min以下,胀口温度不能高于50℃。

② 胀管方法:

a. 一次胀接法:顾名思义,胀管工序一次完成。其具体做法有两种:一种采用基准管法,一种是"一边椎"法。采用基准管法,先胀锅筒两端的管排作为基准管,然后由基准管逐排向中心胀接;或按垂直于基准管圆周方向,向圆周方向扩胀。

所谓"一边椎"法,是不装基准管,由锅筒一端向另一端逐排胀接。具体做时,采用基准管一次胀接法,其基准管分两次胀接,第一次胀至胀管值比预定值欠胀0.3mm,待锅炉整台胀完口后再补胀至要求值。采用"一边椎"法其胀前应将上下锅筒中心找好之后,将上锅筒调低于设计标高,一般低3~6mm后由锅筒一端向另一端逐排胀接,直至胀完。

b. 二次胀管法。为将管子和管孔壁间隙消除,先进行固定胀管。采用电动液压胀管,由试胀电流或油压值来进行控制。采用手动胀管器时,可根据胀杆转动刚有吃力感觉后,再转动胀杆一圈即可,实际等于扩胀0.2~0.3mm,第二次胀至胀管率。

6. 炉排安装

目前使用较多的是往复炉排和链条式炉排,其安装方法分述如下。

1)往复式炉排安装

安装程序:支座→固定炉排梁→活动炉排梁→炉排片→轴承座→推拉轴→变速机构→人字拉杆

为了保证炉排正常运行,固定梁、活动梁之间安装间隙要均匀,并留有膨胀间隙,有缝炉排和无缝炉排不能装错位置。

人字拉杆和推拉轴中心线一致,推拉轴与蜗轮应垂直于各风室隔板,必须严密不漏风。

炉排安装后应符合下列质量标准:

炉排片之间间隙余燃区1mm,主燃区2~3mm;炉排膨胀间隙预留5~10mm;集箱下侧钢板与炉排间隙4~5mm。

2)链条炉排安装

安装程序:下导轨→墙板→前后轴→链条→滚轴→炉排片→挡渣器
　　　　　　　　　　　　　└ 风室 ┘

(1)安装墙板。先按钢架中心线划出前后轴中心线及墙板中心线,稳装墙板支座同时安装下导轨,验收合格后进行二次浇灌。待墙板支座混凝土强度达到设计值20%时安装墙板。墙板安装允许偏差见表2－5－16。

表2－5－16　墙板安装允许偏差

序　号	项　　　目	允许偏差,mm
1	墙板标高	±5
2	墙板垂直度	3
3	墙板间距	±5
4	墙板间对角线(在前后轴中心线外侧)	10
5	墙板纵向位置	±5
6	墙板纵向水平度(全长)	墙板纵向全长的1/1000,最大±5

(2)安装前后轴。前后轴安装要严格找好两轴平行度,否则运行中发生炉排跑偏。轴密封及轴承要进行清洗并加润滑脂,并注意调好密封装置与轴承间隙,安装后用手试盘车,应能自由转动,伸入炉墙一端应加保护套、保护轴端,前后轴安装质量见表2－5－17。

表2－5－17　前后轴安装允许偏差

序　号	项　　目	允许偏差,mm	序　号	项　　目	允许偏差,mm
1	前后轴水平度	1/1000	3	前后轴平行度	3
2	前后轴相对标高	5	4	前后轴对角线	5

(3)安装链条、炉排片、挡渣器。上导轨安装合格后安装链条,安装链条时应将测量长度较长的装在炉排中间,链条由销钉连接好,然后安装滚轴。全部滚轴安装好后,即可开动电动机进行试转,调整链条松紧度。松紧程度最佳状态是指:最紧时滚轮与下导轨间隙不大于5mm,最松时滚轮与下导轨刚好呈接触状态。调整好后安装炉排片,炉排应一排排顺序安装,全部装完检查炉排片是否能自由翻动,间隙是否符合设计要求。

挡渣器的安装应与炉排有3~4mm间隙应能自由活动,无卡涩现象。

链条炉排安装应注意的事项:炉排安装中应注意膨胀方向及其预留值,膨胀方向按图纸标示进行,如图纸无规定,可由减速器为基础,主动轴向另一侧膨胀,炉排由主动轴向从动轴方向膨胀,其预留间隙值为边部炉排与墙板之间应预留10~12mm间隙炉排与防焦箱预留5mm间隙。

炉排各部销钉、垫圈不得漏装或开口销未开口固定。

7)空气预热器安装

空气预热器一般分管式预热器和回转式空气预热器,工业锅炉一般均采用管式空气预热器。管式空气预热器一般均采用组合安装法进行,管式空气预热器在组合之前,检查各部尺寸,并清理管子内外污物,检查管子与管板焊接质量,采用渗油试验检验其严密性,管式空气预热器的组合主要工程是支承框架的组合,管箱连接,管箱波形伸缩节连件组合及防磨装置的安装。

管式空气预热安装比较简单,一般采用管箱穿螺栓上边形成框架,在框架上焊接吊点进行起吊。图2－5－6为立式钢管空气预热器的结构形式图。

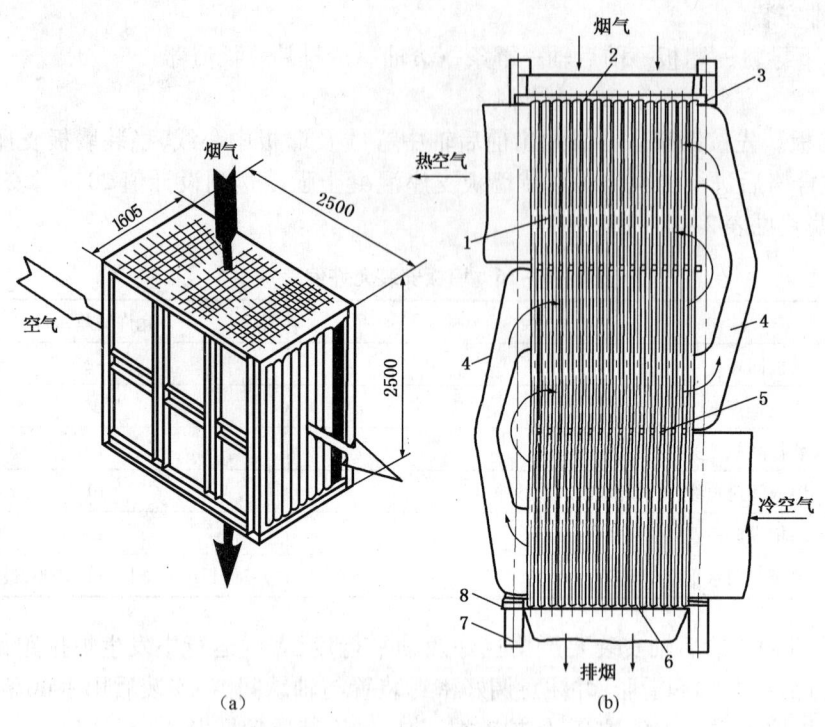

图 2-5-6 立式钢管空气预热器
(a)管箱；(b)空气预热器纵剖面图
1—管子；2、6—上下管板；3—膨胀节；4—空气连通罩；5—中间管板；7—构架；8—框架

对于卧式空气预热器应注意管箱的上下方向，不得装反。

插入式防磨套管与管孔配合应紧密适当，一般以用手稍用力就可插入为准，其露出高度应符合图纸要求。对接式防磨套管应与管板平面相垂直，不得歪斜。

波形伸缩节按图纸规定数值进行冷拉，为防止波形伸缩节变形，一般在起吊前应进行加固，安装完预热器后拆除。

组合完后各部尺寸应达到下述标准：管板平面度允许偏差：不大于5mm；管箱对角线允许偏差：±15mm；管箱高度尺寸允许偏差：管箱高不大于3m时，±4mm，当管箱高大于3m时，±6mm。其他检查项目见表2-5-18。

表 2-5-18 空气预热器安装质量标准

序号	检查项目	允许偏差,mm
1	支承框架上部不平度	3
2	支承框架标高	±10
3	管箱垂直度	5
4	管箱中心线与构架立柱中心线间的间距	±5
5	相邻管箱的中心管板标高	±5
6	整个空气预热器顶部标高	±5
7	管箱上部对角线差	±15
8	波纹伸缩节冷拉值	±1

8. 省煤器的安装

省煤器主要包括铸铁式省煤器和钢管式省煤器。

铸铁式省煤器由一系列水平铸铁肋片管组成,各管之间用铸铁弯头连接,给水在省煤器中由下往上流动。

钢管式省煤器是由蛇形管和集箱构成。省煤器常见的几种支持结构如图2-5-7所示,安装时将支持件与钢架连接牢固即可(布置在竖井内)。钢管式省煤器与铸铁式省煤器相比体积小、重量轻,价格便宜,能在任何压力条件下应用,可做成沸腾式或非沸腾式,省煤器蛇形管用光管较多,有时为了强化传热,减少省煤器尺寸,可采用鳍片蛇形管,鳍片蛇形管同水冷壁管一样,有轧和焊制两种。

9. 除尘器安装

1)多管式除尘器安装

(1)安装前的检查与准备工作。

① 安装前对设备进行检查,要求框架弯曲度不大于1mm/m,护板凸凹,弯曲度不大于10mm,如设备部件超出允许范围,要进行校正。

② 在基础划线中,应以锅炉中心线及风机的定位线为依据,中心线位置偏差不应超过5mm。

③ 测量基础标高,按标高分别配制垫铁。

(2)框架的安装。

先组合框架,使其主要尺寸,对角线在偏差允许范围之内。吊装框架按基础划线尺寸,找正就位,测量标高,水平度,其误差不超过±5mm。

(3)集灰斗的安装。

先在框架上划出集灰斗安装就位线,吊灰斗至安装线位置后点焊,复查校对尺寸后满焊。

(4)下管板及旋风子套筒安装。

安装下管板时,在下管板处放3mm厚石棉板并按管孔位置打成孔洞。吊装旋风子套筒,检查进口方向是否与图相符,排列是否在一条直线上,套筒是否垂直。测量标高偏差不大于5mm,确认符合标准后按设计填塞保温材料。

(5)上管板与排烟管安装。

在框架上标示出上管板安装线,按安装位置线就位,复查尺寸其斜倾角偏差在±1°之间,点焊上管板,插入排烟管,检查排烟管与旋风子套筒四周径向间隙是否一致。确定尺寸无误后,用临时件塞住,以保证其位置。之后找排烟管垂直度,其允许偏差不大于2mm,插入尺寸符合图纸。检查旋风子向叶片方向。其方向应与烟气流向一致,不得装反,调整旋风子标高,旋风子标高偏差不大于±3mm,之后进行排烟管法兰及上管板焊接,全部焊好后,进行上管板保温抹面层施工,旋风子装好后,即可安装周围护板、烟道、人孔门和防爆门等。

2)电除尘器安装

(1)基础线复查应符合下列要求:

基础线以锅炉本体中心线和标高线为准;纵横中心线允许偏差:钢结构±10mm,混凝土结构±20mm;标高允许偏差:钢结构±5mm,混凝土结构±10mm。

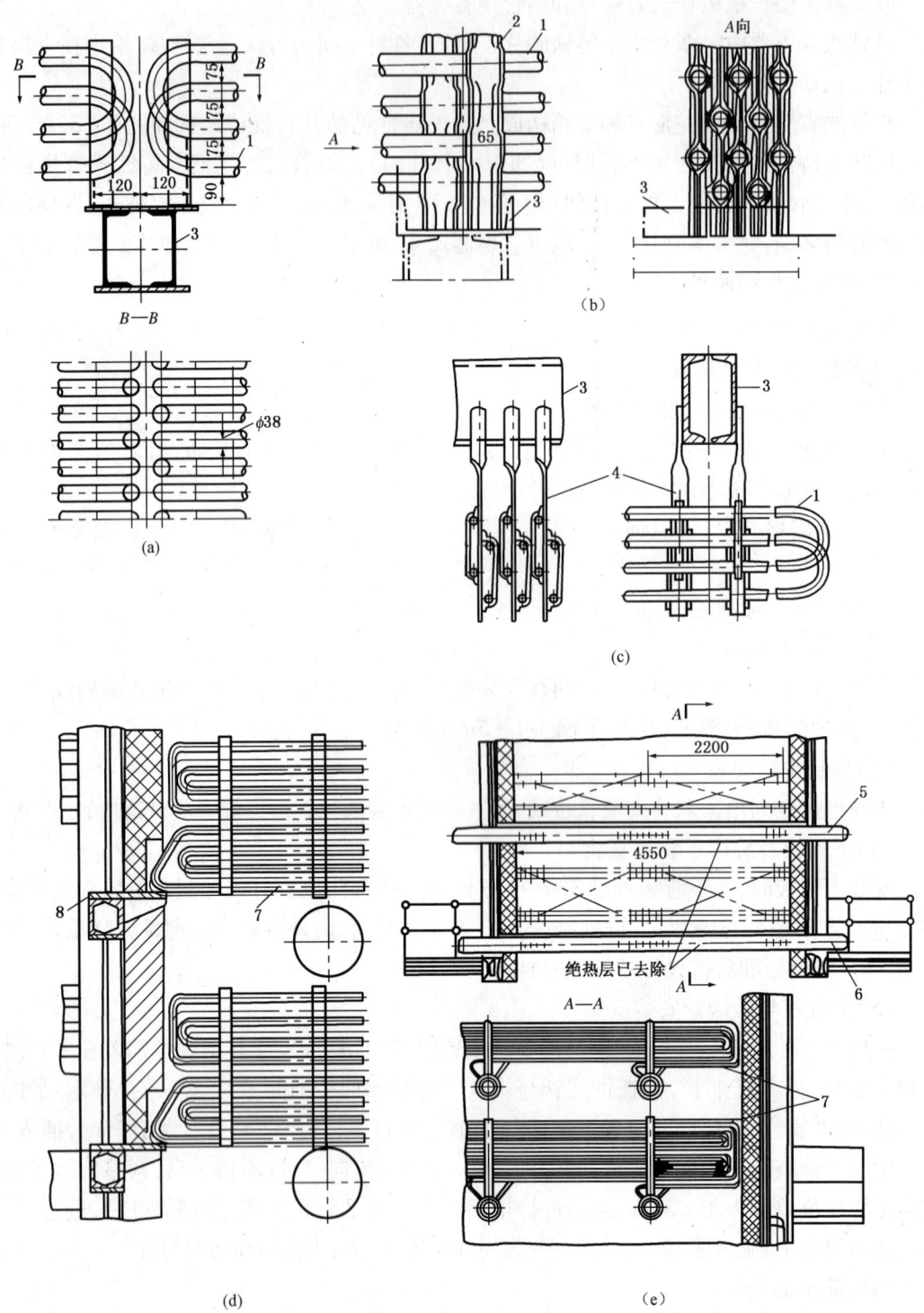

图2-5-7 省煤器的几种支持结构
(a)应用角钢支架;(b)应用冲制支架;(c)应用悬杆;(d)以蛇形管为支持件;(e)以联箱为支持件
1—蛇形管;2—支架;3—支持梁;4—吊杆;5—上集箱;6—下集箱;7—蛇形管;8—支持角钢

（2）基础划线技术要求见表2-5-19。

表2-5-19　电除尘器基础划线技术要求

项　目	柱距		对角线		标　高
	≤10m	>10m	≤20m	>20m	
允许偏差,mm	≤±3	≤±5	≤±6	≤±8	≤±3

（3）安装支持装置。

根据图纸要求确定各点支持装置类型,其膨胀方向、错位量不得装错。

支持装置安放、装合并检查无误后,固定点应焊死,活动点应用临时限位方法固定,切记二次浇灌前应及时拆除。

各支持装置顶部标高偏差不大于2mm。

（4）安装底梁。

底梁根据施工情况可单件装、组合安装或整体安装。

底梁组合安装允许偏差如下：对于底梁外框架,对边差＜5mm,对角差＜7mm,上平面≤4mm；对于底梁内框架,对边差＜3mm,对角差＜5mm,上平面≤4mm。

（5）安装灰斗。

灰斗的安装可与底梁组合吊装,也可单独吊装。对于阻流板的灰斗,灰斗组装过程中应把阻流板装好。装阻流板时一般高于底梁上平面200mm左右,但应注意与阳极板间留有足够的间隙,以保证阳极板热态膨胀不受限制。

（6）立柱,大梁、墙板的安装同钢结构的安装方法相同。

（7）安装阳极悬吊系统及阳极大框架。

阳极悬挂系统包括瓷支柱,瓷套管,悬吊杆垫板,凹凸球面垫、螺母、支撑板,槽钢梁等。

安装瓷支柱、瓷套时应预先检查,并应做耐压试验,合格后方可安装。

悬挂系统部件应随大梁一起起吊,先将瓷套管固定,再装瓷支柱。瓷支柱安装应垂直安装于大梁中,同组瓷支柱高差小于1mm,防止受力不均损坏。用螺栓将支承板固定瓷支柱顶部。

安装阳极大框架吊装时,应能自由滑动,斜入大梁下方,将悬吊杆穿入大梁孔内,并依次套入瓷套管、密封盖、垫板、球形垫、螺母等,大框架吊装后,校对尺寸符合后选上、中、下三点进行临时点焊固定,待阴极小框架吊入后拆除。

（8）阴阳极板的吊装。

阴阳极板的吊装采用边组合边检查、边吊装流水作业方式进行,而且阴、阳极板宜于一齐起吊。

吊装先吊中间电场位置的阴、阳极之后向两边展开,如拟中间开口顺序反之。

阴阳极板宜采用以中间向两边逐片定位。施工时应边定位,边检查,阴、阳极板安装应符合表2-5-20要求。

表 2-5-20 阴、阳极板安装要求

常规极距,mm	同极中心距	300±10
	异极中心距	150±10
宽极距,mm	同极中心距	405±10
	异极中心距	205±10

阳极板下端部与灰斗阻流板应留有间隙,一般应有 50mm 左右。

10. 锅炉整体水压试验

依据《蒸汽锅炉安全监察规程》和《压力安全监察规程》进行锅炉整体水压试验。

1) 水压试验前必备条件

锅炉炉架施工结束。如是钢结构炉架,采用高强度螺栓连接时,已按图纸要求,经终紧完毕;采用焊接的已按图纸焊接完毕;如为钢筋混凝土则其混凝土强度达到设计要求。锅炉构架二次灌浇强度已达到设计值。

制造厂设备已按"制造标准"检查完毕,发现的问题已消除,并有书面资料。

锅炉本体,受热面受压部件安装结束并办理签证。

水压试验范围内焊口焊完,经外观检查,热处理,无损探伤质量合格,需返修的焊口已返修完毕,并重检合格。

(1) 焊在受热面管子上的生根件,鳍片密封件,防磨罩、保温钩钉、门孔、座等施焊完毕,并经验收合格。

(2) 焊在承压部件上的起吊加固(含钢结构部分)件,临时铁件应切掉并打磨干净,并进行表面检查无裂纹。

(3) 属于金属监督范围内的所有各部件,元件应按《金属监督规程》检测完毕,符合设计和制造文件的规定,并经验收合格。

(4) 锅炉范围内的吊架、吊杆管道、支吊架应调整完毕,符合设计要求。

(5) 锅炉内部、外部环境良好,已清理干净无杂物。通道畅通,检查用临时脚手架,通信照明均装设完毕。

(6) 水压试验必须选用合格压力表,至少两块,并有检验证书。

(7) 锅筒、集箱等膨胀指示器安装完毕,符合设计要求,并经检验合格。

(8) 水压试验范围内的设备、构件、管道的焊口应不保温,不油漆以利检查。

(9) 水压试验用临时系统,如泵、箱罐、温度测件等安装完毕,并经试运合格,排水系统应安装完毕,能保证及时可靠排水。

(10) 在自检和预检过程中发现问题已整改完毕。

(11) 气温低时,如必须进行水压试验,应采取防冻措施。

(12) 水压试验组织机构和人员分工已落实,水压试验系统图和升压曲线图,作业指导书已布置在现场。参加试验人员已熟练掌握。

2) 水压试验

在正式水压试验前,对于大型锅炉机组推荐先做一次风压,其目的是为经过风压试验初步检查水压试验范围容器、管道的严密性,减少不必要的浪费,减少超试验次数,进而保证质量。风压试验范围一般同水压试验范围,但也可选择重点部位或把握不大部位做,风压试验用压缩空气应由无油润滑压缩机供给,采用有油润滑压缩机时应装设可靠过滤器,防止油质污染受热面,风压压力一般选 0.2~0.3MPa 为宜。

为确保水压后保养阶段、试运行阶段的水质,一般水压试验前要进行一次水冲洗。

(1)炉前系统水冲洗。炉前系统水冲洗含除盐水系统,凝结水系统,低压给水系统,高压给水系统至省煤器入口前容器及管道,冲洗时可用除盐水或软化水冲洗,最大水量以系统中泵出口压力最大值为准。

(2)锅炉本体水冲洗。锅炉本体水冲洗必须在炉前系统冲洗合格后,方可向锅炉本体上水。有条件的锅炉可在冲洗水中加药到规定浓度,必要时可对冲洗加温,以提高冲洗效果。

水冲洗后便可进行锅炉基体水压试验。

水压试验升到压力后,保持试验压力 5min 后恢复至工作压力下,检查达到如下结果则判定水压试验合格:

(1)胀口焊口无破裂及裂纹。

(2)胀口焊口无泄漏。

(3)检查受压容器、管道无变形。

(4)水压试验在试验压力,保持 5min 条件下,压降不允许超过 0.3MPa/min。

11. 锅炉风压试验

烟、风管道和炉膛的压力试验的目的是检验上述系统及设备的设计、制造和安装的气密性的好坏,并且将其缺陷消除以保证锅炉运行的安全性和经济性。

锅炉设备的气密性检查,可根据系统及安装的具体情况,采取锅炉系统的全系统(整体)风压试验或采取分段风压试验的方法。

风压试验压力的选择如下:

(1)炉膛以炉膛设计压力为准,可选择正压或负压。

(2)烟、风煤管道以本系统风机设计压力为准,可选择正压或负压。

(3)电除尘器按吸风机设计压力为准选择负压值。

(4)一般情况下风压试验压力按设备技术文件规定来选择,如无规定时,试验压力可按炉膛工作压力加 0.5kPa 进行正压试验,一般负压锅炉的风压试验值选 0.5kPa 进行。

进行风压试验时,检查的部位主要有:冷、热风道补偿器,燃烧设备,锅炉本体,烟,风,煤粉管道,除尘,除渣,烟气脱硫设备及检修人孔,检查孔,防爆门的密封部位,焊口等。

锅炉风压试验的风源一般使用锅炉送风机或吸风机,可根据锅炉系统风压试验的要求来选用,做正压试验选用送风机,做负压试验启动吸风机,如果有特殊情况也可采用临时风机进行风压试验。这样有可能使部分项目的工期提前。

风机的分部试运工作可以和锅炉风压试验一起进行,一般是在风机分部试动结束后,进行风压试验。启动风机,控制风机入口门的开度,控制风压试验的压力,在风压稳定在试验压力后开始进行检查,风压试验前做过渗油试验的焊口做一般性检查,安装焊口及安装法兰重点检查。全部检查工作均在外部进行。采取听声、手感、火焰、烟雾的方法检查,对于漏风不明显的部位,可用肥皂水吹泡的方法检查。所有漏风部位都要做明显标记,应有专人统计漏风部位原因,并及时处理。

三、相关知识

(一)锅炉的基本知识

锅炉是用燃料等燃烧释放的热能或工业生产中的余热将工质加热成某一温度和压力的蒸汽发生器。锅炉的分类见表 2-5-21。

表 2-5-21 锅炉的分类

分类方法	锅炉类型	简要说明
按用途分类	电站锅炉	用于发电,多为大容量高参数锅炉,火室燃烧,热效率较高
	工业锅炉	用于工业生产和采暖,多为低参数小容量锅炉,火床燃烧,热效率较低,出口工质为蒸汽的称为蒸汽锅炉,出口工质为热水的称为热水锅炉
按结构分类	火管锅炉	烟气在管内流动,一般为小容量低参数锅炉,热效率较低,但构造简单,水质要求低,运行维修方便
	水管锅炉	汽水在管内流动,可以制成小容量低参数锅炉,也可制成大容量、高参数锅炉。电站一般均为水管锅炉,热效率较高,但对水质要求和运行水平的要求也较高
按压力分类	低压锅炉	压力小于 1.274MPa(13kgf/cm^2)
	中压锅炉	压力为 3.822MPa(39kgf/cm^2)
	高压锅炉	压力为 9.8MPa(100kgf/cm^2)
	超高压锅炉	压力为 13.72MPa(140kgf/cm^2)
	亚临界压力锅炉	压力为 16.66MPa(170kgf/cm^2)
	超临界压力锅炉	压力大于 22.11MPa(225.65kgf/cm^2)
按燃烧方式分类	火床燃烧锅炉	主要用于工业锅炉其中包括固定炉排炉,活动手摇炉排炉,倒转炉排抛煤机炉,振动炉排,下饲式炉排和往复推饲炉排等,燃料主要在炉排上燃烧
	火室燃烧锅炉	主要用于电站锅炉,燃烧液体燃料、气体燃料和煤粉的锅炉都是火室燃烧锅炉;火室燃烧时,燃料主要在炉膛空间悬浮燃烧
	旋风炉	有卧式和立式两种,燃用粗煤粉或煤屑。微粒燃料在旋风筒中悬浮燃烧,较大煤粒贴在筒壁燃烧,液态排渣
	流化床燃烧锅炉	送入炉排的空气流速较高使大粒燃煤在炉排上面的流化床中翻腾燃烧,小粒燃煤随空气上升并燃烧。宜于燃用劣质燃料。目前只用于工业锅炉
按所用燃料或能源分类	固体燃料锅炉	燃用煤等固体燃料
	液体燃料锅炉	燃用重油等液体燃料
	气体燃料锅炉	燃用天然气等气体燃料
	余热锅炉	利用冶金石油化工等工业的余热做能源
按排渣方式分类	固态排渣锅炉	燃料燃烧后生成的灰渣呈固态排出,是燃煤锅炉的主要排渣方式
	液态排渣锅炉	燃料燃烧后生成的灰渣呈液态从渣口流出,在裂化筒的冷却水中裂化成小颗粒后排入水沟冲走
按炉膛烟气压力分类	负压锅炉	炉膛压力保持负压,有送引风机,是燃煤锅炉主要型式
	微正压锅炉	炉膛表压力为 2000~5000Pa,不需引风机,宜于低氧燃烧
	增压锅炉	炉膛表压力大于 0.3MPa,用于配蒸汽—燃气联合循环

续表

分类方法	锅炉类型	简要说明
按锅筒布置分类	单锅筒纵置式	现代锅筒型电站锅炉都应用单锅筒型式,工业锅炉采用单锅筒或双锅筒型式
	单锅筒横置式	
	双锅筒纵置式等	
按炉型分类	倒U型、塔型、箱型、T型、U型、N型、L型、D型、A型等	D型、A型用于工业锅炉,其他炉型一般用于电站锅炉

各炉型的型式见图2-5-8。

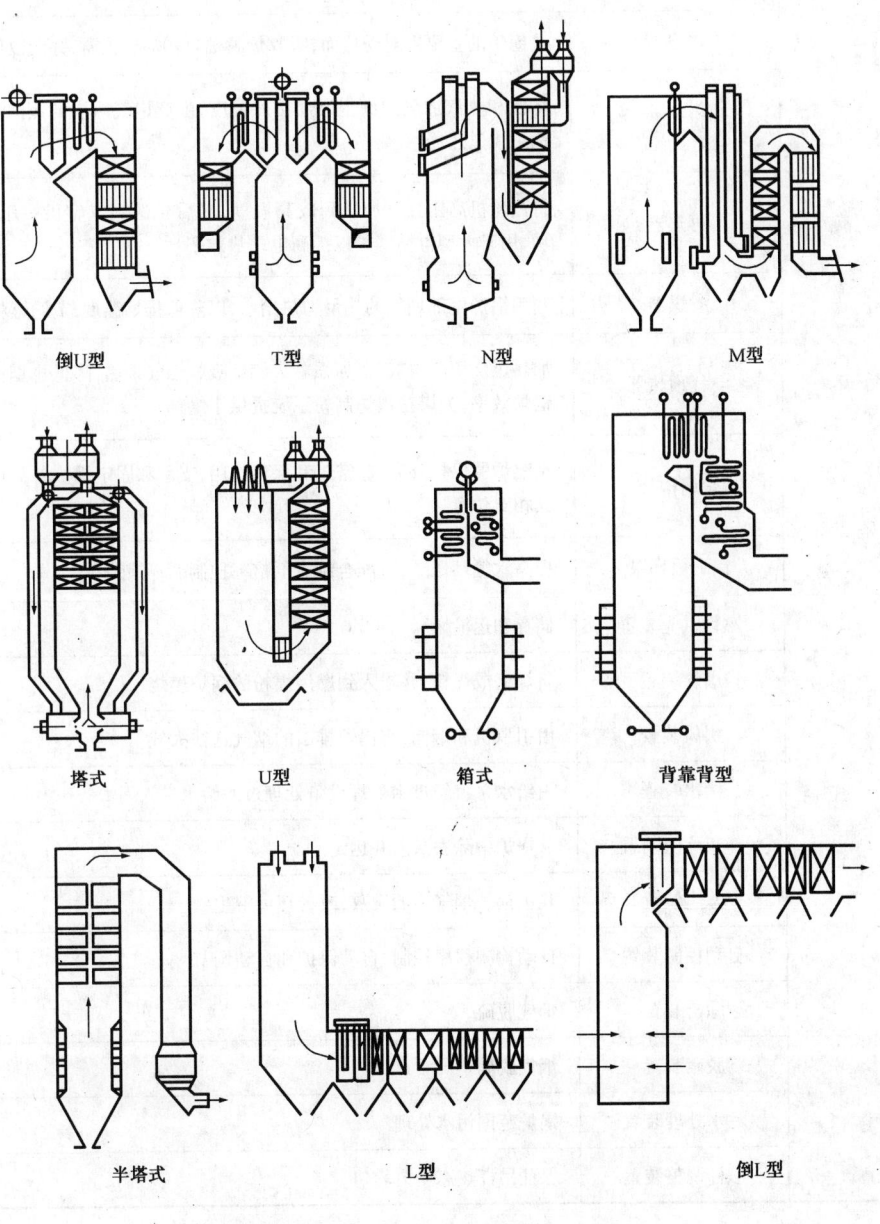

图2-5-8 常见的锅炉整体布置型式

锅炉的主要部件见表2-5-22。

表2-5-22　锅炉的主要部件及作用

分类	名称	主要作用
主要部件	炉膛	保证燃料燃尽并使出口烟气温度冷却到对流受热面能安全工作的数值
	燃烧设备	将燃料和燃烧所需空气送入炉膛,并使燃料着火稳定,燃烧良好
	锅筒	是自然循环锅炉各受热面的闭合件,将锅炉各受热面连接在一起,并和水冷壁、下降管等组成水循环回路,锅筒储存汽水,可适应负荷变化内部设有汽水分离装置等,以保证水气品质;直流锅炉无锅筒
	水冷壁	是锅炉的主要辐射受热面,吸收炉膛辐射热加热工质,并用以保护炉墙
	过热器	将饱和蒸汽加热到额定过热蒸汽温度,生产饱气蒸汽的蒸汽锅炉,热水锅炉无过热器
	再热器	将汽轮机高压缸排加热到较高温度,然后再送到汽轮机中压缸膨胀做功,用于大型电站锅炉以提高电站热效率
	省煤器	利用锅炉尾部烟气的热量加热给水,以降低排烟温度,节约燃料
	空气预热器	加热燃烧用的空气,以加强着火燃烧吸收烟气余热,降低排烟温度,提高锅炉效率,为煤粉锅炉制粉系统提供干燥剂
	炉墙构架	是锅炉的保护外壳,起密封和保温作用,支承和固定锅炉各部件,并保持其相对位置
	锅炉循环泵	提高水循环压头,可配合制成低倍率控制循环锅炉
辅助装置	燃料供应装置	储存和运输燃料
	磨煤装置	将煤磨成煤粉,并输入到燃用煤粉的锅炉燃烧
	引风装置	由引风机和烟囱,将锅炉排出的烟气送往大气
	给水装置	由给水泵将经过水处理设备处理过的给水送入锅炉
	降灰除渣装置	从锅炉中除去灰渣并运走
	除尘装置	除去锅炉烟气中的飞灰,改善环境卫生
	自动控制装置	自动检测程序控制,自动保护和自动调节
	除硫装置	烟气脱硫
	脱硝装置	烟气脱硝
	污水处理装置	锅炉范围污水处理
	吊杆调整装置	保证吊杆热态受力均匀

(二)锅炉主要受热面的结构

1.锅炉蒸发受热面结构

锅炉蒸发受热面是指工质在其中吸热汽化的受热面,锅炉最主要的蒸发受热面是布置在炉膛中吸收辐射热的水冷壁,低压锅炉由于锅炉压力低,汽化热占的比例大,光布置水冷壁尚不能满足汽化热的需要,因此尚需在对流烟道中布置一部分吸收对流传热的锅炉管束。中压、高压锅炉为防止炉膛出口处过热器结渣,常将后侧水冷壁做成拉稀管排,形成凝渣管束。这也是对流蒸发受热面。水冷壁的分类见表2-5-23。

表 2-5-23 水冷壁的分类

分类方法	水冷壁管形式		简要说明
按水冷壁管结构形式分类	光管水冷壁	单面	多用于自然循环工业锅炉
		双面	作双炉膛分隔壁用
	鳍片管水冷壁	焊制鳍片管	多用于各种电站锅炉
		轧制鳍片管	
	带销钉的水冷壁	炉底排渣池式	旋风锅炉,液态排渣炉,多用于燃用劣质煤锅炉卫燃带
		卫燃带式	
	管内带内螺纹管水冷壁	单螺纹或多螺纹管	防止水冷壁膜态沸腾的锅炉
按水冷壁布置形式分类	垂直管屏式	一次上升垂直管屏	多用于多次强制循环锅炉和直流锅炉
		多次上升垂直管屏	
	水平围绕管圈式	水平管管圈式(单根、多根)	
		螺旋管圈式(单根、多根)	
	回带管圈式	水平回带式	
		垂直回带式	

水冷壁结构形式见图2-5-9。

2.水冷壁的结构

自然循环锅炉的炉膛水冷壁循环回路由下降管、上下集箱、水冷壁管组成。低压、中压锅炉其所有管多采用分散布置,上端与锅筒相连接,下端与下集箱连接。而高压、超高压锅炉多采用集中降水管方式,上端与端筒相连,下端通过降水分支管与下集箱连接,水冷壁管下端与下集箱相连接,而上端有两种连接方式,一般低压锅炉直接接入锅筒,不设上集箱,而高压或超高压锅炉多设上集箱,通过蒸发连接管与锅筒相连;低压、中压锅炉采用胀接或焊接,而高压或超高压及以上的全部采用焊接方式,如图2-5-10所示。

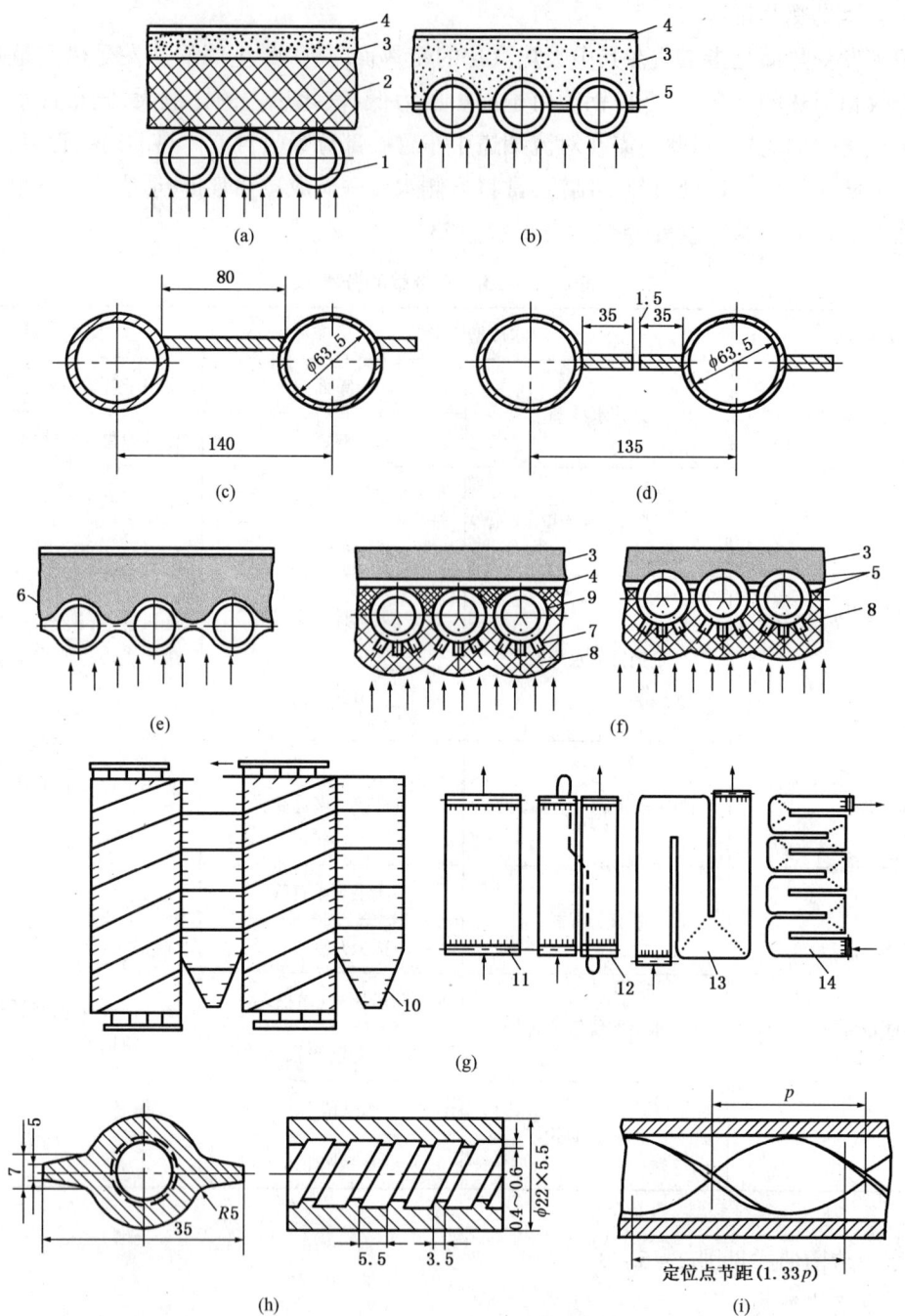

图 2-5-9 水冷壁结构

(a)光管水冷壁;(b),(c),(d)焊制鳍片管水冷壁;(e)轧制鳍片管水冷壁;
(f)带销钉的水冷壁;(g)直流炉水冷壁型式;(h)内螺纹管式;(i)扰流子式
1—管子;2—耐火材料;3—绝热材料;4—墙板;5—扁钢;6—轧制鳍片管;7—销钉;
8—耐火填料;9—铬矿砂材料;10—水平或微倾斜围绕管圈式;11——次上升管屏式;
12—多次垂直上升管屏式;13—垂直回带管屏式;14—水平回带管圈式

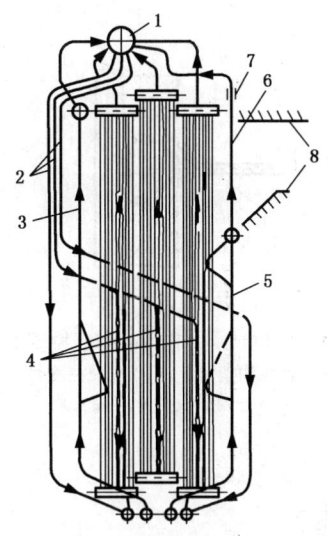

图 2-5-10　高压自然循环电站
锅炉水冷壁回路

1—锅筒;2—下降管;3—前水冷壁;
4—左侧水冷壁;5—后侧水冷壁;
6—后水导汽管;7—中间支座;8—烟道

一般电站锅炉后侧水冷壁做成一个折焰角,以改善烟气混合和增加对水平烟道区受热面的冲刷,加强传热。自然循环锅炉炉膛循环回路各管常用管径见表 2-5-24。

表 2-5-24　自然循环锅炉炉膛循环回路各管常用管径　　　　　　　　　mm

锅炉压力	低压	中压	高压、超高压	亚临界
水冷壁管	51~60	60	60	60~76
下降管	51~108	108~133	159~426	>426
蒸发导汽管	76~108	108~133	133~159	159~219

自然循环锅炉水冷壁的支持连接结构,一般均吊挂在锅筒上或通过上部集箱连接于锅筒集箱上,其质量由构架承担。锅炉运行时应保证水冷壁及集箱能自由膨胀且保持其相对位置。自然循环锅炉为避免管排突出于炉墙平面,保持相对位置,在水冷壁沿长度方向有数处用拉紧装置拉固。一般工业锅炉拉固装置装于架构上,而电站锅炉多采用刚性梁方式拉固。

常用的水冷壁拉固装置见图 2-5-11 和图 2-5-12。

(三)锅炉安装工程的特点及工艺总要求

1. 锅炉安装工程的特点

(1)锅炉安装工程是锅炉制造过程的延续。

锅炉体积庞大且重,受运输条件和制造厂装备条件的限制,必须经常在安装过程完成锅炉整体总装和动态质量的考核,因而可视为锅炉制造的最后总装工序。

(2)具有多重质量同期考核性。

锅炉机组通过安装阶段,进行启动调试,即阶段设备(含配套设备)制造质量,生产工艺系统设计质量和安装工程质量的综合同期考核。

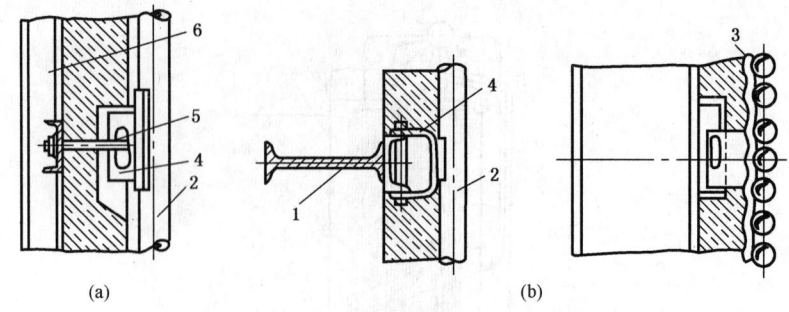

图 2-5-11 常用的水冷壁拉固装置
(a)拉固在构架梁上;(b)拉固在刚性梁上
1—横梁;2—水冷壁管;3—波形板;4—连接装置;5—拉钩;6—构架柱

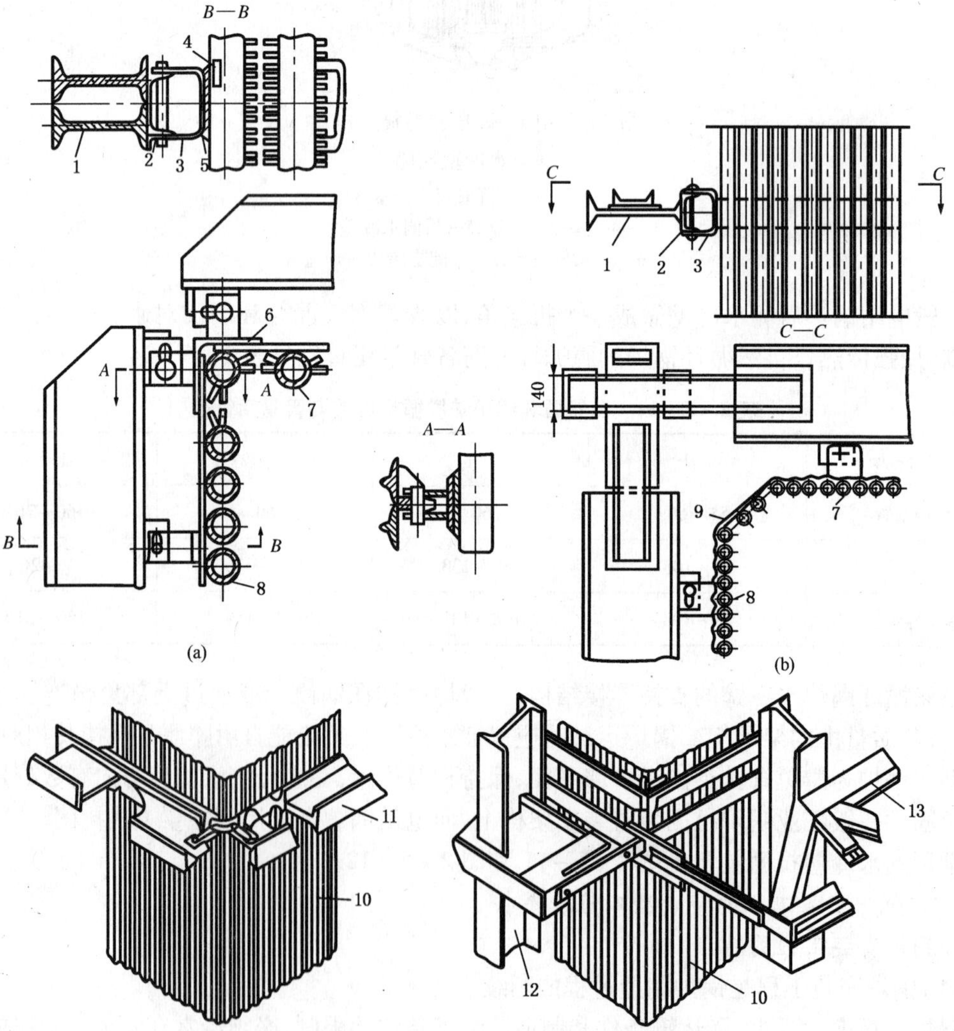

图 2-5-12 两水冷壁转角处拉固
(a)用角钢连接;(b)用平板连接;(c)搭接式;(d)框架式
1—横梁;2—槽钢;3—连接装置;4—垫铁;5—平板;6—角钢;7—侧水冷壁;
8—前水冷壁;9—连接平板;10—水冷壁;11—刚性梁;12—钢架(柱);13—桁架

(3) 安装质量要求高。

锅炉机组是承压设备,一旦发生事故对国民经济影响较大。尤其大型锅炉机组更是如此,它的系统复杂,参数高,工艺新,钢材品种多,在施工过程工序多,要求安装必须做到高质量才能稳定、安全运行。

(4) 设备台件多、质量大、几何尺寸大、位置高是大型锅炉机组安装的特点。

(5) 施工用场地大,重型机械多。

由于设备台件多、质量大、几何尺寸大。其必然占大量场地进行设备堆放以及组合。同样原因这些设备的倒运和吊装,需要大起重量的多台机械,才能满足工程实际需要。

(6) 施工方案错综复杂。

锅炉机组型号很多,不同厂家设备有各自特点,况且各工程项目设计条件(厂房结构与布置、工艺系统设备布置与选择等)不同,即使是同一型号锅炉机组也只有多种方案可供选择,如各组件组合,吊装方案,开口方式,施工顺序等都可能因为某些具体情况,或某些情况变化受到影响,如选择方案不尽科学或未及时妥善处理,都会产生相互干扰,故而其方案具有决策又是多变化,所以方案制定难度较大。

(7) 各专业联合作业,工序程序复杂。

小容量锅炉安装一般涉及热工自动,化学水、焊接、起重等专业。而大容量锅炉机组较小容量锅炉除化学水外,涉及更繁杂而且各专业工作量均很大。由于专业工序其穿于锅炉安装过程中,所以在制定方案时应统一考虑,在合理安排各专业前提下,应进行综合平衡。

(8) 钢种繁多,焊接工艺复杂。

锅炉机组,尤其是大型锅炉机组采用钢料繁多,既有国产钢件,又有国外进口钢种,给焊接工艺、热处理工艺、金属检验带来了困难和新的要求。大型锅炉机组中小管径膜式水冷壁、大型锅炉架构的焊接防变形问题日益突出。

(9) 管道、集箱内要求高度洁净。

为保证锅炉运行水质,安装过程中对管道、集箱、容器内的污垢、油泥、铁锈必须进行有效的清除。

(10) 阀门检修、安装质量要求高。

锅炉系统严禁内漏泄和外漏泄,尤其是对超高压、超临界压力机组事故较多,这是由于阀门漏泄时,将被迫停运机组,从而带来重大经济损失。因此对阀门检修,安装质量要求很高。

(11) 顶板梁挠度及立柱沉降数值大。

一般中小型锅炉机组的柱距和燃烧室断面不大,炉顶钢结构的刚度大,挠度小,另外炉顶承载后的变形,立柱的沉降对安装影响不大,常可忽略,但大型锅炉机组顶板梁的挠度主立柱沉降量数值很大,在施工中必须引起充分注意,并应考虑其影响关系,必须予以调节控制。

2. 锅炉安装工艺总的要求

大型锅炉各部件、组件之间都有十分严密的相对关系和较高的装配要求。锅炉本体与其附属机械设备之间,除通过电气系统连接外,也存在着管道系统连接。而且这些设备长期在高温高压条件下运行,经受冲击、振动、热应力、氧化、硫蚀、冲刷、磨损,以及温度、压力交变应力作用,极易产生有害于安全运行的问题,固而设备安装中对工艺要求是特别严格,主要有以下几项要求:

(1) 准确性。准确性主要是从两个方面来要求的,是有关几何尺寸的准确,它包含中心位置(或就位位置)、垂直度、标高、水平间隙值等尺寸的准确性。这种几何尺寸值允许一定误差,但必须将其误差值控制在允许范围之内;二是安装工艺程序的准确性,工艺程序很重要,有时工艺程序颠倒,会产生无可挽救的损失或事倍功半的效果。

(2)热力系统内畅通、洁净。对于电站主要设备之一的锅炉机组,其系统中,尤其是箱内、管内必须畅通、洁净,所谓畅通是指不仅能流通而且会有保证额定流量的要求。对于系统的洁净度主要有两方面要求,一是指在安装工序之前制造或运输过程中遗留在系统内结垢、氧化层、杂物等要清除掉;而且从另外一个方面要求在施工全过程中,不应造成新的遗留物,并防止污染源再次进入系统中,以保持系统畅通和洁净。

(3)热膨胀灵活自由,热应力值要小。锅炉安装工作是在常温下进行的,而运行时进入正常参数条件下,由于锅炉各部件相互密切地联系,在系统中各部分受热不同,材质不同,膨胀方向不同,膨胀十分复杂。对于采用全悬吊结构形式的机组,重点放在由于炉体下降值过大(水冷壁)其对锅炉进出管道膨胀间隔的预留,以及燃烧器与水冷壁相对位置关系,总之对膨胀部位,一是预留有足够膨胀间隙;二是保证膨胀时能灵活自由胀出或收缩时能回至相应温度条件的胀值位置。

锅炉在安装过程中有些情况下,难以避免地造成内应力,如水冷壁管长度误差在允许范围内的管组,拼接焊缝,均可能造成在运行时产生热应力。但要求这种形成的内应力不应过大,应能保证机组的正常运行。

(4)严密性。严密性是指通过安装过程,消除设备自身存在的或施工造成的漏水、漏汽、漏油、漏煤、漏粉、漏灰、漏烟、漏风等八漏,以保证机组的严密性。

(5)可靠性。锅炉机组在安装时应保证原设计的可靠性,不应由于安装原因使炉构架、承压部件、吊杆、支撑部件的强度、刚度有所削弱,或使传递受力的承力面,承力点产生变化,以保持承力的可靠性,另一方面不应由于安装原因引起参数的过大变动而引起不安全因素,从安装工艺角度必须保证机组的可靠性。

(6)经济性。安装机组必须保持设计条件下规定的运行技术和经济指标。如保温应符合设计要求,表面不超温,以防增大热损失量。

第六章 制作安装浮顶罐和气柜

一、学习目标

(1)熟读浮顶罐和气柜施工图,对所要加工的工件和装配图总成有整体概念,对有特殊技术要求的部位、尺寸都要牢记。

(2)掌握浮顶罐和气柜制作(预制)过程的排板、下料、部件制作过程的程序、方法和技术要求。

(3)熟悉浮顶罐和气柜现场安装的程序、施工方法、技术要求。

(4)掌握浮顶罐和气柜制作及安装的质量检验标准。

二、准备工作

(1)容器制作前,应对全部材料、零部件进行验收合格。

(2)根据设计图样和到货材料规格对罐底、罐壁、浮船单盘进行排板,绘制排板图。

(3)对罐体制作过程需用的设备如剪板机、滚板机、切割器、电焊机等进行检查维护保养。

(4)设计制作罐体预制件运输胎具(架)。

(5)配备现场组装需用的设备如吊车、电焊机、水泵、真空泵、检测设备等。

三、工作程序

(一)浮顶罐预制

1. 壁板的预制

- 1)壁板预制过程

(1)根据施工图、罐壁内径、罐壁总高、罐壁厚度以及钢板材质和实际板幅规格进行排板。每圈罐壁周长计算,按罐壁内径加上钢板的厚度乘以圆周率计算壁板周长的下料。

本单元以 6000m³ 罐壁内径为 $\phi 24000$m,罐高 $h = 13970$m。第一圈板厚为 14mm,其板实际长度为:$L = (24000 + 14) \times \pi = 75.443$m,且每圈的尾板另加长 200mm。罐壁板都应用油漆注明施工图号,每圈钢板的编号、厚度。罐壁排板图,如图 2-6-1 所示。

(2)钢板按罐壁排板图,切割成矩形后,按罐壁的纵向焊缝、环向焊缝及板厚,加工成规定的焊接坡口如图 2-6-1 所示。

(3)壁板滚制时,用长 2m 的弧形样板进行检查,允许间隙为 2mm,滚制好的壁板,应放在相同弧形的胎具上,每圈为一个胎具,并做好标记,打好包装。

2)壁板预制前绘制排板图标准

(1)各圈壁板的纵向焊缝宜同一方向,逐圈壁板的间距为板长的 1/3,且不得小于 500mm。

(2)底圈壁板的纵向焊缝与罐底边缘板对接焊缝之间的距离,不得小于 200mm。

(3)罐壁开孔接管或开孔接管补强板外缘与罐壁纵向焊缝之间的距离,不得小于 200mm;与环向焊缝之间的距离,不得小于 100mm。

(4)包边角钢对接接头与壁板纵向焊缝之间的距离,不得小于 200mm。

(5)直径小于 12.5m 的油罐,其壁板宽度不得小于 500mm;长度不得小于 1000mm。直径大于或等于 12.5m 的油罐,其壁板宽度不得小于 1000mm;长度不得小于 2000mm。

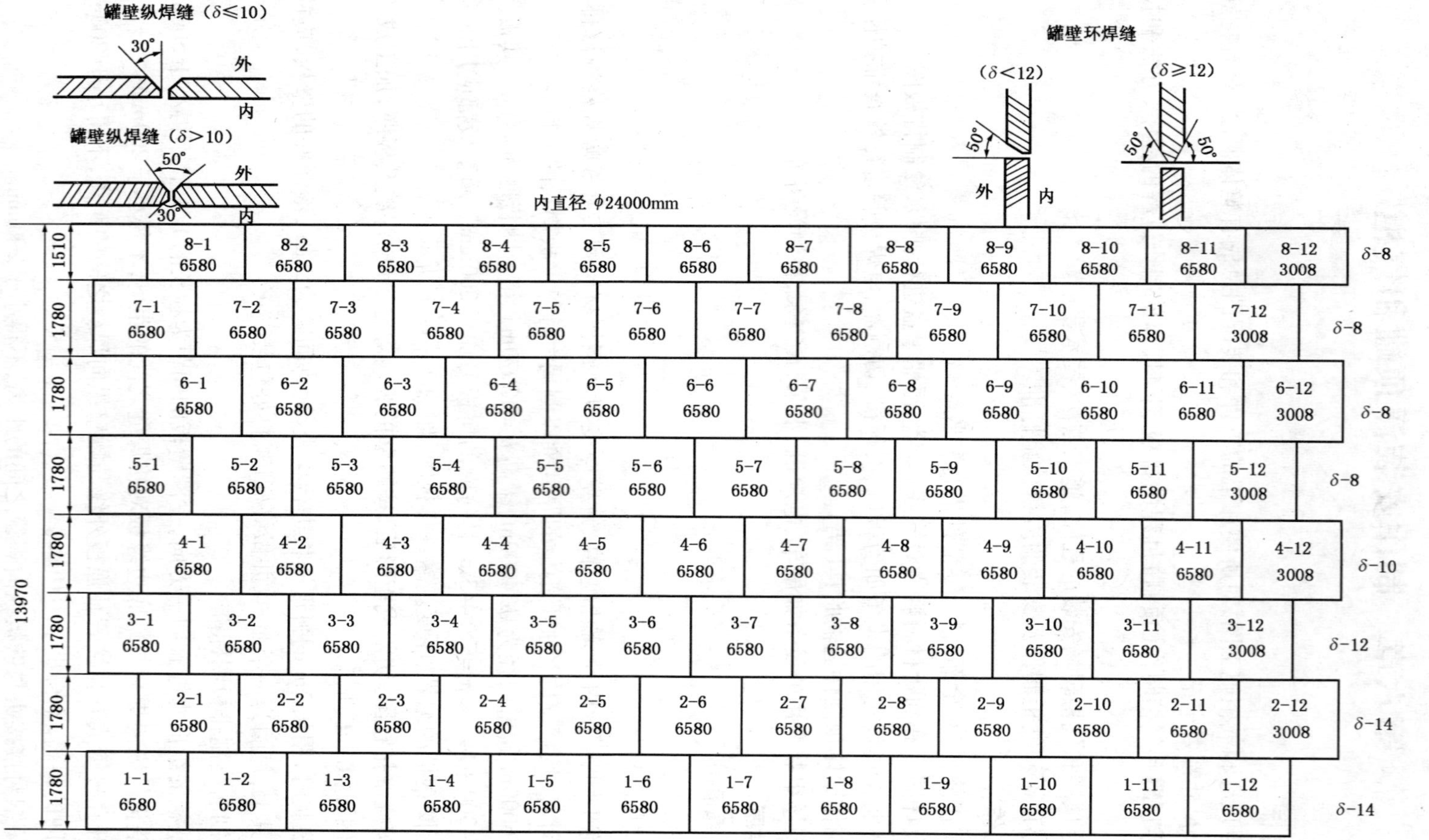

图 2-6-1 6000m³ 浮顶罐罐壁排板图

2.底板的预制

1)底板预制过程

(1)罐顶排板。按设计把直径放大0.1%~0.2%。根据实际板幅规格进行计算下料,罐底排板形式采用搭接,利用勾股定理求出每块钢板实际尺寸。本图以6000m³罐为例,底半径为 $R=12100$ mm,罐底中幅板规格为6400mm×1800mm×8mm,边缘板规格为6400mm×1800mm×10mm,中幅板搭口量为40mm,边缘板搭口量为60mm,各板编号数量如图2-6-2所示。

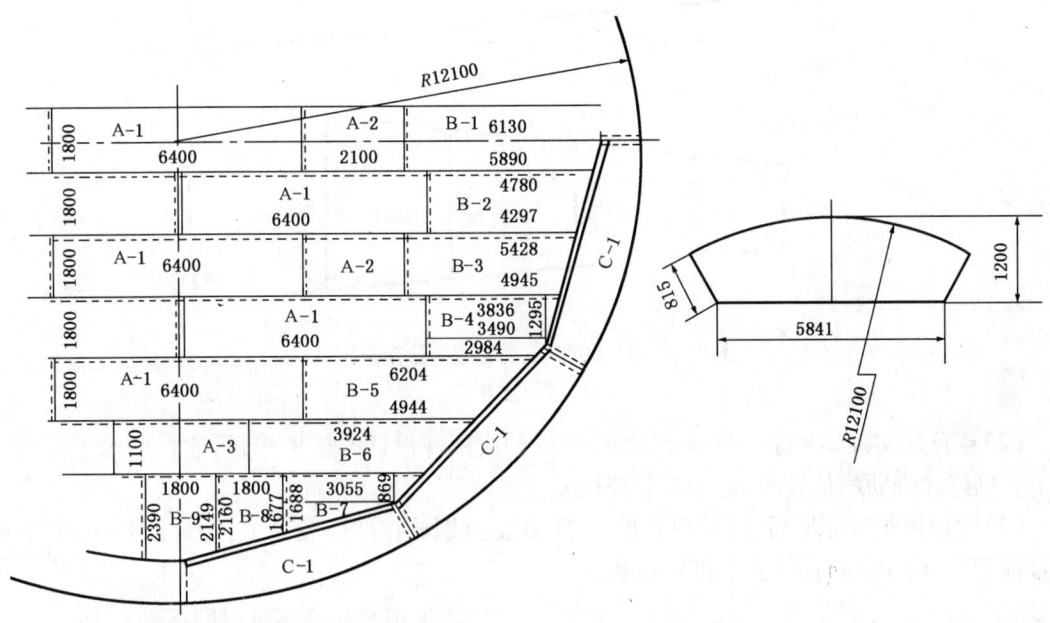

图2-6-2 6000m³ 浮顶罐罐底排板图

A-1:6400×1800×8,13块; A-2:2100×1800×8,6块; A-3:3200×1100×8,2块;
B-1:δ=8,2块; B-2:δ=8,4块; B-3:δ=8,4块; B-4:δ=8,4块;
B-5:δ=8,4块; B-6:δ=8,4块; B-7:δ=8,4块; B-8:δ=8,4块; B-9:δ=9,2块;
C-1:6263×1200×10,12块;

6000m³ 罐底直径 φ24200(按标准放大后直径)

$R=12100$,中幅板板厚 $\delta=8$ mm,边缘板板厚 $\delta=10$ mm,中幅板之间搭口量:40mm,边缘板之间搭口量:60mm

(2)罐底边缘板接缝处。根据板幅下料后,还应避开中幅板焊缝200mm以上,打好包装做好标记。

2)底板预制前绘制排板图标准

(1)罐底的排板直径,宜按设计直径放大0.1%~0.2%。

(2)边缘板沿罐底半径方向的最小尺寸,不得小于700mm。

(3)中幅板的宽度不得小于1000mm;长度不得小于2000mm。

(4)底板任意相邻焊缝之间距离,不得小于200mm。

3.顶板预制

1)顶板预制过程

(1)顶板根据图样给出的结构尺寸,应进行实际放样,实形是中部圆滑起拱的扇形板,经压制达到设计的曲率后,其投影是一直线。下料的关键是找出中部起凸点的位置,然后,大端、中点、小端三点圆滑连线,按图样要求应增加40mm宽度的搭口量,罐顶A型、B型相邻焊缝的错口应为200mm以上,如图2-6-3所示,6000m³罐顶为例。并把每片罐顶的搭口量用油漆标记好(注:实际搭口量应凭经验和拱顶的球半径适当加大搭口量)。

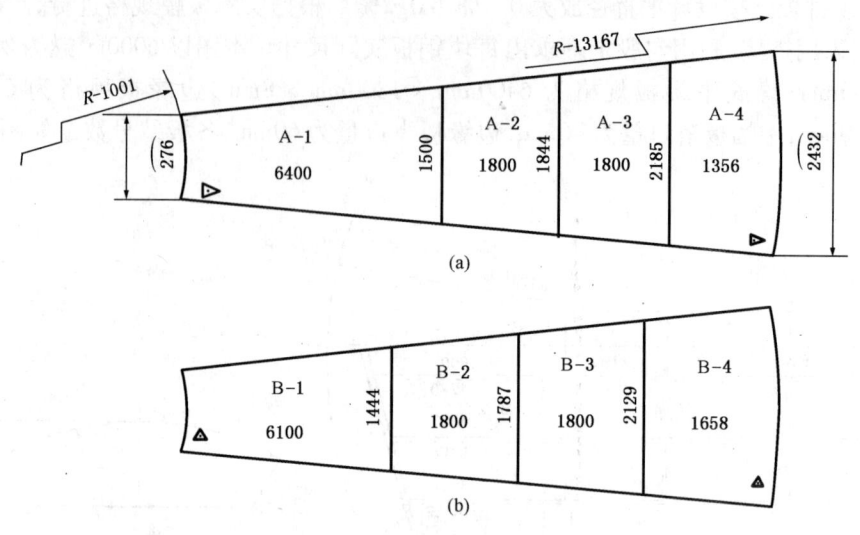

图2-6-3 6000m³浮顶罐罐顶排板图
(a)A型;(b)B型

(2)罐顶按实际样板绘制排板图,然后经压制成图样设计的球形半径,放在球形半径的胎具上。画好加强肋的位置线,进行组对焊接。

(3)罐顶板组装完毕后,按其型号把A型、B型分别放在两个胎具上,做好图号、等分数和型号标记后,用40mm宽的铁条打好包装。

2)顶板预制前绘制排板图标准

(1)顶板任意相邻焊缝的间距,不得小于200mm。

(2)每块顶板本身的拼接,可采用对接或搭接。

(3)浮顶的顶板及加强肋,应进行成形加工;加强肋用弧形样板检查,其间隙不得大于2mm;加强肋与顶板组焊时,应采取防变形措施。

(4)加强肋的拼接采用对接接头时,应加垫板,且必须完全焊透,采用搭接接头号时,其搭接长度不得小于加强肋宽度的2倍。

4. 6000m³罐盘梯计算实例

本章图解计算法,适用于所有螺旋线盘梯的计算与制作,如图2-6-4所示。

符号说明:

(1)罐底平面半径R;

(2)罐底平面弧长$l(l=CD)$;

(3)罐体总高$h(h=AC)$;

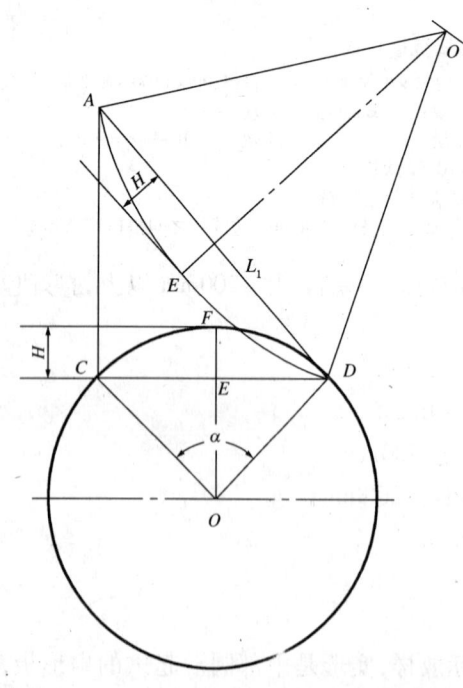

图2-6-4 6000m³浮顶罐螺旋盘梯示意图

(4)罐底平面夹角 α；

(5)罐底平面弦长 L；

(6)罐底平面弧距,立面弧弦距 H；

(7)罐高立面弦长 $L_1(L_1 = AD)$；

(8)罐体展开半径 R'；

(9)罐体展开内侧板弧长 l_1；

(10)罐体展开外侧板弧长 l_2；

(11)盘梯内侧展开半径 $R_内$；

(12)盘梯外侧展开半径 $R_外$。

已知：$R = 12164\,\mathrm{mm}, l_1 = 14010\,\mathrm{mm}, h = 14010\,\mathrm{mm}, L_内 = 19810\,\mathrm{mm}, L_外 = 20328\,\mathrm{mm}$

解：

① $$\alpha = \frac{l \cdot 180}{\pi \cdot R} = \frac{14010 \times 180}{\pi \cdot 12164} = 65.992° \qquad (2-6-1)$$

② $$L = 2 \cdot \sin^{-1}\frac{\alpha}{2} \cdot R = 2 \cdot \sin^{-1}\frac{65.992}{2} \times 12164 = 13249 \qquad (2-6-2)$$

③ $$H = R - \left[R^2 - \left(\frac{L}{2}\right)^2\right] = 12164 - \left[12164^2 - \left(\frac{13249}{2}\right)^2\right] = 1962 \qquad (2-6-3)$$

④ $$L_1 = \sqrt{L^2 + h^2} = \sqrt{13249^2 + 14010^2} = 19282 \qquad (2-6-4)$$

⑤ $$R' = \frac{L_1^2 + 4 \times H^2}{8 \times H} = \frac{19282^2 + 4 \times 1962^2}{8 \times 1962} = 24670 \qquad (2-6-5)$$

注：R' 为罐体展开半径。

$R_内 = R' + 150 = 24670 + 150 = 24820$

注：150 为内侧板距罐壁板距离。

$R_外 = R_内 + 650 = 24820 + 650 = 25470$

注：650 为盘梯宽度。

⑥ 盘梯组对注意事项：

a. 内外侧板画线完毕后,先在内侧板上点焊所有踏步。

b. 画出盘梯内外侧板展开半径 $R_内$、$R_外$。

c. 将内、外侧板与 $R_内$、$R_外$ 弧线相吻合后进行侧板与踏步的焊接。

(二)浮顶罐组装

1. 罐底及罐壁组装

1)底板组装标准

(1)底板铺设前,其下表面应涂刷防腐涂料,每块底板边缘 50mm 范围内不刷。

(2)罐底采用带垫板的对接接头时,对接焊缝应完全焊透,表面应平整。垫板应与对接的两块底板贴紧,其间隙不得大于 1mm。

(3)中幅板采用搭接接头时,其搭接宽度允许偏差为 ±5mm。

(4)中幅板与弓形边缘板之间采用搭接接头时,中幅板应搭在弓形边缘板的上面,搭接宽度可适当放大。

(5)搭接接头三层钢板重叠部分,应将上层底板切角。切角长度应为搭接长度的2倍,其宽度应为搭接长度2/3,在上层底板铺设前,应先焊接上层底板覆盖部分的角焊缝。

2)壁板组装标准

(1)壁板组装前,应对预制的壁板进行复验,合格后方可组装。

(2)相邻两壁板上口水平的允许偏差,不应大于2mm,在整个圆周上任意两点水平的允许偏差,不应大于6mm。

(3)壁板的铅垂允许偏差,不应大于3mm。

(4)其他各圈壁板的铅垂允许偏差,不应大于底圈壁板高度的0.3%。

2. 浮顶罐组装

1)浮顶罐组装方法和原理

(1)浮顶罐充水正装法原理。

浮顶罐的结构设计、使用以及充水安装方法是根据浮体浮力的原理进行的。

(2)浮顶罐充水正装法工艺。

对于容量较大的浮顶罐多数采用充水正装,其工艺过程如下:罐底板铺好焊完后,经试漏合格,即可在底板上搭设临时浮顶制作的支架胎具,在胎具上拼装浮顶的双盘或单盘,浮船经组装焊接后,接着安装和焊接第一、第二带底层壁板。完成后,就可向罐内充水,使浮船上升,利用浮顶上平面做内脚架,在罐壁外圆周安装临时随浮顶升降的环形悬挂式浮动平台,作为外脚手架,依次安装每一带壁板后,向罐内充水并控制浮船浮升到操作位置。直至组装焊接全部壁板,并安装顶盖。

吊板工具可利用浮船的上平面的内圆周铺设轨道,在轨道上安装可行走的定重小车或用吊车沿罐壁周围进行吊板安装。

浮顶罐充水正装法工艺的优点是:操作方便,安全可靠,能够确保施工质量;不需要大型吊装设备,设备投资少;节约施工用料等。

2)浮顶罐充水倒装法的设施

浮顶罐充水倒装法的设施主要有浮船、顶升柱、胀圈、围装水堰、充水装置。

(1)浮顶罐充水倒装法原理。

浮顶罐的壁板安装方法有倒装法和正装法。常用的方法是倒装法,而倒装法又有多种,充水倒装法是其中一种,其原理是利用浮船作为顶升壁板的台座,当罐内充水时,浮船的浮力大于其自重力和被顶升罐体重量及摩擦力,此时顶起罐体,依次自上而下地组装,焊接壁板,完成倒装任务。

(2)浮顶罐的电动顶升倒装法工艺程序。

浮顶罐的电动顶升倒装法工艺程序是,先把罐底板铺完焊好,在罐底上组焊浮顶单盘,然后自上而下安装壁板。安装第一带壁板时,可同时进行顶升机基础的处理,并安装顶升机。组装罐内胀圈,并焊好顶升肋板,开始顶升。安装并焊接完毕,拆下顶升机,组装浮顶的双盘部分。

这种方法的优点是:机械化程度高,措施简单,生产率高,无高空作业,施工安全等。

(3)浮顶罐的电动葫芦多点倒装的机具和工艺程序。

电动葫芦多点倒装法的机具主要是电动葫芦。可由手拉葫芦改装,即把手链轮、手链条用减速机构代替,配合电动机使用。

当上面第一带壁板及拱顶安装完后,在罐内均布多点起吊立柱,组装胀圈及中心平衡柱。

通过配电柜控制电动葫芦同步上升,缓慢提起壁板,完成安装。这种工艺方法适用于小型浮顶罐的施工,使用的机具简单,施工方便。

(三)气柜制作安装

1. 低压湿式螺旋气柜钢水槽充水正装法的特点

低压湿式螺旋气柜钢水槽的组装方法有正装法和倒装法。在气候允许的条件下,充水正装法较为广泛采用,其特点如下:

(1)缩短水槽施工工期。把水槽基础预压与水槽安装合并在一起,施工周期可缩短1/3左右。

(2)有利于保证水槽安装质量。由于缸体受力的均匀作用,以及浮排实际上起到胀圈的作用,能有效地控制缸体几何尺寸。同时,水槽壁外形受基础沉降的影响,可降低到最小限度。

(3)能缓和供水的紧张状态。基础预压与实际使用情况较接近。

(4)节约大量脚手架材料,同时也节约架设、翻倒脚手架的时间和劳动力。

(5)充分利用气柜本体结构特点,(水槽平台)及配套工程的材料(输气钢管)等有利条件,以充分发挥专业施工队的设备效能,最大限度地降低材料消耗,降低成本。

(6)改善劳动条件,方便施工,且作业安全可靠。

(7)现场有利做到文明施工。

2. 低压湿式螺旋气柜钢水槽充水正装法工艺

气柜水槽壁板的安装,借助于钢管(输气钢管)浮排进行,沿水槽壁内设置浮排,其上铺设跳板作为内操作平台,缸外采用水槽平台,作为外脚手平台,两者以悬臂吊架及斜拉杆连为一体。当水槽充水时,浮排浮升到安装位置,自下而上进行各带壁板的安装和焊接。

3. 低压湿式螺旋气柜钢水槽正装法的顺序

无论是充水正装,还是吊车吊装或其他正装,其顺序基本如下:

水槽壁板一般都采用对接焊。

为了避免由于焊接收缩而使半径减小,每一带板最后合缝的两块板,在下料时要预留余量(约200mm)。可以从直径的两端开始(0°及180°两点),同时向四个方向顺序进行安装。

焊接时应先焊竖向缝,再焊环向缝。

焊立缝时,壁板在圆周向内自由收缩,最下一带板与底板的环缝在上面一带壁板吊装就位焊完立缝后再施焊,安装第三带壁板且焊完立缝后,再焊第一带与第二带壁板的环缝,依此类推,进行安装焊接。焊接时,焊工沿圆周均布、对称施焊,为减少焊接变形,焊环缝时应先焊一遍内侧,再焊外侧封底,然后内侧再焊一道恢复平直。

4. 低压湿式螺旋气柜钢水槽倒装法的特点

(1)无高空作用,全部焊接在地面进行。

(2)检查焊缝方便,几何尺寸容易控制。

(3)不需要为安装及焊接用大量脚手架。

(4)有起固定作用的立柱支架,使壁板下部稳固,并可保持壁板的圆弧度。

(5)在地面操作安全,工效有显著提高。

5. 低压湿式螺旋气柜钢水槽倒装法的顺序

低压湿式螺旋气柜钢水槽倒装方法很多,其中有多点手拉葫芦倒装法,操作顺序如下:

首先按底板上划的圆周线安装和焊接最上一带板和平台,待全周焊接完毕进行测量和纠正,所有立缝进行涂煤油试漏,合格后,利用均布的吊点吊起壁板,安装上边的第二带板,焊完立缝,纠正圆弧度并做煤油试验,合格后,与上一带板环缝焊接,依次进行直至安装完毕。

6. 低压湿式螺旋气柜的水槽底板组对安装

水槽底板安装顺序如下:

(1)基础的验收,环形梁基础外径不得大于设计尺寸 50mm 或小于 30mm;环形梁基础上表面要求平整,在水平上误差 ±5mm,基础坡度符合设计图样。

(2)大块板的吊装、焊接:大块底板一般为对接形式,每块 $(4 \sim 6)m \times (4 \sim 6)m$,在基础验收合格后,先吊装中心定位板,再依次吊装定位板四周的底板,边吊装边施焊。中幅板焊完后,切去四周余量,最后吊装边幅板。

大块底板间在现场采用对接焊,焊缝下衬上 $40mm \times 3mm$ 的垫条。边幅板之间同上,幅板与中幅板间搭接焊。焊接底板前用卡子和夹具压制定位,以便于焊接变形时向一端自由伸缩,目前,也可采用中幅板全部搭接的形式。

(3)底板的验收标准:现场拼装焊缝,全部进行抽真空试验,一般真空度为 200mmHg,无气泡为合格。

(4)底板划线:在合格的底板上,划出中心线、圆周线及圆周等分线等。

中心线:是通过底板圆心的两条相互垂直线,作为校准水槽壁板,各塔节圆心的标准。

圆周线:是安装水槽壁板最下一带板的标准。画该线时,要考虑基础中心的起拱高度及水槽壁板焊接时的收缩量(一般增加 10mm)。

圆周等分线:按水槽壁板壁柱的数目及位置,在圆周上定出等分点,以便按这些点安装水槽壁柱。

7. 水槽壁板组装

(1)水槽壁板安装前需开好坡口,校正圆度,吊装时需有临时加强的撑架以防止变形。

(2)壁板吊装后应使每一带壁板上端略向外倾斜,倾斜度为 1%,焊接应先焊每一带的竖向焊缝,然后再焊两带板之间的环缝,以使壁板能沿环向自由收缩。下带板与底板之间的环缝焊接要待第二圈带板吊装结束后进行,依此类推,最上一圈带板与其下圈带板之间环缝的焊接或环缝焊接时应采用对称、分段、倒退法施焊。

(3)组装后的水槽壁每带壁板垂直度偏差不应超过 2mm,水槽壁总高垂直度偏差不应超过总高 1‰。

(4)水槽最上带板和最下带板的直径允许偏差为 ±10mm。

(5)沿水平方向的垂直方向测量壁板内侧表面的局部凹凸度,用 1.5m 弧形样板检查均不应大于 13mm,局部形状偏差应沿所测长度逐渐变化,不允许有突然的凹凸。

8. 充水试验

水槽焊接结束并经检查合格后,应进行充水试验,以检验底板的严密性和壁板的强度与严密性。

(1)在整个试水过程中,水温不应低于 5℃。

(2)充水最大高度为水槽溢流堰高。

(3)充水试验过程中,若发现底板漏水应立即放水修补。

(4)充水到最后液位应保持 48h,槽壁无渗漏和异常变形,则认为槽壁的强度及严密性试验合格。

(5)放水管管上必须远离基础,不得使基础浸水。

9. 螺旋气柜的导轨、塔壁连接

（1）导轨采用标准轻轨（P型）弯成螺旋形，敷设在塔节的壁板上与水平成45°倾角，上、下相邻塔节上的导轨螺旋方向相反。

（2）一个塔节的导轨数量最好取值等于4的倍数。两相邻导轨沿塔体周长的间距，最大应不超过8m，且不宜超过一个塔节的高度。根据导轨的受力大小，最上一个塔节上的导轨数量最少依次向下递增。

（3）导轨应与导轨垫板一起加工煨制成螺旋线。小型气柜的导轨可选用15kg/m或18kg/m的标准轻轨。标准轻轨的规格应符合冶金部标准（YB222）。

（4）导轨与垫板的焊接采用两面交错间断焊，防止产生过大的变形。导轨允许拼接，接头采用全焊透结构，焊接要预热。焊后要保温。导轨与塔体组装时，导轨与上、下带板的连接可焊接，也可采用螺栓连接。导轨与立柱交叉处，导轨垫板与立柱也采用螺栓连接。螺栓拧紧后，螺栓头四周进行密封焊。导轨垫板与塔体壁板的连接采用双面搭接，搭接长度应不小于板厚的5倍，且不小于35mm。

10. 螺旋导轨胎具架制作

螺旋导轨呈螺旋形状，螺线导角为45°，由于形状复杂，加工困难，一般应借助预先制成的导轨胎具架进行加工，为便于安装，导轨应与垫板在胎具架上连成一体，组成导轨组装部件。

胎具的尺寸，弧形曲线及胎具面板上导轨中心线（"S"形曲线）与安装螺孔位置，需经验收合格后才能加工导轨。

胎具放样时，必须注意相邻两塔节的螺旋方向相反，允许以第一、三两塔节的平均直径作一胎具两节共用，第二、四两塔节的平均直径作另一胎具两节共用。

胎具经检查验收后，其形状与位置公差应符合胎具模板水平线允许误差不大于1mm；胎具中心线（S形）允许误差为±2mm；胎具面板线型要求光顺正确。

11. 螺旋导轨气柜的安装

（1）螺旋导轨安装前，需复查上、下挂圈处半径偏差，并根据设计位置在挂圈上准确地标出导轨的找正点。

（2）根据塔体的实际周长并以其线为准，准确定出各导轨位置，然后焊好定位角钢。各导轨螺旋线在塔体圆周线上的间距允许偏差为±3mm。

（3）导轨就位后，应校正其位置，相邻两导轨间的平行度偏差不得超过6mm；径向偏差不得超过±5mm，每根导轨测点不少于3点，合格后方可焊接。

12. 螺旋气柜导轨的焊接

导轨焊接包括导轨接头焊接和导轨与垫板的焊接。

接头部分用手工电弧焊对接。焊接前对轨顶用碳弧气刨坡口，对导轨腹部及底脚用V形坡口。完成坡口后，将导轨垫板用螺栓固定在胎具面板上，用卡具压紧导轨。为防焊接变形，接头处卡具放近一些。导轨定位后，在接头两侧150mm内预热至300℃，并用石棉粉覆盖使之缓冷。用中碳钢碱性低氢焊条，第一遍打底焊用φ3.2mm焊条，对轨顶部分施焊，接头部分焊后表面加工磨光。

（1）导轨与垫板的焊接。先焊接头较短一侧，后焊接头较长一侧，并全部采用搭接焊，焊前金属表面除锈，在导轨对接缝处用连续焊，每侧各焊135mm。施焊速度要慢，焊脚要饱满。垫板两端各留出50mm暂不施焊。

（2）导轨与垫板的钻孔。导轨两端与水封上、下圈板连接用的安装螺栓孔的钻孔，在导轨和垫板焊完经校正合格后进行。用样板卡定位(垫板螺孔在垫板与导轨焊前已钻好),通过导轨、垫板螺孔定出尺寸。

导轨验收合格后,在存放及运输中间为防线形变形,必须将导轨件每 5~6 根为一组,按同一塔节参差进行捆扎,导轨要平列排放在槽钢垫上,槽钢每 2m 左右放一根,在槽钢上面放一根角钢,然后用 M16 螺栓串联角钢与槽钢,将导轨夹紧,再进行吊装和存放。

四、技术要求

(一)焊接工艺

油罐放焊前,施工单位应按国家现行的《压力容器焊接工艺评定》标准和本规定进行焊接工艺评定。焊接工艺的评定,除应符合现行《压力容器焊接工艺评定》标准的规定外,还应符合下列要求。

(1)焊接工艺的评定,应采用对接焊缝试件及 T 形角焊缝试件。对接焊缝的试件应包括底圈壁板的立焊及横焊位置,T 形接头角焊缝的试件,应由底圈壁板与罐底边缘板组成的角焊缝试件切取。T 形接头角焊缝试件的制备和检验,应符合《压力容器焊接工艺评定》标准。

(2)对接焊缝的试件,应做拉伸和横向弯曲试验,按设计对母材冲击韧性试验。

(3)罐底施焊顺序。罐底的焊接,应采用收缩变形最小的焊接工艺及焊接顺序。罐底的焊接,宜按下列顺序进行:

① 中幅板焊接时,应先焊短焊缝,后焊长焊缝,初层焊道应采用分段退焊或跳焊法。

② 首先施焊边缘板靠外缘 300mm 部位的焊缝,在罐底与罐壁连接的角焊缝焊完后,且边缘板与中幅板之间的收缩缝施焊前,应完成剩余的边缘板对接焊缝的焊接。

③ 弓形边缘板对接焊缝的初层焊,宜采用焊工均匀分布,对称施焊方法。

④ 罐底与罐壁连接的角焊缝焊接,应在底圈壁板纵焊缝焊完后施焊,并由数对焊工从罐内、外沿同一方向进行分段焊接。初层的焊道,应采用分段退焊或跳焊法。

⑤ 罐壁的焊接,应先焊纵向焊缝,后焊环向焊缝。当焊完相邻两圈壁板的纵向焊缝后,再焊其间的环向焊缝;焊工应均匀分布,并沿同一方向施焊。

⑥ 纵焊缝采用气电立焊时,自下向上焊接。对接环焊缝采用埋弧自动焊时,焊机应均匀分布,并沿同一方向施焊。

⑦ 罐壁环向的搭接焊缝,应先焊罐壁内侧焊缝,后焊罐壁外侧焊缝。焊工应均匀分布,并应沿同一方向施焊。

⑧ 固定顶板的焊接宜按下列顺序进行:

a. 先焊内侧焊缝,后焊外侧焊缝。径向的长焊缝,宜采用隔缝对称施焊方法,并由中心向外分段退焊。

b. 顶板与包边角钢焊接时,焊工应对称均匀分布,并应沿同一方向分段退焊。

⑨ 浮顶的焊接,宜按下列顺序进行:

a. 船舱内外的边缘板,应先焊立缝,后焊角焊缝。

b. 浮顶的焊接,应采用收缩变形最小的焊接工艺和焊接顺序。浮顶的焊接顺序与罐底中幅板的焊接顺序相同。

c. 船舱与单盘板连接的焊缝,应在船舱与单盘板分别焊接后施焊。焊工应对称均匀分布,并沿同一方向分段退焊。

(二)罐体几何形状和尺寸检查

(1)罐壁组装焊接后,几何形状和尺寸应符合下列规定:

① 罐壁高度的允许偏差不应大于设计高度的 0.5%。
② 罐壁铅垂的允许偏差,不应大于罐壁高度的 0.4% 且不得大于 50mm。
③ 罐壁的局部凹凸变形,用 1m 长的弧形样板检查。
(2)罐壁上的工卡具焊迹,应清除干净,焊疤应打磨平滑。
(3)罐底焊接后,其局部凹凸变形深度不应大于变形长度的 2% 且不应大于 50mm。
(4)浮顶的局部凹凸变形,应符合下列规定:
① 船舱顶板的局部凹凸变形,应用直线样板测量不得大于 10mm。
② 单盘的局部凹凸变形,不应影响外观及浮顶排水。
③ 固定顶的局部凹凸变形,应采用样板检查,间隙不得大于 15mm。

(三)充水试验

(1)油罐建造完毕后,应进行充水试验,并应检查下列内容:
① 罐底强度及严密性。
② 固定顶的强度、稳定性及严密性。
③ 浮顶及内浮顶的升降试验及严密性。
④ 中央排水管的严密性。
(2)充水试验,应符合下列规定:
① 充水试验前,所有附件及其他与罐体焊接的构件应全部完工。
② 充水试验前,所有与严密性试验有关的焊缝均不得涂刷油漆。
③ 充水试验中应加强基础沉降观测。在充水试验中,如基础发生不允许的沉降,应停止充水,待处理后,方可继续进行试验。
④ 罐壁的强度及严密性试验,应以充水到设计最高液位并保持 48h 后,罐壁无渗漏,无异常变形为合格。发现渗漏时应放水,使液面比渗漏处低 300mm 左右,进行焊接修补。
⑤ 固定顶的强度及严密性试验,罐内水位应在最高设计液位下 1m 进行缓慢充水升压,当升至试验压力时,应以罐顶无异常变形,焊缝无渗漏为合格。试验后,应立即使油罐内部与大气相通,恢复到常压。
⑥ 固定顶的稳定性试验应充水到设计最高液位,用放水方法进行。试验时应缓慢降压,达到试验负压时,罐顶无异常变形为合格。试验后应立即使油罐内部与大气相通,恢复到常压。
⑦ 浮顶的升降试验,应以升降平稳,导向机构及密封装置无卡涩现象,浮梯转动灵活,浮顶与液面接触部分无渗漏为合格。

(四)焊缝无损探伤及严密性试验

从事油罐焊缝无损探伤的人员,必须具有国家有关部门颁发的并与其工作相适应的资格证书。
(1)罐底的焊缝,应进行下列检查:
① 所有焊缝应采用真空箱法进行严密性试验,试验负压值不得低于 53kPa,无渗漏为合格。
② 屈服点大于 390MPa 的边缘板的对接焊缝,在根部焊道焊接完毕后,应进行渗透探伤,在最后一层焊接完毕后,应进行渗透探伤或磁粉探伤。
③ 厚度大于或等于 10mm 的罐底边缘板,每条对接焊缝的外端 300mm 范围内,应进行射线探伤;厚度为 6~9mm 的罐底边缘板,每个焊工施焊的焊缝,应按上述方法至少抽查一条。

④ 底板三层钢板重叠部分的搭接接头焊缝和对接罐底板的丁字焊缝的根部焊道焊完后,在沿三个方向各 200mm 范围内误差进行渗透探伤,全部焊完后,应进行渗透探伤或磁粉探伤。

(2)罐壁的焊缝,应进行下列检查:

① 纵向焊缝,每一焊工焊接的每种板厚,在最初焊接的 3m 焊缝的任意部位取 300mm 进行射线探伤,以后不考虑焊工人数,对每种板厚在每 30m 焊缝及其尾数内任意部位取 300mm 进行射线探伤。探伤的部位中的 25% 应位于丁字焊缝处。

② 环向对接焊缝,每种板厚,在最初焊接 3m 焊缝的任意部位取 300mm 进行射线探伤,以后对于每种板厚在每 60m 焊缝及其尾数内的任意部位取 300mm 进行射线探伤。

③ 底圈壁板当厚度小于或等于 10mm 时,应从每条纵向焊缝中任取长 300mm 进行射线探伤,当厚度大于 10mm,小于或等于 25mm 时,应从每条纵向焊缝中取 2 个 300mm 长进行射线探伤检查,其中一个靠近底板。

④ 厚度大于 25mm,小于或等于 38mm 的各圈壁板,每条纵向焊缝应全部进行射线探伤;厚度大于 10mm 的壁板,全部丁字焊缝均应进行射线探伤检查。

⑤ 除丁字焊缝处,可用超声波探伤代替射线探伤,但其中 20% 的部位应采用射线探伤进行复验。

⑥ 射线探伤或超声波探伤不合格时,应在该探伤长度的两端延伸 300mm 作补充探伤,但缺陷的部位距离底片端部或超声波检查端部 75mm 以上者可不再延伸。如果延伸部位的探伤结果仍不合格时,应继续延伸进行检查。

(3)底圈罐壁与罐底的 T 形接头的罐内角焊缝应进行下列检查:

① 当罐底边缘板的厚度大于或等于 8mm,且底圈壁板的厚度大于或等于 16mm,或屈服点大于 390MPa 的任意厚度的钢板,在罐内及罐外角焊缝焊完后,应对罐内角焊缝进行渗透探伤或磁粉探伤。在油罐充水试验后,应采用同样方法进行复验。

② 屈服点大于 390MPa 的钢板,罐内角焊缝初层焊完后,还应进行渗透探伤。

③ 浮顶底板的焊缝,应采用真空箱法进行严密性试验,试验负压值不得低于 53kPa;船舱内外边缘板及隔舱板的焊缝,应用煤油试漏法进行严密性试验;船舱板的焊缝,应逐船舱鼓入压力为 785Pa(80mm 水柱)的压缩空气进行严密性试验,均以无泄漏为合格。

④ 在屈服点压强为 390MPa 的钢板上或于厚度大于 25mm 的普通碳素钢及低合金钢钢板上的接管角焊缝、各补强板角焊缝,应在焊完后或消除应力热处理后及充分试验后进行渗透探伤或磁粉探伤。

⑤ 开孔的补强板焊完后,由信号孔通入 100~200kPa 压缩空气,检查焊缝严密性,无渗漏为合格。

(五)工程质量检查和验收

1. 工程质量检查

(1)焊缝的外观检查,不得有裂纹、气孔、夹渣和弧坑等缺陷;环缝、纵缝如有咬边,均应打磨圆滑。

(2)罐体几何形状和尺寸检查应符合设计要求。

(3)罐体的充水试验检查应符合工艺要求。

2. 工程验收

油罐竣工后,建设单位应按设计文件,对工程质量进行全面检查和验收。施工单位提交的竣工资料,应包括下列内容:

(1)油罐交工验收证明书(含验收表格)。
(2)竣工图或施工图,附设计修改文件及排板图。
(3)材料和附件出厂质量合格证书或检验报告。
(4)油罐基础检查记录。
(5)油罐罐体几何尺寸检查记录。
(6)焊缝射线探伤报告。
(7)焊缝超声波探伤报告。
(8)焊缝渗透探伤报告。
(9)焊缝返修记录。
(10)强度及严密性试验报告。

五、相关知识
见基础知识部分。

第三部分 高级工理论知识试题

鉴定要素细目表

行业：石油天然气　　工种：石油金属结构制作工　　等级：高级工　　鉴定方式：理论知识

行为领域	代码	鉴定范围（重要程度比例）	鉴定比重	代码	鉴定点	重要程度
基础知识 A 20%	A	复杂结构件的展开与放样（04:03:01）	10%	001	截交线的性质	Y
				002	截面实形和截交线的求法	X
				003	平面与曲面立体相交情况	X
				004	相贯线与相贯体的概念	X
				005	锥、柱形体的相交构件	X
				006	螺旋线的概念和性质	Y
				007	螺旋面与螺旋体的概念和性质	Y
				008	不可展曲面的近似展开	Z
	B	设计计算的基本知识（05:02:01）	10%	001	柱的一般设计知识	X
				002	梁的一般设计知识	X
				003	容器设计的概述	Z
				004	筒体设计及计算	X
				005	标准椭圆封头的设计计算	X
				006	压力容器强度校核计算	Y
				007	螺栓法兰接头设计	X
				008	焊接结构的焊缝强度计算方法	Y
专业知识 B 70%	A	胎具设计（06:04:02）	15%	001	胎具和模具的概念及区别	Y
				002	压制胎模的设计要求	X
				003	封头冲压胎模典型结构特点	Y
				004	上模设计要求	X
				005	下胎的设计要求	X
				006	胎模拉环座和压边圈设计要求	X
				007	胎模材料的选择	X
				008	瓦片压胎的设计要求	Z
				009	瓜瓣封头压胎的设计要点	Y
				010	一般胎具的设计原则	Z
				011	一般胎具的设计要求	Y
				012	一般胎具的设计要求步骤	X

续表

行为领域	代码	鉴定范围（重要程度比例）	鉴定比重	代码	鉴定点	重要程度
专业知识 B 70%	B	大型设备(构件)吊装设计 (04:02:01)	9%	001	吊装方案的制定	X
				002	吊点的确定	X
				003	起重机具的选择原则	Y
				004	起重机具的选择要点	Y
				005	活地锚的作用和特点	X
				006	滑轮组与塔体连接原则	X
				007	施工场地的平面布置要求	Z
	C	不锈钢复合钢板与有色金属设备制造 (05:03:01)	10%	001	不锈钢复合材料的特点	Y
				002	不锈钢复合材料容器的制造工艺	X
				003	铝及铝合金材料的特点	X
				004	铜及铜合金材料的特点	X
				005	钛及钛合金材料的特点	Y
				006	铝及铝合金容器组装工艺	X
				007	铝及铝合金容器焊接特点	X
				008	铜及铜合金容器焊接特点	X
				009	钛及钛合金容器制造工艺	Z
	D	球罐 (05:03:02)	10%	001	球瓣的构造和展开放样	X
				002	球瓣下料样板制造	Y
				003	球瓣的下料和成形	X
				004	球瓣的检查	Y
				005	支柱制造工艺	X
				006	基础检查与验收	X
				007	平台组装工艺和工装	Y
				008	球罐的总装	X
				009	球罐的焊前准备	Z
				010	球罐的焊接工艺	Z
	E	浮顶罐 (07:05:02)	19%	001	钢制油罐的基本要求	Z
				002	浮顶油罐罐底的铺设	Y
				003	罐底铺设要点	X
				004	罐底的焊接	Z
				005	罐底质量检查	Y
				006	罐壁板预制	X
				007	浮顶罐加强圈预制	X
				008	抗风圈的预制和安装	Y
				009	浮顶罐壁包边角钢的预制和安装	Y
				010	浮顶罐壁板组装和焊接步骤	X

续表

行为领域	代码	鉴定范围（重要程度比例）	鉴定比重	代码	鉴定点	重要程度
专业知识 B 70%	E	浮顶罐 (07:05:02)	19%	011	罐壁组装注意的事项	X
				012	浮顶罐组装中的单盘组装	X
				013	浮船的组装	X
				014	浮顶罐的主要附件安装	Y
	F	高强钢 (03:02:00)	7%	001	高强钢的概念及性质	Y
				002	高强钢应力的形成原因	X
				003	高强钢的焊接性评定	Y
				004	高强钢进行热处理的目的	X
				005	热处理消除高强钢应力的方法	X
相关知识 C 10%	A	金属结构、压力容器的缺陷检查、补强与修理 (05:04:01)	10%	001	杆件补强	Z
				002	缺陷检验与修理	X
				003	在用压力容器检验和缺陷处理	Y
				004	材质的检查与处理	X
				005	结构的检查与处理	X
				006	腐蚀的检查与处理	Y
				007	表面缺陷的检验与修理	X
				008	内部缺陷检查与处理、强度校核	Y
				009	压力容器的检验	X
				010	压力容器的评定	Y

注：X—核心要素；Y——般要素；Z—辅助要素。

理论知识试题

一、选择题(每题4个选项、只有1个是正确的,将正确的选项号填入括号内)

1. AA001 由于形体在空间有一定的范围,所以截交线一定是由( )围成的封闭平面图形。
   (A) 直线或曲线　(B) 平面　(C) 立体　(D) 平面或立体

2. AA001 一般情况下,曲面体的截交线是( )。
   (A) 直线　(B) 折线　(C) 曲线　(D) 点

3. AA001 研究平面与立体表面相交的主要目的是求( )。
   (A) 实长　(B) 投影　(C) 截面　(D) 截交线

4. AA001 平面与立体表面相交,可以看作是立体表面被( )切割。
   (A) 直线　(B) 曲线　(C) 折线　(D) 平面

5. AA002 如果截平面为正垂面或侧垂面(需画出左视图)时,用( )法求实形。
   (A) 求实长　(B) 变换投影面　(C) 直角三角形　(D) 旋转

6. AA002 如果截平面为垂直面时,用( )法求截面实形。
   (A) 求实长
   (B) 二次变换投影
   (C) 旋转
   (D) 直角三角形

7. AA003 截平面与圆柱轴线垂直,其截交线为( )。
   (A) 圆　(B) 椭圆　(C) 平行二直线　(D) 相交二直线

8. AA003 截平面与圆柱轴线平行,截交线为( )。
   (A) 圆　(B) 椭圆　(C) 平行二直线　(D) 相交二直线

9. AA003 截平面与圆柱轴线倾斜,截交线为( )。
   (A) 圆　(B) 椭圆　(C) 平行二直线　(D) 相交二直线

10. AA003 截平面与圆锥轴线相交且平行一母线,截交线为( )。
    (A) 双曲线　(B) 抛物线　(C) 平行二直线　(D) 相交二直线

11. AA003 截平面与圆锥轴线平行,截交线为( )。
    (A) 双曲线　(B) 抛物线　(C) 平行二直线　(D) 相交二直线

12. AA004 两相贯体的表面交线称为( )。
    (A) 相贯线　(B) 截交线　(C) 素线　(D) 导线

13. AA004 两相交几何体称为( )。
    (A) 截面　(B) 相贯体　(C) 导面　(D) 断面

14. AA004 适当的选择辅助面来求两相贯体的相贯线,常采用平面和( )作为辅助平面。
    (A) 截面　(B) 曲面　(C) 球面　(D) 投影面

15. AA004 在求相贯体的相贯线时,选择的辅助面以截切两立体表面都能获得最( )画出的交线的原则。
    (A) 精确　(B) 直接　(C) 复杂　(D) 简易

16. AA004 平行面法是以( )作为辅助面,在相贯体交接区域内截切相贯体而求出一系列交点,最后得出相贯线。
(A) 投影面、平行面 (B) 断面
(C) 曲面 (D) 截面

17. AA004 球面法求相贯线适用于( )相贯,且轴线相交的构件。
(A) 任何相贯体 (B) 直线面
(C) 回转体 (D) 投影面、平行面

18. AA005 锥管与圆管相贯,其相贯线为( )。
(A) 封闭的空间曲线 (B) 平面曲线
(C) 直线 (D) 空间曲线

19. AA005 圆柱与圆锥直交轴线垂直于水平投影面,相贯线在圆柱的表面上,并在水平投影面上为( )。
(A) 矩形 (B) 圆 (C) 椭圆 (D) 三角形

20. AA005 由相交形成体组成的构件叫( )构件。
(A) 三通 (B) 螺旋 (C) 相交 (D) 回转体

21. AA006 点顺着圆柱面的母线作( )运动,同时,该母线绕着柱轴匀速转动,点的这种复合运动的轨迹,称为圆柱螺旋线。
(A) 匀速旋转 (B) 匀速直线 (C) 变速旋转 (D) 直线

22. AA006 圆柱螺旋线的展开为一( )。
(A) 螺旋线 (B) 折线 (C) 直线 (D) 封闭曲线

23. AA007 ( )是母线一端沿着圆柱作螺旋线运动并且母线始终保持垂直于轴线而形成的曲面。
(A) 直螺旋面 (B) 斜螺旋面 (C) 螺旋面 (D) 螺旋体

24. AA007 ( )是母线的一端沿着圆柱螺旋线运动,并且母线始终保持与轴线斜交成一定角度而形成的曲面。
(A) 直螺旋面 (B) 斜螺旋面 (C) 螺旋面 (D) 螺旋体

25. AA007 一平面图形绕一圆柱做螺旋运动时,则得到一( )。
(A) 正螺旋面 (B) 斜螺旋面 (C) 螺旋面 (D) 螺旋体

26. AA008 圆锥螺旋输送机叶片采用( )展开法简单方便,尺寸准确无误。
(A) 计算 (B) 三角形 (C) 放射线 (D) 平行线

27. AA008 采用分瓣展开球体时,只要展开( )个分瓣即可。
(A) 1 (B) 2 (C) 3 (D) 4

28. AA008 大直径球体由于受原材料尺寸和压力机工作压力及跨距的限制,常采用( )展开下料的方法制造。
(A) 整体 (B) 计算 (C) 分块 (D) 图解法

29. AA008 球体的展开,一般常采用( )展开。
(A) 素线法 (B) 计算法 (C) 图解法 (D) 分瓣法

30. AB001 假设 L_0 为柱的计算长度,L 为柱的实际长度,μ 为计算系数,那么 $L_0 = ($)。
(A) μL (B) $L/\delta\mu$ (C) μ/L (D) $\mu + L$

31. AB001 柱是一受压件,在受力状态下欲使柱处于平衡状态,则它必须既要满足( )要求,又要保持稳定。
　　(A) 力学　　　(B) 刚度　　　(C) 强度　　　(D) 平衡
32. AB002 梁在工作中主要是承受( )载荷。
　　(A) 偏心　　　(B) 弯矩　　　(C) 动　　　(D) 垂直
33. AB002 梁的设计,首先是进行静力计算,求出( ),从而计算弯矩,再用强度和稳定条件公式进行校核计算即可。
　　(A) 静压力　　(B) 支持力　　(C) 支座反力　　(D) 弯曲力
34. AB002 梁可分为悬臂梁及( )两大类。
　　(A) 简支梁　　(B) 外伸梁　　(C) 刚性梁　　(D) 超静定梁
35. AB003 容器包括压力容器、常压容器及钢制立式储罐等,它们在设计上有着相同之处,设计压力有一个( )。
　　(A) 规定　　　(B) 极限　　　(C) 区段　　　(D) 相同值
36. AB003 容器的设计,在材料使用上都有一个( )范围的限制。
　　(A) 使用　　　(B) 强度　　　(C) 刚性　　　(D) 许用应用
37. AB004 设计压力系指在相应设计温度下用以确定容器壳体( )的压力。
　　(A) 厚度　　　(B) 强度　　　(C) 刚性　　　(D) 承载
38. AB004 容器壁上单位面积上所承受操作介质的作用力称为( )。
　　(A) 许用应力　(B) 压强　　　(C) 内力　　　(D) 应力
39. AB004 容器设计压力其值不得小于( )工作压力。
　　(A) 正常压力　(B) 最小　　　(C) 最大　　　(D) 高温
40. AB004 焊缝系数是焊缝强度与母材强度之比,它小于或等于( )。
　　(A) 2.5　　　(B) 2　　　(C) 1.5　　　(D) 1
41. AB005 工程上所称标准椭圆封头是长短轴比值为( )的椭圆封头。
　　(A) 1.5　　　(B) 2　　　(C) 2.5　　　(D) 3
42. AB005 标准椭圆封头的有效厚度应不小于封头内直径的( )。
　　(A) 0.15%　　(B) 0.2%　　(C) 1.5%　　(D) 2%
43. AB005 标准椭圆封头直边部分的面积计算公式为( )。
　　(A) $A = \pi(D+1)h$　　　　(B) $A = \pi(D+2)h$
　　(C) $A = \pi(D_i+1)h$　　　(D) $A = \pi(D_i+2)h$
44. AB006 压力容器制造完毕后,应对容器壳体在耐压试验状态下进行( )计算。
　　(A) 强度　　　(B) 应力　　　(C) 应力校核　　(D) 强度校核
45. AB006 压力容器制造完毕后,应对其进行( )试验。
　　(A) 强度　　　(B) 耐压　　　(C) 密封　　　(D) 耐压强度
46. AB006 耐压试验采用液压试验时,如果立式设备采用卧置试压时,其试验压力应计算试验介质的静压力,且对壳体的最低点进行( )校核。
　　(A) 应力　　　(B) 强度　　　(C) 压力　　　(D) 许用应力
47. AB007 法兰必须和螺栓、垫片配合使用才能完成工作介质的( )功能。
　　(A) 密封　　　(B) 耐压　　　(C) 输送　　　(D) 载压

48. AB007 螺栓法兰接头是一种（　）管路连接或容器同管路连接的接头。
（A）可拆卸　　（B）不可拆卸　　（C）间隙配合　　（D）过盈配合

49. AB007 螺栓法兰连接接头的工作原理是：两片连接法兰靠螺栓的（　）使其垫片产生变形，从而达到使接头密封连接的目的。
（A）扭矩　　（B）预紧力　　（C）变形　　（D）压力

50. AB008 角焊缝在受力时由于（　）的存在，同时这种焊缝还存在局部应力集中，从而使焊缝工作条件变坏。
（A）偏心矩　　（B）弯矩　　（C）扭矩　　（D）缺陷

51. AB008 正面焊缝在承受抗（或压）力时，它的破坏通常是沿着直角平分线的（　）开始。
（A）尾部　　（B）端部　　（C）最小截面　　（D）最大截面

52. BA001 胎具工作时，工件（　）大，具有较大的灵活性。
（A）自由度　　（B）变形量　　（C）收缩量　　（D）回弹量

53. BA001 由于冲压封头只有上模，因而把冲封头的工装也称为（　）。
（A）胎具　　（B）胎模　　（C）装配模　　（D）单模

54. BA001 模具工作时，必须严格约束工件，且限制其（　）。
（A）尺寸　　（B）形状　　（C）变形量　　（D）自由度

55. BA001 机器制造行业用于成形及方便组焊的工装称为（　）。
（A）装配　　（B）配合　　（C）模具　　（D）胎具

56. BA001 在锻压加工零件时，称自由锻及模锻相结合的锻造方法为（　）。
（A）联合锻　　（B）配合锻　　（C）胎模锻　　（D）自由锻

57. BA002 冷压胎模应考虑工件的（　）。
（A）收缩量　　（B）回弹量　　（C）变形量　　（D）热胀量

58. BA002 热压胎模的上模应有脱膜（　），脱胎方法应简单、方便、可靠。
（A）间隙　　（B）余量　　（C）斜度　　（D）角度

59. BA002 设计胎模时应多采用简单胎模，少采用（　）胎模。
（A）单　　（B）热压　　（C）冷压　　（D）复合

60. BA002 回弹量通常根据（　）估算后，采用试压制后再进行修正胎模。
（A）公式　　（B）经验　　（C）标准　　（D）试压

61. BA003 整体模的模具制造简单，采用硬性卸料，对于板厚小于（　）的大直径封头脱模相当困难。
（A）20mm　　（B）15mm　　（C）10mm　　（D）5mm

62. BA003 滑套式模具是靠滑套（　）而脱模。
（A）脱离封头　　（B）自重　　（C）热收缩　　（D）冷回弹

63. BA003 三瓣式压模的上模靠（　）沿圆锥形芯子下滑而缩小其直径，实现封头自动脱模。
（A）热收缩　　（B）冷回弹　　（C）顶压力　　（D）自重

64. BA004 当压力机吨位不大于400t时，上模壁厚为（　）。
（A）10～20mm　　（B）30～40mm　　（C）40～50mm　　（D）50～60mm

65. BA004 在实际生产中以内径为基准的封头，上模设计应考虑同一直径几种相邻壁厚封头的（　）。
（A）实用性　　（B）差异性　　（C）通用性　　（D）特殊性

66. BA004 上模曲面部分高度计算公式 $H_{sm}=H(1\pm\delta)$ 中的"H"表示（　）。
（A）保险余量　　　　　　　　（B）卸料板厚度
（C）封头产品直边高度　　　　（D）封头曲面部分高度

67. BA005 封头冲压胎模的下胎设计成拉环结构,当无压边装置时,下胎圆角半径取（　）mm。（S 为封头壁厚）
（A）$(3\sim6)S$　（B）$(3\sim4)S$　（C）$(2\sim3)S$　（D）$(1\sim2)S$

68. BA005 如果封头直径是以外径为基准时,则收缩与回弹应考虑在（　）上。
（A）上模　　（B）下胎拉环　　（C）下胎　　（D）封头胎模

69. BA005 封头冲压胎模的下胎设计成拉环结构,当采用压边装置时,下胎圆角半径为（　）mm。（其中 S 为封头壁厚）
（A）$(3\sim6)S$　（B）$(3\sim4)S$　（C）$(2\sim3)S$　（D）$(1\sim2)S$

70. BA005 封头胎模的下胎拉环总高度取值为（　）。
（A）50~100mm　（B）100~150mm　（C）100~200mm　（D）100~250mm

71. BA005 如果封头尺寸是以外径为基准时,胎具间隙取在（　）上。
（A）上模　　（B）下胎　　（C）下胎拉环　　（D）拉环座

72. BA006 封头胎模拉环座外径 D 应（　）坯料直径。
（A）小于　　（B）等于　　（C）大于或等于　　（D）大于

73. BA006 封头胎模拉环座高度 $H=h+$（　）,其中 h 为下胎拉环总高度。
（A）60~100mm　（B）100~150mm　（C）150~200mm　（D）200~400mm

74. BA007 胎模的上模材料采用（　）。
（A）低碳钢　　（B）中碳钢　　（C）合金钢　　（D）铸铁

75. BA007 胎模下胎拉环采用的材料是（　）。
（A）低碳钢　　（B）中碳钢　　（C）铸铁或铸钢　　（D）调质钢

76. BA008 瓦片压胎下胎圆角半径 $R_m=$（　）S mm。
（A）0.5~1　　（B）1~1.5　　（C）1.5~2.5　　（D）2~2.5

77. BA008 瓦片压胎胎腔直边高度 $h_1=$（　）S mm。
（A）0.5~1　　（B）1~2　　（C）2~2.5　　（D）2.5~3

78. BA008 瓦片压胎的上模、下胎、插架采用（　）。
（A）铸铁或铸钢　（B）调质钢　（C）中碳钢　（D）锻件

79. BA009 瓜瓣封头压胎设计时,压胎倾斜度 α 应根据胎具各部分（　）和坯料尽量放平两个原则来确定。
（A）对称　　（B）相等　　（C）合适　　（D）比例关系

80. BA009 瓜瓣封头胎具中心必须与工件压力中心（　）。
（A）错开　　（B）倾斜　　（C）重合　　（D）有间隙

81. BA009 瓜瓣封头压胎的胎具型部分若需切削加工,应考虑胎具的加工（　）。
（A）基面　　（B）平面　　（C）角度　　（D）中心线

82. BA010 胎具设计时,合理选择胎具制造方法,尽量减少（　）,同时应便于维修。
（A）手工操作　　（B）机加工　　（C）热处理　　（D）材料

83. BA010 胎具设计要符合（　）规定的形状和技术要求,以保证工件制造质量。
（A）国标　　（B）资料　　（C）图样　　（D）图纸

84. BA011 为了保证胎具操作方便,最主要的是保证零件( )准确和夹紧有力。
(A) 制造 (B) 定位 (C) 找正 (D) 装配

85. BA011 当工件成形完毕,为了顺利地从胎型中卸下工件,应设置( )和压紧机构时加以考虑。
(A) 工装 (B) 下胎 (C) 上模 (D) 定位器

86. BA011 设计胎具时,应当利用( ),不但能加快设计和制造步伐,而且在使用维修时,便于互换。
(A) 标准件和通用件 (B) 专用件
(C) 非标准件 (D) 非通用件

87. BA012 胎具设计的第一步工作是( )。
(A) 可行性调研 (B) 拟定设计方案
(C) 搜集原始资料 (D) 原始资料分析

88. BA012 ( )是决定胎具制作精度的根据。
(A) 产品图样 (B) 技术要求
(C) 产品生产计划 (D) 原始资料

89. BA012 胎具制作精度主要指胎具的水平、定位基面的( )程度。
(A) 精确 (B) 好坏 (C) 加工难易 (D) 装配难易

90. BB001 制定吊装方案,要根据具体情况和要求,经综合技术经济分析,多个吊装方案( ),确定出最佳方案。
(A) 对比 (B) 反复论证 (C) 试用 (D) 综合

91. BB001 正确选择组焊场地及其运输和( ),合理布置起吊机具是吊装设计并安排吊装顺序的又一主要考虑问题。
(A) 起吊位置 (B) 设备重心 (C) 吊装对象 (D) 吊装重量

92. BB002 立式设备的吊点一般情况下应选择在设备重心位置偏上( )即可。
(A) 0.1~0.5m (B) 0.5~1m (C) 1~1.5m (D) 2m

93. BB002 用力矩平衡法计算立式设备重心时,可将相对均质的筒体简化为( )杆件,且令其该段重量集中于该段形心,按公式可确定设备形心。
(A) 一均质 (B) 非均质 (C) 平衡 (D) 等直

94. BB002 立式设备的吊点选择偏离重心位置,其目的是使设备吊装过程中处于( )状态。
(A) 倾斜 (B) 摆动 (C) 稳定 (D) 安全

95. BB003 起重机具选择应在确定起吊方法后经( )校核确认安全再行实施。
(A) 受力分析计算 (B) 研究 (C) 评估 (D) 重审

96. BB003 从目前我国安装技术条件和起重机具的特点来看,选用( )起重机械是比较合适的。
(A) 桥式吊车 (B) 固定桅杆式 (C) 塔式吊车 (D) 龙门吊车

97. BB003 确定了起重方法后,关键问题是选择( )。
(A) 吊装对象 (B) 吊装重量 (C) 起重机械 (D) 辅助机械

98. BB003 选择汽车式大型吊车,起重力为 1.96×10^2 kN 两台协同吊装大型设备时,应采用( )进行方案对比,而后确定吊装方法。

(A) 计算法 (B) 反复论证
(C) 成本核算 (D) 技术经济法则

99. BB004 以质量为215t减压塔为据,为了减少阻力可根据双联滑轮组的原理,采用双抽头的方法,可避免滑轮组在起升过程中产生( )现象。
(A) 阻力 (B) 歪扭 (C) 滑脱 (D) 失效

100. BB004 吊装减压塔为例,当选用一对金属格构式桅杆吊装时,桅杆高度( )$h_K + h + (h_c + h_b)\cos\alpha + 0.5m$。
(A) 大于 (B) 小于 (C) 大于或等于 (D) 小于或等于

101. BB004 减压塔吊装时,绑绳的伸出长与减压塔的绑扎高度之和应保证在将设备升至( )位置时,起重滑轮组与桅杆所成的夹角不应过大。
(A) 1/2 (B) 过半 (C) 接近最高 (D) 最高

102. BB004 吊装减压塔体时,其位置在吊装过程中是变化的,所以吊装用( )吊装法。
(A) 滑移 (B) 双桅杆 (C) 双桅杆滑移 (D) 双桅杆固定

103. BB005 活地锚的垂直方向的稳定条件易满足,若水平方向稳定条件满足要求,则该地锚在工作中( )。
(A) 不一定安全 (B) 必然安全 (C) 摩擦力小 (D) 摩擦力大

104. BB005 为了使活地锚满足水平方向的稳定条件,应尽量增大地锚与地面间的( )。
(A) 压力 (B) 粘附力 (C) 摩擦力 (D) 滑动摩擦力

105. BB006 为了保持塔体在起升过程中处于稳定状态,则滑轮组连接位置应在塔体形心上部( )以上。
(A) 0.5m (B) 1m (C) 1.5m (D) 2m

106. BB006 滑轮组与塔体的连接,要保证机械索具在起重过程中受力最小,同时要考虑到起重机械的最大( )。
(A) 负载 (B) 起升高度 (C) 倾斜度 (D) 稳定程度

107. BB006 滑轮组与塔体连接,要保证两个连接点处于塔体( )上,否则在起吊后会产生倾斜,从而使塔体就位找正产生困难。
(A) 重心 (B) 中线 (C) 对称中线 (D) 两侧

108. BB006 从施工中知道,滑轮组与塔体的连接主要是考虑其连接的( )。
(A) 形式 (B) 难易程度 (C) 顺序 (D) 位置和方法

109. BB007 合理地布置起重机具应考虑桅杆的最佳竖立位置及其运入现场的路线,要尽量减少( )的移动次数。
(A) 桅杆 (B) 施工场地 (C) 电动卷扬机 (D) 滑轮组

110. BB007 选择合适的大型塔体拼装和安装场地,尽量使塔体距安装位置的运输线路( )。
(A) 通畅 (B) 较短 (C) 方便 (D) 在一起

111. BB007 选择电动卷扬机的安装位置时,应考虑到卷扬机司机的安全并便于( )。
(A) 行走 (B) 操作 (C) 指挥 (D) 观察

112. BB007 要划定地锚与桅索的位置,使缆风绳与地面既保持一定的( )夹角,又不妨碍塔的吊装。
(A) 5°~10° (B) 10°~15° (C) 15°~25° (D) 25°~45°

113. BB007　起重绳在卷扬机卷筒上缠绕时,要保证有一定的夹角,一般取其夹角为（　　）。
　　　　　(A) 1°~1.5°　　(B) 1.5°~2°　　(C) 2°~2.5°　　(D) 2.5°~3°

114. BB007　吊装时起重绳与桅杆的夹角最小,是为了保证起重机具（　　）。
　　　　　(A) 不损坏　　(B) 稳定　　(C) 受力较小　　(D) 起吊快

115. BB007　电动卷扬机安装时,应尽量减少（　　）的数目。
　　　　　(A) 地锚　　(B) 缆风绳　　(C) 桅索　　(D) 导向滑轮

116. BC001　（　　）法是两种同处于热合状态的钢板借助轧钢机的压力使其压合而成。
　　　　　(A) 热轧　　(B) 热轧压合　　(C) 冷轧　　(D) 冷轧压合

117. BC001　复合钢板的复层用（　　）钢号。
　　　　　(A) 复合　　(B) 基层　　(C) 钢板　　(D) 特殊

118. BC001　（　　）法是借用炸药的爆炸能量使两种金属达到分子结合而成。
　　　　　(A) 热轧　　　　　　　　(B) 冷轧
　　　　　(C) 爆炸焊接　　　　　　(D) 爆炸焊接→热轧

119. BC002　不锈钢复合钢卷板总厚度不小于$0.03D_i$（D_i为圆筒内径）时,应在卷板后,对工件进行整体消除应力（　　）热处理。
　　　　　(A) 低温退火　　(B) 低温回火　　(C) 正火　　(D) 淬火

120. BC002　不锈钢复合钢板工件上摞临时存放时,严禁两工件的（　　）相接触,以防复层产生铁腐蚀。
　　　　　(A) 基层　　(B) 异层　　(C) 复合层　　(D) 紧密

121. BC002　组装对口错边量应不大于钢板复层厚度的（　　）,且不大于2mm。
　　　　　(A) 20%　　(B) 30%　　(C) 50%　　(D) 60%

122. BC002　复合钢板出厂时仅贴了一纸标签或油漆简单书写的编号,由于此种标记易于损坏,因此,在材料入厂后应立即予以（　　）。
　　　　　(A) 性能试验　　(B) 化学分析　　(C) 编号登记　　(D) 入库

123. BC003　铝材料之所以能抵抗大气及化学介质腐蚀,原因是其表面有一层（　　）薄膜。
　　　　　(A) 氧化铝　　(B) 氧化铁　　(C) 氧化铜　　(D) 合金

124. BC003　铝还具有耐（　　）的性能,在-195~0℃范围内其冲击韧性仍不下降,故可制造低温设备。
　　　　　(A) 高温　　(B) 低温　　(C) 腐蚀　　(D) 冲击

125. BC003　铝材料有一个突出的优点,就是不会产生（　　）,因而用以制造容器储存易燃物料相当安全。
　　　　　(A) 腐蚀　　(B) 脆裂　　(C) 电火花　　(D) 静电

126. BC004　在铜中加入锌构成（　　）。
　　　　　(A) 白铜　　(B) 黄铜　　(C) 青铜　　(D) 紫铜

127. BC004　铜在电动势系列上接近（　　）。
　　　　　(A) 金和银　　(B) 铁和锌　　(C) 镁和铝　　(D) 钾和钙

128. BC004　金属在高温空气中的N_2、H_2都能使其（　　）。
　　　　　(A) 腐蚀　　(B) 脆化　　(C) 软化　　(D) 裂化

129. BC005　钛在海水中的（　　）比铝合金、不锈钢和镍基合金还高。
　　　　　(A) 耐蚀性　　(B) 耐冲击　　(C) 耐压　　(D) 抗变形

130. BC005　钛材料在（　）状态下供货。
　　　（A）回火　　　（B）正火　　　（C）退火　　　（D）淬火
131. BC006　铝及铝合金锻造温度为（　）。
　　　（A）150～200℃　　　　　　　　（B）200～250℃
　　　（C）300～350℃　　　　　　　　（D）350～370℃
132. BC006　铝及铝合金制容器机械损伤深度限制为：接触腐蚀介质面应不大于（　）壳体名义厚度。
　　　（A）1%　　　（B）3%　　　（C）5%　　　（D）7%
133. BC006　铝及铝合金制容器时效工艺为室温（　）。
　　　（A）86h　　　（B）96h　　　（C）106h　　　（D）116h
134. BC007　纯铝和变形后的铝合金，当杂质含量超过规定范围，或在刚性很大的条件下，有可能产生（　）。
　　　（A）夹渣　　　（B）热裂纹　　　（C）冷裂纹　　　（D）氢致裂纹
135. BC007　铝及铝合金氩弧焊使用直流反接或附加高频振荡器的交流电源，是利用（　）现象来破碎熔池表面的氧化膜。
　　　（A）阴极破碎　（B）阳极破碎　（C）阴极放电　（D）电离
136. BC008　铜及铜合金制容器采用熔焊时，最短筒节长度应不小于（　）。
　　　（A）100mm　　（B）150mm　　（C）200mm　　（D）250mm
137. BC008　若采用氢氧焰或氧乙炔焰焊接铜制容器时，材料必须是（　）状态的，否则应采用氩弧焊。
　　　（A）退火　　　（B）正火　　　（C）回火　　　（D）淬火
138. BC008　铜制容器焊接时，焊接环境温度一般不应低于（　），否则应进行预热。
　　　（A）5℃　　　（B）0℃　　　（C）−5℃　　　（D）−10℃
139. BC009　钛及钛合金制容器焊接组对间隙为（　），否则因钛在熔化时的强流动性而使接头形状难以保证。
　　　（A）零　　　（B）0.5　　　（C）1　　　（D）1.5
140. BC009　钛不仅有强烈的吸气性，而且在高温下与（　）有特别的亲和力。
　　　（A）氧　　　（B）氮　　　（C）碳　　　（D）二氧化碳
141. BC009　焊缝表面颜色是衡量钛焊接时，惰性气体保护情况和焊缝质量好坏的指标之一。若保护得好，焊缝不被氧化等污染，焊缝表面呈现（　）。
　　　（A）蓝色　　　　　　　　　　　（B）白色或金黄色
　　　（C）紫色　　　　　　　　　　　（D）黑色
142. BD001　球体一般由上、下极板，上、下温带板和赤道板等（　）组成。
　　　（A）球瓣　　　（B）拼板　　　（C）壳板　　　（D）样板
143. BD001　展开图法是按（　）的原则，采用多级锥体展开原理进行的。
　　　（A）等长　　　（B）等弧长　　（C）等圆心角　　（D）等球心角
144. BD002　由于球瓣展开应用了球心角弧长计算法，所以球瓣下料可用（　）下料样板法。
　　　（A）一次　　　（B）二次　　　（C）三次　　　（D）四次
145. BD002　下料样板修正时，先根据（　）所得的各处弧长值，下两块相同的料，周边放余量20～30mm，然后标出各节点标记。
　　　（A）经验　　　（B）测量　　　（C）球心角计算　　（D）展开图法

146. BD003 制造球瓣的钢板,除了应符合有关材料标准规定外,应对钢板逐张进行(　)探伤检查。
  (A) X射线 (B) 超声波 (C) 磁粉 (D) 渗透

147. BD003 冷压球瓣采用(　)成形法。
  (A) 局部 (B) 整体 (C) 一次 (D) 多次

148. BD003 球瓣下料采用(　)切割。
  (A) 气刨 (B) 剪板机 (C) 切割机 (D) 氧-乙炔

149. BD004 对冷压并经过矫正后的所有球瓣进行检查时,将球瓣放到(　)上,以免因球瓣自重变形而影响测量的准确性。
  (A) 水平板 (B) 软土 (C) 侧位置 (D) 专用胎具

150. BD004 当球瓣弦长 $L \geq 2000mm$ 时,曲率检查用弦长(　)的样板检查。
  (A) $L \geq 1000mm$ (B) $L \leq 1500mm$
  (C) $L \geq 2000mm$ (D) $L \leq 2000mm$

151. BD004 用样板检查球壳板任何部位且随意方向检查,其样板与球壳板的间隙(　)。
  (A) $E \geq 3mm$ (B) $E \leq 3mm$ (C) $E \geq 1mm$ (D) $E < 1mm$

152. BD004 检查球壳板各位置几何尺寸的允差:长度方向弦长允差(　)。
  (A) $\Delta L \leq \pm 3mm$ (B) $\Delta L \geq \pm 3mm$
  (C) $\Delta L \geq \pm 2.5mm$ (D) $\Delta L \leq \pm 2.5mm$

153. BD005 球瓣上、下支柱的连接,是借助一个(　),使安装时便于对中找正。
  (A) 定位孔 (B) 定位芯板 (C) 中心线 (D) 样板

154. BD005 切割支柱与球体连接口时,应将支柱管端部进行(　)处理,以防冷加工时的回弹。
  (A) 退火 (B) 正火 (C) 回火 (D) 淬火

155. BD006 球罐安装前应对(　)各部位进行检查和验收。
  (A) 球瓣 (B) 支柱 (C) 基础 (D) 附件

156. BD006 基础施工质量的好坏,直接会影响球罐的(　)值。
  (A) 抗压 (B) 抗震 (C) 抗风 (D) 沉降

157. BD006 基础地脚螺栓预留孔间距超差,则直接影响(　)的受力状况。
  (A) 支柱 (B) 球瓣 (C) 基础 (D) 附件

158. BD007 组装平台的地基应平整、坚实,平台应找水平,其误差应小于(　)。
  (A) 5mm (B) 10mm (C) 12mm (D) 15mm

159. BD007 球罐组装用工装包括支承杆,专用夹具和(　)等。
  (A) 定位挡板 (B) 定位销 (C) 球瓣 (D) 支柱

160. BD008 为了减少高空作业量,名义容积在等于或小于400m³以下球罐采用(　)安装较好。
  (A) 分带 (B) 半球法 (C) 分瓣 (D) 整体

161. BD008 分瓣装配法目前以(　)为基准的安装方法运用最广泛。
  (A) 下极板 (B) 上极板 (C) 上、下温带 (D) 赤道带

162. BD008 (　)安装是将瓣片一片片按球带装配成球。
  (A) 半球 (B) 分瓣 (C) 分带 (D) 整体

163. BD009 球瓣使用的材料多为低合金高强度钢,可焊性差,焊缝接头中容易产生( )裂纹。
（A）应力腐蚀　（B）热裂纹　　（C）再热裂纹　（D）冷裂纹

164. BD009 每位焊工领出的焊条要求在 3～4h 用完,否则必须回收再烘干,再烘干次数不得超过（　）次。
（A）二　　　　（B）三　　　　（C）四　　　　（D）五

165. BD010 球瓣对接焊缝,第一层以（　）焊接,从第二层以后用分段前进法焊接,目的是适当控制变形。
（A）分段退步　（B）多道　　　（C）连续　　　（D）交替

166. BD010 为了防止球瓣焊缝冷却过快而产生微裂纹,所以必须进行（　）处理。
（A）矫形　　　（B）预热　　　（C）低温　　　（D）机械

167. BD010 球瓣焊接后,应立即进行后热处理,后热处理温度在（　），需要保温15～30min。
（A）25～50℃　　　　　　　　　（B）50～100℃
（C）100～250℃　　　　　　　　（D）250℃以上

168. BD010 对于高强钢,要避免在（　）进行引弧,这样很容易在引弧处发生细微裂纹。
（A）焊缝上　　　　　　　　　　（B）引弧板
（C）焊接坡口内　　　　　　　　（D）焊接坡口外

169. BD010 球体焊前预热温度由焊接试验确定,一般控制在（　）。
（A）50～100℃（B）100～150℃（C）150～200℃（D）200～250℃

170. BE001 无论在水压试验或操作状况下,油罐均不得产生（　）破坏。
（A）刚性　　　（B）断裂　　　（C）压缩　　　（D）拉伸

171. BE001 保证油罐在最大风荷作用下罐体不会被吹瘪或破坏,油罐必须具有（　）的能力。
（A）抗断裂　　（B）抗震　　　（C）抵抗风荷　（D）抗疲劳

172. BE001 要有合乎质量要求的油罐基础,以保证油罐的（　），避免引起罐底被破坏。
（A）强度　　　　　　　　　　　（B）刚度
（C）抗腐蚀　　　　　　　　　　（D）安全和完整性

173. BE002 对罐底板进行平整、除锈。除锈以后在罐底板的下表面涂刷（　）两遍。
（A）701-6沥青漆　　　　　　　（B）油漆
（C）涂料　　　　　　　　　　　（D）煤油

174. BE002 实践证明罐底板采用（　）排法具有便于错缝,容易控制焊接变形和外形美观等优点。
（A）人字形　　（B）十字形　　（C）丁字形　　（D）工字形

175. BE002 罐底中幅板为（　）板,尽量做到不剪不裁。
（A）菱形　　　（B）三角形　　（C）圆形　　　（D）矩形

176. BE002 在罐基的沥青砂层上画出相互垂直的两条中心线,其中一条指示（　）。
（A）东　　　　（B）南　　　　（C）西　　　　（D）北

177. BE002 罐底板相互搭接,在三层底板重叠处应将上层底板切角,这可减少焊缝高度和（　）。
（A）应力集中　（B）焊接工作量（C）焊接裂纹　（D）未焊透

178. BE003 罐底板的焊缝应互相错开,中幅板上各条焊缝之间的距离应大于或等于500mm,个别实在错不开时可略小些,但不得小于( )。
(A) 300mm (B) 200mm (C) 100mm (D) 50mm

179. BE003 罐底中幅板的焊缝与边板对接焊缝之间的距离应大于300mm,个别实在错不开可略小些,但不得小于( )。
(A) 300mm (B) 200mm (C) 100mm (D) 50mm

180. BE003 罐底铺设时,中幅板与边板之间搭接宽度为( ),铺板时画好线,要确保这一宽度。
(A) 10mm (B) 20mm (C) 40mm (D) 60mm

181. BE004 罐底的焊接顺序很重要,安排焊接顺序的原则是每条焊缝尽量可( )收缩,减少钢板和焊缝中的内应力。
(A) 自由 (B) 横向 (C) 纵向 (D) 约束

182. BE004 整个罐底中间留一个( )形封闭焊缝。
(A) 人字 (B) 丁字 (C) 十字 (D) 工字

183. BE004 整个罐底收缩量,沿不同方向,有所不同,圆心角α为( )时,收缩最小。
(A) 0° (B) 30° (C) 45° (D) 90°

184. BE004 罐底板焊接时,长焊缝宜采用( )焊法,可减少焊接应力集中。
(A) 连续 (B) 交替 (C) 分段退焊 (D) 多道

185. BE004 为便于组对第一节壁板,罐底边板与边板间的对接焊缝要先焊边缘300mm的一段焊缝,其余部分待( )壁板立缝和内外角缝焊好后再焊。
(A) 第一节 (B) 第二节 (C) 第三节 (D) 最后一节

186. BE005 罐底焊后,焊缝表面不得有砂眼、裂纹等缺陷,对于缺陷中的气泡、气孔等可用( )的方法加以修补。
(A) 气刨 (B) 补焊 (C) 抛磨 (D) 加热

187. BE005 罐底焊缝如有( )缺陷应予彻底铲掉,重新施焊和检查。
(A) 余高 (B) 气泡 (C) 裂纹 (D) 气孔

188. BE005 罐底局部凸凹度检查,设计要求局部凸凹度不大于50mm,实测为( )。
(A) 10mm (B) 20mm (C) 30mm (D) 40mm

189. BE006 罐壁板的号料误差要求对长度、宽度和对角线均控制在( )范围内。
(A) ±1mm (B) ±2mm (C) ±3mm (D) ±4mm

190. BE006 罐壁的每块壁板两端的立缝对接处应开出坡口,壁厚超过12mm时,应开( )坡口。
(A) V形 (B) X形 (C) U形 (D) 单边V形

191. BE006 罐壁板两端在滚圆前应进行预弯,否则在对接后容易出现壁板( )。
(A) 内凹 (B) 错位
(C) 纵向对口凸出 (D) 叠加

192. BE006 罐壁板在滚圆时,应进行( ),使V型坡口在油罐壁外侧。
(A) 内凹 (B) 外凸 (C) 正曲 (D) 反曲

193. BE006 罐壁板经滚板机滚圆后,应存放在特制的( )上。
(A) 平板 (B) 钢架 (C) 弧形胎架 (D) 地面

194. BE007　罐壁加强圈的环板用（　）号料。
　　　　（A）样板　　　（B）钢板　　　（C）图样　　　（D）计算
195. BE007　罐壁加强圈的立板在（　）上号料。
　　　　（A）样板　　　（B）钢板　　　（C）图样　　　（D）地面
196. BE007　浮顶罐加强圈在组装过程中,为防止焊接变形,需采用组装、焊接（　）措施。
　　　　（A）系列化　　（B）同工步　　（C）机械化　　（D）胎具化
197. BE007　浮顶罐加强圈的制造精度直接影响罐壁的（　）。
　　　　（A）变形　　　（B）弧度　　　（C）几何尺寸　（D）自由度
198. BE008　浮顶罐的抗风圈预制时先按图样（　）。
　　　　（A）放大样　　（B）号料　　　（C）下料　　　（D）展开
199. BE008　抗风圈组对后,再用与罐壁部位接触弧度的1.5m样板测量,其间隙不得（　）。
　　　　（A）小于3mm　（B）大于3mm　（C）小于0.3mm（D）大于0.3mm
200. BE008　抗风圈装在罐壁上之前,首先用盘尺量取抗风圈所在位置的实际周长,分成（　）,画出三角架的位置并进行焊接。
　　　　（A）六等分　　（B）四等分　　（C）两等分　　（D）等分
201. BE009　浮顶罐壁上部的包边角钢是在（　）上冷滚成的。
　　　　（A）滚床　　　（B）压力机　　（C）钢平台　　（D）地面
202. BE009　罐壁上的包边角钢冷滚前,先把两根角钢点焊拼成（　）,然后滚成要求的弧长。
　　　　（A）人字形　　（B）T形　　　（C）并排　　　（D）十字形
203. BE009　罐壁包边角钢冷滚后如间隙过大或有扭曲现象可用（　）进行调整。
　　　　（A）滚床　　　（B）千斤顶　　（C）丝杆压力机（D）胎具
204. BE010　罐壁板间依次进行（　）定位。
　　　　（A）点焊　　　（B）加减丝　　（C）样板　　　（D）楔铁
205. BE010　罐壁板组装时,先在罐底板上画好线,打上样冲,罐内壁以此线为壁板（　）基准。
　　　　（A）焊接　　　（B）组对　　　（C）画线　　　（D）测量
206. BE010　罐壁板组对时的垂直、水平、立缝错口等均应符合（　）要求。
　　　　（A）实际　　　（B）焊接　　　（C）规范　　　（D）组对
207. BE011　由于罐壁在焊接过程中会引起收缩,所以在画线、组对时要估计到周长的（　），预先把它放出来。
　　　　（A）收缩量　　（B）拉伸量　　（C）变形量　　（D）尺寸
208. BE011　罐壁板组对线画好后,沿线每隔0.8～1.0m左右焊一块（　）。
　　　　（A）垫板　　　（B）加强板　　（C）限位挡板　（D）支撑板
209. BE011　罐的第二节壁板开始吊装点应从第一节壁板开始吊装点起旋转大约（　）。
　　　　（A）30°　　　（B）45°　　　（C）60°　　　（D）90°
210. BE012　焊接用电焊条事先必须经过认真烘干,碱性焊条干燥温度必须在（　）左右,恒温1～2h。
　　　　（A）600℃　　（B）400℃　　（C）200℃　　（D）100℃
211. BE012　罐壁焊接时,环境温度在（　）以上时才可施焊。
　　　　（A）-5℃　　　（B）0℃　　　（C）5℃　　　（D）10℃

212. BE012 罐壁角焊缝焊完后应立即做（ ）检查。
    (A) 强度　　　(B) 严密性　　　(C) 压力　　　(D) 应力腐蚀
213. BE012 浮顶罐的单盘排板采用（ ）排板法及条形排板法两种。
    (A) 人字形　　(B) 十字形　　　(C) 丁字形　　(D) 工字形
214. BE012 在罐中心点与单盘浮船边接角钢处（ ），以此为基准搭设组装单盘支架胎具。
    (A) 焊一组挡板　　　　　　　　(B) 拉一条钢丝
    (C) 画一条线　　　　　　　　　(D) 点焊定位
215. BE012 浮顶罐单盘的下面焊接为（ ）。
    (A) 连续焊　　(B) 分段退焊　　(C) 间断焊　　(D) 交替焊
216. BE013 浮船底扇形板铺成（ ），即为船舱底板。
    (A) 矩形　　　(B) 圆环　　　　(C) 三角形　　(D) 菱形
217. BE013 船舱内焊接全部完成后，立即进行除锈及刷油工作，待油漆干燥后再安装浮船（ ）。
    (A) 隔板　　　(B) 肋板　　　　(C) 盖板　　　(D) 桁架
218. BE013 为了确保舱与舱之间不互相串通，防止漏泄，在浮船全部焊完后，隔板周边焊缝未刷油漆之前，需进行一次（ ）试验。
    (A) 真空　　　(B) 充油　　　　(C) 充水　　　(D) 充气
219. BE013 船舱底板由多块扇形板组成，每块扇形板若用几块钢板拼接时，拼焊后就予以（ ）。
    (A) 校平　　　(B) 后热　　　　(C) 反变形　　(D) 内弯
220. BE013 随着浮船的下降，除打磨罐壁外，还要组焊（ ）。
    (A) 立柱　　　(B) 垂直导向杆　(C) 单盘支架　(D) 盘梯
221. BE014 当密封导向装置及浮顶上的全部配件均安装完毕后，可开始做（ ）试验。
    (A) 液压　　　(B) 气密　　　　(C) 升降　　　(D) 密封
222. BE014 在浮船外边缘板的上沿大约每隔2m画一点，然后用（ ）把这些点反到罐壁上，这样罐壁上就得到许多与浮船外边缘板上沿杆高相同的点，依据这些点的基准，可画出密封装置安装基准线。
    (A) 盘尺　　　(B) 钢丝　　　　(C) 样板　　　(D) 水平仪
223. BF001 在碳素钢的基础上，为了提高材料强度又不至于影响它的工艺性而加入一定量的合金元素所形成的低合金钢称之为（ ）。
    (A) 高强钢　　(B) 低碳钢　　　(C) 中碳钢　　(D) 高碳钢
224. BF001 高强钢的合金成分不大于（ ），但强度却大幅度提高了。
    (A) 10%　　　(B) 5%　　　　 (C) 0.45%　　(D) 0.25%
225. BF001 我国生产的高强钢都是以我国富有的Mn资源的合金元素为基础，在含碳量方面都属于（ ）。
    (A) 高碳钢　　(B) 中碳钢　　　(C) 低碳钢　　(D) 低合金钢
226. BF001 高强钢在供货状态上都是以（ ）状态供货。
    (A) 冷轧　　　(B) 退火　　　　(C) 淬火　　　(D) 热轧或正火

227. BF001 为了提高钢的综合性能,不少钢种加入了稀土元素,大部分钢的金相组织都属于( )组织。
(A) M　　　(B) F+P　　　(C) M+B　　　(D) B

228. BF002 高强钢由于碳－锰钢发生的同素异形转变,使钢材有着相当大的( )应力,如果再对其采取不当的加工手段,容易使材料碎裂。
(A) 温度　　　(B) 组织　　　(C) 残余　　　(D) 瞬时

229. BF002 由焊接产生的内应力称为( )应力。
(A) 温度　　　(B) 组织　　　(C) 焊接　　　(D) 瞬时

230. BF003 从焊接接头的硬度分布可看出,焊缝的( )硬度最高,故一般用该区的硬度值作为焊缝硬化程度衡量基准。
(A) 热影响区　(B) 熔合区　　(C) 焊缝金属　(D) 母材

231. BF003 把高强钢钢材化学成分中的碳同其他合金元素所折算成一定比例的碳含量的百分含量之和,称之为该钢材的( )。
(A) 可焊性　　(B) 碳当量　　(C) 屈强比　　(D) 合金当量

232. BF003 裂纹敏感性主要指高强钢对产生焊接裂纹的( )程度。
(A) 敏感　　　(B) 反应　　　(C) 活跃　　　(D) 复杂

233. BF003 冷裂纹敏感性的试验方法,对高强钢来说采用( )试验方法。
(A) 弯曲　　　(B) 拉伸　　　(C) 冲击　　　(D) 小铁研式

234. BF004 高强钢弯曲时,变形每发生一次后,为了消除其内应力,应进行一次( )处理。
(A) 低温退火　(B) 高温退火　(C) 正火　　　(D) 淬火

235. BF004 当通过热处理来改变高强钢机械性能时,则在成形前应进行一次( )处理,以增强塑性。
(A) 回火　　　(B) 退火　　　(C) 正火　　　(D) 淬火

236. BF004 经软化硬度热处理的高强钢,冷作成形后还应进行( )处理,以满足使用要求。
(A) 增塑　　　(B) 回火　　　(C) 正火　　　(D) 增强热

237. BF005 液压消除残余应力法是将设备静止充水加压到( )的工作压力,使不均匀的内应力在内压作用下趋于均衡。
(A) 1.25倍　　(B) 2倍　　　(C) 2.5倍　　(D) 3倍

238. BF005 爆炸消除残余应力应用范围大多是( )的板焊接结构件。
(A) 1~5mm　　(B) 6~8mm　　(C) 10~15mm　(D) 16~30mm

239. BF005 焊后热处理是将设备加热至临界温度(AC_1)以下,一般比AC_r低( )保温至所需时间后缓冷,这就是低温退火热处理。
(A) 20℃　　　(B) 30℃　　　(C) 50℃　　　(D) 100℃

240. BF005 对调质钢来说,消除应力热处理温度一定得低于( )温度。
(A) 退火　　　(B) 淬火　　　(C) 正火　　　(D) 回火

241. BF005 对含Ni、Cr、V等高强钢可能在热处理时发生( ),因此含V高强钢消除应力热处理温度应低于600℃。
(A) 脆断　　　(B) 回火脆性　(C) 塑化　　　(D) 退火脆火

242. CA001 角钢杆件补强,可采用( )修复。
（A）堆焊法　　（B）补强加固法　　（C）贴板补强法　　（D）局部点固

243. CA001 圆形钢管杆件采用角钢补强时,应采用( )。
（A）连续焊接　　（B）分段焊接　　（C）断续焊接　　（D）点焊

244. CA001 容器修理后即令不再从事原工况工作,但从( )的原则出发,修复使用仍是一件有益的事情。
（A）实用　　（B）使用　　（C）节约　　（D）安全

245. CA001 容器缺陷除焊缝常见的一般缺陷外,尚有常压容器的( )破坏及压力容器的爆炸开裂破坏。
（A）内力　　（B）外力　　（C）腐蚀　　（D）失稳

246. CA001 工字钢杆件补强,当下翼缘不能满足稳定性要求时,可采取( )补强措施。
（A）角钢　　（B）堆焊　　（C）贴板　　（D）热处理

247. CA001 角钢杆件补强,可采用( )修复。
（A）堆焊法　　（B）补强加固法　　（C）贴板补强法　　（D）局部点固

248. CA002 对产生变形的部位如果经确认为( )不足,则可采取加固补强的修理方法。
（A）强度　　（B）刚度　　（C）韧性　　（D）塑性

249. CA002 容器缺陷的外部检验必要时可进行测厚、( )检测和腐蚀介质含量测定等。
（A）温差　　（B）低温　　（C）壁温　　（D）内温

250. CA002 焊补工作困难的部位可采用( )方法进行局部更新修复。
（A）修补　　（B）加固　　（C）更换　　（D）挖补

251. CA003 在用压力容器的检验和缺陷处理,是通过检验判断其能否( )地使用到下一个检验周期。
（A）安全可靠　　（B）满负荷　　（C）超极限　　（D）正常

252. CA003 对新制造的容器,必须严格按照( )的制造标准验收。
（A）设计　　（B）规定　　（C）安全　　（D）可靠

253. CA003 在用压力容器的检验和缺陷处理,应掌握( )的水平。
（A）合适　　（B）安全可靠　　（C）合乎使用　　（D）经济实用

254. CA003 对在用压力容器的检验和缺陷处理不能完全套用( )标准。
（A）设计　　（B）检验　　（C）使用　　（D）制造

255. CA004 ( )是否适应所使用的条件是材质检查主要解决的又一个问题。
（A）材料成分　　（B）材质性能　　（C）材料种类　　（D）材料牌号

256. CA004 材料牌号确属难于查清,则可按该类材料的( )性能进行强度校核。
（A）机械　　（B）化学　　（C）最高　　（D）最低

257. CA005 筒体与封头或端盖的焊接连接,一般不能采用( )连接结构。
（A）角焊　　（B）搭接焊　　（C）对接焊　　（D）立焊

258. CA005 接管、法兰的角焊连接,应采用全焊透或( )结构。
（A）点焊　　（B）半焊透　　（C）分段焊　　（D）局部焊透

259. CA005 凡不合理的结合都应作必要的处理,对于不能保证安全的应予( )。
（A）补强　　（B）修理　　（C）判废　　（D）降级使用

260. CA006　分散的点腐蚀深度不超过壁厚(不含腐蚀裕量)的（　　），一般不作处理。
　　　　　　(A) 1/5　　　(B) 2/5　　　(C) 3/5　　　(D) 4/5

261. CA006　分散的点腐蚀在直径为200mm范围内,点腐蚀总面积不超过（　　），一般不作处理。
　　　　　　(A) 100cm^2　(B) 80cm^2　(C) 60cm^2　(D) 40cm^2

262. CA006　在直径为200mm范围内,沿任一直径的点腐蚀长度之和不超过（　　），可不作处理。
　　　　　　(A) 100mm　(B) 200mm　(C) 40mm　(D) 80mm

263. CA007　对于表面裂纹,应认真分析发生原因,采取适当（　　）措施。
　　　　　　(A) 焊补　　(B) 彻底清除　　(C) 补强　　(D) 压紧

264. CA007　一般容器外表面焊缝咬边深度不超过（　　），连续长度不超过100mm,且焊缝两侧咬边总长不超过该焊缝长度的10%者,可不作处理。
　　　　　　(A) 4mm　　(B) 3mm　　(C) 2mm　　(D) 1mm

265. CA008　体积性缺陷如气孔、圆形夹渣等,一般可按现行规范放宽（　　）进行处理。
　　　　　　(A) 1~2级　(B) 3级　　(C) 4级　　(D) 5级

266. CA008　制造中焊缝返修次数较多者,应对焊缝进行（　　）抽查。
　　　　　　(A) 机械性能　(B) 射线探伤　(C) 表面检验　(D) 强度校核

267. CA008　在用压力容器如果存在严重变形、错边或棱角者,在检验和缺陷处理后一般应进行（　　），并校定最高压力和温度。
　　　　　　(A) 矫正　　(B) 补焊　　(C) 强度校核　　(D) 压力试验

268. CA008　进口的压力容器或按国外技术设计制造的压力容器,按（　　）的规范进行强度校核。
　　　　　　(A) 部标准　(B) 行业标准　(C) 国家标准　(D) 原来采用

269. CA008　材料牌号或机械性能不清者,在强度校核时,机械性能可按同类材料（　　）值选取。
　　　　　　(A) 实测　　(B) 平均　　(C) 最低　　(D) 最高

270. CA008　介质压力随环境气温而变化的压力容器,最低环境气温应取当地气象资料历年来各月平均最低气温的（　　）值。
　　　　　　(A) 最低　　(B) 最高　　(C) 平均　　(D) 实测

271. CA008　压力容器腐蚀裕量至少应满足到下一次检验期的（　　）腐蚀量。
　　　　　　(A) 最少　　(B) 平均　　(C) 最多　　(D) 实测

272. CA009　安全阀的检验报告应得到（　　）的确认。
　　　　　　(A) 使用单位　(B) 检验员　(C) 领导　(D) 使用者

273. CA009　缺陷经修理自检合格后,（　　）应进行检验,确认是否符合要求。
　　　　　　(A) 使用单位　(B) 使用者　(C) 检验单位　(D) 制造单位

274. CA009　（　　）容器不得再做压力容器使用。
　　　　　　(A) 焊补　　(B) 修理　　(C) 复检　　(D) 判废

275. CA009　对于缺陷严重,难于修复或确无修复价值或修后仍难于保证安全运行的压力容器,应予以（　　）。
　　　　　　(A) 修理
　　　　　　(C) 补强
　　　　　　(B) 强度校核
　　　　　　(D) 判废或限期判废

276. CA010 承担在用压力容器检验工作单位和检验员,应具备必要条件,并取得( )劳动部门批准或认可。
(A) 省级 (B) 地区 (C) 市、县级 (D) 本单位

277. CA010 检验单位应保证检验工作质量,检验要有详细记录,检验后应及时出具检验报告,并对( )负责。
(A) 安全结果 (B) 检验结果 (C) 使用过程 (D) 人身安全

278. CA010 负责安全评定的单位需对缺陷的检验结果安全评定结论和压力容器的( )负责。
(A) 使用性 (B) 经济性 (C) 安全性 (D) 可靠性

二、判断题(对的画"√",错的画"×")

(　) 1. AA001　截交线是被截切体与切面的公有线,同时也是相交两物体的分界线。

(　) 2. AA002　如果截平面为一般位置平面时,截交线的水平投影反映实形,不必另求。

(　) 3. AA002　当截交线为一般位置时,在其三面投影中均不反映实形。

(　) 4. AA003　截平面与圆锥轴线倾斜,并与所求素线相交,截交线为三角形。

(　) 5. AA003　第一素线法就是在曲面体上取若干条素线,求每条素线与截平面的交点,然后依次相连成截交线的方法。

(　) 6. AA004　两相贯体的相贯线一般为空间曲线,特殊情况下为平面曲线。

(　) 7. AA004　如两相交几何体之相贯线不能分布在同一平面上,则为平面曲线。

(　) 8. AA004　求相贯线的实质就是在两形体表面上找出必要的共同点,将这些共有点依次连接起来就是相贯线。

(　) 9. AA004　相贯线实质上就是截交线,二者没有本质的区别,只是称呼不同而已。

(　) 10. AA005　圆管与圆锥管水平相交,其相贯线为封闭的空间曲线。

(　) 11. AA006　圆柱螺旋线是属于圆柱表面不在同一素线上的两点之间距离的连线。

(　) 12. AA006　螺旋线可以在不同的面上形成不同的螺旋线,其中最常见的是圆柱螺旋线。

(　) 13. AA007　工程上用得最多的是直母线螺旋面。

(　) 14. AA007　圆柱上正螺旋面的母线运动时,母线上所有各点分别作半径不等的螺旋运动,它们的导程是不相等的。

(　) 15. AA008　球面、抛物面、双曲线都属于可展旋转面。

(　) 16. AB001　如果材料净截面积满足 $A_j \geq N/[\sigma]$(其中 A_j:净截面积;N:计算载荷;$[\sigma]$:材料许用应力)则说明柱的强度足够,不需再做稳定校核。

(　) 17. AB001　偏心受压柱的设计也是从柱的承载强度及稳定性两方面来考虑的,只不过计算较复杂而已。

(　) 18. AB002　起重吊车梁可简化为简支梁。

(　) 19. AB003　在设计容器壁厚时都要考虑材料的允许减薄量及其腐蚀附加量。

(　) 20. AB003　在设计容器壁厚时不必考虑封头加工减薄量,因为它在实际中影响较小。

(　) 21. AB004　无法进行探伤的单面环向对接焊缝,当无垫板时,焊缝系数为0.60,无任何条件限制。

(　) 22. AB004　表压与大气压之和称为相对压力。

( ) 23. AB004　在工程上常用 Pa 的 10^6 倍作为一个压力单位,这个压力单位就是 MPa。

( ) 24. AB004　各种钢材在一定工作条件下,其许用应力是相同的。

( ) 25. AB005　椭圆封头用整体冲压时,其毛坯是一椭圆板。

( ) 26. AB005　理论椭圆壳面积可按下式确定:$A = 2\pi x ds$。

( ) 27. AB006　压力容器制造完毕后,应对其进行强度试验。

( ) 28. AB006　耐压试验采用液压试验时,如果立工设备采用卧置,试压时,就对其壳体的最低点进行应力校核。

( ) 29. AB007　法兰的型式只有螺栓型式一种。

( ) 30. AB007　如果需用法兰,可根据设计压力、设计温度直接按名义直径就可在法兰标准上选到所需要的型号及规格,无需做大量繁杂计算。

( ) 31. AB008　构件焊接接头强度设计是根据等强度原理考虑的。

( ) 32. BA001　胎具是从模具分离出来的专用工装,模具包含着胎具。

( ) 33. BA001　模具同胎具相比较,加工精度高,组装较复杂,模具必须有上、下模。

( ) 34. BA002　胎模结构应考虑防止受热而变形损坏。

( ) 35. BA002　热压后的收缩量与工件的材料、形状、尺寸、板厚、脱模温度及冷却条件无关。

( ) 36. BA002　冷压后的回弹与材料的机械性能、变形程度、工件形状、胎模结构及间隙有关。

( ) 37. BA003　三瓣式压模,可实现封头自动脱模,封头脱模方便,质量好,但模具制造复杂。

( ) 38. BA003　滑套式模具制造简单,上模行程也比较短。

( ) 39. BA004　当压力机吨位在大于 1500t 时,上模壁厚 S_{sm} 为 70~90mm。

( ) 40. BA004　上模直径 $D_{sm} = D_n(1 \pm \delta)$ 中,如果"δ"取负值,则表示的含义为热压收缩率。

( ) 41. BA005　在计算下胎拉环直径时,胎具直径间隙对于球形封头或直边较长的椭圆形封头应取较大值。

( ) 42. BA005　在计算下胎拉环直径时,胎具直径间隙在热压和冷压时有一定取值范围,薄壁封头取较大值,厚壁封头取较小值。

( ) 43. BA006　封头胎模压边圈外径与下胎拉环座外径是相同的。

( ) 44. BA006　封头胎模压边圈内径与上模直径是相同的。

( ) 45. BA007　胎模拉环座选用的材料是铸铁。

( ) 46. BA008　瓦片压胎下胎圆角半径有一定取值范围,厚壁瓦片取下限,薄壁取上限。

( ) 47. BA008　瓦片压胎胎腔直边高度的取值范围,对厚壁瓦取上限,对薄壁取下限。

( ) 48. BA009　瓜瓣封头压胎设计时,胎具中心必须与工作压力中心重合。

( ) 49. BA010　胎具设计在保证胎具具有足够的强度前提下,尽量减轻其重量,降低胎具成本提高胎具使用寿命。

( ) 50. BA010　胎具设计时,对其加工精度,有很高的要求,这样才能提高金属结构制造水平。

( ) 51. BA011　如果胎具在使用中操作方便,保证安全生产和产品质量,又能为操作者创造良好的劳动条件,这说明胎具设计达到了使用要求的最终目的。

（　）52. BA011　为了节约成本,胎具设计时只考虑零件简单、方便制作,不必考虑胎具的加工精度和表面粗糙度。

（　）53. BA012　设计胎具时,应采用强度计算及经验参数相结合的方法。

（　）54. BA012　胎型为组装胎具时,可在各种情况下使用。

（　）55. BA012　产品数量是由生产计划来决定的,而制造什么样的胎型与产品数量有关。

（　）56. BB001　大型设备(构件)的吊装设计主要是为了达到多快好省的施工目的。

（　）57. BB001　一项吊装工程任务承接后,制定一个吊装方案时,需经试用后才可确定最后方案。

（　）58. BB002　设备重心的确定,是通过力矩平衡法计算出来的。

（　）59. BB002　立式设备的吊点只要在设备重心位置,可使设备吊装过程中处于稳定状态。

（　）60. BB003　吊装大型设备构件,选用固定桅杆式起重机械是因为它在起重量和升高度方面具有很大的适应性。

（　）61. BB003　吊装机具的选择只包括起吊机械选择。

（　）62. BB004　在吊装减压塔时,塔起升至最高位置时,滑轮组与桅杆间的夹角一般不超过20°为宜。

（　）63. BB005　当设备在基础上空竖起准备就位时,为缆风绳最小受力位置。

（　）64. BB005　活地锚具有重复利用方便、少用材料、减少土方量等优点。

（　）65. BB006　用绑绳捆绑塔体时,其绳应支持在塔的人孔及进出口管线上。

（　）66. BB006　当塔体外部设有加强圈时,则绑绳位置距其上部应有足够距离,以免在起升过程中绳索与加强圈接触摩擦,可能使绳索有被割断的危险。

（　）67. BB007　科学地组织布置施工场地,其目的是为施工创造最有利的空间条件,以便各工种快速施工作业,保证施工安全和各项工程互不影响。

（　）68. BB007　重型设备的吊装,是整个装置的次要施工项目。

（　）69. BB007　吊装施工场地应考虑水、电的供应及气候条件的影响。

（　）70. BC001　复合钢板的性能试验应按规格取样。

（　）71. BC001　每批复合钢板由同一炉、同一规格、同一轧制制度及同一热处理制度组成。

（　）72. BC001　不锈钢复合钢板的力学性能σ_s、σ_b及δ应小于基层材料。

（　）73. BC002　不锈钢复合钢板滚板时,宜采用"少压进、多遍滚"的工艺方法,以防复层剥离。

（　）74. BC002　用不锈复合钢板组装时,工夹具应在复合面使用,点焊亦在复合面进行。

（　）75. BC003　铝的导热性能比较差。

（　）76. BC003　铝材料耐磨性差,强度低,抗高温性能也差,故一般只能在$-200\sim150℃$,且不大于1.5MPa的场合下使用。

（　）77. BC003　铝可以在空气液化温度($-200℃$)下工作。

（　）78. BC005　钛金属的冶炼比较容易。

（　）79. BC005　钛金属及其合金在抗腐蚀方面,它几乎不可能发生应力腐蚀、点蚀和晶间腐蚀。

（　）80. BC006　铝及铝合金制容器组装时,通过淬火、自然时效及冷作挤压等方法来提高强度。

（　）81. BC006　铝及铝合金制容器组装时,可以使用铁锤进行敲打。

( ) 82. BC007　铝的气焊可以不使用焊粉。
( ) 83. BC007　铝及铝合金气焊时,火焰宜选用中性焰或微碳化焰为佳。
( ) 84. BC008　纯铜不应采用氢氧化焰或氧乙炔焰焊接,宜采用气体保护焊。
( ) 85. BC009　对钛施焊时在保证焊透的前提下宜用最小的焊接规范,从而减少焊接线能量。
( ) 86. BC009　钛常在正火状态下使用。
( ) 87. BD001　球瓣上任意两点间球面中心层弧长值用于检验。
( ) 88. BD001　球心角弧长计算法是利用球心角来计算弧长值。
( ) 89. BD002　钢板下料是在水平状态下一次切准确,(即不留余量)样板的准确性要求高。
( ) 90. BD003　球瓣片曲率的矫正次序是先矫其长度方向,后矫其宽度方向。
( ) 91. BD003　冷压球瓣坯料时,每压一次移动一定距离,并留有一定的压延重叠面,其目的是避免工件局部产生过大的突变和折痕。
( ) 92. BD004　当球瓣弦长 $L < 2000mm$ 时,其样板弦长不得大于壳体的弦长。
( ) 93. BD004　检查球壳两条对角线时,应在同一平面上,若不在同一平面内,则其间距 $\Delta h \leq 5mm$。
( ) 94. BD005　球罐支柱接口划线样板应以管子内壁为基准。
( ) 95. BD005　球罐支柱形式以赤道正切式应用最普遍。
( ) 96. BD006　地脚螺栓预留孔位置和基础中心圆直径的超差,将直接影响支柱的安装垂直度。
( ) 97. BD006　基础施工质量的好坏与球罐的使用寿命无关。
( ) 98. BD007　采用分带组装及半球组装时,采用槽钢或工字钢搭设的基准平面,每组装完一个球带,其基准平面的水平度必须重新校核。
( ) 99. BD007　球罐组装平台板间因为有足够的刚度,不用相互连接,就可保证局部不下沉。
( ) 100. BD008　半球法总装与分带总装基本相似,其不同点是先分别吊装下半球与上半球,然后再安装球罐圆周的主柱。
( ) 101. BD009　焊前应对焊工进行严格的培训后,就可以从事球罐焊接工作。
( ) 102. BD009　为了保证焊接质量,对于焊根必须使用碳弧气刨或机械方法来清除未焊透、夹渣等缺陷。
( ) 103. BD010　考虑到整个球体有一个均匀的收缩变形,应采取先焊环焊缝后焊纵焊缝的焊接顺序。
( ) 104. BD010　赤道带环缝,要求数名焊工应在对称位置同时焊接,并且第一层焊缝及第二层焊缝起始点要错开。
( ) 105. BD010　球瓣由于板厚,焊缝必须多层焊,但不必控制层间温度。
( ) 106. BD010　如果发现球瓣表面凹陷过低,则需补焊平,并用砂轮机磨平。
( ) 107. BE001　因为油罐的大型化和高强钢的采用,使得油罐刚性提高,抗风稳定性好。
( ) 108. BE001　钢材强度越高,断裂韧性就越低,就越容易产生断裂。

( ) 109. BE002　为补偿罐底焊接收缩,罐底的排板直径应比设计直径缩小。

( ) 110. BE002　罐底板铺设后应进行检查,局部凸凹度不应大于15mm,经检查合格后可进行焊接。

( ) 111. BE002　罐底中幅板的两端要搭在弓形边板的下面。

( ) 112. BE003　为使罐底边板下部平坦,受力均匀,采取的办法是在混凝土坏梁上开一小槽,将垫板卧在槽内。

( ) 113. BE003　罐底板在最后封闭焊缝处一般不需余留间隙,避免由于焊后焊缝收缩产生过大的焊接应力。

( ) 114. BE004　焊接罐底中幅板时,先焊长焊缝,再焊短焊缝。

( ) 115. BE004　罐底板焊缝不能自由收缩,则会产生内应力,严重时将使罐失稳,罐底凸起。

( ) 116. BE004　整个罐底的收缩量,沿不同方向,有所不同圆心角为0°时,收缩量最大。

( ) 117. BE004　最后焊接罐底边板与中幅板的连接缝时,由几名焊工在沿圆周对称等分处按同一方向,以相近的速度,用分段倒退法施焊。

( ) 118. BE005　罐底搭接焊缝的腰高检查是在罐底焊好后进行,可避免造成局部凸凹变形。

( ) 119. BE006　罐壁板下料时,每一圈板的最后一块钢板,要比设计短200mm左右,避免造成浪费。

( ) 120. BE006　罐壁板滚圆后,不需检查,组装时再进行调整。

( ) 121. BE007　浮顶罐的加强圈组对好后,在焊接之前应进行反变形。

( ) 122. BE007　罐的加强圈组焊后,其弧度应小于壁板圆弧度,这样可以保证较小的间隙。

( ) 123. BE007　罐的加强圈焊完后,其弧度不合适处可用千斤顶校正,一直至达到要求为止。

( ) 124. BE008　抗风圈是根据样板多次测量过的,所以,如果抗风圈与罐壁板之间有间隙时,可利用抗风圈把罐壁找正。

( ) 125. BE008　抗风圈装在罐壁上之前,应先画好三角架位置并进行组焊,此后,应同时组装所有的抗风圈。

( ) 126. BE009　包边角钢与罐壁的连接可采用对接,亦可采用搭接,一般多采用搭接。

( ) 127. BE009　包边角钢只能焊在罐的内壁上,而不能焊在外壁上。

( ) 128. BE010　罐壁板组对时,壁板间依次进行点焊定位,直到最后一张板。

( ) 129. BE010　罐壁板组对点焊定位时,壁板同罐底间连接角缝暂不点焊。

( ) 130. BE011　罐壁立缝焊接时,一般来说,板越厚,收缩量越小,气温越高收缩量越大。

( ) 131. BE011　第一节壁板由于边板与中幅板没有焊上,所以必须焊上短支撑,短支撑可起到防止因焊接角缝时边板向上翘曲的作用。

( ) 132. BE012　当日施焊的罐壁焊缝必须完工,特别情况要跨日施焊时,焊缝必须施焊两层以上方可停止。

( ) 133. BE012　焊接罐壁角焊缝时,应先焊外侧角缝。

( ) 134. BE012　每个参加罐壁施焊的焊工要经技术考核,试焊试件两块,一块试件为立缝,一块为横缝,坡口形式、材质均与壁板相同。

( ) 135. BE012　罐的单盘下面焊接是在整个罐壁全部完成之前就要进行。
( ) 136. BE012　罐顶单盘搭接焊缝焊接顺序是先焊短缝,再焊长缝,头一遍为分段退焊,第二遍为连续焊。
( ) 137. BE013　浮船组焊会产生焊接收缩,所以浮船组焊时,必须把这一收缩量考虑进去,并在下料时适当放大。
( ) 138. BE013　组焊船舱内边缘板的方法与外边缘板方法不同,先焊同底板隔板、桁架及肋间的连接焊缝,再焊立缝。
( ) 139. BE013　在浮船浮升试验过程中应设置专人值班观察,并予记录。
( ) 140. BF001　屈强比的提高使高强钢的可焊性以及变形能力有所提高,而裂纹敏感性则有一定程度的降低。
( ) 141. BF001　M 或 M+B 组织钢种是经过调质处理后才应用于焊接结构的。
( ) 142. BF001　16Mn,16MnR 不属于高强钢。
( ) 143. BF002　高强钢在焊接时不容易产生焊接应力。
( ) 144. BF003　碳当量越大,钢材的强度越高,屈强比越大。
( ) 145. BF003　钢材随着碳元素含量的增加,则焊接性能逐渐变好。
( ) 146. BF003　为了避免冷裂纹的产生,其措施之一是通过预热、焊后热处理、采用低氢焊条等方法予以改善。
( ) 147. BF003　如果钢材强度级别更高,则要求预热温度应更低,而且要求结构的刚性愈大。
( ) 148. BF004　如果高强钢采用爆炸成形制造封头时,最好在爆炸作业前进行一次退火处理。
( ) 149. BF004　高强钢的屈服强度比低碳钢低,故弯曲时所需的能量也较小。
( ) 150. BF005　消除应力热处理的目的就是消除冷作硬化,消除焊接残余应力。
( ) 151. BF005　低温消除应力热处理方法的实质是一种应力集中方法。
( ) 152. CA001　圆形钢管杆件采用角钢补强时,焊接后,焊缝高度应与连接件中较薄壁厚相等。
( ) 153. CA001　钢结构修理过程中对破坏杆件或构件应采取更换的办法要比补强的办法更经济、更安全。
( ) 154. CA002　加固补强的常用方法是设置加固圈或加固肋。
( ) 155. CA003　在用压力容器的检验和缺陷处理,由于实际情况千差万别,很难制订一个适合各种情况的标准。
( ) 156. CA003　在用压力容器的检验和缺陷处理,是为了使其"恢复"到现行设计、制造标准。
( ) 157. CA003　各类在用气瓶、槽车、球罐和超高压容器的检验,应按各相应的专门规定和规程执行,不是统一执行《压力容器安全技术监察规程》的。
( ) 158. CA004　对于不符合现行或原设计规范的选材,材质不明又难于查清者,如果以往使用情况良好,也应停止使用。
( ) 159. CA004　对某些特殊要求的压力容器,其材质性能不符合设计规范,材质不明或使用情况不良,应限期停止使用或改作它用。
( ) 160. CA005　不合理的结构当承受交变载荷时较危险,但处于低温条件下相对较安全。

(　) 161. CA006　均匀性面腐蚀,如按剩余的平均壁厚(应扣除至下一次检验期的腐蚀量)校核强度合格,也应作处理。

(　) 162. CA006　非均匀腐蚀,如按最小剩余壁厚(应扣除至下一次检验期的腐蚀裕量)校核强度合格,可不作处理。

(　) 163. CA007　表面缺陷有的是使用中产生的,有的是制造时遗留下来的,处理的重点,应是制造时遗留的缺陷。

(　) 164. CA007　机械损伤、工卡具焊迹、电弧擦伤、弧坑等缺陷,一般可打磨清除或打磨消除后补焊。

(　) 165. CA008　压力容器设计温度可取实际最高或最低金属温度。

(　) 166. CA008　压力容器焊缝系数可根据实际接头形式和无损探伤比例,按原强度设计标准选取。

(　) 167. CA008　安装投用后常发生焊缝开裂、泄漏者,对焊缝不作探伤检查,只需补焊修理即可。

(　) 168. CA009　逾期未检查校验安全阀,只要安全阀没有出现问题,还可继续使用。

(　) 169. CA009　对强度不够,结构不合理,用材不当等在用压力容器,如无有效处理措施,暂可继续使用。

(　) 170. CA010　容器的使用单位确需采用安全评定处理压力容器的缺陷时,可不经过主管部门和省级劳动部门同意,可自行进行安全评定。

三、简答题

1. AB006　什么叫名义厚度?
2. AB006　什么叫有效厚度?
3. BA001　胎具和模具有何联系和区别?
4. BA001　模具的定义是什么?
5. BA003　封头压制胎模的上模可分为哪几种结构?
6. BA003　三瓣式压模结构的优缺点是什么?
7. BA012　胎具设计一般有哪些步骤?
8. BA012　胎具有哪几种类型?
9. BB001　大型设备(构件)的吊装设计目的是什么?
10. BB001　制定吊装方案应考虑哪些问题?
11. BB007　如何选择合适的大型塔体拼装和安装场地?
12. BB007　如何划定地锚与桅索的位置?
13. BC001　复合钢板交验要求有哪些?
14. BC001　不锈钢复合材料两侧材料有何不同?
15. BC007　铝及铝合金制容器组装特点是什么?
16. BC007　铝焊接时,氢气孔是怎样产生的?如何预防氢气孔的产生?
17. BC008　采用氢氧焰或氧乙炔焰对铜制容器施焊,应满足哪些要求?
18. BC008　铜制容器探伤有什么特点?
19. BD008　简述以赤道带为基准的安装顺序。
20. BD008　以赤道带为基准的分瓣安装法的特点是什么?
21. BD009　球罐的焊接有什么特点?

22. BD009　球罐焊接如何清除焊根未焊透、夹渣等缺陷？如何检验？
23. BE002　铺罐底板前有哪些准备工作？
24. BE002　简述罐底板的铺设方法。
25. BE012　浮顶罐的罐壁焊接有哪两条基本要求？
26. BE012　为防止罐壁焊缝因冷却速度快，造成裂纹，应采取哪些施焊？
27. BE012　罐壁质量检查包括哪些内容？
28. BE013　浮船在浮升试验时，应做哪些检查？
29. BE015　浮顶罐停水检查包括哪些项目？
30. BF003　为防止高强钢焊接裂纹产生，需进行焊前预热，其作用是什么？
31. BF003　为防止高强钢应力产生，从焊接工艺角度应采取哪些措施？

理论知识试题答案

一、选择题

1. A   2. C   3. D   4. D   5. B   6. C   7. A   8. C   9. C   10. B   11. A
12. A   13. B   14. C   15. D   16. A   17. C   18. A   19. B   20. C   21. C   22. C
23. A   24. B   25. D   26. A   27. B   28. C   29. D   30. A   31. C   32. B   33. C
34. A   35. C   36. A   37. A   38. B   39. C   40. D   41. B   42. A   43. C   44. C
45. C   46. C   47. C   48. C   49. B   50. A   51. C   52. A   53. B   54. C   55. D
56. C   57. B   58. C   59. D   60. B   61. C   62. A   63. B   64. B   65. C   66. D
67. A   68. B   69. C   70. D   71. A   72. C   73. A   74. D   75. C   76. C   77. B
78. A   79. B   80. C   81. A   82. B   83. C   84. B   85. C   86. A   87. C   88. B
89. A   90. B   91. A   92. B   93. A   94. C   95. A   96. B   97. C   98. D   99. B
100. C   101. D   102. D   103. B   104. D   105. A   106. B   107. C   108. D   109. A   110. B
111. C   112. D   113. B   114. C   115. D   116. B   117. C   118. D   119. A   120. B   121. C
122. C   123. A   124. C   125. C   126. B   127. C   128. C   129. A   130. C   131. D   132. C
133. B   134. C   135. C   136. C   137. B   138. B   139. C   140. C   141. B   142. A   143. B
144. A   145. C   146. B   147. C   148. B   149. C   150. C   151. C   152. B   153. C   154. A
155. C   156. D   157. C   158. B   159. B   160. A   161. C   162. B   163. D   164. C   165. A
166. B   167. C   168. D   169. B   170. B   171. C   172. D   173. B   174. C   175. D   176. D
177. A   178. A   179. B   180. D   181. B   182. C   183. D   184. C   185. C   186. B   187. C
188. D   189. B   190. B   191. A   192. A   193. D   194. A   195. B   196. B   197. C   198. A
199. B   200. D   201. A   202. B   203. C   204. A   205. B   206. C   207. A   208. C   209. D
210. B   211. C   212. B   213. A   214. C   215. C   216. C   217. C   218. C   219. C   220. B
221. C   222. D   223. A   224. C   225. C   226. D   227. C   228. B   229. C   230. A   231. B
232. C   233. D   234. A   235. C   236. C   237. D   238. C   239. C   240. D   241. C   242. B
243. A   244. C   245. D   246. C   247. B   248. B   249. C   250. D   251. A   252. B   253. C
254. D   255. B   256. C   257. A   258. C   259. B   260. A   261. C   262. C   263. C   264. C
265. A   266. B   267. C   268. D   269. C   270. A   271. B   272. B   273. C   274. D   275. D
276. A   277. B   278. C

二、判断题

1. √   2. ×   如果截平面为水平面时，截交线的水平投影反映实形，不必另求。   3. √   4. ×   截平面与圆锥轴线倾斜，并与所求素线相交，截交线为椭圆。   5. √   6. √   7. ×   如两相交几何体之相贯线不能分布在同一平面上，则为空间曲线。   8. √   9. ×   相贯线和截交线是两个不同的概念。   10. √   11. ×   圆柱螺旋线是属于圆柱表面不在同一素线上的两点之间最短距离的连线。   12. √   13. √   14. ×   圆柱上正螺旋面的母线运动时，母线上所有各点分别作半径不等的螺旋运动，但它们的导程是相等的。   15. ×   球面、抛物面、双曲线都属于不可展旋转面。   16. ×   如果材料净截面积满足 $A_j \geq N/[\sigma]$（其中 A_j:净截面积；N:计算载

荷；[σ]：材料许用应力）则说明柱的强度足够，接着做稳定校核。　17.√　18.√　19.√
20.×　在设计容器壁厚时要考虑封头加工减薄量，即使它在实际中影响较小。　21.×　无法进行探伤的单面环向对接焊缝，当无垫板时，焊缝系数为 0.60，条件是 $d \leq 16mm$，直径 $\leq \phi 600mm$ 的壳体环向焊缝。　22.×　表压与大气压之和称为绝对压力。　23.√　24.×　各种钢材在一定工作条件下，其许用应力是不同的。　25.×　椭圆封头用整体冲压时，其毛坯是一圆板。　26.√　27.×　压力容器制造完毕后，应对其进行耐压强度试验。　28.√　29.×　法兰由于使用环境、受力情况及结构型式不同，因而型式是多种多样的。　30.√　31.√　32.×　模具是从胎具分离出来的专用工装，胎具包含着模具。　33.√　34.√　35.×　热压后的收缩量与工件的材料、形状、尺寸、板厚、脱模温度及冷却条件有关。　36.√　37.√　38.×　滑套式模具制造较复杂，上模行程也比较长。　39.√　40.×　上模直径 $D_{sm} = D_n(1 \pm \delta)$ 中如果"δ"取负值，则表示的含义为冷压回弹率。　41.√　42.×　在计算下胎拉环直径时，胎具直径间隙在热压和冷压时有一定取值范围，薄壁封头取较小值，厚壁封头取较大值。　43.√　44.×　封头胎模压边圈内径比上模直径要大。　45.×　胎模拉环座选用的材料是铸钢。　46.√　47.×　瓦片压胎胎腔直边高度的取值范围，对厚壁瓦取下限，对薄壁取上限。　48.√　49.√　50.×　胎具设计时，要合理选择加工精度。　51.√
52.×　为了节约成本，胎具设计时不但要考虑其形状尽量简单方便制作，对于机加工的零件，要合理选择加工精度和表面粗糙度。　53.√　54.×　胎型为组装胎具时，一般能翻转，便于施焊，只适用中、小型产品。　55.√　56.√　57.×　一项吊装工程任务承接后，要根据施工、设备、协作、工期要求等情况，经综合技术经济分析，多个吊装方案反复论证，确定出最佳方案。　58.√　59.×　一般情况下，立式设备的吊点应选择在设备重心位置偏上 0.5～1m 即可，其目的是使设备在吊装过程中处于稳定状态。　60.√　61.×　吊装机具选择包括起吊机械选择、滑轮组和卷扬机的选择，索具选择及地锚选择等。　62.×　在吊装减压塔时，塔起升至最高位置时，滑轮组与桅杆间的夹角一般不超过 15° 为宜。　63.×　当设备在基础上空竖起准备就位时，为缆风绳最大受力位置。　64.√　65.×　用绑绳捆绑塔体时，其绳不能支持在塔的人孔及进出口管线上。　66.√　67.√　68.×　重型设备的吊装，是整个装置的主要施工项目。　69.√　70.×　复合钢板的性能试验应按批取样。　71.√　72.×　不锈钢复合钢板的力学性能 σ_s、σ_b 及 δ 应不小于基层材料。　73.√　74.×　用不锈复合钢板组装时，工夹具应在基层面使用，点焊亦在基层面进行。　75.×　铝的导热性相当好。　76.√
77.√　78.×　冶炼钛金属比较困难。　79.√　80.√　81.×　铝及铝合金制容器组装时，严禁使用铁锤进行敲打。　82.×　铝的气焊必须使用焊粉，以溶解金属表面的氧化膜，并保护熔池不被氧化，还可以改善熔池金属的流动性。　83.√　84.√　85.√　86.×　钛常在退火状态下使用。　87.×　球瓣上任意两点间球面中心层弧长值，用于下料。　88.√　89.√　90.×　球瓣片曲率的矫正次序是先矫其宽度方向，后矫其长度方向。　91.√　92.×　当球瓣弦长 $L < 2000mm$ 时，其样板弦长不得小于壳体的弦长。　93.√　94.×　球罐支柱接口划线样板应以管子外壁为基准。　95.√　96.√　97.×　基础施工质量的好坏，直接会影响球罐的沉降值。基础质量与球罐的使用寿命戚戚相关。　98.√　99.×　为了使平台具有足够的刚度，球罐的组装平台板间应采用点焊连接，可防止局部下沉。　100.×　半球法总装与分带总装基本相似，其不同点是先安装球罐圆周的主柱，然后分别吊装下半球与上

半球。 101. × 焊前应对焊工进行严格的培训，取得劳动部门颁发的"焊工合格证"后才允许从事球罐焊接工作。 102. √ 103. × 考虑到整个球体有一个均匀的收缩变形，应采取对称均匀的焊接方法和先焊接纵焊缝后焊接环焊缝的焊接顺序。 104. √ 105. × 球瓣由于板厚，焊缝必须多层焊，所以也必须要控制层间温度，层间温度控制在 100~150℃ 范围内。 106. √ 107. × 因为油罐的大型化和高强钢的采用，使得油罐刚性降低，抗风稳定性差。 108. √ 109. × 为补偿罐底焊接收缩，罐底的排板直径应比设计直径适当放大。 110. √ 111. × 罐底中幅板的两端要搭在弓形边板的上面。 112. √ 113. × 罐底板在最后封闭焊缝处要适当留些余量，避免由于焊后焊缝收缩产生过大的焊接应力。 114. × 焊接罐底中幅板时，先焊短焊缝，再焊长焊缝。 115. √ 116. × 整个罐底的收缩量，沿不同方向有所不同，圆心角为45°时，收缩量最大。 117. √ 118. × 罐底搭接焊缝的腰高检查应随时进行，如果全部罐底焊好后再检查、补焊，会造成较大局部凸凹变形。 119. × 罐壁板下料时，每一圈板的最后一块钢板，要比设计长 200mm 左右，避免按净料周长不够造成返工浪费。 120. × 罐壁板滚圆后，应存放在特制的弧形胎架上。还可以就地存放，使其成为下凹弧形并用板检查符合样板为止。 121. √ 122. × 罐的加强圈组焊后，其弧度应大于壁板圆弧度，这样可以保证较小的间隙。 123. √ 124. √ 125. × 抗风圈装在罐壁上之前，应先画好三角架位置并进行组焊，此后拆一块吊兰上一段抗风圈。 126. √ 127. × 包边角钢可根据结构需要焊在罐内壁上，也可焊在罐壁外部。 128. × 罐壁板组对时，壁板间依次进行点焊定位，但最后一张板应留一道"活口"。 129. √ 130. × 罐壁立缝焊接时，一般来说，板越厚，收缩量越大，气温越高收缩量越小。 131. √ 132. √ 133. × 焊接罐壁角焊缝时，应先焊内侧角缝。 134. √ 135. × 罐的单盘下面焊接是在整个罐壁全部完成之后，放净罐内水，浮顶支柱落在罐底板上时，再进行焊接。 136. √ 137. √ 138. × 组焊船舱内边缘板的方法与外边缘板方法相同，且边组对边焊立缝，全部立缝焊完后，再焊同底板隔板、桁架及肋间的连接焊缝。 139. √ 140. × 屈强比的提高使高强钢的可焊性以及变形能力有一定程度的降低，而裂纹敏感性却增强了。 141. √ 142. × 16Mn，16MnR 属于高强钢。 143. × 高强钢在焊接时容易产生焊接应力。 144. √ 145. × 钢材随着碳元素含量的增加，则焊接性能逐渐变差。 146. √ 147. × 如果钢材强度级别更高，则要求预热温度应更高，而且要求结构的刚性愈小。 148. √ 149. × 高强钢的屈服强度比低碳钢高，故弯曲时所需的能量也较大。 150. √ 151. × 低温消除应力热处理方法的实质是一种应力改组方法。 152. √ 153. × 钢结构修理中对破坏杆件或构件究竟是采用更换还是补强办法，这要对具体问题经过经济分析后再决策。 154. √ 155. √ 156. × 在用压力容器的检验和缺陷处理，不是为了使其"恢复"到现行设计、制造标准。 157. √ 158. × 对于不符合现行或原设计规范的选材，材质不明又难于查清者，如果以往使用情况良好，一般可允许继续使用。 159. √ 160. × 不合理的结构当承受交变载荷或处于低温条件下更为危险。 161. × 均匀性面腐蚀，如按剩余的平均壁厚（应扣除至下一次检验期的腐蚀量）校核强度合格，可不作处理。 162. √ 163. × 表面缺陷有的是使用中产生的，有的是制造时遗留下来的，处理的重点，应是使用中产生的缺陷。 164. √ 165. √ 166. √ 167. × 安装投用后常发生焊缝开裂、泄漏者，对焊缝必须进行射线探伤抽查。 168. × 逾期未检查校验安全阀，安全阀不得安装使用。 169. × 对强度不够，结构不合理，用材不当等在用压力容器，如无有效处理措施，不能再继续使用。 170. × 容器的使用单位确需采用安全评定处理压力容器的缺陷时，应提出书面申请，说明原因，并征得主管部门和企业所在省级劳动部门的同意。

三、简答题

1. 名义厚度是由设计壁厚向上圆整,到钢板标准规格的厚度,它就是图样标准厚度。

   评分标准:答对100%。

2. 它是名义厚度与壁厚附加量之差。

   评分标准:答对100%。

3. (1)模具是从胎具分离出来的专用工装;(2)胎具包含着模具;(3)模具工作时,必须严格约束工件,且限制其自由度;(4)胎具工作时,工件自由度大,有灵活性;(5)模具必须有上、下模,而胎具则不然。

   评分标准:每点20%。

4. (1)模具是从胎具分离出来的专用工装;(2)它是借助机械力约束材料按模腔形态而分离或成形的工装。

   评分标准:每点50%。

5. (1)整体模;(2)滑套模;(3)三瓣式模。

   评分标准:点(1)(2)各30%,点(3)40%。

6. (1)其上模靠自重沿圆锥形芯子下滑而缩小直径;(2)实现封头自动脱模;(3)质量好;(4)模具制造复杂。

   评分标准:每点25%。

7. (1)搜集原始资料;(2)根据原始资料分析研究设计什么样的胎具;(3)拟定具体的设计方案;(4)按照设计草图绘制正式图样;(5)审查、复核图样。

   评分标准:每点20%。

8. (1)按胎型功能分,有组装、焊接两用胎具;(2)按胎型的复杂程度分,有简单胎具和复杂胎具。

   评分标准:每点50%。

9. (1)深入分析工程对象的特点;(2)分析施工技术条件;(3)确定最佳施工方案;(4)达到多快好省的施工目的。

   评分标准:每点25%。

10. (1)要根据装置平面布置图结合施工现场具体情况;(2)吊装设备的几何特征及重量;(3)施工单位的吊装机具能力,友邻单位机具协作情况;(4)施工工期要求;(5)经过综合经济分析多个吊装方案反复论证,确定最佳方案。

    评分标准:每点20%。

11. (1)拼装场地应有宽阔的工作面;(2)适当的零部件和材料的堆放场地;(3)尽量使塔体距安装位置的运输路线较短;(4)塔体拼装时的放置方向应尽量符合其吊装要求;(5)吊装时起重绳与桅杆的夹角最小,以保证起重机具受力较小。

    评分标准:每点20%。

12. (1)使地锚尽量能适用于各个塔的吊装以减少地锚的设置数目;(2)使缆风绳与地面既保持一定的夹角(25°~45°)又不妨碍塔的吊装;(3)不妨碍其他设备的施工和整个场地的运输路线。

    评分标准:点(1)(2)各30%,点(3)40%。

13. (1)交验标准要求的项目试验报告;(2)保证复层表面不得有气泡、裂纹结疤,夹杂物及折叠缺陷;(3)若磨削清除缺陷,其厚度应不小于复层最小厚度;(4)对复层表面进行抛光处理;(5)对复层表面进行酸洗钝化处理。

评分标准:每点20%。

14.(1)与介质接触的一侧采用价格昂贵的抗腐蚀性材料;(2)另一侧是相对价格低廉的非抗腐蚀性材料。

评分标准:每点50%。

15.(1)严禁用铁锤,敲打使用木锤,敲打部位应垫上橡皮板;(2)排板下料时应使焊缝尽量减少;(3)容器的壳体或接管翻边时,应严格控制翻边工艺,保证翻边质量;(4)可通过淬火,自然时效及冷作挤压等方法来提高强度;(5)最短筒节长度应不大于200mm。

评分标准:每点20%。

16.(1)焊接熔池快速冷却凝固时氢很容易在焊缝中聚集形成气孔;(2)铝焊接时要注意坡口清洁;(3)控制焊接规范;(4)通常加强规范对防止气孔有利。

评分标准:每点25%。

17.(1)材料必须是退火状态的,否则用氩弧焊;(2)焊条或被焊接头上,应涂有适当的焊剂;(3)焊前应预热到规定的温度范围;(4)纯铜宜采用气体保护焊;(5)铜基材料气焊时宜采用微氧化焰。

评分标准:每点20%。

18.(1)选用射线探伤;(2)象质计选用钢质;(3)探伤具体规定按图样要求执行。

评分标准:点(1)(2)各30%,点(3)40%。

19.支腿安装→拉安装→赤道板安装→南温带安装→南极板安装→北温带安装→北极板安装。

20.(1)先安装赤道带,并以此向两边发展;(2)罐体板的重量直接由支柱承受;(3)球体利于定位;(4)稳定性好;(5)所需辅助工装少。

评分标准:每点20%。

21.(1)全位置焊接;(2)需要在预热条件下长时间连续焊接;(3)劳动条件差;(4)强度大;(5)质量要求高。

评分标准:每点20%。

22.(1)用碳弧气刨方法;(2)用机械方法;(3)用砂轮机修磨,去除碳刨时硬化层;(4)使焊缝坡口修磨光滑;(5)用着色检验表面有无微裂纹,合格后才允许焊接。

评分标准:每点20%。

23.(1)查明罐底钢板规格,分类堆放于罐基础四周;(2)对罐底板进行平整,除锈,在罐底板的下表面涂刷706-6沥青漆两遍;(3)如下料与图样所要求的规格不符,则事先绘出排板图;(4)在罐基的沥青砂层上画出相互垂直的两条中心线,其中一条指示北方。

评分标准:每点25%。

24.(1)铺板时先铺处于罐中心的那块板;(2)在这块钢板上划互相垂直的两条中心线;(3)中心板铺好后再铺中间的一条带;(4)再由中间对称地向两边铺;(5)把中幅板的整张板铺好后再铺边角。

评分标准:每点20%。

25.(1)确保焊缝质量;(2)保证焊接变形小局部凸凹度在设计要求范围内。

评分标准:每点50%。

26.(1)环境温度在5℃以上施焊;(2)环境温度很低,工件较厚时,应预温,且温度应不低于100℃;(3)电焊条要进行烘干;(4)六级以上风天不宜施焊;(5)雷雨天气不宜施焊。

评分标准:每点 20%。

27. (1)焊缝质量;(2)圆度;(3)垂直度;(4)局部凸凹变形量;(5)周长。
评分标准:每点 20%。

28. (1)密封和导向装置有无卡住现象,并测定密封间隙;(2)检查中央排水管是否漏水;(3)转动浮梯是否运转正常。
评分标准:点(1)40%,点(2)(3)各30%。

29. (1)检查单盘、浮船连接角钢等有无异常现象;(2)测量单盘挠度;(3)测定浮船吃水深度;(4)打开中央排水管阀门,记录放完单盘上的全部水所需时间;(5)测定排水能力。
评分标准:每点 20%。

30. (1)减少焊缝金属与母材之间的温差,从而减少残余应力;(2)控制钢材组织转变,避免在热影响区形成脆性马氏体;(3)加速氢的扩散,消除热影响区高含量氢的集中;(4)降低冷却速度,便于造渣;(5)降低焊接所需热量,从而改善焊接工艺性。
评分标准:每点 20%。

31. (1)选用合理的焊接顺序方向;(2)采用反变形的方法进行焊接。
评分标准:每点 50%。

第四部分　高级工技能操作试题

考核内容层次结构表

级别	识图	手工成形	机械成形	装配	连接	矫正	制造	展开放样	安装	安全	合计
初级工	60分 30~90 min	40分 120~180 min									100分 150~270 min
中级工	40分 60~120 min	30分 120~180 min	30分 60min 选一项								100分 240~360 min
高级工	40分 60~180 min	30分 60~180min 选一项			30分 60~180min 选一项						100分 180~540 min
技师							20分 150min	30分 60min	20分 60min	30分 60min	100分 330min

鉴定要素细目表

行业:石油天然气　　工种:石油金属结构制作工　　等级:高级工　　鉴定方式:技能操作

行为领域	鉴定范围			鉴定点		
	代码	名称	鉴定比重	代码	名称	重要程度
技能操作 A 100%	A	识图	40%	AA001	画出容器施工排板图	X
				AA002	识大型复杂压力容器施工图	X
				AA003	识大型复杂桁架结构图	X
				AA004	弯头类展开	X
				AA005	三通管类展开	X
				AA006	变形接头类展开	X
				AA007	螺旋类构件展开	X
				AA008	球体的展开	X
				AA009	求构件的断面实形	X
	B	手工成形	30%	AB001	构件的手工成形	X
	C	机械成形		AC001	利用机械设备的成形(文字叙述题)	X
	D	装配		AD001	支座类的装配	X
				AD002	大型浮盘储罐的装配	X
	E	连接	30%	AE001	咬接	X
				AE002	铆接	X
	F	矫正		AF001	手工矫正	X
				AF002	加热矫正(文字叙述题)	X

注:X—核心要素。

技能操作试题

一、AA001　画出容器施工排板图

本鉴定点下共有3道考核试题,这些试题统一的考核要求如下。

1. 准备要求

（1）鉴定机构准备：教室1间,能容纳30～50人,通风、光线良好,整洁规范无干扰;容器施工图若干（每位考生1份）;白纸若干。

（2）考生准备：

序　号	名　　称	规　格	数　量	备　注
1	钢笔或圆珠笔、铅笔		1支	
2	直尺	200mm	1把	
3	计算器		1个	
4	圆规		1个	
5	三角板		1副	

2. 考核要求

（1）认真审阅图纸。

（2）排板合理、节约。

（3）图面整洁、有序、合理。

3. 考核评分

（1）本题分值采用百分制,100分满分,60分单科及格,然后乘以鉴定比重。

（2）评分方法：按单项记分、扣分。

试题1. AA001-1　画一般压力容器排板图（分离器、换热器、路由器）

（1）考核时限：准备时间15min,正式操作时间60min,每超时1min从总分中扣2分,超时10min停止操作。

（2）工件图：由鉴定机构准备。

（3）配分与评分标准：

序号	考核项目	评分要素	配分	评分标准	检测结果	扣分	得分	备注
1	准备工作	工具劳保准备	5	少一件扣2分				
2	绘制排板图	壳体长度	5	超差1mm扣5分				
		展开长度	5	超差1mm扣5分				
		开孔应避开焊缝	30	每错一处扣5分				
		单段筒节最小长度	20	每错一处扣10分				
		相邻焊缝中心线间距	15	每错一处扣5分				

续表

序号	考核项目	评 分 要 素	配分	评 分 标 准	检测结果	扣分	得分	备注
2	绘制排板图	标注尺寸,图面清洁	20	未标注尺寸扣15分,错一处扣5分;卷面脏乱差扣5分				
3	安全文明	安全生产,文明施工		违规操作,一次从总分中扣除5分;严重违规停止操作				
4	考核时限	超时		每超时1min从总分中扣2分,超时10min停止操作				
		合　　计	100					

考评员:_____　　　　　　　记分员:_____　　　　　　　____年____月____日

试题2. AA001-2　画出5000m³罐底排板图

(1)考核时限:准备时间15min,正式操作时间120min,每超时1min从总分中扣2分,超时10min停止操作。

(2)工件图:由鉴定机构准备。

(3)配分与评分标准:

序号	考核项目	评 分 要 素	配分	评 分 标 准	检测结果	扣分	得分	备注
1	准备工作	工具劳保准备用	5	少一件扣2分				
2	绘制排板图	罐底的排板直径	15	应按设计直径放大0.1%~0.2%,错误扣15分				
		边缘板沿罐底半径方向的最小尺寸	15	不得小于700mm,每错一处扣5分				
		中幅板的宽度、长度	20	宽度不得小于1000mm,长度不得小于2000mm,每错一处扣5分				
		底板任意相邻焊缝之间的距离	20	不得小于200mm,每错一处扣10分				
		弓形边缘板的尺寸偏差	15	每错一处扣5分				
		标注尺寸	5	标注尺寸不对扣5分				
		图面清洁、工序合理	5	不符合扣5分				
3	安全文明	安全生产,文明施工		违规操作,一次从总分中扣除5分;严重违规停止操作				
4	考核时限	超时		每超时1min从总分中扣2分,超时10min停止操作				
		合　　计	100					

考评员:_____　　　　　　　记分员:_____　　　　　　　____年____月____日

试题3. AA001-3 画出10000m³罐底排板图

(1)考核时限:准备时间15min,正式操作时间120min,每超时1min从总分中扣2分,超时10min停止操作。

(2)工件图:由鉴定机构准备。

(3)配分与评分标准:同题AA001-2。

二、AA002 识大型复杂压力容器施工图

本鉴定点下共有6道考核试题,这些试题统一的考核要求如下。

1. 准备要求

(1)鉴定机构准备:教室1间,能容纳30~50人,通风、光线良好,整洁规范无干扰;容器施工图若干(每位考生1份);白纸若干。

(2)考生准备:

序号	名称	规格	数量	备注
1	钢笔或圆珠笔、铅笔		1支	
2	计算器		1个	

2. 考核要求

(1)认真审阅图纸。

(2)写出图中主要元件的材料名称、规格、型号、数量。

(3)写出主要质量控制项目。

3. 考核评分

(1)本题分值采用百分制,100分满分,60分单科及格,然后乘以鉴定比重。

(2)评分方法:按单项记分、扣分。

4. 考核时限

准备时间15min,正式操作时间90min,每超时1min从总分中扣2分,超时10min停止操作。

试题1. AA002-1 三相分离器施工图

(1)工件图:由鉴定机构准备。

(2)配分与评分标准:

序号	考核项目	评分要素	配分	评分标准	检测结果	扣分	得分	备注
1	准备工作	工具劳保准备	5	少一件扣2分				
2	主要受压元件	筒底规格材质,封头规格材质,人孔盖规格材质,人孔法兰规格材质,人孔接管规格材质,开孔补强圈规格材质,M36以上的规格设备主螺栓,直径大于250mm的接管和接管法兰	45	每错一项扣5分				

续表

序号	考核项目	评分要素	配分	评分标准	检测结果	扣分	得分	备注
3	主要质量控制项目	筒体长度,筒体直线度,接管法兰面至壳体外壁距离,与外部管线连接法兰的法兰面垂直度与平行度,内部元件的位置尺寸,开孔方位,试压方法及压力	50	每错一项扣5分				
4	安全文明	安全生产,文明施工		违规操作,一次从总分中扣除5分;严重违规停止操作				
5	考核时限	超时		每超时1min从总分中扣2分,超时10min停止操作				
	合 计		100					

考评员：_____ 记分员：_____ ____年____月____日

试题2. AA002-2 5000m³球罐施工图

(1)工件图:由鉴定机构准备。
(2)配分与评分标准:

序号	考核项目	评分要素	配分	评分标准	检测结果	扣分	得分	备注
1	准备工作	工具劳保准备	5	少一件扣2分				
2	识图	每带球壳板的规格、尺寸,上支柱的规格、尺寸,下支柱的规格、尺寸	35	每错一项扣5分				
3	主要质量控制项目	球壳板尺寸、曲率、翘曲度,上支柱位置尺寸,下支柱直线度,分带预组装尺寸,与外部管线连接法兰的法兰面垂直度或平行度,底板及支撑板垂直度	60	每错一项扣5分				
4	安全文明	安全生产,文明施工		违规操作,一次从总分中扣除5分;严重违规停止操作				
5	考核时限	超时		每超时1min从总分中扣2分,超时10min停止操作				
	合 计		100					

考评员：_____ 记分员：_____ ____年____月____日

试题 3. AA002-3　10000m³ 球罐施工图

（1）工件图：由鉴定机构准备。

（2）配分与评分标准：同题 AA002-2。

试题 4. AA002-4　识反应塔施工图

（1）工件图：由鉴定机构准备。

（2）配分与评分标准：同题 AA002-1。

试题 5. AA002-5　识汽提塔施工图

（1）工件图：由鉴定机构准备。

（2）配分与评分标准：同题 AA002-1。

试题 6. AA002-6　识蒸汽塔施工图

（1）工件图：由鉴定机构准备。

（2）配分与评分标准：同题 AA002-1。

三、AA003　识大型复杂桁架结构图

本鉴定点下共有 2 道考核试题，这些试题统一的考核要求如下。

1. 准备要求

（1）鉴定机构准备：教室 1 间，能容纳 30~50 人，通风、光线良好，整洁规范无干扰；大型桁架图若干（每位考生 1 份）；白纸若干。

（2）考生准备：

序号	名称	规格	数量	备注
1	钢笔或圆珠笔、铅笔		1 支	
2	计算器		1 个	

2. 考核要求

（1）认真审阅图纸。

（2）写出图中所有的材料名称、规格、型号、数量及下料尺寸。

（3）写出施工注意事项及主要质量控制项目。

3. 考核评分

（1）本题分值采用百分制，100 分满分，60 分单科及格，然后乘以鉴定比重。

（2）评分方法：按单项记分、扣分。

4. 考核时限

准备时间 15min，正式操作时间 60min，每超时 1min 从总分中扣 2 分，超时 10min 停止操作。

5. 配分与评分标准

序号	考核项目	评分要素	配分	评分标准	检测结果	扣分	得分	备注
1	准备工作	工具劳保准备	5	少一件扣 2 分				
2	识图及施工注意事项	材料名称、规格、数量	30	每错一项扣 5 分				
		组对方法、焊接顺序、刚性固定方式	30	每错一项扣 5 分				

续表

序号	考核项目	评分要素	配分	评分标准	检测结果	扣分	得分	备注
3	主要质量控制项目	长度尺寸,宽度尺寸,对角线尺寸,翘曲度,平整度,主要结构尺寸,特殊技术要求及工艺要求	35	每错一项扣5分				
4	安全文明	安全生产,文明施工		违规操作,一次从总分中扣除5分;严重违规停止操作				
5	考核时限	超时		每超时1min从总分中扣2分,超时10min停止操作				
	合计		100					

考评员:_____   记分员:_____   ____年__月__日

试题1. AA003-1 大型桁架图
工件图:由鉴定机构准备。

试题2. AA003-2 大型复杂结构件图
工件图:由鉴定机构准备。

四、AA004 弯头类展开
本鉴定点下共有4道考核试题,这些试题统一的考核要求如下。

1.准备要求
(1)鉴定机构准备:教室1间,能容纳30~50人,通风、光线良好,整洁规范无干扰;油毡纸若干。

(2)考生准备:

序号	名称	规格	数量	备注
1	划规	400mm	1把	
2	直板尺	1000mm	1把	
3	直角尺	250mm×500mm	1把	
4	划针		1根	
5	手剪刀		1把	
6	钢卷尺	3m	1个	

2.考核评分
(1)本题分值采用百分制,100分满分,60分单科及格,然后乘以鉴定比重。
(2)评分方法:按单项记分、扣分。

3.否定项说明
尺寸误差大于3mm以上的。

试题1. AA004-1 90°变向等径圆管五节弯头
(1)考核要求:
① 必须做板厚处理。
② 展开圆周以中径为基准并12等分。

(2)操作程序:
① 准备工作。
② 求作展开图所需尺寸。
③ 作外端、次外端圆管展开图。
④ 展开中段圆管。
⑤ 样板。

(3)考核时限:准备时间 15min,正式操作时间 120min,每超时 1min 从总分中扣 2 分,超时 10min 停止操作。

(4)工件图:见题 AA004-1 图。

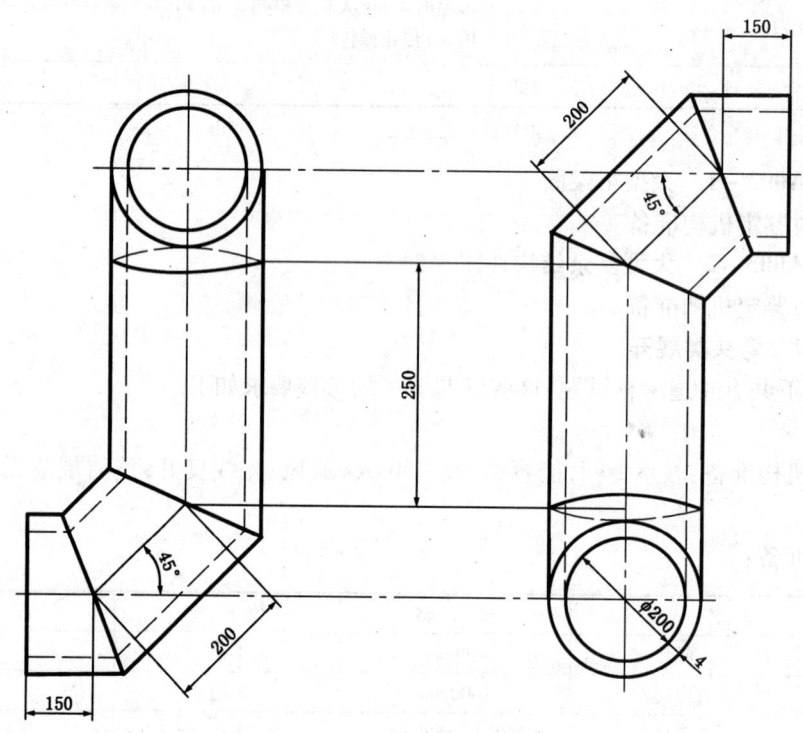

题 AA004-1 图

(5)配分与评分标准:

序号	考核项目	评分要素	配分	评分标准	检测结果	扣分	得分	备注
1	准备工作	工具劳保准备	6	少一件扣 2 分				
2	求作展开图所需尺寸	主、俯视图	10	允差 ±1mm,每超差 1mm 扣 2 分				
		求实长线 r_1	10	必须以外径为基准求作,错误扣 10 分				
		求实长线 r_2	10	必须以内径为基准求作,错误扣 10 分				

续表

序号	考核项目	评分要素	配分	评分标准	检测结果	扣分	得分	备注
3	作外端、次外端展开图	以中径为基准展开圆周	4	展开错误扣4分				
		12等分圆周	4	等分点位置允差±1mm,每超差1mm扣2分				
		取点	10	每点位置允差±1mm,每超差1mm扣2分				
		光滑连接各点	6	每一不光滑处扣1分				
4	展开中段圆管	以中径为基准展开圆周	4	展开错误扣4分				
		12等分圆周	4	等分点偏差允差±2mm,每超差1mm扣2分				
		取点	16	每点位置允差±2mm,每超差1mm扣2分(应注明展开图为正曲或反曲,不注明或错误扣5分)				
		光滑连接各点	6	每一不光滑处扣2分				
5	样板	轮廓线	10	边缘有明显缺陷,则不得分;每一不光滑处扣1分				
6	安全生产	按国家颁发有关法规或企业自定有关规定		违规操作,一次从总分中扣除5分;严重违规停止操作				
7	考核时限	超时		每超时1min从总分中扣2分,超时10min停止操作				
	合计		100					

考评员:_____   记分员:_____   ____年___月___日

试题2. AA004-2 拐90°的3节等径圆管弯头

(1)考核要求:

① 必须做板厚处理,并做卡样板。

② 展开圆周时以中径为基准,并12等分。

(2)操作程序:

① 准备工作。

② 求作展开图所需尺寸。

③ 展开中间圆管。

④ 展开两端圆管。

⑤ 作卡样板。

⑥ 样板。

(3)考核时限:准备时间:15min,正式操作时间:120min,每超时1min从总分中扣2分,超时10min停止操作。

(4)工件图:见题AA004-2图。

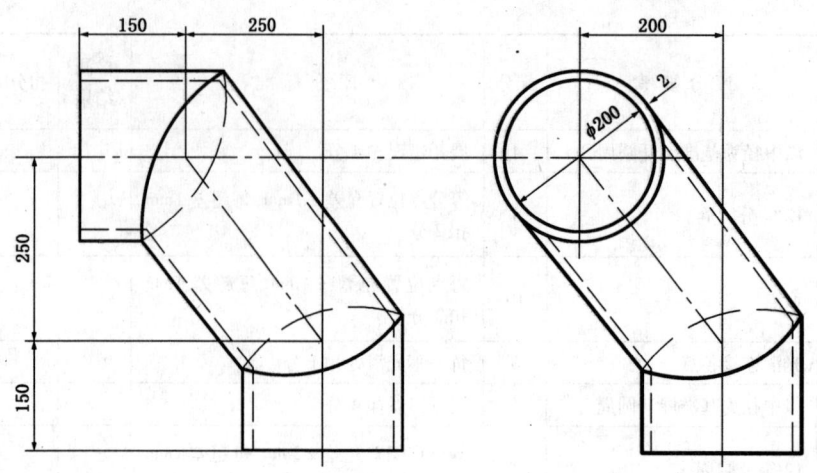

题 AA004-2 图

(5)配分与评分标准：

序号	考核项目	评分要素	配分	评分标准	检测结果	扣分	得分	备注
1	准备工作	工具劳保准备	6	少一件扣2分				
2	求作展开图所需尺寸	主、俯视图	10	允差±1mm，每超差1mm扣2分				
		求实长线 r、r'、C	12	每错一处扣4分				
3	展开中间圆管	12等分展开圆周	10	以中径为基准展开，否则扣5分；长度允差±1mm，每超差1mm扣2分；等分点位置允差±1mm，每超差1mm扣2分				
		取点	10	每点位置允差±1mm，每超差1mm扣2分				
		光滑连接各点	6	每一不光滑处扣2分				
4	展开两侧圆管	12等分展开圆周	10	以中径为基准展开，否则扣5分；长度允差±1mm，每超差1mm扣2分；等分点位置允差±1mm，每超差1mm扣2分				
		取点	10	每点位置允差±2mm，每超差1mm扣2分				
		光滑连接各点	6	每一不光滑处扣2分				
5	作卡样板	角度	10	角度允差±0.5°，超差1°扣5分				
6	样板	轮廓线	10	边缘有明显缺陷，则不得分；每一不光滑处扣1分				

续表

序号	考核项目	评分要素	配分	评分标准	检测结果	扣分	得分	备注
7	安全生产	按国家颁发有关法规或企业自定有关规定		违规操作,一次从总分中扣除5分;严重违规停止操作				
8	考核时限	超时		每超时1min从总分中扣2分,超时10min停止操作				
	合 计		100					

考评员:_____   记分员:_____   ____年____月____日

试题3. AA004-3 圆管-圆锥-圆管3节直角换向连接管

(1)考核要求:

① 因直径较大,壁较薄、可不做板厚处理。

② 展开圆周以中径为基准并8等分。

(2)操作程序

① 准备工作。

② 求作接合线。

③ 大小圆管展开。

④ 圆锥管展开。

⑤ 样板。

(3)考核时限:准备时间15min,正式操作时间120min,每超时1min从总分中扣2分,超时10min停止操作。

(4)工件图:见题AA004-3图。

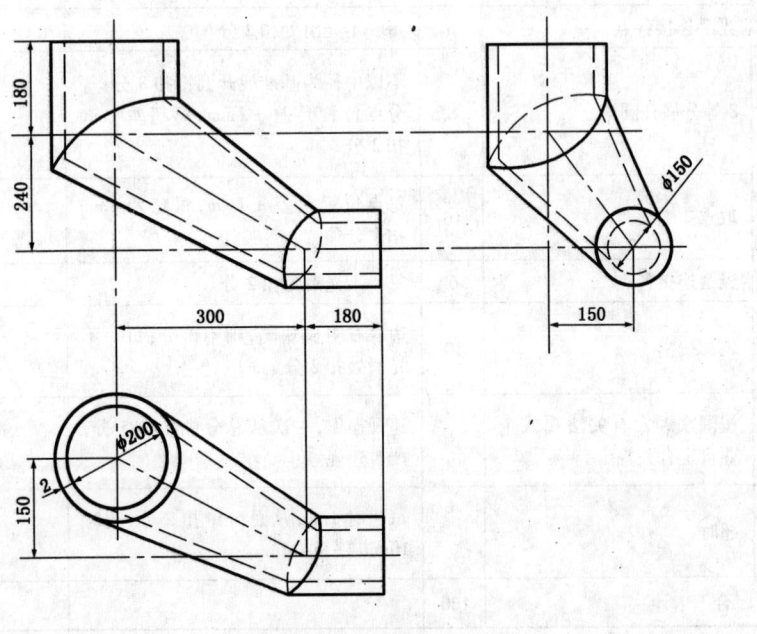

题AA004-3图

(5)配分与评分标准：

序号	考核项目	评 分 要 素	配分	评 分 标 准	检测结果	扣分	得分	备注
1	准备工作	工具劳保准备	6	少一件扣2分				
2	求作接合线	主、俯视图	10	允差±1mm，每超差1mm扣2分				
		作大管与圆锥管中心线的夹角	2	做法不正确扣2分				
		作圆锥管中心线实长线	2	做法不正确扣2分				
		画两个断面圆	2	圆心、半径每选择错一处扣1分				
		连公切线	2	切点位置错扣2分				
		连点得接合线	2	连点不正确扣2分				
		作小管与圆锥管中心线的夹角	2	做法不正确扣2分				
		画两个断面圆	2	圆心、半径错扣2分				
		连公切线	2	切点位置错扣2分				
		连点得接合线	2	连点不正确扣2分				
3	大小圆管展开	8等分展开圆周	8	不以中径为基准展开圆锥扣8分；等分点位置允差±1mm，每超差1mm扣2分				
		取点	12	每点位置允差±1mm，每超差1mm扣2分				
		光滑连接各点	6	每一不光滑处扣2分				
4	圆锥管展开	8等分展开圆锥	8	不以中径为基准展开圆锥扣8分；等分点位置允差±1mm，每超差1mm扣2分				
		取点	16	每点位置允差±1mm，每超差1mm扣2分				
		光滑连接各点	6	每一不光滑处扣2分				
5	样板	轮廓线	10	边缘有明显缺陷，则不得分；每一不光滑处扣2分				
6	安全生产	按国家颁发有关法规或企业自定有关规定		违规操作，一次从总分中扣除5分；严重违规停止操作				
7	考核时限	超时		每超时1min从总分中扣2分，超时10min停止操作				
	合　　计		100					

考评员：_____　　　　　　　记分员：_____　　　　　　　___年___月___日

试题4. AA004-4　五节圆锥90°弯头

(1)考核要求：

① 因直径较大,壁较薄,可不作板厚处理。

② 展开圆周时,以中径为基准,并12等分圆周。

(2)操作程序：

① 准备工作。

② 求作接合线。

③ 作展开图。

④ 样板。

(3)考核时限:准备时间15min,正式操作时间150min,每超时1min从总分中扣2分,超时10min停止操作。

(4)工件图:见题AA004-4图。

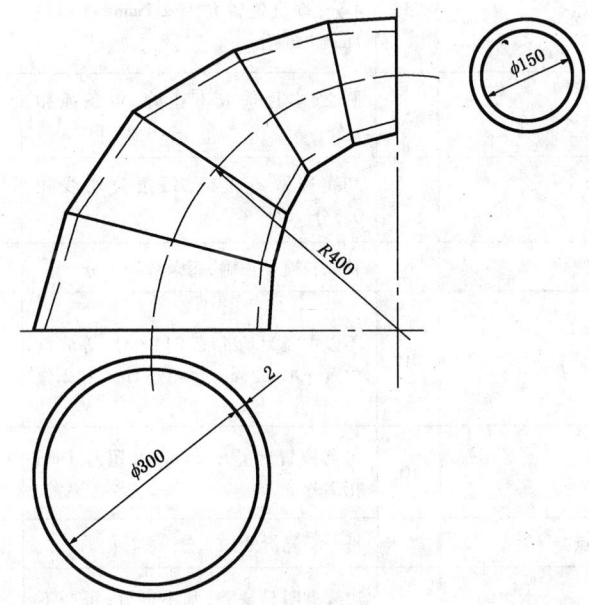

题AA004-4图

(5)配分与评分标准：

序号	考核项目	评分要素	配分	评分标准	检测结果	扣分	得分	备注
1	准备工作	工具劳保准备	6	少一件扣2分				
2	求作接合线	主、俯视图	10	允差±1mm,每超差1mm扣2分				
		弯头外形线	10	中心线半径尺寸允差±1mm,每超差1mm扣1分；大小口端面垂直度允差±1mm,每超差1mm扣1分；大小口直径尺寸允差±1mm,每超差1mm扣1分				

续表

序号	考核项目	评分要素	配分	评分标准	检测结果	扣分	得分	备注
2	求作接合线	5分90°圆心角	5	角度分别为11.25°,22.5°,22.5°,22.5°11.25°,如有错误扣5分;角度允差±2°,每超差1°扣1分				
		切线与角分线交点	6	切点位置每错一处扣1分;两线一一对应交点,位置错每点扣1分				
		圆锥管	6	上下口直径分别为弯头小口、大口直径,每错一处扣3分				
		锥管侧线垂足	5	垂直高度应为5条线段之和,错误扣4分;垂直位置允差±1mm,每超差1mm扣1分				
		画圆弧	5	圆心、半径选取不正确,每条弧扣1分				
		公切线交点	5	切线选取不正确,每条公切线扣0.5分				
		圆锥管斜截线	6	移取长度不正确,每条线扣1分				
3	作展开图	12等分展开圆锥	10	不以中径为基准展开扣8分;等分点位置允差±2mm,每超差1mm扣2分				
		取点	10	每点位置允差±2mm,每超差1mm扣2分				
		光滑连接各点	6	每一不光滑处扣2分				
4	样板	轮廓线	10	边缘有明显缺陷,则不得分;每一不光滑处扣2分				
5	安全生产	按国家颁发有关法规或企业自定有关规定		违规操作,一次从总分中扣除5分;严重违规停止操作				
6	考核时限	超时		每超时1min从总分中扣2分,超时10min停止操作				
		合计	100					

考评员:_____　　　　　记分员:_____　　　　　___年___月___日

五、AA005 三通管类展开

本鉴定点下共有4道考核试题,这些试题统一的考核要求如下。

1.准备要求

(1)鉴定机构准备:教室1间,能容纳30~50人,通风、光线良好,整洁规范无干扰;油毡纸若干。

(2)考生准备:

序 号	名 称	规 格	数 量	备 注
1	划规	400mm	1把	
2	直板尺	1000mm	1把	
3	直角尺	250mm×500mm	1把	
4	划针		1根	
5	手剪刀		1把	
6	钢卷尺	3m	1个	

2.考核评分

(1)本题分值采用百分制,100分满分,60分单科及格,然后乘以鉴定比重。

(2)评分方法:按单项记分、扣分。

3.否定项说明

尺寸误差大于3mm以上的。

试题1.AA005-1 三通补料管

(1)考核要求:

① 因直径较大,壁较薄,可不作板厚处理。

② 展开圆周时,以中径为基准,并6等分圆周。

(2)操作程序:

① 准备工作。

② 画立管展开图。

③ 画直管展开图。

④ 作实长线。

⑤ 作补料板展开图。

⑥ 样板。

(3)考核时限:准备时间15min,正式操作时间90min,每超时1min从总分中扣2分,超时10min停止操作。

(4)工件图:见题AA005-1图。

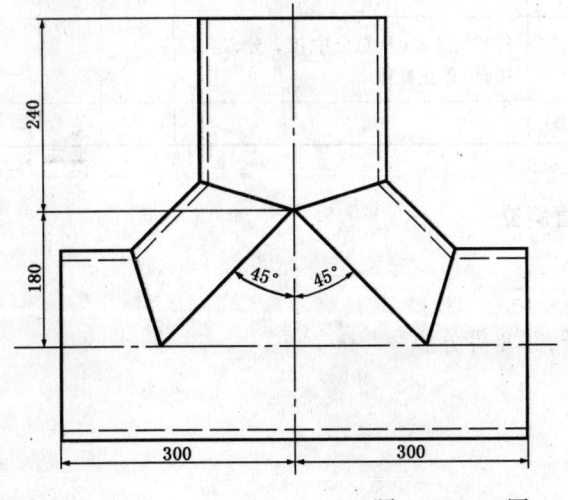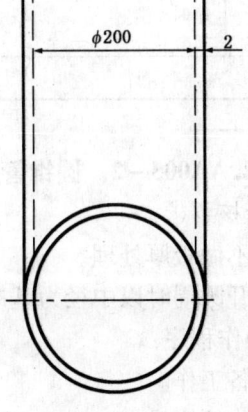

题AA005-1图

(5)配分与评分标准：

序号	考核项目	评分要素	配分	评分标准	检测结果	扣分	得分	备注
1	准备工作	工具劳保准备	6	少一件扣2分				
2	画立管展开图	主、俯视图	10	允许±1mm，每超差1mm扣2分				
		以中径为基准展开圆周	4	不以中径为基准扣4分				
		6等分圆周	4	等分点偏差允差±1mm，每超差1mm扣2分				
		取点	8	每点位置允差±1mm，每超差1mm扣2分				
		光滑连接各点	6	不光滑每处扣2分				
3	画直管展开图	以中径为基准展开圆周	4	不以中径为基准扣4分				
		6等分圆周	4	等分点偏差允差±1mm，每超差1mm扣2分				
		取点	8	每点位置允差±1mm，每超差1mm扣2分				
		光滑连接各点	6	不光滑每处扣2分				
4	作补料板展开图	作实长线	10	每条线允差±1mm，每超差1mm扣2分				
		取交点	14	交点位置允差±1mm，每超差1mm扣2分				
		光滑连接各点	6	不光滑每处扣2分				
5	样板	轮廓线	10	边缘有明显缺陷，不得分；每一不光滑处扣1分				
6	安全生产	按国家颁发有关法规或企业自定有关规定		违规操作，一次扣除5分；严重违规停止操作				
7	考核时限	超时		每超时1min从总分中扣2分，超时10min停止操作				
	合计		100					

考评员：_____　　　　记分员：_____　　　　____年____月____日

试题2. AA005－2　圆锥管与圆管斜交

(1)考核要求：

① 可不做板厚处理。

② 展开圆周时以中径为基准展开，并8等分。

(2)操作程序：

① 准备工作。

② 求作接合线。

③ 展开圆锥管。

④ 样板。

(3) 考核时限:准备时间 15min,正式操作时间:90min,每超时 1min 从总分中扣 2 分,超时 10min 停止操作。

(4) 工件图:见题 AA005-2 图。

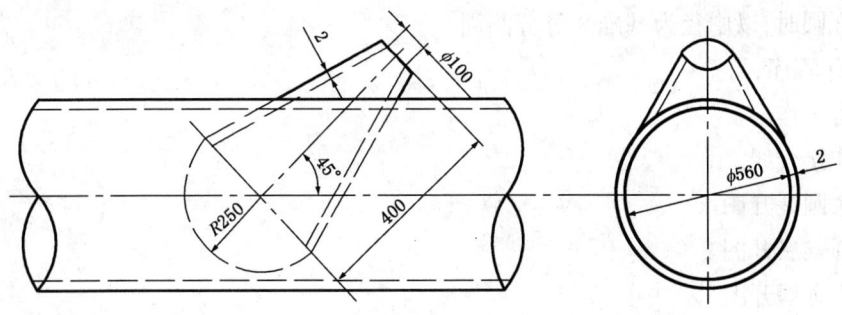

题 AA005-2 图

(5) 配分与评分标准:

序号	考核项目	评分要素	配分	评分标准	检测结果	扣分	得分	备注
1	准备工作	工具、用具准备	6	少一件扣 2 分				
2	求作接合线	主、俯视图	10	允差 ±1mm,每超差 1mm 扣 2 分				
		画断面圆	4	圆心、半径每错一处扣 2 分				
		连接切线得交点	6	切点位置不正确每点扣 1 分				
		连点得接合线	4	连接不正确,每条线扣 2 分				
3	展开圆管	展开圆管周长	6	不以中径为基准展开扣 6 分				
		求作交点	10	每错一处扣 2 分				
		光滑连接各点	6	每一不光滑处扣 1 分				
4	展开圆锥管	8 等分圆周	10	不以中径为基准展开不得分;等分点位置允差 ±1mm,每超差 1mm 扣 2 分;等分点允差 ±1mm,每超差 1mm 扣 1 分				
		取点	22	每点位置允差 ±1mm,每超差 1mm 扣 2 分				
		光滑连接各点	6	每一不光滑处扣 2 分				
5	样板	轮廓线	10	边缘有明显缺陷,不得分;每一不光滑处扣 1 分				
6	安全生产	按国家颁发有关法规或企业自定有关规定		违规操作,一次从总分中扣除 5 分;严重违规停止操作				
7	考核时限	超时		每超时 1min 从总分中扣 2 分,超时 10min 停止操作				
		合 计	100					

考评员:_____ 　　　　　　　记分员:_____ 　　　　　　　____年____月____日

试题 3. AA005 – 3 异径裤形管

(1) 考核要求：

① 因直径较大，壁较薄，可不作板厚处理。

② 展开圆时，以中径为基准 8 等分圆周。

(2) 操作程序：

① 准备工作。

② 求作接合线。

③ 作大圆展开图。

④ 作圆锥展开图。

⑤ 作小圆展开图。

⑥ 样板。

(3) 考核时限：准备时间 15min，正式操作时间 120min，每超时 1min 从总分中扣 2 分，超时 10min 停止操作。

(4) 工件图：见题 AA005 – 3 图。

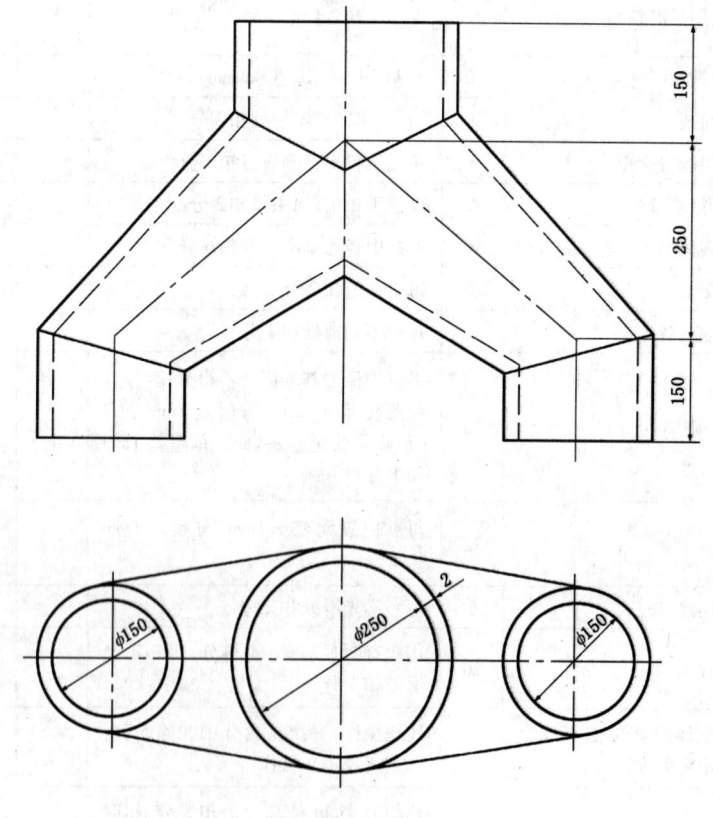

题 AA005 – 3 图

(5)配分与评分标准:

序号	考核项目	评分要素	配分	评分标准	检测结果	扣分	得分	备注
1	准备工作	工具、用具准备	6	少一件扣2分				
2	求作接合线	主、俯视图	10	允差±1mm,每超差1mm扣2分				
		大、小圆管断面	4	圆心、半径选取不正确每处扣2分				
		公切线	6	切点位置选取不正确,每处扣2分				
		连交点得接合线	10	连线不正确,每条线扣2分				
3	大圆管展开图	8等分展开圆周	4	展开长度允差±1mm,每超差1mm扣2分;等分点位置允差±1mm,每超差1mm扣2分				
		取点	8	每点位置允差±1mm,每超差1mm扣2分				
		光滑连接各点	6	每一不光滑处扣1分				
4	圆锥管展开图	8等分展开圆周	4	展开长度允差±1mm,每超差1mm扣2分;等分点位置允差±1mm,每超差1mm扣2分				
		取点	8	每点位置允差±1mm,每超差1mm扣2分				
		光滑连接各点	6	每一不光滑处扣1分				
5	小圆管展开图	8等分展开圆周	4	展开长度允差±1mm,每超差1mm扣2分;等分点位置允差±1mm,每超差1mm扣2分				
		取点	8	每点位置允差±1mm,每超差1mm扣2分				
		光滑连接各点	6	每一不光滑处扣1分				
6	样板	轮廓线	10	边缘有明显缺陷,不得分;每一不光滑处扣1分				
7	安全生产	按国家颁发有关法规或企业自定有关规定		违规操作,一次从总分中扣除5分;严重违规停止操作				
8	考核时限	超时		每超时1min从总分中扣2分,超10min停止操作				
		合　计	100					

考评员:_____　　　　记分员:_____　　　　____年____月____日

试题 4. AA005-4　主管为大圆支管为渐缩五通管

(1)考核要求

① 展开圆周以中径为基准,并 8 等分。

② 因直径较大,壁较薄,可不作板厚处理。

(2)操作程序:

① 准备工作。

② 求作接合线。

③ 大圆管展开。

④ 侧支管展开。

⑤ 中间支管展开。

⑥ 样板。

(3)考核时限:准备时间 15min,正式操作时间 180min,每超时 1min 从总分中扣 2 分,超时 10min 停止操作。

(4)工件图:见题 AA005-4 图。

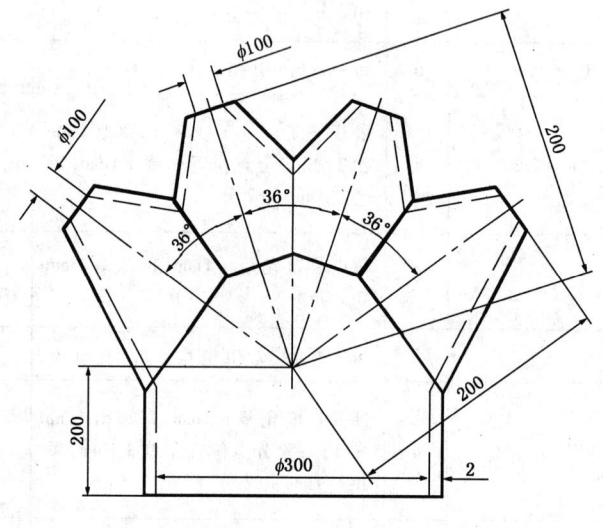

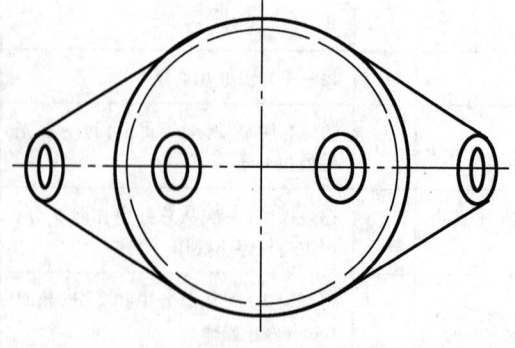

题 AA005-4 图

(5)配分与评分标准：

序号	考核项目	评 分 要 素	配分	评 分 标 准	检测结果	扣分	得分	备注
1	准备工作	工具劳保准备	6	少一件扣2分				
2	求作接合线	主、俯视图	10	允差±1mm，每超差1mm扣2分				
		画断面圆	4	圆心、半径选取不正确，每错一处扣2分				
		连切线	6	切点每错一处扣2分				
		得接合线	10	每错一条线扣2分				
3	求作大圆管展开	8等分展开圆周	4	展开长度允差±2mm，每超差1mm扣2分；等分点位置允差±2mm，每超差1mm扣2分				
		取点	8	每点位置允差±2mm，每超差1mm扣2分				
		光滑连接各点	6	每一不光滑处扣2分				
4	两侧支管展开图	8等分展开圆周	6	展开长度允差±2mm，每超差1mm扣2分；等分点位置允差±2mm，每超差1mm扣2分				
		取点	8	每点位置允差±2mm，每超差1mm扣2分				
		光滑连接各点	6	每一不光滑处扣2分				
5	中间两支管展开图	8等分展开圆周	10	展开长度允差±2mm，每超差1mm扣2分；等分点位置允差±2mm，每超差1mm扣2分				
		取点	6	每点位置允差±2mm，每超差1mm扣2分				
		光滑连接各点	4	每一不光滑处扣2分				
6	样板	轮廓线	6	边缘有明显缺陷，不得分；每一不光滑处扣1分				
7	安全生产	按国家颁发有关法规或企业自定有关规定		违规操作，一次从总分中扣除5分；严重违规停止操作				
8	考核时限	超时		每超时1min从总分中扣2分，超时10min停止操作				
	合　　计		100					

考评员：_____　　　　　记分员：_____　　　　　___年___月___日

六、AA006 变形接头类展开

本鉴定点下共有3道考核试题,这些试题统一的考核要求如下。

1. 准备要求

(1)鉴定机构准备:教室1间,能容纳30~50人,通风、光线良好,整洁规范无干扰;油毡纸若干。

(2)考生准备:

序 号	名 称	规 格	数 量	备 注
1	划规	400mm	1把	
2	直板尺	1000mm	1把	
3	直角尺	250mm×500mm	1把	
4	划针		1根	
5	手剪刀		1把	
6	钢卷尺	3m	1把	

2. 考核评分

(1)本题分值采用百分制,100分满分,60分单科及格,然后乘以鉴定比重。

(2)评分方法:按单项记分、扣分。

3. 否定项说明

(1)尺寸误差大于3mm以上的。

(2)超时10min以上的。

试题1. AA006-1 圆顶椭圆底马鞍形连接管

(1)考核要求:

6等分半圆周,展开时以中径为基准。

(2)操作程序:

① 准备工作。

② 求作实长线。

③ 作展开图。

④ 样板。

(3)考核时限:准备时间15min,正式操作时间90min,每超时1min从总分中扣2分,超时10min停止操作。

(4)工件图:见题AA006-1图。

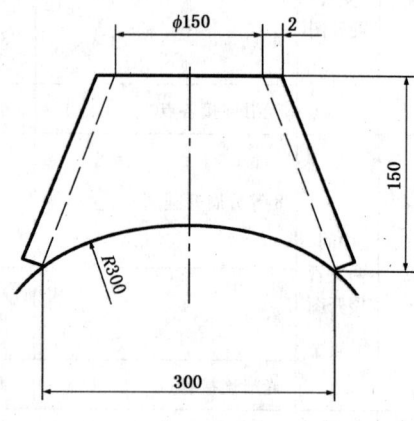

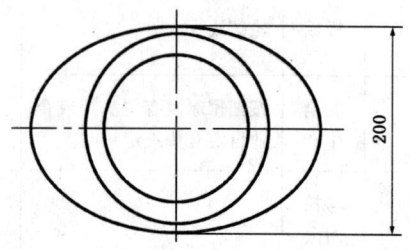

题 AA006-1 图

(5)配分与评分标准：

序号	考核项目	评分要素	配分	评分标准	检测结果	扣分	得分	备注
1	准备工作	工具、用具准备	6	少一件扣2分				
2	求作实长线	主、俯视图	10	允差±1mm，每超差1mm扣2分				
		6等分半圆周	10	分点要选择合理，一点为过渡处，一点为长半径圆弧的中心，每错一点扣5分				
		取点得实长线	20	每点位置允差±2mm，每超差1mm扣2分				
3	作展开图	取主视图实长线	14	直线应竖直，偏斜允差±1mm，每超差1mm扣2分；长度允差±1mm，每超差1mm扣2分				
		依次画弧得交点	20	圆心位置、半径选取不正确，每错一处扣4分				
		光滑连接各点	10	不光滑每处扣2分				
4	样板	轮廓线	10	边缘有明显缺陷不得分，每一不光滑处扣1分				
5	安全生产	按国家颁发有关法规或企业自定有关规定		违规操作，一次从总分中扣除5分；严重违规停止操作				
6	考核时限	超时		每超时1min从总分中扣2分，超时10min停止操作				
	合计		100					

考评员：_____　　　记分员：_____　　　___年___月___日

试题2. AA006-2 矩形管直角换向圆管的连接管

(1)考核要求：

展开圆周12等分并以中径为基准。

(2)操作程序：

① 准备工作。

② 展开矩形段侧板。

③ 展开矩形段外内弧板。

④ 求作实长线。

⑤ 作过渡节展开图。

⑥ 样板。

(3)考核时限：准备时间15min，正式操作时间120min，每超时1min从总分中扣2分，超时10min停止操作。

(4)工件图：见题AA006-2图。

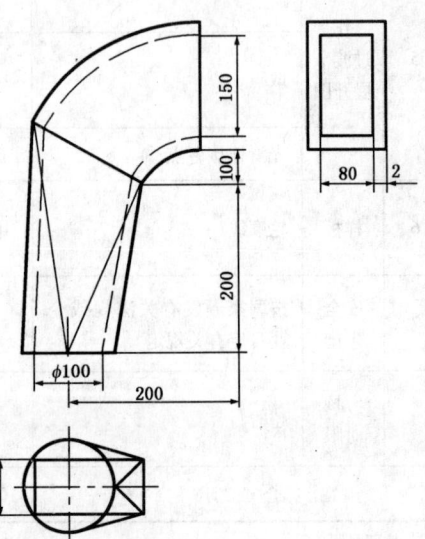

题 AA006-2 图

(5)配分与评分标准:

序号	考核项目	评 分 要 素	配分	评 分 标 准	检测结果	扣分	得分	备注
1	准备工作	工具、用具准备	6	少一件扣2分				
2	展开矩形段侧板	主、俯视图	10	允差±1mm,每超差1mm扣2分				
		扇形内半径	6	应为圆心至矩形管近端管内口尺寸,否则不得分;尺寸允差±1mm,每超差1mm扣1分				
		扇形外半径	6	应为圆心至矩形管外端管内口尺寸,否则不得分;尺寸允差±1mm,每超差1mm扣2分				
		扇面角	6	应为主视图已给定圆心角,错误不得分				
3	展开矩形段外内弧板	展开长度	6	以中径为基准展开所得尺寸,错误不得分				
		展开宽度	4	应为主视图已给定尺寸,错误不得分				
4	求作实长线	6等分半圆周	8	等分点允差±1mm,每超差1mm扣2分				
		取点得实长线	12	每点位置允差±1mm,每超差1mm扣2分				
5	作过渡节展开图	12等分展开圆周	6	等分点位置允差±1mm,每超差1mm扣2分				
		取点	14	每点位置允差±1mm,每超差1mm扣2分				
		光滑连接各点	6	每一不光滑处扣2分				
6	样板	轮廓线	10	边缘有明显缺陷,不得分;每一不光滑处扣1分				
7	安全生产	按国家颁发有关法规或企业自定有关规定		违规操作,一次从总分中扣除5分;严重违规停止操作				
8	考核时限	超时		每超时1min从总分中扣2分,超时10min停止操作				
	合 计		100					

考评员:_____   记分员:_____   ___年___月___日

试题3. AA006－3 细长圆顶矩形台底的连接管

(1)考核要求：

① 6等分半圆周，展开时以中径为基准。

② 因直径较大，壁较薄，可不做板厚处理。

(2)操作程序：

① 准备工作。

② 求作实长线。

③ 作展开图。

④ 样板。

(3)考核时限：准备时间15min，正式操作时间：90min，每超时1min从总分中扣2分，超时10min停止操作。

(4)工件图：见题AA006－3图。

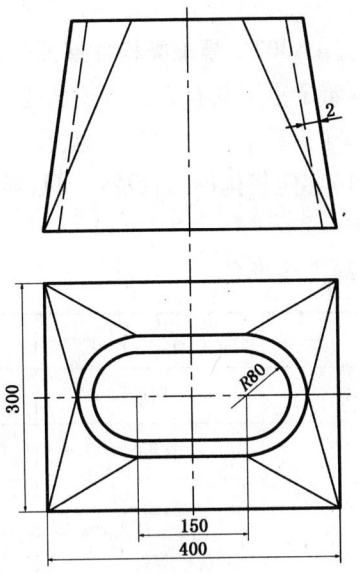

题 AA006－3 图

(5)配分与评分标准：

序号	考核项目	评分要素	配分	评分标准	检测结果	扣分	得分	备注
1	准备工作	工具劳保准备	6	少一件扣2分				
2	求作实长线	主、俯视图	10	允差±1mm，每超差1mm扣2分				
		6等分半圆周	15	以中径为基准展开，否则扣5分；展开长度允差±1mm，每超差1mm扣2分；等分点位置允差±1mm，每超差1mm扣2分				
		取点得实长线	20	每条线尺寸允差±1mm，每超差1mm扣2分				
3	作展开图	取线	5	选取错误不得分				
		取点	28	每点位置允差±1mm，每超差1mm扣2分				
		用直线或曲线连接各点	6	每一不光滑处扣2分				
4	样板	轮廓线	10	边缘有明显缺陷不得分，每一不光滑处扣1分				
5	安全生产	按国家颁发有关法规或企业自定有关规定		违规操作，一次从总分中扣除5分；严重违规停止操作				
6	考核时限	超时		每超时1min从总分中扣2分，超时10min停止操作				
		合计	100					

考评员：_____   记分员：_____   ___年___月___日

七、AA007 螺旋类构件展开

本鉴定点下共有 3 道考核试题,这些试题统一的考核要求如下。

1.准备要求

(1)鉴定机构准备:教室 1 间,能容纳 30~50 人,通风、光线良好,整洁规范无干扰;油毡纸若干。

(2)考生准备:

序 号	名 称	规 格	数 量	备 注
1	划规	400mm	1 把	
2	直板尺	1000mm	1 把	
3	直角尺	250mm×500mm	1 把	
4	划针		1 根	
5	手剪刀		1 把	
6	钢卷尺	3m	1 把	

2.考核评分

(1)本题分值采用百分制,100 分满分,60 分单科及格,然后乘以鉴定比重。

(2)评分方法:按单项记分、扣分。

3.否定项说明

尺寸误差大于 3mm 以上的。

试题 1.AA007-1 斜螺旋叶片

(1)考核要求:

展开圆周 8 等分。

(2)操作程序:

① 准备工作。

② 画内外螺旋线主视图。

③ 求作实长线。

④ 展开图。

⑤ 样板。

(3)考核时限:准备时间 15min,正式操作时间 120min,每超时 1min 从总分中扣 2 分,超时 10min 停止操作。

(4)工件图:见题 AA007-1 图。

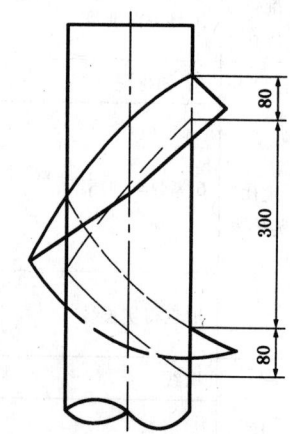

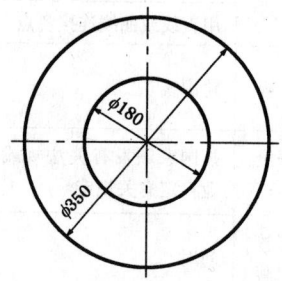

题 AA007-1 图

(5)配分与评分标准：

序号	考核项目	评分要素	配分	评分标准	检测结果	扣分	得分	备注
1	准备工作	工具、用具准备	6	少一件扣2分				
2	主俯视图	两个同心圆	15	同心圆半径为已知尺寸,错误扣5分;允差±1mm,每超差1mm扣2分				
3	画内外螺旋线主视图	8等分内外圆周	4	等分点位置允差±1mm,每超差1mm扣1分				
		过等分点引上垂线	4	垂直度允差±1mm,每超差1mm扣1分				
		8等分螺距	10	螺距长度截取错误扣10分;等分点位置允差±1mm,每超差1mm扣1分				
		等分点引水平线	6	水平度允差±1mm,每超差1mm扣1分				
		水平线、垂直线交点	6	应一一对应得交点,位置错误每点扣1分				
		光滑连接各点	3	每一不光滑处扣1分				
4	实长线	求作实长线	12	每条线长度允差±1mm,每超差1mm扣2分				
5	展开图	量取叶片宽度	4	尺寸不正确不得分				
		取点	14	每点允差±1mm,每超差1mm扣2分				
		光滑连接各交点	6	每一不光滑处扣2分				
6	样板	轮廓线	10	边缘有明显缺陷不得分,每一不光滑处扣1分				
7	安全生产	按国家颁发有关法规或企业自定有关规定		违规操作,一次从总分中扣除5分;严重违规停止操作				
8	考核时限	超时		每超时1min从总分中扣2分,超时10min停止操作				
		合计	100					

考评员：_____ 记分员：_____ ____年____月____日

试题2. AA007-2 方管迂回180°的螺旋管

(1)考核要求：

① 展开时可不考虑板厚。

② 展开时6等分半圆周。

③ 需作主视图。

(2)操作程序：

① 准备工作。

② 作主视图。

③ 作实长线。

④ 展开图。

⑤ 样板。

(3)考核时限：准备时间15min,正式操作时间120min,每超时1min从总分中扣2分,超时10min停止操作。

(4)工件图：见题AA007-2图。

(5)配分与评分标准：

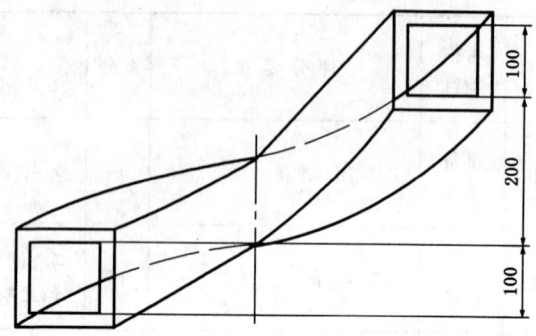

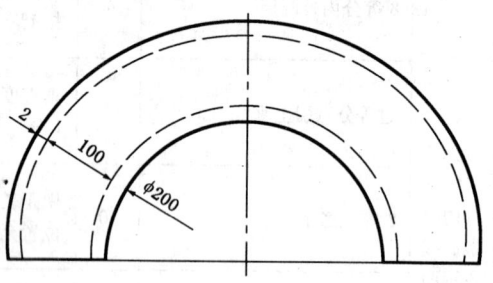

题AA007-2图

序号	考核项目	评分要素	配分	评分标准	检测结果	扣分	得分	备注
1	准备工作	工具、用具准备	6	少一件扣2分				
2	作主视图	画俯视图外形和主视图两个断面	10	画法错误不得分				
		6等分半圆周,引上垂线	6	等分点位置允差±2mm,每超差1mm扣1分;垂直度允差±2mm,每超差1mm扣1分				
		6等分主视图高,引水平线	6	等分点位置允差±2mm,每超差1mm扣1分;水平度允差±1mm,每超差1mm扣1分				
		交点	10	应一一对应交点,每错一处扣1分				
		光滑连接各点	6	每一不光滑处扣1分				
3	内外侧板展开图	求作展开板长度	6	尺寸偏差允差±2mm,每超差1mm扣2分				
		求作展开板宽度	6	尺寸偏差允差±2mm,每超差1mm扣2分				
		作上下边偏移量	10	尺寸偏差允差±2mm,每超差1mm扣2分				

续表

序号	考核项目	评分要素	配分	评分标准	检测结果	扣分	得分	备注
4	作上下侧板展开图	作扇形内半径	6	尺寸偏差允差±2mm,每超差1mm扣2分				
		作展开宽度	4	尺寸偏差允差±2mm,每超差1mm扣2分				
		作扇形展开弦长	12	尺寸偏差允差±2mm,每超差1mm扣2分				
5	样板	轮廓线	10	边缘有明显缺陷不得分,每一不光滑处扣1分				
6	安全生产	按国家颁发有关法规或企业自定有关规定		违规操作,一次从总分中扣除5分;严重违规停止操作				
7	考核时限	超时		每超时1min从总分中扣2分,超时10min停止操作				
	合计		100					

考评员:_____ 记分员:_____ ____年___月___日

试题 3. AA007-3 大小方管迂回 90°的螺旋管

(1) 考核要求:
展开时 6 等分并以中径为基准。

(2) 操作程序:
① 准备工作。
② 作内外侧板展开图。
③ 求作上下侧板实长线。
④ 作上下侧板展开图。
⑤ 样板。

(3) 考核时限:准备时间 15min,正式操作时间 150min,每超时 1min 从总分中扣 2 分,超时 10min 停止操作。

(4) 工件图:见题 AA007-3 图。

(5) 配分与评分标准:

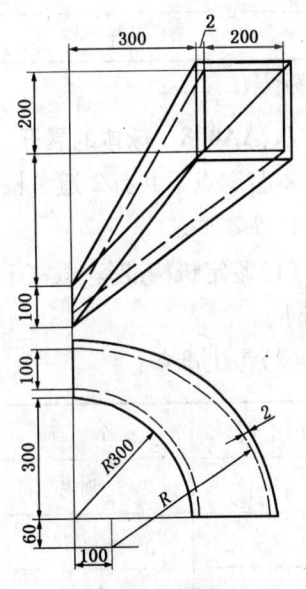

题 AA007-3 图

序号	考核项目	评分要素	配分	评分标准	检测结果	扣分	得分	备注
1	准备工作	工具、用具准备	6	少一件扣2分,选错每件扣2分				
2	作内外侧板展开图	主、俯视图	10	允差±1mm,每超差1mm扣2分				
		6等分俯视图内外圆弧	10	等分点允差±2mm,每超差1mm扣2分				

续表

序号	考核项目	评分要素	配分	评分标准	检测结果	扣分	得分	备注
2	作内外侧板展开图	录点	14	每点位置允差±2mm,每超差1mm扣2分				
		光滑连接曲线	10	每一不光滑处扣2分				
3	求作上下侧板展开图	求作实长线	12	每条线长度允差±2mm,每超差1mm扣2分				
		取点	16	每点位置允差±2mm,每超差1mm扣2分				
		光滑连接曲线	10	每一不光滑处扣2分				
4	样板	轮廓线	12	边缘有明显缺陷不得分,每一不光滑处扣2分				
5	安全生产	按国家颁发有关法规或企业自定有关规定		违规操作,一次从总分中扣除5分;严重违规停止操作				
6	考核时限	超时		每超时1min从总分中扣2分,超时10min停止操作				
	合 计		100					

考评员：_____　　　　记分员：_____　　　　___年___月___日

八、AA008 球体的展开

本鉴定点下共有2道考核试题,这些试题统一的考核要求如下。

1. 准备要求

(1)鉴定机构准备：教室1间,能容纳30~50人,通风、光线良好,整洁规范无干扰;油毡纸若干。

(2)考生准备：

序 号	名 称	规 格	数 量	备 注
1	划规	400mm	1把	
2	直角尺	250mm×500mm	1把	
3	直板尺	1000mm	1把	
4	手剪刀		1把	
5	划针		1根	
6	卷尺	3m	1把	

2. 考核评分

(1)本题分值采用百分制,100分满分,60分单科及格,然后乘以鉴定比重。

(2)评分方法：按单项记分、扣分。

3. 否定项说明

尺寸误差大于 3mm 以上的。

试题 1. AA008-1　球体分瓣展开

(1)考核要求：

① 需画出主视图曲线。

② 把球体分 12 瓣展开。

(2)操作程序：

① 准备工作。

② 求作主视图曲线。

③ 作展开图。

④ 样板。

(3)考核时限：准备时间 15min，正式操作时间 90min，每超时 1min 从总分中扣 2 分，超时 10min 停止操作。

(4)工件图：见题 AA008-1 图。

(5)配分与评分标准：

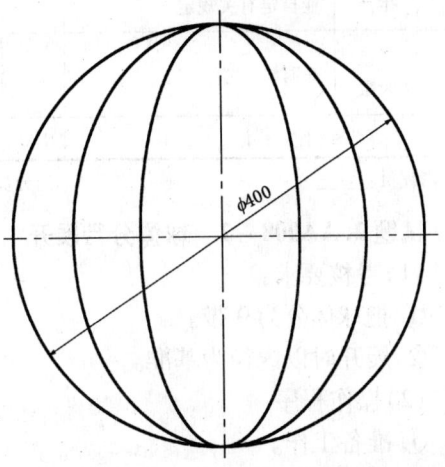

题 AA008-1 图

序号	考核项目	评分要素	配分	评分标准	检测结果	扣分	得分	备注
1	准备工作	工具劳保准备	6	少一件扣 2 分				
2	求作主视图曲线	12 等分圆周	10	等分点位置允差 ±1mm，每超差 1mm 扣 2 分				
		连点	5	连点每错一处扣 2 分				
		引下垂线	5	垂直度允差 ±1mm，每超差 1mm 扣 1 分				
		画同心圆	8	圆心半径应选取正确，每错一处扣 4 分				
		交点引上垂线	5	交点每错一处扣 2 分；垂直度允差 ±1mm，每超差 1mm 扣 1 分				
		交点	6	应一一对应得交点，每错一处扣 2 分				
		光滑连接各点	5	每一不光滑处扣 1 分				
3	作展开图	6 等分半圆周长	10	等分点位置允差 ±1mm，每超差 1mm 扣 2 分				
		截取长度	20	每条线段长度允差 ±1mm，每超差 1mm 扣 2 分				
		光滑连接各点	10	每一不光滑处扣 2 分				
4	样板	轮廓线	10	边缘有明显缺陷不得分，每一不光滑处扣 1 分				

续表

序号	考核项目	评分要素	配分	评分标准	检测结果	扣分	得分	备注
5	安全生产	按国家颁发有关法规或企业自定有关规定		违规操作,一次从总分中扣除5分;严重违规停止操作				
6	考核时限	超时		每超时1min从总分中扣2分,超时10min停止操作				
	合　　计		100					

考评员:_____　　　　记分员:_____　　　　　　_____年___月___日

试题2. AA008-2 球体分带展开

(1)考核要求:

① 把球体分为9带。

② 展开时以内径为基准。

(2)操作程序:

① 准备工作。

② 上下极带展开。

③ 赤道带展开。

④ 其余带板展开图。

⑤ 样板。

(3)考核时限:准备时间15min,正式操作时间120min,每超时1min从总分中扣2分,超时10min停止操作。

(4)工件图:见题AA008-2图。

(5)配分与评分标准:

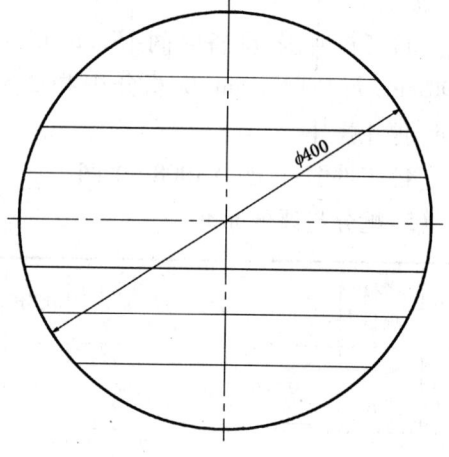

题 AA008-2 图

序号	考核项目	评分要素	配分	评分标准	检测结果	扣分	得分	备注
1	准备工作	工具、用具准备	6	少一件扣2分				
2	上下极带展开	主、俯视图	10	允差±1mm,每超差1mm扣2分				
		16等分圆周	14	等分点位置允差±1mm,每超差1mm扣2分				
		作圆	10	半径选择错误不得分				
3	赤道板展开	作矩形	10	长宽选取错误不得分				
4	其余带板展开图	作展开图半径	20	长度允差±1mm,每超差1mm扣2分				
		截取内段弧长	10	长度允差±1mm,每超差1mm扣2分				
		截取外段弧长	10	长度允差±1mm,每超差1mm扣2分				

续表

序号	考核项目	评分要素	配分	评分标准	检测结果	扣分	得分	备注
5	样板	轮廓线	10	边缘有明显缺陷不得分;每一不光滑处扣1分				
6	安全生产	按国家颁发有关法规或企业自定有关规定		违规操作,一次从总分中扣除5分;严重违规,停止操作				
7	考核时限	超时		每超时1min从总分中扣2分,超时10min停止操作				
	合 计		100					

考评员:_____ 记分员:_____ ____年____月____日

九、AA009 求构件的断面实形

本鉴定点下共有3道考核试题,这些试题统一的考核要求如下。

1. 准备要求

(1)鉴定机构准备:教室1间,能容纳30~50人,通风、光线良好,整洁规范无干扰;油毡纸若干。

(2)考生准备:

序 号	名 称	规 格	数 量	备 注
1	划规	400mm	1把	
2	直角尺	250mm×500mm	1把	
3	直板尺	1000mm	1把	
4	手剪刀		1把	
5	划针		1根	

2. 考核评分

(1)本题分值采用百分制,100分满分,60分单科及格,然后乘以鉴定比重。

(2)评分方法:按单项记分、扣分。

3. 否定项说明

尺寸误差大于3mm以上的。

试题1. AA009-1 平面斜截四棱锥的断面实形

(1)考核要求:

需作截交线。

(2)操作程序:

① 准备工作。

② 求断面实线形。

③ 样板。

(3)考核时限:准备时间15min,正式操作时间90min,每超时1min从总分中扣2分,超时10min停止操作。

(4)工件图:见题AA009-1图。

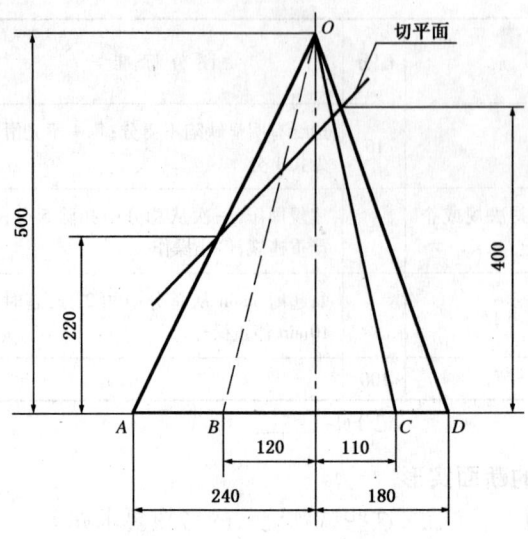

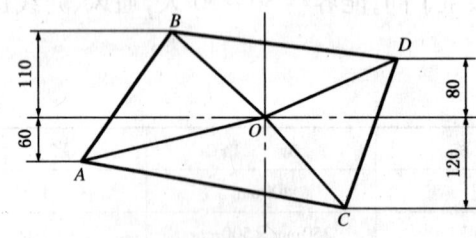

题 AA009-1 图

(5)配分与评分标准:

序号	考核项目	评分要素	配分	评分标准	检测结果	扣分	得分	备注
1	准备工作	工具劳保准备	6	少一件扣2分				
2	求作截交线	主、俯视图	10	允差±1mm,每超差1mm扣2分				
		由主视图交点作垂线	4	垂直度允差±1mm,每超差1mm扣1分				
		交点	4	交点不正确,每错一处扣2分				
		连线得俯视图投影	6	连线应正确,每错一处扣2分				
		由主、俯视图得左视图	9	做法应正确,每错一点扣1分				
3	求作实长线	作垂线	8	垂直度允差±1mm,每超差1mm扣2分				
		截取长度	8	截取长度及方法应正确,每错一处扣2分				
		连点得实长线	8	连接位置要正确,每错一处扣2分				

续表

序号	考核项目	评分要素	配分	评分标准	检测结果	扣分	得分	备注
4	作断面实形	截取定长	5	选择长度不正确不得分				
		画圆弧	8	圆心、半径选取不正确,每错一处扣2分				
		交点	8	应一一对应得交点,位置错误每点扣2分				
		连点得实形	10	连线应正确,每错一处扣3分				
5	样板	轮廓线	6	边缘有明显缺陷不得分,每一不光滑处扣2分				
6	安全生产	按国家颁发有关法规或企业自定有关规定		违规操作,一次从总分中扣除5分;严重违规停止操作				
7	考核时限	超时		每超时1min从总分中扣2分,超时10min停止操作				
	合计		100					

考评员:_____ 　　　记分员:_____ 　　　____年____月____日

试题2. AA009-2 斜截锥棱线的断面实形

(1)考核要求:

需画出截交线。

(2)操作程序:

① 准备工作。

② 求作截交线。

③ 求作实长线。

④ 求作断面实形。

⑤ 样板。

(3)工件图:见题 AA009-2 图。

(4)配分与评分标准:同题 AA009-1。

试题3. AA009-3 平面斜截圆锥的断面实形

(1)考核要求:

需作截交线。

(2)操作程序:

① 准备工作。

② 求作截交线。

③ 作截断面实形。

④ 样板。

(3)工件图:见题 AA009-3 图。

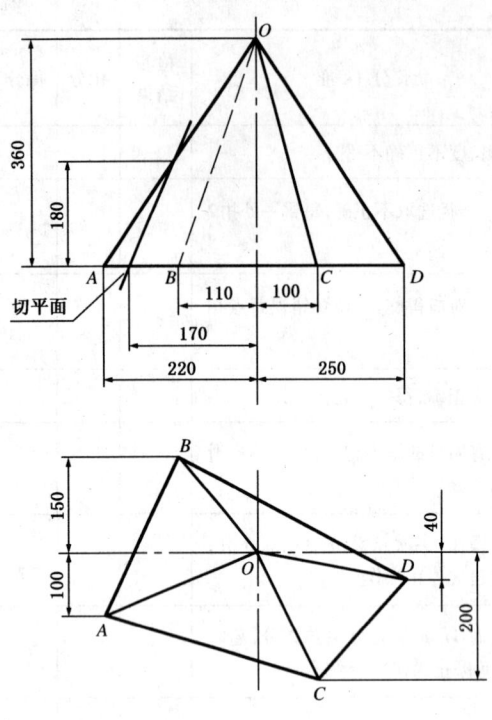

题 AA009-2 图   题 AA009-3 图

(4)配分与评分标准:

序号	考核项目	评分要素	配分	评分标准	检测结果	扣分	得分	备注
1	准备工作	工具、用具准备	6	少一件扣2分				
2	求作截交线	主、俯视图	10	允差±1mm,每超差±1mm扣2分				
		选作直素线	12	选取应具一般性及特殊性,其中,中间及两侧共三条线必选、缺一条扣2分				
		作辅助纬圆	6	圆心、半径选取不正确,每一处扣2分				
		作下垂线	3	垂直度允差±1mm,每超差±1mm扣1分				
		交点	4	应一一对应得交点,每错一处扣1分				
		光滑连接各点	6	每一不光滑处扣1分				
		作水平线	4	水平度允差±1mm,每超差±1mm扣1分				
		截取长度	4	应对应截取长度,每错一处扣1分				
		光滑连接各点	6	每一不光滑处扣1分				

续表

序号	考核项目	评分要素	配分	评分标准	检测结果	扣分	得分	备注
3	作截面实形	取已作长度分别为椭圆长短轴	10	选取应正确,否则不得分				
		作椭圆	18	做法不正确不得分				
		光滑连接各点	5	每一不光滑处扣1分				
4	样板	轮廓线	6	边缘有明显缺陷不得分,每一不光滑处扣1分				
5	安全生产	按国家颁发有关法规或企业自定有关规定		违规操作,一次从总分中扣除5分;严重违规停止操作				
6	考核时限	超时		每超时1min从总分中扣2分,超时10min停止操作				
	合 计		100					

考评员：_____ 记分员：_____ ____年___月___日

十、AB001 构件的手工成形

本鉴定点下共有4道考核试题,这些试题统一的考核要求如下。

1. 考核评分

(1)本题分值采用百分制,100分满分,60分单科及格,然后乘以鉴定比重。

(2)评分方法:按单项记分、扣分。

2. 否定项说明

尺寸误差大于5mm以上的。

试题1. AB001-1 偏心上圆下方连接管手工制作

(1)准备要求：

① 鉴定机构准备：

序 号	名 称	规 格	数 量	备 注
1	考核场地			通风、光线良好,整洁规范无干扰
2	钢板	厚1mm,1m×2m	1张	
3	焊条	J422 φ3.2mm	5根	
4	手锤	1kg	1把	
5	滑石笔		1根	
6	电焊机		1台	

② 考生准备：

序 号	名 称	规 格	数 量	备 注
1	铁皮剪子		1把	
2	直板尺	1000mm	1件	
3	直角尺	250mm×500mm	1件	
4	划规		1把	
5	板锉	300mm	1把	

(2)考核时限:准备时间15min,正式操作时间180min,每超时1min从总分中扣2分,超时10min停止操作。

(3)工件图:见题AB001-1图。

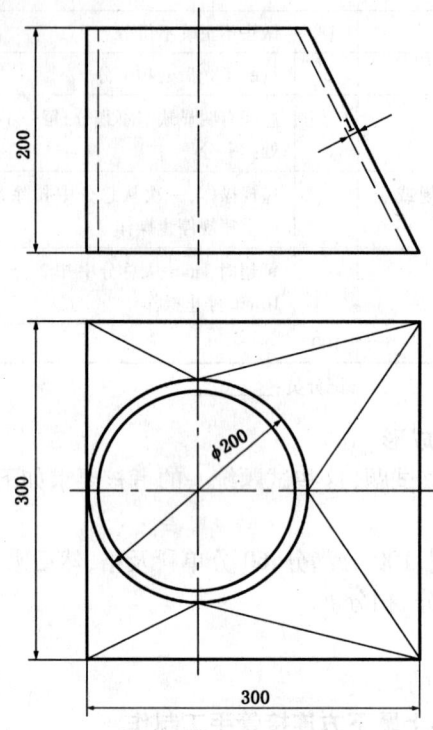

题AB001-1图

(4)配分与评分标准:

序号	考核项目	评分要素	配分	评分标准	检测结果	扣分	得分	备注
1	准备工作	工具劳保准备	6	少一件扣2分				
2	号料	将展开图的尺寸平移到下料钢板上	10	尺寸允差±2mm,每超差1mm扣2分				
3	下料	用铁皮剪刀及锉刀下料	20	各部位的几何尺寸允差±2mm,每超差1mm;扣2分;圆边上一处毛刺扣2分				
4	手工成形	画素线	14	各条素线位置要正确,允差±2mm,每超差1mm扣2分				
		手工锤打	10	未沿画好的素线锤打扣10分				

续表

序号	考核项目	评分要素	配分	评分标准	检测结果	扣分	得分	备注
4	手工成形	组对点焊固定	20	对口间隙大于2mm扣5分,扭曲错口扣5分,焊点不牢固、不均匀扣5分				
		整形	20	用样板检验,形状不重合度允差±2mm,每超差一处扣5分				
5	安全生产	按国家颁发有关法规或企业自定有关规定		违规操作,一次从总分中扣除5分;严重违规停止操作				
6	考核时限	超时		每超时1min从总分中扣2分,超时10min停止操作				
	合　　计		100					

考评员:_____　　　　记分员:_____　　　　____年___月___日

试题2. AB001-2　裤型等径三通管手工制作

(1)准备要求:

① 鉴定机构准备:

序　号	名　　称	规　　格	数　　量	备　　注
1	考核场地			通风、光线良好,整洁规范无干扰
2	钢板	厚1mm,1m×2m	2张	
3	焊条	J422 ϕ2.5mm	4根	
4	槽钢	$\llbracket$10,L=300	1根	
5	油毡纸	500mm×500mm	1张	
6	电焊机		1台	

② 考生准备:

序　号	名　　称	规　　格	数　　量	备　　注
1	铁皮剪子		1把	
2	直板尺	1000mm	1件	
3	直角尺	250mm×500mm	1件	
4	画规		1把	
5	滑石笔		3根	
6	手锤		1把	
7	板锉	300mm	1把	

(2)考核时限:准备时间 15min,正式操作时间 180min,每超时 1min 从总分中扣 2 分,超时 10min 停止操作。

(3)工件图:见题 AB001-2 图。

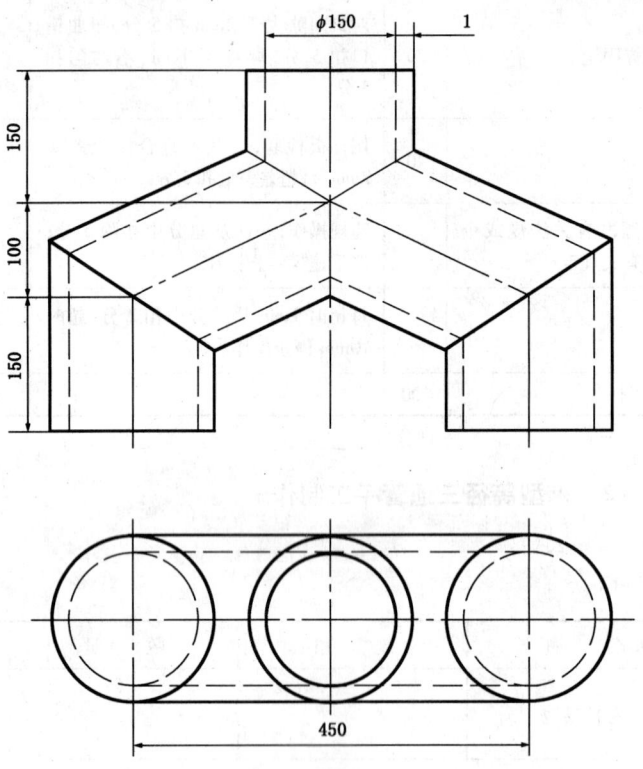

题 AB001-2 图

(4)配分与评分标准:

序号	考核项目	评分要素	配分	评分标准	检测结果	扣分	得分	备注
1	准备工作	工具、劳保准备	10	少一件扣 2 分,错一件扣 2 分				
2	号料	安排焊缝位置	5	三条焊缝应错开,否则不得分				
		做样板	10	外形尺寸允差 ±2mm,每超差 1mm 扣 2 分				
		排料	10	排料应合理,造成材料浪费扣 5 分				
3	下料	用铁皮剪刀、锉刀下料	15	各关键尺寸、形状允差 ±2mm,每超差 1mm 扣 2 分;周边每一处毛刺扣 2 分				
4	手工锤圆成形	画素线及加工区域	10	在操作平台上放置两根 $\phi 40mm \times 300mm$ 的圆钢(平行放置)与底平台焊牢作为底架,未焊牢不得分				

续表

序号	考核项目	评分要素	配分	评分标准	检测结果	扣分	得分	备注
4	手工锤圆成形	手工锤打	10	未按画好的素线锤打扣10分				
		组对点焊固定	15	对口间隙大于2mm扣5分,扭曲错口扣5分,焊点不牢固、不均匀扣5分				
		整形	15	用样板检验,形状不重合度允差±2mm,每超差一处扣5分				
5	安全生产	按国家颁发有关法规或企业自定有关规定		违规操作,一次从总分中扣除5分;严重违规停止操作				
6	考核时限	超时		每超时1min从总分中扣2分,超时10min停止操作				
	合 计		100					

考评员:_____   记分员:_____   ___年___月___日

试题3.AB001-3 槽钢煨制圆角矩形框

(1)准备要求:

① 鉴定机构准备:

序 号	名 称	规 格	数 量	备 注
1	考核场地			通风、光线良好,整洁规范无干扰
2	槽钢	大于Ľ6,厚度大于3mm	7m	
3	焊条	J422 φ3.2mm	3根	
4	砂轮片	φ100mm	1片	
5	电源插座		1个	
6	油毡纸	300mm×600mm	1张	
7	电焊机及工具		1套	
8	角向磨光机		1台	
9	气焊工具		1套	

② 考生准备:

序 号	名 称	规 格	数 量	备 注
1	剪刀		1把	
2	直板尺	1000mm	1把	
3	直角尺	250mm×500mm	1件	
4	画规		1把	
5	滑石笔		3根	

(2)考核时限:准备时间 15min,正式操作时间 90min,每超时 1min 从总分中扣 2 分,超时 10min 停止操作。

(3)工件图:见题 AB001-3 图。

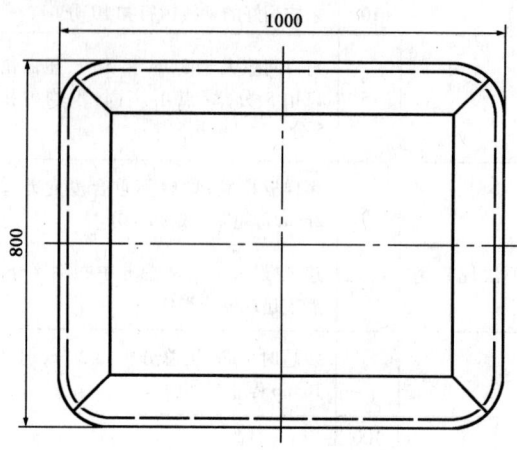

题 AB001-3 图

(4)配分与评分标准:

序号	考核项目	评分要素	配分	评分标准	检测结果	扣分	得分	备注
1	准备工作	工具劳保准备	6	少一件扣 2 分				
2	号料	画下料线	15	尺寸允差超差 ±2mm,每超差一处扣 2 分				
3	下料	切割下料	15	如不能一次成形返工扣 5 分,每有一处毛刺或氧化铁扣 5 分				
4	煅制成形	温度控制	10	不能有过烧现象,否则不得分				
		对口间隙	14	每有一处超过 3mm 扣 2 分				
		错边量	10	错边量允差 ±1mm,每超过 1mm 扣 5 分				
		外形尺寸	20	边长、对角线允差为 ±2mm,每超差一处扣 5 分;角度允差为 ±0.5°,有一处超差扣 5 分				
		平整度	10	平整度允差 ±3mm,每超差一处扣 5 分				
5	安全生产	按国家颁发有关法规或企业自定有关规定		违规操作,一次从总分中扣除 5 分;严重违规停止操作				
6	考核时限	超时		每超时 1min 从总分中扣 2 分,超时 10min 停止操作				
	合计		100					

考评员:_____   记分员:_____   ____年___月___日

试题 4. AB001-4 角钢内煨梯形框

(1)准备要求:
① 鉴定机构准备:

序号	名称	规格	数量	备注
1	考核场地			通风、光线良好,整洁规范无干扰
2	角钢	大于∠63,厚度大于3mm	4m	
3	焊条	J422 φ3.2mm	3根	
4	砂轮片	φ100mm	1片	
5	电源		1个	
6	油毡纸	200mm×600mm	1张	
7	电焊机及工具		1套	
8	角向磨光机		1台	
9	气焊工具		1套	

② 考生准备:

序号	名称	规格	数量	备注
1	剪刀		1把	
2	直板尺	1000mm	1把	
3	直角尺	250mm×500mm	1件	
4	画规		1把	
5	滑石笔		3根	

(2)考核时限:准备时间 15min,正式操作时间 90min,每超时 1min 从总分中扣 2 分,超时 10min 停止操作。

(3)工件图:见题 AB001-4 图。

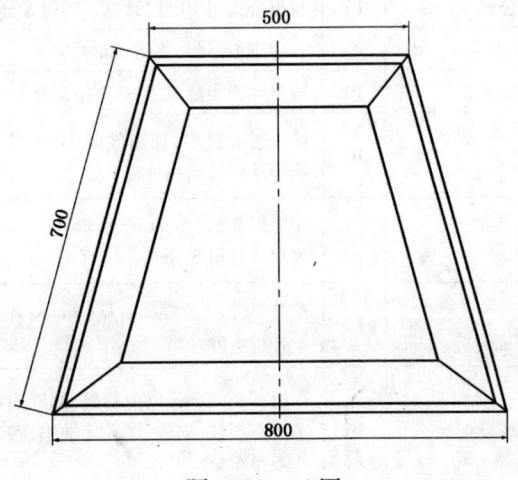

题 AB001-4 图

(4)配分与评分标准:同题 AB001-3。

十一、AC001 利用机械设备的成形

本鉴定点下共有2道考核试题,这些试题统一的考核要求如下。

1. 准备要求

(1)鉴定机构准备:教室1间,能容纳 30~50 人,通风、光线良好,整洁规范无干扰;白纸若干。

(2)考生准备:钢笔或圆珠笔1支。

2. 操作程序

(1)准备工作。

(2)号料。

(3)下料。

(4)卷制成形。

(5)组对成形。

3. 考核评分

(1)本题分值采用百分制,100分满分,60分单科及格,然后乘以鉴定比重。

(2)评分方法:按单项记分、扣分。

4. 考核时限

准备时间:15min,正式操作时间:60min,每超时1min 从总分中扣2分,超时10min 停止操作。

试题 1. AC001-1 偏心大小口的滚压成形

(1)工件图:见题 AC001-1 图。

(2)配分与评分标准:

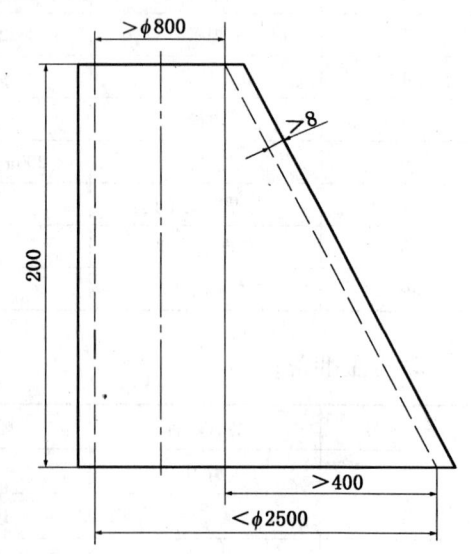

题 AC001-1 图

序号	考核项目	评分要素	配分	评分标准	检测结果	扣分	得分	备注
1	机械成形	工具及劳保准备	10	少答一件扣2分				
2		筒体下料计算公式	15	写出公式得10分,计算正确得5分				
3		下料注意事项	5	合理排板下料,答错不得分				
4		样板制作	10	写出样板半径 R,错一个扣5分				
5		滚圆压头	10	曲率过大过小、椭圆鼓肚、大小口扭曲等缺陷答出一种得2分				
6		对口间隙	10	手工焊 2 ± 0.5mm,自动焊 $0~1$mm,答对一种得5分				
7		错边量	10	A类焊缝、B类焊缝≤1/4板厚,答对一种得5分				
8		焊缝要求及外观检查	10	焊缝两侧20mm以内打磨,焊缝表面不得有裂纹、夹渣、气孔等缺陷,答对一条得5分				

续表

序号	考核项目	评分要素	配分	评分标准	检测结果	扣分	得分	备注
9	机械成形	两端面最大最小直径差	10	内径的1%且不大于25mm,答错不得分				
10		两端面棱角度允差	10	$E=($皮厚$/10+2)$mm,且不大于5mm,答错不得分				
11		安全文明生产		违规操作,一次从总分中扣除5分;严重违规停止操作				
12		时间定额		每超时1min从总分中扣2分,超时10min停止操作				
	合 计		100					

考评员:_____   记分员:_____   ___年___月___日

试题2. AC001-2　钢板厚度大于35mm以上的圆筒滚制

(1)工件图:见题AC001-2图。

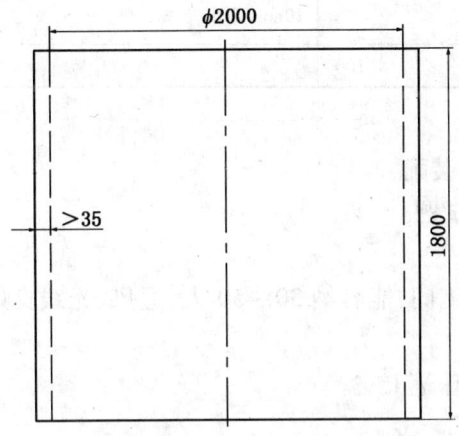

题 AC001-2 图

(2)配分与评分标准:

序号	考核项目	评分要素	配分	评分标准	检测结果	扣分	得分	备注
1	机械成形	工具及劳保准备	10	少答一件扣2分				
2		筒体下料计算公式	15	写出公式得10分,计算正确得5分				
3		下料注意事项	5	排板下料找方等,错一项扣2分				
4		样板制作	5	写出样板半径R,否则不得分				
5		滚圆压头	15	曲率过大过小、椭圆鼓肚、大小口扭曲等缺陷答出一种得2分				
6		对口间隙	10	手工焊3 ± 0.5mm,自动焊$0\sim1$mm,答对一种得5分				

续表

序号	考核项目	评分要素	配分	评分标准	检测结果	扣分	得分	备注
7	机械成形	错边量	10	A类焊缝、B类焊缝≤1/4板厚,答对一种得5分				
8		焊缝要求及外观检查	10	焊缝两侧打磨20mm以上,焊缝表面不得有裂纹、夹渣、气孔等缺陷,答对一条5分				
9		筒体最大最小直径差	10	内径的1%且不大于25mm,答错不得分				
10		筒体棱角度允差	10	$E=(皮厚/10+2)$ mm,且不大于5mm,答错不得分				
11		安全文明生产		违规操作,一次从总分中扣除5分;严重违规停止操作				
12		时间定额		每超时1min从总分中扣2分,超时10min停止操作				
	合　计		100					

考评员:_____　　　记分员:_____　　　___年___月___日

十二、AD001　支座类的装配

本鉴定点下有1道考核试题。

1. 准备要求

(1)鉴定机构准备:教室1间,能容纳30~50人,通风、光线良好,整洁规范无干扰;白纸若干。

(2)考生准备:钢笔或圆珠笔1支。

2. 操作程序

(1)准备工具、用具。

(2)准备板件。

(3)装配。

(4)焊接。

(5)检查质量。

3. 考核评分

(1)本题分值采用百分制,100分满分,60分单科及格,然后乘以鉴定比重。

(2)评分方法:按单项记分、扣分。

4. 考核时限

准备时间15min,正式操作时间60min,每超时1min从总分中扣2分,超时10min停止操作。

试题. AD001　减速箱底的装配

(1)工件图:见题AD001图。

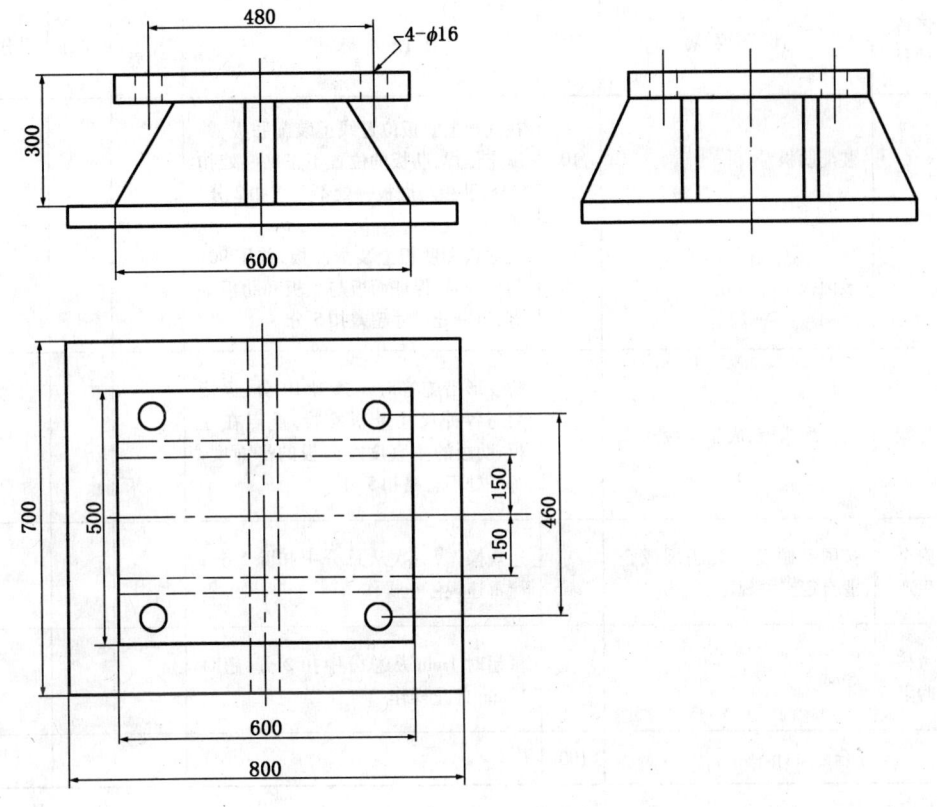

题 AD001 图

(2)配分与评分标准：

序号	考核项目	评分要素	配分	评分标准	检测结果	扣分	得分	备注
1	准备工作	工具劳保准备	10	少一件扣2分				
2	准备板件	板件的准备及检验	20	各种板件的划线、剪切(气割)、矫平操作,不叙述扣5分;各边长、对角线、边垂直度的检查,叙述不正确扣5分				
3	装配	划线	10	在底板上划出立板及肋板的位置线,每一处超差扣2分				
		装立板	10	以底板上的位置线为基准,装配立板并施定位焊,立板的位置应正确,立板应与底板垂直,每一处不合格扣2分				

续表

序号	考核项目	评分要素	配分	评分标准	检测结果	扣分	得分	备注
3	装配	装配肋板	10	在底板上肋板位置线上装配肋板,并施定位焊,肋板的位置不正确一处扣2分,肋板与底板一处不垂直扣2分				
		装面板	10	在立板和肋板上装配面板,并用90°角尺校对,保证面板与立板和肋板垂直,每一处尺寸超差扣5分				
4	焊接	防变形措施,成品自检	30	防变形措施答对一条得10分;焊接后对各种尺寸重新检验,重点在立板、肋板的垂直度及面板的平面度,每一处不合格扣5分				
5	安全生产	按国家颁发有关法规或企业自定有关规定		违规操作,一次从总分中扣除5分;严重违规停止操作				
6	考核时限	超时		每超时1min从总分中扣2分,超时10min停止操作				
	合 计		100					

考评员:_____　　　　记分员:_____　　　　____年____月____日

十三、AD002　大型浮盘储罐的装配

本鉴定点下有1道考核试题。

1. 准备要求

(1)鉴定机构准备:教室1间,能容纳30~50人,通风、光线良好,整洁规范无干扰;容器施工图若干(每位考生1份);白纸若干。

(2)考生准备:钢笔或圆珠笔、铅笔1支。

2. 考核要求

(1)认真审阅图纸。

(2)写出主要施工操作步骤。

3. 考核评分

(1)本题分值采用百分制,100分满分,60分单科及格,然后乘以鉴定比重。

(2)评分方法:按单项记分、扣分。

4. 考核时限

准备时间15min,正式操作时间60min,每超时1min从总分中扣2分,超时10min停止操作。

试题. AD002　单盘式浮顶

(1)工件图:由鉴定机构准备。

(2)配分与评分标准:

序号	考核项目	评分要素	配分	评分标准	检测结果	扣分	得分	备注
1	准备工作	工具、用具准备	10	少一件扣2分				
2	操作步骤	熟悉图纸及标准,铺罐底、第一节壁板、胀圈、其余壁板,罐底真空试漏、船舱及单盘的组对及试漏,滑梯密封装置,浮盘升降试验,浮盘浸没试验,基础沉降试验,安装中央排水管及剩余附件	90	每错一处扣5分				
3	安全生产	按国家颁发有关法规或企业自定有关规定		违规操作,一次从总分中扣除5分;严重违规停止操作				
4	考核时限	超时		每超时1min从总分中扣2分,超时10min停止操作				
		合　计	100					

考评员:_____　　　记分员:_____　　　___年___月___日

十四、AE001 咬接

本鉴定点下共有3道考核试题,这些试题统一的考核要求如下。

1. 操作程序

(1)准备工作。

(2)下料。

(3)手工成形。

2. 考核评分

(1)本题分值采用百分制,100分满分,60分单科及格,然后乘以鉴定比重。

(2)评分方法:按单项记分、扣分。

3. 否定项说明

尺寸误差大于3mm以上的。

试题1. AE001-1　圆管90°弯头的咬接

(1)准备要求:

① 鉴定机构准备:

序　号	名　称	规　格	数　量	备　注
1	考核场地			通风、光线良好,整洁规范无干扰
2	铁皮	厚1mm,1m×1m	1张	
3	油毡纸	1m×1m	1张	
4	砧铁		1块	

②考生准备:

序 号	名 称	规 格	数 量	备 注
1	手锤	0.3kg	1把	
2	钢板尺	1000mm	1把	
3	铁剪刀		1把	

(2)考核时限:准备时间15min,正式操作时间180min,每超时1min从总分中扣2分,超时10min停止操作。

(3)工件图:见题AE001-1图。

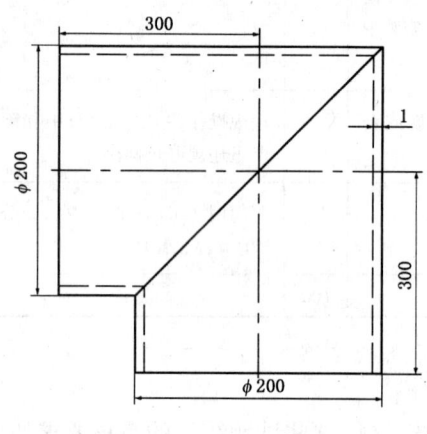

题 AE001-1 图

(4)配分与评分标准:

序号	考核项目	评分要素	配分	评分标准	检测结果	扣分	得分	备注
1	准备工作	工具劳保准备	6	少一件扣2分				
2	下料	画展开图	15	尺寸允差±1mm,每超差1mm扣5分				
		画线	8	允差±1mm,每超差1mm扣4分				
		下料	15	允差±1mm,每超差1mm扣5分				
3	手工成形	成形尺寸	12	尺寸允差±1mm,每超差1mm扣4分				
		上下口水平度及扭曲度	12	放置在平台上,间隙允差±1mm,每超差1mm扣4分				
		咬合质量	32	有一处不严密扣4分;局部凹凸不平有褶皱扣4分;咬合后的外轮廓线为椭圆,有一处超标扣4分;咬合宽度有一处大于6mm扣4分;如有一次返工现象扣4分				

续表

序号	考核项目	评分要素	配分	评分标准	检测结果	扣分	得分	备注
4	安全生产	按国家颁发有关法规或企业自定有关规定		违规操作,一次从总分中扣除5分;严重违规停止操作				
5	考核时限	超时		每超时1min从总分中扣2分,超时10min停止操作				
	合 计		100					

考评员:＿＿＿＿＿＿　　　　记分员:＿＿＿＿＿＿　　　　＿＿＿年＿＿＿月＿＿＿日

试题2. AE001-2　矩形管的咬接

(1)准备要求:

① 鉴定机构准备:

序　号	名　　称	规　格	数　量	备　注
1	考核场地			通风、光线良好,整洁规范无干扰
2	铁皮	$\delta=1mm,1m\times1m$	1张	

②考生准备:

序　号	名　　称	规　格	数　量	备　注
1	手锤	0.3kg	1把	
2	钳子		1把	
3	钢板尺	500mm	1把	
4	直角尺	200mm×250mm	1把	
5	铁剪刀		1把	

(2)考核时限:准备时间15min,正式操作时间90min,每超时1min从总分中扣2分,超时10min停止操作。

(3)工件图:见题AE001-2图。

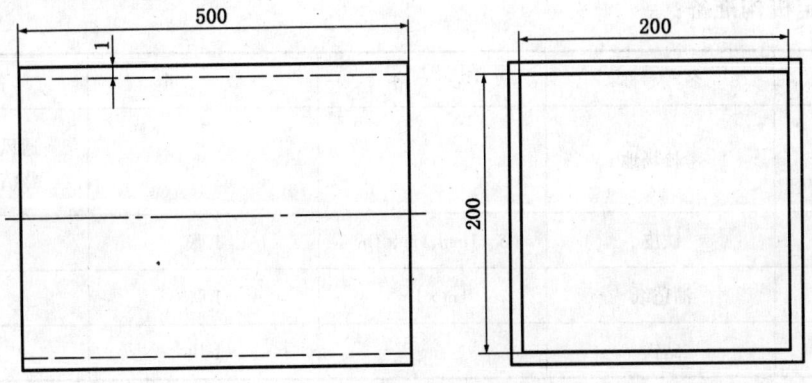

题 AE001-2 图

(4)配分与评分标准：

序号	考核项目	评分要素	配分	评分标准	检测结果	扣分	得分	备注
1	准备工作	工具劳保准备	6	少一件扣2分				
2	下料	画展开图	15	尺寸允差±2mm，每超差1mm扣4分				
		画线	8	允差±2mm，每超差1mm扣4分				
		下料	9	允差±2mm，每超差1mm扣4分				
3	手工成形	成形尺寸	18	尺寸允差±2mm，每超差1mm扣4分				
		上下口水平度及扭曲度	12	放置在平台上，间隙允差±2mm，每超差1mm扣4分				
		咬合质量	32	有一处不严密扣4分；局部凹凸不平有褶皱扣4分；咬合后的外轮廓线为椭圆，有一处超扣4分；咬合宽度有一处大于6mm扣4分；如有一次返工现象扣4分				
4	安全生产	按国家颁发有关法规或企业自定有关规定		违规操作，一次从总分中扣除5分；严重违规停止操作				
5	考核时限	超时		每超时1min从总分中扣2分，超时10min停止操作				
	合　计		100					

考评员：_____　　　　　记分员：_____　　　　　___年___月___日

试题3. AE001-3　椭圆形带底小容器的咬接

（1）准备要求：

① 鉴定机构准备：

序号	名称	规格	数量	备注
1	考核场地			通风、光线良好，整洁规范无干扰
2	铁皮	δ=1mm,1m×1m	1张	
3	油毡纸	1m×1m	1张	
4	砧铁		1块	

②考生准备:

序 号	名 称	规 格	数 量	备 注
1	手锤	0.3kg	1把	
2	钢板尺	500mm	1把	

(2)考核时限:准备时间15min,正式操作时间180min,每超时1min从总分中扣2分,超时10min停止操作。

(3)工件图:见题 AE001-3 图。

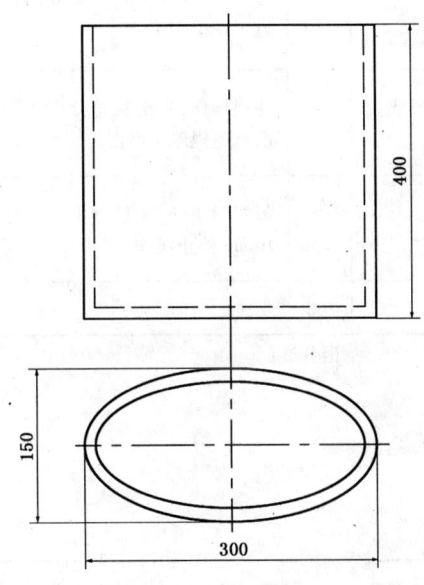

题 AE001-3 图

(4)配分与评分标准:

序号	考核项目	评分要素	配分	评分标准	检测结果	扣分	得分	备注
1	准备工作	工具劳保准备	6	少一件扣2分				
2	下料	画展开图	10	尺寸允差±1mm,每超差1mm扣2分				
		画线	8	尺寸允差±1mm,每超差1mm扣2分				
		下料	12	尺寸允差±1mm,每超差1mm扣2分				
3	手工成形	成形尺寸	20	尺寸允差±1mm,每超差1mm扣2分;桶身的椭圆弧曲面超差1mm扣2分;桶底的椭圆弧线超差1mm扣2分				

续表

序号	考核项目	评分要素	配分	评分标准	检测结果	扣分	得分	备注
3	手工成形	扭曲度	12	端口朝下放置在平台上,间隙允差±2mm,每超差1mm扣4分				
		咬合质量	32	有一处不严密扣4分;局部凹凸不平有褶皱扣4分;咬合后的外轮廓线为椭圆,有一处超标扣4分;咬合宽度有一处大于6mm扣4分;如有一次返工现象扣4分				
4	安全生产	按国家颁发有关法规或企业自定有关规定		违规操作,一次从总分中扣除5分;严重违规停止操作				
5	考核时限	超时		每超时1min从总分中扣2分,超时10min停止操作				
	合 计		100					

考评员:_____　　　　　记分员:_____　　　　　____年____月____日

十五、AE002 铆接

本鉴定点下有1道考核试题。

1. 准备要求

(1)鉴定机构准备:

序 号	名 称	规 格	数 量	备 注
1	考核场地			通风、光线良好,整洁规范无干扰
2	铆钉		若干	
3	钻头		若干	
4	钢板	厚2mm	若干	
5	手电钻		1把	

(2)考生准备:

序 号	名 称	规 格	数 量	备 注
1	样冲		1个	
2	窝子		1个	
3	手锤	0.3kg	1把	
4	板尺	1000mm	1把	

2. 操作程序

(1)准备工作。

(2)铆钉直径和铆钉长度的确定。

(3)铆钉的布置。

(4)手工铆接。

(5)检验。

3. 考核评分

(1)本题分值采用百分制,100分满分,60分单科及格,然后乘以鉴定比重。

(2)评分方法:按单项记分、扣分。

4. 考核时限

准备时间:15min,正式操作时间:120min,每超时1min从总分中扣2分,超时10min停止操作。

5. 否定项说明

尺寸误差大于3mm以上的。

试题.AE002 搭接多排(交错)铆接

(1)工件图:见题AE002图。

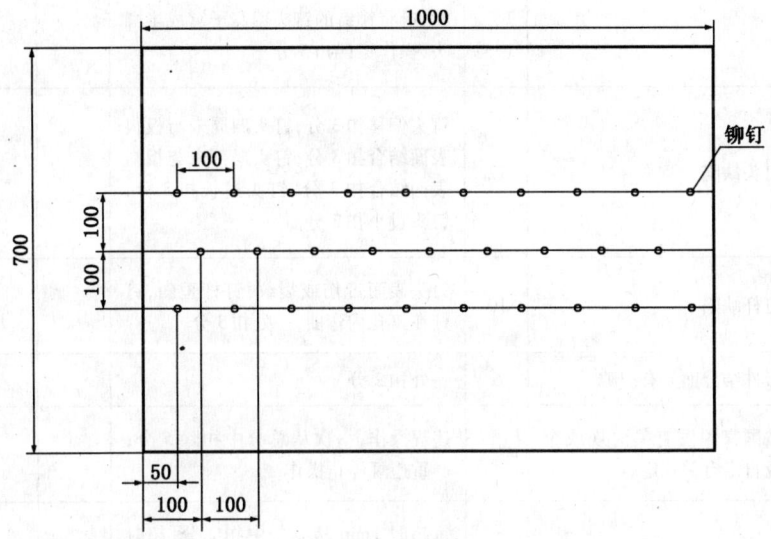

题AE002图

(2)配分与评分标准:

序号	考核项目	评分要素	配分	评分标准	检测结果	扣分	得分	备注
1	准备工作	工具劳保准备	6	少一件扣2分				
2	铆钉直径和铆钉长度的确定	铆钉的直径	5	公式应用错误不得分				
		铆钉的长度	5	铆钉的长度选择错误不得分				

— 247 —

续表

序号	考核项目	评 分 要 素	配分	评 分 标 准	检测结果	扣分	得分	备注
3	铆钉的布置	铆钉的排列方式	4	未选择多排交叉排列不得分				
		铆距、排距和边距的选取	12	铆距选取不正确扣4分,排距选取不正确扣4分,边距选取不正确扣4分				
4	手工铆接	钻孔	10	钻孔直径小于铆钉直径扣5分;未将两搭接板固定好,孔歪斜或钻孔错位扣5分				
		冲漏	16	不能确定板下方的铆钉位置是否正确扣8分,铆钉未穿透板料扣8分				
5	检验	铆合	14	用漏冲将铆钉顶严,顶紧、然后用手锤打伸出孔外的铆钉,操作错误扣4分;将其打成粗帽状或打平操作错误扣5分;对制件的外观质量有要求时,应将铆钉的钉头用窝子窝成半圆头,操作错误扣5分				
		钉头缺陷	12	钉头偏移扣3分,钉头四周未与板料表面结合扣3分,钉头局部未与板料表面结合扣3分,钉头过长扣3分,钉头过小扣3分				
		钉杆缺陷	10	钉头表面带伤或裂纹,钉杆歪斜,钉杆在钉孔内弯曲,一处扣3分				
		板件结合面间有裂隙	6	一处扣2分				
6	安全生产	按国家颁发有关法规或企业自定有关规定		违规操作,一次从总分中扣除5分;严重违规停止操作				
7	考核时限	超时		每超时1min从总分中扣2分,超时10min停止操作				
	合　计		100					

考评员:_____　　　记分员:_____　　　___年___月___日

十六、AF001　手工矫正

本鉴定点下共有3道考核试题,这些试题统一的考核要求和配分与评分标准如下。

1. 考核评分

(1)本题分值采用百分制,100分满分,60分单科及格,然后乘以鉴定比重。

(2)评分方法:按单项记分、扣分。

2. 否定项说明

尺寸误差大于3mm以上的。

3. 配分与评分标准

序号	考核项目	评分要素	配分	评分标准	检测结果	扣分	得分	备注
1	准备工作	工具劳保准备	6	少一件扣2分				
2	固定	将工件固定在平台上	24	工件即要固定牢固又要便于移动或拆装,否则酌情扣10~24分				
3	手工矫正	锤打矫正	30	矫正过程要简洁,目的要明确,否则酌情扣10~30分				
4	检验	矫正后各尺寸检验	40	不直度≤$L/1000$（L 为长度）,每超差1mm扣5分；翘曲度≤1mm,每超差1mm扣5分				
5	安全生产	按国家颁发有关法规或企业自定有关规定		违规操作,一次扣除5分；严重违规停止操作				
6	考核时限	超时		每超时1min从总分中扣2分,超时10min停止操作				
		合　计	100					

考评员：_____　　　　记分员：_____　　　　____年____月____日

试题1. AF001-1 槽钢扭曲的手工矫正

(1)准备要求：

① 鉴定机构准备：

序　号	名　称	规　格	数　量	备　注
1	考核场地			通风、光线良好,整洁规范无干扰
2	槽钢	大于匚8,厚度大于5mm	1根	
3	板条	80mm×200mm	12条	
4	电焊机		1套	
5	平台		1个	
6	大锤	4kg	1把	

② 考生准备：

序　号	名　称	规　格	数　量	备　注
1	尼龙线	ϕ0.5mm	20m	
2	直角尺	250mm×250mm	1把	

(2)操作程序：

① 准备工作。

② 固定。

③ 手工矫正。

④ 检验。

(3)考核时限:准备时间15min,正式操作时间90min,每超时1min从总分中扣2分,超时10min停止操作。

试题2. AF001-2 角钢翘曲的矫正
(1)准备要求:
① 鉴定机构准备:

序　号	名　称	规　格	数　量	备　注
1	考核场地			通风、光线良好,整洁规范无干扰
2	角钢	大于∠70,厚度大于5mm	1根	
3	电焊机		1套	
4	平台		1个	
5	大锤		1把	

②考生准备:

序　号	名　称	规　格	数　量	备　注
1	尼龙线	φ0.5mm	20m	

(2)操作程序:
① 准备工作。
② 扭曲的矫正。
③ 弯曲矫正。
④ 检验。

(3)考核时限:准备时间15min,正式操作时间120min,每超时1min从总分中扣2分,超时10min停止操作。

试题3. AF001-3 角钢大于或小于90°的手工矫正
(1)准备要求:
① 鉴定机构准备:

序　号	名　称	规　格	数　量	备　注
1	考核场地			通风、光线良好,整洁规范无干扰
2	角钢	角钢大于∠63,厚度大于3mm	1根	
3	电焊机		1套	
4	平台		1个	
5	大锤		1把	

② 考生准备：

序　号	名　　称	规　格	数　量	备　注
1	手锤		1把	
2	角度尺		1把	

(2)操作程序：
① 准备工作。
② 手工矫正。
③ 检验。

(3)考核时限：准备时间15min，正式操作时间90min，每超时1min从总分中扣2分，超时10min停止操作。

十七、AF002　加热矫正

本鉴定点下共有3道考核试题，这些试题统一的考核要求和配分与评分标准如下。

1. 准备要求

(1)鉴定机构准备：教室1间，能容纳30～50人，通风、光线良好，整洁规范无干扰；白纸若干。

(2)考生准备：钢笔或圆珠笔1支。

2. 操作程序

(1)准备工作。
(2)加热矫形。
(3)矫正后检验。

3. 考核评分

(1)本题分值采用百分制，100分满分，60分单科及格，然后乘以鉴定比重。
(2)评分方法：按单项记分、扣分。

4. 考核时限

准备时间15min，正式操作时间60min，每超时1min从总分中扣2分，超时10min停止操作。

试题1. AF002-1　箱形梁变形的矫正

配分与评分标准：

序号	考核项目	评分要素	配分	评分标准	检测结果	扣分	得分	备注
1	准备工作	工具劳保准备	10	少一件扣2分				
2	加热矫正	加热部位	20	加热部位选择要正确，答错不得分				
		加热温度	20	温度选择要恰当，答出一般加热温度，答错不得分				
		加热速度	10	速度要均匀、快速，答错不得分				

续表

序号	考核项目	评分要素	配分	评分标准	检测结果	扣分	得分	备注
3	矫正后尺寸检验	直线度	20	不直度≤$L/1000$（L为长度），每超差1mm扣10分				
		翘曲角度	20	翘曲≤1mm，每超差1mm扣5分				
4	安全生产	按国家颁发有关法规或企业自定有关规定		违规操作，一次从总分中扣除5分；严重违规停止操作				
5	考核时限	超时		每超时1min从总分中扣2分，超时10min停止操作				
		合　　计	100					

考评员：_____　　　　　记分员：_____　　　　　___年___月___日

试题2. AF002-2　H形钢上挠度火焰加热矫正

配分与评分标准：同题AF002-1。

试题3. AF002-3　锅炉钢管的火焰矫正

配分与评分标准：

序号	考核项目	评分要素	配分	评分标准	检测结果	扣分	得分	备注
1	准备工作	工具劳保准备	10	少一件扣2分				
2	加热矫正	加热部位	20	加热部位选择要正确，答错不得分				
		加热温度	20	温度选择要恰当，答出一般加热温度，答错不得分				
		加热速度	10	速度要均匀、快速，答错不得分				
3	矫正后尺寸检验	直线度	40	4个方向的不直度应≤$L/1000$（L为长度），且小于5mm，每超差1mm扣10分				
4	安全生产	按国家颁发有关法规或企业自定有关规定		违规操作，一次从总分中扣除5分；严重违规停止操作				
5	考核时限	超时		每超时1min从总分中扣2分，超时10min停止操作				
		合　　计	100					

考评员：_____　　　　　记分员：_____　　　　　___年___月___日

组卷示例

试题一、画一般压力容器排板图(分离器、换热器、路由器)(40分)

1. 准备要求

(1)鉴定机构准备:教室1间,能容纳30～50人,通风、光线良好,整洁规范无干扰;容器施工图若干(每位考生1份);白纸若干。

(2)考生准备:

序号	名称	规格	数量	备注
1	钢笔或圆珠笔、铅笔		1支	
2	直尺	200mm	1把	
3	计算器		1个	
4	圆规		1个	
5	三角板		1副	

2. 考核要求

(1)认真审阅图纸。

(2)排板合理、节约。

(3)图面整洁、有序、合理。

3. 考核评分

(1)本题分值采用百分制,100分满分,60分单科及格,然后乘以鉴定比重。

(2)评分方法:按单项记分、扣分。

4. 考核时限

准备时间15min,正式操作时间60min,每超时1min从总分中扣2分,超时10min停止操作。

5. 工件图

由鉴定机构准备。

试题二、偏心上圆下方连接管手工制作(30分)

1. 准备要求

(1)鉴定机构准备:

序号	名称	规格	数量	备注
1	考核场地			通风、光线良好,整洁规范无干扰
2	钢板	厚1mm,1m×2m	1张	
3	焊条	J422 φ3.2mm	5根	
4	手锤	1kg	1把	
5	滑石笔		1根	
6	电焊机		1台	

(2)考生准备:

序　号	名　　称	规　　格	数　　量	备　注
1	铁皮剪子		1把	
2	直板尺	1000mm	1件	
3	直角尺	250mm×500mm	1件	
4	划规		1把	
5	板锉	300mm	1把	

2.考核评分

(1)本题分值采用百分制,100分满分,60分单科及格,然后乘以鉴定比重。

(2)评分方法:按单项记分、扣分。

3.考核时限

准备时间15min,正式操作时间180min,每超时1min从总分中扣2分,超时10min停止操作。

4.否定项说明

尺寸误差大于5mm以上的。

5.工件图

见试题二图。

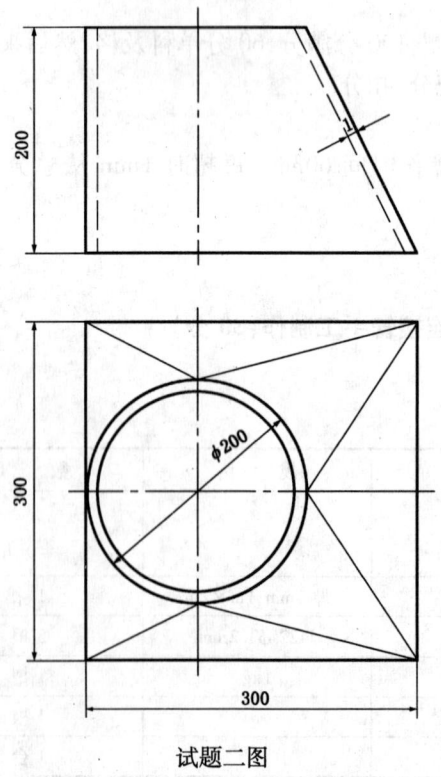

试题二图

试题三、圆管90°弯头的咬接(30分)

1. 准备要求

(1)鉴定机构准备：

序　号	名　称	规　格	数　量	备　注
1	考核场地			通风、光线良好，整洁规范无干扰
2	铁皮	厚1mm,1m×1m	1张	
3	油毡纸	1m×1m	1张	
4	砧铁		1块	

(2)考生准备：

序　号	名　称	规　格	数　量	备　注
1	手锤	0.3kg	1把	
2	钢板尺	1000mm	1把	
3	铁剪刀		1把	

2. 操作程序

(1)准备工作。

(2)下料。

(3)手工成形。

3. 考核评分

(1)本题分值采用百分制，100分满分，60分单科及格，然后乘以鉴定比重。

(2)评分方法：按单项记分、扣分。

4. 考核时限

准备时间15min，正式操作时间180min，每超时1min从总分中扣2分，超时10min停止操作。

5. 否定项说明

尺寸误差大于3mm以上的。

6. 工件图

见试题三图。

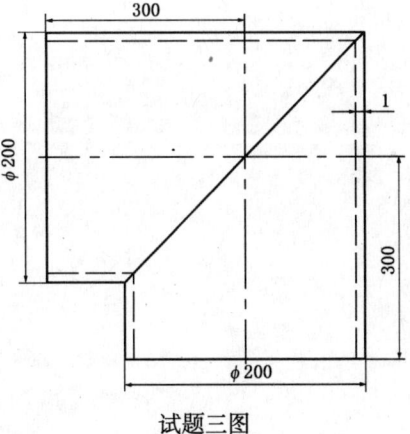

试题三图

— 255 —

技师和高级技师

工人技术等级标准(技师工作要求)

职业功能	工作内容	技能要求	相关知识
一、施工准备	(一)设计、组装贮罐胎架及工、卡具	能设计所需胎架、胎模等	胎架、胎模设计基础知识
	(二)设计、拉运成形板料胎架		
	(三)准备桁架装配胎模		
二、放样、下料	(一)大型复杂钢结构桁架放样	(1)能用计算或投影的方法求各种构件实长线 (2)能制作任意角度样板	样板、样杆的制作知识
	(二)制作等径直交三通补料带的检验样板	(1)能用相贯线的方法求出断面实形 (2)能做出两个夹角的检验样板	实用钣金工带补料的构件展开知识
	(三)浮顶罐底板、壁板及浮顶、浮船排板下料	(1)能用计算法对罐底板展开、下料 (2)能按钢板实际规格进行罐体排板下料	(1)施工图纸技术要求 (2)立式贮罐制作规范
三、钢结构、容器的制作与安装	(一)制作、安装50000m³以下浮顶罐	(1)能组织制作、安装50000m³浮顶罐 (2)能进行浮顶沉没试验	浮顶罐的制作工艺知识及装配方法
	(二)制作、安装1000m³以下球罐	(1)能设计球罐组装胎具、模具 (2)能制作、修正球瓣下料样板和球瓣成形检查样板 (3)能对球形贮罐进行整体热处理	(1)球罐制作工艺知识及装配方法 (2)球形贮罐施工及验收规范
	(三)制作、安装φ3800mm以上塔类	(1)能确定塔类附件安装时的纵向基准线 (2)能用水平仪在塔体大端两端划出基准圆	塔盘安装技术要求
	(四)制作、安装复合钢板及有色金属设备	能制作、安装复合钢板及有色金属设备	(1)有色金属材料特性和制作容器的基本要求 (2)复合钢板及有色金属制作容器的工艺特点

续表

职业功能	工作内容	技能要求	相关知识
三、钢结构、容器的制作与安装	（五）制作、安装大型复杂金属结构构架	能组织指导制作、安装大型组合型钢及起重机桅杆	大型金属结构构架的受力和制作装配知识
	（六）压力容器整体退火及容器内壁脱脂	能组织实施压力容器整体退火	热处理基本知识
四、检验	（一）检查容器部件加工质量	(1)能按定位基准线检查同心度、平行度、垂直度、水平度 (2)能检查排板图几何尺寸是否与施工图相符 (3)能检查罐底、罐壁、浮顶焊后变形量 (4)能检查筒节曲率 (5)能检查壁板局部挠曲矢量是否符合技术要求 (6)能检查塔内固定件的划线位置 (7)能检查有色金属壳体表面的机械损伤及热裂纹	(1)《石油工程建设质量检验、评定标准》容器制作部分的知识 (2)压力容器制造标准 (3)有色金属设备的制造标准
	（二）检查复杂钢结构质量	(1)能对金属结构件的缺陷、变形部位进行修复并加固补强 (2)能检查复杂组合钢结构、搭接钢板与钢板的接触面质量 (3)能检查受力杆件型钢、管材的接口形式和节点质量	钢结构施工及验收规范
	（三）检查压力容器整体退火及容器内壁脱脂质量	(1)能进行压力容器整体退火 (2)能进行压力容器内壁脱脂质量检查	压力容器整体退火的工艺要求和注意事项
五、管理	（一）质量管理	能够根据质量管理体系要求指导施工质量控制	质量管理体系有关知识
	（二）组织施工工艺	能按施工工艺组织施工	
	（三）新工艺的应用	能应用本工种先进施工技术	新工艺知识
	（四）HSE安全管理	能够根据HSE安全管理体系要求进行安全生产及文明施工	HSE安全管理体系有关知识
六、培训	理论和技能培训	能够进行初、中、高级工理论和技能培训	培训的有关知识

工人技术等级标准(高级技师工作要求)

职业功能	工作内容	技 能 要 求	相 关 知 识
一、施工准备	(一) 设计及准备装配球罐平台、模具、卡具	(1)能检查机具、设备的完好性 (2)能设计各种工装卡具、模具、胎具胎架,并指导制作	胎具、模具的设计、制造知识
	(二) 设计及准备单盘、浮船组装胎架		
	(三) 准备各种复杂成形检查样板	能制作复杂构件检查样板	
	(四) 准备施工技术措施用料	能编制施工技术措施用料计划	安装预算基本知识
二、放样、下料	(一) 展开球罐螺旋盘梯	(1)能计算盘梯内、外侧板及踏步板尺寸 (2)能展开盘梯内、外侧板及踏步板	球罐盘梯的计算与放样展开知识
	(二) 圆-圆锥-圆管三节直角换向连接管展开	(1)能计算换向连接管的实际角度 (2)能计算圆与圆锥、圆管连接的相贯线	垂位、柱形体的复杂相交构件展开知识
三、钢结构、容器的制作与安装	(一) 制作、安装1000m^3以上球罐及盘梯	(1)能用分瓣装配法组织球罐组装 (2)能编制球罐的施工方案并组织实施 (3)能编制球罐的制造工艺 (4)能组织制作、安装球罐盘梯	(1)压力容器制作的技术条件 (2)球罐制作安装知识 (3)球罐组装的主要工序及方法 (4)球罐制作标准和压力容器安全技术监察规程
	(二) 制作、安装50000m^3以上浮顶罐	(1)能组织制作、安装50000m^3以上浮顶罐 (2)能编制浮顶罐施工方案并组织实施	浮顶罐组装的主要工序及方法
	(三) 制作、安装10000m^3以上拱顶罐	能组织制作、安装10000m^3以上拱顶罐	拱顶罐施工技术条件
	(四) 制作、安装反应器、再生器、换热器	能组织制作、安装再生器、反应器、换热器	再生器、反应器、换热器壳体组对及内件制作、安装技术要求
	(五) 矫正复杂金属构件的变形	(1)能制定构件防变形技术措施 (2)能校核金属构件的强度 (3)能确定构件变形的矫正位置 (4)能分析判定高强钢设备构件应力形成的原因	(1)材料力学有关强度校核知识 (2)大型构件装配部件的划分知识 (3)金属构件矫正的施工工艺及技术要求

续表

职业功能	工作内容	技能要求	相关知识
四、检验	(一) 检查特殊及复杂容器部件加工质量	(1)能检查球罐分瓣材料及配件质量 (2)能检查胎模、胎架夹具的制造质量 (3)能检查球罐整体热处理的升温、恒温、降温曲线 (4)能鉴定焊接工艺质量	(1)压力容器制造有关标准和规范 (2)压力容器安全技术监察规程 (3)压力容器施工及验收规范 (4)施工图纸技术要求 (5)石油建设工程质量检查标准
	(二) 检查大型复杂钢结构质量	(1)能确定复杂构件制作、安装的方法和步骤 (2)能确定复杂构件的安装方位 (3)能检查复杂构件焊接工艺质量	
	(三) 高压及特殊压力容器成品检验	(1)能对高压及特殊压力容器进行气密性和耐压性试验 (2)能组织对各种压力容器成品进行检验	
五、管理	(一) 质量管理	能够根据质量管理体系要求组织项目质量管理	质量管理体系有关知识
	(二) 施工组织、设计	能编制施工方案及工艺规程,提出合理化建议	
	(三) 新工艺的应用	能组织应用本工种先进技术	
	(四) HSE 安全管理	能根据 HSE 安全管理体系要求组织项目安全生产和文明生产	HSE 安全管理体系知识
六、培训	理论和技能培训	能制定培训方案,对高级工和技师进行理论和技能培训	培训的有关知识

第五部分 技师和高级技师基础知识

第一章 焊接图知识

焊接图是供焊接加工时所用的图样。这种图样要求把零件或构件的全部结构形状、尺寸和技术要求都表达得完整、清晰。本节简要介绍图样上的焊缝符号表示法（GB/T 324—1988）。

一、焊缝符号

（一）基本符号

基本符号是表示焊缝截面形状的符号，见表5-1-1。

表5-1-1 常用焊缝基本符号

序号	名称	示意图	符号
1	I形焊缝		‖
2	V形焊缝		V
3	单边V形焊缝		V
4	带钝边V形焊缝		Y
5	角焊缝	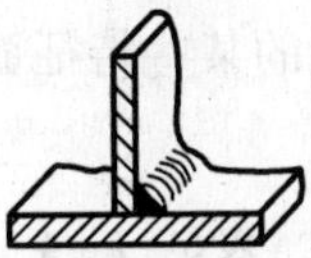	△
6	塞焊缝或槽焊缝	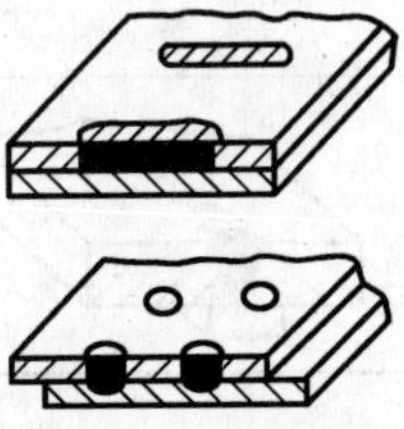	⊔
7	点焊缝	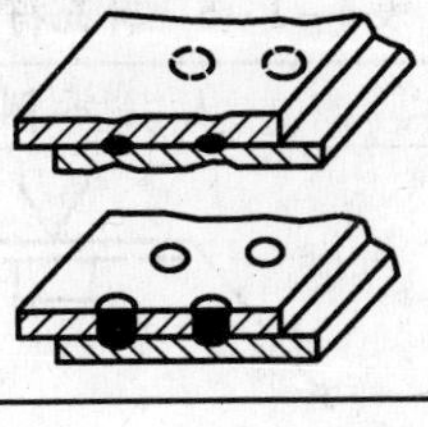	○

(二)辅助符号

辅助符号是表示焊缝表面形状特征的符号,见表5-1-2。

表5-1-2 辅助符号

序号	名称	示意图	符号	说明
1	平面符号		—	焊缝表面齐平(一般通过加工)
2	凹面符号		⌣	焊缝表面凹陷
3	凸面符号		⌢	焊缝表面凸起

不需要确切说明焊缝的表面形状时可以不用辅助符号。辅助符号的应用示例见表5-1-3。

表5-1-3 辅助符号应用示例

名称	示意图	符号
平面V形对接焊缝		V̄
凸面X形对接焊缝		X̂
凹面角焊缝		⌣◣
平面封底V形焊缝		V̱

(三)补充符号

补充符号是为了补充说明焊缝的某些特征而采用的符号,见表5-1-4;补充符号的应用示例见表5-1-5。

表5-1-4 补充符号

序号	名称	示意图	符号	说明
1	带垫板符号		▭	表示焊缝底部有垫板

表5-1-5 补充符号应用示例

示意图	标注示例	说明
		表示V形焊缝的背面底部有垫板

— 264 —

二、符号在图样上的位置

(一)基本要求

完整的焊缝表示方法除了上述基本符号、辅助符号、补充符号以外,还包括指引线、一些尺寸符号及数据。

指引线一般由带有箭头的指引线(简称箭头线)和两条基准线(一条为实线,另一条为虚线)两部分组成,如图5-1-1所示。

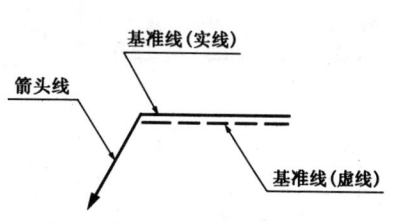

图5-1-1 指引线

(二)箭头和接头的关系

箭头线和接头的关系有以下两种(图5-1-2):

(1)焊缝在接头的箭头侧,见图5-1-2(a)所示。

(2)焊缝在接头的非箭头侧,见图5-1-2(b)所示。

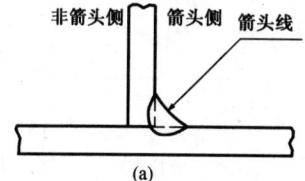 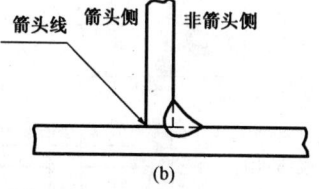

图5-1-2 带单角焊缝的T形接头

(a)焊缝在箭头侧;(b)焊缝在非箭头侧

(三)基本符号相对基准线的位置

(1)如果焊缝在接头的箭头侧,则将基本符号标在基准线的实线侧如图5-1-3(a)所示。

(2)如果焊缝在接头的非箭头侧,则将基本符号标在基准线的虚线侧如图5-1-3(b)所示。

(3)标对称焊缝及双面焊缝时,可不加虚线,如图5-1-3(c)、(d)所示。

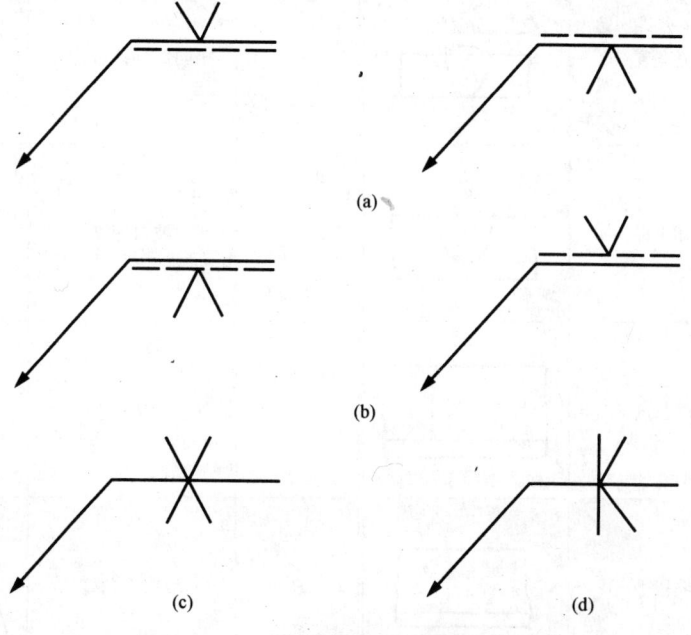

图5-1-3 基本符号相对基准线的位置

(a)焊缝的接头的箭头侧;(b)焊缝在接头的非箭头侧;(c)对称焊缝;(d)双面焊缝

三、焊缝尺寸符号及其标注位置

（1）基本符号必要时可以附带有尺寸符号及数据，这些尺寸符号见表5-1-6。

表 5-1-6　焊缝尺寸符号

符号	名称	示意图	符号	名称	示意图
δ	工件厚度		e	焊缝间距	
α	坡口角度		K	焊角尺寸	
b	根部间隙		d	熔核直径	
p	钝边		S	焊缝有效厚度	
c	焊缝宽度		N	相同焊缝数量符号	
R	根部半径		H	坡口深度	
l	焊缝长度		h	余高	
n	焊缝段数		β	坡口面角度	

(2)焊缝尺寸的标注示例见表 5-1-7。

表 5-1-7 焊缝尺寸的标注示例

序号	名称	示意图	焊缝尺寸符号	示例
1	对接焊缝		S:焊缝有效厚度	SY
				S‖
				S∨
2	连续角焊缝		K:焊角尺寸	K△

第二章 设计计算的基本知识

一、简单金属构件和容器设计的一般知识

金属构件和容器设计有关知识很多,大多属专业技术人员掌握的范畴,对于金属结构制作工来说,只要熟悉一般的设计知识就可以了。

(一)金属构件的一般设计知识

金属构件主要指钢结构件。本章只介绍柱和梁设计的一般知识。

1. 柱的一般设计知识

柱主要是承受垂直荷载或垂直及偏心兼有荷载。设计柱时,第一步是确定计算长度L_o。计算长度L_o按(5-2-1)式确定:

$$L_o = \mu L \qquad (5-2-1)$$

式中　L_o——柱的计算长度;
　　　L——柱的实际长度;
　　　μ——计算系数。

μ值与柱两端支承情况有关,详情可参阅有关资料。

第二步是建立强度及稳定条件公式。由于柱是一受压杆件,在受力状态下欲使柱处于平衡状态,则它必须既要满足强度要求,又要保持稳定。

中心受压柱:中心受压的实腹柱,按强度考虑的承载能力及按稳定考虑柱的承载能力分别由式(5-2-2)及(5-2-3)确定。

$$A_j \geq N/[\sigma] \qquad (5-2-2)$$

$$A_m \geq N/\phi \cdot [\sigma] \qquad (5-2-3)$$

式中　A_j——净截面积,mm^2;
　　　N——计算载荷,N;
　　　A_m——全截面积,mm^2;
　　　ϕ——受压杆件承载能力折减系数;
　　　$[\sigma]$——材料许用应力,N/mm^2。

第三步是校核计算。先选定一种柱断面,一般是选工字钢或钢管,如果所选材料的净截面积满足式(5-2-2)要求,则说明柱的强度足够。接着做稳定校核。稳定校核计算中有一折减系数ϕ,ϕ值是由材料及极限长细比$[\lambda]$确定的。$[\lambda]$值按下式确定:

$$[\lambda] = L_o/\gamma_{min} \qquad (5-2-4)$$

式中　L_o——柱的计算长度,mm;
　　　γ_{min}——柱截面的最小惯性半径,mm。

可见,截面一经决定,γ_{min}就确定了,再由(5-2-4)式确定$[\lambda]$,由$[\lambda]$值在表5-2-1和表5-2-2中查ϕ值,将λ值代入式(5-2-3)。如果式(5-2-3)成立,柱的稳定性就保证了。

表 5-2-1 钢材轴心受压杆件的稳定系数 φ 值及 Q235 钢的稳定系数 φ

λ	0	1	2	3	4	5	6	7	8	9
0	1.000	1.000	1.000	1.000	0.999	0.999	0.998	0.998	0.997	0.996
10	0.995	0.994	0.993	0.992	0.991	0.989	0.988	0.987	0.985	0.983
20	0.981	0.979	0.997	0.975	0.973	0.971	0.969	0.966	0.963	0.961
30	0.958	0.956	0.953	0.950	0.947	0.944	0.941	0.937	0.934	0.931
40	0.927	0.923	0.920	0.916	0.912	0.908	0.904	0.900	0.896	0.892
50	0.888	0.884	0.879	0.875	0.870	0.866	0.861	0.856	0.851	0.847
60	0.842	0.837	0.832	0.826	0.821	0.816	0.811	0.805	0.800	0.795
70	0.789	0.784	0.778	0.722	0.767	0.761	0.755	0.749	0.743	0.737
80	0.731	0.725	0.719	0.731	0.707	0.701	0.695	0.688	0.682	0.676
90	0.669	0.663	0.657	0.650	0.644	0.637	0.631	0.624	0.617	0.611
100	0.604	0.597	0.591	0.584	0.577	0.570	0.563	0.557	0.550	0.543
110	0.536	0.529	0.522	0.515	0.508	0.501	0.494	0.487	0.480	0.473
120	0.466	0.459	0.452	0.445	0.439	0.432	0.426	0.420	0.413	0.407
130	0.401	0.396	0.390	0.384	0.379	0.374	0.369	0.364	0.359	0.354
140	0.349	0.344	0.340	0.335	0.331	0.327	0.322	0.318	0.314	0.310
150	0.306	0.303	0.299	0.292	0.288	0.288	0.285	0.281	0.278	0.275
160	0.272	0.268	0.265	0.262	0.259	0.256	0.254	0.251	0.248	0.245
170	0.243	0.240	0.237	0.235	0.232	0.230	0.227	0.225	0.223	0.220
180	0.218	0.216	0.214	0.212	0.210	0.207	0.205	0.203	0.201	0.199
190	0.197	0.196	0.194	0.192	0.190	0.188	0.187	0.185	0.183	0.181
200	0.180	0.178	0.176	0.175	0.173	0.172	0.170	0.169	0.167	0.166

表 5-2-2 16Mn 及 16MnR 的稳定系数 φ

λ	0	1	2	3	4	5	6	7	8	9
0	1.000	1.000	1.000	0.999	0.999	0.998	0.998	0.997	0.996	0.994
10	0.993	0.992	0.990	0.989	0.987	0.985	0.983	0.980	0.978	0.976
20	0.973	0.970	0.967	0.964	0.961	0.958	0.955	0.951	0.948	0.944
30	0.940	0.936	0.932	0.928	0.923	0.919	0.915	0.910	0.905	0.900
40	0.895	0.890	0.885	0.880	0.874	0.869	0.863	0.858	0.852	0.846
50	0.840	0.834	0.828	0.822	0.815	0.809	0.803	0.796	0.789	0.783
60	0.776	0.769	0.762	0.755	0.748	0.741	0.734	0.727	0.719	0.712
70	0.705	0.697	0.690	0.682	0.674	0.667	0.659	0.651	0.643	0.635
80	0.627	0.619	0.611	0.603	0.595	0.587	0.579	0.571	0.563	0.554
90	0.546	0.538	0.530	0.521	0.513	0.504	0.496	0.488	0.479	0.471
100	0.462	0.454	0.445	0.436	0.428	0.420	0.413	0.405	0.398	0.391
110	0.384	0.378	0.371	0.365	0.359	0.353	0.347	0.341	0.336	0.331
120	0.325	0.320	0.315	0.310	0.305	0.301	0.296	0.292	0.288	0.283
130	0.297	0.275	0.271	0.267	0.263	0.260	0.256	0.253	0.249	0.246
140	0.242	0.239	0.236	0.233	0.230	0.227	0.224	0.221	0.218	0.215
150	0.213	0.210	0.207	0.205	0.202	0.200	0.197	0.195	0.193	0.190
160	0.188	0.186	0.184	0.182	0.180	0.178	0.176	0.174	0.172	0.170
170	0.168	0.160	0.164	0.162	0.161	0.159	0.157	0.156	0.154	0.152
180	0.151	0.149	0.148	0.146	0.145	0.143	0.142	0.140	0.139	0.138
190	0.136	0.135	0.134	0.132	0.131	0.130	0.129	0.128	0.126	0.125
200	0.124	0.123	0.122	0.121	0.120	0.118	0.117	0.116	0.115	0.114

偏心受压柱的设计也是从柱的承载强度及稳定性两方面来考虑,只不过计算较复杂一些而已,这里不作介绍,留在"一般受力构件设计计算"中讲述。

2. 梁的一般设计知识

梁分为悬臂梁及简支梁两大类。梁在工作中主要是承受弯矩载荷。梁的设计,首先是进行静力计算,求出支座反力,从而计算出弯矩,再用强度和稳定条件公式进行校核计算即可。这里仅举集中载荷作用的悬臂梁及简支梁为例来说明梁的一般设计过程。

1) 悬臂梁

悬臂梁的载荷情况如图 5-2-1 所示。

(1) 静力计算:

支座反力 $\quad P' = P \quad$ (5-2-5)

支座弯矩 $\quad M = -P \cdot a \quad$ (5-2-6)

悬臂端最大挠度 $\quad f_{\max} = \dfrac{Pa^2}{6EJ}(3l - a) \quad$ (5-2-7)

(2) 承载能力计算(单向受力):

强度校核按式(5-2-8)进行。

$$M/W_j \leqslant [\sigma] \quad (5-2-8)$$

工字钢、槽钢的剪力验算:

$$Q \leqslant 0.85\delta \cdot h \cdot [\tau] \quad (5-2-9)$$

式中　M——计算弯矩,N·mm;
　　　W_j——净截面抗弯截面模数,mm³;
　　　E——材料弹性模数,MPa;
　　　J——截面惯性矩,mm⁴;
　　　$[\sigma]$——材料许用应力,MPa;
　　　Q——计算剪力,N;
　　　$[\tau]$——材料许用剪应力,MPa;
　　　δ——工字钢、槽钢厚度,mm;
　　　h——工字钢、槽钢高度,mm。

(3) 稳定性校核按式(5-2-10)进行:

$$M \leqslant \phi_W [\sigma] W_m \quad (5-2-10)$$

式中　M——计算弯矩,N·mm;
　　　ϕ_W——折减系数(查钢结构设计资料);
　　　W_m——抗弯截面模数(毛截面),mm³。

2) 简支梁

简支梁的载荷情况如图 5-2-2 所示。

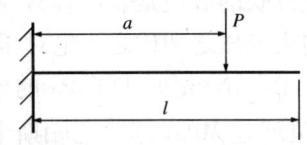
图5-2-1 悬臂梁载荷示意图

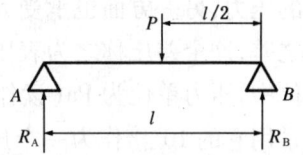
图5-2-2 简支梁载荷示意图

(1)静力计算：

支座反力：
$$R_A = R_B = P/2 \tag{5-2-11}$$

最大弯矩：
$$M_{max} = PL/4 \tag{5-2-12}$$

(2)承载能力(单向受力)计算：

$$\sigma = \frac{M_{max}}{W} \tag{5-2-13}$$

(3)强度校核：

$$\sigma \leq [\sigma_P] \tag{5-2-14}$$

(二)容器设计的一般知识

容器包括压力容器、常压容器及钢制立式储罐等。由于它们的工况不同，壳体设计也不相同，但它们在设计上也有着相同之处。归纳起来包括：材料使用上都有一个使用范围的限制；设计压力有一个区段；设计温度按材料的允许使用的工作温度确定；由于都是焊接连接设备，故都有一个表征焊接强度的焊接系数；在设计壁厚时都要考虑材料的允许减薄量及其腐蚀附加量，同时还要考虑封头加工减薄量；强度计算时，要考虑到材料的许用应力问题。这里仅以压力容器壳体设计为例来说明容器设计的一般情况。

压力容器设计的一般知识(本章仅局限于内压单层压力容器的壳体设计)。

1.筒体设计计算

我国 GB 150《钢制压力容器》规定：当设计压力 $p \leq 0.4[\sigma^t]\phi$ 的单层圆筒和球壳的设计计算，可用式(5-2-15)确定壁厚。

$$\delta = \frac{pD_i}{2[\sigma]^t\phi - p} \tag{5-2-15}$$

式中 δ——计算壁厚，mm；

p——设计压力，MPa；

D_i——圆筒内直径，mm；

$[\sigma]^t$——设计温度下圆筒壳体材料的许用应力，MPa；

ϕ——焊缝系数。

1)设计压力 p

压力是容器器壁上单位面积上所承受操作介质的作用力。压力是工程上习惯称呼，学名应叫做压力强度(简称压强)。

压力分为表压力及绝对压力两种。当容器承受内压时，与其相通的压力表一方面要承受容器内部的压力,另一方面也承受大气压力,因而压力表上反映的数值是表示容器内的压力与大气压力之差,这个差压称之为表压力,简称表压。表压与大气压之和称之为绝对压力。在法定计算单位中,压力单位为 Pa(读作帕斯卡),简称为帕。$1Pa = N/m^2$。由于 Pa 的单位很小,在工程上常用它的 10^6 倍作为一个压力单位,这个压力单位就是 MPa(读作兆帕斯卡,简称兆帕)。

设计压力系指在相应设计温度下用以确定容器壳体厚度的压力,其值不得小于最大工作压力。

2)许用应力

各种钢材在一定工作温度下其许用应力是不同的。钢材不同允许最高和最低工作温度也不相同。常用材料的使用温度及许用应力分别如表 5-2-3 所示。

表 5-2-3 常用钢材适用范围一览表

序号	钢板名称	钢号	许用压力 MPa	使用湿度范围 ℃	工作习惯限制
1	碳素钢板	Q235A·F(A3F) 热轧	$p \leq 0.6$	0~250	(1)壳体,$\delta \leq 12mm$; (2)不能用于盛装易燃、毒性为中度、高度或极度危害介质的压力容器
2	碳素钢板	Q235A(A3) 热轧	$p \leq 1.0$	0~350	(1)壳体,$\delta \leq 16mm$; (2)不得用于液化石油气以及毒性为高度或极度介质的压力容器
3	碳素钢板	Q235B 热轧	$p \leq 1.6$	0~250	(1)壳体,$\delta \leq 20mm$; (2)不得用于毒性为高度或极度危害介质的压力容器
4	碳素钢板	Q235C 热轧	$p \leq 2.5$	>-20~350	
5	碳素钢板	20R 热轧或正火		>-20~475	$\delta > 38mm$ 应在正火状态下使用于壳体
6	低合金钢板	16MnR 热轧或正火	$p \leq 35$	-20~475	$\delta > 30mm$ 应在正火状态下使用于壳体
7	低合金钢板	16MnDR		-40~100	正火状态下使用

3)焊缝系数

焊缝系数是焊缝强度与母材强度之比 ≤ 1。在 GB 150 标准中规定:

(1)双面焊或相当于双面焊的全焊透对接焊缝:100% 无损探伤者,其:$\phi = 1.00$;局部无损探伤,$\phi = 0.85$。

(2)单面焊的对接焊缝,焊缝带垫板:100% 无损探伤,$\phi = 0.90$;局部无损探伤,$\phi = 0.80$。

(3)无法进行探伤的单面焊环向对接焊缝,当无垫板时,$\phi = 0.60$;条件是:$\delta \leq 16mm$。

(4)直径 $\leq \phi 600mm$ 的壳体环向焊缝。

4)壁厚附加量

壁厚附加量(也称厚度附加量)C 由式(5-2-16)确定:

$$C = C_1 + C_2 \qquad (5-2-16)$$

式中 C_1——钢板或钢管的负偏差(按相应标准选取),mm;当钢材的厚度负偏差 $\Delta \leq 0.25$ mm,且不超过名义厚度(δ_N)的6%时,可取 $C_1 = 0$;

C_2——腐蚀裕量,mm;对于碳素钢和低合金钢,$C_2 \geq 1.0$mm;对于不锈钢,当介质腐蚀极微时,则取 $C_2 = 0$mm。

5) 壁厚

壁厚是一个厚度系列的总称。容器器壁的钢板厚度称为名义厚度(δ_N);按(5-2-15)式计算的厚度称为计算厚度(δ);计算厚度加上 C 为设计厚度。各种厚度名称的含义也可这样来描述:

计算厚度——由 $\delta = \dfrac{pD_i}{2[\sigma]^t \phi - p}$ 式计算的壁厚;

设计厚度——$\delta + C$;

名义厚度——δ_N,是由设计壁厚向上圆整到钢板标准规格的厚度,它就是图样标注厚度;

有效厚度——$\delta_N - C$;

最小厚度——壳体元件不包括 C_2 的最小厚度。最小厚度由 δ_{min} 符号表示。δ_{min} 由下列条件确定:

碳素钢及低合金钢:当 $D_i \leq 3800$mm 时,$\delta_{min} = \dfrac{2D_i}{1000}$mm,且 δ_{min} 不小于3mm;当 $D_i > 3800$ 时,则由运输和现场制造、安装所必需的刚度条件来确定;不锈钢容器 $\delta_{min} = 2$mm。

封头制造工艺减薄厚度 C_3——由于制造工艺(如加热烧损、冲压等)而使材料减薄的厚度。工艺减薄厚度由制造厂确定。

2. 标准椭圆封头的设计计算

工程上所称标准椭圆封头是长短轴比值为2的椭圆封头。标准椭圆封头的有效厚度应不小于封头内直径(2倍长轴)的0.15%。

标准椭圆封头计算厚度按式(5-2-17)确定:

$$\delta = \dfrac{pD_i}{2[\sigma]^t \phi - 0.5p} \quad (\text{mm}) \qquad (5-2-17)$$

标准椭圆封头的许用压力按式(5-2-18)确定:

$$[p] = \dfrac{2[\sigma]^t \phi \delta_e}{D_i + 0.5\delta_e} \quad (\text{MPa}) \qquad (5-2-18)$$

式中 δ_e——有效厚度,mm。

3. 压力容器强度校核计算

压力容器制造完毕,应对其进行耐压强度试验,因此,应对容器壳体在耐压试验状态下进行应力校核计算。根据 GB 150 规定,压力试验时应力校核的强度条件应满足式(5-2-19)和式(5-2-20)的要求:

(1) 液压试验时,圆筒薄膜应力条件:

$$\sigma_T = \dfrac{p_T(D_i + \delta_e)}{2\delta_e \phi} \leq 0.9\sigma_s \qquad (5-2-19)$$

(2) 气压试验时,圆筒薄膜应力条件:

$$\sigma_T = \frac{p_T(D_i + \delta_e)}{2\delta_e \phi} \leq 0.8\sigma_s \tag{5-2-20}$$

式中 σ_T——圆筒薄膜应力,MPa;
　　p_T——试验压力,MPa;
　　σ_s——试验温度下材料的屈服强度,MPa;
　　D_i——容器内径,mm;
　　δ_e——有效壁厚,mm;
　　ϕ——焊缝系数。

说明:① 耐压试验采用液压试验时,如果立式设备采用卧置试压时,其试验压力应计算及试验介质的静压力,且对壳体的最低点进行应力校核。

② 试验压力 p_T 按式(5-2-21)确定:

$$p_T = \begin{cases} p + 0.1 \\ 1.25p \dfrac{[\sigma]}{[\sigma]^t} \end{cases} \tag{5-2-21}$$

式(5-2-21)中的两公式计算取其较大值。

立式设备卧置试验时,试验压力 p'_T 按(5-2-22)式确定:

$$p'_T = p_T + p_{静} \tag{5-2-22}$$

式中 $p_{静}$——试验介质的静压力,MPa。

$p_{静}$ 按式(5-2-23)确定:

$$p_{静} = H \times \frac{1}{100} \tag{5-2-23}$$

式中 H——液柱高度,m。

二、常用零件强度计算基本知识

常用零件,在本课程中是指法兰、圆形盲板及螺栓。这些零件在工程中应用最多,在实际工作中说不定还要自行设计。要设计,就必须知道如何进行强度计算。可见,掌握盲板、法兰及螺栓的强度计算是十分必要的。

(一)螺栓法兰接头设计

螺栓法兰接头是一种可拆卸管路连接或容器同管路连接的接头。法兰必须和螺栓、垫片配合使用才能完成工作介质输送功能。螺栓法兰连接接头的工作原理是:两片连接法兰靠螺栓的预紧力使其间垫片产生变形,从而达到使接头密封连接目的(见图5-2-3)。

法兰由于使用环境、受力情况及结构形式不同,因而形式是多种多样的。

在实际运作中,如果需用法兰可根据设计压力,设计温度直接按名义直径就可在法兰标准上选到所需要的型号及规格,设计时可按标准选用即可,勿需做大量的繁杂计算。

(二)盲板设计

与管法兰配套使用的法兰盲板直接从标准中选用即可,这里所讲解的盲板都是非拆卸结构的盲板,其结构形式如图5-2-4所示。

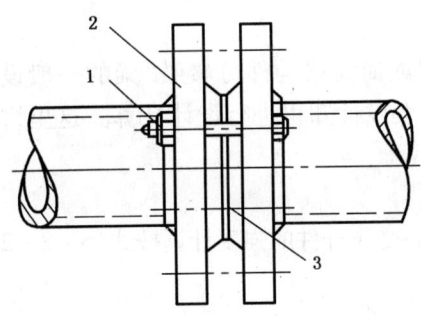

图 5-2-3 平焊法兰连接接头示意图

1—螺栓螺母;2—平焊法兰;3—垫片

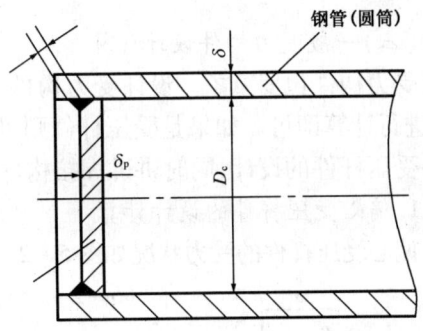

图 5-2-4 钢管盲板一般结构示意图

设计计算时,按式(5-2-24)确定盲板厚度 δ_p。

$$\delta_p = D_c\sqrt{\frac{Kp}{[\sigma]^t\phi}} \quad (\text{mm}) \qquad (5-2-24)$$

式中 p——设计压力,MPa;

D_c——钢管或圆筒内径,mm;

$[\sigma]^t$——盲板材料在工作温度下的许用应力,MPa;

ϕ——焊缝系数,取 $\phi=0.85$;

K——系数,圆形盲板:$0.44\frac{\delta}{\delta_e}=K\geq 0.2$;

δ——管子或圆筒壁厚,mm;

δ_e——管子有效厚度,mm。

插入式试压(强度试验)盲板厚度可直接按表 5-2-4 选取。

表 5-2-4 插入式试压盲板厚度表

试验压力 MPa	钢管名义直径,mm														
	40	50	65	80	100	125	150	200	250	300	350	400	450	500	600
0.4										12	12			18	18
0.6									12			18			24
1.0			6	6	6	8	10	12			18			25	
1.6			6									20	22		30
2.5		6							18	20	24	28	32	32	38
3.2														36	
4.5	6			8	10	12	14	20		25	34	34	40		
6.4			8						28			40			
8.0							18			34	38				
9.0				10	12	16			26						
10.0				10						34	38				
11.0		8					22								
12.5					12	14	18		28						

(三)一般受力构件设计计算

受力构件包罗万象。设计受力构件时,对悬臂梁或简支梁构件可参照"梁的一般设计知识"进行计算即可。如果是受压杆件则可参照柱的一般设计知识进行设计计算。这里讲一讲偏心受压杆件的设计,同时讲讲焊接构件焊缝强度计算。

1. 偏心受压杆件的设计计算

偏心受压杆件的受力状况如图 5-2-5 所示。偏心受压杆件的强度计算按式(5-2-25)及(5-2-26)进行验算:

强度验算: $\dfrac{P}{A_j} + \dfrac{M}{W_j} \leq [\sigma]$ (5-2-25)

式中 P——作用力,N;
A_j——杆件净截面积,mm^2;
M——弯矩,N·mm;
W_j——杆件净抗弯截面模数,mm^3;
$[\sigma]$——许用应力,MPa。

2. 焊接构件焊缝强度计算

焊接接头的强度设计是根据等强度原理考虑的,也就是说焊缝的截面面积,要同焊件的截面面积相等,致使焊缝强度同焊件强度相等。

1)焊接接头受拉力作用时的强度计算

焊件受纵向拉力时,则焊接接头承受的拉力计算公式为式(5-2-26):

$$P = [\sigma_p] \cdot F \quad (5-2-26)$$

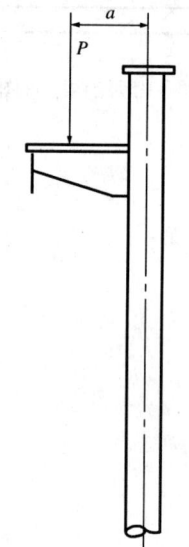

图 5-2-5 偏心受压杆受力状况示意图

式中 P——焊件纵向拉力,N;
$[\sigma_p]$——焊缝许用应力,MPa;
F——焊件的横截面积,mm^2。

例1:如图 5-2-6 所示,有两块材质为 $Q_{235}A$,板厚 $\delta = 20mm$,宽度 $B = 50mm$,手工焊接对接接头,焊缝许用拉应力 $[\sigma_p] = 150MPa$,问该焊件可承受拉力 P 是多少牛顿?

已知:焊件 $B = 50mm$ $\delta = 20mm$ $F = 20 \times 50 = 1000(mm^2)$ $[\sigma_p] = 150MPa$

求:焊件拉力 P 值。

解:按式(5-2-26):
$P = [\sigma_p] \cdot F$
$= 150 \times 50 \times 20$
$= 1.5 \times 10^5 (N)$

答:焊接接头能承受拉力为 $1.5 \times 10^5 N$。

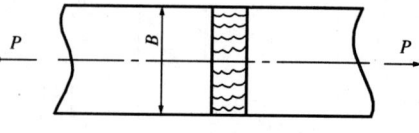
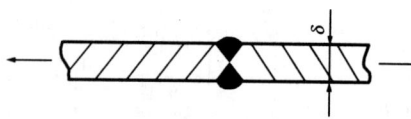

图 5-2-6 焊件受拉力作用示意图

例2:如图 5-2-6 所示,两焊件材料为 $Q_{235}A$ 钢板,采用埋弧自动焊,焊丝为 H08A,焊件承受的轴向拉力为 $P = 2.94 \times 10^5 N$,板宽 $B = 300mm$,板厚 $\delta = 10mm$,焊缝许用应力 $[\sigma_p] = 160MPa$,试校核焊缝强度。

已知:$P = 2.94 \times 10^5 \text{N}$ $F = 300 \times 10 = 3 \times 10^3 (\text{mm}^2)$ $[\sigma_p] = 160 \text{MPa}$

校核:焊缝强度

解:由式(5-2-26) $P = [\sigma_p] \cdot F$ 变换成 $[\sigma_p] = P/F$,令 $\sigma = P/F$,则强度校核公式可写成:

$$\sigma \leq [\sigma_p]$$

$$\sigma = \frac{2.94 \times 10^5}{300 \times 10} = 98 (\text{MPa})$$

$$[\sigma_p] = 160 (\text{MPa})$$

$$[\sigma_p] > \sigma$$

答:焊缝强度足够,接头安全。

2) 焊接接头受纵向压缩力时的强度计算

焊件受纵向压缩力时,则焊接接头承受的压力计算公式为式(5-2-27):

$$P = [\sigma_C] \cdot F \tag{5-2-27}$$

式中 $[\sigma_C]$——焊件基本金属在压缩力作用下的许用应力,MPa;

F——焊件横截面面积,mm^2;

P——焊件承受的压缩力,N。

例3:如图5-2-7所示,由两块材质为16Mn钢板,板厚 $\delta = 20\text{mm}$,宽度 $B = 50\text{mm}$,组成的手工焊接对接接头。焊缝许用应力 $[\sigma_C] = 230\text{MPa}$,问焊件可承受压力是多少牛顿?

已知:焊件 $B = 50\text{mm}$ $\delta = 20\text{mm}$ $F = 1000\text{mm}^2$

$[\sigma_C] = 230\text{MPa}$

求:$P = ?$

解:按式(5-2-27)

$P = [\sigma_C] \cdot F = 230 \times 1000$

$P = 2.3 \times 10^5 (\text{N})$

答:焊接接头能承受压力为 $2.3 \times 10^5 \text{N}$。

3) 焊件以梁的形式承受弯曲作用时,焊接接头承受弯矩的强度计算

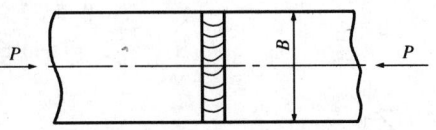
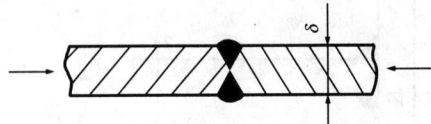

图5-2-7 焊接接头受压力作用示意图

当焊接接头承受弯矩时,则接头承受的弯矩计算公式为式(5-2-28):

$$M = [\sigma_p] \cdot W \tag{5-2-28}$$

式中 M——焊接接头所承受的弯曲力矩,N·mm;

$[\sigma_p]$——焊缝的许用应力,MPa;

W——焊件抗弯截面模数,mm^3。

W 值等于截面对中性轴的惯性矩(J)除以截面离中性轴最远边缘的距离。型钢的 W 值可从型钢力学特性表查出,其他截面形状的 W 值可应用材料力学有关知识计算。

承受弯矩的焊接接头强度计算公式为式(5-2-29):

$$\sigma = \frac{M}{W} \leq [\sigma_p] \tag{5-2-29}$$

式中 σ——焊接接头的计算应力,MPa。

其他符号 M、W、$[\sigma_p]$ 上式已有释义,这里从略。

3. 搭接及 T 字接头

1)接头受力分析

搭接及 T 字接头的焊缝截面均呈三角形,这种焊缝称为角焊缝。角焊缝与焊件受力方向垂直则称之为正面焊缝;平行时,称为侧面焊缝。正常的角焊缝为等腰三角形,即焊脚高度等于板厚。

正面焊缝在承受抗(或压)力时,它的破坏通常是沿着直角平分线的最小截面开始。角焊缝在受力时由于偏心矩的存在,同时这种焊缝还存在局部应力集中,从而使得焊缝工作条件变坏,这种焊接接头的破坏是受剪切力作用的结果。

如图 5-2-8(a)只有一道正面焊缝,图 5-2-8(b)是两道搭接下面角焊缝。

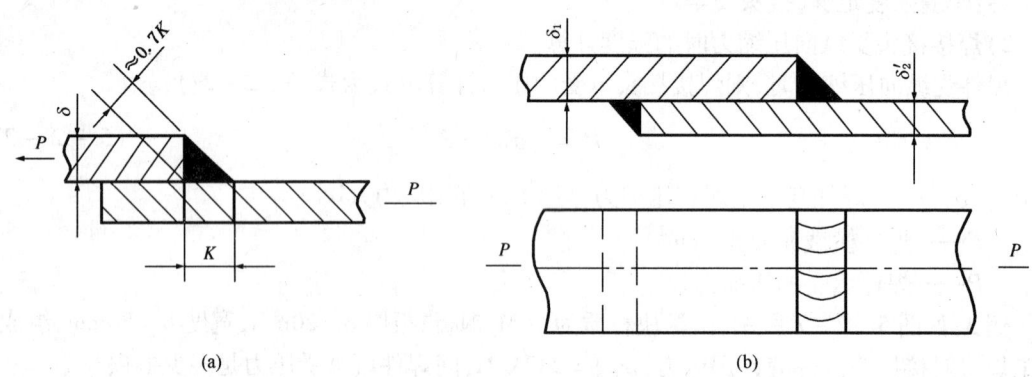

图 5-2-8 正面角焊缝受拉示意图
(a)一道正面角焊缝;(b)两道正面角焊缝

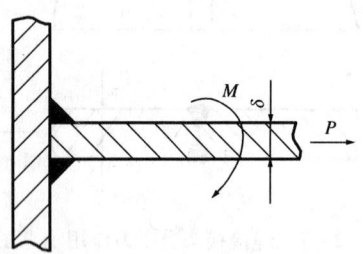

图 5-2-9 未焊透的 T 字
接头受力示意图

图 5-2-9 是 T 字接头受力示意图。该接头既受拉力 P 又受弯曲载荷,即接头在拉弯联合作用下工作。

2)接头的强度计算

一道正面角焊缝的强度由式(5-2-30)校核计算:

$$\tau = \frac{P}{0.7K \cdot L} \geq [\tau] \quad (5-2-30)$$

二道正面角焊缝的强度由式(5-2-31)校核计算:

$$\tau = \frac{P}{2 \times 0.7K \cdot L} \leq [\tau'] \quad (5-2-31)$$

没焊透的 T 字接头的拉、弯联合作用时的强度由式(5-2-31)、(5-2-32)校核计算。

$$\tau = \frac{M}{W} \leq [\sigma_p] \quad (5-2-32)$$

在式(5-2-30)、式(5-2-31)和式(5-2-32)中:

τ——计算剪力,N;

K——焊角角度,mm;

L——角焊缝长度,mm;

$[\tau']$——焊缝许用剪应力，MPa，$[\tau'] = \begin{cases} 50\text{MPa}(\text{Q235A}) \\ 160\text{MPa}(16\text{Mn}) \end{cases}$；

M——弯曲力矩，N·mm；

W——焊件抗弯截面模数，mm³；

σ_p——计算拉应力，MPa。

如果图5-2-9由未焊透结构改为焊透结构，则接头就成了对接接头，且按式(5-2-33)进行强度计算：

$$\sigma = \frac{M}{W} + \frac{P}{F} \leqslant [\sigma_p] \tag{5-2-33}$$

$$F = h \cdot \delta$$

$$W = \frac{\delta h^2}{6}$$

式中 W——焊缝截面模数，mm³。

如果接头是搭接，其受力状态如图5-2-10所示，则强度计算按式(5-2-34)进行。

$$\tau = \frac{6M}{0.7K[6l(h+K)+h^2]} \leqslant [\tau'] \tag{5-2-34}$$

式中 K——角焊缝角高度，mm；

$[\tau']$——焊缝剪切许用应力，MPa；

τ——焊缝计算剪应力，mm；

l——侧面角焊缝长度，mm；

n——受弯矩形焊件高度，mm。

如果图5-2-10组合搭接接头焊缝除受弯矩M载荷外，同时还受剪力Q载荷，则强度计算按式(5-2-35)进行。

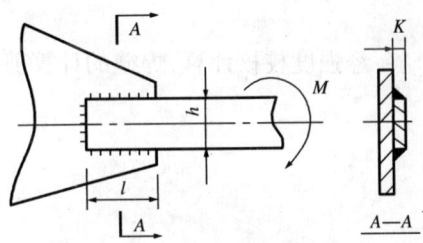

图5-2-10 组合搭接接头承受弯矩受力示意图

$$\tau = \sqrt{\tau_M^2 + \tau_Q^2} \leqslant [\tau'] \tag{5-2-35}$$

式中 τ_M——弯曲剪应力，τ_M按式(5-2-34)计算；

τ_Q——剪力作用产生的剪应力，τ_Q按式(5-2-36)计算。

$$\tau_Q = \frac{Q}{0.7K(2l+h)} \quad (\text{MPa}) \tag{5-2-36}$$

公式中的符号与式(5-2-34)相同。

例4：如图5-2-11所示，组合搭接接头焊缝，同时承受弯矩和剪力联合作用，其剪力$Q = 9.8 \times 10^4$N，弯矩$M = 4.9 \times 10^6$N·mm，板宽$h = 120$mm，板厚$\delta = K$，焊角高度$K = 6$mm，焊缝长$l = 150$mm，三面围焊，焊缝$[\tau'] = 90$MPa，试作焊接接头强度校核计算。

已知：$Q = 9.8 \times 10^4$N $M = 4.9 \times 10^6$N·mm $h = 120$mm $K = 6$mm $l = 150$mm

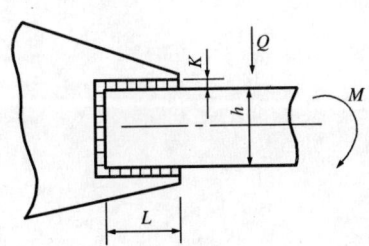

图5-2-11 弯剪联合作用受力示意图

求：组合搭接接头焊缝强度校核。

解:此题是一三面搭接围焊的角焊缝承受弯剪联合作用时要求作焊缝强度校核,故可直接应用式(5-2-35)进行计算。

$$\tau = \sqrt{\tau_M^2 + \tau_Q^2} \leqslant [\tau']$$

$$\tau_M = \frac{6M}{0.7K[6l(h+K)+h^2]} = 54.77(\text{MPa})$$

由式(5-2-36):

$$\tau_Q = \frac{Q}{0.7K(2l+h)} = 55.56(\text{MPa})$$

联合剪应力为:

$$\tau = \sqrt{\tau_M^2 + \tau_Q^2}$$

$$= \sqrt{54.77^2 + 55.66^2}$$

$$= 78(\text{MPa})$$

$$[\tau'] = 90(\text{MPa})$$

$$\tau < [\tau'],\text{故焊缝安全}$$

答:经强度校核计算,焊缝的计算剪切强度小于许用剪切应力,故焊缝安全。

第三章 钢制球形储罐的制造工艺

一、钢制球形储罐的结构

球罐是一种石油化工用的球形容器,常用来贮存带有压力的气体或液化液体。

球罐由球体、支柱组成,如图5-3-1所示。其附属结构有平台扶梯、喷淋装置和消防管等设施。

球体一般由上、下极板、上、下温带板和赤道板等球瓣组成。一个完整的球体,有时需要数十块或数百块瓣片拼成。

二、球罐的制造工艺

球罐的制造主要包括:球瓣制造、支柱制造、球罐的装配与焊接三个方面。

(一)球瓣制造工艺

1. 展开放样

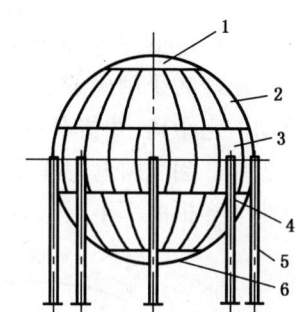

图5-3-1 球罐结构示意图
1—上极;2—上温带;3—赤道带;
4—下温带;5—支柱;6—下极

球瓣展开放样的方法较多,常用的是展开图法或球心角弧长计算法。展开图法是按等弧长的原则,采用多级锥体展开原理进行的。球心角弧长计算法,是利用球心角来计算弧长值。球瓣上任意两点间球面弧L的计算公式为:

$$L = R\omega \tag{5-3-1}$$

式中 R——球壳中心层或外壁半径,mm;

ω——两点间的球心角,rad(弧度)。

球瓣上任意两点间球面中心层弧长值,用于下料;球瓣上任意两点间外球面弧长值,用于检验。

2. 下料样板制造

由于球瓣展开应用了球心角弧长计算法,所以球瓣下料可用一次下料样板法。钢板下料是在水平状态下一次切准(即不留余量),样板的准确性要求高。下料样板由小规格的扁钢或薄钢板等组成。具有制造方便、柔软性适中、精度高、容易保存等优点。

下料样板的修正是十分重要的。修正样板时,先根据球心角计算法所得的各处弧长值,下两块相同的料,周边放余量20~30mm,然后标出各节点印记。取其中一块进行冷压,冷压时,将印记置于瓣片外壁,压制成形后仍按其弧长值,在球瓣外壁上进行尺寸检验。由此,得出各节点经压延所产生的位移值,再在另一块板料上,按其变形量予以修正。为了可靠起见,可重复上述工序,再试压一次,并经过试装,确认准确后,便可作为正式的下料样板。

3. 下料

制造球瓣的钢板,除了应符合有关材料标准规定外,应对钢板逐张进行超声波探伤检查,以符合JB 4730—1994《压力容器无损检测》要求,或根据设计要求选定。

球瓣下料采用氧—乙炔或氧—丙烷切割。一次下料法是在平板上进行,对气割操作比较有利,缺点是成形料的几何尺寸要求高,加工中容易产生误差。

球瓣的焊接坡口采用切割成形,割后清除氧化物,表面略经打磨。坡口的标准公差尺寸,见表 5-3-1。

表 5-3-1　坡口的标准公差尺寸表

允许公差	坡口角度	钝边厚度,mm
	≤±2°30′	≤±1.5

4. 成形

球瓣的成形,多数采用冷压。压制的设备为水压机或油压机等。

冷压球瓣采用局部成形法。钢板由平板状态进入初压时,不要一次压到位。坯料每压一次移动一定距离,并留有一定的压延重叠面,如图 5-3-2 所示,避免工件局部产生过大的突变和折痕。当坯料返程移动时,可以压到底,但应注意不要使曲率太过量(即钢板的曲率半径不应小于样板曲率半径),这是因为曲率半径小要比曲率半径大矫正更为困难。

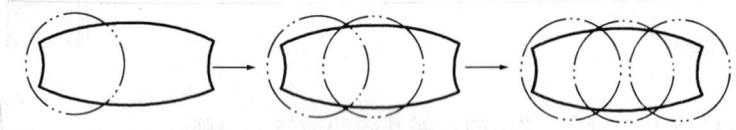

图 5-3-2　局部成形法的初压过程

瓣片曲率的矫正次序是先矫其宽度方向,后矫其长度方向。可采用垫压矫正方法,它是利用上、下两组扁钢,扁钢的厚度可按实际需要选取,同时做靠拢或拉开跨度的移动,并以适当的压力,达到矫正的目的。应注意的是:上下扁钢衬垫不宜过拢,防止工件发生被剪切现象。

5. 检查

冷压并经过矫正后的所有球瓣,需作认真检查。检查时,将球瓣放到专用胎架上,以免因球瓣自重而产生变形,影响测量的准确性。

(1)曲率检查用弧长为 L 的样板测量球壳板的曲率,如图 5-3-3 所示。当球瓣弦长 $L \geq 2000$ mm 时,用弦长 $L \geq 2000$ mm 的样板检查;当球瓣弦长 $L < 2000$ mm 时,其样板弦长不得小于壳板的弦长。用样板检查球壳板任何部位且随意方向检查,其样板与球壳板的间隙 $E \leq 3$ mm,如图 5-3-3 所示。

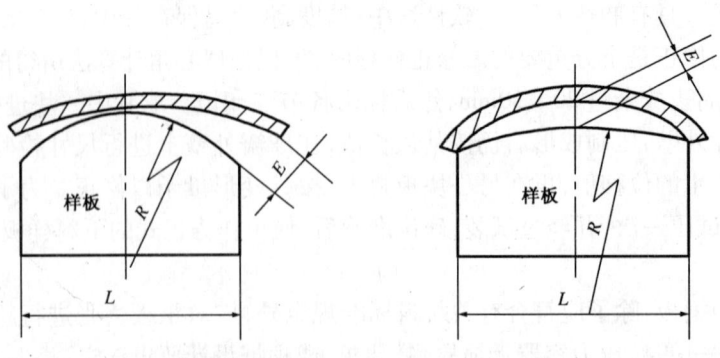

图 5-3-3　球壳板曲率测量示意图

(2) 检查球壳板各位置几何尺寸的允差如图 5-3-4 所示。
① 长度方向弦长允差 $\Delta L \leqslant \pm 2.5$mm；
② 任意宽度方向弦长允差 $\Delta L \leqslant \pm 2$mm；
③ 对角线弦长允差 $\Delta L \leqslant \pm 3$mm；
④ 两条对角线应在同一平面上。若两条对角线不在同一平面内则其间距 $\Delta h \leqslant 5$mm。

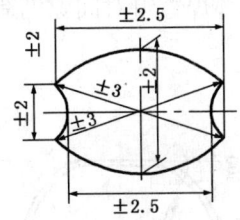 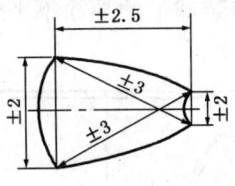

图 5-3-4 球壳板几何尺寸检验示意图

(二) 支柱制造工艺

球瓣支柱形式很多,赤道正切式应用最普遍。赤道正切式支柱多数是管状形式,小型球罐选用钢管制成；大型球罐由于支柱直径大而且长,所以用钢板卷制拼焊而成。如考虑到制造、运输、安装方便,大型球罐的支柱在制造时,分成上、下两部分,其上部支柱较短。上、下支柱的连接,是借助一定位芯板,使安装时便于对中找正。

1. 支柱接口放样

支柱接口的划线、切割,一般是在制成管状后进行,所以划线样板应以管子外壁为基准。

2. 支柱的拼接

大型支柱由于是采用钢板卷制的,所以切割支柱与球体连接口时,应将支柱管端部进行退火处理,以防冷加工时的回弹。

球罐支柱的不直度不得大于支柱高度的千分之一。一般控制在不大于 10mm。对两节支柱,每一段的不直度应在 3mm 以内。焊接处的接口圆度为 ±1mm。在保证总长度的前提下,焊缝间隙在 5mm 左右,坡口为 60°,焊缝余高为 1.5mm。在支柱下部的地方,约离其端部 1500mm 处取假定基准点,以供安装支柱时使用。

(三) 球罐现场组焊

1. 基础检查与验收

球罐安装前应对基础各部位进行检查和验收(如图 5-3-5 所示)。基础偏差应符合 GB 12337《钢制球形储罐》及 GBJ 94《球形储罐施工及验收规范》规定。

实践证明：D_1、S_1 超差将直接影响支柱的安装垂直度；S 超差则直接影响支柱的受力状况；基础施工质量的好坏,直接会影响球罐的沉降值。基础质量与球罐的使用寿命休戚相关。为此,在球罐安装前,必须对其基础各部位进行认真检查。

2. 工装准备

1) 组装平台

组装平台的地基应平整、坚实,平台应找水平,

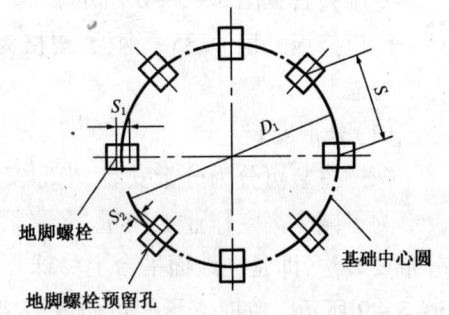

图 5-3-5 基础检查部位示意图

其误差应小于10mm。为了使平台具有足够的刚度,平台用钢板且其板厚应不小于16mm。平台由道木及钢轨所支承。平台板间应采用点焊连接,严防局部下沉。

采用分带组装及半球组装时,为了营造一个标准水平基面,采用槽钢⌷14a～⌷16b或工字钢段如图5-3-6在组装平台上搭设一个圆环,其上表面作为组装球带画线及设置胎具的基准平面,该平面的水平偏差不大于2mm。每次组装完一个球带,其基准平面的水平度,必须重新校核,以保证组装球带的端面不平度要求,给确保环焊缝组对间隙创造良好的条件。

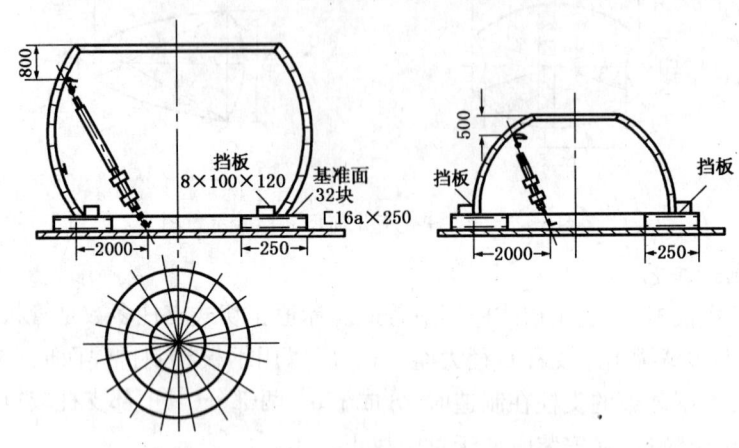

图5-3-6 基准平面及工装设备示意图

2)工装

组装用工装包括支承杆、专用夹具及定位挡板等。

支承杆制造示意图如图5-3-7所示。

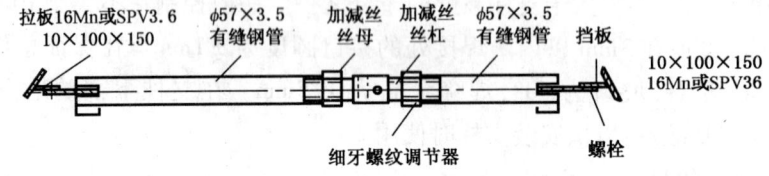

图5-3-7 支承杆制造示意图

专用夹具见图5-3-8所示。

定位挡板采用Q235A钢板,规格为8mm×120mm×140mm。

3)总装

(1)分带安装。

球罐总装可分为分带安装、半球安装及分瓣安装三种。

为了减少高空作业工作量,名义容积在等于或小于400m³以下球罐采用分带安装较好。

分带安装法,即是在地面平台上将球片组装焊接成球带后再行总装的一种装配方法,总装如图5-3-9所示。临时支承架可做成桁架结构或圆筒结构两种。

分带组焊完毕于吊装前,应按图5-3-10所示予以加固。

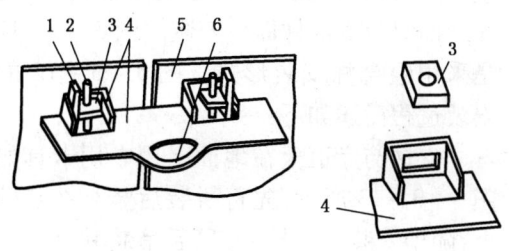

图5-3-8 球罐装配专用卡具示意图
1—方锥楔;2—圆锥楔;3—圆孔下位焊块;
4—方形卡具;5—球瓣;6—把手

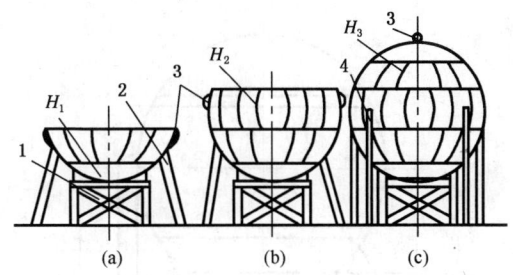

图5-3-9 球瓣分带法总体装配
1—临时承架;2—临时支撑;3—吊耳;4—立柱

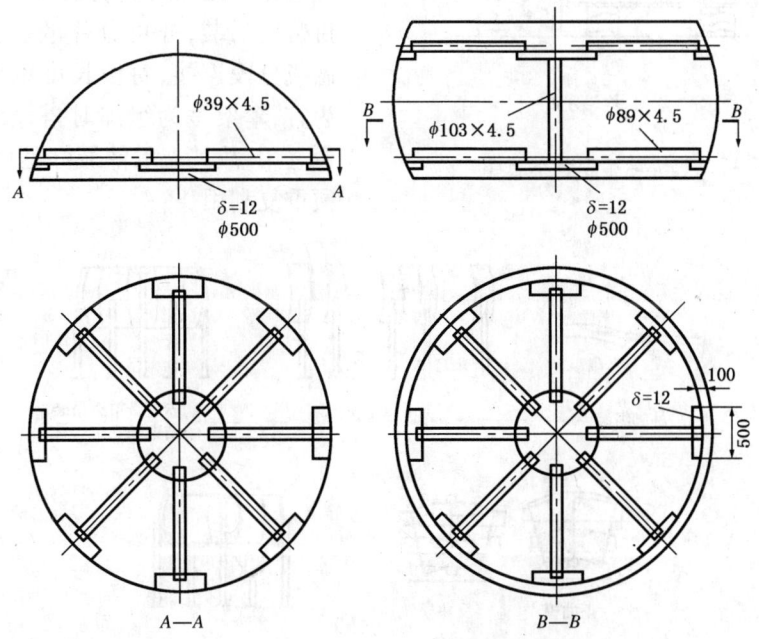

图5-3-10 组装加固示意图

如果需要热处理应按图5-3-11予以顶升,在柱腿下部安装"柱眼移动装置"。

(2)半球法安装。

半球法总装与分带总装基本相似,其不同点是先安装球罐圆周的主柱,然后分别吊装下半球与上半球。

(3)分瓣安装。

分瓣安装又称为分片散装。分瓣安装是将瓣片一片片按球带装配成球。为了减少高空组对工作量,也有将同带的2~3片球板组对大瓣而后安装的。

分瓣装配法目前国内外是以赤道带为基准的安装方法运用最广泛。赤道带为基准的安装顺序是:支腿安装→拉杆安装→赤道板安装→南温带安装→南极板安装→北温带安装→北极板安装。以赤道带为基准的分瓣安装法(又称散装法)的特点是先安装赤道带,并以此向两端发展,罐体板的重量直接由支柱承受,使球体利于定位,稳定性好,所需辅助工装少。图5-3-12是分瓣装配法中以赤道带为基准的装配流程简图。

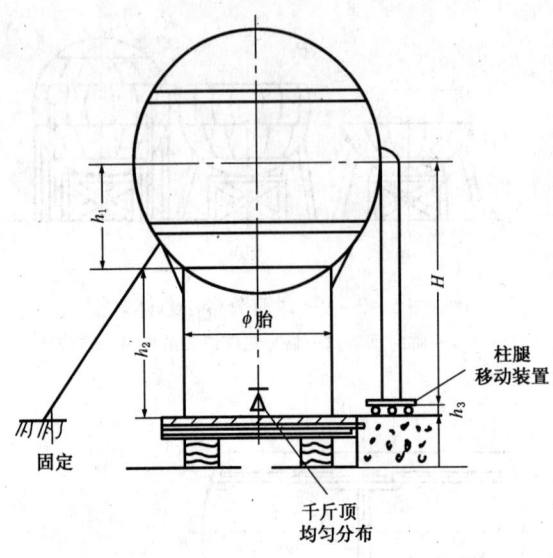

图 5-3-11 球罐顶升示意图

支腿(也称支柱)可分别安装,亦可先在地面组装成部件而后安装。图 5-3-12 是采用组合柱安装形式。图 5-3-12 的安装过程简述如下:

支柱与赤道板在地面上用专用卡具如图 5-3-13 所示,先行拼装后竖立在基础上,随即安装支柱拉杆,最后吊装其余赤道带瓣板,待整个赤道带吊装结束时,安装中心柱,并在中心柱上安装多个手动葫芦,以便吊装温带球瓣及调整相互的位置。中心柱做特殊处理后安装极板。极板可在地面拼装后吊装,亦可分片散装。中心柱必须做成分段连接,每段长度以可从人孔拆除为宜;伞架是为组焊时搭设跳板或临时平台之用,故其支承件最好是可拆卸结构,以便重复利用。

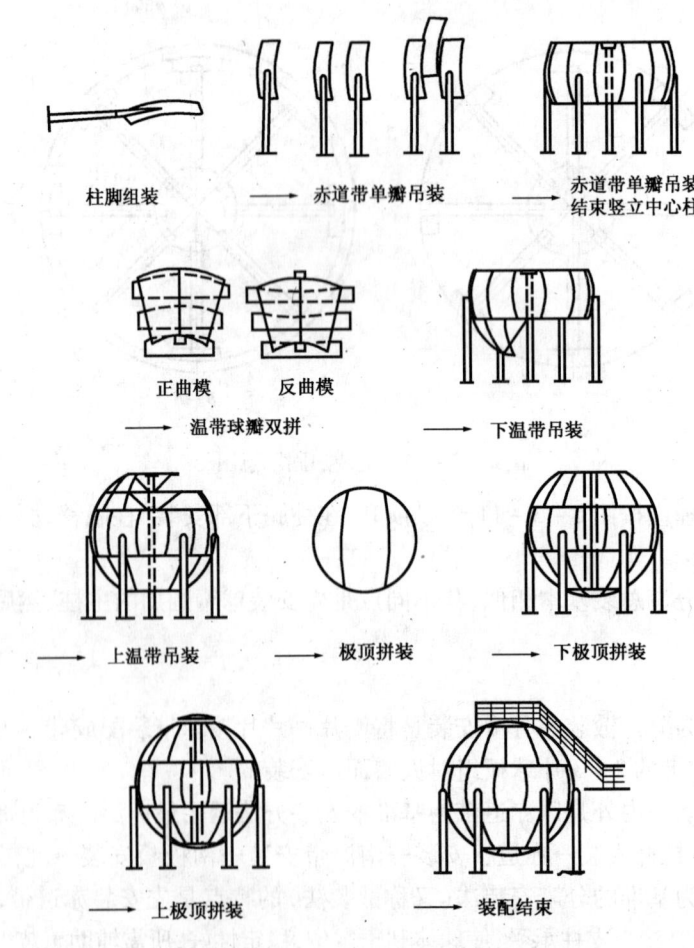

图 5-3-12 球罐分瓣安装流程简图

4) 球罐的焊接

球罐的焊接与一般焊接要求不同。球罐焊接的特点是全位置焊接,球壁较厚(约30~40mm),需要在预热条件下长时间连续焊接,劳动条件差,强度大,而且质量要求高(每条焊缝需100% RT、MT 检验)。

球瓣使用的材料多为低合金高强度钢,其可焊性较差,焊缝接头中容易产生冷裂纹,易导致接头脆性断裂而突然破坏。所以球罐的焊接是十分重要的。

(1) 焊前准备。

① 焊工条件。对焊工应进行严格的培训,经考试合格后,取得劳动部门颁发的"焊工合格证"才允许从事球罐焊接工作。

② 风焊条烘干。一般讲,被焊材料的强度等级越高,对氢的敏感性越大,对焊接材料干燥的要求也越严格。做好焊条烘干工作,对于提高焊接质量起着很大的作用。每位焊工随身携带的保温筒,可装 5kg 左右的焊条,领出的焊条要求在 3~4h 用完,否则必须回收再烘干,再烘干次数不得超过两次。

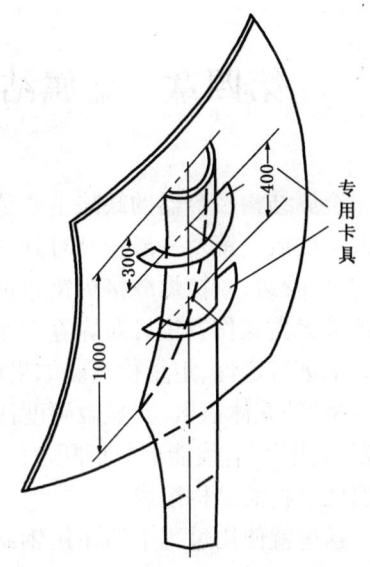

图 5-3-13 支柱组装示意图

③ 碳弧气刨及清理焊根。为了保证焊接质量,对于焊根必须使用碳弧气刨或机械方法来清除未焊透、夹渣等缺陷。并用砂轮机修磨,去除碳刨时硬化层,同时使焊缝坡口修磨光滑,最后用着色检验表面有无微裂纹,合格后才允许焊接。

(2) 焊接。

① 焊接方法及次序。球瓣对接焊缝,第一层以分段退步焊接,从第二层以后用分段前进法焊接,目的是适当控制变形。每一条焊道宽度不宜过20mm,若焊道宽度超过20mm时,应采用多道焊进行。

考虑到整个球体有一个均匀的收缩变形,应采取对称均匀的焊接方法和先焊接纵缝后焊接环缝的焊接顺序。上下温带及赤道带的每一条纵缝,都应配备一名焊工同时焊接,并且第一层用后退法焊接。

赤道带环缝,要求数名焊工在对称位置同时焊接,第一层焊缝及第二层焊缝起始点错开。

② 球体的预热和焊后后热。对于高强度钢来说,强度越高其淬火倾向越大。为了防止焊缝冷却过快而产生微裂纹,所以必须预热。预热温度由焊接性试验确定,一般控制在 100~150℃范围内。加热在施焊侧的反面进行,在焊缝两侧各100mm 范围内用测温笔或点式测温仪测量。

由于板厚,焊缝必须多层焊,所以也必须要控制层间温度,层间温度控制在 100~150℃的范围内。

焊接后,应立即进行后热处理。后热处理的温度在 100~250℃,需要保温 15~30min。目的是使部分硬化区进行回火,有利于焊缝中氢的扩散,避免"延迟裂纹"产生。

对于球瓣上的定位焊和工夹具焊等,都应与正式焊接工艺操作一样预热和焊后热处理。

③ 引弧和收弧。对于高强度钢,要避免在焊接坡口外进行引弧,这样很容易在引弧处发生细微裂纹。如发现坡口处有引弧现象,必须用砂轮机打磨,球瓣表面凹陷过低要补焊。

第四章 金属结构、容器的缺陷检查、补强与修理

金属结构及容器的缺陷主要是指在制造和使用过程中所产生的缺陷。检查方法一般有目测或借助放大镜及一般量具对其外观形貌进行检查。例如材料表面的腐蚀状况,焊缝表面宏观裂纹、咬边,对接焊缝接头错边量及棱角度超标,几何尺寸误差等。采用射线、超声、磁粉及渗透等无损探伤方法可对焊缝表面的微观裂纹,以及焊缝内部的诸如裂纹、气孔、夹渣、未焊透等缺陷进行定性、定量检查。如果要对裂纹进一步的研究检查就需要对其进行解剖后采用光学显微镜、立体显微镜、显微硬度计观测外貌和金属组织,最后将缺陷打开采用扫描电镜观察其断口,用 X 射线能谱分析断口的化学成分和含量,以及用 X 射线衍射结构仪分析一些夹杂或腐蚀产物的结构组成。

这里就使用过程中的在用钢结构、容器,尤其是受压容器的缺陷检验和补强修理一般知识,以及检查修理实例做一介绍。

一、一般知识

钢结构及容器尽管都是采用焊接连接的结构,但钢结构除了焊缝缺陷与容器相同外,它还有不同的地方。例如,起重桅杆(俗称扒杆)结构在使用中,由于超载或虽在额定载荷范围内,但使用年久个别构件因腐蚀原因致使承载能力下降而发生结构破坏,就是常见的现象。如果结构仅是个别构件,或一桁架部分杆件失稳破坏,不必将其整个构件判废,可用补强或更换杆件的修补方法予以修复。钢结构修理过程中对破坏杆件或构件究竟是采用更换或是补强办法,这要对具体问题,经过经济分析,同时还要根据修理单位现有材料情况综合考虑而后决策。

钢构在修理前必须要掌握结构图样,如果无图,一定要做好现场草图测绘工作,特别是用于运动部件,必须要测量好安装尺寸,切忌贸然行事,否则给修复安装时常带来许多不必要的麻烦。

(一)杆件补强

杆件常用的补强加固方法有:

(1)圆形钢管杆件的补强。受力杆件如果是受压杆件(多数情况如此),可采用将原杆件调直后在其中部(全长 1/3)用一段或两段角钢补强,如图 5-4-1 所示,当然也可采用比原来管壁厚的钢管或选用强度级别比原钢管高的钢管代换。采用角钢补强时,应采用连续焊接,焊缝高度应与连接件中较薄壁厚相等。

(2)角钢杆件补强。如果杆件是角钢,除选用大号或壁厚增厚的角钢替换外,仍可采用补强加固法修复,补强方法如图 5-4-2 所示。两角钢间采用连接板焊接连接。

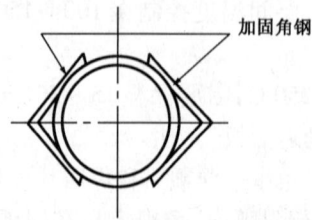

图 5-4-1 钢管加固示意图

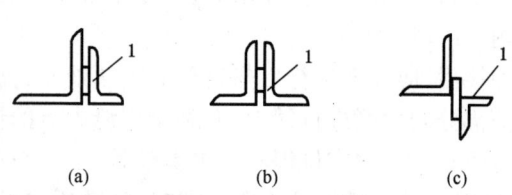

图 5-4-2 角钢杆件加固示意图
(a)小号角钢加固;(b)等号角钢加固;(c)小号或等号角钢加固
1—补强杆

(3)工字钢杆件补强。例如用作悬挂式电动葫芦吊车轨道的工字钢杆件，当下翼缘不能满足定性要求时，可采取贴板补强措施，如图5-4-3所示。

钢构件焊缝缺陷的修理与容器相同，将在后面讲述。

容器缺陷除焊缝常见的一般缺陷外，尚有常压容器的失稳破坏及压力容器的爆炸开裂破坏。当容器破坏不太严重，或者说采用修复的成本远比更新低，也即是说该容器尚有修理价值。有时容器修理后即令不再从事原工况工作，但从节约的原则出发，修复使用仍是一件有益的事情。

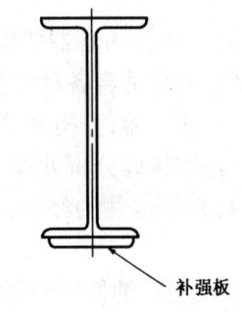

图 5-4-3 工字钢杆件加固示意图

（二）缺陷的检验

容器缺陷的检验分为外部检验及内部检验两部分；其中又分为宏观检验及微观检验两种方法。外部检验应以宏观检查为主，必要时可进行测厚、壁温检测和腐蚀介质含量测定等。具体检查内容包括：

(1)容器本体、接口部位、焊接接头等的裂纹、过热、变形、泄漏等；

(2)表面腐蚀；

(3)保温层破损、脱落、潮湿、跑冷；

(4)检漏孔、信号孔的漏液、漏气；

(5)容器与相邻管道或构件的异常振动、响声；

(6)安全附件；

(7)支承或支座损坏、基础下沉、倾斜。开裂、紧固螺栓情况；

(8)排放(疏、排污)装置；

(9)运行稳定情况。

内外部检验时除外部检查内容外，还应进行结构检查、几何尺寸检查、表面腐蚀与机械损伤、表面裂纹、焊缝咬边、变形及变形尺寸、壁厚测定、材质复验、焊缝埋藏缺陷探伤检查等。

（三）修理

经全面检验对缺陷确认后，再经综合经济技术分析论证决定采用修复处理后，应事先编制修理方案而后实施。对产生变形的部位如果经确认为刚度不足则可采取加固补强的修理方法。加固补强的常用方法是设置加固圈或加强肋。大面积腐蚀或采用焊补修磨。焊补工作困难的部位可采用挖补方法进行局部更新修复。

二、在用压力容器修理的法律依据

原劳动人事部锅炉压力容器安全监察局于1987年颁布了《在用压力容器检验和缺陷处理参考意见》(简称《参考意见》)。《参考意见》对下述问题做了规定。

（一）在用压力容器检验和缺陷处理的原则要求

(1)凡1984年底前投用而又未进行过全面检验的在用压力容器，均应参照本《参考意见》安排板检验和缺陷处理；1984年底以后投用的，按《压力容器安全技术监察规程》执行。各类在用气瓶、槽车、球罐和超高压容器的检验，按各相应的专门规定和规程执行。其他特殊情况，由使用单位与当地劳动部门研究确定。

(2)在用压力容器的检验和缺陷处理，是通过检验判断其能否安全可靠地使用到下一个检验周期，而不是为了使其"恢复"到现行(或原来的)设计、制造标准。对在用压力容器的检验和缺陷处理不能完全套用制造标准。但是，对新制造的容器，必须严格按照规定制造标准验收。

(3) 在用压力容器的检验和缺陷处理,应掌握"合乎使用"水平。由于实际情况千差万别,很难制定一个适合各种情况的标准。在实施检验和处理缺陷时,应从实际出发,正确应用理论知识和实践经验,分析和总结事故发生规律,同时要考虑安全可靠与经济合理,参照本意见对具体问题作具体分析处理。

(4) 根据以往的经验和事故发生规律,在用压力容器的检验一般应把重点放在以下几方面:

① 投用后的使用和管理情况;
② 使用中产生的缺陷;
③ 裂纹状缺陷,尤其是表面和应力集中部位的裂纹状缺陷;
④ 不合理的结构,尤其是单面和易造成浮焊的角焊缝结构;
⑤ 低温使用、剧毒或强腐蚀介质、承受交变载荷或频繁间隙操作的压力容器;
⑥ 十年动乱间制造,"自制自用"或无原始技术资料的压力容器;
⑦ 压力容器管理较差单位所使用的容器。

(二) 材质检查与处理

(1) 材质检查主要为了解决两个问题:
① 材质性能是否适应所使用的条件;
② 材料厚度是否满足强度要求。

(2) 材料种类、牌号和剩余厚度,一般应尽可能查清。如材料牌号确属难于查清,则可按该类材料的最低性能进行强度校核。

(3) 对于不符合现行或原设计规范的选材,材质不明又难于查清者,一般处理原则是:如果使用中所产生的缺陷(不包括一般性腐蚀)确实因选材不当,继续使用又无有效控制措施和安全保障时,应停止使用;如果以往使用情况良好,一般可允许继续使用。

(4) 对某些特殊要求的压力容器,如在设计应力下工作的低温容器、剧毒介质容器和高温容器,其材质性能不符合设计规范、材质不明或使用情况不良,应限期停止使用或改作它用。

(三) 结构检查与处理

(1) 不合理的结构型式往往难于保证焊接质量或带来过高的局部集中应力和弯曲应力而成为压力容器破坏的重要原因。这种结构当承受交变载荷、存在裂纹状缺陷或处于低温条件时更为危险。因此,认真进行结构检查是在用压力容器检验的重要内容。

(2) 下列结构应重点检查,尤其是低温、高压、剧毒介质、承受交变载荷和频繁间隙操作的容器:

① 各种角焊搭接结构。筒体与封头或端盖的焊接连接,一般不能采用角焊连接结构;
② 其他部位(如接管、法兰)的角焊连接,也应采用全焊透或半焊透结构;
③ 夹套的角焊结构;
④ 单面焊结构;
⑤ 方形或方形孔结构;
⑥ 搭接结构;
⑦ 其他可能产生高应力集中和复杂应力状态的结构。

(3) 判断结构是否合理的主要依据是:
① 有关的设计规范和标准;

② 应力状态和应力水平(必要时可通过应力分析或应力实测来确定);
③ 是否能保证焊接质量;
④ 在使用中是否产生因结构或制造工艺不当引起的裂纹、变形等缺陷。
凡不合理的结构都应作必要的处理,对于不能保证安全的应予判废。

(四)腐蚀检查与处理

(1)腐蚀情况应作详细检查和测量;
(2)分散的点腐蚀,如同时符合下述条件的,一般可不作处理;
① 腐蚀深度不超过壁厚(不含腐蚀裕量)的1/5;
② 在直径为200mm范围内,点腐蚀总面积不超过40cm^2;
③ 在直径为200mm范围内,沿任一直径的点腐蚀长度之和不超过40mm。
(3)均匀性面腐蚀,如按剩余的平均壁厚(应扣除至下一次检验期的腐蚀量)校核强度合格,可不作处理;非均匀腐蚀,如按最小剩余壁厚(应扣除至下一次检验期的腐蚀裕量)校核强度合格,也可不作处理。

不符合本条(2)、(3)情况者,可根据具体情况作降压使用、补焊、更换或判废处理。

(五)表面缺陷检验与修理

(1)应注意表面缺陷的宏观检查,必要时应借助于无损检测和其他检验方法。
(2)常见的表面缺陷有:裂纹、腐蚀、变形(凹陷、鼓包)、剥落、过烧、机械损伤、工卡具焊迹、电弧擦伤、弧坑、焊缝气孔、咬边、错边、棱角以及焊缝或结构的形状尺寸不符合原设计规定等,这些缺陷有的是使用中产生的,有的是制造时遗留下来的,处理的重点,应是使用中产生的缺陷。
(3)必须严格检查表面裂纹,必要时应进行表面无损探伤,详细检验应力集中部位、焊缝,尤其是角焊缝是否存在表面裂纹。对于低温容器、剧毒介质容器、高强钢焊制容器和承受交变载荷或频繁间隙操作的容器,以及高压紧固螺栓等,尤应严格检查。对于表面裂纹,应认真分析发生原因,采取适当措施(如打磨、挖补或报废)彻底清除;特殊情况下,经过省级劳动部门安全监察机构同意后,可通过严格的安全评定进行处理或监督使用。
(4)变形(凹陷、鼓包)、剥落、过烧等缺陷。其成因不尽相同,应根据具体情况(如部位、程度、成因、使用条件、有无其他缺陷等)进行分析处理。凡继续使用不能满足强度和安全使用要求者,应限定条件使用或判废。
(5)机械损伤、工卡具焊迹、电弧擦伤、弧坑等缺陷,一般可打磨清除或打磨消除后补焊。
(6)焊缝气孔、错边、棱角等缺陷,要进行检查和测量,属一般性超标者,可作打磨处理或不作处理;属较严重者,一般应在该部位增加焊缝的内外部探伤检验,确认是否还有其他缺陷,如果有裂纹、未熔合、未焊透的,应消除缺陷或补焊修复,对于错边和棱角严重者,应通过应力分析,做出能否继续使用的结论。
(7)低温容器,交变载荷或频繁间隙操作容器的焊缝咬边,都应打磨消除。其他容器一般可按下列原则处理:
① 内表面焊缝咬边深度不超过0.5mm,连续长度不超过100mm,且焊缝两侧咬边总长不超过该焊缝长度的10%者,可不作处理。超过者一般应打磨消除或打磨后补焊。
② 外表面焊缝咬边深度不超过1.00mm,连续长度不超过100mm,且焊缝两侧咬边总长不超过该焊缝长度的10%者,可不作处理。超过上述范围者,一般应打磨清除或打磨后补焊。

（六）焊缝内部缺陷检查与处理

（1）除下述情况必须对焊缝进行射线探伤抽查外，一般可不作探伤检查。

① 低温容器、高压容器、高强钢容器、剧毒介质容器、承受交变载荷或频繁间隙操作的容器，未进行过无损探伤检查或探伤报告真实性可疑者；

② 表面检验结果发现焊缝裂纹或存在较严重焊缝气孔、咬边、错边、棱角等缺陷者；

③ 安装投用后常发生过焊缝开裂、泄漏者；

④ 制造中焊缝返修次数较多者；

⑤ 用户要求或检验员认为必须抽查焊缝内部质量者；

⑥ 拟以气体、液化气体或易燃介质直接进行强度试验者，应进行100%探伤检查。

（2）探伤的方法和抽查数量，由检验员具体确定。探伤结果发现较严重缺陷时，应视具体情况作进一步扩探。

（3）裂纹和近表面的未熔合、未焊透，以及沿焊缝柱状晶呈"八"字形分布的气孔等危险缺陷，均应挖除并补焊，严重者应予判废。特殊情况下，经过省级劳动部门安全监察机构同意后，可通过严格的安全评定进行处理和监察使用。

（4）其他缺陷应根据具体情况分析处理。体积性缺陷(气孔、圆形夹渣等)一般可按现行规范放宽1~2级。条形夹渣和内部未熔合、未焊透，也可适当放宽。但对低温容器、高压容器、高强钢容器、剧毒介质容器、有气压试验要求容器、以易燃介质作液压试验的容器、承受交变载荷或频繁间歇操作的容器，其缺陷放宽必须十分慎重。

（七）强度校核

（1）下述情况的在用压力容器，在检验和缺陷处理后一般应进行强度校核，并核定最高工作条件(压力和温度)：

① 无强度设计资料(包括容器设计总图和强度计算书等)、强度设计资料不全或强度设计参数(包括材料、温度、压力、几何尺寸)与压力容器实际情况不符合者；

② 腐蚀量已超过设计腐蚀裕度或因较大面积打磨处理后的实测厚度小于强度计算的最小厚度者；

③ 主要受压元件材质不明或金属有明显过烧迹象者；

④ 存在严重变形、错边或棱角者；

⑤ 对强度或强度设计有疑问者。

（2）强度校核原则要求：

① 原设计有明确的强度设计标准者，仍按当时标准进行强度校核(原数据错误或不能保证安全者除外)。

② 原设计没有明确的强度设计标准或无强度计算的，原则上可根据该容器的用途(如冶金用、化工用、制冷用等)或类似(如搪瓷设备、废热锅炉、球罐、换热器、高压容器等)按当时该容器的有关标准或行业标准进行强度校核，必要时也可参照现行标准。如无确定的适用标准，则可参照《钢制石油化工压力容器设计规定》或其他近似产品的行业标准进行强度校核，也可参照国外类似产品的强度设计方法校核，或对具体结构进行应力测试、应力分析。

③ 进口的压力容器或按国外技术设计制造的压力容器，按原来采用的规范进行强度校核。

④ 材料牌号或机械性能不清的，在强度校核时，机械性能可按同类材料最低标准值选取。如采用实测值，则应乘以0.95的系数。

⑤ 腐蚀裕量至少应满足到下一次检验期的平均腐蚀量。

⑥ "设计压力"可取实际的最高工作压力；设计温度可取实际最高或最低(低于-20℃时)金属温度(无实测数据时,可按介质温度或环境气温)。

⑦ 介质压力随环境气温而变化的压力容器,最低环境气温应取当地气象资料历年来各月平均最低气温的最低值("月平均气温"指当月中整天的"日最低气温"的算术平均值)。

⑧ 焊缝系数可根据实际接头型式和无损探伤比例,按原强度设计标准选取,也可参照《钢制石油化工压力容器设计规定》选取。几何尺寸参数,可按实测值选取。

⑨ 在校核压力容器的总体强度或确定压力容器的最高工作压力时,应以最薄弱受压元件或部位的强度(或刚度)为校核基准。

⑩ 强度校核由具有设计经验和能力的检验或设计人员担任,并出具由校核负责人员签字的强度校核文件。

(八)安全附件的检查与处理

(1)应按《压力容器安全监察规程》的要求检查安全阀或爆破片的设置和性能情况,并计算、校核排放能力,不符合规定者,应妥善处理。

(2)检查安全阀的出厂合格证和性能检验。对逾期未校验或检验报告可疑者,应安排板复验。校验项目至少应包括起跳压力。安全阀的校验报告应得到检验员的确认。

(3)属于下列情况之一者,安全阀或爆破片不得安装使用:

① 无产品合格证者；

② 性能不符合《压力容器安全技术监察规程》要求者；

③ 逾期未检查校验安全阀；

④ 超期使用的爆破片。

(4)对必须装设安全附件的压力容器,如未装或装设不符合规定者,不能投入使用。

(九)修理与判废

(1)检验单位在检验后,对需进行修理的压力容器,应提出修理部位和要求,通知使用单位。

(2)缺陷的修理方法和修理方案,由承修单位负责编制,并经该项目技术负责人批准。修理方案应征求使用单位和检验单位的意见。必要时,当地劳动部门应对缺陷修理进行监督。

(3)缺陷经修理自检合格后,检验单位应进行检验,确认是否符合要求。

(4)采用磨削方法消除表面腐蚀缺陷、表面焊接缺陷或裂纹状缺陷时,磨削后应作表面探伤和测厚检查。如果不再进行补焊,则磨削部位应光滑并圆滑过渡,过渡斜度应不大于1:4。

(5)采用焊接方法修理时,焊前应根据焊接工艺评定制定焊接修复工艺,焊工必须有该焊接项目的合格证。

(6)凡需做补焊的部位,应采用适当方法消除缺陷(采用碳弧气刨清除内部缺陷时还应进行打磨处理),并作表面探伤检查确认缺陷已全部清除后方可进行补焊。补焊长度一般不宜小于100mm。补焊后需对补焊区进行表面成形质量检查、表面探伤检查和内部无损探伤检查,耐腐蚀表面做堆焊修复处理时,一般可不进行内部无损探伤检查,但堆焊表面应打磨光滑、平整。有焊后热处理要求的容器,补焊部位均应进行适当的热处理。

(7)焊接修补后的焊缝区质量,均应符合《压力容器安全技术监察规程》的有关要求。

(8)承担压力容器无损检测工作的人员,必须具有相应的无损检测资格。

(9)对于缺陷严重,难于修复或确无修复价值或修后仍难于保证安全运行的压力容器,应予以判废或限期判废,并报当地劳动部门安全监察机构备案。判废容器不得再做压力容器使用。

对强度不够,结构不合理、用材不当等在用压力容器,如无有效处理措施,不能再继续投用。

(十)检验单位和检验报告

(1)在用压力容器的检验工作,可由法定锅炉压力容器检验所承担,也可由主管部门的检验单位或使用单位自己的检修队伍进行。承担在用压力容器检验工作的单位和检验员,应具备必要条件,并取得省级劳动部门批准或认可。法定检验机构可跨越行政区划承担检验业务,当地锅炉压力容器安全监察机构应承认其资格,并进行监督。

(2)检验单位应保证检验工作质量,检验要有详细记录,检验后应及时出具检验报告,并对检验的结果负责。涉及比较重大问题的检验结论和缺陷处理意见,应预先向劳动部门报告或备案。

(3)检验报告需经单位技术负责人审批并加盖单位检验印章。

(十一)安全评定问题

(1)在用压力容器有如下特殊情况之一者可以采用《压力容器缺陷评定规范》或其他方法进行安全评定。

① 不能进行内部检查。

② 生产上不允许立即或较长时间"停车"检查。

③ 常规的方法或经验难于确定缺陷可能在下一次检验期之前重复发生,但检验周期又不能缩短。

④ 有一定的科研价值。

(2)容器的使用单位确需采用安全评定处理压力容器的缺陷时,应提出书面申请、说明原因,并征得主管部门和企业所在省级劳动部门的同意。

(3)从事在用压力容器安全评定工作的单位和人员,必须具备一定的相当水平和条件,并经该单位所在地省级劳动部门审查同意后,报劳动人事部主管部门批准、注册。

(4)负责安全评定的单位需对缺陷的检验结果、安全评定结论和压力容器安全性负责。无损检测工作一般应由负责安全评定的单位进行,并必须经过具有Ⅰ级资格的无损检测人员审核。最终评定报告和结论(或处理意见),需经安全评定单位技术负责人审查批准,并报企业主管部门和企业所在地省级劳动部门备案。

三、球形储罐的缺陷及修复方法

(一)球形储罐的常见缺陷

储存各种介质的大型钢制球罐通过开罐检查统计分析来看,绝大多数缺陷是开裂、腐蚀,其次,就开裂发生的部位来看,绝大部分开裂缺陷均发生在焊缝区(包括工卡具焊迹区),就纹的成因来看,绝大部分是应力腐蚀开裂及氢致裂纹,少部分是制造时焊缝及工夹具焊迹漏检缺陷发展所致。

1. 氢致裂纹

据有关资料介绍,氢的来源十分广泛,水和有机物在一定条件下,都可以分解产生新生态氢。试验已经证明,新生态氢具有很强的渗透金属的能力,氢渗入钢材后,如果遇到夹层、夹渣、气孔等缺陷的时候,这些新生态氢,就以氢分子状态聚集,形成很高的氢气压力,在一般低碳钢中可引起氢鼓泡,在高强钢或强度较高的钢中,它可引起开裂。这就是常称的氢致裂纹。

氢致裂纹是冷裂纹,它的发生必须同时具备四个条件才有可能,这四个条件是:

(1)存在对开裂敏感的组织,如马氏体和贝氏体组织等;

(2)存在扩散性氢;

(3)存在拉伸应力,同时必须有应力、应变集中;

(4)温度必须低于150℃。

扩散性氢主要由焊接材料和焊接环境产生。这种扩散性氢,在由于焊接热影响而形成的硬化组织中扩散,当其扩散性氢量达到发生开裂的临氢量(Hcr)时,钢材就会产生低温开裂。低温裂纹的开裂方向一般与钢材的拉应力方向垂直。另一种由氢引起的焊接低温裂纹,它不是产生在应变集中处,而是发生在焊肉强度高的时候。这种氢致裂纹多发生在高强钢的厚板焊缝中。

2. 应力腐蚀开裂

应力腐蚀开裂是在拉应力和环境介质的腐蚀共同作用下产生的金属破坏现象。容易使钢材产生应力腐蚀的介质有苛性碱、硝酸盐、H_2S水溶液和液氨等。应力腐蚀断裂的特点是,钢材所受的拉应力大于一定的临界应力(δ_{th})时才发生,临界应力(δ_{th})远低于钢材的屈服极限(δ_s);环境可以是腐蚀性很弱的介质,断裂前无明显的塑性变形或其他明显的迹象,因而这种开裂是一种十分危险的脆性延迟断裂形式。

3. 腐蚀疲劳

腐蚀疲劳是造成球罐在使用中产生裂纹的另一个重要原因。腐蚀疲劳指的是金属材料在腐蚀性介质和循环应力共同作用下,过早的产生疲劳断裂的现象。腐蚀疲劳破坏同纯疲劳破坏裂纹的不同点是前者是穿晶裂纹,后者只有一个裂纹;腐蚀疲劳裂纹往往在腐蚀坑的底部产生根裂纹。腐蚀疲劳也与应力腐蚀不同,应力腐蚀只是在几种特殊的金属和环境(介质)的组合中发生;而腐蚀疲劳则不然,它只要是在腐蚀性介质中,任何金属材料只要受到循环应力作用就会发生。

(二)球形储罐超标缺陷的一般修复方法

1. 错边和角变形

错边和角变形属于几何缺陷。试验证明,严重的错边和角变形有时比裂纹还要危险。由错边引起的附加弯曲应力可由式(5-4-1)、式(5-4-2)、式(5-4-3)计算:

$$\sigma_h = \frac{3h}{t}\sigma_m \qquad (5-4-1)$$

式中 σ_h——附加弯曲应力,MPa;

h——错边量,mm;

t——壁厚,mm;

σ_m——薄膜应力,MPa。

$$\sigma_m = \frac{p(D_i + \delta_e)}{4\delta_e} \qquad (5-4-2)$$

式中 p——设计压力,MPa;

D_i——球壳内径,mm;

δ_e——球壳有效壁厚,mm。

$$\delta_e = \delta_N - (C_1 + C_2 + C_3) \qquad (5-4-3)$$

式中　δ_N——球壳名义厚度,mm;
　　　C_1——腐蚀裕量,mm;
　　　C_2——钢板厚度允许减薄量,mm;
　　　C_3——加工时厚度减薄量,mm。

角变形引起的附加弯曲应力由式(5-4-4)确定

$$\sigma_w = \frac{1.5LW}{t} \cdot \sigma_m \qquad (5-4-4)$$

式中　σ_w——角变形引起的附加弯曲应力,MPa;
　　　L——有角变形不同度的距离,m;
　　　W——角变形量,mm/m。

错边及角变形的存在,提高了局部区域的应力水平,从而降低了该部位的允许缺陷尺寸。在无其他缺陷存在时,和一般应力集中部位一样,只是作为诱发裂纹源来说才是有害的。如果带有错边和角变形的球罐已经受超压试验(如水压试验)或运行数年考验,那么对错边和角变形可以不必进行矫正修理,否则越修越坏。但是,如果带有几何缺陷部位还存在其他焊缝内部超标缺陷,则应慎重制定修理措施。

2. 裂纹

裂纹是危害性最大的一种缺陷。关于裂纹的处理除按劳动部门有关修复规定外还应按下述方法进行。

1) 大裂纹的处理

特征尺寸(表面裂纹指深度,深埋裂纹指高度的一半)超过10mm的裂纹,称大裂纹。无论是深埋裂纹或表面裂纹,对压力容器而言都是不允许的。处理原则是能修者修复,否则报废。

2) 小裂纹的处理

小裂纹大多为冷裂纹,多出现在球罐的环向焊接接头上,开裂方向一般与焊缝垂直。此外,在工夹具焊迹、短点固焊处、及返修补焊处也常出现这种裂纹。处理方法:

(1) 凡是表面裂纹,全部用打磨方法消除。打磨深度有两个界限,一是在壁厚余量范围内可以不补焊;二是不超过按我国现行的CVDA—1984《压力容器缺陷评定规范》计算出的允许裂纹深度也可不予补焊。

(2) 保留较典型裂纹,加强运行监督,定期进行检查研究发展规律。

(3) 凡超过GB 12337钢制球形储罐标准所允许的缺陷都需一一进行修复。这一方法只适用于制造质量好,缺陷不变的球罐,对已存在上千条的在用裂纹采用此法可能很不合算。

3. 气孔与夹渣

气孔和夹渣都属深埋缺陷,甚至是深埋裂纹状缺陷。实际运行经验表明这些缺陷变化不大,一般没有扩展迹象,一般用户都倾向不予修理。

4. 未焊透与未熔合

未焊透常发生在两种不同焊接方法的交界面上,手工焊与自动焊施工的复合焊缝中常见。未熔合常发生在焊缝金属与坡口的交界面上,它受垂直于缺陷平面的拉应力作用,这是操作技能性缺陷。这两种缺陷只要未超标,可以不修复;若是超标缺陷则当作裂纹进行安全评定后确定修复方法。

5. 其他缺陷

其他缺陷包括电弧擦伤、咬边和漏焊等。其中咬边应当裂纹处理,尺寸在允许范围内可不修理。对于外壁因大气腐蚀而产生的点状腐蚀坑,只要深度小于2mm,也可不予修理。

6. 补焊修复工艺规程

(1)根据球壳材料选择强度级别相当的超低氢碱性电焊条,并经400℃,2h烘烤,焊工随身携带的保温筒存放,随用随取。

(2)采用小铁研及窗形拘束试验法确定预热和后热温度。

(3)进行超次返修焊接工艺评定。

(4)旋焊中,多道焊时,盖面焊采用回火焊道;严格控制预、层间温度和后热温度。

(5)认真控制焊接工艺参数;正确引弧和熄弧操作,层间认真清渣。碳弧气刨后应磨去渗碳层,并经渗透探伤合格后方可施焊。

(6)无损探伤,采用射线(RT)和磁粉(MT)探伤方法,对修复焊缝一一进行检查。

(7)有热处理要求的球罐,焊后除应立即进行后热外,待球罐修复完工应进行消除应力整体热处理。

(8)液压强度试验。

(9)磁粉探伤。液压试验后对其修复焊缝再次进行探伤。

(10)气密试验。

四、大型浮顶油罐失稳破坏与修复

某单位在一炼油厂进行30000m^3浮顶原油罐施工时,遇上特大暴雨,由于措施不力造成浮顶失稳破坏。经采用较简便的方法修复,使其恢复原貌,现将浮顶修复情况介绍如下。

(一)浮顶失稳破坏

施工时,由于工作程序关系,浮顶中心排水管等单盘上的开孔,均需待罐壁组焊后,将浮顶架起方能组装。可巧,待浮顶刚支架起来准备组装壁板时,罕见的一场大暴雨使浮顶大量积水,从而发生了浮顶失稳破坏。后经现场实测计算,单盘积水竟多达150t。积水荷重使浮顶具有失稳破坏特征的对称三处皱折,电焊机棚被掀倒在水中,浮顶部分船舱边板撕开,船舱支柱管被插销劈开,单盘支柱被折曲,可见浮顶失稳破坏相当严重。

(二)浮顶修复

由于罐内施工条件的限制,无法使用大型整形工具,采用借助水对船舱的浮力作用解决了这一难题。具体操作步骤如下:

(1)为防止破坏继续恶化,需向罐内充水,使浮顶受到托力,同时用泵将单盘上的积水全部抽入罐内,使顶浮起。注意保持浮顶变形最低处有足够的吃水量。

(2)将浮顶上50个支柱脱离浮顶支柱套管,全部取出。

(3)在折皱处,将船舱顶板割掉,内外边板割一条长缝,在各变形最高处分别设置2个顶柱,柱两端分别焊在壁板和船舱上,利用充水产生的浮力,使船舱变形复位,并稍有过量反变形,用以抵消弹性变形的回弹量。

(4)切割顶柱,用泵排除罐内充水,使船舱回落到罐底板上,再继续修补船舱。

(5)重新更换浮顶支柱,重对船舱做气密性试验。

(6)单盘因是一柔性薄板,不用更换,只对有折曲硬弯处进行局部整形即可。

第五章 金属结构制造工艺

金属结构制造工艺包括工厂制造和现场组焊两部分。本单元主要讲解对采用不锈钢复合材料、有色金属材料、高强钢材在金属结构的制造工艺特点及大型储罐的制造工艺一般知识。

一、不锈钢复合钢板设备制造

（一）不锈钢复合材料简介

复合材料是由两种不同性能的材料，在外力作用下成为一体，以满足使用需要的一种特殊材料。该种材料是在"少花钱，也办事"指导原则下开发的新型材料。该材料多用于制造抵抗腐蚀的设备。它与介质接触的一侧采用价格昂贵的抗腐蚀性材料，而另一侧则是相对价格低廉的非抗腐蚀性材料。

不锈钢复合钢板或钢管是复合材料的一种。前者国家已制定了材料标准，其标准是 GB 8165《不锈复合钢板》。不锈钢复合钢板的生产工艺包括热轧压合法、爆炸焊接—热轧法两种。前者是两种同处于热合状态的钢板借助轧钢机的压力使其压合而成；后者则是借用炸药的爆炸能量使两种金属达到分子结合而成。目前国内两种生产工艺均有应用，但爆炸焊接—热轧法的生产工艺更为成熟。我国现在能生产的厚度为 4~60mm 的复合钢板，其厚度间隔为 1mm；宽度 1000~3200mm，宽度间隔为 50mm；长度 1200~8000mm，长度间隔为 100mm。一般定尺钢板的具体尺寸由供需双方进行协议而定。

复层钢板厚度及复合钢板总厚度，国家标准均已规定了偏差范围。

复合钢板的复层用钢板钢号，由于使用要求不同而不同。常用材料有 0Cr19Ni9、0Cr18Ni9Ti、1Cr18Ni9Ti、0Cr18Ni12Mo2Ti、0Cr13、0Cr13Al 等，基层材料钢号常见有 20R 及 16MnR 等。

不锈复合钢板的化学成分应分别符合复层及基层相应标准。它的力学性能：σ_s、σ_b 及 δ 应不小于基层材料，剪切强度可 $\tau_b \geq 147\text{N/mm}^2$。复合钢板的性能试验应按批取样，且应符合"不锈复合钢板试验项目表"（表 5-5-1）。

表 5-5-1 不锈复合钢板试验项目表

序号	检验项目	取样数量，个	取样方法	试验方法
1	拉伸	1	GB/T 2975—1998 GB/T 6396—1995	GB/T 228—2002
2	冷弯	2	GB/T 2975—1998	BG/T 232—1999
3	贴合剪切强度	2	GB/T 6396—1995 厚度≥10mm 按 GB/T 6396—1995	GB/T 6396—1995
4	晶间腐蚀	2	每批不同复合钢板纵向取 2 个试样	GB/T 4334—2000
5	复层厚度	2	钢板头或尾任一角切取	超声波测厚仪磁性测厚仪金相测定法
6	冲击	3	GB/T 2975—1998	GB/T 229—1994
7	超声波探伤	逐张		GB/T 7734—2004

复合钢板除交验标准要求的项目试验报告外。同时还应保证复层表面不得有气泡、结疤、裂纹、夹杂物及折叠缺陷。若磨削清除缺陷,其厚度应不小于复层最小厚度。同时,还需对其复层表面进行抛光或酸洗钝化处理。

复合钢板应按批交货。每批由同一炉、罐号(复、基层各为一个炉、罐号)。同一规格、同轧制制度及同一热处理制度组成。

(二)不锈钢复合钢板容器的制造工艺特点

1. 材料入库检验

不锈复合板材料到厂后的入库检验与压力容器材料相同。要注意的是:复合钢板出厂时仅贴了一纸标签或油漆简单书写的编号。由于这种标记易于损坏,因此,在材料到厂后应立即予以编号登记,以便入库时方便准确进行标记移植。

2. 零部件预制

不锈复合钢板的画线与普通钢板基本相同。如果它的贴合剪切强度大于 $160N/mm^2$,则计算圆筒体的下料长度时,与普通钢板相同;当其强度在 $147\sim160N/mm^2$ 时,计算展开直径应减去 $1\sim2$ 倍复层壁厚为好,且滚板时,宜采用"少压进、多遍滚"的滚板工艺,以防复层剥离。特别是贴合强度仅达到标准要求($147N/mm^2$)者,尤其要予以重视。

当卷板的总厚度不小于 $0.03D_i$(D_i 为圆筒内直径)时,应在卷板后,对工件进行整体消除应力热处理。热处理时,采用低温退火热处理工艺。

下料分割可采用机械剪切、等离子或氧乙炔焰切割。氧乙炔焰切割则必须在基层面进行;等离子切割,则不然。

工件上摞临时存放时,严禁两工件的异层相接触,以防复层产生铁腐蚀。

3. 组装与焊接

组装时,工夹具应在基层面使用,点焊亦在基层进行,应防止碳钢焊条熔滴误入复层。

组装对口错边量应不大于钢板复层厚度的 50%,且不大于 2mm。

焊接时,其坡口宜采用 V 形或 X 形,并以基层材料为主要考虑对象。无论采用哪种坡口施焊,其焊接与检验程序应为:基层焊接→无损探伤→过渡层焊接→复层焊接→复层表面探伤。

塔盘安装时,如果图样无特殊要求,且塔盘板无支承梁,则塔盘固定件可直接组焊于复层面上。当塔体直径较大,且设置了支承梁结构,则支承梁与塔体安装时,必须将安装位置处的复层金属去除后再行组焊。支承梁与塔壁连接区域内裸露的基层必须采用,先用过渡焊条焊接一遍,再用与复层金属焊接相适应的不锈钢焊条焊接的堆焊工艺进行修补。此法亦用于复层未贴合的修补。

复层表面机械划痕或擦伤,如果其痕迹深度在复层厚度负偏差之内,则许可采用砂轮修磨法修理。修磨处不能有棱角沟槽,应是平滑过渡。

4. 酸洗钝化

设备装配完毕,应对其复层表面进行酸化钝化。酸化钝化液(膏)的配方见表 5-5-2 和表 5-5-3。

5. 试压

试压用水作其介质时,应对水所含氯离子的含量进行限制。一般要求水中氯离子的含量应不大于 25×10^{-6}。

表5-5-2 酸洗液配方表(适用于小型设备)

溶液名称	配方一					配方二				
	组分名称	浓度%	温度℃	时间min	后处理事项	组分名称	浓度%	温度℃	时间min	后处理事项
酸洗液	硝酸 γ=1.42	20	常温	30~40	取出后以流动清水冲洗干净	硝酸 γ=1.42	25	常温	20~25	清水冲洗、中性
	氢氟酸	5				盐酸 γ=1.19	1			
	水	75				水	74			
钝化液	硝酸 γ=1.42	5	常温	见钝化膜为止	流动水冲洗干净	硝酸	40~50	常温	15~30	清水冲洗、中性
	重铬酸钾	2				水	60~50			
	水	93								
酸洗钝化	硝酸 γ=1.42	20	常温	15~30	流动清水冲洗干净	硝酸	10~15	常温	60~90	清水冲洗、中性
	氢氟酸	10				水	90~85			
	水	70								

表5-5-3 酸洗钝化膏配方表

名称	盐酸 γ=1.19	硝酸 γ=1.42	水	膨润土
数量	20mL	30mL	100mL	150g

二、有色金属设备制造

(一)有色金属材料简介

有色金属材料是金属材料大家族中的一个庞大分支。目前用来制作容器的有色金属只有铜、铝、钛和它们各自的合金材料。在石油化工行业，上述有色金属不仅制造常压容器，而且还用来制作压力容器。选用有色金属制造容器的目的就是利用它们各自独特的抗腐蚀的能力、接受低温的能力及其原材料的经济性方面。下面分别介绍一下常用有色金属材料的特性。

1. 铝及铝合金

铝金属的化学元素符号为Al。它用在工业装置上多是工业纯铝及其合金。铝在电化学系统属阳极性，故其中存在杂质(Mn、Mg、Si除外)，易构成化学电池。石化装置常用铝材料有工业纯铝及LF2(2号除锈铝)、LF12，它们不仅具有相当的强度，同时具有相当大的抗腐蚀能力。铝材料之所以能抵抗大气及化学介质腐蚀，原因是其表面有一层Al_2O_3薄膜。铝还具有耐低温的性能，在-195~0℃范围内其冲击韧性仍不下降，故它可制造低温设备。由于它的导热性相当好，故在换热设备制造上也有一定竞争能力。铝材料还有一个突出的优点，那就是它不会产生电火花，因而用以制造容器储存易燃物料相当安全。目前铝材料已用来制造大型钢制立式浮顶油罐的浮顶结构，用作酯化装置的搅拌反应器、加氢装置的加氢槽等。铝耐腐蚀的环境包括：

(1)强酸：

① 盐酸(HCl):各种浓度。
② 硫酸(H_2SO_4):浓度小于10%,温度低于室温。
③ HF(氢氟酸)。
(2)碱类:石灰及肥皂水。
(3)大气。
(4)一般水。

铝材料缺点是耐磨性差,强度低,抗高温性能也差,故一般只能在 -200~150℃,且不大于1.5MPa 的场合下使用。

2. 铜及铜合金

铜在电动势系列上接近于金和银,本质上就有耐蚀性,特别是耐海水腐蚀就有铝所不及的优越性。

铜的合金众多,在铜中加入部分其他元素便构成铜合金。例如,添加锡和磷构成锡青铜和磷青铜;添加镍构成白铜;添加锌构成黄铜等。

铜可在空气液化温度(-200℃)下工作,它的工作温度上限小于250℃。铜及其合金常用来制造脂化装置的反应器;缩合装置的减压蒸馏压力釜;利用空气液化制氧装置中的分馏塔等。

3. 钛及钛合金

钛金属及其合金大规模地应用于石化行业时间并不长,用于压力容器的历史更短。然而它却有相当的竞争力,特别是在抗腐蚀方面,它几乎不可能发生应力腐蚀、点蚀和晶间腐蚀。钛的密度小,强度较高。常用的工业纯钛有 TA_1、TA_2、TA_3 及 TA_4。就其退火后金相组织而言,钛金属可分为 α、α+β 及 β 三种。工业纯钛属 α 钛类。钛材料在退火状态下供货。钛在海水中的耐蚀性比铝合金、不锈钢和镍基合金还高。然而,钛金属也有不足,其一是它并非对一切腐蚀性化学物质都具有抗御能力,如氟和氟酸、盐酸、硫酸等对其有腐蚀作用;其二是在高温空气中的 N_2、H_2 都能使其脆化,因为在450℃下钛同氮生成氮化物;在250℃的温度下钛同氢生成氢化物;其三是冶炼钛金属比较困难。

(二)有色金属容器制造工艺特点

有色金属容器制造时同不锈钢一样,必须有一个专用制造车间或场地,不能与黑色金属制品或其他产品混杂生产。工作场地应保持清洁、干燥。严格控制灰尘。加工成形和焊接,应有满足需要的专用工装和设备。材料运输和保管,以及制造过程中均应妥善保护其表面不受机械损伤或焊接飞溅物沾污,同时,焊工必须经专门技术培训,并经考试合格。焊工应参照《锅炉压力容器焊工考试规则》第39、40条进行取证后,方能担任合格范围内的焊接工作。焊接方法一般采用气体保护焊。下面分别讲解常见有色金属容器各自的制造特点。

1. 铝及铝合金容器制造特点

铝及铝合金容器制造标准按 JB 1580《铝制焊接容器技术条件》以及 JB/Z 167《铝制空分设备氩弧焊工艺规程》执行。

1)铝及铝合金制容器组装特点
(1)严禁使用铁锤,敲打时必须使用木锤,敲打部位应垫上橡皮板。
(2)排板下料时应使焊缝尽量减少;画线时,不允许在板上打样冲眼或使用画针画线,也不准使用可腐蚀铝的油漆做标记。
(3)容器的壳体或接管翻边时,应严格控制翻边工艺,保证翻边质量。

(4)铝封头冷冲压成形时,应考虑封头表面质量的技术要求,最好选用橡皮成形冲压工艺。

(5)可通过淬火、自然时效及冷作挤压等方法来提高强度。

(6)最短筒节长度应不小于200mm,每一筒节内相邻纵焊缝弧长间距应不小于200mm。内外受力或受压件距壳体纵环焊缝边缘的距离应不小于壳体厚度。

(7)机械损伤深度限制:接触腐蚀介质面应不大于$5\%\delta_N$,且小于1.5mm;非接触介质面应不大于$8\%\delta_N$,且小于2.0mm(δ_N为壳体名义厚度)。

2)工艺资料

锻造温度450℃;退火温度350~370℃;硬铝:淬火495~505℃水冷;时效工艺为室温96h,或加热185~195℃,6~12h。

3)焊接特点

(1)铝氧化及合金元素烧损。铝和氧的亲和力很强,在铝合金表面总有一层难熔的氧化薄膜。由于氧化铝的熔点(2050℃)远远超过铝合金的熔点(约600℃),因此,在焊接过程中,氧化铝薄膜会阻碍金属之间的结合,并造成夹渣。为保证焊接质量,焊前必须除去焊件表面的氧化膜,并随之涂上焊剂,防止在焊接过程中再氧化。铝合金焊接时,合金元素易氧化和蒸发,从而影响了焊接接头的性能。因此,必须选择合适的焊接方法和填充材料。

(2)氢气孔。由于液态铝可以溶解大量氢,而固态铝则几乎不溶解氢,因此,当焊接熔池快速冷却凝固时,氢很容易在焊缝中聚集形成气孔。所以,铝焊接时要注意坡口的清洁,并控制焊接规范,通常加强规范对防止气孔有利。

(3)热裂纹倾向。由于铝在高温时强度低、塑性差、线胀系数大,焊接时产生较大的热应力。纯铝和变形后的铝合金,当杂质含量超过规定范围,或在刚性很大的条件下,有可能产生热裂纹。

(4)气焊。铝气焊的设备简单,使用灵活方便,成本低,常用于焊接铝和铝合金产品,特别适用于薄板(0.5~2.0mm)的焊接。

① 焊接材料:铝及铝合金焊丝一般可选用与母材化学成分相同的焊丝或采用母材切条。在焊接铝镁合金时,考虑到镁的烧损,可选用镁含量比母材高1%~2%的铝镁焊丝。铝的气焊必须使用焊粉,以溶解金属表面的氧化膜并保护熔池不被氧化,还可以改善熔池金属的流动性。目前常用的铝焊粉为气剂401。

② 焊前应严格清除坡口和焊丝的氧化膜及油污,可采取化学方法或机械方法清除。

③ 火焰宜选用中性焰或微碳化焰为佳。中性焰温度较高,焊接速度较快;轻微碳化焰的温度稍低,对熔池保护良好,操作方便。但乙炔过多时可能在焊缝中形成气孔。

④ 铝及铝合金焊后应将残留在焊缝上的熔渣及焊粉及时清理掉,否则,在空气和水分的作用下,会破坏具有防腐作用的氧化膜,使铝焊件遭受腐蚀。

(5)铝及铝合金的氩弧焊。氩弧焊的热量集中,保护效果好,焊缝质量好,成形美观,而且热影响区也小。

铝及铝合金氩弧焊使用直流反接或附加高频振荡器的交流电源,以便利用"阴极破碎"现象来破碎熔池表面的氧化膜。因此,采用氩弧焊时可不用焊粉,省略了焊后清洗焊粉工序。氩弧焊所用氩气纯度应不低于99.5%,焊丝与母材成分应相近或采用母材切条。

钨极氩弧焊和熔化极氩弧焊均可用于铝及铝合金的焊接,但使用范围有所不同。

钨极氩弧焊适用于焊接1~10mm的铝板,且多为手工操作,对于长的纵缝和环缝也可采用自动焊;熔化极氩弧焊适用于焊接厚度大于8mm的铝及铝合金材料,其优点是可选用较大电流密度和焊接速度,焊接生产率比钨极氩弧焊高3~5倍。

4)操作特点

(1)板材。厚度大于或等于10mm的铝板按照GB 6519《变形铝合金产品超声波检验方法》进行检验;厚度0.5~4mm板材可参照GB 2108《薄钢板兰姆波探伤方法》进行检验。

(2)焊件。焊件的射线探伤检查按GB 3323执行,如果是铝制压力容器则应按JB 7430《压力容器无损检测》执行。

2. 铜及铜合金制容器制造工艺特点

深度冷冻方法分离空气设备用铜制空气分离设备的制造标准按JB 1035《铜制空气分离设备技术条件》执行。

1)组装工艺特点

(1)采用熔焊时,最短筒节长度应不小于200mm;同筒节上相邻纵焊缝间的间距弧长应不小于200mm。纵焊缝错边量b:当板厚$\delta \leqslant 10mm$,$b \leqslant 0.15\delta$,且$b \leqslant 1mm$;当板厚$\delta > 10mm$,$b \leqslant 0.1\delta$,且$b \leqslant 2mm$。环焊缝错边量b:$b \leqslant 0.2\delta$,且$b \leqslant 5mm$。支座和封头的焊缝边缘与容器上焊缝边缘的距离应不小于10mm。

(2)铜制容器组装时,勿与铁器接触。为了降低设备内表面的粗糙度及保持冷轧铜板的特性,往往采用如下工艺:焊接完成,经探伤合格后,将焊缝进行轧平处理,接着对焊缝做煤油渗漏检查,合格后的容器再经550~600℃回火处理,消除内应力,最后将整个筒体在滚压机上进行滚压加工,使筒体表面不仅降低粗糙度,同时恢复原有硬化状态。

2)焊接特点

(1)焊接接头的坡口面及其两侧附近区域,应进行认真清理,露出金属光泽,并应即时施焊。

(2)若采用氢氧焰或氧乙炔焰焊接时,应满足下述要求:

① 材料必须是退火状态的,否则应采用氩弧焊;

② 应控制乙炔的纯度,防止杂质进入焊缝;

③ 多层焊接时,施焊过程必须连续完成,不宜中断;

④ 在焊条或被焊接头上,应涂有适当的焊剂;

⑤ 铜基材料,如黄铜(铜锌合金),焊接时由于锌的沸点较低,很易蒸发,造成锌的烧损,为避免这一问题,气焊时宜采用微氧化焰,目的是人为造成硅氧化,产生SiO_2薄膜覆盖于焊接熔池上,控制锌的蒸发。铜镍合金采用中性到微还原焰焊接防止铜的氧化;

⑥ 根据材料和焊接工艺,焊前应预热到规定的温度范围;

⑦ 焊接环境温度一般不应低于0℃,否则应进行预热;

⑧ 纯铜不应采用氢氧焰或氧乙炔焰焊接。原因是氧炔焰焊接工艺原始,焊缝质量差,因铜在焊接过程中,由于保护不充分,易氧化和产生气孔、裂纹等缺陷,因此,纯铜宜采用气体保护焊。

3)工艺资料

工艺资料见表5-5-4。

4)探伤特点

焊缝对接接头采用无损探伤时,应选用射线探伤,且象质计应选用钢质。探伤具体规定按图样要求执行;当图样无规定时,按GB 3323,压力容器参照JB 4730执行。

表 5-5-4 工艺资料

铜 类	工艺温度			
	热加工温度 ℃	退火温度 ℃	再结晶温度 ℃	消除内应力温度 ℃
纯铜	800~950	500~700	200~300	
黄铜 H59	730~820	600~670		270~300
H62	650~850	630~700		
H68	750~830	520~650		260~270
H96	775~850	540~600		
锡黄铜 HSN62-1	700~750	550~650	300	350~370
铅黄铜 HPb59-1	640~780	600~650		250~300
铝黄铜 HAl77-2	720~770	600~650		300~350
铝青铜 QAl-9-4	750~850	700~750	淬火 850℃水冷	回火 500~550℃（HB110~170）
白铜 B30 BFe30-1-1	900~960	780~810	低温退火 250~300℃	

3. 钛及钛合金制容器制造工艺特点

1) 组装特点

(1) 组装操作人员需戴洁净手套,不得触摸坡口及其两侧区域,严禁用铁器敲打表面及坡口。

(2) 坡口只允许采用机械加工方法制备,且尺寸必须严格控制。组对间隙为零,否则因钛在熔化时的强流动性而使接头形状难予保证。

2) 焊接要点

(1) 焊前需用丙酮或酒精清除坡口两侧各 20~30mm 范围内的油污。

(2) 钛不仅有强烈的吸气性,而且在高温下与碳有特别的亲和力。在焊接过程中,由于熔池及其附近的温度很高,便构成了钛同氧、氢、氮及碳产生化合作用,分别生成氧化钛、氢化钛、氮化钛及碳化钛。这些钛化物的存在使其焊接接头韧性大大下降,以至于使钛制容器丧失使用价值。为此,钛容器施焊时必须充分而有效地采用氩气对熔池及其焊缝温度大于等于400℃的区域给予保护;同时应对保护氩气的纯度严加控制,其纯度应不低于 99.99%,露点温度应不高于 -50℃;同时母材的杂质含量也必须限制在 $N_2 \leq 0.03\%$、$O_2 \leq 0.1\%$、$C \leq 0.1\%$、$H_2 \leq 0.015\%$。

(3) 如果热输入量过大,钛焊缝金属易过热使晶粒长大,而使焊缝塑性下降,因而施焊时在保证焊透的前提下宜用最小的焊接规范,从而减少焊接线能量。

(4) 为了使氩气充分而有效地保护施焊区,宜在引弧前先开通氩气,熄弧后待收弧区焊缝冷却到 400℃ 以下再关闭氩气。

(5) 每焊完一道焊缝,必须进行焊层表面检查,对表面颜色不合格者应全部除去后,再重新焊接。

焊缝表面颜色是衡量钛焊接时,惰性气体保护情况和焊缝质量好坏的指标之一。若保护好,焊缝不被氧化等污染,焊缝表面应呈现银白色或金黄色;若出蓝色,表明焊缝表面已被氧化,若采用酸洗方法能除去表面颜色时,表明氧化层很薄,属低温氧化,对焊缝综合性能影响不大,可按合格处理,否则判为不合格。若出现紫色,表明属于700℃以上氧化色,属高温氧化,焊缝金属氧化严重,塑性显著下降,判为不合格。若出现灰色或表面有粉状物产生,表明惰性气体保护很差,已完全氧化,焊缝已产生硬而脆的氧化钛(TiO_2)组织,使焊缝塑性显著降低或脆化,且易产生裂纹、气孔、夹渣等缺陷,应判为不合格。

3)工艺特点

钛常在退火状态下使用,锻造性能类似于低碳钢或18-8型不锈钢,可采用加工不锈钢的一些普通方法进行锻造、成形和焊接。容器制造时最好采用冷冲压成形。

4)探伤

钛金属为非铁磁性材料,除磁粉探伤不适用外,其余探伤检验方法均可应用。压力容器按JB 473探伤标准执行。

第六章 管理基本知识

一、工程质量管理基本知识

（一）工程质量管理的内容

工程质量管理是施工企业在从开始施工准备，到工程交付使用的全过程中，为保证和提高工程质量所进行的各项组织管理工作。它的主要内容如下：

（1）认真贯彻国家和上级有关质量工作的方针、政策及各项技术标准、施工规范和规程等。

（2）组织贯彻保证工程质量的各项管理制度和运用全面质量管理等科学的管理方法。

（3）制订保证工程质量的措施。在施工组织设计、施工方案和推行新技术、新工艺、新材料中都要有保证工程质量的技术措施。

（4）进行工程质量检查，坚持以预防为主的方针，贯彻专职检查与群众性检查相结合的方法，组织班组进行自检、互检、交接检查活动，加强施工过程的检查。做好预检和隐蔽工程检查工作，把质量问题消灭在施工过程之中。

（5）组织工程质量检验评定，按质量标准和设计要求进行原材料、成品、半成品的验收，进行工程中间验收。组织各分项、分部工程和单位工程竣工的质量检验评定工作。

（6）做好质量反馈工作，通过质量回访，系统地总结工程质量方面存在的问题，改进工作，不断提高工程质量水平。

（二）工程质量管理的基础工作

工程施工质量管理的基础工作包括以下几个方面：

（1）加强对全体员工的质量教育，提高全体员工的质量意识，树立"质量第一"、"为用户服务"的观点。

（2）学习掌握施工及验收规范、规程。国家颁布的《建筑工程施工质量验收统一标准》等国家、行业颁布的施工及验收规范以及部门、地方政府颁布的一系列有关工程质量的文件，它是检验和管理工程质量的法规，也是项目工程施工的操作标准。在工程施工中，要认真学习、严格执行国家、行业及主管部门颁发的各项技术标准、施工及验收规范、质量检验评定标准和技术操作规程。

（3）推行施工作业的标准化。施工作业标准化是组织现代化生产的重要手段，是科学管理的重要组成部分，是达到理想质量效果的必要前提。

（4）严格试验、检验制度。试验、检验是保证工程质量的重要措施，要严格试验、检验制度。

（5）建立各个环节的质量管理责任制。建立质量管理责任制，是组织工程施工、确保工程质量的基本条件之一，是企业质量管理的重要保证。

（三）提高建设项目工程质量的途径

（1）建立层层负责的质量管理责任制，这是工程质量的组织保证。《建设工程质量管理条例》规定：工程质量必须由有关行业主管和有关地区政府指定专人负责，对工程质量负监督责任。项目法人代表投资者的利益，对工程质量管理负全责。勘察、设计、施工、材料设备供应、监理单位,按照业务分工,对工程质量涉及的各个环节负责,并将责任分解落实到具体个人身上。国家已明确规定:所有领导责任人、项目法人代表、勘探设计、施工、材料设备供应、监理等单位负责人,按照职责对经手的工程质量负终身责任,如果出现质量问题,不管调到哪里,都要追究责任。

(2)强化质量管理,严格执行基本建设程序。严格审查和把握项目建议书,可行性研究报告、初步设计、开工报告和竣工验收等环节,要建立健全招标投标制度,运用市场机制保证工程质量和效益。要严格工程监理制度,工程监理是受项目法人委托,对施工进行全过程、全方位监督,确保工程质量。

(四)工程施工质量管理的特点和重点

1. 工程质量管理特点

由建筑安装施工工作的特点所决定,工程质量不同于一般工业生产的产品质量管理。它具备下述特点:

(1)因工程施工工期长,工序多,参加施工的工种及人员多并受自然环境条件影响大等缘故,工程施工全过程质量管理延续时间长,质量控制比较困难。

(2)施工作业流动性大,施工点多而分散,质量保证机构人员组成及其工作的相对稳定性较差,质量信息、情报传递及反馈相对较慢。

(3)质量检验工作量大。

(4)质量检验工作条件较差。

(5)质量检验工作的时间性较强。

(6)质量技术资料较多,涉及专业面广。

(7)主业及监理公司直接进行监督。

2. 工程施工质量管理的重点

施工企业为保证工程质量,一是严格实行质量检验,加强班组的自检、互检、交接检查活动;二是施工中发现质量问题采取补救或及时返工处理;三是工程竣工交付使用一定期限内发现施工质量问题负责修理。但这些不够全面,不够完善,为搞好工程施工过程的质量管理,重点还应做好以下各点:

(1)从调查质量状态入手,编制质量计划。质量计划,是开展质量管理工作的指导文件。质量管理是涉及企业各部门的综合性管理工作,只有通过统一的计划才能把各部门组织起来,使其相互衔接、密切配合,开展综合性的协调管理工作,从而按预定期限实现和改进工程质量目标。

(2)组织本企业的工程技术人员和管理人员学习并贯彻执行工程质量标准和工作质量标准,对于做好本单位的质量工作具有重要作用。

(3)全面控制影响工程质量的各种因素。推行全面质量管理和贯彻 GB/T 19000—ISO 9000 系列标准的关键,最重要的是建立企业的质量管理体系,并能有效地运行。在施工过程中采取相应的技术措施管理手段,全面控制影响工程质量的各种因素,起到事先预防和事后把关的双重作用,以保证工程处于优质均衡的稳定状态。

(4)保证工程质量不断提高。工程施工过程的质量管理工作,是个不断循环和不断前进的过程。工程质量不能只满足于达到国家的质量标准,还必须结合建筑技术的发展,根据用户的使用要求及国际标准,定期和及时地修订企业工程质量标准,不断提出更高的质量目标,用优质工程来提高企业信誉和市场竞争力,促进企业发展。

（五）工程施工质量管理

1. 施工准备工作的质量管理

施工准备，是整个工程施工的开始，只有认真做好施工准备工作，才能顺利地组织施工，并为保证和提高工程质量，加快施工进度，缩短工期，降低工程成本提供可靠的条件。

施工准备工作的基本任务是：掌握建筑安装工程的特点，了解对施工总进度的要求，摸清施工条件和编制施工组织设计，全面规划和安排板施工力量，制定合理的施工方案和组织建筑器材采购与供应，做好现场"三通一平"和施工总平面布置，兴建施工临时设施，为现场施工做好准备工作。

施工组织设计编制阶段，还应了解工程监理单位的工程监理规划。根据工程监理单位要求，制订好项目质量检验计划，编制切实可行的质量保证措施、确定工程质量检验内容、步骤和方法，准备好质量检测器具。

施工现场准备阶段，质量管理工作的重点是：按规定逐级进行施工计划、质量要求的技术措施交底；做好质量管理的宣传教育；开展必要的技术培训和考核；落实质量改进措施；建立质量管理小组；做好各种工程材料、半成品、机具设备的质量检验工作。

2. 施工过程的质量管理

(1) 要搞好图纸会审，坚持按图施工。

技术人员认真熟悉图纸，做好图纸会审工作，对于保证和提高工程质量具有重要作用。

图纸会审的主要内容是：设计依据是否充分，计算数据是否正确，建筑工程的地基处理和结构是否合理，安装工程的设备选型和工艺布置是否合理，工艺管道和电气线路以及运输道路与建筑之间有无矛盾，设计是否符合规范，是否有利于安全施工，建筑的使用功能和环境功能是否符合标准，施工图纸和说明是否印制清晰和完整齐全，施工图主要尺寸是否正确等。

(2) 要搞好技术交底，落实质量规划。

技术交底内容是：讲解施工图纸及设计要求、施工操作方法与技术措施、质量标准及质量措施等。中标承包企业的技术负责人必须负责组织有关建设项目的技术交底工作。

企业各级技术负责人，要逐级负责做好技术交底工作。施工项目经理部技术负责人向操作人员的技术交底工作必须详细。对于重点工程关键部位及质量要求较高的特殊工程，还要作书面交底。项目的质量计划要在技术交底时同时下达。

(3) 要开展施工前检查，做好技术复核。

开展施工前检查和技术复核工作，是搞好预防质量事故的有效方法，技术责任制必须明确规定各级职责和权限。

(4) 要做好工程材料、设备试（检）验工作。这项工作主要包括：

① 外形检查，即对材料、半成品、成品和构配件数量、色泽、外形尺寸及表面质量的检查。

② 物理性能检验：如对工程材料、半成品、成品、构配件及管道、设备、容器等进行耐压、隔音、防火、保温、抗渗、绝缘等物理性能的检验；如对混凝土和砂浆试块、结构构件、管道焊件、设备容器等进行的抗压、抗弯、抗拉、抗剪、抗震等力学试验以及各种无损探伤检验等。

③ 化学性能检验：如对水泥（商品混凝土）、钢材、沥青、焊材等的化学成分分析检验等。

(5) 执行和完善隐蔽工程和分项工程的检查验收制度。为了保证工程质量，必须在施工过程中及时地认真做好隐蔽工程和分项工程的检查验收工作。

(6) 认真执行有关试车、交工规定和工程竣工验收制度。

安装工程试车及工程的交工验收应严格按照国家有关规定进行，工程施工过程及竣工后，按国家建筑安装工程施工质量验收规范及竣工验收规定,对分项工程、分部工程、单位工程进行工程质量的检查验收工作。

(7)工程施工过程中要及时掌握工程质量动态,运用数理统计方法,系统分析工程质量现状和发展动态。

(8)强化质量事故处理,发生工程质量事故,要及时组织力量进行检查和处理。达到质量合格标准。

3. 材料供应工作的质量管理

建筑材料和各种辅助材料,以及构件、半成品等(以下简称建筑材料),是构成工程不可缺少的组成实体。保证建筑材料按质、按量、按时供应是提高工程质量的前提。把好材料管理的质量关,应做到以下几点:

(1)加强建筑材料供应计划管理。

(2)做好建筑材料运输的管理工作。

(3)做好现场建筑材料的管理工作。

(4)加强仓库管理,收好、发好建筑材料,实现文明管理。

(5)加强建筑材料的"四验"工作。即:验规格、验品种、验质量、验数量。

4. 施工机械设备的质量管理

用好施工机械和设备使其充分发挥效能,达到加快施工进度、提高工程质量、减轻劳动强度,对在建设市场竞争中是否占有优势,具有重要的意义。

做好机械设备使用和维修的管理工作,应当从建立健全管理制度入手,结合实际情况,制定本企业机械设备管理工作标准和各类机械设备的操作、维修标准。搞好机械设备的质量管理工作,要做好以下几点:

(1)实行以管好、用好、维修好机械设备为内容的质量管理责任制。

(2)做好机械设备的检修工作。

(3)严格做好机械设备的质量检查鉴定工作。

(4)做好现场在用机械设备的巡回检查工作,建立统计报告制度,保证机械设备正常运转,发挥机械设备效能作用。

(六)建立健全以项目为核心的质量管理体系

为了保证建设工程质量,在管理上必须有一套有效的、现代化的、科学与先进的质量管理和监督与预控体系,以及系统管理制度和方法。这就是建立与健全以项目为核心的质量管理体系。

建设工程质量管理的核心是建立文件化的有效运行的质量管理体系,这是确保工程质量所必需的。

建设企业只有树立全面质量管理观念,按照ISO 9000标准,建立内部质量管理体系,并得到业主的认可,就有可能在建设市场竞争中占有优势。

1. 质量管理体系的定义

质量管理体系的定义是:为实施质量管理所需的组织机构、程序、过程和资源。其中组织机构包括了相关的职责和权限。资源是"人员、设备、设施、资金、技术和方法"等内容。如果这个质量管理体系能够符合GB/T 19000—ISO 9000系列标准要求,这个企业(单位)就具有持续、稳定的质量保证能力。

2. 建立项目质量管理体系的指导思想

ISO 9001:2000 对质量管理体系总的要求是:组织应根据本国际标准的要求建立文件化、实施、保持和持续改进质量管理体系。为了实现质量管理体系,组织应:

(1)识别质量管理体系所需要的过程;

(2)确定这些过程的顺序和相互关系;

(3)确定确保这些过程有效运行和控制的准则和方法;

(4)确保具有必要的信息,以支持这些过程的运行和监视;

(5)测量、监视、分析这些过程,并采取必要的措施,以实现策划结果和持续改进。

组织应根据本国标准的要求管理这些过程。

3. 建立项目质量管理体系

以建立项目质量管理体系,为满足本项目的质量目标,建立项目的质量管理体系,即为实现项目质量管理职能而建立的组织机构、程序、过程和资源组成的系统。

建立质量组织机构,即明确项目各机构之间的连接和相互关系及各机构的责任和权限。

确定质量活动的程序,即按时间先后或依次安排板的步骤包括活动的目的、谁来做、什么时间做、做的效果如何,质量活动程序通过具体文件加以描述,通过各种技术、管理标准实现。

对质量形成的各个阶段即过程,所需开展的质量活动进行规定并形成文件。

提出完成质量目标所需要的资源包括人才资源、施工生产材料及设备、检验试验设备等资源的配备及要求。

对项目施工生产全过程的质量活动提供文字见证资料作出规定。

4. 项目质量文件的制定

(1)调查研究与协商,项目承包合同签订后,根据项目的一般要求和特殊要求,分别提出各工序的质量目标。

(2)确定本项目的工作程序。

(3)编制项目质量文件。

① 质量管理手册和程序文件:企业按照 ISO 9000 标准建立质量管理体系过程已完成企业质量管理手册和程序文件的编写工作,并由权威的第三方(认证机构)评定通过颁发了质量体系合格证书。建立项目质量体系时,项目经理部根据企业的质量管理手册程序文件,结合本工程项目的工作内容和施工程序编制项目质量文件。

② 项目质量文件主要包括质量计划(工程实现的策划)、施工组织设计、作业指导书等。

③ 质量计划的编制:根据 GB/T 19000—ISO 9000 标准,质量计划的定义是:"针对特定的产品、服务、合同或项目规定专门的质量措施、资源和活动顺序的文件。质量计划的对象是特定的产品、服务、合同或项目。"

质量计划的内容针对具体的对象为满足质量要求而制定专门的质量措施、资源和活动顺序,并加详细说明。

编制质量计划的基本要求:质量计划要有完整性,质量计划与其他支持文件的相容性;质量计划目标的可靠性;质量计划有效性和可操作性;质量计划的过程控制。

质量计划的内容主要包括:

a. 明确工程项目应达到的质量目标;

b. 组织机构和人员培训;

c. 对物资的采购、选择合格分包单位作出规定;

d. 对施工控制主要包括施工过程控制、搬运、贮存、包装和交付、检验试验、不合格处置作出规定；

e. 保证质量活动有效进行采取的手段和方法。主要包括文件管理、合同评审、质量审核、质量记录、统计技术等。

④ 施工组织设计的编制：施工组织设计是在施工管理中针对某一特定工程项目，作为指导施工准备和施工全过程的技术经济文件，一般包括以下主要内容：

a. 施工组织机构；

b. 施工总体部署和施工进度计划；

c. 施工技术方案和施工措施；

d. 施工准备工作计划；

e. 设备、材料、构配件供应计划；

f. 施工装备及机具计划；

g. 项目技术经济指标；

h. 项目技术管理、质量管理计划；

i. 施工平面布置图。

⑤ 项目质量计划与施工组织设计既有相同地方，又各有特点：

a. 质量计划和施工组织设计都是为了实现工程项目的具体目标，两者均为文件形式；

b. 质量计划按适用范围可分为外部质量保证计划和内部质量控制计划，施工组织设计为企业内部指导项目施工的文件。

c. 质量计划在编制原理上是以合同和 GB/T 19000—ISO 9000 标准模式为基础，通过规定并实施专门的质量措施，资源保证和活动顺序，来保证施工组织设计的各项生产、技术难题在施工过程中得到有效的控制。而施工组织设计则是从项目施工全面管理要求出发对工程实施过程做出规划设计，以作为工程内部施工管理的指导文件。

（七）工程质量评定

1. 单位工程、分部工程、分项工程的划分

按照工程划分的类别从大到小，后者是前者的组成部分的顺序，各类别工程的关系是：项目工程—单项工程—单位工程—分部工程—分项工程。

国家对工程质量评定考核是以单位工程为统计单位的，评定单位工程质量的基础是分部工程，而评定分部工程质量的依据又是分项工程。

（1）单位工程。应按工业厂房、车间或设计区段、工艺系统进行划分，并由各工程种类（或专业）共同构成一个单位工程。当一个工程种类（或专业）具有独立施工条件或独立使用功能时，也可单独构成一个单位工程。

（2）分部工程，是单位工程的组成部分。

① 对于建筑工程，分部工程是按建筑物，构筑物的主要部位来划分的。例如，地基及基础工程，主体工程、地面工程、木作装饰工程屋顶防水工程、电气照明工程、给水排水工程、采暖工程、通讯工程等。

② 对于工业安装工程，一般按工程专业（或区段）、设备划分。如一个罐区内的罐体组装、焊接、管道、电气、仪表、油漆、保温等；1000～10000m^3 以下单台储罐；同一单位工程中的工艺管道；单台大型动设备，长输管线每 15km 及每个中型穿越、跨越工程等。

③ 针对特殊的单位工程，分部工程也有相对应的划分法。如一个设计分区的小型设备基

础为一个单位工程,则其中的每一台就应视为一个分部工程。车间、厂房内的设备安装、每一组均为一个分部工程。

(3)分项工程,是分部工程的组成部分。

① 对于建筑工程,一般是按主要工种工程来划分的。如:土方、砌砖、钢筋、模板、混凝土工程、抹灰、地面、木门窗制作、木屋架制作安装等。

② 工业安装工程,内容较多,划分方法不一。大多按工序划分,如管道工程可按工序或输送介质种类划分,分为给水管线工程,蒸汽管线工程,燃油管线工程等。大型设备安装工程,一般按工序划分,也可按其质量检验的主要项目或部位进行划分。大型贮罐的焊接可以按其自然段分别作为一个分项工程;对于整体安装的设备,一般按台套划分。

2. 工程质量评定等级及其标准

现行建筑安装工程质量评等级分别为两级,即"合格"与"优良"。评定顺序是,先评分项工程,再评分部工程,最后评定单位工程。

1)质量等级评定的基本概念

(1)合格:指工程质量符合相应质量检验评定标准规定合格的要求。

(2)优良:指工程在合格的基础上,质量达到相应质量检验评定标准规定优良的要求。

(3)保证项目:指在质量检验评定标准中,采用"必须"、"严禁"等严格用词的条文所指的项目,表示必须达到的指标内容。

(4)基本项目:指在质量检验评定标准中,采用"应"、"不应"或"不得"等用词的条文所指的项目,表示应基本符合要求的指标内容。

(5)有允许偏差的项目:指在质量检验评定标准中规定有"允许偏差"的检查项目。

2)质量评定"合格"与"优良"标准

(1)分项工程。

合格:保证项目全部符合相应质量检验评定标准的规定。基本项目总平均分:建筑工程、道路工程、桥梁工程达70分以上;其他工程达80分以上。主要子项目抽检实得分均达规定分值90%以上,一般子项目抽检分值均达到规定分值50%以上。

允许偏差项目总分:建筑工程、道路工程、桥梁工程达70分以上,其他工程达80分以上。主要项目抽检点有90%以上的实测值在相应质量验评标准的允许偏差范围内。一般项目抽检点中有50%以上实测值在相应质量验评标准的允许偏差范围内。

优良:保证项目必须符合质量检验评定标准的规定。

基本项目在合格的基础上,道路工程、桥梁工程总平均分达85分以上,其他工程总平均分达90分以上。

允许偏差项目在合格的基础上,道路工程,桥梁工程总平均分达85分以上,其他工程总分达90分以上。

(2)分部工程。

合格:所含分项工程的质量全部合格及优良项目低于总项目数的50%。

优良:所含分项工程的质量全部合格,其中有50%以及以上为优良,且指定的主要分项工程必须为优良。

(3)单位工程。

合格:所含分部工程全部合格以上,其中优良为50%以下;

优良:所含分部工程全部合格以上,其中50%及以上为优良,且指定的主要分部工程必须为优良。

质量保证资料核查符合要求。

主要分部工程指在单位工程中起主要功能和作用的分部工程如建筑工程中的主体工程,安装工程中的焊接工程等。

二、施工组织管理基本知识

(一)施工组织管理的主要内容

施工组织管理的主要内容应有以下几点:

(1)进行开工前的各项业务准备和现场施工条件的准备,促成工程顺利开工。

(2)施工过程中的经常性工作,包括组织工序衔接、中间验收等。

(3)组织实施施工组织设计,按计划有秩序地组织现场施工。

(4)做好施工调度工作,对施工过程人力、施工设备等资源进行全面控制和综合平衡协调工作。

(5)做好施工现场总平面管理,合理利用场地和空间,组织文明施工,保持良好的施工秩序。

(6)监督检查工程质量,按全优工程六条标准组织施工。

(7)加强人员培训和基层建设,做好各项基础工作。

(8)组织工程收尾、试车和工程交竣工验收。

(二)开工前准备

开工前的准备工作应有以下主要内容。

1. 进行经济技术调查

了解建设项目的计划任务书中国家对该项工程确定的性质,摸清工程的建设规模、设计要求、工艺流程、设备材料订货和到货情况,以及建设区域的地理、自然条件等情况。经济技术调查的目的是为制订施工规划、编制施工组织设计提供依据,其主要内容包括:

(1)了解建设项目的计划任务书中国家对该项工程确定的性质、规模、建设速度,以及其他要求。

(2)了解设计进度,提供设计资料和施工图的时间安排板,以及设计概算、投资计划、工期计划等。

(3)掌握工程特点,包括工艺流程,设计中采用的新结构、新材料、新设备、新工艺。摸清工艺设备、材料、配件的订货情况和交货期限。

(4)对工程所在地区的地理、自然、社会情况和经济技术协作条件进行全面调查,例如:气象、水文、地质、地形、地方材料、交通运输等,还要熟知当地市政、公共设施、周围农村民间传统习惯等情况。

(5)掌握设计对建筑制品和构件预制深度的限制和要求,了解现场预制条件,包括地方材料的生产供应情况,地方劳动力的招用情况以及施工区域的自然保护和防治公害的基本要求等。

(6)对施工现场的情况进行全面调查,包括:工程占地、施工用地、现场地形、拆迁规模时间、施工水源、电源、交通,以及可利用的施工设施和生活设施等情况。

2. 组织编制施工组织设计

(1)根据国家计划和设计要求对工程施工作出总体战略部署。

(2)从施工的全局出发,对各个时期、各个环节的施工作出具体部署,确定重大施工方案,规划施工机械设备,选择和确定先进可行的施工工艺和施工方法。

(3)合理安排板施工程序、施工顺序、交叉作业,确定各个阶段的施工进度计划。

(4)确定劳动组织方案,根据施工进度计划的要求,平衡劳动力,提出劳动力计划。

(5)对施工现场总平面和空间利用进行规划布置,以期得到合理的统筹利用。

(6)提出采用先进技术和施工工艺,保证工程质量,降低工程成本,确保安全施工的有效措施。

(7)规划施工作业条件,确定大型生产、生活暂设工程的规模、结构;规划道路,通讯、水、电、气的规模、走向、容量、标准。

3. 做好临时生产、生活设施的设计

(1)现场公用设施的施工图设计。主要有施工用水、用电、通讯、道路以及场地平整等。这些图纸的设计是为现场"三通一平"提供依据和创造条件的。

(2)现场"五场"施工图设计。承担大中型新开施工项目,要根据工程特点、施工周期、工程实物量,规划设计好金属结构预制场、管道加工预制现场、混凝土预制场、汽机车停放、维修和现场设备(塔、容器)组装场地。

(3)现场暂设工程的施工图设计。主要有材料设备仓库、试验室、化验室、检验室、工具室、机械加工间等。

(4)现场生活设施的施工图设计。包括职工宿舍、职工文化娱乐场所、工人休息室、医务室、淋浴室、女工哺乳室、茶水房以及现场职工食堂等(不包括生活基地的设施)。

(5)现场办公设施施工图设计。主要包括工地和施工队办公室、会议室、车库等。

(6)特殊施工设备和机具的设计。例如起重吊装的吊耳,特种滑轮组、索卡具,卷扬设备,自动控制装置和施工中将采用的其他特殊手段。

4. 图纸会审

在项目技术负责人的领导下,组织和参加工程施工图纸的会审。

5. 施工准备

做好现场施工准备,目的是为工程施工创造条件和提供物质保证。现场施工准备的依据是施工组织设计中确定的总平面规划和大型临时暂设图纸。现场施工准备内容主要有以下几项:

(1)对建设(施工)区域进行工程测量,放线定位,设置永久性的经纬坐标和水平基桩。在油田和炼油化工厂承担的改建、扩建或分包的安装工程经纬坐标和水平基桩的设置一般由建设单位或总包单位负责。

(2)对施工现场进行"三通一平"。"三通"是指接通施工需用的水源、电源和交通道路;"一平"是指清除现场障碍和平整场地。因受工序限制和工期制约,施工前不可能把施工过程中所需要的水、电、路"一通到底",大都在开工前把外部水源引入施工区,根据施工组织设计的平面规划,将主管敷设完毕;把外部电源引入施工区,安装变压器,敷设一至两个回路动力线路至首先开工的施工现场;把施工区主干道修通并与外部公路联通。内延的水、电、路随着工程进展逐步完成。

(3)大型临时设施的准备。大型临时设施(即暂设工程)包括:职工食宿设施,文化福利和公共设施,仓库、休息室、工具室、作业室(棚)、检验化验室、车库、办公室、预制(组装)厂房、平台等。这些临时设施都是施工所不可缺少的,在准备时应因地制宜,精打细算,合理确定建造数量和标准。

(4)施工机械设备和物资准备。首先根据施工组织设计中确定的机械设备需用计划在本单位内部平衡,无法满足时再分别采取租赁、订货采购的办法解决。在做好机械设备准备的同时,还要根据施工组织设计,认真计算和准备施工手段材料,例如:预制组装平台钢板、钢轨、枕木;高空作业需用的钢、木脚手架、跳板等。

(5)工程设备和材料准备。为了保证工程按期开工,要根据施工进度的先后顺序,组织必要的工程设备和材料到现场,其数量以能够满足工程连续施工为原则。

(三)施工阶段的施工管理工作

工程在施工阶段,需要着重抓好以下几方面的管理工作。

1. 按施工进度计划组织施工

施工进度计划是规定施工顺序、开竣工时间和互相衔接关系的计划,是现场施工管理的中心内容。为了维护计划的严肃性,确保工程按计划要求的进度完成,在施工中,要自始至终把落实施工进度计划的工作放在现场管理的重要位置,作为带动其他工作的中心环节去抓。落实施工进度计划的根本途径是落实施工条件,搞好施工过程中协调平衡,推行项目法施工,落实经济责任制,最大限度地调动人的积极性。

2. 按施工顺序组织施工

按施工顺序组织施工是加快工程进度、降低工程造价、保证工程质量的关键环节。

(1)确定施工顺序必须遵循先场外、后场内;先土建,后安装;先地下,后地上;先系统,后装置;先设备,后管线;先高、大、重,后低、小、轻;先试压,后保温等原则。

(2)在施工方法的选择上要注意经济效果,坚持技术上可靠,经济上合理的原则。例如:在安装工程中,对大型塔类设备,是整体吊装好,还是分段分片安装好,应作经济比较。

(3)根据工艺流程,对先期试运投产的单位工程先行安排板施工;根据施工周期的长短,对施工周期长的单项工程先行安排板施工。

(4)对能为施工提供服务的项目应提前安排板施工。例如:炼油化工厂内的自备制氧车间,一般设计规模较小,与其他工程牵连不大,施工周期短,先期建成投产既能提早发挥投资效益,又能为施工提供服务。

(5)在施工总体部署上,必须保证装置工程与系统公用工程,主体工程与附属工程配套建成,以满足试运投产的要求。

(6)要注意施工的均衡性和连续性,随时协调和解决施工中出现的问题,为工序之间的衔接和流水交叉作业创造条件。

3. 做好施工过程的全面控制

有效地对施工过程进行全面控制,是现场施工管理的重要任务。施工过程的全面控制,主要是对施工进度、施工平面布置、工序衔接交叉、质量、安全、节约材料等项施工活动进行有效的管理。其主要内容有:

(1)施工进度管理。定期检查进度计划的执行情况,随时掌握施工出现的或将要出现的问题,及时组织协调平衡,加强统一指挥,保证均衡施工。

(2)对施工中是否遵守设计规定按图施工,对现场安全、防火和季节性施工措施的执行情况进行监督和检查。

(3)检查隐蔽工程的原始记录是否齐全准确,施工质量是否符合规定标准,在此基础上办理中间验收。没有办理中间验收的隐蔽工程,不允许进行下一道工序的施工。

(4)对统计工作的真实性和准确性进行控制。一是控制工程形象进度,即完成的实物量,做到完成多少填报多少；二是产值进度，即完成的建筑安装工作量，要根据完成的实物量计算如实填报，不允许虚报冒报。

(5)对原材料如消耗材料的使用进行经常的检查，杜绝浪费，严格控制工程成本。

掌握原材料的储备和工艺设备、配件的到货情况，并按施工进度计划进行经常性的平衡。

(四)现场文明施工

见 HSE 管理的基本知识。

(五)安全生产

见 HSE 管理的基本知识。

三、技术管理基本知识

(一)概述

技术管理——企业的技术管理，就是对企业中的各项技术活动过程和技术工作的各种要求进行科学管理的总称。技术管理是企业生产经营管理的一个重要组成部分。

建筑安装企业的技术管理是对企业生产(施工)过程中一切技术活动进行计划、组织、指挥、监督等工作的总称，它是企业管理一个重要组成部分，对于一个产品或工程项目，它也是产品制造或工程施工管理的一个重要组成部分。

具体地讲，技术管理是通过科学地管理，正确地贯彻国家、行业颁布的现行技术标准、规范规程和上级制定的各项管理制度，应用先进的施工技术和切实可行的管理措施，准确无误地将工程项目(产品)的设计要求贯穿到施工(生产)的全过程，保证工程(产品)质量合格，并留下真实可靠的见证资料。

(二)技术管理工作的内容

建筑安装企业的技术管理工作主要包括以下内容：

(1)技术管理基础工作。主要包括技术标准与规范，技术责任制及技术管理制度、技术原始记录、技术档案、科技情报等。

(2)技术管理基本工作。主要包括施工(生产)技术准备工作，如设计交底、图纸会审、技术文件编制、施工技术(制造工艺)交底等。施工(生产)过程技术管理工作，如贯彻技术标准及规范、实施施工技术措施或设备管理工作，设备制造工艺、设计变更及材料代用、设备及材料的检查验收等。工程竣工或产品出厂期间的技术管理工作，如工程竣工验收或产品出厂检验、竣工技术资料或出厂技术文件编制、技术总结等。

技术管理工作还包括新技术的开发与应用、新工艺的实施、新材料的试验以及技术培训等。

(三)技术管理工作的重要作用

技术管理是企业管理的一个重要组成部分，它可以保证施工(生产)企业的全部施工(生产)活动都在一定的技术标准、技术要求控制下进行，从而保证工程(产品)的质量符合要求。

工程项目技术管理在整个管理工作中的作用，主要表现在以下几个方面：

(1)保证施工过程符合技术规律的要求，保证施工按正常秩序进行。

(2)通过技术管理，不断提高技术管理水平和职工的技术素质，能预见性地发现问题，最终达到高质量完成工程建设任务。

(3)充分发挥施工中人员及材料、设备的潜力，针对工程特点和技术难题，开展合理化建议和技术攻关活动，在保证工程质量和生产计划的前提下，降低工程成本，提高经营效果。

(4)通过技术管理，积极研究与推广新技术，促进技术现代化，提高竞争能力。

(四)对技术管理工作的基本要求

(1)要严格按科学规律办事,尊重科学技术原理及发展规律,用科学的态度进行技术管理。

(2)要坚持实事求是,杜绝虚假。

(3)要认真贯彻国家的技术政策,无条件地执行国家(行业)技术标准。

(4)技术工作要讲究经济效益。

(5)技术工作要不断创新。

(五)技术管理基础工作

1. 技术标准与规范

技术标准和规范是国家法规的组成部分,是建筑安装企业施工(生产)的依据,必须认真执行。

对于建筑安装企业,常用以下技术标准及代号。

GB(GB/T)	国家标准(T:推荐);
SY(SYJ)	石油天然气行业标准(J:工程建设);
SH(SHJ)	石油化工行业标准;
HG(HGJ)	化工行业标准;
JB	机械行业标准;
YB(YBJ)	冶金行业标准;
SD(SDJ),DL(DLJ)	电力行业标准;
QB(QBJ)	轻工行业标准;
JGJ(CJJ)	建设部工程建设标准。

在石油和化工建设工程的现行国家和行业标准中对直接涉及人民生命财产安全、人身健康、环境保护和其他公众利益要求的内容,国家建设部在2000年10月18日发布了《工程建设标准强制性条文》(石油和化工建设工程部分)的通知,必须严格执行。

所有技术标准和规范都会进行修订和更新。施工(生产)过程必须执行有效版本。

2. 技术责任制及主要技术管理制度

1)技术责任制

企业技术管理系统从总工程师、技术管理部门、项目经理部(产品制造车间)到基层技术工作人员,应建立各级技术责任制,明确各部门、岗位的管理职责范围和权限。

其中工程项目技术管理系统的主要职责如下:

(1)组织贯彻执行国家有关技术政策和上级颁发的技术规划,制定管理计划;

(2)编制项目建设(或某一建设阶段)的技术规划,制定技术管理计划;

(3)编制项目施工组织设计、技术方案;

(4)负责各自范围内的经常性技术工作(包括图纸会审、技术交底、设计变更等);

(5)进行科学研究和技术革新;负责新工艺、新技术、新材料、新结构的推广应用;

(6)进行全过程的质量管理,确保工作质量、工序质量及工程质量;

(7)负责收集和提供技术情报、技术资料、技术信息,建立技术档案,为工程验收提供各种技术资料;

(8)参加竣工验收,编制竣工技术资料,进行技术总结。

2)主要技术管理制度

(1)图纸会审制度:制定、执行图纸会审的目的是领会设计意图,明确技术要求,发现设计文件中的差错与问题,提出修改与洽商意见,避免技术事故产生经济与质量问题。

(2)施工组织设计管理制度:按企业的施工组织设计管理制度制定施工项目的施工组织设计实施细则,着重于单位工程施工组织设计及分部分项工程施工方案的编制与实施。

(3)技术交底制度:施工项目技术系统一方面要接受企业技术负责人的技术交底,又要在项目内进行层层交底,故要形成制度,以保证技术责任制落实。

(4)材料、设备检验制度:材料、设备的检验制度的宗旨是保证项目所用的材料、构件、零配件和设备的质量,进而保证工程质量。

(5)质量检查及验收制度:制定工程质量检查验收制度的目的是加强工程施工质量的控制,避免质量差错造成永久隐患,并为质量等级评定提供数据,为工程积累技术资料和档案。工程质量检查验收制度包括工程预检制度、工程隐检制度、工程分阶段验收制度、单位工程竣工检查验收制度、分项工程交接检查验收制度等。

对于石油金属结构产品制造单位,应制定产品的质量检查和验收制度。

(6)技术资料管理制度:工程施工技术资料或产品出厂技术文件是施工生产单位根据有关管理规定,在施工生产过程中形成的应当归档保存的各种图纸、表格、文字、音像材料等技术材料的总称,是工程施工及竣工交付使用或产品提交的必备条件,也是对工程产品进行检查、维护、管理、使用、改建和扩建的依据。制订该制度的目的是为了加强对技术资料的统一管理,提高工程产品质量的管理水平。它必须贯彻国家、行业和地区有关技术标准、技术规程和技术规定,以及企业的有关技术管理制度。

(7)其他技术管理制度:除以上几项主要的技术管理制度以外,施工项目经理部还必须根据需要,制定其他技术管理制度,保证有关技术工作正常运行,例土建与水电专业施工协作技术规定、工程测量管理办法、技术革新和合理化建议管理办法、计量管理办法、环境保护工作办法、工程质量奖罚办法、技术发明奖励办法等。

3. 技术原始记录

技术管理的日常工作之一是作好原始记录,施工人员应按技术标准和图纸技术要求实施产品的制造和工程的施工,按规定填写各种施工(生产)记录及质量检测及验收记录。技术人员负责收集整理以上原始记录,为编制工程竣工技术资料或产品出厂质量文件做好准备工作。

技术原始记录应填写及时,真实完整,准确可靠,并由责任人员签名。

4. 技术档案

技术档案包括三个方面的内容:施工(生产)技术档案、大型临时设施档案和工程技术档案。

(生产)施工技术档案包括施工组织设计、生产工艺、技术经验总结;重大质量、安全事故分析及处理措施;新材料、新结构、新工艺的试验研究资料及总结;有关技术管理总结及重要技术决定以及施工(生产)日志等。

大型临时设施档案包括暂设房屋、库房、操作棚、围墙、临时水电管线设置情况等的平面布置图,和上述设施的施工用图及数据。

上述两部分技术档案是施工(生产)单位为提高管理水平与技术水平,以及为施工(生产)过程中改变水电线路位置或便于施工(生产)后顺利拆除大型设施而保存的资料。

工程(产品)技术档案是在工程竣工验收中同时移交给建设单位的档案,或产品出厂同时移交顾客的质量证明文件,是具有长期保存价值的重要技术文件,是对该项工程进行使用管理、维修、事故处理、鉴定、改建、扩建、重建或改变用途等工作所必不可少的依据。因此,工程(产品)技术档案必须真实地反映施工(生产)过程的实际情况。其中工程技术档案主要包括以下内容：

(1)竣工图;
(2)设计变更资料及材料代用单;
(3)原材料、成品、半成品、构配件和设备质量合格证明或试验检验单;
(4)隐蔽工程验收记录;
(5)设备安装施工检查记录及调试、试压、试运转记录;
(6)工程质量检查评定记录和质量事故分析、处理报告记录;
(7)永久性水准点位置、施工测量记录及沉降观测记录;
(8)其他与工程相关的记录。

5. 科技情报

科技情报是使自己开阔眼界、掌握国内外科技进步情况的一种渠道。科技情报工作的任务是积累、掌握与本工程项目有关的科技方面的资料、经验或信息,正确、迅速地报道、交流科技成果和实践成就,为实现改革推广新技术提供必要的技术资料。要使自己负责的工程项目赶上时代的步伐。做好科技情报工作,除了建立和健全科技情报组织外,应着重抓以下环节：

(1)要广开渠道、博取众长:大力搜集本单位和国内同行业的科技资料,尤其是先进的科技资料与信息报道。
(2)勤于总结、及时报道:对本单位的科研成果要及时总结,对搜集来的外部科技成果和信息,及时报道与介绍给本单位。
(3)结合实际、研讨应用:搜集的目的在于应用,科技情报要为生产服务,为科研服务。在一定的范围内,定期组织科技情报交流会或专题报告会,介绍有关科研成果和新技术。并要组织研讨会,根据本工程项目的实际情况,结合技术疑难和关键问题,研究推广应用项目或确定攻关课题。
(4)加强交流:在同行之间进行科技资料与信息交流,组织到外单位参观学习,经常参加社会上的有关学术报告等活动,都是有利于搞好科技情报工作的好机会。

(六)技术管理基本工作

1. 图样会审

图样会审是施工单位熟悉、审查设计图样,了解工程特点、设计意图和关键工程质量要求,帮助设计单位减少设计错误的重要手段。它是项目组织在学习和审查图样的基础上,进行质量控制的一种重要而有效的方法。会审图样有三方代表,即建设单位或其委托的监理单位、设计单位和施工单位。可由监理单位(或建设单位)主持,先由设计单位介绍设计意图和图样、设计特点、对施工的要求。然后,由施工单位提出图样中存在的问题和对设计单位的要求,通过三方讨论与协商,解决存在问题,写出会议纪要,交给设计人员,设计人员将纪要中提出的问题通过书面的形式进行解释或提交设计变更通知书。图样审查的内容包括：

(1)是否是无证设计或越级设计,图样是否经设计单位正式签署。
(2)地质勘探资料是否齐全。如果没有工程地质资料应与设计单位商讨。
(3)设计图样与说明是否齐全,有无分期供图的时间表。
(4)设计震烈度是否符合当地要求。

(5)几个单位共同设计的,相互之间有无矛盾;专业之间平、立、剖面图之间是否有矛盾;标注是否有遗漏。

(6)总平面与施工图的几何尺寸、平面位置、轴线、标高等是否一致。

(7)设备、材料的型号、规格、数量是否与施工图一致。

(8)建筑结构与各专业图纸本身是否有差错及矛盾;结构与建筑图的平面尺寸及标高是否一致;建筑图与结构图的表示方法是否清楚,是否符合制图标准;预埋件是否表示清楚;是否有钢筋明细表等。

(9)施工图中所列各种标准图册施工单位是否具备,如无,如何取得。

(10)建筑安装材料来源是否有保证。图中所要求条件,企业的条件和能力是否有保证。

(11)地基处理方法是否合理。建筑与结构构造是否存在不能施工、不便于施工,容易导致质量、安全或经费等方面的问题。

(12)工艺管道、电气线路、运输道路与设备基础和建筑物之间有无矛盾,管线布置是否合理。

(13)施工安全是否有保证。

(14)图样是否符合监理规划中提出的设计目标描述。

2. 技术文件的编制

工程项目开工前,项目技术负责人应组织技术人员编制项目施工组织设计和施工技术(方案)措施。

石油金属结构制作工厂应由技术部门组织编制产品制作工艺以及产品质量检验工艺等文件。

1)施工组织设计的编制

(1)施工组织设计编制的主要依据:

① 项目的初步设计及施工图、说明书等;

② 经过批准的基本建设计划;

③ 工程承包施工合同或协议书;

④ 有关政策、法规文件,现行工程建设标准、规范、规程;

⑤ 工程所在地自然环境、水文地质资料、技术经济条件;

⑥ 建设单位提供的工程物资和施工条件;

⑦ 施工单位的人力、技术装备等资源配置情况等。

(2)施工组织设计的主要内容。

① 编制说明:说明工程性质和编制依据。

② 工程概况:主要包括工程建设规模、工程特点、工程投资及主要工程量、工程建设工期、工程所在地区特征等。

③ 总体施工部署:指对整个工程的施工进行的全局性安排板,包括组织机构、施工阶段划分、阶段进度等。

④ 施工总进度控制计划:根据总体施工部署制定的各分部分项工程、各主要工序的施工日程安排板及确定各主要控制节点。

⑤ 主要施工技术方案:主要提出工程各专业、各工序的施工方法、关键施工技术以及大型设备运输、吊装方案、冬雨季施工措施等。

⑥ 施工劳动力计划。

⑦ 施工机具设备需用计划。

⑧ 施工临时设施计划。

⑨ 工程主要材料、设备、构件等需用计划。

⑩ 工程主要技术经济指标。

⑪ 现场技术、质量管理的组织及控制计划。

⑫ 施工总平面布置图。

(3)施工组织设计经批准后是组织施工的指导性文件,是编制分部分项工程施工技术措施的依据,施工单位应按施工组织设计组织各项施工活动。

2)施工技术措施的编制

(1)编制依据：

① 该项工程的图样、设计资料；

② 图样或设计资料中指定的规范、规程以及所涉及工种的安全操作规程；

③ 该单位所属的经过正式批准的项目工程的施工组织设计；

④ 施工现场环境、条件调查结果。

(2)施工技术措施的内容和要求。

① 编制说明：对使用的图样、规范、标准以及在下述内容中没有包括,而又必须加以说明的问题。

② 工程概况：所施工工程的设计参数、施工场地、工期要求、施工环境、气候条件、原材料、半成品、零配件供应情况等。

③ 施工进度计划：运用网络计划技术,编制施工工序作业计划。

④ 主要施工方法和操作方法(包括大型设备吊装受力情况及加固的计算书)。这部分是"施工技术措施"的核心。主要讲明主要的工序流程和关键工序的具体施工方法(操作方法)和步骤,以及保证这些施工方法顺利实施必须注意的各种问题(包括操作技术上的问题和劳动组织的问题)。

⑤ 施工机具及施工手段用料计划。施工机具应写明机具的名称、规格、数量及进场时间。施工手段用料主要是指吊装用料、加固用料、放样用料及现场制作的组装平台及检查工、卡具用料。对于这些材料应提出名称、规格、数量及用途。

⑥ 质量要求及措施。按图纸规范要求明确提出各种工序的质量数字标准,并提出保证质量的达标方法(其中包括质量监督检查等的管理方法和管理程序)。

⑦ 为了开展 TQC 活动,在这里要规定具体的 QC 课题和 PDCA 循环范围及要求。

此部分一般还应提出施工中所需要使用的各种质量见证(特别是原始见证)的记录表格和填写要求。如施工交底证书、工序交接证书、隐蔽工程验收证书、起吊令、浇灌令等工作见证,以及 QC 活动工具表格要求。

⑧ 安全技术措施：根据国家和企业有关的安全法规和规定,结合施工现场的具体情况,提出现场最容易和最可能发生的安全问题及其解决措施,以求防患于未然。

⑨ 存在的主要问题和解决措施：此部分系指上述诸部分所规定的要求、办法,在实施过程中存在的问题。如工人数量、技术水平、主要施工机具缺口,必需的施工手段用料缺口,施工场地平面布置、施工环境存在问题及解决措施等。

3.技术交底

技术交底的目的是使参与施工的人员熟悉和了解所担负的工程的特点、设计意图、技术要求、施工工艺和应注意的问题。应建立技术交底责任制,并加强施工质量检验、监督和管理,从而提高质量。

1）技术交底的要求

技术交底是一项技术性很强的工作，对保证质量至关重要，不但要领会设计意图，还要贯彻上一级技术领导的意图和要求。技术交底必须满足施工规范、规程、工艺标准、质量检验评定标准和建设单位的合理要求。技术交底必须以书面形式进行，经过检查与审核，有签发人、审核人、接受人的签字。整个工程施工、各分部分项工程，均须作技术交底。特殊和隐蔽工程，更应认真作技术交底。在交底时应着重强调易发生质量事故与工伤事故的工程部位，防止各种事故的发生。

2）设计交底

由设计单位的设计人员向施工单位交底，内容包括：

（1）设计文件根据。上级批文、规划准备条件、人防要求、建设单位的具体要求及合同。

（2）建设项目所处规划位置、地形、地貌、气象、水文地质、工程地质、地震烈度。

（3）施工图设计依据：包括初步设计文件，市政部门要求，规划部门要求，公用部门要求，其他有关部门（如绿化、环卫、环保等）的要求，主要设计规范，甲方供应及市场上供应的建筑材料情况等。

（4）设计意图：包括设计思想，设计方案比较情况，生产工艺流程的选用，设备的选型，材料的采用，电气及自控水平等以及建筑、结构和水、暖、电、煤气等的设计的意图。

（5）施工时应注意事项：包括建筑方面的特殊要求、建筑装饰施工要求、基础施工要求、重要设备的安装要求、重要材料的焊接要求以及其他设计采用新结构、新工艺对施工提出的要求。

3）施工技术交底的要求

施工技术交底是一项技术性很强的工作，对保证质量至关重要，不但要领会设计意图，还要贯彻上一级技术领导的意图和要求。技术交底必须满足施工规范、规程、工艺标准、质量检验评定标准和建设单位的合理要求。技术交底必须以书面形式进行，经过检查与审核，有签发人、审核人、接受人的签字。整个工程施工、各分部分项工程，均需作技术交底。特殊和隐蔽工程，更应认真作技术交底。在交底时应着重强调易发生质量事故与工伤事故的工程部位，防止各种事故的发生。

4）施工项目技术负责人对工长、班组长进行技术交底

应按工程分部、分项进行交底，内容包括：设计图纸具体要求；施工方案实施工的具体技术措施及施工方法；土建与其他专业交叉作业的协作关系及注意事项；各工种之间协作与工序交接质量检查；设计要求；规范、规程、工艺标准；施工质量标准及检验方法；隐蔽工程记录、验收时间及标准；成品保护项目、办法与制度；施工安全技术措施。

4. 现场施工工艺监督

这是工程施工全过程中技术管理工经常进行的最主要的工作。

1）对工程材料的检查

按照设计图样要求和各种材料的标准对到货工程材料半成品、设备和配件进行检查，应有合格证或质量证明书，并符合标准要求；对于国家法规规定有特殊要求的材料或设备（如压力容器），除检查质量合格证明文件外，还应按规定进行抽查或复验。

2）施工工序及操作方法检查

按照施工技术措施中规定的工艺流程，检查施工人员是否按工序流程进行施工。

对于关键工序应检查施工人员的操作步骤和方法是否合理,是否能够保证工程质量和安全施工。

3)对执行工艺纪律情况的监督检查

检查施工人员是否认真执行施工组织设计或施工技术措施中规定的施工工艺。如因施工条件改变需修改施工工艺,应由技术人员修改工艺文件,经审批后按新的施工工艺施工。

如需修改设计、材料代用等,应由技术人员向设计人员提出,经设计单位提交书面设计变更文件后,按设计变更内容施工。

4)施工记录和资料管理

(1)技术人员要指导和督促施工班组长做好施工记录和自检记录。

(2)施工班组及有关人员要做好工序交接、工程中间验收、隐蔽验收、试压、试漏、试运记录;以及试验检测委托书及检测报告,X射线底片等。

(3)技术人员及时收集各种记录,进行处理。

(4)项目技术部门要建立技术资料管理制度,做好设计文件和施工图样(包括设计变更单、材料代用单等)、技术标准和规范、材料和设备的质量文件和随机资料、施工技术文件、现场签证文件、施工记录等的收发借阅登记和资料管理工作。

5. 工程竣工阶段技术管理

(1)编定保运技术措施并对保运人员进行培训和技术交底。

(2)与生产车间技术人员配合,处理保运中的技术问题。

(3)编制竣工技术资料(包括竣工图和工程管理资料)。

工程竣工资料是基本建设的重要技术档案,是工程投产后正常生产维护、检修和扩建的依据。竣工资料必须与工程实际情况相符,确保内容的真实性和准确性。

① 工程管理资料包括:工程项目前期文件和工作资料、勘探设计资料、工程管理(包括监理)资料、施工资料、竣工决标及材料消耗、生产准备、投料试车及其他考核资料。

其中由施工单位负责编制施工资料,经建设单位审核符合国家有关技术档案的规定后交建设单位存档。

② 竣工图是竣工资料的重要组成部分,必须齐全、准确。竣工图包括所有的施工图(通用图、标准图除外)。

竣工图必须与设计变更文件、隐蔽工程记录对口:

a. 施工中没有变更的施工图,加盖"竣工图专用章"标志作为竣工图;

b. 施工中有一般性变更的施工图,在原图上修改后,加盖"竣工图专用章";

c. 设计重大变更无法修改施工图,由责任单位重新绘制竣工图,经核对后加盖"竣工图专用章",作为竣工图。

(4)施工技术总结。

① 施工总结:按集团公司的规定,施工总结由施工单位组织编制,主要包括:工程概况、施工概况、施工组织及分工和主要实物量,主要施工技术措施及效果,项目管理的形式及效果,工程质量管理及工程质量评定、竣工(图)资料的编制、未完工程及遗留问题处理、结束语。

② 技术总结:技术总结指施工工艺技术总结,编写目的在于检验开工之初设计的施工规划、施工技术方案的完整性、正确性、科学性、总结和积累经验,吸取教训,促进技术水平的不断提高,也是为了进行技术交流和技术储备。

技术总结的主要内容包括施工组织、现场布置、施工工序及施工工艺、操作技术,施工中采取的新技术、新工艺、新设备、新材料及"三化"(预制化、装配化、机械化)情况,提高质量,缩短工期,降低成本等成果。

四、HSE 管理的基本知识

(一)HSE 概述

HSE 是健康、安全、环境管理体系的英文缩写,H 是健康 Health,S 是安全 safety,E 是环境 Environment,是国际石油天然气工业通行的管理体系。

HSE 管理体系是企业整个管理体系的组成部分之一,它将健康、安全与环境三种密切相关的管理体系科学结合在一起。实现 HSE 有效管理的关键是识别确定那些需要管理系统控制的 HSE 关键过程的活动,并进行重点控制。

(二)建立 HSE 管理体系和进行 HSE 管理的目的

做好安全、健康和环境的管理工作既是法律规定的义务、政府的要求,也是社会的需要和企业切身利益所在。

进行 HSE 管理的目的主要有:

(1)满足政府对健康、安全、和环境的法律、法规要求;

(2)为企业提出的总方针、总目标以及各方面具体目标的实现提供保证;

(3)减少事故发生,保证员工的健康与安全,保护企业的财产不受损失;

(4)保护环境,满足可持续发展的要求;

(5)提高原材料和能源利用率;

(6)减少医疗、赔偿、财产损失费用,降低保险费用;

(7)满足公众的期望,保持良好的公共和社会关系;

(8)维护企业的名誉,增强企业的市场竞争能力。

(三)HSE 管理体系的基本要素

HSE 管理体系是一个持续循环和不断改进的结构,是由若干要素组成,关键的要素有:领导和承诺,方针和战略目标,组织结构,资源和文件,风险评估和管理,规划,实施和监测,评审和审核等。

中国石油天然气集团公司的健康、安全与环境管理体系由 7 个一级要素和 26 个二级要素构成,如表 5-6-1 所示。

表 5-6-1 健康、安全与环境管理体系要素表

一 级 要 素	二 级 要 素
a)领导和承诺	
b)方针和战略目标	
c)组织机构、资源和文件	(1)组织机构和职责
	(2)管理代表
	(3)资源
	(4)能力
	(5)承包方
	(6)信息交流
	(7)文件及其控制

续表

一级要素	二级要素
d)评价和风险管理	(1)危害和影响的确定
	(2)建立判别准则
	(3)评价
	(4)建立说明危害和影响的文件
	(5)具体目标和表现准则
	(6)风险削减措施
e)规则(策划)	(1)总则
	(2)设施的完整性
	(3)程序和工作指南
	(4)变更管理
	(5)应急反应计划
f)实施和监测	(1)活动和任务
	(2)监测
	(3)记录
	(4)不符合和纠正措施
	(5)事故报告
	(6)事故调查处理
g)审核和评审	(1)审核
	(2)评审

(四)HSE管理体系的建立

1.前期准备工作

主要包括领导决策、成立体系、建立组织机构、宣传和培训。

2.初始风险评价

目的是了解组织健康、安全与环境管理现状,为建立HSE管理体系收集信息并提供依据。

3.策划与设计

(1)通过初始风险评价,依据国家有关政策法规,结合组织现有管理水平、员工素质、生产经营实际情况进行组织HSE管理体系策划。

(2)HSE管理体系总体设计:设计调研—确定原则—承诺的制定—方针目标的制定。

4.HSE管理体系文件的编写

(1)HSE管理守则编写。

(2)HSE程序文件编写。

(3)HSE作业文件编写。

(4)HSE记录编写。

(五)HSE管理体系运行与审核

1.HSE管理体系运行的步骤

(1)宣传贯彻HSE管理体系文件。

(2)体系文件的有效性检验。

(3)加强监督和信息管理。

2. HSE 管理体系审核

(1)体系审核目的:确定受审核方 HSE 管理体系与审核准则的符合性;判断受审核方 HSE 管理体系是否实施和保持;发现审核方 HSE 管理体系中应改进的领域;评估组织管理评审是否能确保 HSE 管理体系持续适用和有效。

(2)HSE 管理体系审核的类型:HSE 管理体系审核按审核方和受审核方的关系可分内部审核和外部审核两种。

(六)施工生产安全管理的基本原则

安全管理是企业生产管理的重要组成部分,是一门综合性的系统科学。安全管理的对象是生产中一切人、物、环境的状态管理与控制,安全管理是一种动态管理。

施工现场的安全管理,主要是组织实施企业安全管理规划、指导、检查和决策,同时,又是保证生产处于最佳安全状态的根本环节。施工现场安全管理的内容,大体可归纳为安全组织管理,场地与设施管理,行为控制和安全技术管理四个方面,分别对生产中的人、物、环境的行为与状态,进行具体的管理与控制。为有效的将生产因素的状态控制好,实施安全管理过程中,必须正确处理五种关系,坚持六项基本管理原则。

1. 正确处理五种关系

1)安全与危险并存

安全与危险在同一事物的运动中是相互对立的,相互依赖而存在的。因为有危险,才要进行安全管理,以防止危险。安全与危险并非是等量并存、平静相处。随着事物的运动变化,安全与危险每时每刻都在变化着,进行着此消彼长的斗争。事物的状态将向斗争的胜方倾斜。可见,在事物的运动中,都不会存在绝对的安全或危险。

保持生产的安全状态,必须采取多种措施,以预防为主,危险因素是完全可以控制的。

危险因素是客观存在于事物运动之中的,自然是可知的,也是可控的。

2)安全与生产的统一

生产是人类社会存在和发展的基础。如果生产中人、物环境都处于危险状态,则生产无法顺利进行。因此,安全是生产的客观要求,自然,当生产完全停止,安全也就失去意义。就生产的目的性来说,组织好安全生产就是对国家、人民和社会最大的负责。

生产有了安全保障,才能持续、稳定发展。生产活动中事故层出不穷,生产势必陷于混乱甚至瘫痪状态。当生产与安全发生矛盾、危及职工生命或国家财产时,生产活动停下来整治、消除危险因素以后,生产形势会变得更好。"安全第一"的提法,绝非把安全摆到生产之上。忽视安全自然是一种错误。

3)安全与质量的包含

从广义上看,质量包含安全工作质量,安全概念也内含着质量,交互作用,互为因果。安全第一,质量第一,两个第一并不矛盾。安全第一是从保护生产因素的角度提出的,而质量第一则是从关心产品成果的角度而强调的。安全为质量服务,质量需要安全保证。生产过程丢掉哪一头,都要陷于失控状态。

4)安全与速度互保

生产的蛮干、乱干,在侥幸中求得的快,缺乏真实与可靠,一旦酿成不幸,非但无速度可言,反而会延误时间。

5)安全与效益的兼顾

安全技术措施的实施,定会改善劳动条件,调动职工的积极性,焕发劳动热情,带来经济效益,足以使原来的投入得以补偿。从这个意义上说,安全与效益完全是一致的,安全促进了效益的增长。

2. 坚持安全管理六项基本原则
(1)管生产同时管安全。
(2)坚持安全管理的目的性。
(3)必须贯彻预防为主的方针。
(4)坚持"四全"动态管理。
(5)安全管理重在控制。
(6)在管理中发展、提高。

(七)施工生产安全管理措施

1. 落实安全责任、实施责任管理

施工项目承担控制、管理施工生产进度、成本质量、安全等目标的责任。因此,必须同时承担进行安全管理、实现安全生产的责任。

(1)建立、完善以项目经理为首的安全生产领导组织,有组织、有领导的开展安全管理活动。承担组织、领导安全生产的责任。

(2)建立各级人员安全生产责任制度,明确各级人员的安全责任,抓制度落实、抓责任落实,定期检查安全责任落实情况,及时报告。

(3)施工项目应通过监察部门的安全生产资质审查,并得到认可。

企业经理或项目经理作为本企业的第一责任者,其主要职责是:贯彻执行国家和上级有关安全生产的法令、指示、规程,组织实施职工代表大会有关安全生产、文明施工的决议。项目经理、施工队长对本单位的安全工作负直接组织领导责任,其主要职责是:认真执行国家和企业的安全生产法令、指示和规定;组织编制安全技术措施,不断改善职工劳动条件;组织开展安全生产竞赛,对职工进行经常性的安全教育和定期考核,经常组织安全检查,及时消除不安全隐患,确保安全施工。施工班组长既是施工的直接组织者,又是直接生产者,其主要职责是:组织职工认真学习贯彻上级颁布的安全生产规章制度,带领职工严格遵守操作规程和工艺规程,坚持开好班前安全会,随时检查消除施工中的不安全隐患。

一切从事生产管理与操作的人员、依照其从事的生产内容,分别通过企业、施工项目的安全审查,取得安全操作认可证,持证上岗。

特种作业人员除经企业的安全审查,还需按规定参加安全操作考核,取得监察部门核发的《安全操作合格证》,坚持"持证上岗"。施工现场出现特种作业无证操作现象时,施工项目必须承担管理责任。

(4)施工项目负责生产中物的状态审验与认可,承担物的状态漏验、失控的管理责任。接受由此而出现的经济损失。

(5)一切管理、操作人员均需与施工项目签订安全协议,向施工项目做出安全保证。

(6)安全生产责任落实情况的检查,应认真、详细的记录,作为分配、补偿的原始资料之一。

2. 安全教育与训练

进行安全教育与训练,能增强人的安全生产意识,提高安全生产知识,有效的防止人的不安全行为,减少人为失误。安全教育、训练是进行人的行为控制的重要方法和手段。因此,进行安全教育、训练要适时,宜人,内容合理、方式多样,形成制度。组织安全教育、训练做到严肃、严谨,讲求实效。

(1)员工应具有较高的素质。

(2)安全教育、训练的目的与方式。安全教育、训练包括知识、技能、意识三个阶段的教育。进行安全教育、训练,不仅要使操作者掌握安全生产知识,而且能正确、认真的在作业过程中,表现出安全的行为。

(3)安全教育的内容随实际需要而确定。

安全教育包括思想教育、安全知识教育、现场急救教育、典型经验和典型事故教育等。

思想教育:利用各种形式对职工进行安全生产的宣传教育,充分认识搞好安全生产的重要性,提高自觉性,克服麻痹思想,正确处理生产与安全的关系。同时还要经常强化纪律教育,严格遵守劳动纪律和操作规程。

安全知识教育:一是进行一般安全知识教育,二是进行专业安全知识教育。一般安全知识教育的内容包括:危险设备和高空作业防护基本知识,电器设备的装设和操作基本知识,垂直(起重)水平运输中常规性安全技术知识,以及危险品、易燃品的管理使用和消防制度基本知识等。专业安全知识的教育内容包括:工业卫生知识,本专业或本工种的安全技术操作规程等。

现场急救教育:使职工掌握现场发生事故后,如何利用各种手段立即制止事故的发展和蔓延,抢救伤员,保护现场。

典型经验和典型事故教育:典型经验和典型事故,具有指导作用。

3. 编制安全技术措施

安全技术措施主要项目有:

(1)安全技术方面:以防止火灾、爆炸、工伤为目的的一切措施,例如安全防护装置、保险装置、信号装置等。

(2)工业卫生方面:改善施工作业条件和工业卫生条件,防止职业病和职业中毒的一切措施,例如防毒、除尘、防暑降温、消除噪音等。

(3)安全施工宣传教育方面:编写安全技术教材,购买图书资料,举办安全技术训练和安全展览,出版安全刊物等。

4. 安全检查

安全检查是发现不安全行为和不安全状态的重要途径,是消除事故隐患,落实整改措施,防止事故伤害,改善劳动条件的重要方法。

安全检查的形式有普遍检查,专业检查和季节性检查。

1)安全检查的内容

安全检查的内容主要是查思想、查管理、查制度、查现场、查隐患、查事故处理。

2)安全检查的组织

项目经理应按照安全制度规定定期或不定期组织部门安全负责人对现场安全生产进行检查。

施工现场安全人员坚持经常性的安全检查,消除安全隐患,保证安全生产。

(1)建立安全检查制度,全面落实制度要求。

(2)成立由第一责任人为首,业务部门、人员参加的安全检查组织。

(3)安全检查必须做到有计划,有目的,有准备,有整改,有总结,有处理。

3）安全检查的准备

（1）思想准备。发动全员开展自检,自检与制度检查结合,形成自检自改,边检边改的局面。使全员在发现危险因素方面得到提高,在消除因素中受到教育,从安全检查中受到锻炼。

（2）业务准备。确定安全检查的目的、步骤、方法。成立检查组,安排板检查日程。分析事故资料,确定检查重点,把精力侧重于事故多发部位和工种的检查。

4）安全检查方法

常用的有一般检查方法和安全检查法。

（八）施工现场环境保护

1. 环境保护的意义

（1）保护和改善施工环境是保证人们身体健康的需要。

（2）保护和改善施工现场环境是消除外部干扰保证施工顺利进行的需要。

（3）保护和改善施工环境是现代化大生产的客观要求。

（4）环境保护是国法和政府的要求,是企业行为准则。

2. 环境保护的措施

（1）实行环保目标责任制。

（2）加强检查和监控工作。

（3）保护和改善施工现场的环境,要进行综合治理。

（4）要有技术措施,严格执行国家的法律、法规。

（5）采取措施防止大气污染。

（6）防止水源污染措施。

（7）防止噪声污染措施。

3. 现场文明施工

1）文明施工的意义和目的

所谓文明施工,从广义上说,就是以科学的态度,坚持以合理的施工程序组织施工活动;从狭义上说,通常是指场容、场貌、安全、卫生而言。文明施工既反映一个企业的管理水平,又反映施工队伍的精神面貌。文明施工的目的,是建立合理的施工秩序,为职工创造良好的劳动环境、工作环境和生活环境,从而振奋职工的劳动热情,保证安全施工,加快工程进度,提高劳动生产率。

2）对现场文明施工的要求

为了达到目的,对现场文明施工有以下要求：

（1）现场各项暂设工程平面布置合理,场地能够最大限度地得到合理使用,使平面和空间能充分地为现场施工服务。

（2）现场道路、水、电畅通,能满足施工作业、运输、消防、安全施工的要求。

（3）现场有可靠的排水、防洪系统,能保证雨季施工和汛期防洪排涝要求。

（4）场容整洁,"脏、乱、差"能随时得到治理,做到工完、料净、场地清。

（5）现场施工作业条件符合职业病防治标准和国家卫生标准,有害职工身心健康的污水、粉尘、噪音随时得到治理或有效地控制。

（6）操作人员自觉遵守操作规程和劳动纪律,合理使用劳动保护用品。

（7）扩大构件、设备、管道和预制范围和预制深度,最大限度地实现"三化"施工,以减少施工现场的预制和组装工程量,避免过多的交叉作业。

(8)在施工组织上,运用集中力量打歼灭战的方法,务求速决全歼,做到干一项完一项,干净利落,不留尾巴。

（九）健康与卫生

1. 卫生监督

卫生监督重点是保障各种社会活动中正常的卫生秩序,预防和控制疾病的发生和流行,保护公民的健康权益。

卫生监督的基本原则:依法行政;政事分开;综合管理;总体规划,分步进行,逐步到位。

2. 职业卫生

职业卫生工作是政府卫生工作的一个重要组成部分,与国家经济建设的关系十分密切。

(1)职业人群是全人口中最富创造力的人群,是生产力要素中最活跃的因素。劳动者健康素质的高低,直接关系到一个国家的生产力发展水平和发展质量。职业卫生工作者承担着保护劳动者健康的神圣使命,而且肩负着保护国家劳动力资源,促进劳动力可持续发展,进而直接为国家经济建设服务的重任。

(2)在工作中坚决贯彻"为人民健康服务和为社会主义现代化建设服务"的"两为"卫生工作方针。

(3)加大职业卫生行政执法力度,树立卫生执法形象。

(4)强化法律意识,努力提高企业自身管理水平。

(5)进一步深化职业卫生改革。

第七章　培训的基本知识

一、培训计划

（一）培训计划的概念和意义

培训计划是按照一定的逻辑顺序排列的记录，它可以确保培训目标得到更好地实现。培训计划还包括一些其他的相关信息，如培训必要的辅助设施、参考信息和确定的问题范围。

培训计划是培训师们各方面工作的有用辅助工具。它们提醒培训师每节课都向着既定的目标前进；还帮助培训师检查课程的顺序是否正确，各部分内容是否联系紧密，培训的方法是否合适有效；培训计划实际上还是课程所需资源的列表。

一个单独的培训计划必须符合每一部分的培训，因为它们都有各自不同的目标。所以每一部分都要求有独立的计划。一般说来，我们要求只有在圆满达到了课程的目标后，才能进入下一课程。

培训计划是能保证培训师覆盖全部讲授内容的一份逻辑清单，一份合适的教程步骤流程图，一份课程时间分配图。设计优良的培训计划要求培训师将最重要的内容配给最多的时间，而绝不要在研究主题上耗费太多工夫，而且还可以使其他培训师有效地管理同一培训课程。

（二）培训计划应该包括的内容和项目

培训计划一般应包括以下方面内容：

(1)培训项目名称；

(2)清晰的培训目标；

(3)培训持续的时间；

(4)关于学员的细节信息；

(5)对可能出现错误的了解程度；

(6)复习前期培训的内容和注释；

(7)学员必须学习的理由和原因；

(8)培训方式；

(9)课程内容；

(10)新内容列表；

(11)必需的重要问题；

(12)课程所必需的资源；

(13)课程时间的划分；

(14)学生的活动安排板；

(15)与下一次培训内容的关联。

在考虑主要学习内容时，对其进行层次上的划分是非常重要的，哪些内容是学生"必须学的"、"应该学的"和"可以学的"。"必须学的"是指那些为了能让同学完成任务所要掌握的内容；"应该学的"是指若同学希望对重要信息清楚理解时所需要掌握的内容；"可以学的"是指对理解课程有所帮助但却不重要的内容。

图 5－8－1 所示的"目标"图，我们课程指导的重心在"必须学的"部分。如果我们的学习

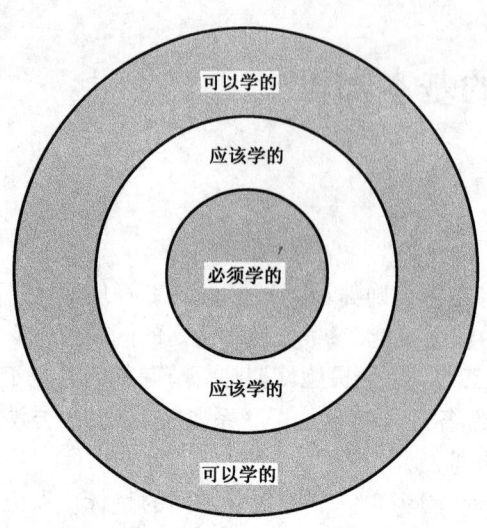

图 5-8-1 培训师必须审视学生应学知识，按其重要性划分层次

目的是学习"必须学的"，那么在"应该学的"方面花费一点时间去理解，也是必要的。如果时间允许，学生们也可以自行看看"可以学的"。但是，我们最好将精力多放在"必须学的"和"应该学的"上面。另外，传授知识时信息量相对较少时的效果要明显好于信息量多时。这主要依赖于个别培训师的工作，将信息量按其特点划分成不同的组。若能一边看着简短的说明一边来做这项任务，事情将会变得容易一些。

一份课程培训计划要求培训师能够提前检查程序是否正确、各部分内容联系是否紧密、培训所采取的方式方法是否合理有效等。培训课程计划对于培训师来说是一张所有资源的细目清单，它帮助培训师提前为课程做好各种各样素材的准备，例如印刷品、胶片、幻灯透明片、多媒体、投影设备和模型等。

（三）培训计划的制定方法

当制定培训课程计划时，有一个经常被忽略而实质上却非常重要的问题：学习这项主题的最佳方法是什么？

理想状态下，一份培训计划应涵盖五大方面内容。制定培训课程计划时应从这五个方面进行。

1. 时间划分

"时间划分"是指培训时间的安排板。它帮助培训师在整个培训过程中按部就班地进行训练项目并且按时完成培训任务。

2. 培训内容（所教授的课程）

培训内容罗列了培训中所有需要涉及的内容。一般来讲，其中的关键词也正是需要强化记忆的地方。

3. 培训技巧

"培训技巧"说明的是在培训过程中的特殊部分是具有讲座的风格，还是具有一种"展示和演说"的风格，或者可能还包括学员的发现。

4. 学生实践活动

"学生实践活动"是一个新兴的概念。如果培训师能列举出培训过程中学员所需要做的事情（听、看、做等），那么就可能使培训变得更为生动和丰富多彩。

5. 必要的辅助设施

"必要的辅助设施"指的是当培训需要一定帮助时，培训师能通过注解而找到解决的方法。将所有可能的辅助一一列举。如果它们混在一起，可以将它们规划分类，这样便于你在需要时，更快地找到它们。

（四）结论

培训计划是培训师非常重要的必备工具之一。它指导全课程以正确的方向发展，并且将全部课程所涉及内容都涵盖了。

它还提供了一种检测方法,可以测试是否达到培训的目标。它也可以让别人来审查培训的计划和目标是否一致,而不是背道而驰。

其实,培训师对培训课程计划的调整、补充和更新是一件很有意义的工作。当培训师知道培训的要求或者当其知道与培训相关的技术内容发生与改变时,培训师应及时地补充和更新培训计划。

二、学习的九项原则

这些原则是为培训制定的,可广泛地适用于正式及非正式场合的讲座和课堂。几乎任何一种培训都应该包括九项学习基本原则。

下面我们将一一分析这些原则中隐藏的含义和内容。因为,这些没有被优先提及的内容也同样十分重要,也应该在考虑和思索的范围之中。

(一)温故知新原则

温故知新原则告诉我们,受训者以前曾了解或学习过的内容是最容易被记忆和接受的。此原则在彼此独立的两个领域得到了很好的应用,第一,可以应用于培训后期的内容和项目;第二,可以应用于教授受训者最新最陌生的知识。在第一项应用中,对于帮助培训师经常总结,在培训结束再次强调学习重点、关键点,都是极其重要的。在第二项应用中,充分说明培训师应该在讲演中有计划地回顾已经学过的内容。在考虑温故知新原则时需注意以下事项:

(1)保证每次培训在相对较短的时间内完成,一般不宜超过20分钟。

(2)一旦培训超过20分钟时限时,必须扼要重述旧内容。以精而短的讲话替代杂而长的培训,使得你在每次小的讲话结束时都可以进行总结论述。

(3)每一次培训结尾都很重要,应该概括整个会议,强调要点和关键的信息内容。

(4)令受训者清晰明了地了解自己学习的方向和进程。

(二)适合原则

适合原则要求所有培训、信息、教育帮助、案例教学和其他的资料必须迎合受训者的兴趣和需要。如果培训与需求联系不紧密,受训者很快就会失去学习的兴趣和动力。另外,培训师必须竭尽全力让受训者知道新知识与旧知识的联系,帮助他们消除学习新鲜事物的恐惧感和不知所措。

在考虑适合原则时需注意以下事项:

(1)给予受训者明确而强烈的认同感。带着明确的学习目的和需要,努力使会议(培训)的所有内容都符合要求。

(2)综合运用描写、举例、说明等参与者熟悉的介绍方法。

(三)动力原则

目标原则的内容告诉我们,受训者必须想学、准备学、有理由学。培训师发现,只要学员有学习的动力,或有学习的目标,那么他们在学习时就会表现得非常突出和优秀;同时,这对培训师培训计划的实施以及培训效果的提高都很有帮助。只要学习的动力产生了,那么学习的气氛就随之改善。假若我们忽视动力原则、忽略了学习材料的相关性,学员很快就会丧失动力,对学习、培训失去兴趣。

在考虑动力原则时需要注意的事项:

(1)保证学习材料对培训师和对受训者同样都富有价值和意义。

(2)不仅学员对学习要充满求知欲,培训师对培训也必须兴致昂扬。如果学员自己失去了动力,那学习的效果也就会很差。

(3)正如适合原则所说的那样,你必须针对学员的学习目的去选择课程内容。告知学员培训能够有针对性地解决他们的问题,以此来不断地激发他们学习的动力。

(4)注重从已知发展到未知的教学方法。要以学员们熟悉的要点为引子开始你的培训,再旁及其他内容。通过传授知识使学员们了解学习过程中什么是他们应该深入研究和探索的。

(四)重点原则

重点原则揭示这样一个道理:学员们第一个学习的要点将是掌握最好的。据此我们应该把培训的重点环节和内容安排板在学员第一印象和第一则信息中。为此,非常值得推广的一个做法,就是把培训的梗概和脉络作为提纲,在培训开始时就亮出来,然后在以后的培训学习中一点一点地引出其他相关的要点和内容。

重点原则还潜藏一个内涵是:当学员被传授如何完成一项任务时,其第一次接纳的信息、方式、方法就必须是正确无误的。众所周知,如果一开始就接受了错误的培训和指导,若想以后重新改正过来,是非常困难的。

考虑重点原则需要注意的事项:

(1)保证培训在相对短的时间内完成,20分钟是较为适宜的,这与上面温习原则要求是相同的。这主要取决于学员们注意力集中的时间有限的特性。

(2)因为培训开始时,学员们都会认真聆听教诲,所以对于培训来说,开场白是非常重要的。开场白一定要内容翔实、生动有趣。

(3)让学员们清楚地了解到学习的方向和学习进程。

(4)严格保证第一次授课内容的正确性和准确性。

(五)双向沟通原则

双向沟通原则明确要求,培训过程是双向的互动交流,而不是单向的传授。任何一种形式的讲演都应该是双向的信息沟通,当然也并非是把整个培训变成一场讨论,这只是强调,必须是培训师(主持人)和学员(参与者)之间的互动反应。

双向沟通原则应注意的事项:

(1)你的肢体语言也是双向沟通的重要内容,而且还必须与你的叙述相配合。

(2)在培训方案中加入与学员互动交流的设计和安排板。

(六)反应原则

反应原则的内容和要求如下:无论是主持人还是参与者,都必须对对方的反馈信息有相对应的反应。主持人需要了解参与者的进程和跟进程度;参与者需要从反馈中明白自己的表现。

反应原则也需要有加强的提示。如果我们表扬参与者(正面加强)的积极表现,很有可能导致参与者发挥高水平和得到超出预想的效果。而过多的反面批评则可能造成无法实现原定的目标。

考虑反应原则应注意的事项:

(1)学员也常非常盼望你的反应和评价。

(2)在学员测试结束后,应以最快的速度对其表现做出明确反应。

(3)测试包括培训师经常性地向小组提问。

(4)正如大家所认为的那样,并不是所有的反应都是鼓励的、正面的,肯定和表扬仅是反应的一种而不是全部,缺少了否定意见的反应是不完整的。

(5)当学员说或做得正确时,要肯定他(尽可能在小组反应之前)。
(6)为了在开头就有正面的肯定的反应,你必须认真准备讲演。
(7)关注学员们学习中的错误之处和关注正确的地方同等重要。

(七)主动学习原则

主动学习原则:让学员们主动融入教学过程,可以学到更多的知识。不是有句名言"从行动中我们懂得学习"吗,可见,主动性学习原则对于成人教育和培训是至关重要的。若是你正在指导大家写工作报告,不要仅是教他们如何写,还得让他们自己动手去写。主动学习原则的另一优点在于可以使学员的头脑保持清醒和注意力的高度集中——一般情况下,成人是无法耐住性子在教室里一坐一整天的。

试想,在整个学习过程中学员们都积极主动,那么结果会怎么样呢?

考虑主动性学习应注意的事项:

(1)在培训过程中多使用实践性练习。
(2)在培训过程中多提问题。
(3)你可以采用临时测验的方法来提高学员们的学习热情和精力。
(4)在教学员们如何做时,尽可能让他们自己去实践和尝试。
(5)如果学员们坐得太久而未能被提问或没有参与,他们可能一会儿就瞌睡得抬不起头或根本失去兴趣。

(八)多感官学习原则

多感官学习原则告诉我们:如果学员能运用多重感官去学习,其效果会事半功倍。

考虑多感官学习原则的注意事项:

(1)在你讲解事物时,尽量展示一下实物。
(2)尽可能地引发学员多感觉去学习,但切忌走题。
(3)务必确保感官刺激的有效性,确保小组在听、看、触时不存在任何困难。

(九)练习原则

练习原则,指的是"重复学习"和"意象再现"。最好的记忆方法就是重复。通过让学员们练习,不断重复新学的信息和内容,提高学员们在短时间内记住新信息的可能性和成功率。

培训师利用不同方法鼓励学员经常练习,或者重复学习到的知识,是一种比较好的教学方法。实际操作中,可以按照如下去做:培训师先讲授相关内容和过程,然后演示大纲和提要,再展示最终产品,最后让学员按着要求重复练习几次。另外练习也必须保证一定的强度。

(1)让学员反复的内容越多,他们记忆的信息就越多。
(2)以频繁提问的方法来鼓励学员经常练习和重复学习。
(3)学员总结也是一种练习,在培训总结时也得加强训练。
(4)学员们必须自己做练习——记笔记并不是非常重要。
(5)要求学员回忆培训中所涉及的内容。
(6)给予学员实践和练习的机会。

实践证明,缺乏训练和练习的培训,学员会在6小时内忘记所学内容的四分之一,24小时之内忘记三分之一,在6星期内忘记90%以上。

以上介绍的学习原则适用于教育和培训,无论是课堂教学还是工作实践等各个方面、众多领域,它们都有很大的应用价值;对于不同年龄群体的受训者,适用于儿童、少年以及成人的教育和培训。在实际应用中,如果不能全部采纳也应该尽可能多地运用以上原则。当你开始策划培训时,必须纵观全部内容,确保以上原则的应用。

应用步骤:

在实践中如何运用学习的诸多原则呢?可以使用以下步骤:

(1)目的介绍,包括培训的目的和整体框架;

(2)联系上一次培训内容;

(3)教给学员如何做;

(4)演示怎样做;

(5)督促学员重复练习;

(6)学员逐一进行操作实践;

(7)表扬学员表现中好的行为;

(8)评估(测试的目标);

(9)培训后期总结;

(10)强调重点;

(11)联系下一次培训内容。

在上面的实例中,我们可以看到成人学习原则如何被综合应用:

温习原则:由小而短的培训替代大而长的培训,多次运用温习方法。

适合原则:在培训开始之前,必须使用适合学员的材料。

动力原则:学员拥有充足的理由参加培训,听我们培训,因为培训的内容与他们关系密切。

重点原则:在应用温习原则时,多次使用重点原则,把培训内容分割成小块,在每块开头和结尾之处合理地运用重点原则和温习原则安排板结构和内容,使培训重点突出。

双向沟通原则:鼓励培训师和学员之间的沟通,并把它纳入培训设计之中。

反应原则:在整个培训过程之中,我们充分考虑反应原则,特别是在培训的开始阶段,并借此去鼓励学员。

主动学习原则:培训师和学员都要经常主动地融入学习之中。

多感官学习原则:调动听觉、视觉、触觉,运用多感官学习。

练习原则:学员不仅要听课,还要观察、动手和实践。

这一章的主要目的是为了让读者对以技能为基础的培训有一个大概的直观了解,并不是为了让读者仅通过阅读这一章就成为设计和管理以技能为基础的培训专家。

三、以技能为基础的培训

(一)含义

"以技能为基础的培训"又称为"以技能为基础的教育"。在比较众多的解释后,我们不妨选取这种解释:"以技能为基础的培训就是指以具体技能为基础的教育过程,而且这个具体的技能是以前就已确定的。"

以技能为基础的培训(即CBT)是一种全球通用的职业培训方式,它主要的重点在于通过培训,学员在各自的工作岗位上真正可以做出贡献。相对于其他培训来说,它要和具体的行业标准相联系而不是和个人成功相联系,或者简单地说,是与他们能否胜任工作相联系。

当我们考察传统的以时间为基础的教育方式时,我们能够很容易地发现如果项目在一开始被正确地设计,那么利用普通方式或以技能为基础的培训都能达到相同的标准。这里所说的"以时间为基础的教育"是指培训项目具有正确的结构并且要有正确的目标,而且这个目标是可测量的。如果目标是可以测量的,我们认为学员在培训结束时可以推断出他们能否达到所希望的目的。

简单地说,如果我们在设计培训目标时涉及到许多不同的学员,并且已经知道学员在培训前掌握的知识,那么我们就可以说我们是处在一个CBT的教育环境中。

(二)什么是"对先前所学知识的承认"

对先前所学知识的承认只是构成CBT的很小的一个部分。"对先前所学知识的承认"是指承认有时(大多数情况下)学员已经知道培训的一些内容,并且我们要允许他们充分地利用已掌握的知识,我们甚至可以为此直接授予学员证书而不需要他参加培训。

有一点我们需要注意,我们对学员先前知识和技能的承认是以传统的培训项目为背景的。

(三)CBT和普通培训的区别

传统的以时间为基础的教育方式总是在开始时确定培训或学习的需求,并着手去满足这些需求。但是对于CBT来说,设计者只是确定那些容易的可以衡量的技能("简单"技能和"复杂"技能是相对立的)。

一般来说,CBT系统包括两个部分。第一部分是指有一个培训目的,这个目的是为了使学员在具体条件下,达到规定的、具体标准的能力和知识水准。第二部分是必须有评估正确技能为基础的证书,不论学员将来是否从事这项技能性的工作。

这些技能应该得到所有与此项目有关的人员的同意,包括权威人士、雇主、行业群体、贸易群体、相关顾问班子、雇员代表、雇员等等。这样可以顾及到结果的一致性,所以要考虑与行业和地域有关的技能的灵活性。

(四)如何设计CBT项目

通常,设计一个CBT项目分五个步骤:

(1)在相关群体中进行咨询,收集资料,以便确定特定行业在特定职位的有关技能需求;

(2)把确定的技能纳入合适的、能够使学习活动顺利开展的群体中,确定的技能要与开展学习活动的小组需要符合;

(3)准备项目需要的物质设备,有时CBT需要的设备比传统类型的培训项目更广泛;

(4)管理CBT项目的人需要进行培训。他们的管理方式需要改变,变得更加灵活(但并不是使结果也变得灵活)。这些培训师还必须逐渐认识到评估标准一致性的重要;

(5)记录信息的方法要确定下来。一般来说,CBT的管理比管理传统的培训项目需要付出更多的努力。

(五)技能评判标准

技能评判标准提供了知识和技能的详细说明,以及将这些知识和技能运用在工作中所表现出来的业绩。这里有三个相关类型的标准。

(1)行业标准:国家对具体行业规定的标准。

(2)跨行业标准:对大多数行业都适用的技能标准。这些技能标准是一致的和有效的。

(3)企业标准:包含技能标准,一般都是根据企业的发展水平而确立的。它们可能包括也可能不包括行业或跨行业标准。

技能标准大概包括下面几种形式:

(1)组成技能的要素。构成技能的必要因素。

(2)业绩标准。以技能要素为基准制定的可以让评估者对运用知识和技能产业的业绩进行评估的标准。

(3)适用范围。规定业绩标准的具体适用环境和条件。

(4)引证实例。这是标准里最理想的部分,包括评估的内容、技能评定角度和可借鉴的成功作为案例说明的技能事实。

四、培训预算

(一)培训预算的含义

培训预算是指在一段时期(通常是 12 个月)内培训部门所需要的全部开支。这些费用将用于组织内部的培训。

预算并不是单方面的。组织内部的资金是有限的,当培训部门进行初步预算后,培训主管要和组织的高级管理者协商。为了充分证明费用的合理性,培训部门需要陈述清楚组织对培训部门的投资会获得多大的收益。当这些费用或成本被高级管理者认同后,培训主管有责任和义务向管理者保证培训经费不会超过预算。

在某些情况下,培训部门还应该将项目按重要程度进行排序,设定优先项目,可以优先使用资金。这种优先权方法非常有效,尤其是在拨来的款项不能满足整个培训部门的需要时。如果资金不够充足,又假设我们不能改变培训方式来节约开支,我们只能省去或推迟一些培训项目的开展。切记,无论拨来的款项有多少,我们都必须合理地使用它,而且培训部门有责任证明其经费使用的合理性。

(二)评估培训成本

要知道计算培训成本的精确数据是比较困难的,但是我们可以估算出在一个特定的时期内各种培训费用支出的大概总和。这类预计成本的方法,一旦为管理层同意,被称为预算。为了弄清楚培训项目应该包含的内容,培训主管不仅要和组织内其他部门的负责人进行协商,也应该和组织中做决策的高层管理者协商。这样做,培训主管可以提前知道并安排板由于组织结构变化、生产程序变化和技术变化而带来的再培训和其他方面的要求。

当培训主管明确了培训应该包含的内容后,他们就必须对这些内容进行细分,分成几个小部分,例如培训师的薪水、复印成本和场地费用等,并且估计每部分的成本。

(三)怎样确定课程费用

课程费用的确定包含三个方面:准备费用、指导课程的费用和管理费用。

准备费用包括打字费用、通讯费用、课程设计费用和其他课前准备工作所花去的费用。

指导课程的费用是直接和培训项目相联系的费用。它一般包括培训师的薪水、学员的薪水、场地费、咨询费、伙食费、住宿费和其他费用。

管理费用包括对培训中薪水进行评估的费用、交通费用、雇佣费用,以及传单费用、手册、笔纸、文件夹和其他办公杂项费用。

如果这三个方面都考虑到了,我们可以认为培训部门关于课程费用的确定是较为全面的。

(四)预算包含的内容

显而易见,培训主管应该预算阶段内的所有培训课程的费用。但是其他与培训项目间接联系但又不得不支付的流动费用,培训主管也应该将其归在预算范畴内。这些项目包括新设备的购置、设备的升级、软件、维修、文具用品、消费品、广告。咨询、培训培训师、培训支持、员工工资等等。

当培训部门预计预算包含的内容时,也不应该忘记把那些以前没有考虑的长期成本归入预算范畴中。

(五)培训工作的评价

一些培训部门的主要问题之一就是在培训结束后,它们不愿意花费时间去评价培训项目。

如果培训师能够正确地评估培训项目,他们可能会找到使他们成功的因素。这样在下次培训时,就可能不会显得很困难。通过评价培训课程,你也可以向组织管理层反馈培训项目的有效性——管理层希望知道他们是否从投资中获得了收益。

预测培训项目的整个成本意味着问题可以有效地解决,除非有花费更少的实施培训方案被挖掘出来。如果培训项目的花费要比解决这个问题预计的花费多,那么,将资金投放到其他更有效益的项目里是非常明智的做法。

此外,若管理层提出的要求或者某些问题已经给组织带来了大麻烦,则培训部分可能会开设那些没有效益的课程。在后一种情形下,解决组织内的"压力成本"是可能的。因为压力所带来的紧张不安的状态会给组织带来一系列不良影响,如员工流失、客户丧失、事故机率增加、利润下降及其他领域的损失。

第六部分 技师和高级技师技能操作与相关知识

第一章 金属结构制作的模(胎)具设计与制作

一、学习目标

熟悉和掌握金属结构制作的模(胎)具设计制作的工艺和步骤,能够进行储罐预制及组装胎具(架)及工卡具、成形结构及部件运输胎具(架)、大型钢架及桁架组装胎具等的设计和制作。

二、使用工具

(1)设计用的绘图仪器、量具、计算器等。

(2)制作用下料、切割、成形设备及电焊机等。

三、工作内容

(一)储罐预制及组装胎具(架)及工卡具设计制作

储罐主要由罐底、罐壁、罐顶及附件组成,本章介绍拱顶罐预制及安装胎具(架)的设计制作。

1. 拱顶预制胎具

罐顶为球面,一般采用带肋条的拱顶结构,有数块壳板组成。即由拱顶球面的经纬向用扁钢做骨架,支撑着薄钢板球壳,见图 6-1-1 所示。针对每块球面壳的几何形状,在胎架上分片预制,运往现场进行装配。根据罐顶板的尺寸,分别在四边加大 50~100mm 左右作为胎具的尺寸,弧形托架用 6~10 号槽钢或工字钢滚制,内弧半径与罐顶设计半径相同,支承柱用 8~12 号槽钢或工字钢制作,底座根据罐顶大小由 10~14 号槽钢或工字钢制作。上胎模采用 10~12 号槽钢或工字钢制作,其连接型钢和弧形压杠均应以罐顶半径滚圆弧。胎具各尺寸均可根据实际自行决定。弧形压杠也可不连接。其模具设计结构如图 6-1-1 所示。

罐顶壳板组焊时,先按拱顶的弧度分径向和纬向煨制好肋条扁钢,而后将下料切好的罐顶壳板放在模具上,并将上胎模就位,将扁钢顺上胎模预留口穿入并用卡板和楔子卡住后进行肋条扁钢与罐顶壳板的焊接,待冷却后出胎,吊入存放胎具完成罐顶壳板的组焊过程。

2. 壁板滚圆接料台

对于大直径大弧度壁板的滚圆加工过程,为了保证壁板在卷制加工过程中的弧度延伸不至于因重量而下塌,保证已经卷制过的壁板的弧度,经过试验总结,在卷板机后设接料台。接料台的设计尺寸根据所滚制罐壁板的长度、宽度的圆弧半径而决定,采用钢管、型钢均可,如图 6-1-2 所示。

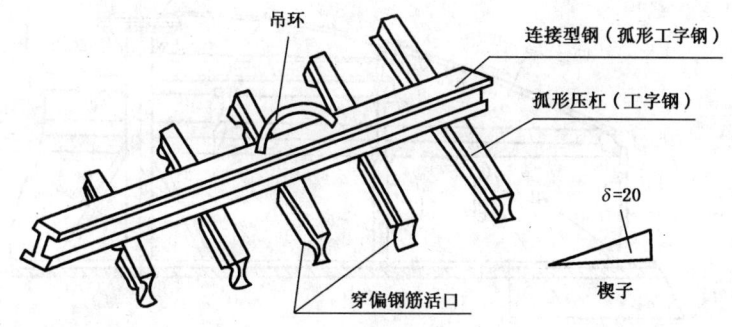

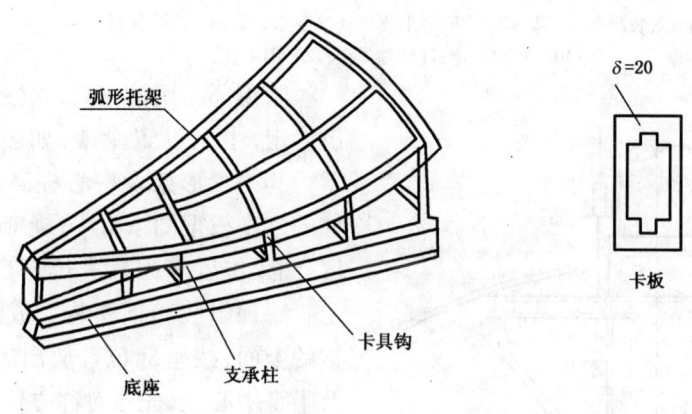

图6-1-1 拱顶预制胎具

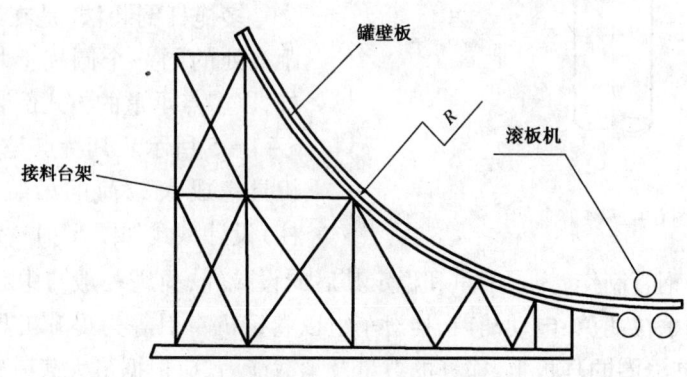

图6-1-2 壁板滚圆接料台

3. 罐盖组装胎架

在底板组焊完后,将罐体直径、坐标中心线等引到底板表面,并用样冲打上永久标记,随后沿罐壁的内侧做永久标记,沿罐壁的内侧弧线,间距500~1000mm点固定位挡板,并做好安装罐顶组装用的胎模,如图6-1-3所示。

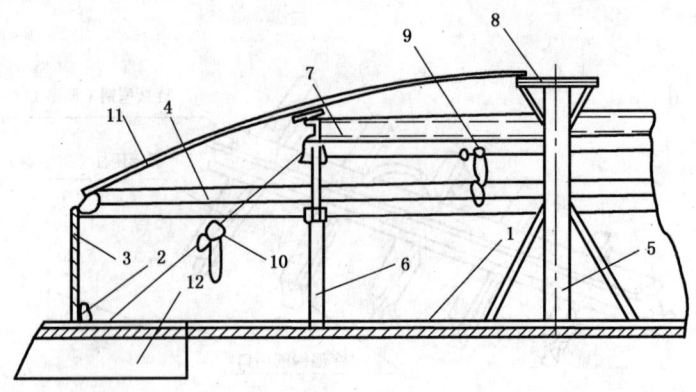

图6-1-3 罐顶组装胎架
1—油罐底板;2—定位挡板;3—罐壁板;4—包边角钢;5—临时中心柱;
6—安装圈梁支半柱;7—中间环形支撑;8—中心伞架;9—定位倒链;
10—稳定倒链;11—罐顶板;12—出入孔

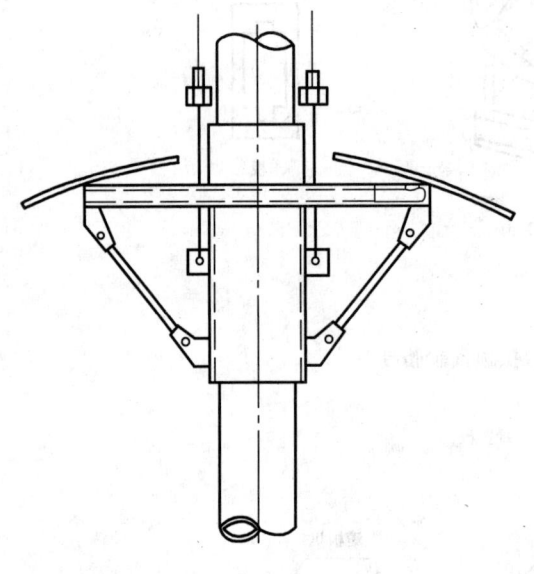

图6-1-4 伞架

胎模环向用槽钢圈,立柱用钢管、拉倒链稳定,中间设置伞架,如图6-1-4所示。其中伞形架及中心柱高度、圈梁及主柱的高度根据图纸,顶节罐壁高度,罐底坡度,圈梁位置等因素进行计算或放实样决定。罐顶组装胎模安装完成后,在包边角钢的上面,按坐标位置放出罐板的安装线及十字中心线,先按对称方位组装壳板,最终合拢后调整点固。

4. 内侧多桅杆倒装法的桅杆设计

多桅杆倒装法,是在罐内距罐壁适当距离处的同一个圆周上均布若干个小桅杆,以多点承重的方式倒装储罐方法,如图6-1-5所示。其特点是用多套相同的小机具完成大载荷的吊装。桅杆(吊装立柱)设计型式如图6-1-5。

小桅杆一般用钢管制作,为了承重和稳定其后向设拉绳,拉绳一般与中心柱上孔板连接。两侧向设支撑。用手拉葫芦、电动葫芦、挂滑车组以卷扬机牵引等为提升机具,它们挂在桅杆吊耳上,下挂在背杠涨圈的耳板上,桅杆的数量及承载能力,应根据最大载荷确定,其高度一般为1.5~2倍壁板的节。桅杆(吊装立柱)设计型式如图6-1-6。

(二)成形结构部件运输胎具架的设计制作

1. 设计成形结构部件运输胎具(架)的准备工作

(1)了解结构部件的详细情况,外部轮廓形状、尺寸、重量、材质、性能。

(2)根据部件运达地点、所需费用,选定采用公路、铁路、水路海运、空运路线。

(3)了解运途线路状况、运达所需时间、速度。

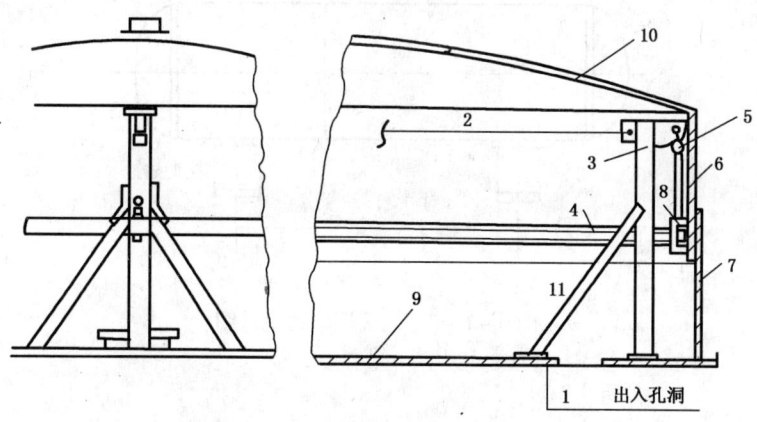

图 6-1-5 内侧多桅杆倒装法
1—罐底洞口;2—拉绳;3—桅杆;4—涨圈;5—手拉葫芦;6—第一节壁板;
7—待装壁板;8—挂板;9—罐底板;10—罐顶板;11—角钢支撑

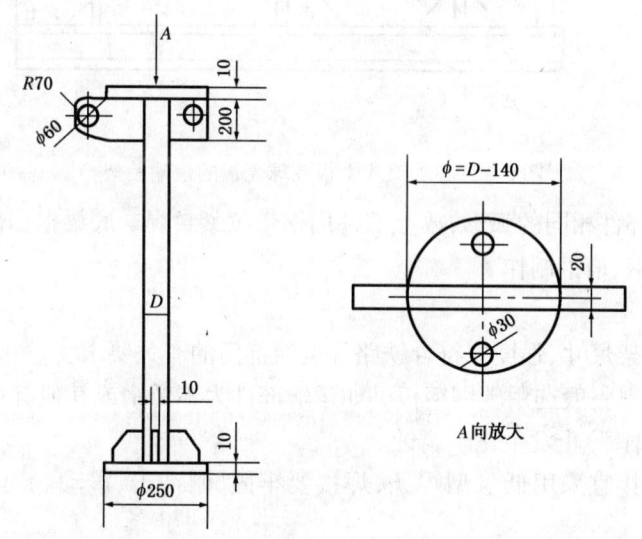

图 6-1-6 吊装立柱结构应用示意图

(4)了解运输工具车、船、机的装载界限,超高、超宽、超重限制。

(5)了解运途的气候环境情况,做好运输部件的防水、高温、震动、撞击、腐蚀等防护措施。

2. 成形结构部件运输胎具架的设计制作

(1)圆筒形整体和分段部件,可利用设备上标准鞍式支座,作为运输胎具(加固定设施),如图 6-1-7 所示。

(2)要考虑运输的最高、最低位置,调整放置的方位角度,防止附件(人孔、接管等突出外部的构件)超限。

(3)分片出厂的圆筒形壳体和球壳板采用图 6-1-8 形式的胎架运输,底梁根据部件的尺寸、重量选用不同型号的工字钢、槽钢制作。上面的支撑梁用钢板或型钢,当运输圆筒形壳体时,支撑梁为直的,其高度根据壳体弧度决定;当运输球壳板时,支撑梁应煨制(或切割)成

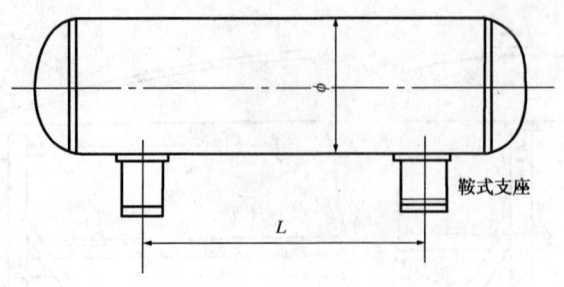

图6-1-7 圆筒形容器设计图

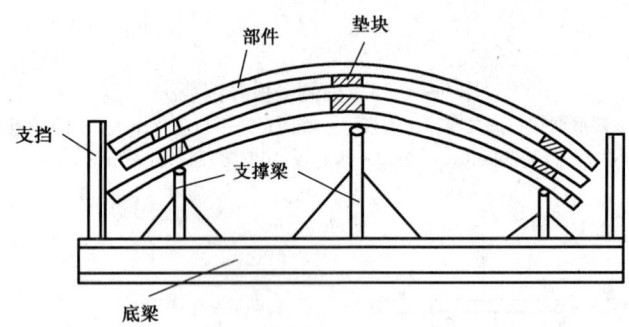

图6-1-8 筒体壳板或球壳板的运输胎架

与球壳板内径运输部件相同的弧形,放上部件用钢带拉紧封焊。底梁根据部件的尺寸、重量选用不同型号的工字钢、槽钢制作。

(4)技术要求:

① 设计的胎具架尺寸、强度要符合铁路等运输部门的有关要求。

② 胎具架的材料一般选用碳钢钢板。如运输部件为不锈钢或其他有色金属,与其接触部位的材料不能为碳钢,防止发生化学腐蚀。

③ 胎具架的焊接宜采用低氢型焊条,焊接要牢固,耐冲击、震动。焊肉饱满,无夹渣、咬边、裂纹等缺陷。

(三)大型钢架、桁架组装胎具的设计制作

(1)根据现场情况和吊装能力,尽量加大预制的深度,减少高空作业,减少现场安装焊缝,提高工程质量。

(2)对于框架型钢结构,一般先分片预制,分片应考虑易于整体安装、易于定位的前提下,先预制杆件多、复杂的侧片。

(3)组装胎具设计步骤:准备好组焊平台和总体组装场地→按钢架分片尺寸放出大样→在平台上用型钢搭设胎架,并用水平仪找平→组对单片,并根据情况加固→焊接→校形→放样搭设整体组装胎架→将预制好的侧片吊起竖立在组装胎架上→测量调整各部位尺寸、立体对角线,找正,支撑牢固→组焊系杆,将两侧片按施工技术措施的程序连成整体→上吊耳,整体加固→吊装→现场组焊所余系杆,完成钢架整体。

(4)大型钢屋架组装胎具的设计制作:

① 准备好组焊平台。

② 按图纸尺寸放出大样。下弦屋架按工艺要求起拱。
③ 在平台上用型钢搭设组焊胎架,并用水平仪找垂直和水平,如图6-1-9所示。

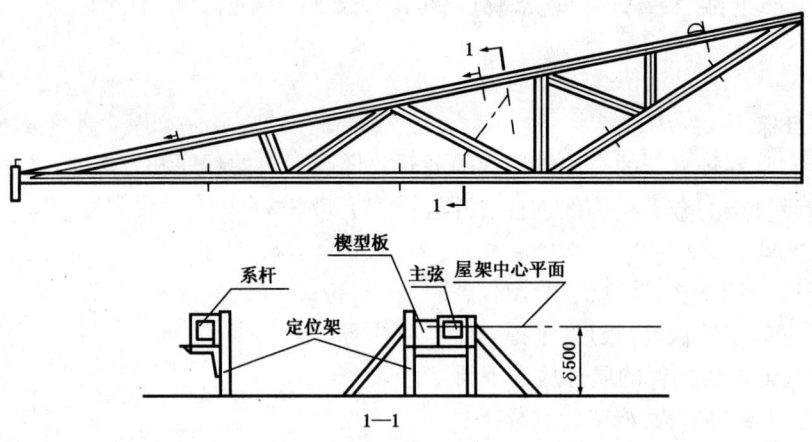

图6-1-9 屋架拼装平台

第二章 金属结构的展开放样及下料

一、学习目标
(1)熟悉和掌握较复杂的金属结构件的展开放样及下料的程序和方法。
(2)能对较复杂的金属结构件进行展开放样和下料。

二、使用工具
(1)展开用的计算器、计算机、绘图仪;
(2)放样下料用的盘尺、板尺、手锤、样冲、粉线等。

三、较复杂金属结构件的展开放样下料

(一)大型复杂钢结构、桁架的放样下料

1. 概述

放样和下料是钢结构制作过程的第一道工序,也是至关重要的一道工序。放样前应熟悉整个钢结构制作工艺,了解工艺流程和制作过程,还应了解钢结构制作过程中需用的机械设备性能及规格。

在钢结构制造厂中从事放样与号料的操作工,不但要学会看图,而且还要依据施工图样的要求,把构件的形状和实际尺寸画在样板上。对需要展开的构件,还应画出各种辅助线、图,或者通过计算得到整体实际尺寸来制作样板。

在整个钢结构制作中,放样工作是非常重要的一环,因为所有的零部件尺寸和形状都必须先行放样,然后依样进行加工,最后才把各个零件组装成一个整体。因此放样工作的准确与否直接影响着产品质量。有条件的应采用计算机辅助放样和计算,可提高放样精度和工作效率。

2. 大型钢架、桁架的放样

(1)放样首先从熟悉图纸开始,先阅读图纸有关结构说明和具体技术要求,结合技术交底,搞清设计意图。在脑海中对整个钢结构建筑形成一个立体概念,产生一个立体模型。

(2)逐个核对图纸之间的方位、尺寸,尤其是零部件的相关尺寸、构件间的连接尺寸。发现有不符及疑问处,应立即与有关技术部门联系解决,并作好记录。

(3)准备好制作样板、样杆的材料,一般采用材料为 $\delta 0.5 \sim 0.6 mm$ 厚的薄铁皮和 $\delta 3 \sim 4 mm$ 厚、$30 \sim 40 mm$ 宽的扁铁及一般的油毡纸(油毡纸由于其热塑性和冷脆性,故建议尽量不采用)。

(4)准备好放样用的工具,如盘尺、卷尺、直尺、弯尺、石笔、粉线、粉笔、划针、圆规和铁皮剪等。(使用工具必须是经过计量部门校验合格的)

(5)一般可按1:1整体在样台上放样,当样较大时可以按分段放出。若按比例缩小放样时,一般比例不应超过1:5,若超过其放样精度就会降低。

(6)平面结构放线顺序:

① 一般先取建筑物幅的水平线和中垂线(如果建筑物对称分布)或边垂线作为基准。要求两线必须垂直。可以采用水平线段 L 的两端为圆心,以超过 $L/2$ 长度为半径作圆弧,两圆弧相交与线段中点的连线即为中垂线。作出后必须加以校正。校正的方法是以同样的方法在线段的另一侧轮弧相交,且相交点应该位于中垂线的延长线上,如有偏差,应重新建水平线段的

中垂线,直至合格。

② 分别以水平线及其中垂线(边垂线)为基准逐一作出各个其他点及构件轮廓线,并在线周边和点结构旁注上详细尺寸和节点编号,以备自检和技术质检复核。

(7)三维结构放线顺序:

① 取三维结构的单个二维平面,以上述同样方法划出各构件、杆件在此二维平面中的投影长度。

② 利用三角形法,在各个杆线投影的末点作出此杆件在另一二维平面中的投影长度,两线段的首、尾连接线即为本杆件的实长。

③ 仅此两种放线方法还不能满足钢构、桁架的制作放样要求,有些工程还有必要作不同直径的管件斜交、插管放样。详情参阅容器制作各类放样。

3. 样板、样杆的制作及标识

(1)样板按其用途可分为号料样板、钻孔样板(模板)、组装角度样板、弯曲(圆弧)样板及检查样板等五种。

(2)用作制作样板的材料必须平整;用于制作样杆的小扁钢必须先矫正矫平。

(3)当样板材料不能满足样板制作时,可以采用搭接接长,但必须铆固。薄铁皮可用铆钉铆固,油毡纸可用薄铁皮作成 K 形扣(即开口销)铆固。

(4)组合 H 形钢取样一般仅需取腹板实样即可,取样前首先把样板材料铺设在实样上,然后依据样台放线分别将样台线以覆盖法复制到样板材料上,利用锋利的划针,依次将裁剪线划痕并用较尖的样冲或凿子做上记号,做到又细又清楚。样板边缘应用铁皮剪切整齐。

(5)一般样板要用其构件的特征线作基准标志线,如构件的中心线,构件的直边线,构件的直边交点等。样板、样杆上应作好中线、切断线、轧角线、眼孔等标记。

(6)铁皮样板上的眼孔线、弯曲线及中线,是为了便于划线,可在眼孔十字线处用凿子挖出图中图影部分,在弯曲线、中线处挖出图中的黑影部分,或直接在中心、弯曲线的两边缘作切豁处理。

(7)型钢的号料、划线样板,应画上型钢的断面方向以免搞错。

(8)上下弦水平支撑长度若超过 6m 时,其两端眼之间的距离应缩短 3~4mm。焊接结构的构件,在做样板时应考虑预放焊接的收缩余量。

(9)样板、样杆完成后先自检,再经计量部门检验合格后方可投用。

(10)制作好的样板、样杆上标出正反面及其所代表的构件名称、构件编号、数量、材料规格等。

4. 下料

(1)不需要展开放样制作的构件,直接用盘尺、板尺、角尺等在钢板、型钢上号料划线。

(2)要对结构构件进行放样制作样板的构件,按前述方法进行放样制作样板,并对样板检验合格后,用样板在钢板、型钢上号料划线。

(3)金属构件号料划线后,应对号料划线的尺寸进行检查,合格后方可进行下料。

(4)用火焰切割器切割时,号料划线应考虑预留切割余量。

(5)钢板可能情况下尽量用剪板机剪切。

(6)型钢一般采用火焰切割器切割。

(7)切割后的金属构件应符合图纸要求。

(二)带补料的等径三通管的展开及样板制作

(1)图 6-2-1 的主视图和左视图为实物的投影图,已知尺寸为 d、t、l、h_1、$\cdots$、h_2 和角 $45°$。作此展开图不用放样,只求出 r 的距离即可作出 Ⅰ、Ⅱ、Ⅲ 的展开图。其计算公式:

$$r = (d + 2t)/2 \times \text{tg}22°30' \qquad (6-2-1)$$

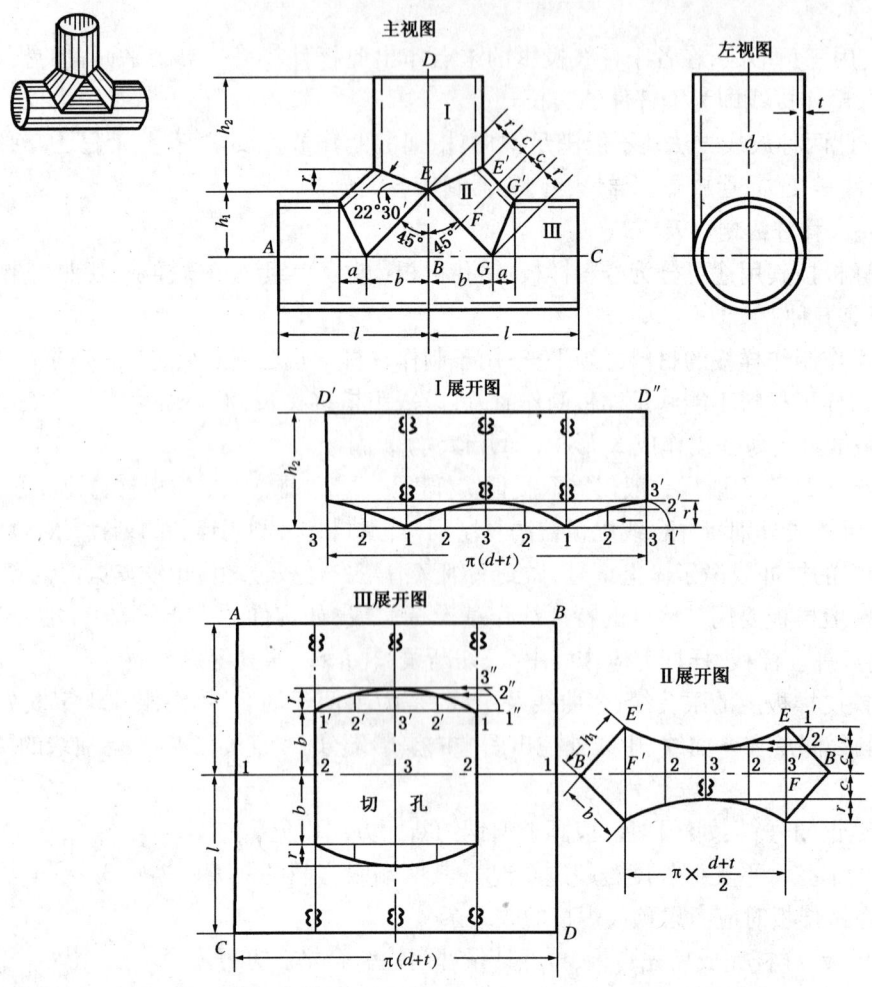

图 6-2-1 带补料的等径三通管的展开图

(2)管 Ⅰ 展开图画法:

画水平线 $D'D''$ 等于中心径展开长度。由 D'、D'' 向下引对 D'、D'' 的直角线 $D'—3$、$D''—3$。取 $D'—3$ 等于主视图 h_2,由点 3 向右引水平线对应交点为 3,8 等分 3—3,等分点为 3、$\cdots\cdots$2、3。由各等分点引上垂线,以点 3 为中心 r 作半径画 1/4 圆周,2 等分 1/4 圆周,等分点为 $1'$、$2'$、$3'$。由各等分点向左引水平线与垂线对应交点连成曲线,即得出所求的展开图。

(3)管 Ⅱ 展开图画法:

画水平线 B'、B,截取 B'、F' 等于主视图 BF,取 $F'F$ 等于中心径展开长度的一半,取 FB 等于主视图 FB,由 F'、F 向上引对 $F'F$ 的直角线 $E'F'$、EF。取 $E'F'$、EF 分别等于主视图 EF。4 等分 $F'F$,等分点为 F'、2、3、2、F。由各等分点引对 $F'F$ 的垂直线,与以点 E 为中心 r 作半径画

1/4 圆周,2 等分 1/4 圆周,等分点为 1′、2′、3′。由各等分点向左引与 F′F 的平行线对应交点连成曲线,并在 B′B 下边画对称曲线,即为管Ⅱ的展开图。

(4) 管Ⅲ展开图画法:

画水平线 1—1 等于中心径展开长度,4 等分 1—1,等分点为 1、2、3、2、1。由各等分点引垂直线,与取主视图 1 的距离引与 1—1 上下对称平行线,得交点为 A、B、C、D。ABCD 即为所求管Ⅲ的展开图。

(5) 切孔的画法:

用主视图 b 的距离引与 2—2 的平行线与由点 2、2 引的垂直线交点为 1′、1′。4 等分 1′—1′,等分点为 1′、2′、3′、2′、1′。由各等分点引上垂线,以点 1′为中心 r 作半径画 1/4 圆周,2 等分 1/4 圆周,等分点为 1″、2″、3″。由各等分点向左引与 1′—1′的平行线与垂线对应交点连成曲线,并在 2—2 下边画对称曲线,即得出切孔实形。

(6) 按上述方法在薄铁皮或油毡纸上进行展开,剪下各展开图,即为下料样板。

(三) 圆管平交正圆锥管的展开与下料

(1) 图 6-2-2 的俯视图和主视图为投影图,已知尺寸为 a、h_1、h_2、d、t、r。

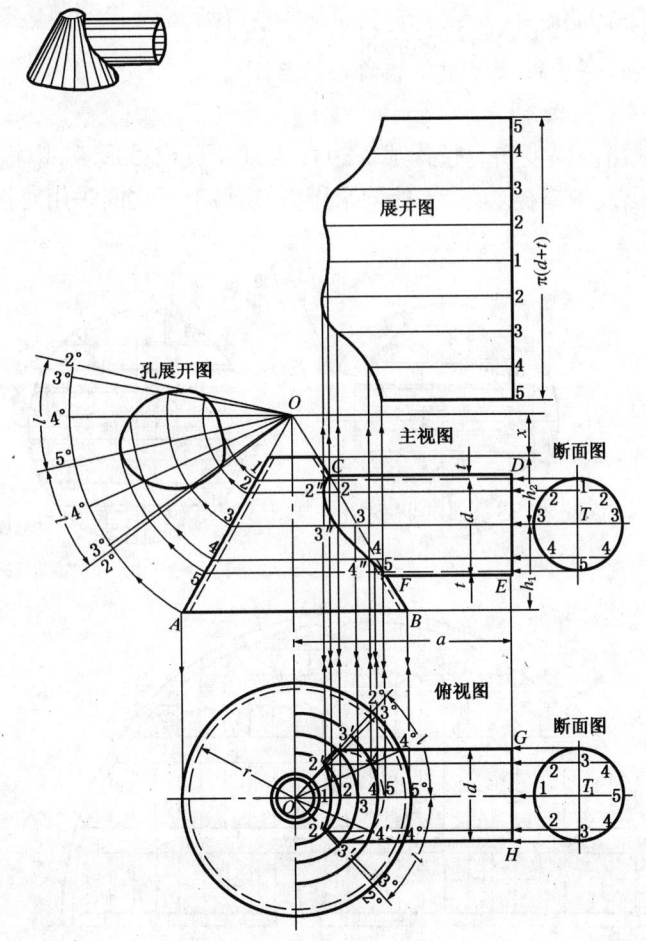

图 6-2-2 圆管平交正圆锥管的展开图

(2)接合线的求法：

八等分 T 圆圆周,等分点为 1、2、3、4、5。由各等分点向左引水平线与 OA、OB 分别交 1、2、3、4、5 点。由 OB 各交点引下垂线与俯视图 O_1T_1 交点为 1、2、3、4、5。以 O_1 为中心,O_1—2……O_1—5 作半径画同心圆弧,与 8 等分 T_1 圆,圆周等分点向左引水平线对应交点连成曲线,即为圆管与锥管在俯视图上的接合线。由 $2'$、$3'$、$4'$ 引上垂线与 2—2、3—3、4—4 交点为 $2''$、$3''$、$4''$。通过各交点与 1、5 连成曲线 1—5,即为所求接合线。

(3)圆管展开图画法：

在 ED 向上延长线上截取 5—5 等于圆管中心径展开长度。8 等分 5—5,等分点为 5、4、3、2、1、2、3、4、5。由各等分点向左引水平线,与由接合线各点向上引与 ED 的平行线对应交点连成曲线,即得出所求展开图。

(4)切孔展开图画法：

先以直线连接俯视图接合线各点与 O_1 并延长,与圆锥底口圆周交点为 $2°$、$3°$、$4°$、$5°$、$4°$、$3°$、$2°$。以主视图 O 为中心 OA 作半径画圆弧 $2°$—$2°$ 等于俯视图弧长 $2°$—$2°$,并照录各点后与 O 连线,与以 O 为中心 O—1、O—2……O—5 作半径画圆弧对应交点连成曲线,即得出切孔展开图。

(5)接上述方法在薄铁皮或油毡纸上进行展开画线,剪切下来即成为下料样板。

(6)用样板在圆管和圆锥管上进行号料划线。

(四)顶罐罐底板、罐壁板及浮顶船舱的排板与下料

1. 罐底板的排板

(1)罐底板一般由中幅板和边板构成。边板为月牙板或弓形板,中幅板为条形或丁字形等。中幅板与边板以及中幅板之间,一般均采用搭接;弓形板之间采用对接。罐底板排板形式如图 6-2-3 所示。

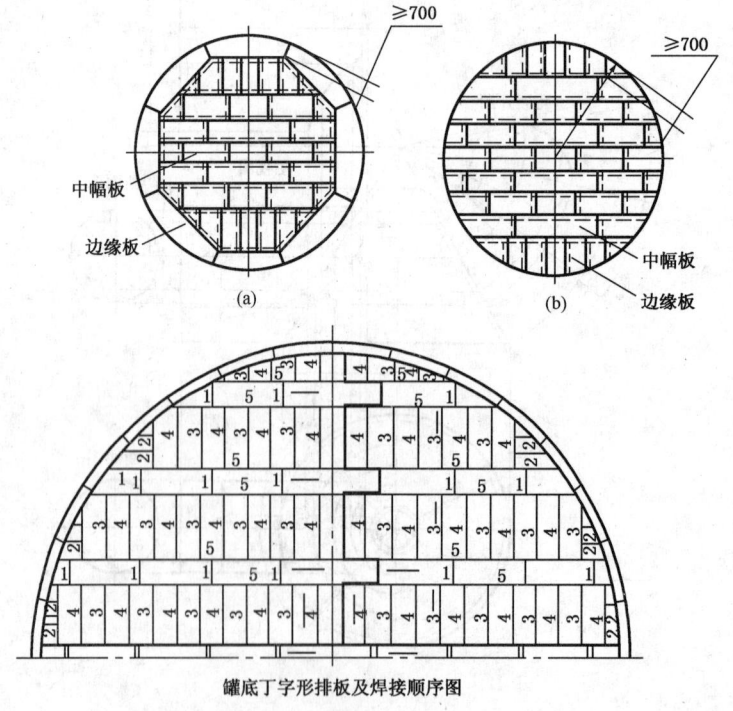

图 6-2-3 罐底板排板结构形式

(2)排板的技术要求:

① 罐底的排板直径,宜按设计直径放大 0.1%~0.15%;
② 边缘板沿罐底半径方向的最小尺寸,不得小于 700mm;
③ 中幅板的宽度不得小于 1000mm,长度不得小于 2000mm;
④ 底板任意相邻焊缝之间的距离不得小于 200mm;
⑤ 罐底的排板形式及板的数量根据材料的规格和罐底尺寸而决定。

2. 罐壁的排板

(1)罐壁的排板应根据设计图纸要求进行,一般浮顶油罐罐壁排板形式设计已给出图,如果材料能满足,则按设计图排板,如材料与设计材料不一致,则应由安装单位自行排板,但应符合下列条件:

① 保证满足油罐设计直径和罐壁设计高度;
② 保证在任意高度上壁板的厚度不得小于设计图上该高度上的罐壁厚度,否则应经设计同意进行设计变更。

(2)以 20000m³ 浮顶罐罐壁板的展开排板为例:

设计条件:罐壁内径 39986mm,罐壁板总高 16036mm,罐壁板厚度从下至上分别为:22、20、18、16、14、14、12、12、12mm,共 9 节罐壁板,每节罐壁板圆周长采用规格尺寸钢板 7850mm ×1780mm,每节共 16 张板,展开排板如图 6-2-4。

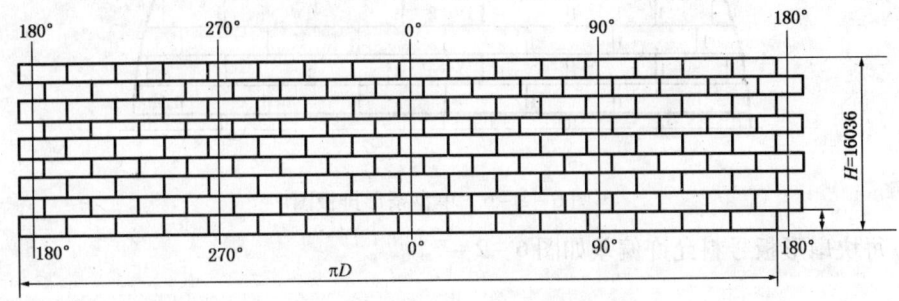

图 6-2-4 20000m³ 罐罐壁排板图

(3)罐壁排板尺寸应按设计图纸要求进行,但考虑到焊接过程中每条焊道纵缝的收缩量对其直径的影响,因此在实际下料过程中,应采用下毛料的方法,即先满足每条纵缝收缩,以最后一块"关门板"留有适当补偿余量≥150mm 左右。

3. 浮顶的排板

浮顶结构的主体包括浮顶船舱和单盘两大部分。

1)单盘排板

单盘为搭接接头,其排板形式可采用人字形排板和条形排板两种,其形式及焊接顺序如图 6-2-5 和图 6-2-6 所示。

单盘排板的技术要求与罐底排板相同。

2)船舱排板

(1)船舱的内外边缘板为单节板,可由若干张矩形板组成一节。

(2)船舱的底板和盖板,分别由若干块扇形板组成,扇形板的大小及块数应根据材料规格而确定。

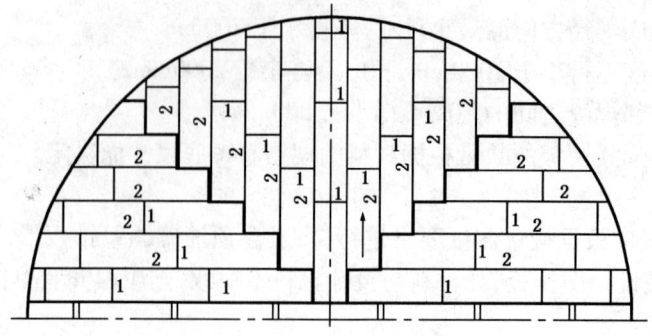

图 6-2-5 单盘人字形排板图

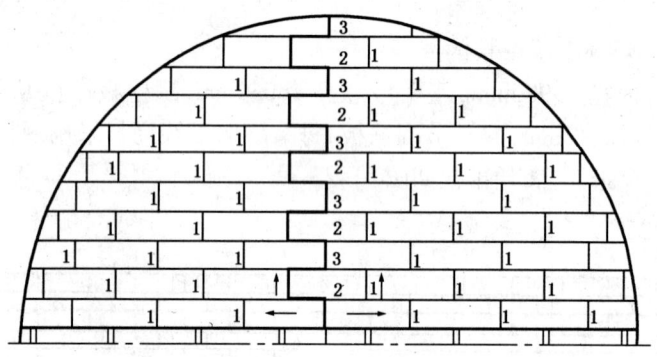

图 6-2-6 单盘条形排板图

(3) 每块扇形板号料允许偏差如图 6-2-7。

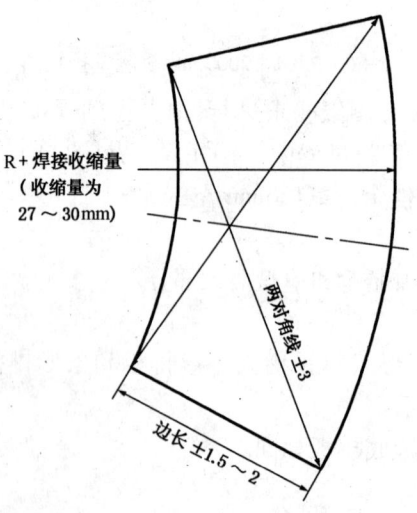

图 6-2-7 船舱扇形板号料允许偏差

第三章 50000m³ 浮顶油罐的制作与安装

随着石油化工工业的发展,油品储运用的储罐向着大容积发展,目前国内最大油罐为 $10 \times 10^4 \mathrm{m}^3$ 浮顶油罐,10000~50000m³ 浮顶油罐在各油田、各储运系统、装置中应用最普遍。

浮顶油罐是由浮在油品表面上的浮顶和立式圆筒形罐体所组成。罐壁与浮顶之间的环形间隙用密封装置密封。

浮顶油罐的浮顶可分为单盘式和双盘式两种,1000~5000m³ 罐的浮顶一般为双盘式,10000m³ 以上罐一般为单盘式(又称浮船式)。

本章介绍 50000m³ 浮顶油罐制作安装的工作内容、程序、技术要求和质量检验。

一、学习目标

(1)熟悉和掌握 50000m³ 浮顶油罐制作(预制)过程的排板、下料、部件制作过程的程序、方法和技术要求;

(2)熟悉 50000m³ 浮顶油罐现场安装的程序、施工方法、技术要求;

(3)掌握 50000m³ 浮顶油罐制作及安装的质量检验标准;

(4)能正确熟练地完成 50000m³ 浮顶油罐的制作和安装任务和组织、指导施工作业班组完成 50000m³ 浮顶油罐的制作安装。

二、准备工作

(1)油罐制作前,应对全部材料、零部件进行验收合格;

(2)根据设计图纸和到货材料规格对罐底、罐壁、浮船单盘进行排板,绘制排板图;

(3)对罐体制作过程需用的设备如剪板机、滚板机、切割器、电焊机等进行检查维护保养;

(4)设计制作罐体预制件运输胎具(架);

(5)配备现场组装需用的设备如吊车、电焊机、水泵、真空泵、检测设备等;

(6)设计制作水浮正装施工用Ⅱ形架、临时平台、栏杆等。

三、操作程序

(一)50000m³ 浮顶油罐的制作(预制)

1. 罐底及罐壁的预制

(1)底板及罐壁预制前应绘制排板图,罐底排板直径比设计直径放大 0.1%~0.2%。

(2)罐底边缘板采用半自动切割机下料,罐底中幅板、罐壁板采用龙门自动切割机加工坡口。罐壁板下料不留组装余量,罐壁下料长度应包括组对间隙。每圈壁板的活口板加长不小于 150mm。

(3)罐板划线方法为首先计算出对角线值,利用对角线一次划线,每块钢板下料后应对其几何尺寸及坡口精度进行复查,并做记录,每圈壁板累计长度偏差不应大于 10mm。

(4)罐壁滚圆:

① 罐壁板滚圆时采用 2m 弧形样板检查曲率,其间隙不大于 4mm,在自然立置状态下再次用样板复查曲率。

② 因每圈壁板厚度不同,滚完每圈的第一张板后应记住上轴辊的下压量,作为该圈其他壁板的滚圆依据。

③ 滚板机出口应配置防止壁板变形的壁板专用胎具。

④ 成形后的壁板应放在弧形支承架上存放和运输。

2. 浮顶单盘预制

按排板图下料,浮顶板直边部分采用剪板机剪切,弧边部分采用火焰切割。

3. 船舱分段预制

船舱预制的主要工序为:准备工作→制作平台→船舱底板、顶板、内外侧板预制→角钢滚弧、下料、预制→划线→铺底板→立外侧板→立隔板→桁架→立内侧板→焊接→组焊顶板。

(1) 船舱盖板、底板采用剪板机剪切,尺寸确定按排板图计算。弧形部分手工切割成形。

(2) 船舱内外侧板、中幅板,也用剪板机剪切,内外侧板要按图纸要求曲率进行滚圆成形。

(3) 船舱预制采用分段预制,单个成形,在胎具上进行。

(4) 盖板预制安装时应预留上盖板一块不盖。

(5) 船舱单个成形应留一个调节舱,组对时调整组对误差用。

4. 构件、附件预制

严格按施工图纸和规范的要求,按方便安装施工,尽可能减少安装工作量、尤其是高空作业工作量的原则,最大限度地加深预制。预制好的附件、配件应严格检查,保证质量,并作好标识。

(1) 浮顶立柱、立柱套管的预制:根据设计尺寸进行钻孔加工,保证主柱上孔径中心至立柱底面距离符合设计尺寸,要保证立柱直线度。

(2) 中央排水管预制:中央排水管吊架预制时必须保证连接板平整,孔径的准确定位;加强结构的组对成形符合设计要求;起落旋转结构的组焊要避免旋转弯头的因扭曲变形而产生的其他外力;罐底面上固定部位要保证出水管开口方位正确。

(3) 导向管、量油管预制成形后必须保证水平放置的直线度不超过规范要求,预制焊接后焊道要打磨光滑与管材表面平齐;量油管上的钻孔要用锉刀把开孔内壁的毛刺全部剔除,并保证内壁光滑,以防止量油装置安装后不能正常使用。

(4) 抗风圈和加强圈预制时要在胎具上进行,并要采取防止焊接变形措施;成形后弧形曲率和翘曲变形不应超过构件长度的0.1%,用1.5m罐壁圆弧样板检查,间隙不得大于3mm。

5. 包边角钢预制

包边角钢预制一般用滚床冷滚成形,冷滚前先把两根角钢点焊拼成丁字形,滚制加工后再分开,然后用2m样板检查,最大间隙不超过2mm。

(二) 水浮正装50000m^3浮顶油罐

1. 50000m^3浮顶油罐主要技术参数

(1) 油罐内径 $D = 60m$;

(2) 油罐全高 $H = 19m$;

(3) 油罐质量 $M \approx 1000t$。

2. 浮顶储油罐的构造

浮顶储油罐有外浮顶储油罐和内浮顶储油罐两种。外浮顶储油罐又有双盘式浮顶储油罐和单盘浮顶储油罐之分。

外浮顶储油罐主体结构由罐底、罐壁、浮船、加固圈、抗风圈、包边角钢及密封装置、泡沫消防设施及油罐附件和配件所构成。其特点是顶部结构为浮船结构,它漂浮在油面上,浮船周围与油罐内壁有一定内隙,用聚氨酯泡沫塑料及密封橡胶带使其密封,整个浮船随油面上下升降。

内浮顶储油罐的构造特点是具有固定顶结构,又有浮顶结构,因此储油挥发损耗极小,具有良好的储存性能。

3. 浮顶油罐水浮正装的原理及过程

浮顶油罐的结构设计、使用以及水浮正装安装方法是根据液体浮力的原理进行的。

对于 $50000m^3$ 容量较大的浮顶油罐,目前大都采用充水正装法,其过程如下:当罐底铺设焊接并经检验合格后,组装焊接底圈罐壁板,并完成壁板与罐底板角缝的焊接,接着在罐底上搭设支架胎具,在胎具(架)拼装浮船的船舱和单盘板。浮船组焊完成后,利用吊车吊装第二节罐壁板组焊立缝和环缝。然后在船舱顶上安装Ⅱ形吊架,数量按抗风圈等分节而定,将抗风圈各块分别固定在Ⅱ形吊架罐外侧,做临时施工平台用。向罐内充水,浮船上浮,使罐壁上口距船舱顶板800mm左右停止充水,吊装第三节壁板并组焊完毕,再次充水使浮船上浮,当船舱顶板距壁板上口800mm左右停止充水,吊装第四节壁板,这样依次上浮组焊各节罐壁板,最后安装包边角钢,抗风圈等。

吊装罐壁板也可以采取在船舱上安装环形轨道,起重小车在轨道上行走,吊装各节罐壁板,此种情况下,不设Ⅱ形吊架,在罐壁上安装临时平台或挂小车即可。

浮顶油罐充水正装原理图见图6-3-1。

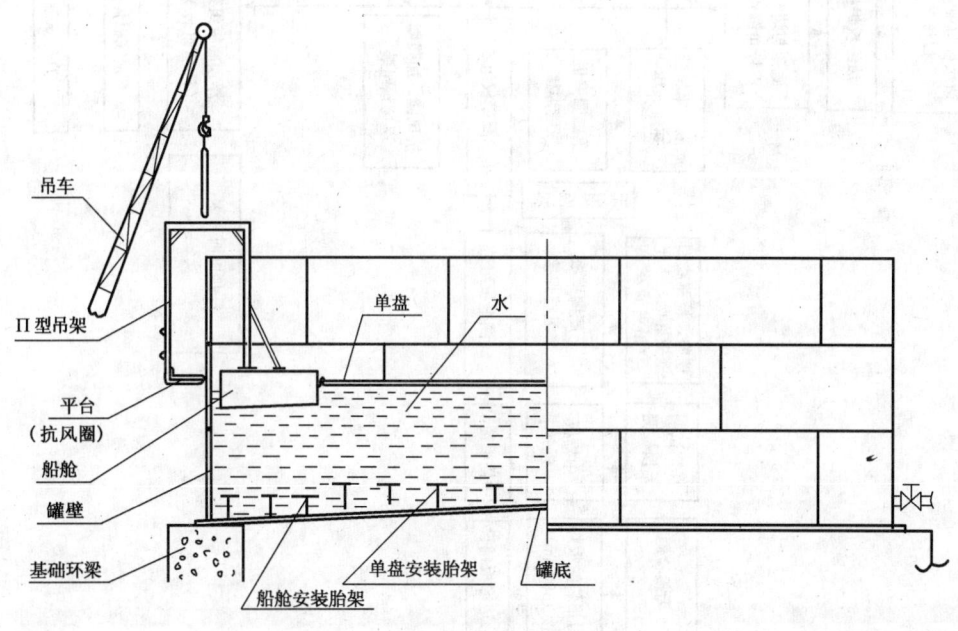

图6-3-1 浮顶油罐充水正装示意图

4. $50000m^3$ 浮顶油罐的水浮正装法安装

$50000m^3$ 浮顶油罐的安装目前在国内以水浮正装法为主,施工工艺流程如图6-3-2所示。

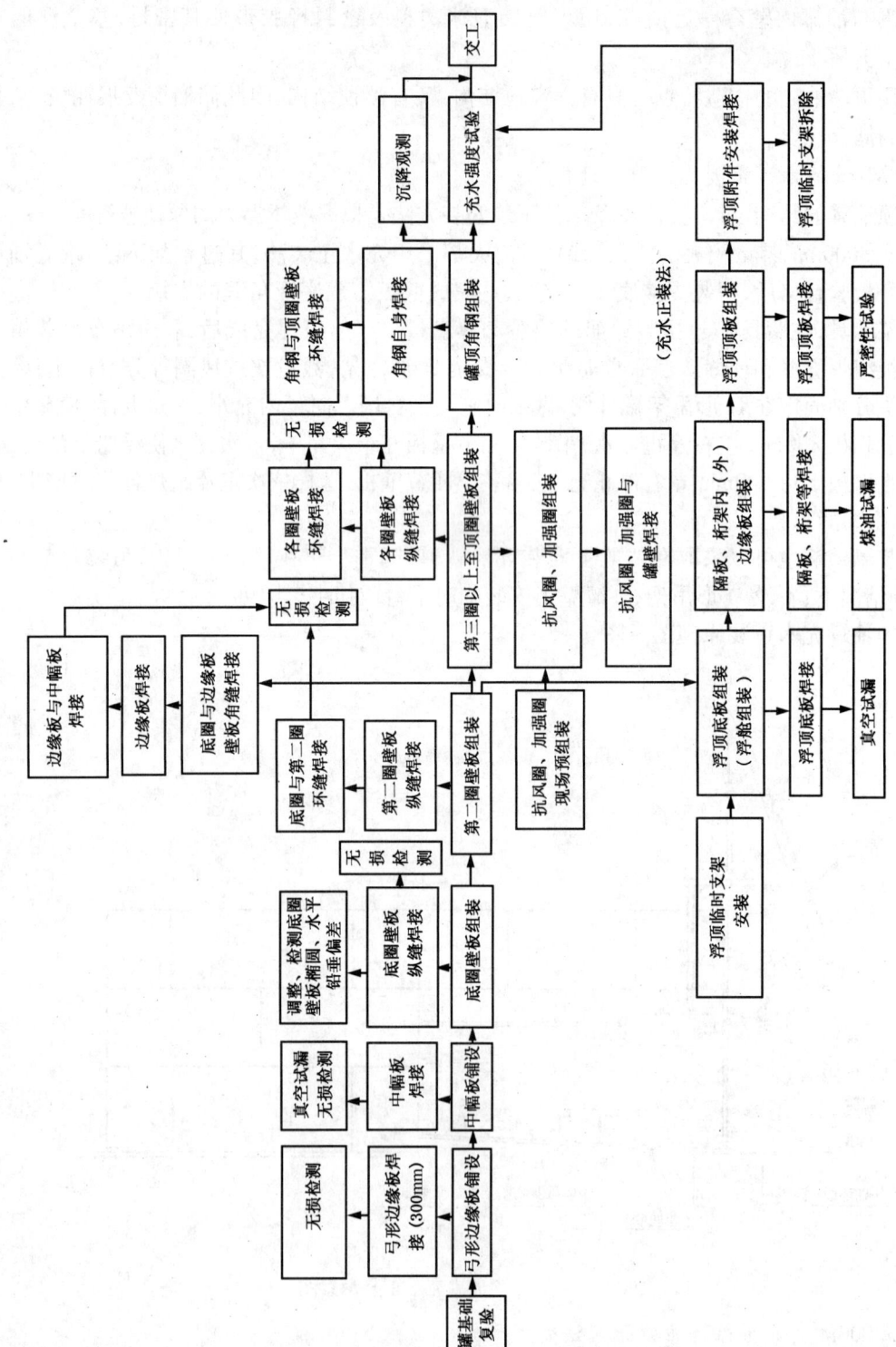

图6-3-2 浮顶储罐正装法施工工艺流程

1)罐底板的铺设和焊接

罐底板由两部分组成,中间为中幅板,由 8mm 厚的钢板搭接而成。边缘为弓形边板,由 12mm 厚的钢板拼接而成。罐底直径为 60160mm。中幅板搭接焊缝用 J422 焊条,弓形板拼接用 J50 焊条,中幅板与边板之间的搭接焊缝用 J422 焊条。

(1)铺底板前的准备工作。

① 查明罐底钢板规格、编号,分类堆放于罐基础的四周。

② 对罐底板进行平整、除锈。除锈以后在罐底板的下表面涂刷沥青漆两遍,每张钢板四周留出 30~50mm 不刷漆,以免影响焊接质量。

③ 如下料与图样所要求的规格、排板不符,则事先绘出排板图。

④ 排板时,过去习惯采取条形排法,即每块钢板均顺着排列,这种方法有许多缺点。实践证明采用丁字形排法具有便于错缝,容易控制焊接变形和外形美观等优点。丁字形排板的方法如图 6-3-3 所示。

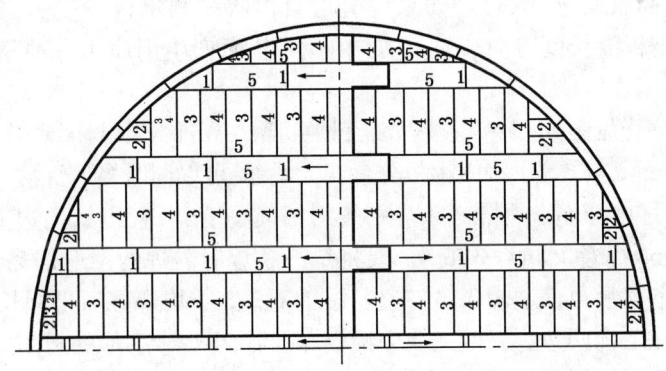

图 6-3-3 罐底丁字形排板及焊接顺序图

Ⅱ 为最后封口焊缝(最后封口缝,待 1、2、3、4、5 焊完之后进行);

→ 为焊接方向(顺号 3、4 从每缝的长度中心上开始对称退焊);

弓型边板与弓型边板之间的焊缝,在中幅板铺设之前铺设并焊接;

弓型边板与中幅板之间的搭接填角焊缝,待弓型边板与第一节壁板之间的双面角缝焊完之后进行

⑤ 铺板前在罐基础的沥青砂层上画出相互垂直的两条中心线,然后从中心线向外按排板图画出各板的安装位置线,并标注底板编号。

(2)罐底板铺设。

① 罐底板铺设时先铺处于罐中心的那块板。在这块板上划互相垂直的两条中心线,使这两条中心线与沥青砂层上的中心线相重合,则罐基础中心与钢板的中心便重合了。中心板铺好以后,继续铺中间的一条带,再由中间对称地向两边铺板,把中幅板的全部铺好以后再铺弓形边板。

② 中幅板的外缘要搭在弓形边板的上面。清扫孔的位置在环梁上已预留了。每个预留的清扫孔的中心线都要与一块边板的中心线相重合。清扫孔的补强板应事先焊在这块边板上。

③ 由于罐基表面具有 15‰ 的坡度,造成罐中心比周边高 450mm。铺设底板时,考虑到斜边和直边的关系以及焊缝收缩量,罐底板铺设直径要比图样尺寸放大 0.1%~0.15%。

(3)铺设罐底时应注意的事项。

① 罐底板的焊缝应互相错开,中幅板上各条焊缝之间的距离应大于或等于 500mm。个别实在错不开时可略小些,但不得小于 300mm。中幅板的焊缝与边板对接焊缝之间的距离应大于 300mm,个别实在错不开时可略小些,但不得小于 200mm。

② 钢板的搭接宽度为40mm,中幅板与弓形边板之间搭接宽度为60mm,铺设时画好线,要确保这一宽度。在最后封闭焊缝处要适当留些余量。在焊接过程中,由于焊缝的收缩可能会造成个别焊缝搭接宽度小于40mm,但焊接后应不小于25mm。

③ 在边板与边板对接处的下面有一块(6×50×400)mm 的垫板,边板对口间隙内端比外端大 4~6mm。为使边板下部平坦,受力均匀,必须在混凝土环梁上开一小槽,将垫板卧在槽内。铺板时要先把槽开好,开槽时要仔细,防止环梁表面混凝土大块脱落。焊好后要将垫板周围的缝隙用砂浆灌满。

(4)罐底焊接。

罐底全部采用腰高为 8mm 的搭接焊缝,使用 ϕ4mm 电焊条,第一遍用分段退步焊法,一根焊条退焊一次,第二遍采用连续焊。

① 罐底的焊接顺序很重要,如顺序不当,则会造成局部凹凸。安排焊接顺序的原则是每条焊缝尽量可自由收缩,减少钢板和焊缝中的内应力。每条搭接焊缝的收缩量约为 1.2~1.6mm(大气温度越高收缩量越小)。如果焊缝可自由收缩则钢板不受力,如不能自由收缩,则焊每条焊缝将使钢板沿长度方向或宽度方向缩小,从而产生内应力。薄钢板有很小内应力时就失稳、凸起。

② 罐底焊接顺序详见图 6-3-3。整个罐底中间留一个十字形封闭焊缝,中幅板与边板的搭接焊缝亦为封闭焊缝,这样等于将中幅板分为四大块,既可以同时多人焊接又可减少变形。施焊时先焊焊缝1,然后再焊3、4。可隔一条焊一条,由中心一条焊缝开始,向边上推进。对于边角上的零碎的小板要先焊焊缝2,再焊3或4。要将每一条焊缝需焊的两遍焊完再焊另一条,切不可先普遍焊 3 第一遍,然后再普遍焊 3 第二遍。短缝1、2、3、4 均焊好后再焊长缝5,焊长缝时亦采用分段退焊法,由中心向两边焊。四大块中幅板焊好后,再焊十字形的封闭焊缝。边板与中幅板的搭接焊缝要等第一节壁板的立缝和壁板与边板间的内外角缝焊好后再焊。

③ 为便于组对第一节壁板,罐底边板与边板间的对接焊缝要先焊外边缘 300mm 的一段焊缝,其余部分待第一节壁板立缝和内外角缝焊好后再焊。

④ 搭焊的两块应尽量贴接。在整个搭接过程中应尽量少用点焊,而用楔铁、卡子等工具把互相搭接的钢板贴紧。例如在焊纵向排板之间的搭接焊缝3、4 时(见图6-3-3),如将纵向排板与横向排板(带板)之间的搭接焊缝(焊缝5)点焊上,每条搭接焊缝的收缩量按 1.6mm 计算,28 条缝总收缩量为45mm。由于纵板与横向间点焊后无伸缩余地,结果横板压缩下便产生失稳,形成鼓包。遇到这种情况时只好将点焊铲开,将横板(即带板)重新平整。

2)罐壁组装和焊接

罐底组装焊接完成以后便可组装罐壁。罐壁共有 12 节,板厚分别为 32、30、26、23、20、18、14、12、10 和 10mm;上面两节是根据最小壁厚确定的钢板厚度。

罐内径为 60m,全高为 19.03m,最上面有一圈包边角钢,规格为∠75mm×75mm×8mm。根据各地的风荷情况(如最大风速为 37m/s)采取一道抗风圈和两道加强圈。

(1)壁板组装和焊接步骤。

① 画线:在罐底板上画两个圆,外圆为罐内径尺寸,内圆比外圆直径小 200mm(作检查用),按罐壁排板图在罐底边标出第一节壁板安装位置,打上冲眼。

② 组对:组对从第一节壁板开始。组对时板的垂直、水平、立缝错口等均应符合规范要求。壁板间依次进行点焊定位,但最后一张板应留一道"活口"。壁板同罐底间连接角缝暂不点焊(共计31 块板,每块板长 6.1m)。

③ 焊立缝:30 道立缝焊完,留下"活口"不焊。

④ 组对角缝:壁板下口(第一节)与画在底板的基准线准备对好,边组对,边点焊定位。

⑤ 锁活口:盘好周长,在准确的位置上切去"活口"板多余量,并切坡口,焊好最后一道立缝(活口消除)。

⑥ 焊角缝及罐底的封闭焊缝。焊接第一节罐壁与罐底边板的内外角缝,经检验合格后,焊接弓形边板对接缝剩余部分,然后焊接中弧板与边板的搭接焊缝,并对罐底焊缝真空试漏合格,罐底边板与罐壁角焊缝及壁板对接缝无损检测合格。

⑦ 浮顶安装(见后面)完成以后,将施工用Ⅱ形支架与船舱组装,然后用吊车吊装第二节罐壁板,施工人员在抗风圈(未与罐壁组装,做临时平台)和船舱上进行组装及焊接罐壁板施工。

第二节罐壁板吊装过程时,组装人员利用Ⅱ形吊架上的抗风圈作的平台和罐内船舱作为施工作业平台进行组对罐壁立缝和环缝。

当第二节罐壁板组对检查合格后先焊接立缝,后焊接环缝。按图纸要求对焊缝质量检查合格。

利用上水管线向罐内充水,使浮顶上升到一定位置。(外平台板及船舱上部距罐壁板上口 700~800mm 左右)。停止上水,再用吊车吊装第三节罐壁板组对焊接及检测合格后又一次充水使船舱上浮,再吊装组对焊接第四节罐壁板,这样直到吊装组焊完成最顶上一节罐壁板。

(2)罐壁组装注意事项。

罐壁组对时要严格控制罐体的垂直度和罐体成形尺寸,其具体工序流程如:准备工作→底圈壁板安装位置放线→第一圈壁板组装调整、焊接→第二圈壁板组焊→三层以上各圈壁板组焊→罐壁上相应构件组装。

① 底圈罐壁组对应在罐底验收合格后进行。罐壁吊装前应进行罐壁位置确定,罐壁的放线直径应大于设计尺寸,即放线半径 R 为:

$$R = R_L + (N \cdot B + \Delta L)/(2\pi) + \Delta R_J \qquad (6-3-1)$$

式中 R_L——理论半径,mm;

N——罐壁数量;

B——焊缝间隙,mm;

ΔL——实际下料周长和理论周长的误差,mm;

ΔR_J——坡度影响(3.4mm),mm。

若壁板焊缝间隙 3mm,按 31 张板计算,设 ΔL 为 31mm,根据上式计算放样半径 $R = 30023$mm。

② 放大半径在罐底上以罐底基础中心点为依据画出罐壁内、外侧线位置,按排板图及罐体方位确定每一块壁板的位置线,同时在内侧 100mm 处画出检查基准线。

③ 组装时,从进出油开口处进行铺围作业,根据画线确定的位置点焊临时内外挡板,以限制罐壁位置,板与板之间用龙门组合卡具连接固定。吊装时只要按位置画线把壁板放置到位,观察组对间隙只要能够在可调整范围之内就可以了。

④ 第一圈壁板全部吊装完成后,进行分组调整壁板间隙及垂直度,罐壁椭圆度由基准圆确定,垂直度用磁力线坠进行测量,采用正反加减丝调整确定。

⑤ 相邻壁板的水平度由下料时得到控制,整个圆周的水平度可以通过调节边缘板和基础之间的距离获得。

⑥ 与板之间的对口间隙与错边量可以由组合龙门卡具调节，立缝组对时为解决焊接变形引起的角变形超标问题，可采取预先向外凸出 2~3mm 的组对方法。

⑦ 立缝组装：龙门卡具设内侧，每道三组，调好间隙和错口，测定垂直度与椭圆度后焊上防变形弧板，双面坡口先焊外侧焊道，然后再焊内侧焊道，单面坡口从外侧焊接，双面成形。

⑧ 环缝组装：浮顶油罐罐壁厚度从下至上由厚变薄，环缝组对时保证内壁齐平，组对时一般采用内部龙门板，外部设挡板。

⑨ 吊装时可以从第一张壁板就位后，用两台吊车分别从两个方向围板，每张板吊装就位，间隙和错口调整符合要求后先固定焊立缝，环缝内外用龙门板和挡板固定。

3）浮顶组装

浮顶由中部单盘及四周浮船所组成。单盘材料为 $\delta 6mm$、Q235A·F 钢板，采用搭接，直径 53.5m；浮船由 32 个互不相通的船舱组成。浮船外径 59.5m，船舱长度为 3m。船舱底板由 $\delta=6mm$、Q235A·F 钢板拼接而成，顶板由 $\delta=5mm$、Q235A·F 钢板制成，外边缘板距罐内壁 250mm，它由 $\delta=8mm$、Q235A·F 钢板对接而成；内边缘板为 $\delta=10mm$、Q235A·F 钢板对接而成。单盘与浮船间采用∠125mm×125mm×10mm 连接，结构如图 6-3-4 所示。

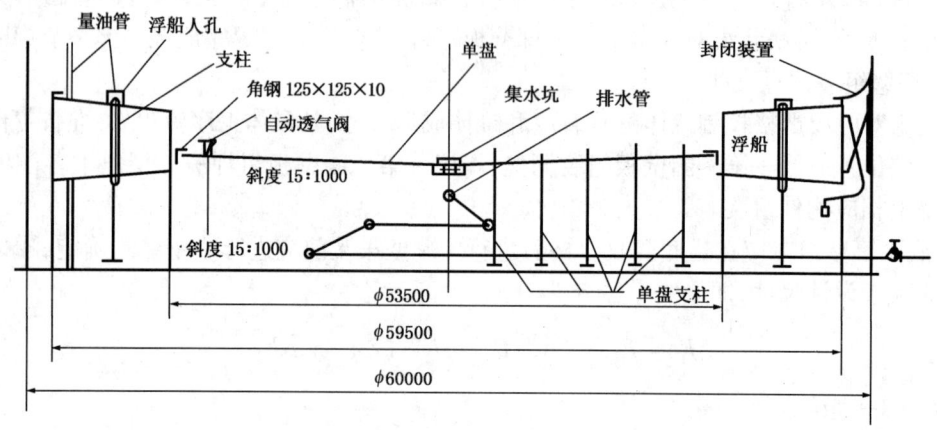

图 6-3-4 浮顶结构示意图

浮顶组装工作是在第一节壁板与罐底板全部组焊完毕后进行。

(1) 单盘组装。

在罐中心与单盘浮船连接角钢处（高出罐底 200mm）拉一条钢丝，以此为基准搭设组装单盘支架胎具，其结构如图 6-3-5 所示。

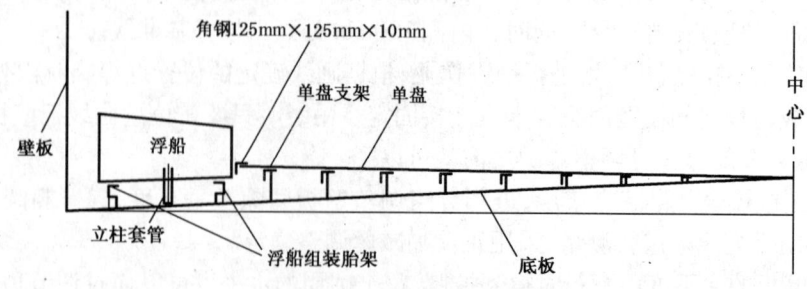

图 6-3-5 支架示意图

采用这种铺单盘的方法,其优点表现在单盘无论是在漂浮状态还是在由主柱支撑的状态,它都无波浪或鼓包变形,尤其是在漂浮状态,单盘很平整。同时还避免了在单盘上开孔时可能切坏底板的缺点。单盘支架胎具详细设置,如图 6-3-6 所示。

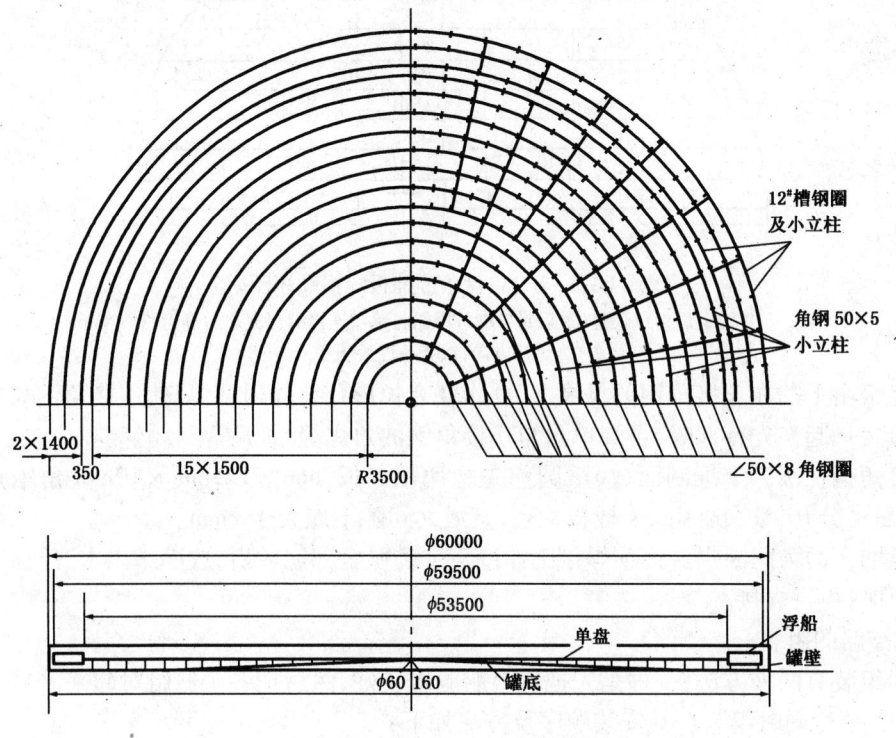

图 6-3-6 单盘支架布置图

单盘排板采用人字形排板法及条形排板法两种。人字排板法不仅使焊缝布置美观,而且排板易于错缝。两种排板易于错缝。两种排板的焊接顺序分别如图 6-3-7、图 6-3-8 所示。

单盘搭接焊缝焊接顺序与罐底板相同,即先焊短缝后焊长缝,头一遍分段退步焊,第二遍连续焊,最后焊中部及边缘的封闭焊缝。

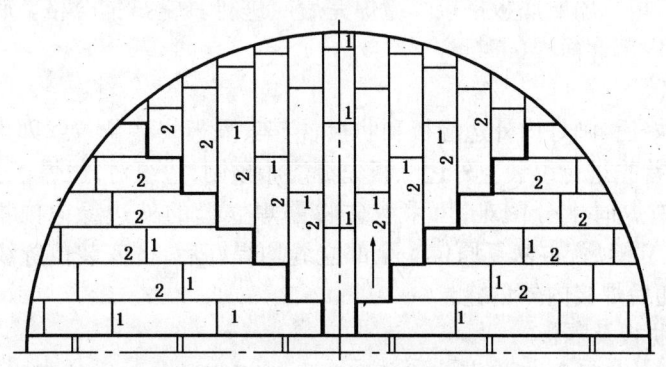

图 6-3-7 单盘人字铺板焊接顺序图
Ⅱ 为最后封口焊缝(在单盘与浮船之间的边接焊缝焊完之后进行);
→ 为焊接方向(由中心向周围进行);数字系焊接顺序号

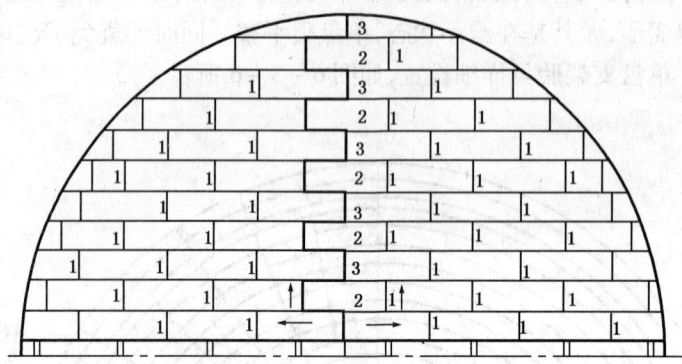

图6-3-8 单盘条形铺板焊接顺序图
Ⅱ为最后封口焊缝(最后封口缝待浮船与单盘连接缝焊完之后进行);
→为焊接方向;数字系焊接顺序号

单盘板由下贴在连接角钢的翼缘上,翼缘开有长形孔在孔内塞焊,使连接角钢与单盘更牢固地连接在一起。先行塞焊,再焊单盘与连接角钢的角焊缝,最后焊封闭焊缝。

连接角钢在滚床上滚制而成,滚圆前先把两根∠125mm×125mm×10mm角钢点焊成T形,滚好后再分开,滚圆时用2m样板检查,其最大间隙不应大于2mm。

单盘的下面为间断焊。该项焊接工作待整个罐壁全部完成后,放净罐内水,浮顶支柱落在罐底板上时,再行焊接。

(2)浮船的组装。

浮船组装有两种方法,一种是先把每个船舱组装好,然后把各个舱组对起来。另一种是大面作业,32个舱同时组装。其安装顺序及方法如下:

① 铺船舱底板。

船舱底板由多块扇形板组成,每块扇形板若用几块钢板拼接时,拼焊后应予校平变形。浮船组焊会产生焊接收缩,实践证明,直径方向大约要收缩5.5~6.0mm。为了确保浮船外边缘板与罐壁间的间隙在250mm,误差不超过±13mm,浮船组焊时,必须把这一收缩量考虑进去,并在下料时适当放大。

扇形板间采用搭接,每条搭接焊缝两端均需压成马蹄形,以便组装内外边缘板,扇形板铺成圆环,即为船舱底板。船舱底板搭接焊缝焊完后应进行真空试漏合格。底板下面焊缝在浮升结束放水后在罐内部仰面焊(断续焊)。

② 外边缘板组焊。

船舱底板组焊好后,画好内外边缘板和肋板、桁架、隔板安装位置线即可开始安装。按外边缘板安装位置线首先进行组装。外边缘板先经滚床预制,边组对,边立缝。由于外边缘板距罐壁净距较小,施焊时十分困难,可采取先将需焊立缝的外边缘向内推移一段距离(约400mm左右),焊完立缝后,再恢复原位。全部立缝均焊好后,按安装位置线使边缘板同底板进行点焊定位,并随后焊接内外角缝。

③ 组焊桁架、肋板及隔板。

预制好的桁架、肋板及隔板根据画线位置逐一进行安装。各零件预制允许误差是:长度$\Delta L\leqslant\pm2mm$,宽度$\Delta B\leqslant\pm1mm$,两对角线差$E\leqslant2mm$。

④ 内边缘板组焊。

组焊内边缘板的方法与外边缘板相同,且边组对边焊立焊,全部立缝焊完后,再焊同底板隔板、桁架及肋板间的连接焊缝。

船舱内、外边缘板、隔板与底板焊完后应进行煤油渗漏试验合格。

⑤ 浮船盖板组焊。

舱内焊接全部完成后,立即进行除锈及刷油工作,待油漆干燥后再行安装浮船盖板。船舱盖板组焊方法同船舱底板。

⑥ 气密试验。

为了确保舱与舱之间不互相串通,防止漏泄,在浮船全部焊完后,隔板周边焊缝未刷油漆之前,需进行一次充气试验。做充气试验时,需将船舱人孔封闭严密,试验时由人孔盖上引入压缩空气,增压到600Pa,甩皂泡法检查隔板四周焊缝有无泄漏,直至合格为止。

⑦ 立柱套管安装。

在浮顶上按图纸尺寸划好每个立柱的位置,然后开孔焊立柱套管。套管上部尺寸按设计图样要求切好,下面长度如因罐底坡度的限制有的不够长时,可在以后进入罐内时再接上一段。立柱下面的座板在组装浮顶之前就已放好,并点焊在罐底板上。所以要使立柱套管的位置与座板的位置重合。

4)主要附件安装

主要附件是指密封装置、导向装置、中央排水管、转动浮梯、盘梯平台、抗风圈和加热管、清扫孔、进出油管等。由于它们有的安装在罐内,有的在浮船上,有的在罐底板上,因此,必须待大罐主体完成后进行。在包边角钢、转动浮梯、盘梯、平台等安装后,开始放水沉降浮船。随着浮船的下降,清理打磨露出水面的内罐壁。

(1)随着浮船的下降,除打磨罐壁外,还要组焊垂直导向杆。

(2)当浮船下降至最低位置时,此时浮顶由立柱支撑。继续把水放净,清理罐内部,把浮船、单盘支架胎具等临时设施拆除罐外后,着手安装密封装置、导向装置、加热排管和中央排水管。

(3)密封装置安装。在浮船外边缘板的上沿大约每隔2m画一点,然后用水平仪把这些点投影到罐壁上,这样罐壁上就得到许多与浮船外边缘板上沿杆高相同的点。依据这些点的基准,按图样要求,画出密封装置安装基准线,然后按图纸安装密封装置。

(4)中央排水管安装。中央排水管应在罐外进行预组装,并进行390kPa水压试验和升降试验(吊车配合)后,再运进罐内进行正式安装。

(5)转动浮梯、盘梯及平台安装。转动浮梯在罐外下料、预制并拼接成几个大部件,在浮船完成以后,第二节壁板组装以前,将这些部件运入罐内。

在浮顶上将转动浮梯配好,转动浮梯的中心线、导轨的中心线和一台导向炮式架及垂直导向杆的中心线必须重合。在盘梯顶端的平台完成以后,在浮顶于最高位置时开始安装转动浮梯。安装时,转动浮梯一端在导轨上滚动,另一端用三角架和手动葫芦吊到平台预定的位置上,并装配好。

转动浮梯上各部位必须回转灵活,踏步必须水平,下端的轮子不得与轨道卡住。

盘梯分为三节,隔四节壁板设一个平台。在罐壁安装至第五节壁板时,装下部盘梯及第一个平台。罐壁安装至第九节壁板时,装中部盘梯及第二个平台。当壁板及包边角钢均完成以后,装上部盘梯及第三个平台。采取这种分节组装的方法,可以在整个安装过程中充分利用盘梯和平台,减少了临时活动爬梯。

(6)抗风圈在罐壁板安装以后,利用吊车将其从安装吊架上分片撤下依次安装到罐壁上。加强圈随罐壁安装高度位置分圈依次安装。

(7)加热管、清扫孔、进出油管安装按照图纸及技术要求进行。

(三)50000m³浮顶油罐的检查与试验

1. 焊缝的外观检查

(1)油罐焊缝及热影响区,不得有裂纹、气孔、夹渣、弧坑和未焊满等缺陷。

(2)焊缝的表面质量应用样板和焊接检验尺寸进行检验,达到以下标准:

① 对接接头焊缝咬边及焊缝凹陷深度不得大于0.5mm,连续长度不得大于100mm,缺陷总长度不大于该焊缝的10%;

② 对屈服点大于390MPa或厚度大于25mm的低合金钢的底圈纵缝不应有咬边;

③ 浮顶罐罐壁内侧焊缝的余高不得大于1mm,其他对接焊缝当板厚$\delta \leq 12mm$时,纵缝余高$\leq 2mm$,环缝余高$\leq 2.5mm$;$12 < \delta \leq 25mm$时,纵缝余高$\leq 3mm$,环缝余高$\leq 3.5mm$;$\delta > 25mm$时,纵缝余高$\leq 4mm$,环缝余高$\leq 4.5mm$。

④ 焊缝宽度应按坡口宽度两侧各增加1~2mm。

2. 焊缝的无损检测

(1)对屈服点大于390MPa的钢板,焊接完毕后至少经过24h方可进行无损检测;

(2)对罐底焊缝的无损检测:

① 屈服点大于390MPa的边缘板的对接缝、根部焊接完和表层焊接完后应进行渗透检测或磁粉检测。

② 边缘板对接焊缝外端300mm应进行射线检测;

③ 底板三层钢板重叠部分的搭接接头焊缝,沿三个方向各200mm范围内应进行渗透检测或磁粉检测。

(3)罐壁焊缝的无损检测:

① 纵向焊缝:各圈壁板纵缝无损检测的比例和数量按GBJ 128《立式圆筒形钢制焊接油罐施工及验收规范》的规定进行;

② 环向对接焊缝:各圈壁板的环向对接焊缝无损检测的数量和方法按GBJ 128《立式圆筒形钢制焊接油罐施工及验收规范》的规定进行。

③ 底圈壁板与罐底的T形接头的罐内角焊缝进行磁粉(或渗透)检测,油罐充水试验后,用同样方法进行复验。

(4)在屈服点大于390MPa的钢板上,或在厚度大于25mm的普通碳素钢及低合金钢板上的接管角焊缝及补强板角焊缝,在焊完后及充水试验后进行磁粉(或渗透)检测。

3. 焊缝的严密性试验

(1)罐底全部焊缝焊接完成,在安装浮船前应采用真空箱法进行严密性试验。试验负压值不得低于53kPa,无渗漏为合格。且充水过程罐底无渗漏。

(2)浮顶底板的焊缝,在安装外缘板和隔板前应采用真空法进行严密性试验,试验负压值不得低于53kPa;船舱内外缘板及隔舱板的焊缝,应用煤油试漏法进行严密性试验;船舱顶板的焊缝,应逐舱鼓入压力为785Pa的压缩空气进行严密性试验,均以无泄漏为合格。

(3)开孔的补强板焊完后,由信号孔通入100~200kPa压缩空气,焊缝无渗漏为合格。

(4)罐壁焊缝的严密性在充水过程中检查无渗漏为合格。

4. 充水试验

1)罐体充水试验

罐体充水试验分别在水浮正装充水过程和浮顶升降试验过程进行。

（1）油罐充水试验应检查罐底严密性、罐壁强度及严密性、浮顶升降试验及严密性、中央排水管的严密性、基础的沉降等。

（2）充水试验前，所有与试验有关附件、构件的焊缝全部焊完，焊缝表面不得涂漆。

（3）充水试验用清洁水，水温不应低于5℃。

（4）试验过程发现焊缝渗漏，应将水放净，找出渗漏部位，补焊并检测合格后重新进行充水试验。

2）中央排水管充水试验

（1）在浮顶升降试验充水之前，对中央排水管充水进行390kPa的水压试验，持压30min无渗漏为合格。

（2）在浮顶升降试验过程中，中央排水管出口保持开启状态。升降试验完成，罐内排水后，对中央排水管重新按（1）条进行水压试验。

5. 升降试验和沉没试验

1）准备工作

当密封导向装置及浮顶上的全部配件均安装完毕后，可开始做升降试验。升降试验前应做好下述检查工作：

（1）拆除单盘及浮船安装支架胎具时，罐底板及其零件有无损伤；

（2）临时焊迹修磨有无超标；

（3）浮顶背面搭接焊缝为断续焊，其焊缝有无漏焊和焊接长度不够之处；

（4）支柱套管和其他配件背面角焊缝是否焊好；

（5）中央排水管、加热排管安装是否妥当；

（6）密封装置、导向装置是否安装妥当；螺栓拧紧否；垂锤是否都已挂上；

（7）临时设施是否全部拆除，特别是可能影响浮顶升降的部位，必须全部拆除，将内部无用的东西清除到罐外。

2）注水浮升

检查认可后，封闭清扫孔，开始注水浮升。

（1）在浮升试验过程中应设置专人值班观察，并予记录。检查内容如下：

① 密封和导向装置有无卡住现象，并测定密封间隙；

② 检查中央排水管是否漏水；

③ 转动浮梯是否运转正常。

（2）沉没试验随升降试验同时进行。当浮顶升起一定位置后，将单盘人孔和中央排水管下部两个阀门关闭，停船做沉降记录基准标记。在单盘上1.5~2mm钢丝拉一十字线，在十字线上于盘边每隔2m用白漆做一标志，并测出该点至单盘的距离；十字固定在浮船顶部，它必须张紧。十字线应错开转动浮梯45°，以减少测量单盘挠度时受浮梯重力的影响。

（3）上水由潜水泵从自动通气阀开孔处向单盘上抽水。当水量达到要求后，停水进行检查下述项目：

① 检查单盘、浮船、连接角钢等有无异常现象；

② 测量单盘挠度，沿着钢丝每2m测一个点，测出各点单盘与钢丝之间的距离，然后计算单盘各点挠度。

③测定浮船吃水深度;

(4)检查测定完毕,打开中央排水管阀门,记录放完单盘上的全部水所需时间,测定排水能力。

6.油罐基础沉降观测

50000m³浮顶油罐在充水过程和升降充水过程分别进行基础沉降观测试验。

(1)在底圈罐壁上的高500mm处按每隔11.8m左右设一个观测点,圆周共设16个观测点。

(2)当充水到罐高的1/2时和罐高的3/4时,分别保持48小时后进行观测。

(3)当最大沉降值不大于60mm,不均匀沉降值每10m不大于10mm时视为合格。

(4)按规定做好油罐沉降观测记录。

四、技术要求

(一)50000m³浮顶油罐制作安装技术要求

(1)油罐应按设计文件进行施工,需要修改设计时应取得设计单位同意。

(2)油罐的预制、安装和检验,应采用同一准确度等级的计量器具和检测仪器。

(3)油罐施工验收应符合国家现行的有关强制性标准、规范的规定。

(4)油罐所用的材料及附件应符合相应的国家现行产品标准的规定。

(5)油罐的部件预制应按GBJ 128《立式圆筒式钢制焊接油罐施工及验收规范》的规定进行,并达到规定的质量标准。

(6)油罐的安装应制定正确的施工程序,选择先进的施工方法,保证达到规范中规定的质量标准。

(7)油罐的焊接要具备相应的焊接工艺评定,制定合理的焊接工艺,保证焊缝质量达到规范规定的质量标准。

(8)参加油罐焊接的电焊工必须经过考试并取得合格证书,在规定的项目范围内进行施焊。

(二)50000m³浮顶罐制作及安装质量标准

1.油罐制作质量标准

1)壁板预制

(1)壁板预制前应绘制排板图,各焊缝相对位置应符合规范规定。

(2)壁板切割加工尺寸允许偏差:长度≤±1.5mm、宽度≤±1.0mm、对角线相差≤2mm,直线度长度方向≤2mm、宽度方向≤1mm。

(3)壁板滚制后,立置放在平台检查,垂直方向上用1m长直线样板检查,其间隙不大于2mm;水平方向上用2m长弧形样板检查,其间隙不大于4mm。

2)底板预制

(1)底板预制前应绘制排板图,排板图应符合规范的规定。

(2)罐底中幅板的切割加工尺寸应与壁板相同。

(3)罐底弓形板的尺寸应符合:长度方向允许偏差±2mm,宽度方向允许偏差为±2mm;对角线之差≤3mm。

3)浮顶预制

(1)浮顶钢板切割加工尺寸的允许偏差与罐壁板、罐底板相同。

(2)船舱底板、顶板平面度用 1m 直线样板检查、间隙不大于 5mm。

(3)船舱内外边缘板用 2m 弧形样板检查,间隙不大于 10mm。

(4)分段预制船舱几何尺寸高度允许偏差 ±1mm;弦长允许偏差 ±4mm;对角线之允许偏差 ≤6mm。

4)其他弧形构件

抗风圈、加强圈、包边角钢等弧形构件加工后用 2m 弧形样板检查间隙不大于 2mm,翘曲变形不得超过构件长度的 0.1%,且不大于 4mm。

2. 油罐安装质量标准

1)油罐基础

(1)基础中心标高允许偏差 ±20mm。

(2)混凝土环梁每 10m 弧长内任意两点高度差不大于 4mm,整个圆周长度内,任意两点差不得大于 10mm。

(3)沥青砂层表面平整密实,表面凹凸度在 100m² 范围内测点不得少于 10 点,表面凹凸度允许偏差不得大于 25mm。

2)罐底组装

(1)中幅板搭接宽度允许偏差 ±5mm,搭接间隙不应大于 1mm。

(2)罐底焊接后,局部凹凸度不应大于变形长度的 2%,且不得大于 50mm。

3)罐壁组装

(1)相邻两壁板上口水平允许偏差不应大于 2mm。圆周上任意两点水平允许偏差不应大于 6mm。

(2)壁板上的垂直度不应大于 3mm;第二圈板不应大于 10mm,第三圈板不应大于 15mm……第十圈板不应大于 50mm。

(3)罐壁内表面任意点半径允许偏差 ±25mm。

(4)对口错边量纵缝不应大于板厚的 1/10,且不应大于 1.5mm;环缝不得大于板厚的 2/10,且不应大于 2mm。

(5)罐壁焊缝焊后角变形用 1m 弧形样板检查,当板厚 $\delta \leq 12$mm 时角变形 ≤ 10mm,$12 < \delta \leq 25$mm 时 ≤ 8mm,$\delta > 25$mm 时 ≤ 6mm。

4)浮顶安装

(1)外边缘板与底圈罐壁板间隙允许偏差 ±15mm。

(2)外边缘板垂直度允许偏差不得大于 3mm。

(3)船舱顶板焊后局部凹凸变形不应影响外观及浮顶排水。

3. 油罐的焊接质量

(1)油罐焊缝表面质量符合本单元有关检查与试验中的规定。

(2)焊缝的无损检测按国家现行标准 JB 4730《压力容器无损检测》的规定进行。射线检测Ⅲ级标准为合格;屈服点大于 390MPa 的钢或厚度大于等于 25mm 的普通碳素钢或厚度大于等于 16mm 的低合金钢的焊缝Ⅱ级标准为合格;超声波Ⅱ级标准合格;磁粉检测应按 SY/T 0440《常压钢制焊接油罐及管道磁粉探伤技术标准》的规定进行;渗透检测应按 SY/T 0443《常压钢制焊接油罐及管道渗透探伤技术标准》的规定执行。

4. 油罐的渗漏试验

油罐的渗漏试验均应以无渗漏为合格。

5. 油罐的升降试验

油罐的升降试验应以无卡阻,顺利升降为合格。

6. 油罐基础沉降试验

油罐基础沉降试验不均匀沉降在规范允许范围内为合格。

7. 油罐总装尺寸

(1)罐壁高度允许偏差不应大于设计高度的0.5%。

(2)罐壁垂直度允许偏差不应大于罐壁高度的0.4%,且不得大于50mm。

(3)罐壁的局部凹凸变形:$\delta \leqslant 12mm$ 时变形不大于15mm;$12mm < \delta \leqslant 25mm$ 时变形不大于13mm;$\delta > 25mm$ 时变形不大于10mm。

(4)罐底圈壁板内半径在1m高处测量其允许偏差为±19mm。

(5)罐壁上的工卡具焊迹应清除干净,焊疤应打磨平滑。

第四章 1000m³ 球罐的制作安装

一、学习目标

掌握1000m³球形储罐的结构原理、制作工艺、安装方法及各项技术要求,能够正确、熟练地进行1000m³球罐制作和现场安装工作。

二、使用机具及主要工具

1000m³球罐制作主要使用自动(半自动)切割机、压力机、检测样板,以及配合吊装运输的起重运输机械。

1000m³球罐现场安装(组焊)主要使用吊车(配合吊装)、电焊机(固定焊及焊接)、组对专用卡具,以及平台、脚手架、中心伞架等。

三、操作程序

(一)1000m³球罐的预制

1.球罐结构

球罐是一种石油化工用的球形容器,常用来贮存带有压力的气体或液化气。罐是由多块球瓣连接构成。其附属结构有平台、盘梯、栏杆等。球罐的支承有两种:赤道位置支承柱和下部位置承托(图6-4-1)。目前大都采用支柱结构。

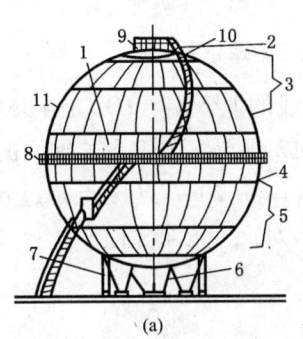
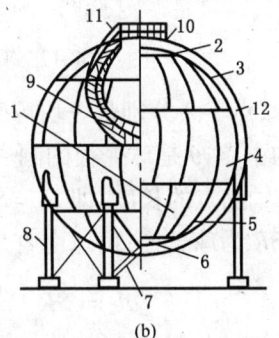

图6-4-1 球罐外观图
(a)承托;(b)支柱
1—球壳板;2—北极板;3—北温带;4—赤道带;5—南温带;6—南极板;
7—下部承托;8,9,10,11—平台及盘梯;12—保温层

球罐受压部件及附属结构的制造应符合 GB 12337《钢制球形储罐》及 GB 50094《球形储罐施工及验收规范》的有关规定。经检查合格后,方可进行组装。

2.球罐的预制

球罐预制可分为两部分,一是球壳板的加工制造,二是支柱、拉杆等的加工制造。

1)球壳板的加工制造

由于球面是不可展曲面,因此不可能由平面直接成形,多数采用近似的展开下料法。通过计算放样,将球面展开为近似平面,然后将平面的钢板压延成球面,再经过修整即可成为一个球壳瓣片,此方法称为一次下料法。按照球壳的理论尺寸周边适当放大,将平板切成毛料,经过压延成形后再进行精确切割,此法称为二次下料。

(1) 一次下料法。

经常采用的一次下料法有近似锥面展开法和直线分割法。

① 近似锥面展开法:用若干水平面分割球成为许多带(球台),将每一带近似为圆锥面,由于圆锥面是可展开曲面,以此近似展开成为球面。

近似锥面展开法中由于圆弧的测量方法存在较大的误差,又因放样作图的半径较大,很难画出正确的弧线,因此造成壳板放样号料误差较大,球壳板压延成形后,必须经过仔细的校形修整才能比较准确,否则将给球罐组装造成困难。

② 直线分割法:以若干通过球心的平面分割球壳,平面与球壳相交的圆弧都是大圆上的一段弧长。图6-4-2(a)是此方法的示意图。在图6-4-2(b)中,示意了一块球壳板。

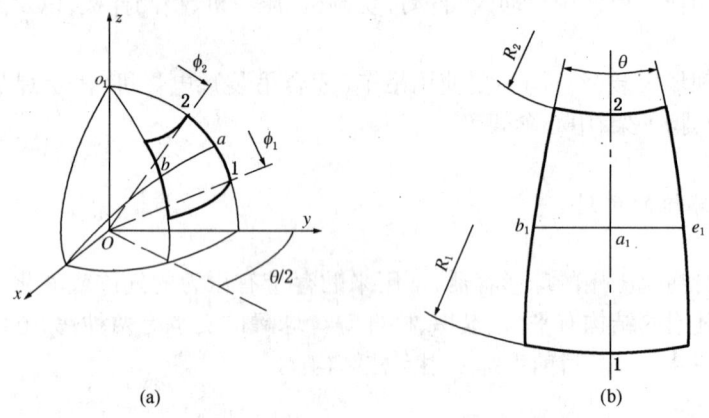

图6-4-2 直线分割法分割球壳示意图

图6-4-2中,点1、2分别是一块球壳板中心线的上下端点;O_1 是半球的极点;点 a 是点1、点2之间弧长的中点,θ 是球壳板的圆心角;ϕ_1、ϕ_2 是点1、点2与 z 轴间的夹角;R_1、R_2 是过点1、2的切线与 z 轴交点的长度,即 $R_i = SR \times tg\phi_i (i = 1,2)$;$b$ 点、e 点是过 a 点的大圆与球壳板纵向边的交点;SR 为球壳径;由球面直角三角形 abO_1,可以得到:

$$ab = SR \cdot arctg[sin\phi_i \cdot tg(\theta/2)] \tag{6-4-1}$$

图6-4-2(b)是球壳在钢板上的放样图,图中点1、点2之间的长度与球壳上的点1、点2之间的弧长相等,a_1 是点1、点2之间的中点,$a_1b_1 = \frac{1}{2}ab$;直线 b_1e_1 垂直于线段1、2。

图6-4-2(a)中,仅将点1、2间的弧长平分为2段,若将点1、2之间的等分数增加,即将 a_1 改为 $a_i(i=1\sim n)$,则可以算出相对应的一系列点,连接各点即可得到球纵向边。式(6-4-1)可以用下式表示:

令 $L_i = a_ib_i$ 则

$$L_i = SR \cdot arctg[sin\phi_i \cdot tg(\theta/2)] \tag{6-4-2}$$

$$\phi_i = \phi_1 - \frac{\phi_1 - \phi_2}{n} \cdot i \tag{6-4-3}$$

式中 n——点1、点2之间的等分数。

由图6-4-2(b)得到展开图,经切割、开坡口,然后进行成形压制即完成了一块壳板的制作,成形过程产生的局部缺陷可以打磨修整。直线分割法的精度高于近似锥面展开法。

(2)球壳板的二次下料法。

① 二次下料法的优点:球壳板的二次下料法,目前在国内外得到了广泛应用。它的突出优点是几何精度、尺寸精度都比较高,二次下料的基本过程是第一次按壳板展开的实际大小,沿周边加放 20~30mm,切割下来的作为毛料,经过压制成形后再进行二次精确下料,也称为成形下料。

② 成形下料的原理:球壳板的四条边是过球心的大圆圆弧或是圆锥顶点过球心的切割锥面的底面圆弧,即球壳板的各边是由过球心的平面和顶点过球心的锥面切割而成的。

③ 球壳板下料工艺:切割料坯:将选定的球壳板板材,按着球壳板的设计尺寸,各边加放 20~30mm 制作一次下料样板,按样板划线,然后切割成料坯。料坯尺寸将壳板设计尺寸加大有两个目的:一是为压制成形后的球壳板提供二次上料的加工余量;二是有利于消除成形较差的直边部分。

(3)球壳板的成形。

球壳板成形的方法主要为冲压成形。冲压成形中又分为冷压成形和热压成形。

① 冷压成形:冷压成形就是钢板在常温状态下,经冲压变形成为球面壳板的过程。冷压成形采用点压法,这种冲压方法的特点是小模具多压点,钢板不加热,不使用大型加热炉等设备。这种方法操作方便,成形美观,加工精度高,便于球壳板大型化。

球壳板的点压成形顺序是由壳板的一端开始冲压,按顺序排列压点,相邻两压点之间应有 1/2 至 1/3 的重复率,以保证两压点之间成形过渡圆滑,使成形应力分布均匀。

在冲压过程中,每个压点要多次冲压,形成逐渐塑性变形的过程,避免产生局部过大突变和折痕。通常在冲压过程中变形率应控制在 3% 左右,环境温度不宜低于 -10℃,以免产生加工硬化,材质变脆,影响球罐寿命。

② 热压成形:热压成形是把钢板加热到塑性变形温度,然后用模具一次冲压成形,由于模具尺寸大,加热炉必须有较大的容量,以保证连续冲压。每块钢板最好一次加热,一次冲压成形,不要重复加热,以免影响钢板性能,同时避免因多次加热产生多次氧化皮,钢板厚度减薄量过大。热压成形要求的压力相对冷压成形低一些,冲压成形容易,模具强度可以低一些,但模具的耐热性能要好。在热压成形过程中,钢板加热温度应严格控制,防止过热,钢板内外的温度一致,整张钢板温度应比较均匀。热压成形必须采用二次下料,才能保证球壳的形状和坡口的质量。

2)零部件制造

(1)接管组件。

① 球壳开口接管分整体补强锻件和无缝钢管两种,整体补强锻件由配件车间下料加工,加工后由检验员检验合格后开具配件合格证。无缝钢管由成形车间下料,领料时应由仓库开具材料合格证抄件,成形车间领料人应认真核对合格证同所领材料是否相符,并核对是否同施工图一致,以免误用。

② 接管同法兰组对时应保证法兰面同接管轴线的垂直度,特殊情况下按图纸要求。组焊及探伤检验按焊接工艺及检验工艺的要求进行。

(2)支柱组件。

① 支柱按用料分为无缝钢管柱和钢板卷制两种,按结构分为整体支柱和分段支柱两种。

② 采用无缝钢管预制支柱,应尽量采用整根钢管制作。若由于材料等原因必须拼接时,单根支柱拼接不应超过两段,且与球壳板连接段的长度应不小于支柱总长的 1/3。段间的环向连接焊缝应全熔透。可采用加衬环的结构。支柱拼接后焊缝表面应打磨至与母材平齐。

③ 板卷支柱采用钢板冷卷拼焊成筒体,应根据所有板材和设备情况决定卷板尺寸,并绘

制支柱排板图。支柱应按排板图进行组对,并严格控制拼焊筒节直线度和两端口椭圆度。

④ 支柱上段与球过球壳板相焊段相惯线应采用样板画线,样板制作采用油毡纸或薄铁皮。将样板贴在管子端部划出切割线,然后用手工切割,切割后用砂轮修磨坡口至满足要求。钢管长度允许时支柱上段应套料,以节省材料。板卷支柱上段必须套料加工。

⑤ 分段支柱上段应与赤道板组焊,下段上端口,上段下端口应划出 0°、90°、180°、270°分心线,并明确标示。

⑥ 支柱底板、耳板、筋板、易熔塞接管等应与支柱组焊一起发货。

⑦ 支柱检验要求见检验工艺。

(3) 拉杆组件。

① 拉杆:拉杆应采用整根圆钢制作,拉杆螺纹是否进行磁粉探伤,按设计图纸要求确定。

② 翼板:翼板加工后应平整、光滑,两块翼板销孔应套钻。

③ 销子与松紧节的加工应按图纸要求,并应注意销子与翼板和耳槽销孔的配合,若销子外径和销孔直径一致,应使销子加工负偏差,销孔加工正偏差。

④ 翼板与拉杆的焊接接图纸要求进行。发运时应将上、下拉杆和松紧节螺纹连接一起发货,并检查拉杆挠度,挠度过大时应调直。

(4) 热处理垫板。

合同或图纸要求提供热处理垫板的应提供用户热处理垫板,垫板按图纸尺寸下料,冲压至规定曲率后供货。

(5) 试板。

提供用户的试板每台 6 块,尺寸(600×300)mm,试板应是该台或该批球罐所用板材。

(二) 盘梯的制作

1. 工作步骤

图 6-4-3 所示为螺旋盘梯的投影。为了施工方便,降低施工空间高度,将图 6-4-3 中的 W 面作为平面,在其上作业,如图 6-4-4 所示。

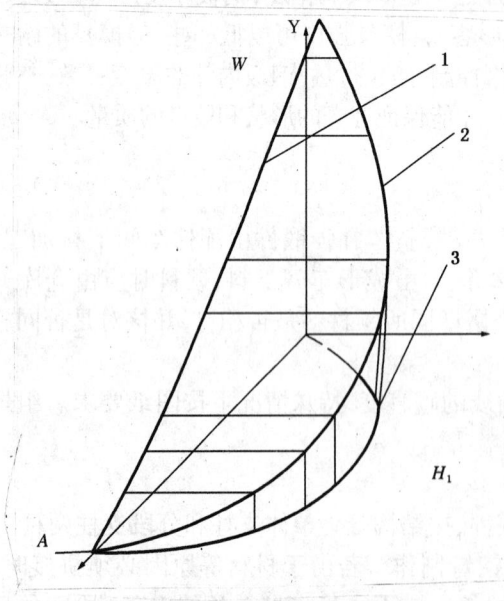

图 6-4-3 螺旋盘梯投影线
1—螺旋盘梯侧面投影;2—螺旋盘梯;
3—螺旋盘梯水平面投影

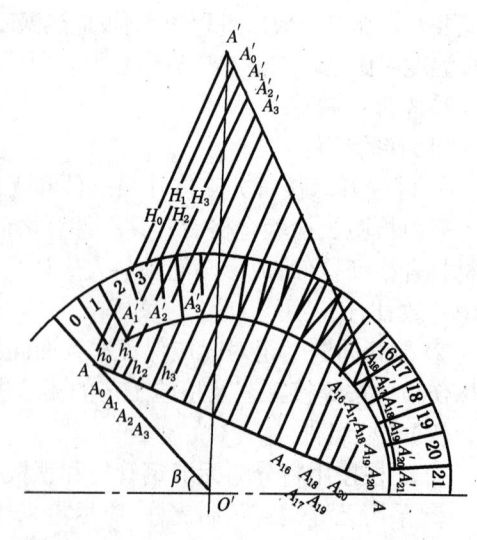

图 6-4-4 内侧梯胎具制作平台

(1) 以 O' 为圆心,以旋梯水平投影半径 r 为半径画弧。

(2) 过 O' 作 $\angle \beta = 45°$,交圆 O' 于 A 点。

(3) 以 A_{21} 为起点,分别截取 $A'_{21}A'_{20}$,$A'_{20}A'_{19}$,$A'_{19}A'_{18}$……等于对应水平投影 S_{21},S_{20},S_{19}……

(4) 连接 AA_{21}。

(5) 在圆弧上过 A'_0,A'_1……A'_{20},A'_{21} 点作弦 AA_{21} 的垂线,与弦 AA_{21} 的交点分别为 A_0,A_1……A_{20},A_{21},并分别令 $A_0A'_0$ 为 h_0,$A_1A'_1$ 为 h_1……$A_{20}A'_{20}$ 为 h_{20},$A_{21}A'_{21}$ 为 h_{21}。

(6) 延长 $A_0A'_0$ 得 $A_0A''_0 = H_0$;延长 $A_1A'_1$ 得 $A_1A''_1 = H_1$……$A_{21}A''_{21} = H_{21}$,则 $A''_0A''_1$……$A''_{20}A''_{21}$ 点的边线即为旋梯在 W 面上的投影。

2. 胎具组对

(1) 将 12a 槽钢分别按长度 h_0,h_1,h_2……h_{21} 截取。

(2) 将各段槽钢按顺序立于 A''_0,A''_1,A''_2……A''_{21} 处点焊,被截取的各槽钢长即旋梯内侧板中心线,见图 6-4-5。

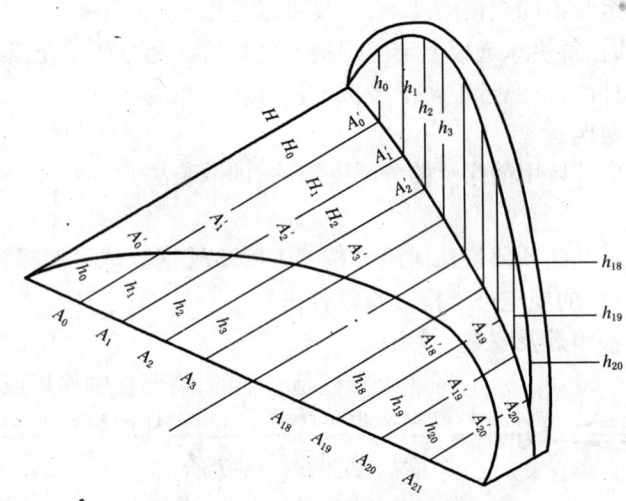

图 6-4-5 内侧梯帮胎具组对应用

(3) 将已展开下料的旋梯内侧板按线对应放置在胎具上,使其靠紧胎具后点焊牢固。

(4) 将已预制好的踏步按内侧板上的画线对号入座,点焊牢固。

(5) 将外侧板的展开料按线与踏步的另一端组对,点焊。

(三) 1000m³ 球罐的现场安装

1. 球罐组装方法

球罐的组装根据施工现场条件、机器设备、数量多少等具体情况,制定合格的组装方案。常用的组装方法有分带组装法和散装法。

1) 分带组装法

将球罐各带在地面平台上进行组装,焊接成球罐的各带,然后吊装各带合拢成整个球罐。

2) 散装法

此法是将单块球壳板逐块吊起,在空中安装成整体球罐。散装法适用于大规格的球罐。目前,国内外广泛应用散装法组装球形储罐。

2. 组装卡具的准备

在球罐组装和安装焊接固定焊缝时，应采用专门卡具，如图6-4-6所示。

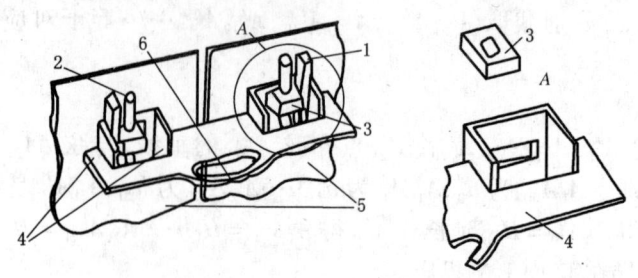

图6-4-6 球罐组装专用卡具示意图
1—方锥楔；2—圆锥楔；3—圆孔定位焊块；4—方形卡具；5—球瓣；6—把手

这种卡具适宜球罐拼装和安装时纵、环缝的间隙和错边的定位调整，还可加固焊缝，减少焊接变形。专用卡具代替一般焊接卡具，只要设计和加工合理，即能躲开焊缝的受热区域，而且可节约大量钢材。组装不同规格的球罐，卡具可以通用。

球罐安装前，必须在每块球罐板上定位焊接定位焊块。为方便球壳板组对，赤道带板和上温带板定位焊块焊在外面，下温带板及下极板定位焊块焊在内部。

3. $1000m^3$ 球罐的组装过程

此处介绍目前国内外运用最广泛的分瓣安装法，即散装法。

1) 安装前准备

球罐在安装前应对基础各部位几何尺寸按 GB 12337《钢制球形储罐》及 GB 50094《球形储罐施工及验收规范》中的规定进行检查验收合格。

2) 支柱与赤道带板组焊及安装

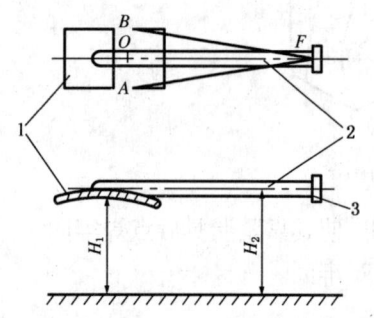

图6-4-7 支柱与赤道板组对示意图

支柱是整根的，需要在制作厂或安装现场将支柱与赤道板组焊在一起，支柱组焊主要控制支柱方位及弯曲度。见图6-4-7所示。

单根柱与赤道带板组对时，为防止球瓣因自重弯曲变形，应用型钢制成组对胎具，将球瓣扣放于胎具上。球瓣与柱的连接基准中心应重合，并使柱头中心和柱底中心的垫起高度与平台基准面的高度距离相等，如图6-4-7中 $H_1 = H_2$。组对后和焊接前应检查调整，使图6-4-7中 $AO = BO, BF = AF$。支柱与赤道带板焊接时，为防止受热弯曲变形，应按柱子高度平放相应的距离并垫平，用此方法组对和焊接所有支柱与赤道带板组合。

支柱及赤道带板吊装前，应对球罐基础各位置的几何尺寸、标高、地脚螺栓等按设计施工图的规定进行全面检查，合格后，方可进行安装，如果球罐需热处理，应在安装前，在其柱底或基础板面涂一层润滑或垫同规格滚轴，以备热处理时减少其摩擦力。

3) 赤道带板的安装

(1) 赤道带板安装前，先在基础中心处立一伞形架或井字架做内脚手架，外部设立圆圈式外脚手架。

(2)先吊装带立柱的赤道带板,并对每张板找正后内外采取措施固定,然后安装赤道带各柱间不带支柱的单瓣板,采用跨中插装法进行,如图6-4-8和图6-4-9所示。吊装时,注意单瓣板的吊点位置要正确,保持吊装入位时上下带口垂直,与已固定的两侧赤道板一致。带立柱的赤道板吊装找正后外部采用钢丝绳固定,内部与伞形架连接,防止倾斜。

用跨中法由第一块带支柱的赤道板起始,依次吊装,直至赤道闭合为止(其过程如图6-4-9所示)。

(3)跨中插装入位后,用1000mm样板检查其弧度和上下带口直径的尺寸是否合格。在预装相邻板使用的定位焊块位置上,用龙门卡具固定两侧纵缝,如图6-4-10(a)所示。如果两龙门卡具之间局部纵缝出现高低不平或错边时,可用龙门卡具或用一般卡具调整。再用龙门式工、卡具进行整个赤道带的调整,使其坡口间隙、错边量、标高、上下带口水平度、最大直径与最小直径之差等,均符合规范要求和质量标准。

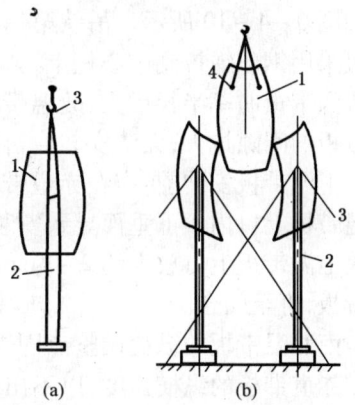

图6-4-8 组合支柱和赤道带板安装示意图
(a)组合支柱吊装;
1,2—组合柱;3—吊装;
(b)柱间赤道带板插装
1—赤道带板;2—已安装就位的立柱;
3—临时加固;4—吊点

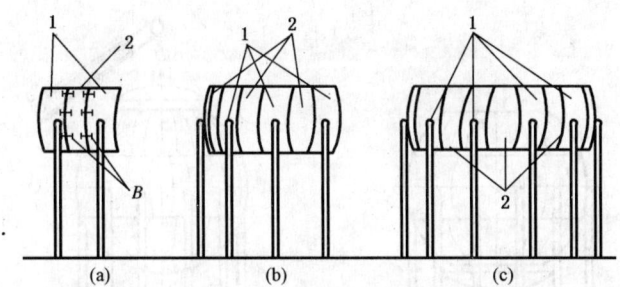

图6-4-9 赤道带板安装程序示意图
1—已固定赤道带板;2—插装板;B—龙门卡具固定位置

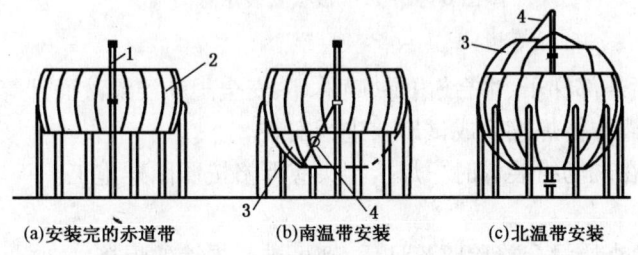

(a)安装完的赤道带　(b)南温带安装　(c)北温带安装

图6-4-10 南北温带板安装示意图
1—中心柱;2—赤道带;3—南北温带板;4—链式起重机

(4)赤道带是个基准,它将影响以下各带的拼装质量,所以必须认真调整好。经调整合格的赤道带,应按焊接工艺进行固定点焊,并需要预热和控制变形量。点焊应以对称位置,由每条缝的上口往下点焊直到赤道线,再由下口往上点焊到赤道线,这样施焊可保证赤道带的圆整度。

4)南北温带的安装

赤道带板调整点焊完成后,便可安装温带板,一般是先安下温带板,后安上温带板。其过程如图 6-4-10 所示。吊装第一块下温带板时,上端用卡具与赤道带板相接,下端用链式起重机采用钢丝绳拉到中心柱上,如图 6-4-10(b)中 4 所示,由于重力作用有下垂趋势,这会导致温带板曲率半径增大,故温带板的下端要做收口,小到 2~4mm 为宜,否则造成最后的一块带板的间隙过大,无法安装。再依次安装第二、第三……直到下温带闭合。

上温带板安装前,应在赤道带板的上带口内侧焊一临时弧形托板,用以支托温带板。为避免温带板上口内倾下垂而导致安装最后一块板无法插装,支托弧板曲率半径应稍大些,即将第一块上温带板上口放大约 2~3mm。再以安装的第一块上温带板为基准,依次安装其余各块温带板,直至闭合。

南北温带板的纵缝调整点固焊的方法和要求与赤道带相同。调整环缝时,必须保证温带板和赤道带板的纵横弧度,以不出现"帽头或卡腰"等缺陷为原则。

5)极板安装

大型球罐上下极板往往由多块拼接成。安装前,应将各纵缝焊接成整个极板再行安装。这样可避免安装时先焊纵缝,因而产生较大的应力,易使焊缝产生裂纹。

极板安装时,先拆除中心柱,用吊车或利用赤道带焊上吊点。采用链式起重机,先安装下极板,再用吊车后安装上极板,如图 6-4-11 所示。上、下极板安装完成后,为了使罐内采光、通风及施工人员出入方便起见,应将球罐所有位置的大小孔按尺寸开孔。为了改善罐内焊接等操作的环境,应在上极板人孔处安装引风机。

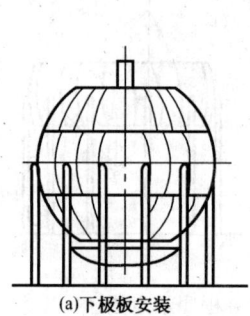 

(a)下极板安装　　　　　　(b)上极板安装

图 6-4-11　极板安装示意图

6)附件安装

球罐的附件包括外部梯子、平台、内梯、喷淋环、安全阀和浮漂液面计等装置。这些附件需经探伤合格后,在球罐本体焊接完成试压前进行安装。

球罐人孔,接管在现场组装焊时。焊接接头应严格按照图样施工。

4.球罐焊接

球罐组装后经检查质量合格验收签证后,即可进行焊缝的焊接。

球形储罐的现场安装,除了保证各道安装工艺达到设计规定要求外,更主要的是焊接质量,必须达到压力容器的焊接标准要求。

球罐的焊接与一般焊接要求不同。球罐焊接的特点是全位置焊接,球壁较厚,一般在 30mm 以上,需要在预热条件下长时间连续焊接,劳动条件差,强度大,而且质量要求高(每条焊缝需 100% RT、MT 检验)。

球瓣使用的材料多为低合金高强度钢,其可焊性较差,焊缝接头容易产生冷裂纹,易导致接头脆性断裂而突然破坏。所以球罐的焊接是十分重要的。

1)焊前准备

(1)焊工条件。

从事球罐焊接的焊工应进行严格的培训,经考试合格后,取得劳动部门颁发的有效的"焊工合格证"书,焊工施焊的钢材种类、焊接方法和焊接位置等均应与本人考试合格的项目相符。

(2)焊接环境。

施工现场必须注意焊接环境管理,做好气象观测。测量时应在球罐表面 1000~1500mm 处进行。当出现下列之一情况时,在未采取有效的预防措施时,禁止焊接:

① 雨天及雪天;

② 风速≥8m/s;采用气体保护焊且风速≥2m/s;

③ 焊接环境温度在 -5℃以下时;

④ 相对湿度在 90% 以上时。

对以上自然环境,应该搭设防雨雪、防风棚。为了改变低温状况,可在棚内或球罐内外圆周处,设置热气管道或焦炭炉来提高焊接环境温度。

温度在 0℃以下时,应考虑在施焊处 100mm 范围内预热到手触感觉温暖的温度(约 15℃),方能焊接。

(3)焊接材料。

① 焊接材料应具有质量证明书及合格证;

② 焊接材料应有专人负责保管、烘干和发放;

③ 焊接材料使用前应按产品使用说明进行烘干,见表 6-4-1 说明;

表 6-4-1 焊条、焊剂的烘干温度和时间

种 类		烘干温度,℃	烘干时间,h
低氢型药皮焊条		350~400	1
焊剂	熔炼型	150~300	1
	烧结型	200~400	1

④ 手工电弧焊时,现场应备有保温筒,焊条在保温筒内保存时间不超过 4h;

⑤ 焊丝在使用前应清除锈和油污等。

(4)焊接工艺评定。

球罐焊接前,应按国家现行标准《钢制压力容器焊接工艺评定》JB4708 进行焊接工艺评定。

2)焊接施工

(1)焊接方法及顺序。

球罐的焊接方法宜采用手工电弧焊、埋弧焊、药芯焊丝自动(半自动)焊。球瓣对接焊缝,第一层以分段退步法焊接,从第二层以后用分段前进法焊接,目的是适当地控制变形。

考虑到整个球体有一个均匀的收缩变形,应采取对称均匀的焊接方法和先焊接纵缝后焊接环缝的焊接顺序。上下温带及赤道带的每一条纵缝,都应配备一名焊工同时焊接。

赤道带环缝,要求数名焊工在对称位置同时焊接,第一层焊缝及第二层焊缝起始点错开,并按同一旋转方向焊接。

(2)焊接施工。

① 焊接前应检查坡口,清除坡口及两侧的铁锈、水分、油污等;

② 按焊接工艺规程进行焊前预热,保持层间温度,预热宽度在以焊缝为中心至少150mm范围;

③ 定位焊宜在初焊层背面,长度应大于50mm,间距250~300mm;

④ 焊接线能量按焊接工艺规定的范围确定;

⑤ 手工电弧焊双面对接焊缝,单侧焊接后应进行背面清根,并对清根后的刨槽进行打磨及检测,检查合格后进行焊接;

⑥ 每条焊缝中断焊接,或每层焊缝焊完后均应采取措施防止产生裂纹,经检查合格后才能继续焊接;

⑦ 球罐的附件焊接应按焊接工艺卡的规定进行;

⑧ 工卡具等临时焊缝焊接时,引弧和熄弧点均应在工卡具或焊缝上,严禁在非焊接位置引弧和熄弧。

(3)球罐缺陷修补的焊接。

① 表面缺陷的修补符合下列要求:

a. 球壳表面缺陷及工卡具焊迹应采用砂轮清除。修磨后的实际厚度不应小于设计厚度,磨除深度应小于球壳板名义厚度的5%,且不应超过2mm。当超过时,应进行焊接修补。

b. 球壳板表面缺陷进行焊接修补时,每处修处面积应在$50cm^2$以内;当有两处或两处以上修补时,任何两处的边缘距离应大于50mm,且每块球壳板表面修补面积总和应小于该球壳板面积的5%。

c. 当划伤及成形加工产生的表面伤痕等缺陷的形状比较平缓时,可直接进行焊接修补。当直接堆焊可能导致裂纹产生时,应采用砂轮将缺陷清除,后再进行焊接修补。表面缺陷焊接修补后焊缝表面应打磨平缓或加工成具有1:3及以下坡度的平缓凸面,且高度应小于1.5mm。

d. 焊缝表面缺陷应采用砂轮磨除,缺陷磨除后的焊缝表面若低于母材,则应进行焊接修补。焊缝表面缺陷当只需打磨时,应打磨平滑或加工成具有1:3以下坡度的斜坡口。

② 焊缝内部缺陷的修补应符合下列要求:

a. 应根据产生缺陷的原因,选用适用的焊接方法,并制定修补工艺。

b. 修补前宜采用超声检测确定缺陷的位置和深度,确定修补侧。

c. 当内部缺陷的清除采用碳弧气刨时,应采用砂轮清除渗碳层,打磨成圆滑过渡,并经渗透检测或磁粉检测合格后方可进行焊接修补。气刨深度不应超过板厚的2/3,当缺陷仍未清除时,应焊接修补后,从另一侧气刨。

d. 修补焊缝长度不得小于50mm。

e. 焊接修补时如需预热,预热温度应取要求值的上限,有后热处理要求时,焊后应立即进行后热处理;线能量应控制在规定范围内,焊短焊缝时,线能量不应取下限值。

f. 同一部位(焊缝内、外侧各作为一个部位)修补不宜超过两次,对经过两次修补仍不合格的焊缝,应采取可靠的技术措施,并经单位技术负责人批准后方可修补。

g. 焊接修补的部位、次数和检测结果应做记录。

(4)球体的预热和焊后后热处理。

对于高强度钢来说,强度越高其淬火倾向越大。为了防止焊缝冷却过快而产生微裂纹,所以必须预热。预热温度由焊接性试验确定,一般控制在100~150℃范围内。加热在施焊侧的反面进行,在焊缝两侧各 100mm 范围内用测温笔或点式测温仪测量。

① 由于板厚,焊缝必须多层焊,所以也必须要控制层间温度,层间温度控制在 100~150℃ 的范围内。

② 焊接后,应立即进行后热处理。后热处理的温度在 100~250℃,需要保温 15~30min。目的是使部分硬化区进行回火,有利于焊缝中氢的扩散,避免"延迟裂纹"产生,见表 6-4-2。

表 6-4-2 常用钢材的预热温度　　　　　　　　　　　　　　　℃

板厚 mm	钢　种				
	20R	16MnR	15MnVR	15MnVNR	07MnCrMoVR
20	—	—	—	75~125	
25		—	75~125	100~150	
32		75~125	100~150	125~175	75~100
38	75~125	100~150	125~175	150~200	
50	100~150	125~175	150~200	150~200	

③ 符合下列条件之一的焊缝,焊后应立即进行后热处理。

a. 厚度大于 32mm,且材料标准抗拉强度大于 540MPa;

b. 厚度大于 38mm 的低合金钢;

c. 嵌入式接管与球壳的对接焊缝;

d. 焊接工艺规程确定需要后热处理者。

④ 后热处理,应按焊接工艺规程执行或按下列要求进行:

a. 后热温度应为:200~250℃;

b. 后热时间应为:0.5~1h。

⑤ 预热和后热温度均匀,在焊缝中心两侧,预热区和后热区的宽度应各为板厚的 3 倍,且不应小于 100mm。

⑥ 预热和后热及层间温度测量,应在距焊缝中心 50mm 处对称测量,每条焊缝测量点数不应少于 3 对。

⑦ 对不需要预热的焊缝,当焊件温度低于 0℃ 时,应在始焊处 100mm 范围内预热至 15℃ 后进行施焊。

⑧ 接管、人孔等拘束度高的部位及环境气温低于 5℃ 时,应扩大预热范围。

⑨ 预热和后热可根据施工地区能源供应情况,选用电加热法或火焰加热法。预热和后热宜在焊缝焊接侧的背面进行。

对于球瓣上的定位焊和工夹具焊等,都应与正式焊接工艺操作一样预热和焊后热处理。

(5)球罐焊后尺寸检查。

球罐焊接后,应检查两极间及赤道截面的内直径,以及最大内直径、最小内直径之间相互差、焊后球罐支柱的垂直度、焊缝的外观质量、人孔接管的安装、焊接质量等。

以上操作均应符合 GB 50094《球形储罐施工及验收规范》的规定。见本章"四、技术要求"中"(一)1000m³ 球形储罐的质量检验与试验"部分。

5. 焊缝的无损检测

球罐焊缝的无损检测按 GB 50094《球形储罐施工及验收规范》及 JB 4730《压力容器无损检测》的有关规定进行。见本章"四、技术要求"中"(一)1000m³ 球形储罐的质量检验与试验"部分。

6. 球罐的热处理

设计要求或规范规定需要进行焊后整体热处理的球罐,应对该球罐进行焊后整体热处理。

1)热处理工艺设备及流程

1000m³球罐焊后整体热处理工艺设备及流程见示意图6-4-12。

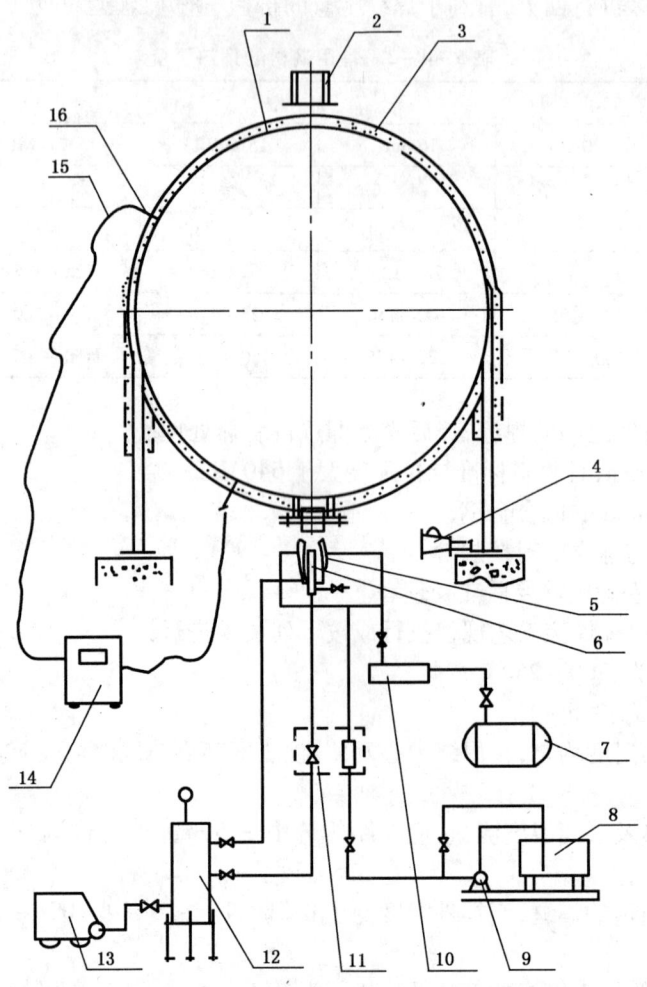

图6-4-12 球罐热处理工艺设备和流程示意图

1—球罐;2—烟囱;3—保温被;4—千斤顶;5—点火器;6—喷嘴;
7—液化气储罐;8—柴油罐;9—运输油泵;10—液化气分配罐;
11—风油控制盘;12—风罐;13—空压机;
14—自动记录仪;15—补偿导线;16—热电偶

2)球罐热处理的条件

(1)球罐全部焊接作业已完成,并经检验合格。

(2)球罐焊缝无损检测(RT、UT、MT、PT及测厚)作业结束,并由无损检测责任工程师出具检测报告,确认无误。

(3)球罐几何尺寸检查合格,并经工艺责任工程师审核及监检部门认可。

(4)球罐各种记录和有关技术资料齐全准确,经建设单位、质量技术监督部门检查确认并签字。

(5)编制球罐热处理技术措施经审核批准。

3)球罐热处理前的准备工作

(1)进行中间验收工作并签署《热处理前工程质量报告书》。

(2)适度放松拉杆、地脚螺栓,安装支柱调整机构。

(3)进行热处理前的硬度测定。

(4)产品试板,挂在赤道外壁紧贴罐壁。

(5)保温被(一般采用超细玻璃棉)的铺设及固定。

(6)热处理各系统试运转进行模拟点燃试验:

① 空压机、泵检修,试运转;

② 阀门试压,安全阀定压试验;

③ 压力表、流量计、热电偶、补偿导线仪表进行校验;

④ 霍克燃烧器进行球外点燃试验,测定火焰长及油风比。

(7)成立热处理实施指挥机构,明确各岗责任人员及操作规程,建立值班制度,组织好在岗人员操作练兵。

4)热处理工艺条件

(1)方法的选择。

选择轻柴油为主要燃料的内部燃烧油进行整体热处理。

(2)工艺曲线。

热处理工艺曲线见图 6-4-13。

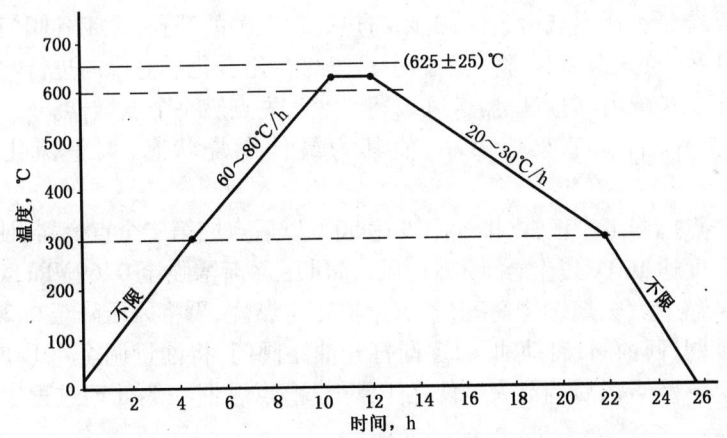

图 6-4-13 1000m³ 球罐热处理工艺曲线

(3)热处理工艺条件。

① 热处理温度:625±25℃;

② 恒温温差:<50℃;

③ 恒温时间:焊缝厚度每 25mm 保持 1h,且不应小于 1h;

④ 升温速度及冷却速度:

升温:升温速度控制 60~80℃/h,300℃以下可以不控制升温速度。

降温:降温速度控制在 20~30℃/h,300℃以下可以在空气中自然冷却。

⑤ 温差控制:

分三个区域控制:0~300℃温差不超130℃/h;300~625℃温差不超100℃/h;恒温期温差不超50℃/h。

升降温期间,任意测温点间温差,应小于130℃,热处理过程中,防止钢板过烧,氧化,当温差偏大时,将恒温下限温度降在600℃以下,但不应低于570℃,最高温度不得超过650℃,恒温一般控制在625℃以下。

重视恒温后降温阶段的管理是控制质量的关键之一,降温速度不宜太快,不宜超过40℃/h,北京钢铁研究总院提供最佳控制降温速度为20℃/h。

(4)工艺流程。

热处理采用内燃烧,即以轻柴油为燃料,球罐内腔为燃烧室,将轻柴油用泵加压,输送至霍克燃油喷嘴,经雾化与空气混合燃烧,燃烧火焰由球罐下部人孔喷入,在罐内对罐壁均匀加热,罐外用玻璃棉被保温,达到一定温度(625±25℃)和恒温时间要求,从而实现热处理过程。

① 供油系统:

轻柴油罐—齿轮油泵——溢流阀返回油罐

② 供风系统:

气压缩机——缓冲风罐——分配器—$\begin{bmatrix}一支路入喷嘴作雾化剂与燃油燃烧\\另一支路入点燃器与液化气预混合燃\end{bmatrix}$

③ 液化气点火系统:

液化气储罐—减压阀—分配器—点燃器燃烧。

5)热处理操作要领

(1)点火操作要领。

① 检查各系统是否达到点火条件,封闭与热处理无关的开孔,关闭各阀门。

② 起动空压机,打开送风阀,将压缩风引进操作台用雾化器对罐内进行吹扫。

③ 点燃火炬送进罐内,向点燃器送风,送液化气,先点燃一个点燃器。

④ 点燃器工作后,调节火焰大小,使其为最佳燃烧状态,调整液化气压力不大于0.098MPa。

⑤ 待第一个点燃器工作正常,排烟温度达50℃以后点燃第二个点燃器,使其正常燃烧。

⑥ 待排烟温度达100℃以上,给喷嘴送风,将风压逐渐增强至0.69MPa,观察点燃器是否被风吹灭,设反光镜观察火焰燃烧情况,若点燃器正常燃烧,再将风压降至0.25MPa。

⑦ 打开进油阀、回油阀,启动油泵,逐渐打开油路阀门,将油量调至40L/h,这时喷嘴喷雾状油流同时自行点燃,点燃后调节火焰使之正常燃烧,点燃器在热处理过程中,始终处于点燃状态。

⑧ 注意若罐内气流变化造成正压反馈,点火操作要仔细调节缓慢稳妥地进行。

(2)热处理过程中的操作要领。

喷嘴在使用前进行冷热态试验,测定火焰的长度与风量、油量、风油配比,定出操作参数,在热处理过程中,按参数控制风油量,根据实际温升情况调整,风油的流量及压力每30分钟测定一次。

① 预热阶段(室温~200℃):

预热应缓慢进行,使球壳体逐步由冷到热,预热阶段可以消除罐内残留水分,燃尽可燃物质,对各系统运转作初步考验,并做适应性的调整检查,确保各系统运行可靠。

② 升温阶段(200~450℃):

在预热阶段,燃烧器稳定燃烧无异常后,即可调整风压,油量按工艺曲线进行控制。

可以适当加大风量和油量,使升温速度加快,接近规定范围上限,油量由40L/h,逐渐增加至120~125L/h,风压由0.25MPa调至0.65MPa,此时应随时注意投用备用泵。

当升温速度和温差值超过上限,可适当加大风量,油量保持不变缩短火焰,可使罐体下部辐射加强,缩小罐体下部与其压部位温差值。

③ 均衡升压阶段(450~600℃):

此时已接近热处理温度,应采取小规范,升温速度控制在规定范围下限,缩短火焰,加强火焰对下部的辐射,充分利用球本体热导作用,以利均温,缩小温差。

进入恒温阶段,应随时观察仪表的工作情况,并认真做好记录,要特别注意产品试板温度的滞后现象。

④ 恒温阶段(625±25℃):

温度保持恒定,此时燃烧产生的热量,应完全用来补偿散失的热量,基本处于平衡状态。

减小烟囱挡板的开度,减小规范,油量自120L/h调至40~50L/h,控制油量风量,小油量、低风压,维持罐内恒温温度,控制范围在625±25℃以内,恒温时间115.2min,此时应注意油量减少所产生的喘息现象。

⑤ 降温阶段(625~450℃):

球罐残余应力主要是在恒温和缓冷过程中消除,故应认真控制好冷却速度。

恒温阶段结束后逐渐调小油量,直至关闭,关闭一个点燃器,打开烟囱挡板,控制降温速度为20℃/h。

根据降温速度,可调整压缩风流量或拆除一层保温被,当温度降到300℃时,可拆除所有保温结构。

⑥ 热处理过程,喷嘴火焰应控制在球罐中部,防止直接与球壁接触,以免过烧氧化。

(3)熄火操作要领。

① 关闭喷嘴送油阀,待主喷嘴不喷油时,关闭主喷嘴风阀。

② 关闭油泵;

③ 停风;

④ 关闭点燃器,切断液化气,停风。

6)球罐热处理的技术要求及注意事项

(1)热处理温度应符合设计图样要求,如图样无规定,对常用钢材热处理温度可按表6-4-3选择。

表6-4-3 常用钢材热处理温度

钢号	20R	16MnR	15MnVR	15MnVNR	07MnCrMoVR
热处理温度,℃	625±25	625±25	570^{+25}_{-20}	565±15	565±20

(2)热处理时,最小恒温时间应按最厚球壳板对接焊缝厚度的每25mm保持1h计算,且不应小于1h。

(3)加热时,在300℃及以下可不控制升温速度;在300℃以上,升温速度宜控制在50~80℃/h的范围内。

(4)降温时,从热处理温度到300℃的降温速度宜控制在30~50℃/h范围内,300℃以下可以在空气中自然冷却。

(5)在300℃以上阶段,球壳表面上任意两测温点的温差不得大于130℃。

(6)测温点均匀地布置在球壳表面,相邻测温点的间距宜小于4.5mm。距上下人孔与球壳板环焊缝边缘200mm范围内应设测温点各1个;产品焊接试板应设测温点1个,测量点总数不应少于表6-4-4的规定。

表6-4-4 测温点数

球罐容积,m³	50	120	200	400	650	1000	2000	≥4000
测量点数	8	8	12	12	12	12	24	36

(7)应对温度进行连续自动记录。热电偶及记录仪表应经过校准并在有效周期内。

(8)热处理时,应松开拉杆及地脚螺栓,并在支柱地脚板底部设置移动装置和位移测量装置。

(9)热处理过程中,应监测实际位移值,并按计算位移值调整柱脚的位移,温度每变化100℃应调整一次。移动柱脚时稳缓慢。

四、技术要求

(一)1000m³球形储罐的质量检验与试验

球形储罐的质量检验与试验执行GB 50094《球形储罐施工及验收规范》的有关规定。

1.零部件的检查和验收

施工单位应对制造单位提供的球壳板、人孔、接管、法兰补强件、支柱及拉杆等零部件的产品质量证明书进行检查。

1)球壳板和试板的检查

(1)球壳板和试板不得有裂纹、气泡、结疤、折叠和夹渣等缺陷。

(2)球壳板的厚度抽查不得小于名义厚度减去钢板负偏差。抽查数量应为球壳板数量的20%,且每带不应少于2块,上、下极不应少于1块;每张球壳板的检测不应少于5点。抽查若有不合格,应加倍抽查;若仍有不合格,应对球壳板逐张检查。

(3)球壳板的外形尺寸应符合下列要求:

① 球壳板的曲率检查所用的样板及球壳板与样板允许间隙应符合表6-4-5的规定(图6-4-14)。

表6-4-5 样板及球壳与样板允许间隙

球壳板弦长,mm	样板弦长,m	允许间隙e,mm
≥2	2	3
<2	与球壳板弦长相同	3

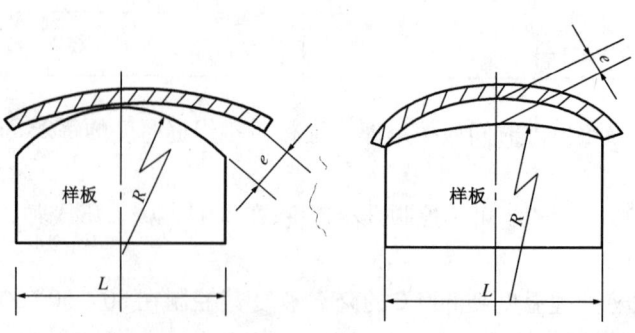

图6-4-14 球壳板曲率测量示意图

② 球壳板几何尺寸允许偏差应符合表6-4-6的规定(图6-4-15)。

表6-4-6 球壳板几何尺寸允许偏差

项　目	允许偏差,mm	项　目	允许偏差,mm
长度方向弦长 L_1、L_2、L_3	±2.5	对角弦长 D	±2
任意宽度方向弦长 B_1、B_2、B_3	±2	两条对角线间的距离	5

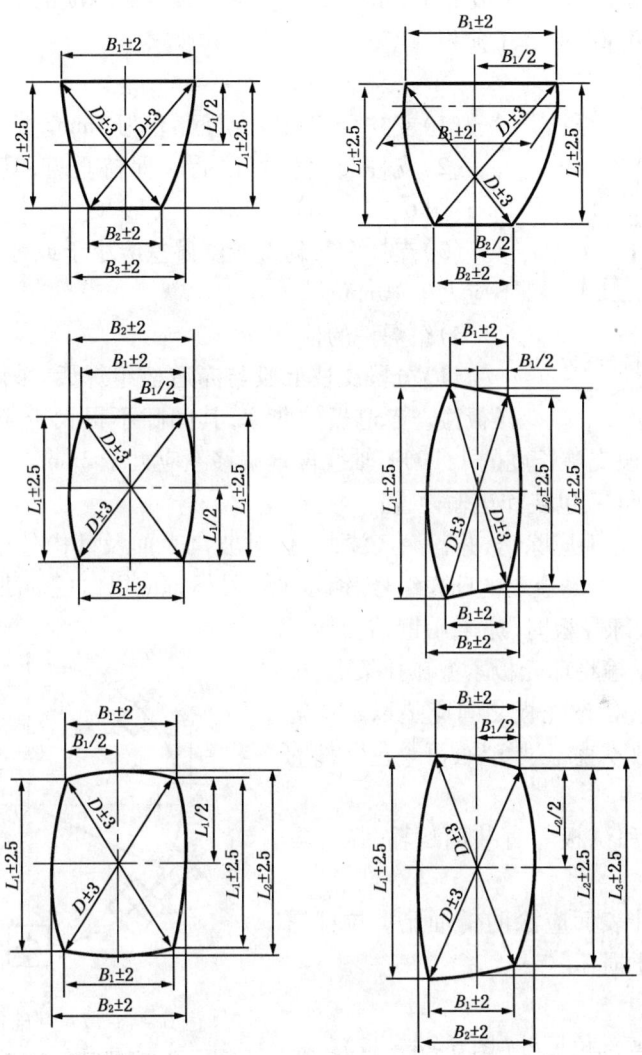

图6-4-15 球壳板几何尺寸检查

③ 球壳板焊接坡口应符合下列要求：

a. 气割坡口表面质量应符合 GB 50094《球形储罐施工及验收规范》的要求。

b. 熔焊与氧化皮应清除干净,坡口表面不应有裂纹和分层等缺陷。用标准抗拉强度大于540MPa 的钢材制造的球壳板,坡口表面应经磁粉或渗透检测抽查,不应有裂纹、分层和夹渣等缺陷。抽查数量为球壳板数量的20%,若发现有不允许的缺陷,应加倍抽查;若仍有不允许的缺陷,应逐件检测。

c. 坡口几何尺寸允许偏差应符合 GB 50094《球形储罐施工及验收规范》的要求。

　　④ 球壳板周边 100mm 范围内应进行全面积超声检测抽查,抽查数量不得少于球壳板总数的 20,且不少于 2 块,上下极板不应少于 1 块;对球壳板有超声检测抽查要求的还应进行超声检测查,抽查数量与周边抽查数量相同。检测方法和结果应符合国家现行标准《压力容器无损检测》JB 4730 的规定,合格等级应符合设计图样的要求。若有不允许的缺陷,应加倍抽查,若仍有不允许的缺陷,应逐件检测。

　　⑤ 当相邻板的厚度差大于或等于 3mm 或大于其中的薄板厚度的 1/4 时,厚度边缘应削成斜边,削边后的端部厚度等于薄板厚度。

　2)支柱的检查

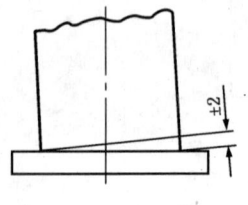

图 6-4-16　支柱与底板垂直度偏差检查

　　(1)支柱全长长度允许偏差为 3mm。

　　(2)支柱与底板焊接后应保持垂直,其垂直度允许偏差为 2mm(图 6-4-16)。

　　(3)支柱全长的直线度偏差应小于或等于全长的 1/1000,且不应大于 10mm。

　3)组焊件的检查

　　(1)分段支柱上段与赤道板组焊后,采用弦长不小于 1m 的样板检查赤道板的曲率,其间隙不得大于 3mm。上段支柱直线度的允许偏差为上段支柱长度的 1/1000,轴线位置偏移不应大于 2mm。

　　(2)零部件的油漆、包装和运输检查:

　　① 球壳板内外表面应除锈,并各涂底漆两道;对坡口表面及其内外边缘 50mm 范围内应涂可焊性涂料。每块球壳板上的球壳编号、钢号炉批号标记应以白色油漆框出。

　　② 运输及存放球壳板时,应采用钢结构托架包装,并应采用拉紧箍将球壳板紧箍在托架上;球壳板的凸面宜向上;各球壳板之间应垫以木块等柔性材料,重叠块数不宜超过 6 块;每个包装件的总重不宜超过 30t。

　　③ 法兰、人孔和试板等宜装箱运输,拉杆等杆件宜集束包扎。

　　④ 所有加工件表面应涂防锈油脂。拉杆螺纹应妥善保护,防止损坏。

　2.基础验收

　(1)检验基础各部位尺寸(图 6-4-17)。

　(2)检验标准见表 6-4-7。

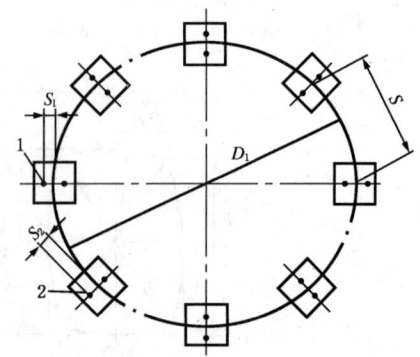

图 6-4-17　基础各部位尺寸检查
1—地脚螺栓;2—地脚螺栓预留孔

表 6-4-7　基础各部位尺寸允许偏差

序 号	项 目		允许偏差
1	基础中心圆直径(D_1)	球罐容积 <1000m³	±5mm
		球罐容积 ≥1000m³	±D_1/2000mm
2	基础方位		1°
3	相邻支柱基础中心距(S)		±2mm

续表

序 号	项 目			允 许 偏 差
4	支柱基础上的地脚螺栓中心与基础中心圆的间距(S_1)			±2mm
5	支柱基础地脚螺栓预留孔中心与基础中心圆的间距(S_2)			±8mm
6	基础标高	采用地脚螺栓固定的基础	各支柱基础上表面的标高	$-D_1/1000$mm,且不低于 -15mm
			相邻支柱的基础标高差	4mm
		采用预埋地脚板固定的基础	各支柱基础地脚板上表面标高	-6mm
			相邻支柱基础地脚板标高差	3mm
7	单个支柱基础上表面的水平度	采用地脚螺栓固定的基础		5mm
		采用预埋地脚板固定的基础地脚板		2mm

3. 球罐组装的检验

1) 检验内容

球壳板及部件的组对间隙、对口错边量和棱角、组装尺寸、垂直度等。

2) 检验标准

(1) 球壳板的组对间隙、对口错边量和棱角应符合下列要求：

① 采用手工电弧焊时,组对间隙宜为 2±2mm；采用药芯焊丝气体保护焊时,组对间隙宜为 3±1mm；采用其他焊接方法时,组对间隙应由焊接工艺确定。

② 球壳板的组对错边量 b 不应大于球壳板的名义厚度的 1/4,且不得大于 3mm(图 6-4-18、图 6-4-19),当两板厚度不等时,可不计两板厚度差值。

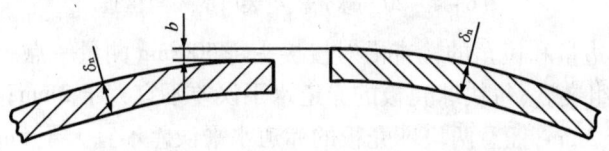

图 6-4-18 等厚度球壳板组装时的对口错边量

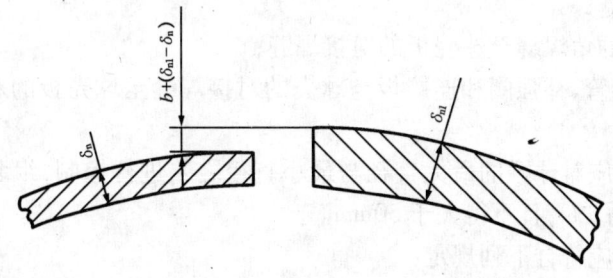

图 6-4-19 不等厚度球壳板组装时的对口错边量

③ 用弦长不小于 1m 的样板检查球壳板组装后的棱角(图 6-4-20),棱角应按下式计算,且不得大于 7mm：

$$E = l_1 - l_2 \tag{6-4-5}$$

$$l_2 = |R - R_0| \qquad (6-4-6)$$

式中　　E——棱角值，mm；
　　　　l_1——最大棱角处球壳与样板的实测径向距离，mm；
　　　　l_2——标准球壳与样板的径向距离，mm；
　　　　R——球壳的设计内半径或外半径，mm；
　　　　R_0——样板的曲率半径，mm。

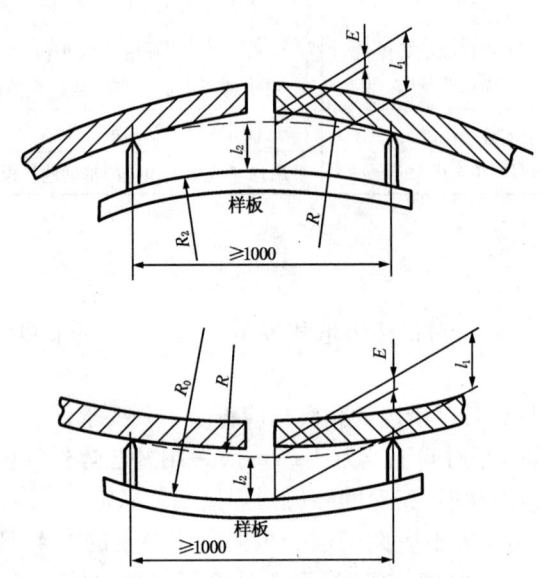

图6-4-20　球壳板组装时的棱角检查

④ 组对间隙、错边量和棱角的检查沿对接接头每500mm测量一点。

(2)球罐赤道带组装后，每块球壳板的赤道水平误差不宜大于2mm；相邻两块球壳板的赤道水平误差不宜大于3mm；任意两块球壳板的赤道水平误差不宜大于6mm。

(3)球罐组装时，下列相邻焊缝的边缘距离不应小于球壳板厚度的3倍，且不应小于100mm。

① 相邻的纵焊缝；
② 支柱与球壳的角焊缝至球壳板的对接焊缝；
③ 球罐人孔、接管、补强圈和连接板与球壳的对接焊缝至球壳板的对接焊缝及其相互之间的焊缝。

(4)球罐组装时应对球罐的最大直径与最小直径之差进行控制，组装完成后其差值宜不小于球罐设计内径的3‰，且不得大于50mm。

(5)支柱的安装应符合下列规定：

① 支柱用垫铁找正时，每组垫铁高度不应小于25mm，且不宜多于3块。斜垫铁应成对使用，紧密接触。找正完毕后，焊点应牢固。
② 支柱安装找正后，应在球罐径向和周向两个方向检查支柱的垂直度。

(6)零部件安装的检验：
球罐人孔及接管等受压元件的安装，应符合下列规定：
① 开孔的位置允许偏差为5mm；

② 开孔直径与组装件直径之差宜为 2~5mm；
③ 接管外伸长度及位置允许偏差为 5mm；
④ 除设计规定外，接管法兰面应与接管中心轴线垂直，且使法兰面水平或垂直，其偏差不得超过法兰外径的 1%，且不得大于 3mm；
⑤ 以开孔中心为圆，开孔直径为半径的范围外，采用弦长不小于 1m 的样板检查球壳板的曲率，其间隙不得大于 3mm。
⑥ 补强圈应与球壳板紧密贴合；
⑦ 球罐上的连接板应与球壳紧密贴合，并在热处理之前与球罐焊接。当连接板与球壳的角焊缝是连续焊缝时，应在不易流进雨水的部位留出 10mm 的通气孔隙。连接板安装位置的允许偏差为 10mm。

4. 球罐焊后尺寸检查

(1) 焊接后，棱角值不得大于 10mm。
(2) 焊接后，应检查球壳两极间及赤道截面的内直径，并应符合下列要求：
① 两极间的内直径、赤道截面的最大内直径和最小内直径三者之间相互之差均应小于设计内径的 7/1000 且不大于 80mm；
② 两极间的内直径、赤道截面的最大内直径和最小内直径与设计内直径之差均小于设计内直径的 7/1000，且不应大于 80mm。
(3) 焊后球罐支柱的垂直度：当支柱的高度小于或等于 8m 时，垂直度允许偏差为 12mm；当支柱的高度大于 8m 时，垂直度允许偏差为支柱高度的 1.5‰，且不得大于 15mm。

5. 焊缝的检验

(1) 焊接后应对焊缝进行外观检查，检查前应将熔渣皮、飞溅物等清理干净。
(2) 焊缝表面质量应符合下列规定：
① 焊缝和热影响区表面不得有裂纹、气孔、咬边、夹渣、凹坑、未焊满等缺陷。
② 角焊缝的焊脚尺寸应符合设计图样要求。
③ 焊缝的宽度应比坡口每边增宽 1~2mm。
④ 对接焊缝的余高应符合表 6-4-8 规定。

表 6-4-8 对接焊缝余高   mm

焊缝深度 δ	焊缝余高		
	手弧焊	埋弧焊	药芯焊丝气体保护焊
≤12	0~1.5	0~3	0~3
12<δ≤25	0~2.5	0~3	0~3
25<δ≤50	0~3	0~3	0~3
>50	0~4	0~3	0~3

(3) 工卡具去除后的表面，不得有裂纹、气孔、咬边、夹渣、凹坑、未焊满等缺陷。
(4) 射线检测和超声检测：
① 焊缝的射线检测和超声检测应按国家现行标准《压力容器无损检测》JB 4730 进行，焊缝射线检测可选用 X 射线检测法或 γ 射线全景曝光测法。射线照相的质量要求不低于 AB 级。
② 球罐的对接焊缝，凡符合下列条件之一者，应按设计图样规定的检测方法进行 100% 的

射线或超声检测:
  a. 名义厚度大于 38mm 的碳素钢球罐的焊缝;
  b. 名义厚度大于 30mm 的 16MnR 球罐的焊缝;
  c. 名义厚度大于 25mm 的 15MnVR 球罐的焊缝;
  d. 材料标准抗拉强度大于 540MPa 的球罐的焊缝;
  e. 进行气压试验的球罐的焊缝;
  f. 图样注明盛装易燃和毒性为极度或高度危害介质的球罐的焊缝;
  g. 嵌入式接管与球壳连接的对接焊缝;
  h. 以开孔中心为圆心,1.5 倍开孔直径为半径的圆内包容焊缝,以及公称直径大于 250mm 的接管与长颈法兰、接管与接管连接的焊缝;
  i. 被补强圈所覆盖的焊缝。
  ③ 球壳板名义厚度小于或等于 38mm 时,对接焊缝应选用射线检测。
  ④ 对接焊缝无损检测的合格标准应符合国家现行标准 JB 4730《压力容器无损检测》的规定,100% 射线检测的对接焊缝,Ⅱ级为合格;局部射线检测的对接焊缝,Ⅲ级为合格。100% 超声检测的对接焊缝,Ⅰ级为合格;局部超声检测的对接焊缝,Ⅱ级为合格。
  (5)磁粉检测和渗透检测:
  ① 球罐的下列部位应在压力试验前(如球罐需焊后整体热处理时应在热处理前)进行磁粉检测或渗透检测:
  a. 球壳对接焊缝内外表面;
  b. 人孔及公称直径大于或等于 250mm 接管的对接焊缝的内外表面;
  c. 接管与球壳板焊缝内外表面;
  d. 补强圈、垫板、支柱及其他角焊缝的外表面;
  e. 工卡具焊迹打磨后及球壳体缺陷焊接修补和打磨后的部位。
  ② 磁粉检测和渗透检测应按国家现行标准 JB 4730《压力容器无损检测》进行。
  ③ 磁粉检测和渗透检测不得出现下列缺陷:
  a. 任何裂纹和白点;
  b. 任何横向缺陷显示;
  c. 任何长度大于 1.5mm 的线性缺陷显示;
  d. 单个尺寸大于或等于 2mm 圆形缺陷显示。
  6. 压力试验和气密性试验
  1)压力试验
  (1)球罐在压力试验前应具备下列条件:
  ① 球罐和零部件焊接工作全部完成并经检验合格;
  ② 基础二次灌浆达到强度要求;
  ③ 需热处理的球罐,已完成热处理,产品焊接试板经检验合格;
  ④ 补强圈焊缝已用 0.4~0.5MPa 的压缩空气做泄漏检查合格;
  ⑤ 支柱找正和拉杆调整完毕。
  (2)除设计图样有规定外,不得采用气体代替液体进行压力试验。
  进行压力试验时,应在球罐顶部和底部各设置一块量程相同并经校准合格的压力表,其准确度等级不应低于 1.5 级。压力表量程宜为试验压力的 2 倍,且不应小于 1.5 倍和不应大于 4

倍的试验压力。压力表的直径不宜小于150mm。

(3)压力试验时,严禁碰撞和敲击球罐。

(4)液压试验应符合下列规定:

① 液压试验介质应采用清洁水。奥氏体不锈钢压力容器用水进行液压试验时,应严格控制水中的氯离子含量不超过25mg/L。

② 碳素钢、16MnR和正火15MnVR球罐液压试验时,试验用水温度不得低于5℃;其他低合金钢球罐(不含低温球罐),试验用水温度不得低于15℃。当由于板厚等因素造成材料无延性转变温度升高时,应相应提高试验用水温度。

③ 液压试验的试验压力,应按设计图样规定,且不应小于球罐设计压力的1.25倍。试验压力读数应以球罐顶部的压力表为准。

(5)液压试验应按下列步骤进行:

① 试验时压力应缓慢上升,充液时应将球罐内的空气排尽。试验过程中,应保持球罐外表面干燥;

② 试验时,压力应缓慢上升,当压力升至试验压力的50%时,保持15min;然后对球罐的所有焊缝和连接部位进行检查,确认无渗漏后继续升压;

③ 当压力升至试验压力的90%时,应保持15min,再次进行检查,确认无渗漏后再升压;

④ 当压力升至试验压力时,应保持30min,然后将压力降至试验压力的80%进行检查,以无渗漏和无异常现象为合格;

⑤ 液压试验完毕后,应将水排尽。排水时,不应就地排放。

(6)气压试验应符合下列规定:

① 气压试验必须采取安全措施,并经单位技术负责人批准。试验时应有本单位安全部门监督检查。气压试验时必须设置两个或两个以上安全阀和紧急放空阀。

② 气压试验的试验压力应符合设计图样规定。

③ 气压试验的介质应采用空气或氮气,介质温度不应低于15℃。

④ 气压试验应按下列步骤进行:

a. 压力升至试验压力的10%时,宜保持5~10min,对球罐的所有焊缝和连接部位作初次泄漏检查,确认无泄漏后,继续升压;

b. 压力升至试验压力的50%时,应保持10min,当无异常现象时,应以10%的试验压力为级差,逐级升至试验压力,并保持10~30min后,降至设计压力进行检查,以无泄漏和无异常现象为合格;

c. 缓慢卸压。

(7)球罐在充水、放水过程中,应对基础的沉降进行观测,并作好记录。

沉降观测分别在充水前、充水到内直径1/3、2/3时,充满水时及24h后,放水后几个阶段进行。

支柱基础沉降应均匀,放水后不均匀沉降量不应大于基础中心圆直径的1/1000,相邻支柱基础沉降差不应大于2mm。

2)气密性试验

(1)设计规定需进行气密性试验的球罐应用空气或氮气进行气密性试验。

(2)气密性试验步骤:

① 当压力升至试验压力50%时,保持10min对焊缝及连接部位进行检查无泄漏;

② 继续升压至试验压力时保持10min,对所有焊缝及连接部位检查无泄漏即为合格。

(3)设计规定用气压进行强度试验的球罐、气密性试验可与气压试验同时进行。

(二)应遵循的规程、规范

(1)国家质量技术监督局《压力容器安全技术监察规程》。

(2)GB 50094《球形储罐施工及验收规范》。

(3)1000m^3球罐制造及现场组焊单位应建立压力容器质量保证体系,编制压力容器质量保证手册、管理制度、程序文件、作业指导书等企业标准。

(4)压力容器(包括球罐)制造单位应取得相应的压力容器制造许可证,严格执行国家法津、法规、行政规章和规范、标准,严格按设计文件制造和组焊压力容器。

(三)质量检查、检验和试验

(1)1000m^3球罐的制造和现场组焊应按《球形储罐施工及验收规范》的有关规定对制造和安装的质量进行检查,并达到相关的质量标准,见本章四中"(一)1000m^3球形储罐的质量检验与试验"部分。

(2)1000m^3球罐的焊缝检查应按《球形储罐施工及验收规范》中有关焊缝检查的规定和JB 4730《压力容器无损检测》的规定进行。

(3)1000m^3球罐的压力试验和气密性试验,应按照《压力容器安全技术监察规程》和《球形储罐施工及验收规范》中的有关规定进行,具体要求和实施见本章"四、技术要求"中"(一)1000m^3球形储罐的质量检验与试验"部分。

(四)质量标准

(1)1000m^3球罐零部件的检查验收的质量标准见本章"四、技术要求"中"(一)1000m^3球形储罐的质量检验与试验"部分中的"零部件的检查和验收"。

(2)1000m^3球罐现场安装的质量标准见本章"四、技术要求"中"(一)1000m^3球形储罐的质量检验与试验"部分中的"基础验收"、"球罐组装的检验"、"球罐焊后尺寸检查"、"焊缝的检验"、"压力试验和气密性试验"等内容的有关规定。

(3)1000m^3球罐制造和现场组焊的全部质量标准均符合 GB 50094《球形储罐施工及验收规范》中的规定。

五、相关知识

(一)压力容器有关知识

1. 压力容器的分类

为有利于安全技术监督和管理,我国国家质量技术监督局颁发的《压力容器安全技术监督规程》(简称《容规》)根据压力、介质、用途、压力乘容积值将压力容器分为三类。

1)第三类压力容器

下列情况之一的,为第三类压力容器:

(1)高压容器;

(2)中压容器(仅限毒性程度为极度和高度危害介质);

(3)中压储存容器(仅限易燃或毒性程度为中度危害介质,且 $p \cdot V$ 乘积大于等于10MPa·m^3);

(4)中压反应容器(仅限易燃或毒性程度为中度危害介质,且 $p \cdot V$ 乘积大于等于0.5MPa·m^3);

(5)低压容器(仅限毒性程度为极度和高度危害介质,且 $p \cdot V$ 乘积大于等于0.2MPa·m^3);

(6)高压、中压管壳式余热锅炉;

(7)中压搪玻璃压力容器;

(8)使用强度级别较高(指相应标准中抗拉强度规定值下限大于等于540MPa)的材料制造的压力容器;

(9)移动式压力容器,包括铁路罐车(介质为液化气体、低温液体)、罐式汽车(液化气体运输(半挂)车、低温液体运输(半挂)车、永久气体运输(半挂)车)和罐式集装箱(介质为液化气体、低温液体)等;

(10)球形储罐(容积大于等于50m³);

(11)低温液体储存容器(容积大于5m³)。

2)第二类压力容器

下列情况之一的,为第二类压力容器(本条第1)款规定的除外):

(1)中压容器;

(2)低压容器(仅限毒性程度为极度和高度危害介质);

(3)低压反应容器和低压储存容器(仅限易燃介质或毒性程度为中度危害介质);

(4)低压管壳式余热锅炉;

(5)低压搪玻璃压力容器。

3)第一类压力容器

低压容器为第一类压力容器(本条第1)款、第2)款规定的除外)。

2. 压力容器的压力等级划分

《容规》按压力容器的设计压力(p)分为低压、中压、高压、超高压四个压力等级,具体划分如下:

(1)低压(代号 L):$0.1\text{MPa} \leqslant p < 1.6\text{MPa}$;

(2)中压(代号 M):$1.6\text{MPa} \leqslant p < 10\text{MPa}$;

(3)高压(代号 H):$10\text{MPa} \leqslant p < 100\text{MPa}$;

(4)超高压(代号 U):$p \geqslant 100\text{MPa}$。

3. 压力容器品种的划分

《容规》按压力容器在生产工艺过程中的作用原理,将压力容器分为四种,具体划分如下:

(1)反应压力容器(代号 R)。它主要用于完成介质的物理、化学反应,如反应器、反应釜、分解塔、聚合釜、高压釜、合成塔、变换炉、蒸煮锅、煤气发生炉等。

(2)换热压力容器(代号 E)。它主要用于完成介质的热量交换,如热交换器、冷却器、冷凝器、蒸发器、加热器、煤气发生炉水夹套、消毒锅、染色器、烘缸、蒸炒锅、预热锅、熔剂预热器等。

(3)分离压力容器(代号 S)。它主要用于完成介质的流体压力平衡缓冲和气体净化分离,如分离器、过滤器、缓冲器、洗涤塔、吸收塔、铜洗塔、干燥塔、汽提塔、分气缸、除氧器等。

(4)储存压力容器(代号 C,其中球罐代号 B)。它主要用于盛装生产用的原料气体、液体、液化气体等,如各种形式的储罐。

如果一种压力容器,同时具备两个以上的工艺作用原理,则应按工艺过程中的主要作用来划分品种。

4. 易燃介质与介质毒性程度等级的划分

1)易燃介质

易燃介质是指与空气混合的爆炸下限小于10%,或爆炸上限和下限之差值大于等于20%的气体,如:一甲胺、乙烷、乙烯、氯甲烷、环氧乙烷、环丙烷、丁烷、三甲胺、丁二烯、丁烯、丙烷、丙烯、甲烷等。

2）介质毒性程度等级的划分

介质毒性程度参照 GB 5044《职业性接触毒物危险程度分级》的规定，分为四级，其最高容许浓度分别为：

(1) 轻度危害（Ⅰ级）$<0.1\text{mg/m}^3$；

(2) 中度危害（Ⅱ级）$0.1\sim<1.0\text{mg/m}^3$；

(3) 高度危害（Ⅲ级）$1.0\sim\geqslant 10\text{mg/m}^3$；

(4) 极度危害（Ⅳ级）$\geqslant 10\text{mg/m}^3$。

属于Ⅰ、Ⅱ级的介质有：氟、氢氰酸、光气、氟化氢、碳酰氟、氯等；属于Ⅲ级的有：二氧化硫、氨、一氧化碳、氯乙炔、甲醇、氧化乙烯、硫化乙烯、二硫化碳、乙炔、硫化氢等；属于Ⅳ级的有：氢氧化钠、四氟乙烯、丙酮等。

当压力容器中的介质为混合物质时，应以介质的组成并按以上毒性程度或易燃介质的划分原则，由设计单位的工艺设计或使用单位的生产技术部门，决定介质毒性程度是否属于易燃介质。

(二) 球罐焊接相关知识

见基础知识中有关焊接基础知识部分。

(三) 金属热处理基础知识

见基础知识中有关热处理知识部分。

第五章　大直径塔类设备的制作安装

在石油化工、轻工等生产装置中,塔设备主要应用在气相和液相间或两液相间的传质过程,如精馏、吸收、解吸、萃取等。常用的塔设备大致可分为板式塔和填料塔两大类。目前板式塔所占比例比填料塔大。

塔设备一般都较高,一般在几十米甚至百米以上。同时由于石油化工企业向大型发展,所需塔径也逐渐增大。

目前板式塔按塔盘结构可分为泡罩塔、浮阀塔、筛板塔等。

本章主要介绍 ϕ3800mm 及以上塔设备的制作和安装的工作程序、内容、技术要求和质量检验等。

一、学习目标

熟悉和掌握 ϕ3800mm 以上直径塔类设备在工厂的制作程序和方法,以及在安装现场的组装程序和方法,能够正确熟练地参加和组织对 ϕ3800mm 以上直径塔类设备的制作和现场安装,并达到规定的技术要求。

二、使用工(机)具

(1)设备制作需用的设备机具主要有:剪板机、刨边机(或半自动切割机)、压力机、滚板机、电焊机等设备及冲压模具、辅助工卡具。

(2)设备现场组对及安装需用的设备机具主要有:电焊机、吊车、超重桅杆、无损检测设备(X 射线探伤机、超声波检测仪、洗片、评片设施)、试压泵、空气压缩机等。

(3)ϕ3800mm 以上的塔类设备在预制厂进行封头、筒体分片、零部件的制作、制作前主要应做好以下准备工作:

① 封头冲压胎模的设计和制作;

② 设备、机具的检查和维护保养;

③ 材料的检查、复验;

④ 工卡具、量具的准备;

⑤ 根据需要对塔体部件进行展开计算、放样。

(4)ϕ3800mm 以上塔类设备一般在安装现场进行组对、焊接及试验、设备现场组装前主要应做好以下准备工作:

① 施工设备机具如吊车(或起重桅杆)、电焊机、试压泵、空气压缩机、切割器、打磨机、检测设备等的准备;

② 组装现场的分片堆放场地、组装用钢平台准备;

③ 组装及试验场地的电源、水源的准备;

④ 施工、检测人员的资质审查及技术培训。

三、工作程序和内容

(一)ϕ3800mm 以上塔类设备的制作

因为该类设备直径较大,运输超限,故常采用分片预制、现场组对成段(或整体)的方法。

1. 筒体的预制

1) 材料要求

所有材料应有合格证、材质证明书、材质标记,表面无麻点、深坑、裂纹、重皮,供货状态应符合图纸要求。

2) 筒体的下料

筒体的展开是矩形,矩形精确度越高、卷制的筒体错口越小、正圆度越高、组对间隙越均匀。一般号料方法有两种,找直角法和找对角线法。找直角法缺点是板应垫平,故一般采用对角线法号料,此法的好处是:长、宽、对角线若有一个数据错误,矩形就划不出来。下料前,根据钢板现有规格合理排板,排板应充分考虑下列因素:材料利用率要高、焊缝少,板宽不应越出滚板机辊的长度,板长不超过刨边机有效长度,板长的下料还应考虑单片筒体成形的高度是否超出运输条件。尽量避开开口及补强圈位置。每张板的四周应有样冲标准眼,板宽允差不大于 0.5mm,板长允差小于 1.5mm、对角线允差不大于 2.0mm。

3) 坡口加工

坡口的加工采用刨边机机械加工,以型号为 B81120A 刨边机为例,阐明刨边全过程:将需刨钢板放在刨边机支架平台上,调整钢板位置,使钢板边缘净料线与刨边机导轨平行,一般采用测量标准点到刨边机平台内边缘距离相等即可,然后用油压压紧钢板,选择一个角度符合要求的刀具和一把 0° 角度刀分别夹紧在刨边机小车左右刀架上,由里向外慢慢进刀刨边,尽量先用平刀刨掉边缘外的余料,再刨出全坡口,为提高坡口光洁度,最后一刀应尽量吃刀量小,速度快。刨完后坡口角度误差不大于 2.5°;钝边尺寸偏差为 ±1mm。

4) 筒体滚圆

因为是分片预制,筒体不存在整圈校圆,故每片筒体都应有 2 个预弯头来消除滚圆直边,对于大直径分片筒体预弯头方法大致可分三种。一种是做弧形胎冲压法,根据压头曲率大小作上下凸凹冲压胎,胎的长度比板宽大 100mm 左右,胎的宽度一般取 300~500mm。根据筒体的厚度和压力机压力的大小来决定冷压或热压,预弯凸凹模曲率的确定要考虑板的厚度及钢材回弹量,曲率一般比理论稍大一些,如图 6-5-1 所示。

第二种预弯头的方法是接引弧板或两头留余量法。在需要预弯的钢板两头各焊一引板,或号料时两头留余量,引弧板和两头所留余量的大小应为 $e/2+50mm$,其中 e 为滚板机下两辊中心距,预弯后再割掉。

第三种预弯方法是利用滚板机上下辊的移动对压头预弯。这种方法成本最低亦最常用,本文着重介绍这种方法。最常用的滚板机一般为三轴辊,分对称式和不对称式。以日本产型号 600T-040×3200 滚板机为例说明预弯压头过程。该机上辊为被动辊,下辊为主动辊,并能上下移动,如图 6-5-2。

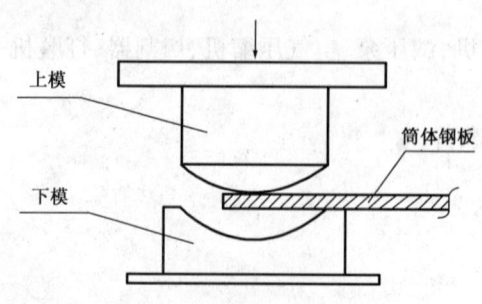

图 6-5-1 筒体板预弯冲压胎示意图

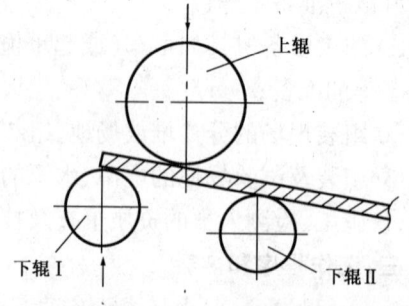

图 6-5-2 滚板机压头预弯示意图

将钢板端头放进滚板机,调整好位置,使压头前端不超过轴Ⅰ中心最高点,然后让下辊Ⅱ下移,下移到接近其行程极限位置,使钢板后面不会翘起太高,再慢慢上升下辊Ⅰ,当下辊Ⅰ每上升一点,钢板压头向后退一点,然后落下下辊Ⅰ,用样板检查压头曲率,每次逐渐增加下辊Ⅰ上升高度,每次做好上升高度标记,直至压头曲率符合检查样板,并记录此次上升高度,作为下一个压头的依据。

将预弯压头好的筒体放进滚板机,慢慢调整使上下辊距离逐渐变小,宁欠毋过,由钢板一端滚到另一端,用样板检查所滚弧的曲率,直至与样板曲率一致。检查样板的长度应不小于 $1/4Dg$,且不小于 500mm。样板与壁板的间隙应小于 3mm。对于刚性差的壁板滚圆应用吊车配合,否则会发生因自重发生折板现象;吊车的吊点应有防滑措施,以防出现设备、人身伤亡事故。将卷好的筒体放在曲率一致的胎上或立放,不能平躺在地面上。

5) 分片筒体预组装

如分片筒体的下料、刨边全过程的质量控制能得到保证、可免作预组装。对于用户或图样有要求、或对上道工序有怀疑的,应进行筒体预组装。

筒体的预组装首先应找一块较平的平台,以筒体的内外径画 2 个同心圆,将每圈筒体按排板图顺序围好,在每片筒体内外圆四周大约 1000mm 左右点焊挡块,在筒体下端面垫上调整垫块,使整圈筒体下表面在一个平面上,调整各纵缝间隙均匀在 0～2mm 之内。筒体预组装检查内容有周长允差、棱角、曲率、相邻板宽差。对分片筒体的吊装,应采用柔性吊装应保证其曲率与原来一样。

2. 封头和翻边过渡的预制(以封头为例来说明)

1) 分片数量的确定

根据压力机操作空间校形的难易,及制作胎具成本来确定,等分越多,越易成形,但焊缝越多。分片封头相邻纵缝的距离大于 3 倍的板厚且不小于 100mm。

2) 冲压凸凹模的设计

以封头中心 O 为基点,作与长轴夹角 45°斜线 OC,OC 线以下为瓜瓣部,OC 线以上为顶圆部分(顶圆直径应 $d \leq 1/2Dg$),凹模最低不小于 300mm;凸模最短处不小于 200mm;凸凹模底面垂直于 OC 线,总高 H 应考虑压力机行程及方便出料而定,且凸凹模长宽均应比净料周长大 100mm。图 6-5-3 为上下胎模在位置Ⅰ的弧形立板实样图,按同样方法展开放样画出位置Ⅱ、Ⅲ、Ⅳ的弧形立板实样图,按实样图切割各立板,(弧形立板高度应减去胎皮厚度),并与上下胎底板向心方向组焊,即可做出整套凸凹模。此类构件的压制可不考虑回弹量和收缩率,因为该类构件拱高小,回弹较小,收缩有充分余量补偿。

3) 冲压净料样板制作

如图 6-5-4,由 2 块向心切出与封头弧相吻合的立板,底板是由封头直边下边缘切出。底板外弧半径等于 $1/2Dg$。2 块立板组对的向心角为每片的净料角 $360°/n$(n 为片数),将此三块板用钢管或筋条按图彼此相对位置固定,即可做成净料样板,样板的弦长、对角线误差均应小于 1mm。

4) 分片封头的冲压

将封头分片冲压上下胎具安装在压力机上,将加热的分片封头板放入上下胎具中间进行冲压。

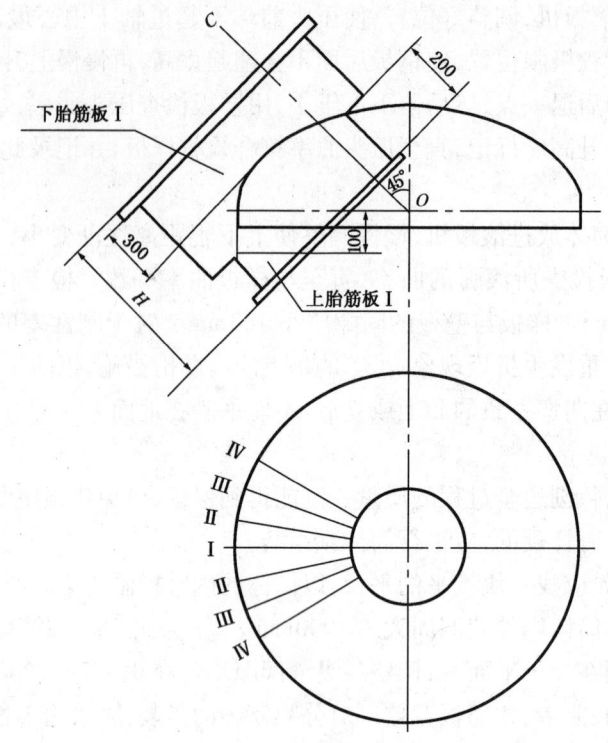

图 6-5-3 分片封头冲压胎具

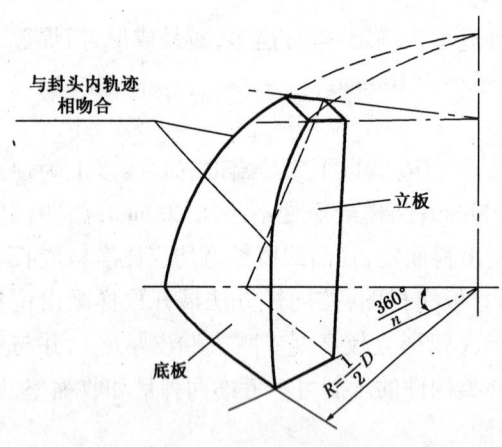

图 6-5-4 封头冲压分片净料样板制作图

5)分片封头的切割和预组装

(1)对压制好的瓜瓣用净料样板检查,间隙应小于 2mm,对不合格的瓜瓣重新校形。将净料样板放在瓜瓣上,画上三条净料线(极盖边除处),用半自动切割机割出三边余料和坡口,留一个大片一个边不割,作为调节周长余量。

(2)在水平的钢平台上划出组装基准圆,将基准圆按照封头的分瓣数几等分,至少在距离等线两侧 100mm 处设置一块定位板(如图 6-5-5)。

(3)在组装基准圆内,设置封头组装胎具,以定位板和组装胎具为基准,用工卡具使瓣片紧靠定位板和胎具,并调整对口间隙和错边量,点焊固定。对于直径较大、刚性较差的封头,应根据具体情况采取十字形和米字形临时加固措施,防止封头焊接变形。

(4)将割好的每个瓜瓣按图样围在支撑上,在封头直边处点焊限位挡板,调整各纵缝间隙,使焊缝间隙均匀,大约为 2mm 左右。最后一个瓜瓣尺寸根据实际尺寸切割好,整圈瓜瓣全部就位,根据极盖板实际尺寸,割去瓜瓣上端毛料,并切好坡口,将极盖板就位。瓜瓣封头预组装检查内容主要有:周长、焊缝棱角、错边、封头高度、直边高度。将预组装好的每个瓜瓣按顺

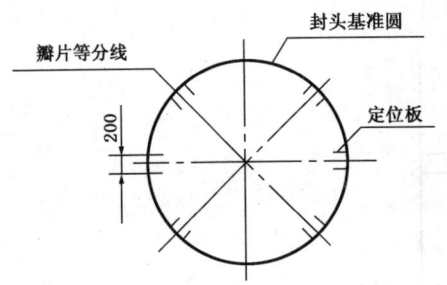
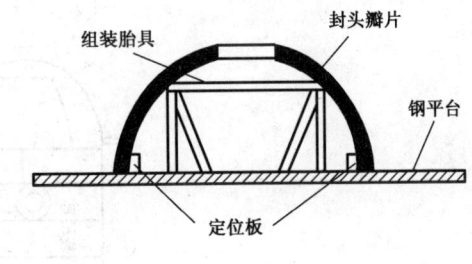

图6-5-5 封头预组装示意图

时针方向连续编好序号,并在排板图上作好标记。瓜瓣外壁刷2遍防锈漆,周边50mm涂上可焊性涂料,以备包装之用。

3. 分片容器的包装

1) 筒体的包装

根据筒体的重量作一个或多个包装支架,每个包装总质量不宜超过20t。支架底用14#槽钢方框,支架长一般大约为$0.7Dg$,宽不超过筒体板宽,一般比筒体板宽-500mm左右。支架上的弧板用厚16mm,宽200mm的普通碳素钢板滚制而成。弧板与底框用4#槽钢连接。将分片筒体按长短顺序放在支架上,用80mm×6mm扁钢捆扎在支架上。

2) 分片封头包装

包装架下底用槽钢做一个梯形框,2个立板焊在框两边。立板上弧与瓜瓣相吻合,框两头各用∠50做角钢作限位。片片之间按顺序堆码,并在片与片之间用草袋或木块垫死,用80mm×6mm扁钢将所有瓜瓣捆扎,并焊牢在支架上。

筒体包装和封头包装运输胎具见第六部分第一章有关部分。

3) 标志

每个包装在明显部位作如下标志。

(1) 产品名称、出厂编号;
(2) 总包装数及捆号;
(3) 发货站(港)和到货站(港);
(4) 体积:长×宽×高;
(5) 重量及吊装重心;
(6) 发货单位及收货单位;
(7) 出厂或包装日期。

(二) φ3800mm以上塔类设备的现场安装

φ3800mm以上塔类设备主要以分片或分段到货为主,本节内容包括到货验收、组装、焊接、塔盘安装、附件安装、压力试验、吊装等过程。

1. 设备现场组装程序及工艺流程图

(1) 设备现场组装程序为:在钢平台上组焊上、下封头→筒节组焊→筒节和封头组焊→筒节之间组焊裙座与下封头组焊→分段壳体组焊→在分段壳体内划出基准圆,进行固定件划线、开孔组焊接管,组焊内固定件及加固圈→壳体组焊。

(2) 设备现场组装的工艺流程示意图见图6-5-6。

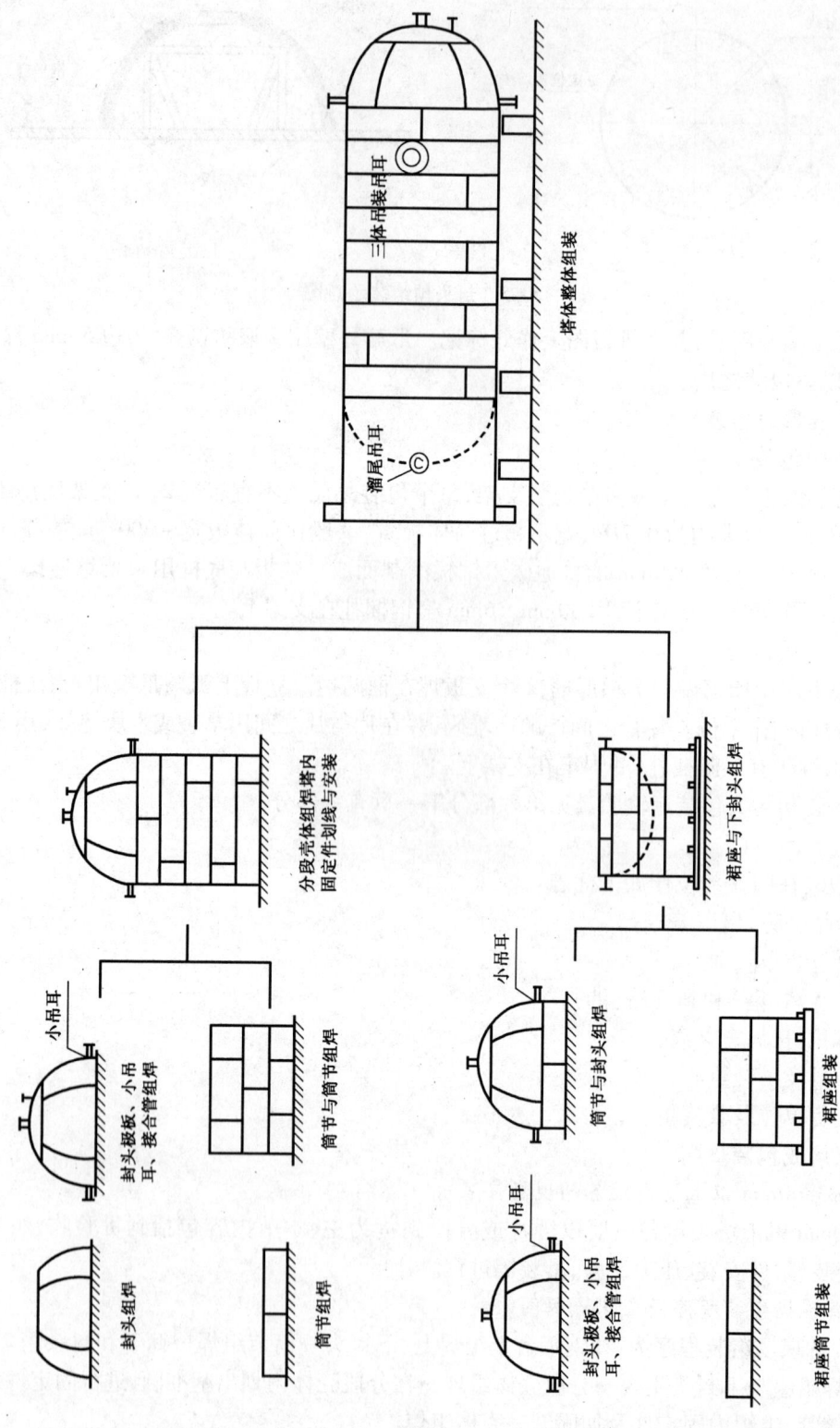

图 6-5-6 大型塔类设备现场组装工艺流程示意图

2. 封头、筒节的组装

1）封头的组装

封头的组装方法见封头的预组装部分。

2）筒节的组装

(1) 在水平的钢平台上划出筒节内径的基准圆,在基准圆内侧每隔500mm焊一块定位挡板。

(2) 筒节组对时,按照排板图将每一圈的板按顺序吊至基准圆处,用角钢或钢管将其加固,使其垂直于平台上。使用工卡具调整每块板上的对口间隙及错边量,及测量筒节的周长。当筒节的周长、对口间隙、筒节直线度及错边量均控制在允许误差之内时,将筒节点焊固定在筒节内部采取十字形或米字形的临时加固措施,以防止焊接变形。

3）封头与筒节的组装

如封头为整体到货,还应将封头齐口,找出封头的中心点,用地规划出齐口切割线。封头与单节筒体组装之前,均应在其表面上画出四条母线,作为开孔画线的基准线。

4）壳体组装

壳体组装可根据施工现场情况采用立装法或卧装法施工。

(1) 立式组装。

壳体立装可采用分段组装,然后将各段组装成整体或利用基础由下至上逐段组装。其主要施工程序如下。

① 分段组装首先确定分段位置,然后按排板图在平台上进行分段组装。分段时宜参照下列原则进行:

a. 有利于现场施工作业,尽量减少高处作业;

b. 符合现场吊装能力;

c. 接口宜设在同一材质、同一厚度的直筒段,并避开接管。

② 组对时,在上口内或外侧约每隔400mm左右焊一块定位板,再将上面一圈筒节吊放上去,如图6-5-7所示,在对口处每隔1000mm放间隙片一块,间隙片的厚度应以保证对口间隙为原则,同时上、下两圈筒节的四条方位母线必须对正,其偏差不得大于5mm。

③ 用加减丝调整间隙,用卡子、销子调整对口错边量,使其沿圆周均匀分布,防止局部超标,符合要求后,进行定位焊。

④ 由各段组对成整体时,采用倒装法组装,减少高空作业。对口方法同单节组装相同。

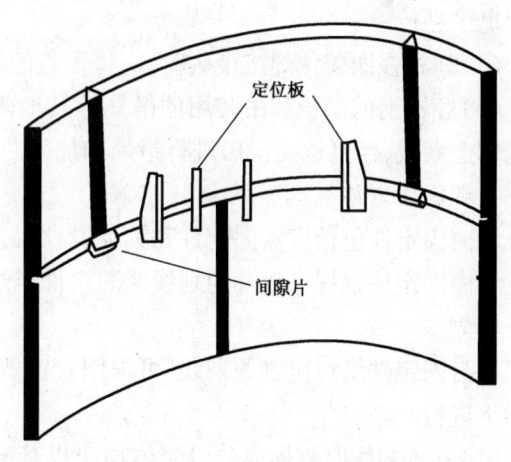

图6-5-7 筒节组装示意图

(2) 卧式组装。

在现场有条件的情况下采取卧式组装塔体,组对环缝在托辊上进行。

壳体卧装主要施工顺序为:封头组对(平台上)→筒体单节组对(平台上)→各段环缝组对→段间环缝组对(含裙座)。其主要施工要领如下:

① 在滚轮架或其他胎具上组对。胎具设置应尽量避免地基不均匀沉陷和壳体局部变形;摆放支座处的地基必须坚实,支座的数量应视分段的长度和质量经计算确定,其位置应避开壳体、人孔和接合管。

② 用滚轮架时,两滚轮与壳体的中心夹角宜为60°~70°,如图6-5-8所示。

③ 两段对口前,必须将两段的对口端的周长差换算成直径差。在对口时,应将差值匀开,以免错边集中在局部而造成超标。

④ 各段壳体吊到滚轮架或胎具支座上时,四条方位母线应对正。对口时,应以各分段的对口基准圆为准,调整间隙及错边量。并用 $\phi 0.5mm \sim \phi 1mm$ 钢丝检查两筒体对口后的直线度,合格后进行定位焊。

⑤ 卧装时,各分段壳体上的人孔及接合管宜在壳体成形并检验合格后进行安装。

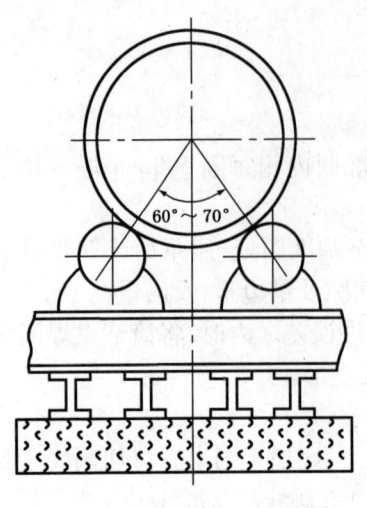

图6-5-8 滚轮架示意图

3. 人孔、接管及附件的组装

(1) 人孔和接管按照图样要求的方位,及标高在壳体上画出切割线,对斜交于壳体的接管还应先放样、做出样板;划线经技术人员检查合格后方可开孔。

(2) 人孔及接管上的法兰应垂直于壳体的中心轴线,法兰螺栓应与壳体主轴线或铅垂线跨中分布。

(3) 人孔和接管组合件与壳体组装时,应先将补强圈套入短管上,补强圈一般应在短管焊接完毕后进行组装。补强圈应紧贴于壳体上,信号孔M10螺孔位于下部。

(4) 人孔、接管和补强圈焊完后,从信号孔通入 $0.4 \sim 0.5MPa$ 的压缩空气,在焊接接头处涂肥皂水进行检查。

(5) 如补强圈盖住焊接接头时,应将覆盖的焊接接头磨平。

(6) 容器上的垫板和吊装用的吊耳等其他附件,应按施工方案或图样规定的方位和标高在壳体上划线,经复核无误后进行组焊和加固。

4. 塔内固定件组焊

塔内固定件包括塔盘固定件和其他设计工艺所有的固定件。

塔内固定件组焊一般分为划线及固定件组焊两个步骤。

1) 划线

塔盘固定件组对位置的划线,可采用立置划线和卧置划线,但不应在塔体一侧受太阳光线照射下进行。

(1) 立置划线时整体或分段壳体均应以基准圆为基准,基准圆和固定件安装位置的划线方法如下:

① 将筒体立置在钢平台上或在塔体吊装找正以后,用线坠沿0°、90°、180°、270°四条方位母线垂直度校正筒体。

② 用U形玻璃管水平仪在筒体内壁合适高度(宜距端部200~500mm处)找出若干个水平点,连接这些点,即得基准圆。

③ 固定件安装划线以基准圆为依据,在塔壁上划出每层塔盘固定件的位置。

(2)卧置划线时整体或分段壳体也均应以基准圆为基准,基准圆和固定件安装位置的划线方法如下:

① 塔体水平。用U形玻璃管水平仪将塔体找平后垫实。

② 确定塔体的中心轴线。在壳体两端分别划出中心点,用 $0.35\sim0.5$ mm 直径的钢丝,其两端用紧线器或重锤将钢丝拉紧或用激光准直仪找正后,此钢丝或激光束即为塔体中心轴线。中心轴线允许偏差不超过 1mm。在若干个点校核此中心轴线到塔壁的半径。

③ 把塔体四条方位线母线引到内壁上,并量出各层塔盘的位置。

④ 用划线器以塔体中心轴为圆心,在内壁划出各层塔盘位置线,然后在位置线上任意找几点用吊线坠的方法进行校核,无误后定出基准圆。

⑤ 卧置划线也可采用吊线坠的方法划出基准圆,然后以基准圆为依据划出各层塔盘的位置线。

塔内其他固定件按图所示的位置进行划线。

2)塔内固定件组装

(1)塔内除塔盘支承以外的固定件在对划线进行检查核对正确后,按图样进行组装。

(2)塔盘支承固定件在对其划线的准确性进行检查后,按照受液盘—支持圈—降液板(或降液体的支承板)的顺序进行组装和焊接。焊接过程应采取措施防止焊接变形。焊接前要检查安装尺寸位置正确。

3)塔盘安装

ϕ3800mm 以上塔的塔盘均为多块塔盘板组成,塔盘板的安装应在塔吊装就位并找正后进行。

塔盘板安装前,应检查塔内固定件的几何尺寸、水平度、焊缝质量均符合图样要求,塔盘安装程序如下:

(1)安装主梁及支架,检查其位置和水平度符合规定后拧紧螺栓。

(2)塔盘板安装前在支持圈和支架上均匀铺设石棉垫片。

(3)按照塔盘板的编号和顺序安装塔盘板,先组装两侧弓形板,再由塔壁两侧向塔中心依次组装塔盘板,安装时先临时固定,待各部件尺寸间隙调整符合要求后,再用卡子、螺栓紧固。

(4)每层塔盘板组装完后,用水平仪校准塔盘水平度,合格后拆除通道板放在塔板上。

(5)浮阀式塔盘,在安装浮阀前,用锉刀将塔盘上阀孔挫光滑,保证浮阀能自由灵活地上下浮动,对每只浮阀应复测其质量为允许偏差 ±1g 时为合格才能装入阀孔,然后用专用板脚钳将浮阀的三条腿折一个角度,使浮阀不会从孔中脱出,然后再检查浮动的灵活性。

(6)塔盘安装完毕后,必须逐层将塔盘上清理干净,做好安装及检查记录。

(7)塔盘安装一般是从下向上逐层安装,全部塔盘安装检查合格后封闭人孔。

5. 塔体焊接

1)焊前准备

(1)焊接前应检查坡口,清除坡口表面和两侧不少于 20mm 范围内氧化物、油污、熔渣及其他有害杂物。坡口表面不得有裂纹、分层、夹渣等缺陷。

(2)焊接前应有防风措施。

2)焊接顺序

(1)先纵缝后环缝,先大坡口侧后小坡口侧;

(2)焊接复合钢制容器时,应先焊基层一侧,后焊复层一侧;

(3)对有耐腐蚀要求的不锈钢双面焊接接头,与介质接触的一侧应最后焊接。

3)焊接要求

(1)采用埋弧自动焊时,纵焊缝两端应设引弧板和熄弧板。

(2)为减少焊接变形和残余应力,对长焊缝的底层焊道宜采取分段退步焊法。

(3)引弧应在坡口内,宜采用回焊法,熄弧时应填满弧坑。多层焊道的层间接头应错开。

(4)对用标准抗拉强度下限值 σ_b 大于540MPa的钢材及Cr-Mo低合金钢制造的容器,每条焊接接头宜一次焊完,如因故中断,应根据工艺要求采取以防止裂纹产生的措施。重新施焊前必须仔细检查、确认无裂纹后,方可按原工艺要求继续施焊。

(5)对要求焊前预热的焊件,根据要求进行预热。

(6)对有裂纹倾向的钢材,焊后应及时进行热处理。

(7)焊接吊耳、工卡具以及临时性的拉筋、支撑垫板等,应采用与容器壳体相同或相当焊接性能的钢材与焊材,焊接工艺应与容器焊接工艺相同。

(8)焊接工卡具时,引弧和熄弧点应在工卡具或焊道上,不得在非焊接位置引弧和熄弧。

4)碳弧气刨清根

碳弧气刨清根应按下列要求进行。

(1)气刨电源应用直流反极性,电弧长度应在1~3mm内,碳棒伸出长度应为80~100mm,当碳棒烧到30~40mm时应进行调整。刨削时,碳棒与刨槽中心线夹角保持在45°~60°范围内。

(2)碳弧气刨用压缩空气的压力应为0.5~0.6MPa,压缩空气应经过过滤器去掉水分和油污。

(3)标准抗拉强度下限值 σ_b 大于540MPa的钢材及Cr-Mo低合金钢材、厚度大于38mm的碳素钢和厚度大于25mm的低合金钢采用碳弧气刨清根时,应根据母材的淬硬倾向、焊接结构的刚性和气候条件等,考虑预热与否,其刨槽还应进行表面渗透检测。

(4)碳弧气刨清根后,应用砂轮修整刨槽,磨除渗碳层、铜斑等。焊接接头清根时应将定位焊的熔敷金属清除,清根后的坡口形状,应宽窄一致。对接焊接接头背面采用衬垫时,则不要求清根。

6.塔体安装

如该塔类设备有热处理要求,则安装单位应将吊耳送至制造厂,吊耳同设备本体一起进行热处理。

1)塔整体吊装

(1)在吊装之前,施工人员应将塔体上的劳动保护及附塔管线安装完毕,方可进行吊装。

(2)塔体吊装根据塔体的质量、高度、安装位置的场地条件选择吊装设备(吊车或起重桅杆等),塔体吊装的工作内容见有关起重工培训教程内容,本书未作介绍。

(3)塔体吊装就位时,塔体垂直度观测用两台经纬仪观测塔体互成90°角的轮廓面,当两个方向的垂直度均在允许误差之内时,方可紧固地脚螺栓。

(4)塔体找正的方法一般采用垫铁找正,垫铁找正一般需符合下列要求:

① 直接随受负荷的垫铁组,应使用成对斜垫铁,两垫铁的斜面要相向使用,搭接长度应不小于全长的3/4,偏斜角度应不超过3°;斜垫铁下面应有平垫铁;

② 应尽量减少每一组垫铁的块数,一般不超过4块,并应少用薄垫铁,放置平垫铁时,最

厚的放在下面,最薄的放在中间,调整后应将各块垫铁互相点焊牢固;

③ 中小型塔的垫铁组高度一般为 30~60mm,大型塔的垫铁组高度一般为 50~100mm;

④ 塔体调整后,垫铁应露出塔底座环境外缘 10~20mm;垫铁组伸入底座环底面的长度,应超过地脚螺栓孔,且应保证裙座受力均衡;

⑤ 安装在金属结构上的塔找正后,其垫铁与金属结构尚应焊牢,但用带孔垫铁时可不焊。

(5)塔体找正完毕后,方可进行二次灌浆。

2)塔分段吊装

塔体分段吊装,利用吊车或起重桅杆从下至上依次分段吊装就位。塔体下段采用调整垫铁高度找正垂直度,塔体上段采用工、卡具高空组对的方法找正上段的垂直度。塔体下段吊装找正后,在对口环缝向下 1m 处搭设组对平台。高空环缝焊接应有防风措施。如焊缝有垫铁处理要求时,热处理前应将塔体上段用大型型钢垫在塔体下部的筒体垫板上。

(三)$\phi 3800$mm 以上塔类设备的试验

1. 压力试验

1)容器压力试验的准备工作

(1)检查容器外形尺寸、管件附件安装方位尺寸是否符合图样要求,连接螺栓垫片是否已全部紧固。

(2)容器焊缝外部质量检查合格,无损检测合格并出具检测报告;焊缝热处理符合技术规定。

(3)检查容器内部,清除异物,封闭所有开孔。图样注明不耐压的部件应予拆除或用盲板隔离。

(4)容器试压时,在容器最高处设放空点,在最低处设排放点。

(5)在容器最高处与最低处设置 2 块量程及精度相同的压力表,并应避免安置在加压管路附近;压力表的精度为低压容器 2.5 级,中压容器 1.5 级。

(6)采用液压试验时,配置试压泵 1 台,连通试压水管路。

(7)采用气压试验时配置相应的气压机。

(8)制定合理的排水措施。

2)液压试验过程

(1)充水前试压系统、放空阀门及压力表,按规定安装完毕。

(2)充水时,先打开放空阀门,水从容器顶部溢出时,将放空阀门关闭,检查各开孔及接头处有无渗漏。

(3)试验压力应缓慢上升,达到规定试验压力值,保持时间不少于 30min。然后将压力降至设计压力。对所有的焊接和连接部位进行全检查,符合下列情况,即认为合格:

① 无渗漏;

② 无可见的变形;

③ 试验过程中无异常的响声。

(4)液压试验过程应同时对容器基础进行沉降观测,并做好记录。

(5)大型容器卧置水压试验时,充水前应对容器强度、局部稳定性进行核算。设备卧置的支承点应满足试压过程不会下沉的条件。在充水过程中必须注意观察容器各支承点的变形情况。发现支承点下沉时应停止充水,采取措施后才能继续充水。

(6)液压试验结束后,应将容器内液体排尽,必要时用压缩空气将容器内部吹干。

(7)用水做介质进行液压试验,对于碳素钢、16Mn 和正火 15MnVR 制造的压力容器,水温不得低于5℃;其他低合金钢制造的压力容器,水温不得低于15℃;对奥氏体不锈钢压力容器,水中氯离子含量不超过25mg/L。

3)气压试验

当由于结构或支承等原因,容器不能进行液压试验时,可按设计规定采用气体进行气压试验。

(1)试验用气体应为干燥的空气,氮气或其他惰性气体。试验用气温度不得低于15℃。

(2)气压试验时,试验单位的安全部门应进行现场监督。

(3)应先缓慢升压至规定试验压力的10%,保压5~10min,并对所有焊缝和连接部位进行初次检查。如无泄漏可继续升压到规定试验压力的50%。如无异常现象,其后按规定试验压力的10%逐级升压,直到试验压力,保压30min。然后降到规定试验压力的87%,保压足够时间进行检查,检查期间压力应保持不变。不得采用连续加压来维持试验压力不变。气压试验过程中严禁带压紧固螺栓。

(4)气压试验过程中,压力容器无异常响声,经肥皂液或其他检漏液检查无漏气,无可见的变形即为合格。

2. 气密试验

(1)压力容器气密性试验压力为压力容器的设计压力。

(2)压力容器气密性试验的要求如下:

① 介质毒性程度为极度、高度危害或设计上不允许有微量泄漏的压力容器,必须进行气密性试验。

② 气密性试验应在液压试验合格后进行。对设计图样要求做气压试验的压力容器,是否需再做气密性试验,应在设计图样上规定。

③ 碳素钢和低合金钢制压力容器,其试验用气体的温度应不低于5℃,其他材料制压力容器按设计图样规定。

④ 气密性试验所用气体,与气压试验用气体相同。

⑤ 压力容器进行气密性试验时,一般应将安全附件装配齐全。如需投用前在现场装配安全附件,应在压力容器质量证明书的气密性试验报告中注明装配安全附件后需再次进行现场气密性试验。

⑥ 保压不少于30min,经检查无泄漏即为合格。

四、技术要求

塔类设备制作及安装的质量检验执行HGJ 200《化工塔类设备施工及验收规范》及SHJ 514《石油化工设备安装工程质量检验评定标准》中的有关标准。

(一)到货验收

1. 检查内容

ϕ3800mm以上塔类设备由于运输条件限制,一般由制造厂分片或分段制作,安装现场进行组装,到货验收包括封头主要尺寸、分片到货的部件的几何尺寸及曲率半径、筒体的不圆度、筒体的周长,筒体的焊缝对口错边量,筒体的不直度以及对接焊缝的棱角,对到货部件的材质、数量及规格进行验收,并检查是否有出厂质量证明文件或合格证书。

2. 检查标准

(1)冲压成形的封头或瓣片,其最小厚度不得小于名义厚度δ_n减钢板厚度允许负偏差。

(2)分瓣的球形封头、椭圆形封头、锥形封头外形尺寸,应符合下列要求:

① 用样板检球形封头瓣片的曲率时,其允许偏差应符合表6-5-1和图6-5-9的规定。

表6-5-1 球形封头瓣片曲率允许偏差

瓣片弦长 L,m	样板弦长,m	允许间隙 e',mm
$L \geq 2$	≥ 2	≥ 3
$2 > L \geq 1.5$	≥ 1.5	
$L < 1.5$	1	

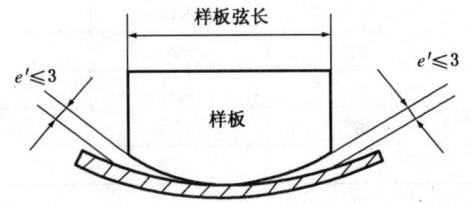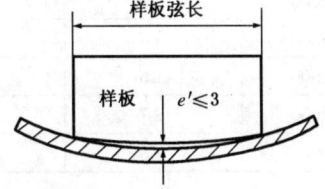

图6-5-9 球形封头瓣片曲率检查示意图

② 锥形封头表面用300mm钢板尺沿母线检查,其局部平面度不得大于1mm;

③ 球形封头瓣片、椭圆形封头瓣片、锥形封头瓣片的几何尺寸偏差应分别符合图6-5-10、图6-5-11和图6-5-12的规定。

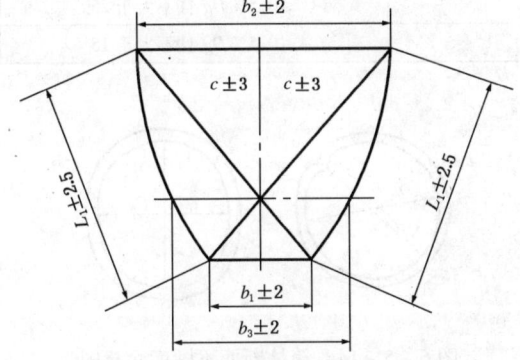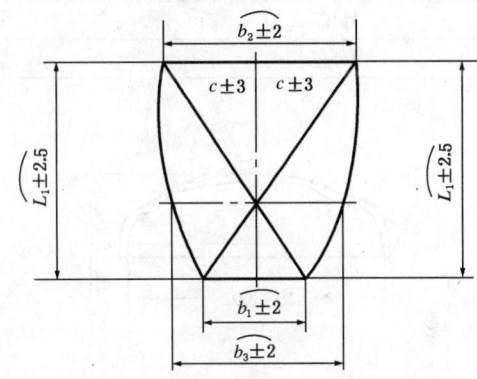

图6-5-10 球形封头瓣片几何尺寸允许偏差示意图

图6-5-11 椭圆形封头瓣片几何尺寸允许偏差示意图

(3)容器半成品的坡口符合下列要求:

① 坡口尺寸符合图样规定,表面应平滑;

② 熔渣、氧化皮应清除干净;

③ 坡口表面不得有裂纹、分层、夹渣等缺陷。

(4)分片到货的筒体板片应立放在钢平台上,用弦长等于设计内直径 D_i 的1/4且不小于1000mm的样板检查板片的弧度,间隙不得大于3mm。板片放置时应采取防止变形的措施。

(5)封头主要尺寸偏差见表6-5-2及图6-5-13。

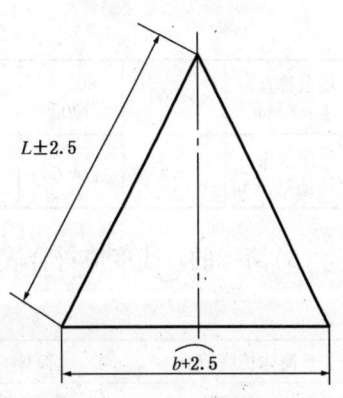

图6-5-12 锥形封头瓣片几何尺寸允许偏差示意图

表6-5-2 封头主要尺寸允许偏差   mm

封头公称直径 Dg	直径允许偏差 ΔDg	不圆度 e	表面凹凸量 c	曲面高度允许偏差 Δh_1	直边高度允许偏差 Δh_2
<800	±2	≤2	≤2	±4	
800~1200	±3	≤4	≤3	±6	
1300~1600	±4	≤6	≤4	±8	
1700~2400	±5	≤8	≤4	±12	+5 −3
2600~3000	±6	≤9	≤4	±16	
3200~4000	±6	≤10	≤4	±20	
4200~6000	±6	≤12	≤4	±24	
6200~7600	±7	≤16	≤5	±28	
>7600	±8	≤20	≤5	±32	

(6)对分段到货的同一断面处的不圆度 e 应符合表6-5-3(图6-5-14)的规定。

表6-5-3 筒体不圆度 e 允许偏差

塔受压形式	筒体部位	不圆度 e,mm
内压	筒体	≤1%Dg 且不大于25
外压	筒体	≤0.5%Dg 且不大于25
内外压	塔盘处	≤0.5%Dg 且不大于15

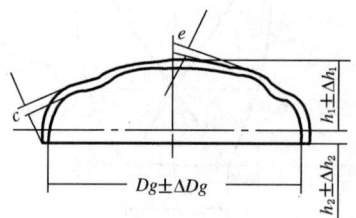

图6-5-13 封头主要尺寸偏差

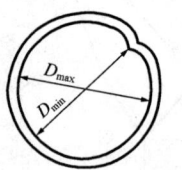 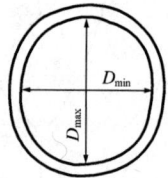

图6-5-14 筒体断面不圆度示意图

(7)筒体分段处的外圆周长允许偏差应符合表6-5-4的规定。

表6-5-4 外圆周长允许偏差

塔公称直径 Dg,mm	<800	800~1200	1300~1600	1700~2400	2600~3000	3200~4000	4200~6000	6200~7600	>7600
外圆周长允许偏差,mm	±5	±7	±9	±11	±13	±15	±18	±18	±18

(8)筒体的直线度应符合表6-5-5的规定。

表6-5-5 筒体直线度 ΔL 允许偏差

筒体长度 H,m	筒体直线度 ΔL,mm	筒体长度 H,m	筒体直线度 ΔL,mm
$H \leq 20$	$2H/1000$ 且不大于20	$50 < H \leq 70$	≤45
$20 < H \leq 30$	$H/1000$	$70 < H \leq 90$	≤55
$30 < H \leq 50$	≤35	$H > 90$	≤65

(9)筒体分段处端面不平度偏差 f 应不大于 $1000DN$,且不大于 $2mm$(图 $6-5-15$)。

(10)筒体高度允许偏差为 $3H/1000$,但不超过表 $6-5-6$ 的规定。

表 $6-5-6$ 筒体高度允许偏差

筒体高度 H,m	$H \leqslant 30$	$30 < H \leqslant 60$	$60 < H \leqslant 90$	$H > 90$
允许偏差 ΔH,mm	±30	±40	±60	每增加 10m 加差 5mm

3. 检验工具

塔体部件的到货验收检查主要工具是样板、盘尺等。

(二)塔的组装过程检查

1. 检查内容

包括对接纵缝对口错边量、对接纵缝所形成的棱角、对接环焊缝所形成的棱角。

2. 检验标准

(1)纵缝焊口错边量应符合表 $6-5-7$ 的规定。

表 $6-5-7$ 对接纵焊缝对口错边量允许偏差

钢板形式	错边量允许偏差,mm
单层钢板	$b \leqslant 10\% S$,且不大于 3
复合钢板	$b \leqslant 10\% S$,且不大于 2

注:S——钢板厚度。

(2)筒体对接焊缝处形成的棱角 E 应小于或等于壁厚的 10% 加 $2mm$;且不大于 $5mm$,用弦长等于 $D_g/6$ 且不小于 $300mm$ 的内样板或外样板检查(见图 $6-5-16$)。

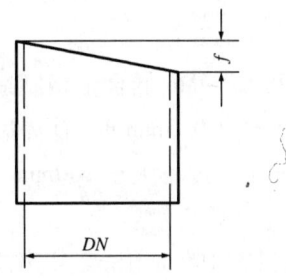

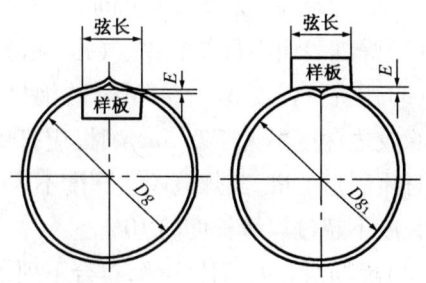

图 $6-5-15$ 筒体端面不平度示意图　　图 $6-5-16$ 用样板检查棱角 E

(3)塔现场组装时,其环焊缝的对口错边量应符合下列规定:

① 当两板厚度相等时应符合表 $6-5-8$ 的规定。

表 $6-5-8$ 环焊缝对口错边量允许偏差

对接钢板形式	板厚 S,mm	对口错边量允许偏差 b,mm
等厚钢板	$S \leqslant 6$	$b \leqslant 25\% S$
	$6 < S \leqslant 10$	$b \leqslant 20\% S$
	$S > 10$	一般碳素钢,奥氏体不锈钢,$b \leqslant 10\% S + 1$,且不大于 6
		$\sigma_s > 400 N/mm^2$ 铬钼钢 $b \leqslant 10\% S$,且不大于 3
复合钢板	—	$b \leqslant 10\% S$,且不大于 2

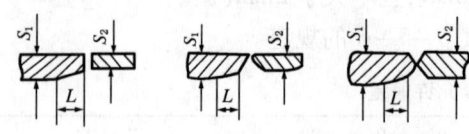

图 6-5-17 两板厚度不等示意图

② 两板厚度不等时应符合下列规定：

当薄板厚度小于或等于 10mm 而两板厚度差大于 3mm 及薄板厚度大于 10mm 而两板厚差大于薄板厚度的 30% 或超过 5mm 时，应按图 6-5-17 的要求，削薄板边缘；当两板厚度差小于薄板厚度的 30% 或超过 5mm 时，则按表 6-5-8 的要求，且错边量 b 值以较薄板厚度为基准确定。

注意在测量对口错边量时，不应计入钢板本身厚度的差值。

(4) 对接环焊缝处形成的棱角 E 应小于或等于壁厚的 10% 加 2mm，且不大于 5mm，用长度不小于 300mm 的检查尺寸检查。

(5) 人孔、接管及附件应按图样规定的方位、标高进行检查，法兰面应垂直于接管或圆筒的主轴中心线，接管法兰面的水平或垂直允许偏差不得超过法兰外径的 1%，且不大于 3mm。

3. 检查工具

塔体及部件组装检查工具主要是样板、盘尺、焊缝检验尺等。

(三) 焊接检验

1. 检查内容

包括焊缝表面质量、焊缝内部质量。

2. 检验标准

(1) 焊缝余高一般为 0~3mm。

(2) 焊缝表面不得有裂纹、气孔、夹渣及飞溅应清除。

(3) 用抗拉强度 σ_b > 540MPa 的钢材、奥氏体不锈钢及 Cr-Mo 低合金钢制造的塔，其焊缝边缘咬边深度不大于 0.5mm 时，应打磨平滑，咬边深度超过 0.5mm 时，补焊后打磨平滑。其他材质制造的塔，其焊缝咬边深度不大于 0.5mm，咬边连续长度不大于 100mm，焊缝两侧咬边总长度不超过焊缝长度的 10%。

(4) 现场组焊的塔体焊缝，符合下列条件之一者，均应进行 100% 射线或超声波探伤：

① 属于三类压力容器的塔；

② 设计压力大于 5MPa 的塔；

③ 设计选用焊缝系数为 1.0 的塔；

④ 名义厚度大于 38mm 的碳素钢，名义厚度大于 30mm 的 16MnR 钢制塔。

⑤ 名义厚度大于 25mm 的 15MnVR 和奥氏体不锈钢塔；

⑥ 材料抗拉强度 σ_b > 540MPa 的钢制塔；

⑦ 进行气压试验的塔；

⑧ 操作介质毒性为极度危害或高度危害等级的塔；

⑨ 如必须在焊缝上开孔，则被开孔中心两侧各不少于 1.5 倍开孔直径范围内的焊缝；

⑩ 凡被强圈、支座、垫板、内件等所覆盖的焊缝；

⑪ 多层包扎塔内筒的纵焊缝；

⑫ 热套塔各单层筒体的纵焊缝。

(四) 基础验收

1. 检查内容

基础结构尺寸及表面质量。

2. 检查标准

(1) 表面不应有裂纹、蜂窝、空洞及露筋等缺陷。

(2) 基础结构尺寸应符合表 6-5-9 的规定。

表 6-5-9 塔基础的允许偏差

项次	偏差名称	允许偏差值,mm
1	基础坐标位置(纵、横轴线)	±18
2	基础外形尺寸	±20
3	基础上平面的水平度	±5
4	标高偏差	0 -10
5	预埋地脚螺栓	+20 0
	垂直度	10
	螺纹长度	+10 0
	中心圆直径	±2
	相邻中心距	±2

3. 检查工具

包括经纬仪、水平仪、水平尺、标尺、盘尺。

(五) 塔体安装就位后的检验

1. 检查内容

检查内容包括中心线位置、标高、垂直度、方位。

2. 检查标准

塔类找正与找平后,其允许偏差应符合表 6-5-10。

表 6-5-10 塔体安装允许偏差

检查项目	允许偏差,mm		
	一般塔		与机器衔接的塔
中心位置	$D \leq 2000$	±10	±3
	$D > 2000$	±10	
标高	±5		相对标高 ±3
铅垂度	$H/1000$,但不超过 30(20)		
方位	沿底座环圆周测量		沿底座环圆周测量
	$D \leq 2000$	+10	5
	$D > 2000$	+15	5

注: H 为塔两端部测点间的距离;括号内数字为丝网波纹塔的铅垂度,D 为塔的内径。

(六) 塔盘安装的检验

对塔盘安装质量的检验按 JB 1205《塔盘技术条件》的有关规定进行,即:

(1) 塔盘安装前应对塔盘板的几何尺寸、局部不平度、筛孔孔距和孔径等进行检查,符合《塔盘技术条件》的规定,然后进行塔盘安装。

(2) 相邻两层支持圈的间距允差为 ±3mm,任意两层支架圈间距允差在 20 层内为 ±10mm。

(3) 支持圈与塔壁焊接后,其上表面在 300mm 弦长上局部不平度均不得超过 1mm,主梁和支梁支梁安装后,其上表面与支持圈上表面在同一水平面内,其水平度允差按表 6-5-11 的规定。

表 6-5-11　支持圈与塔壁焊接水平度允差表

塔器公称直径,mm	$Dg \leq 1600$	$1600 < Dg \leq 4000$	$4000 < Dg \leq 6000$	$6000 < Dg \leq 8000$	$8000 < Dg \leq 10000$
允差,mm	3	5	6	8	10

(4) 塔盘板安装后,塔盘面水平度在整个面上的允差按表 6-5-12 规定。

表 6-5-12　塔盘面水平度允差表

塔器公称直径,mm	$Dg \leq 1600$	$1600 < Dg \leq 4000$	$4000 < Dg \leq 6000$	$6000 < Dg \leq 8000$	$8000 < Dg \leq 10000$
允差,mm	4	6	9	12	15

(5) 溢流堰安装后,其允差按表 6-5-13 规定。

表 6-5-13　溢流堰允差表

塔器公称直径,mm	$Dg \leq 1500$	$1500 < Dg \leq 2500$	$Dg > 2500$	$Dg \leq 3000$	$Dg > 3000$
堰顶板水平度允差,mm	3	4.5	6	—	—
堰高允差,mm	—	—	—	±1.5	±3.0

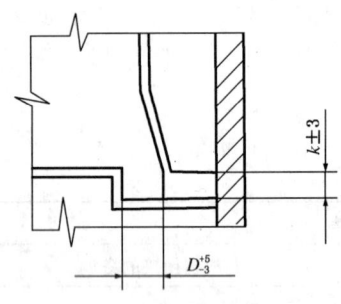

图 6-5-18　受液盘和降液板装配示意图

(6) 受液盘、降液板与塔体装配后,降液板底端与受液盘上表面的垂直距离 k 的允差,降液板与受液盘立边的水平度 D 的允差按图 6-5-18 的规定。

(7) 塔盘构件其他位置的允差按图 6-5-19 规定。

(8) 填料塔内件安装检查,应符合下列要求:

① 填料支承结构安装应平稳、牢固;

② 填料支承结构的通道孔及距应符合设计要求,孔不得堵塞;

③ 填料支承结构安装后的水平度不得超过 $2D_i/1000$,且不大于 4mm。

(七) 塔的清洗与封闭

(1) 塔安装完毕后,均应进行清扫,清除内部的铁锈、泥砂、灰尘、木块、边角料和焊条头等杂物;对无法进行人工清扫的设备,可用蒸汽或空气吹扫,但吹扫后必须及时除去水分;对因受热膨胀可能影响安装精度及损坏构件的塔,不得用蒸汽吹扫,忌油塔的吹扫气体不得含油;清扫检查合格后,及时进行封闭。

(2) 奥氏体不锈钢制塔用水进行冲洗及充水试漏、鼓泡试验后,应将水渍去除干净。当无法达到这一要求时,则应控制用水氯离子含量不超过 25×10^{-6}。

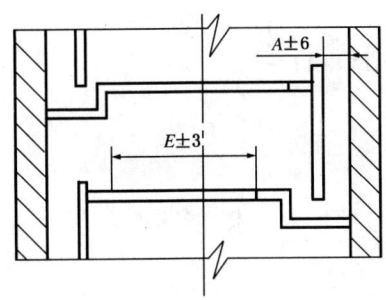 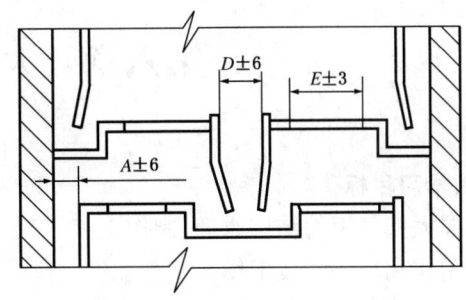

图 6-5-19 塔盘装配示意图
A—塔内壁至降液板距离；E—两支承板间距；D—中间降液板间距

(八)塔类设备试验

1. 检查内容(资料及试压过程)

(1)塔出厂合格证明书；

(2)塔附件及内件合格证明书；

(3)设计修改和现场修补记录；

(4)材质合格证；

(5)塔组装记录及隐蔽记录；

(6)焊接工艺记录；

(7)无损探伤检验报告；

(8)热处理记录。

2. 检验标准

(1)试验压力值按图样要求或规范要求。

(2)水压试验时缓慢升压到规定实验压力，停压 30min，然后将压力降到设计压力至少保持 30min，对所有焊缝和连接部位进行检查，无可见的异常变形、无渗漏、不降压为合格。

(3)气压试验时,压力缓慢上升至规定试验压力的 10%，保持 10min，然后对所有焊缝和连接部位进行初次泄漏检查；合格后，继续缓慢升压到规定试验压力的 50%，其后按每级为规定试验压力的 10% 的级差，逐级升压到规定试验压力，保持 10min，然后将压力降到设计压力至少保持 30min，对所有焊缝和连接部位进行检查，无可见的异常变形、无泄漏、不降压为合格。

气密性试验时，在设计压力下经检查无泄漏，保压不少于 30min 为合格。

五、相关知识

有关压力容器的知识见本部分第四章的相关知识内容。

第六章 大型气柜制作

一、学习目标

掌握大型气柜的结构原理、制作工艺、安装方法及各项技术要求,能够正确、熟练地进行大型气柜制作和现场安装工作。

二、使用工(机)具

大型气柜制作主要使用自动(半自动)切割机、压力机、检测样板,以及配合吊装运输等起重运输机械。

大型气柜现场安装(组焊)主要使用吊车(配合吊装)、电焊机(固定焊及焊接)、组对专用卡具,以及平台、脚手架等。

三、操作步骤

(一)工程概况

本章以 $50000m^3$ 稀油密封干式高炉煤气柜为例,来说明大型气柜的制作与安装。

$50000m^3$ 稀油密封干式气柜结构形式为正 20 边形棱柱壳体结构(边长 5.9m),它主要由以下几个部分组成:立柱(导轨)、底板、侧板、顶架(板)、活塞、吊笼、附属平台及其他辅助装置组成,其主要技术指标见表 6-6-1。

表 6-6-1 $50000m^3$ 稀油密封干式气柜主要技术特性

序 号	项 目	单 位	参 数	备 注
1	公称容积	m^3	50000	
2	设计压力	kPa	8	
3	边角数	个	20	
4	立柱	根	20	
5	外接圆直径	mm	37715	
6	内切圆直径	mm	37251	
7	活塞直径	mm	35750	
8	顶架直径	mm	37650	
9	侧板高	mm	53051	
10	罐体全高	mm	61262	
11	活塞最大行程	mm	45500	
12	侧板边长	mm	5900	
13	侧板单程高	mm	810	
14	侧板厚度	mm	5	
15	底面积	m^2	1099	
16	导轮	个	40	
17	走道平台	个	4	
18	储存介质			高炉煤气

它的工作原理是借助内部活塞升降来恒定及调节输出煤气压力。柜体设计为钢制结构，柜体钢结构安装采用充气浮升及柜顶吊车联合吊装法施工。

(二) 施工准备

(1) 审核施工图编写施工方案。

(2) 电源：由甲方就近提供，容量不小于400kW。接点位置与业方现场共同确定。

(3) 水源：生产用水接点位置由甲方就近提供，浮升施工时用水量约60m^3，进场后自行与业主联系解决。

(4) 风源：由公司自备离心式鼓风机一台，作为充气浮升施工的压缩空气源，离心式清水泵三台作为主要供水设备，供浮升时密封使用。

(5) 施工场地要求：土建施工完毕后，场地进行回填平整，如地耐力小于10t/m^2，则需要场地上表面应用容易渗水的材料(矿渣或碎石等)回填300~500mm厚，操平压实，以便大型起重运输机械设备雨后施工作业方便顺利。

(三) 构件验收

1. 概述

(1) 活塞桁架、柜顶桁架系统必须在制作单位进行组装，按施工图编号出厂。立柱、侧壁板、密封机构等构件必须按设计图及说明的要求进行100%检验合格后，方可出厂供安装使用。

(2) 出厂构件必须达到要求的指标，否则不许运往现场。

(3) 由制造厂涂漆的构件，必须在出厂前涂刷干燥完毕，方可运往现场。按要求预留焊口不涂漆处，应保证在其预留宽度内不涂漆。

(4) 为了保证安装精度，在制造侧板时，侧板的实际出厂宽度必须按负公差出厂，不允许有正差。

(5) 构件出厂包装要求：由于柜体安装精度要求较高，为减少运输过程中引起的构件变形，制造单位应将板整齐叠放装在胎架上(或用钢带包装)出厂。立柱用螺栓成对联结在一起(导轨板相对)装在胎架上出厂运输，胎架周转使用(也可用钢带打包出厂)。

2. 构件出厂要求

(1) 立柱：按施工设计图长度单节出厂，出厂前两两相对(导轨板相对)，用螺栓联在一起包装出厂。

(2) 活塞桁架系统：由于长距离运输，装车不便，所以活塞桁架系统构件解体包装出厂，在现场组焊，其他构件在保证装车运输要求的条件下尽量组成大单元出厂(或单元出厂)。

(3) 柜顶桁架系统：中心环梁按图纸要求形式出厂，桁架大单元解体出厂在现场组焊，支撑单元出厂。

(4) 板类构件全部按施工图要求包装出厂装车运输。其他构件按设计要求单元出厂。

(四) 施工方法及施工机械

1. 概述

采用干法浮升正装法进行稀油密封型干式气柜安装的主要施工程序见图6-6-1所示。

2. 主要起重设备

地面施工阶段为履带式起重机1台(或其他吊车)，浮升后高空作业阶段为柜顶起重机2台。

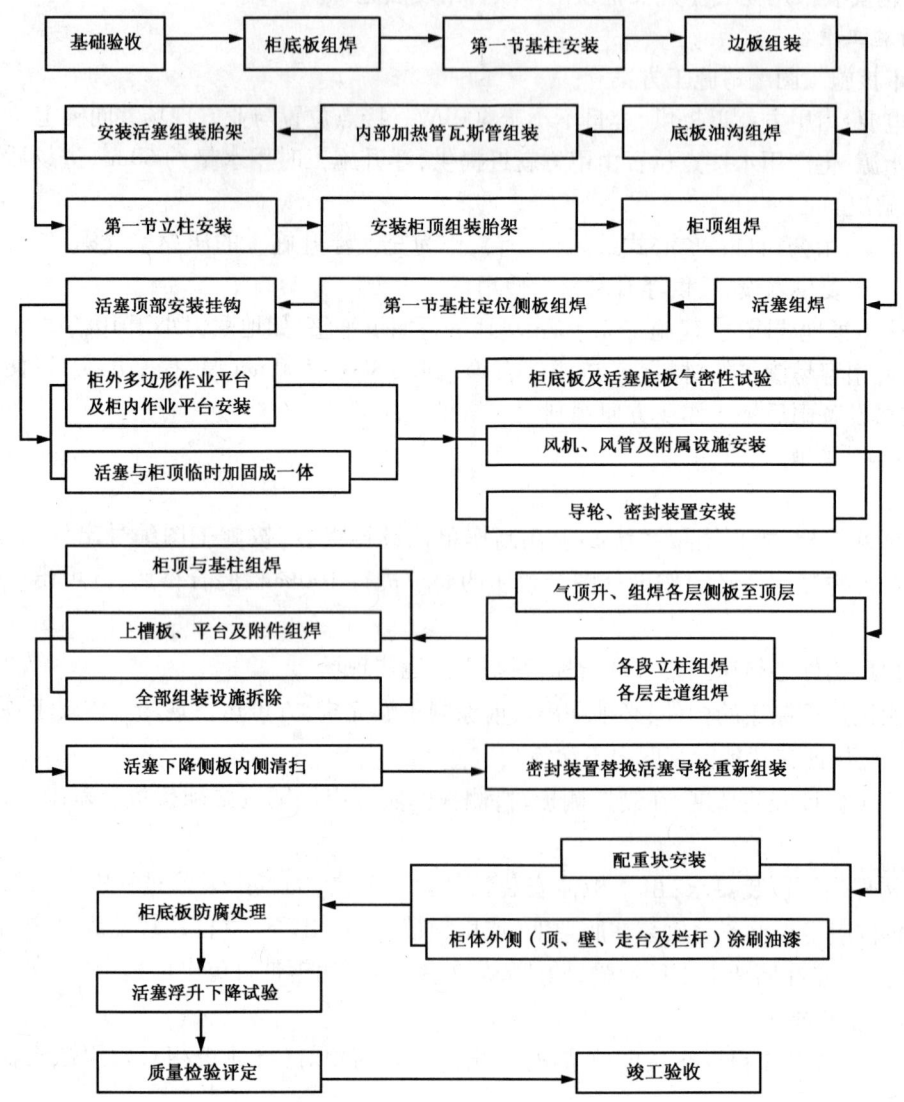

图6-6-1 干法浮升正装法进行稀油密封型干式气柜安装的主要施工程序

3. 施工方法

本工程采用气体浮升、柜顶吊车联合作业法安装施工,总体分四个阶段(见图6-6-2)。

主要作业项目如下:

第一阶段:地面安装阶段包括基础复测、柜底铺设、基柱、活塞、密封机构、柜顶、部分柜侧板及浮升准备。

第二阶段:浮升安装阶段包括柜侧板及第二节以上立柱、回廊走台、备用油箱、钢梯、电梯井筒等。

第三阶段:落顶阶段包括柜顶就位、活塞落底、内部安装设施拆除、密封机构、导辊重新组装、供油系统安装调试、增压配重块运入。

第四阶段:调试阶段包括设备试运转。

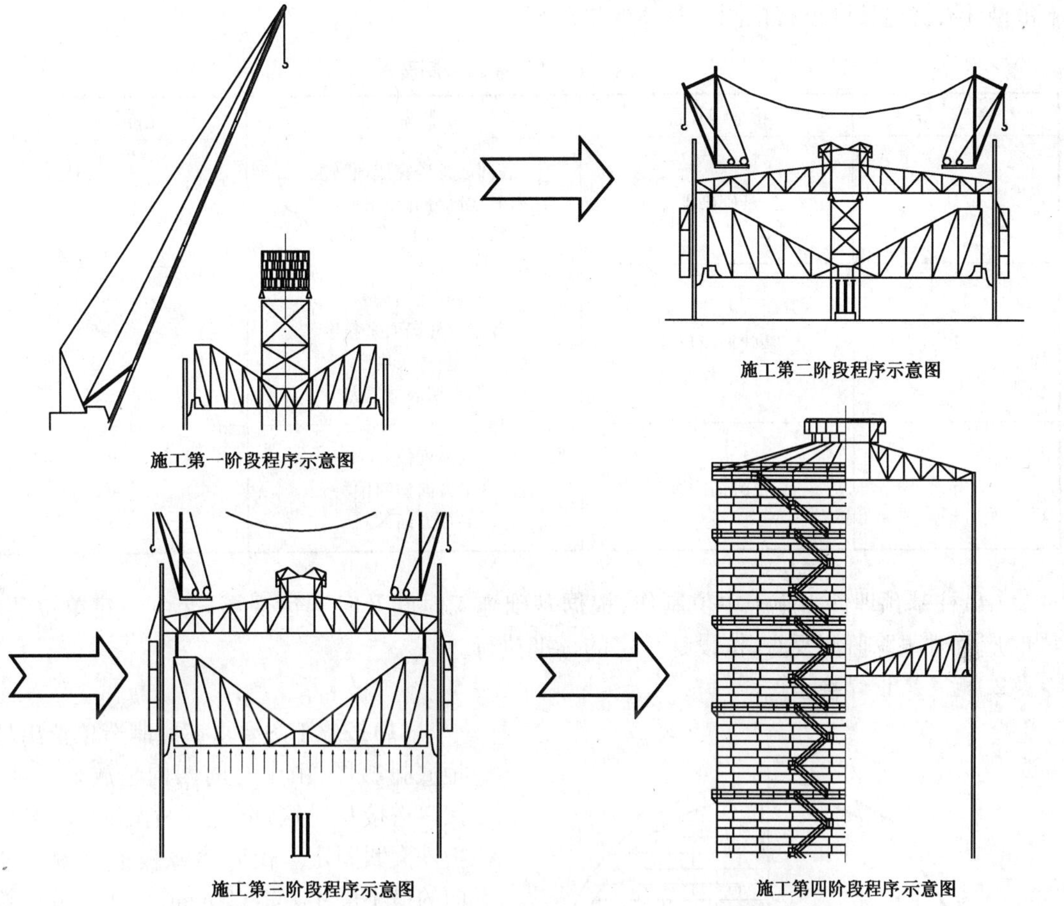

施工第一阶段程序示意图

施工第二阶段程序示意图

施工第三阶段程序示意图

施工第四阶段程序示意图

图6-6-2 安装施工程序示意图

(五)第一阶段施工程序

1. 基柱基准点的确定

(1)以罐底中心桩点为圆心,架设经纬仪,确定同一半径 R,在基柱号(或基准线)1、6、11、16(角度0°、90°、180°、270°)的标记板上做出标记点(见图6-6-3),再依次测定相邻两点间的距离,通过验证四边的长度是否相等来确认标记点的正误。

(2)在90°范围内,以 R 为半径,以柜中心桩为圆心,18°等分,分别测定各柱轴线基准点,然后依次测定相邻点间的距离,验证各距离是否相等,确认基准点的正误,同时设置沉降观测点以进行沉降观测。

(3)具体施测方法:利用经纬仪对基础的中心十字线和各柱基中心进行检测和确

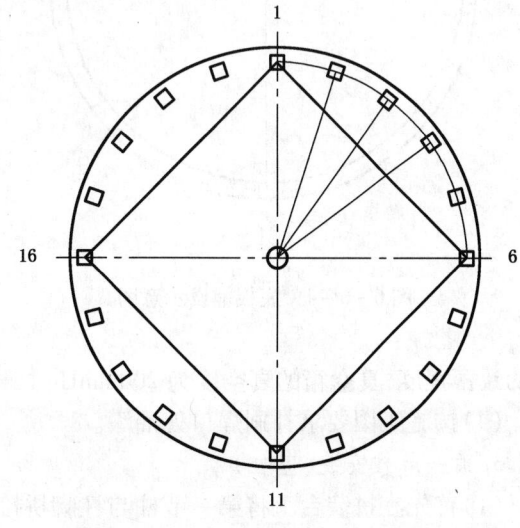

图6-6-3 立柱中心基础测量示意图

定;用水准仪和标尺进行基础高度、坡度以及表面平整度的检测;用钢盘尺和配备拉力计对基础的半径、折边长度进行检测。具体的检测部位要求见表6-6-2。

表6-6-2 基础检测要求

序号	检测项目	检测部位	允许偏差,mm
1	基础高度	底部沥青砼完成面高度 活塞着地部分砼砂浆面不平度 活塞油沟下部沥青层	+5、-15 ±5 ±1
2	基础平面尺寸	基础径向偏差 环梁及柱脚面平整度 折边长度 沥青层表面偏差	±5 ±5 ±3 ±5
3	柱脚锚固梁	高度偏差 水平方向横向偏斜 半径方向偏斜	±3 ±5 ±5

(4)柱基预埋件由施工单位制作,根据基础施工时间及时送达现场,交由土建单位预埋,同时应及时跟踪监测复查,按设计规定的标准执行。

2. 柜底铺设焊接

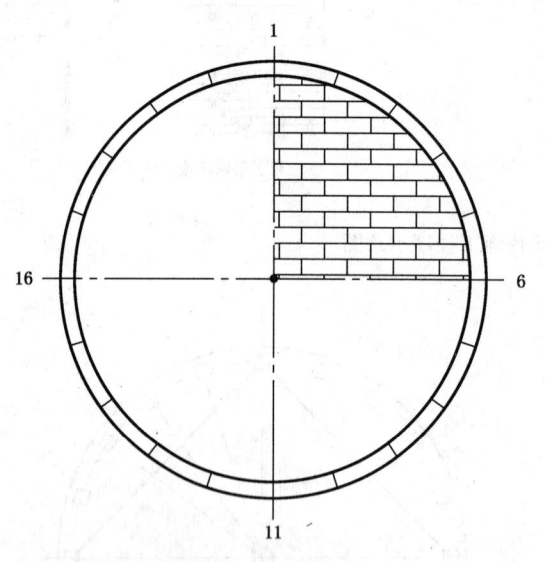

图6-6-4 底板铺设示意图

(1)按施工图要求参照制造单位出具的柜底排板图,由中心向四周呈放射形铺设,接口搭接及对接部位。一律用刀形卡具及楔铁夹紧固定。柜底边缘板沿储罐半径方向的最小尺寸为柜600mm,搭接部分偏差在±5mm之内,对接部位错边小于1mm、根部间隙在±1mm之内,T型接头根部间隙小于2mm,底板各部位连接形式具体见施工图。罐中心板铺设前应根据中心桩的大小开出孔洞(见图6-6-4),将桩头凸出于底板之上。底板铺设前应将底面油漆涂刷、干燥完毕,翻过来再往基础上铺设。

(2)底板焊接采用分区对称、自内向外,采用小直径焊条,小电流,分段逐步退焊法施焊。

(3)焊接完毕后进行真空检验,检验焊缝的致密程度,真空箱的真空度为200mmHg柱,以焊缝表面不产生气泡为合格。

(4)按施工图要求补刷焊口处油漆。

3. 第一节柱安装(基柱)

(1)首先在拼装台上将第一节柱与柱脚拼接在一起,调整找正后焊接。

(2)上述工作完成后,即采用履带式起重机(或其他吊车)安装基柱。

(3)基柱调整找正,以1、6、11、16轴线为基准,依次测定,轴线柱脚用柱脚微调螺栓调整,标高用千斤顶(或楔形垫板)调整,调整准确无误后拧紧地脚螺栓。

(4)以轴线1、6、11、16为序,对称安装第一层侧板拧紧安装螺栓,以保证柱子位置的正确性。

(5)基柱(柱脚)安装调整完交下道工序浇灌砼,浇灌后再次复测,确保达到验收标准要求的公差范围之内后,方可进行下一步施工。

4. 柜底边板(油槽侧板)铺设

(1)首先安装柱轴线处的边板,然后安装其他边板及油槽侧板,用卡具固定找正,交下道工序焊接。

(2)上述工作完成后,进行焊接检验,用真空法检验。

(3)各柱轴线基准点应在上述工作完成前,投到边板上面,作为基准点保留。

5. 活塞系统安装

活塞系统安装示意图见图6-6-5。

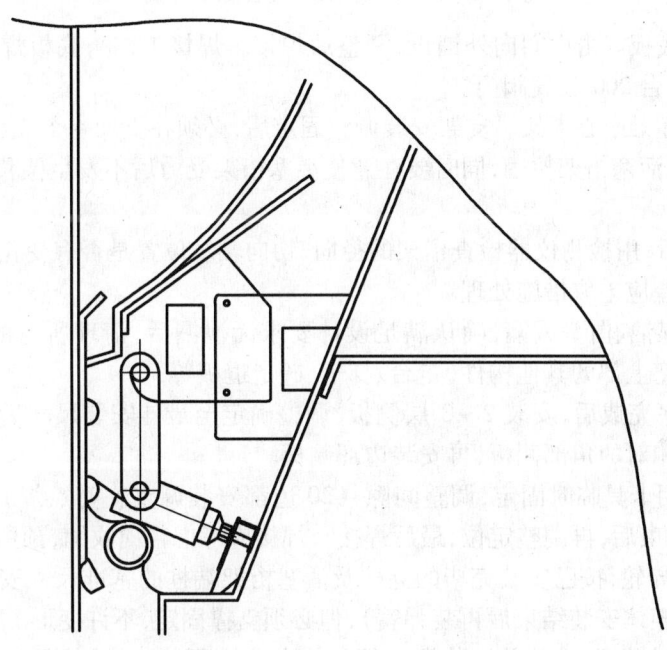

图6-6-5 活塞系统安装示意图

(1)安装活塞下部的临时承托及支柱,按基准点调整其他轴线及标高,调整后固定,基础螺栓与底板连接孔必须严格焊接封闭。

(2)安装活塞中心环,按罐中心基准点及轴线调整找正后,临时固定。

(3)桁架安装方法:

① 在现场条件可行情况下采用扩大拼装法安装,见图6-6-6。

② 采用履带式起重机单榀直接安装就位(活塞总质量为50100.77kg,单榀质量为2505.39kg)。

③ 活塞桁架位置的调整。按基准线(1、6、11、16)调整安装完的活塞桁架的位置(径、切向轴线、标高等),使之达到设计要求精度,然后拧紧安装螺栓固定,复测一遍,焊接联结节点,最后复测一遍,如有超差应采取措施处理,合格为止。

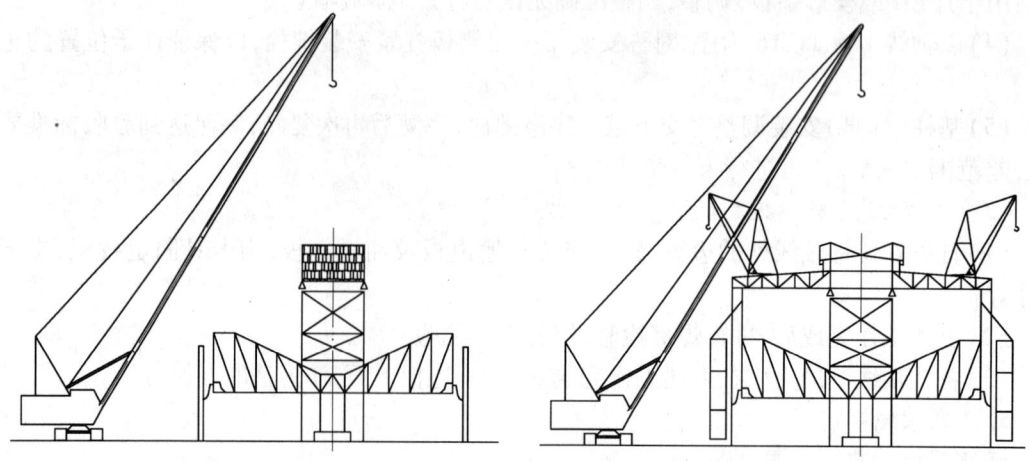

图6-6-6 桁架扩大拼装法安装示意图

④ 安装活塞底板。由中间向外铺设，调整后焊接。焊接工艺与底板焊接相同，同时在活塞底板人孔安装两台200放气阀门。

⑤ 安装柜顶环梁中心支架。支架安装调整固定后，必须在支架4个立柱的顶端对角线方向用8根缆风绳与活塞桁架拉固，同时要注意使活塞桁架受力后不发生位移，保证柜顶桁架安装安全。

⑥ 焊接完毕后，用检测仪器检查桁架的径向、切向轴线位置是否有变化，是否在要求的公差范围内，如有超差应采取措施处理。

⑦ 活塞板用煤油、白垩试漏，确认满足设计要求无泄漏后，清理所有的焊缝表面、油漆。与此同时，安装活塞上部的其他构件（走台、梯子、砼走道板等）。

⑧ 在上述工序完成后，安装2~3层侧板，调整确定至最佳安装尺寸后，方可安装活塞油沟侧板，先安与柱相对的角部侧板，再安装边部侧板。

⑨ 安装时采用卡具临时固定，调整间隙，(20边都安装调整临时点焊)，待活塞桁架及活塞底板焊接工作结束后，再调整定位，最后焊接。焊接应考虑径向收缩，预留收缩余量。

(4) 安装活塞导轮，按已安装完毕的立柱及活塞桁架端柱的基准尺寸安装导轮，弹簧式导轮的弹簧不装(待柜体安装结束后再装弹簧)，但必须支撑固定，不许变形。

(5) 安装防回转装置，安装前该装置必须整体在地面预装，经质检员确认同轴度合格，启动灵活后方可正式安装，按设计要求调整固定。

6. 鸟形钩及径、切向支撑、中心支架组装

应参照施工图及施工技术措施图调整其各自的位置，准确无误后拧紧螺栓(或焊接)固定。将柜内吊笼放到活塞平台上。

7. 柜顶系统结构安装

(1) 柜顶环梁分2组(或整体)吊装，空中接口组焊，并按中心桩点(设线坠)调整定位。

(2) 安装第二节立柱，接口用专用工具临时固定，焊后拆下。上部用侧板联结临时封闭。

(3) 柜顶桁架安装：采用履带式起重机站在柜外安装。与活塞桁架同样可采用两种方法安装。

(4) 安装结束后应按各轴线及中心基准点调整位置及标高，调整完毕后焊接各联结节点。

(5) 柜顶加径向导轮、活塞走台上加切向导轮。

(6)安装顶板及柜顶通风帽,根据施工图型式及尺寸从边部向中心安装。天窗处顶板孔洞等柜体安装结构完毕后施工。顶板焊接的同时开始安装焊接通风帽骨架结构及其顶、侧板(含柜顶吊车后锚固支架的安装与固定)。

(7)安装柜顶走道平台及吊笼平台梯子等。

(8)柜底上表面铺设沥青。

8. 柜顶吊车(2台)系统安装

用履带式起重机首先安装环形轨道,然后调整安装柜顶吊车。未吊装之前必须在地面做整机吊装性能试验,确保满足施工安全技术需要再吊到柜顶就位,通风帽加固应在此之前完成。

9. 安装脚手架

参照施工技术措施图及设计施工图,组装施工用外脚手架和接柱脚手架及柜顶与活塞之间的临时支撑,调整找正后拧紧备用。同时将挂钩板安装就位、固定。

10. 安装侧板

安装4~8层侧板,上两层安装固定后可焊下一层,先横后立,焊接侧板时,应采用千斤顶将立柱与活塞油槽支撑柱之间顶紧,并使立柱外倾2~3mm,4~8层焊接前上导轮与导轨之间加2~3mm垫板,并使上导轮与导轨顶紧。立柱焊完后抽出连接螺栓,按设计要求填塞并焊接圆钢段,焊后磨平。

密封机构滑板定位安装,滑板定位在第四层侧板焊接完毕之后进行,定位应根据柜体几何尺寸状况,确定滑板系统与立柱导轨之间的间距,保证满足设计指标。然后安装其他密封件,同时安装浮升用的鼓风、供水设备。

11. 充水

为减少浮升时压缩空气泄漏量,浮升前应在活塞油槽内充水至500~700mm深,以备浮升。

12. 气密试验

浮升时对已焊完的侧板及活塞底板进行气密试验,涂肥皂水,检查焊缝严密性。

13. 清理

安装焊接完的侧板,清理干净后外部涂漆(留一遍面漆不刷)。

14. 检查

检查安装完的柱、板、桁架、导辊及风机、水泵等与浮升有关的设施,保证浮升安全。在活塞上两个放气阀门开孔处接压力表或测压计,以备浮升时测试柜内的压力;在活塞环附近对称的两个人孔上设置Dg200楔形闸阀两组,以备浮升时调节活塞升降速度;鼓风机出口与侧壁进风口之间设置Dg300楔形闸阀一组,以备控制进风量使用。

15. 防火

活塞油槽内应采取防火措施(用阻燃石棉制品覆盖)避免施工中火星或杂物落入烧坏帆布。

(六)第二阶段施工程序

1. 浮升设施安装

柜体下部密封装置与活塞底板等组焊完成后,在其活塞的下部就出现了一个密封空间。此时可利用鼓风机将空气鼓入柜体内,使活塞及柜顶升起。当顶升到一块侧板(810mm)高度时,在每根基柱所安装的鸟形钩固定板上,把顶架、活塞间的鸟形钩钩住,排出储气室中的空气,此时顶架及活塞的荷重由各基柱所支承。

1)浮升主要机具及作业设施

(1)鼓风机。

(2) 风道(带控制阀)及 U 形压差机。
(3) 帆布密封装置(利用柜内原设施)。
(4) 活塞平衡装置。
(5) 鸟形挂钩设施。
(6) 柜体内外操作平台。

2) 浮升前必须做好以下准备工作

(1) 下部已组装完结构的焊接、检验、油漆完成。浮升机具(鼓风机、水泵等)配置齐全。
(2) 柜顶吊车站位对称。
(3) 脚手架与柜壁、柱子完全脱开。
(4) 密封装置及活塞油槽内清理干净,防火措施得当。
(5) 鸟形钩固定板安装正确。
(6) 鼓风机、水泵以外的电源切断,上部施工用电缆、电线、气割用风带要有足够的伸缩余量。
(7) 柜内外(上下)通讯联络正常。
(8) 各部位操作人员到位(每柱设一人操作鸟形钩)。
(9) 各部位人员必须按浮升操作规程严格操作。

2. 柜顶浮升

开动鼓风机向柜内缓慢充气当 U 形表压力达到计算压力时,说明活塞开始上升,当鸟形钩头全部超出挂钩板上表面时(浮升 840mm 左右),停止送风,打开放气阀,将活塞降下 30mm 左右,将鸟形钩挂于固定板上,检查鸟形钩与固定板的咬合情况。确认无误后,即可开始正式浮升安装(见图 6-6-7)。

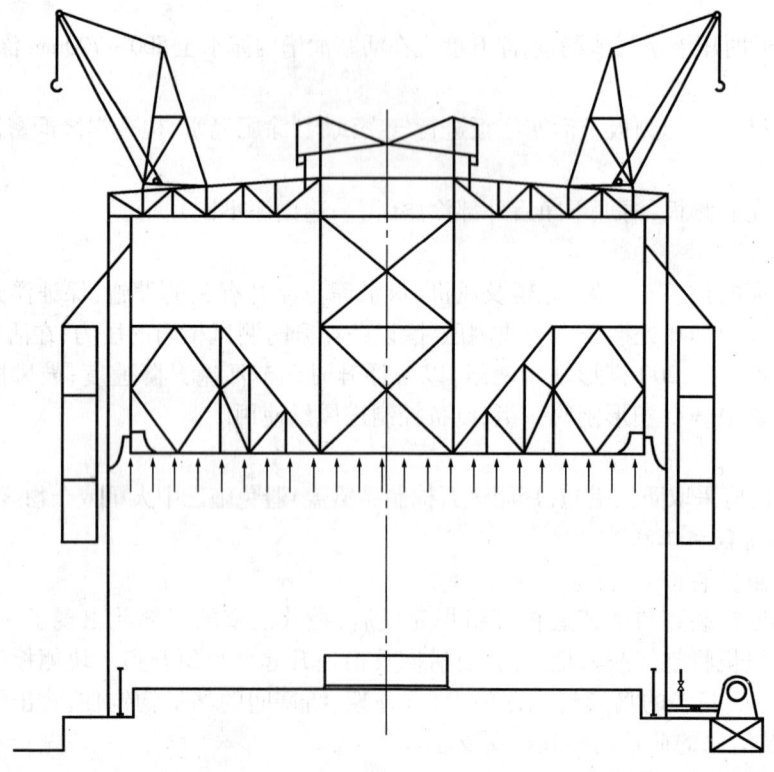

图 6-6-7 浮顶施工示意图

3. 侧壁浮升安装

每次将活塞浮升840mm（在810mm处预先安好挂钩用固定板），然后活塞降下30mm，将鸟形钩挂于钩板上，使活塞固定，然后利用柜顶2台起重机对称安装第二节以上立柱、8层以上侧板及其他构件，每升一次安一层侧板，随即调整检测立柱径切向垂直度、焊接、试漏、涂漆等。一切合格后再升起安装下一层，以此类推，直至各节立柱、侧板、罐身、回廊平台等其他设施全部安装完毕。内外联络各采用两套对讲机。

4. 顶部构件安装及活塞回落

1）顶部构件安装

当活塞升至柱顶时，根据安装需要再接一段临时立柱（构造柱）长约8m，以便活塞继续向上升起，将檐口上、下的构件（檐口板、备用油槽、柜顶栏杆、侧窗等）全部安装固定完毕。备用油槽与侧板及檐板应在地面组焊在一起后再整体安装。

2）活塞回落

（1）柜顶及活塞回落前，拆除外脚手架，在每个立柱上焊一块挂钩板，然后开始回落，使之挂于挂钩板上先将柜顶桁架与立柱联结在一起，然后与活塞脱开。

（2）拆除鸟形钩支架、径向支撑与柜顶桁架的联结节点，抽出螺栓及垫板，然后送风，使活塞向上升起约30mm，抬起鸟形钩脱离挂钩板，关闭进风口后，开启放气阀，使活塞缓缓下降，随活塞下降的同时，逐步清除侧板内壁的污物。拆除过程中，应仔细检查，不允许有任何物件落入密封装置的油环内，否则活塞下降时可能产生严重不良后果。

（3）在活塞下降的过程中，应随时进行活塞倾斜值的测量，并在活塞上进行侧板内表面的清洗，同时用拭布将清洗后的表面擦洗干净。

5. 密封装置与活塞导轮的调配

1）密封装置的重新调配

活塞坐落在支座上后，应把原装配的密封装置进行解体检查，并对各部件进行清洗。滑板应在平盘上修正，检查是否有歪斜和变形，各区段滑板的长度应按照柱间隙尺寸（侧板组焊时的记录）进行调整，滑板的长度应比基柱间隙最小尺寸小5mm为宜。需重新调整的尺寸调整合格后，分别将主帆布、间隔帆布、围栏和弹簧重新装配，同时将滑板支柱就位。

2）活塞导轮的重新调配

先将全部导轮摘下进行清洗，然后进行重新装配。上部的刚性导轮与弹簧式导轮和柱面的间隙应预留6mm；下部刚性导轮与弹簧式导轮的间隙应预留1mm，对于活塞防回装置的导轮与柱面间隙应预留6~8mm。上下弹簧式导轮按上述要求调整后，装上弹簧，将压紧弹簧螺栓向弹簧侧挤压19mm。此外，下部导轮的组装是在密封装置安装固定后进行的。

6. 配重块及附件安装

密封装置及活塞调配完成后，在柜体底部侧板预留口处设置架台及通道，将配重块运至安装部位。配重块安装完毕后，进行预留侧板的封焊。此外，在充填底部油沟密封油及安装密封装置帆布时应注意火种。随后进行侧板入口、柜体接合管和电气等设施的安装。最后进行柜体底板的防腐工作。

7. 电梯井的安装

随罐体安装进度同步向上安装，标高在45.70m以下各段采用QUY50履带式起重机安装，以上各段待柜顶桁架与柱顶联结固定完后，用柜顶起重机安装。用柜顶起重机安装时，两台起重机必须站在同一轴线上作业。

当顶板组焊完成后,在柜顶上分别划出换气装置和内部电梯的安装位置。先将组装好的电梯台架用吊车安装就位,然后在台架上进行机械系统的安装,同时也可进行吊笼导线、电梯中间休息板以及楼梯等项目的安装。

(七)第三阶段施工程序

(1)电梯及内部吊笼设备安装调试。

(2)活塞落底后,拆除鸟形钩支架,清理柜内的一切施工用的工具、材料及柜顶吊车等。柜顶起重机采用临时设施拆下。

(3)清洗调整上下导轮、防回转装置、密封机构。

(4)紧急救助装置调试运转,使其处于使用状态。

(5)搬入调整活塞压力平衡用的配重块,并按设计要求摆放。设置照明灯具,使柜内光线充足,有利于检查作业。

(6)活塞试升降运行(以水密封),上下全程运行三次,运行过程中应对下列项目进行检测和调试,达到设计或使用需要,并如实做好记录以备交工。

① 活塞运行中的倾斜状况是否达到设计允许值。

② 导轮运行中与立柱导轨间距基本一致,接触良好,无异常声响并满足设计要求。

③ 防回转装置运行中,应启动灵活,与导轨面接触状况良好。

④ 密封机构气密性试验良好,装水试验时水位平稳,各部位帆布状况良好。

⑤ 供油系统及其他附属工艺设施安装调试完毕。

⑥ 按设计规定,向底部油槽内充入密封油。

(八)第四阶段施工程序

(1)试运转调试,按设计院施工验收规定及《调试要领书》要求的项目进行试运转。

基本试验程序:开启风机向柜内送风,使活塞升起1000mm左右(短距离试升),然后停止送风;再开启放气阀门,使活塞回落至起始位置,往复3次。没有问题后,再全行程升降,往复3次。升降速度应控制在200~500mm/min左右,利用活塞板上对称位置的放气阀控制(并检查油泵房内的设备运行情况)。

(2)柜体严密性试验,按设计要求及有关规定执行。

(3)拆除放气阀,封闭入孔,柜内施工结束。

(4)柜内指示系统、柜内外照明、导轮、防回转装置系统等可根据柜体施工进度的需要,详细作出方案,进行安装。

四、技术要求

(一)气柜底板焊接

由于干式气柜直径很大一般直径都在40m以上,又因干式气柜底板没有太大承载负荷,所以设计时,材料选用较薄钢板,板材一般为5~6mm。所以很容易产生大面积平板搭接拼装焊接的变形,由于是薄板结构,焊缝又比较密集,焊接时焊缝的纵向收缩和横向收缩,很容易引起波浪变形。焊接时,引起最大变形的主要是侧板与底板连接的双面角焊缝,它焊后收缩很大,如果不能自由收缩,就会引起较大的变形。故应留出环形板双面角焊缝焊完后才开始焊接,以利于减少残余应力,才能有效地控制底板变形。为使气柜底板不平底控制在40mm以下,因此焊接应制定合理的焊接程序和焊接工艺。

1. 底板组装工艺

本着节约材料和减少变形,在保证纵缝错开≥300mm的条件下,焊缝应对称布置。定位焊用焊条同施焊时用焊条牌号一样,焊条直径为$\phi3.2$,焊接电流比施焊时高一些,其定位方法与实际施焊一样。

2. 底板焊接工艺

先将底板铺设完毕,不能将其全部定位焊,如果将其全部定位焊,在正式焊接时,焊接应力无法释放,导致很大的局部凹凸变形。所以,需要焊哪块就只对该板进行定位焊,这样整个底板呈自由状态,焊后应力自由散发而不至于集中到某一点而引起变形。所以应按下述焊接工艺执行为好:

(1)每单元的底板焊接应由柜底中心向边缘焊接,先焊纵向短缝,后焊横向长缝。尽量采用小的焊接线能量,焊接电流控制在下限值。

(2)焊接时采用分段跳焊法,即由板中心线往两边跳焊,然后再由中间往两边把间断处焊满。其跳焊距离以每根焊条的长度为准。

(3)每个单元焊完后进行各单元纵缝组焊,再进行横缝组焊,中心横缝最后焊接。

(4)环形底板(边缘板)在柜底油沟安装完后再进行安装焊接,焊接采用先焊侧板和柜底油沟连接部位,再焊油沟底板的连接焊缝,再焊油沟底板与环形板连接部位。再焊环形底板与柜底板的连接焊缝,最后焊接环形板相对接焊缝。

(5)为进一步控制变形,在焊接时对平板表面采用镇重轮压紧焊缝两侧进行焊接。

(6)每焊完一大段,在焊缝冷却前用平头风铲对焊缝部位进行冲击以消除焊接应力。

(7)焊工均应对称分布实行施焊。

(二)气柜地脚螺栓的焊接

干式气柜体积庞大。例如 $10 \times 10^4 m^3$ 的干式气柜高度为82m,直径为44.7m,质量达1890余吨,20边形即20根立柱。每根立柱由2根地脚螺栓将整个干式气柜周边固定,所以地脚螺栓焊接质量好坏直接影响气柜的稳定性。一台气柜有40根每根重120kg的地脚螺栓。由于端头设计采用T形结构(见图6-6-8),需锻造成形,故一根螺栓需分成两部分,为加工方便中间增加一道焊缝。由于地脚螺栓在干式气柜中的重要性,所以该焊缝应引起施工单位的重视,特就该焊缝的焊接工艺简述如下。

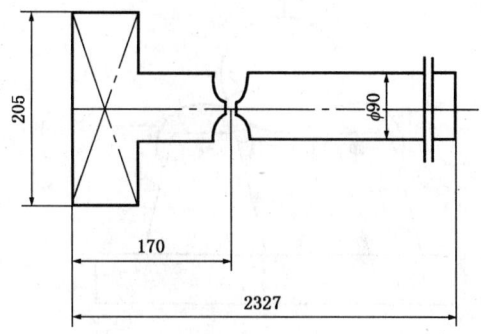

图6-6-8 地脚螺栓示意图

1. 焊接质量要求

(1)T形头部与圆杆中心互相重合允差±1mm。

(2)圆杆与T形头部大方头垂直允差≤2mm。

(3)焊缝接头100%超声波探伤检查,按GB/T 12604.1—1990检测合格。

2. 焊接

1)焊前准备

坡口清理:焊前将坡口及坡口边缘两侧20mm范围内的铁锈油污等脏物,彻底消除干净。

2)坡口装配形式

根部V形,上部U形,如图6-6-9所示。

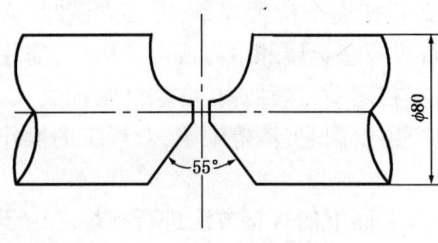

图6-6-9 坡口装配形式示意图

焊缝坡口是上车床进行机械加工,比较标准。为了保证焊透,间隙控制在 0~1mm;为了减少焊缝截面尺寸采用了根部 V 形,中间以上用 U 形坡口,尽量减少填充金属。

3)焊接设备

手工焊采用 BX3-300 焊机,气体保护焊采用 NBC-350S 半自动 CO_2 气体保护焊机。

4)焊接工艺试验

焊接条件见表 6-6-3。

表 6-6-3 焊接条件

焊接层次	焊接方法	焊接材料		焊接电流 A	电弧电压 V	气体流量 L/min
		牌号	直径,mm			
1~3	S	T422	3.2	120~130	20~22	
4~9	CO_2	$H08Mn_2SiAl$	1.2	200~210	25~26	13
10~15	CO_2	$H08Mn_2SiAl$	1.6	210~220	26~27	13~14

焊接材料选用:与工艺试验相似,焊条经 150℃ 烘焙 1h。

5)焊接顺序

在装配定位后,将整根螺栓置于自制的转胎上(图 6-6-10),使焊缝始终处于水平位置。为了减少和控制变形,在焊接顺序的制定上遵循以下原则:

采用多层多道焊,各层接头应错开一定距离,焊完一层后,根据变形方向,在其相对位置起弧焊接,使其产生较大的反向力,以便原变形得到矫正。

该焊接工艺和方法通过施焊认为效果很好,其焊缝检查法如下:

(1)焊缝外观:焊缝坡口边缘与母材熔合良好,平缓过渡,焊缝高度 2~3mm,无咬边、无气孔、无夹渣等缺陷。

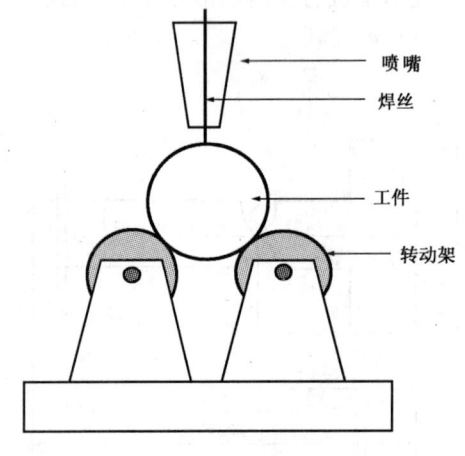

图 6-6-10 转胎示意图

(2)无损探伤:用超声波探伤,结果全部达到 I 级,证明焊缝质量优良。

五、相关知识

(一)立向下焊技术在侧板焊接中的应用

侧板焊缝按设计要求采用 J422 焊条。按常规 J422 系普通全位置焊条,焊立缝时,必须自下而上施焊,利用下部已凝固的焊缝和熔渣托住上面的液态金属和熔渣成形。因此,需用较小的焊接电流,运用间歇提弧的操作手法,使焊条上下左右摆动,这种焊接方法热量损失大,焊条消耗多,操作时间长,生产效率低,外观成形不匀,易产生咬肉、夹渣等缺陷,对焊工的操作技术要求高,劳动强度大。

立向下焊接工艺是使用纤维素型薄皮的专用焊条自上而下的焊接方法进行施焊。由于该焊条的熔渣具有较大的粘度和表面张力,较强的电弧吹力,可以托住熔渣和铁水,使焊缝成形。它可采用较大的焊接电流,薄板与底层焊接时一般不需摆动,引弧后立即可直拖而下,因此,操作方便,焊接热损失小,焊条消耗少,施焊速度快,外观整齐均匀。特别是对于薄板角焊缝,其优越性更加明显。在气柜侧板立缝施焊中,采用立向下焊接工艺方案,在煤气柜工程上取得令人满意的效果。

(二)焊接工艺评定及焊接质量效果

通过试验(见表6-6-4)可以看到用E310焊条代替J422是完全可行的,其机械性能、焊缝成形情况及焊接速度均可以满足施工要求,经过试验分析,确定焊接工艺为:焊接电流为140A左右,焊条的烘干温度为200~300℃。烘干时间为2h,每根焊条的熔化时间为1min,操作时可作摆动,直拖而下。

表6-6-4 焊接质量对比

序号	焊条牌号	电流 A	焊条直径 mm	焊接长度 mm	焊条数量 根	完成时间	成形情况
1	T422	110~115	φ4.0	300	2.5	2′40″	差
	E4310	115~120	φ4.0	300	1	1′30″	好
2	T422	110~120	φ4.0	300	2.5	2′30″	差
	E4310	125~130	φ4.0	300	1	1′10″	好
3	T422	120~130	φ4.0	300	2.5	3′20″	差
	E4310	130~140	φ4.0	300	1	60″	好
4	T422	130~140	φ4.0	300	2.5	2′20″	差
	E4310	140~150	φ4.0	300	1	58″	好

立向下焊技术通过以往在气柜施工中的应用,焊接质量较好,其优越性归纳如下:

(1)E4310焊条焊接工艺性能好,对铁锈、油污不敏感,抗气孔性能好,引弧焊再引弧容易、电弧稳定、飞溅小,且脱渣容易,立向下焊时不流淌,所以容易掌握。

(2)操作简单、焊接时几乎不需摆动,一直拖下,所以容易掌握。

(3)焊接速度快,劳动强度低。

(4)节约焊接材料。

(5)焊缝成形好:外形美观、致密性好,减少了气柜试漏的返修,提高了气柜的焊接质量。

(6)使用中应严格注意焊条烘干的问题,如果不能保证焊条的完全烘干,就会出现气孔及飞溅的现象。

(7)通过与J422焊条比较,同一条焊缝,E4310焊条用量为J422的五分之二,焊接时间可节约一半以上,而且操作简单,质量好,所以其经济效益是很好的。

(8)立向下焊条适用于薄板以及底层焊接,特别适用于薄板角焊缝,由于焊脚高度小,熔深浅,不适用于厚板焊接。

第七章　复合钢板及有色金属容器制作与安装

一、学习目标

了解复合钢板及有色金属的制作工艺,现场安装的技术要求和质量检验标准,能够进行及组织进行复合钢板及有色金属、设备的制作和安装工作。

二、准备工作

熟悉图纸及其技术要求,准备好容器制作的设备及工具如剪板机、滚板机、电焊机;各种工卡具及计量器具等,还要做好对复合钢板及有色金属表面防护所需场地及物品的准备。

三、工作程序及技术要求

（一）复合板压力容器制作

复合钢板一般由复层(不锈钢)和基层(碳钢、低合金钢)组成。它比单体不锈钢能节约一半以上不锈钢材料,成本低、耐腐蚀,故被广泛应用。本文重点介绍复合板容器与一般容器制造的不同点。复合板容器的制造应有专用厂房和场地,地面应垫有木头或橡皮,吊装钢丝绳外缘应有软质保护套,钢板的垫放应用木头方块,所有工装卡具外表面均应有软保护。

1. 复合板检验

材料必须有质量证明书、合格证,其内容包括标准及合同附加项目中的规定检验要求。下料前,应按相应材料的技术要求进行抽查检验,检验内容包括:

(1)宏观检查:表面质量如光洁度、局部凹陷,划伤等。

(2)几何尺寸:厚度、长度和宽度公差、复层厚度公差、及钢板翘曲度。

(3)化学成分:复层和基层的化学成分。

(4)机械性能:拉弯、冲击及延伸率,贴合剪切强度。

(5)晶间腐蚀:刨掉基层,尽量保持复层原来表面、作晶间腐蚀倾向试验。

(6)超声波探伤:检查贴合质量是否有分层。

2. 复合板号料、划线

复合板的复层朝上放置,工作人员应穿戴干净软底鞋,鞋底对复合表面应无划伤、污染。禁止在复层表面用针划线和打冲眼,不得用墨汁、油漆写字样,采用无硫记号笔作标记,长度的展开应减去复合板伸长量。

3. 切割

复合板可采用机械切割和热切割的方法,采用机械切割一般采用剪板机剪切,剪切时,复层朝上,剪板机油压脚应用软布、橡皮包裹,防止复层损伤和污染。

热切割有等离子切割、气割和氧助剂切割,热切割尽量采用等离子切割,等离子切割时,复层朝上,从复层开始切割适应于复合比(复层厚度与复合板总厚度之比)在30%以上大厚度复合钢板,切割时,自复层侧开始火焰中加助熔剂(铁粉等)。如采用碳弧气刨切割时,应对复层表面有保护措施。将复层刨掉再用气割割去余下的基层。

4. 复合板刨边、冲孔、钻孔

坡口的加工尽可能在刨边机或其他机床上进行,刨边时,复层要朝上,刨边机的油压脚应用干净绒布或胶皮包裹防止复层表面划伤和污染,冲孔钻孔时,复层应朝上,防止复合板分层。

5. 复合板滚圆

滚圆前,先将滚板机各辊用麻绳或橡皮缠绕包裹,缠绕应均匀无结疤、硬块、干净而无污染,复合板的校圆垫块应用木制垫块。

6. 复合板的冲压和弯曲

复合板的冲压和弯曲在设备能力允许的条件下尽量采用冷加工为宜,无论是冷加工还是热加工都应对复层采取保护措施,避免划伤和油污,并检查其贴合质量。采用热冲压和弯曲时应注意下列情况:

(1) 对于 18Cr-8Ni 型或 18Cr-12Ni-Mo 型不锈钢复合板初始温度按基层要求终温 850℃ 至 550℃ 的温度范围内要迅速升温或冷却;

(2) 要缩短加热时间,加热次数不超过 2 次,避免分层;

(3) 加热炉燃料中含 S 量不得超过 0.5%;

(4) 不应使火焰或固体燃料直接与复层接触,并均匀加热;

(5) 加热炉内不得采用还原性气体,要保持中性或微氧化性。

7. 复合板组装

(1) 封头和筒体的组装应尽量选用立式组对,定位点焊仅允许在基层金属面上,采用焊接基层金属的电焊条进行。组对纵、环缝应尽量使内表面平齐,内表面错边量应小于复层厚度的 1/2。

(2) 复合层侧其他构件的组装

对于承受较小负荷的附件,如塔盘支持圈等,可直接焊于复层上,在需焊接有关区域内,焊接之前对复层的贴合部位都要进行 100% UT 检查。不得存在贴合不良现象。

对承受较大负荷的附件,如梁的支腿,搅拌器的底座,按下列规定步骤制作:

① 操作温度高于 400℃ 时,复层部分用碳弧气刨剥开,加一个与复合板材相配的托架焊于基层钢板壳体上,再将剥掉的复堆焊。将堆焊处表面磨平,100% PT 检查。

② 操作温度低于或等于 400℃ 时,复层部分先剥开,剥开部分用堆焊法修复,再用实心不锈钢架焊在堆焊层上。

③ 对设备复合板卷制的人孔或接管,要选取相应牌号的电焊条进行堆焊,使接管端面及焊缝有 4±1mm 高堆焊层,如图 6-7-1,以防止腐蚀介质的侵蚀。

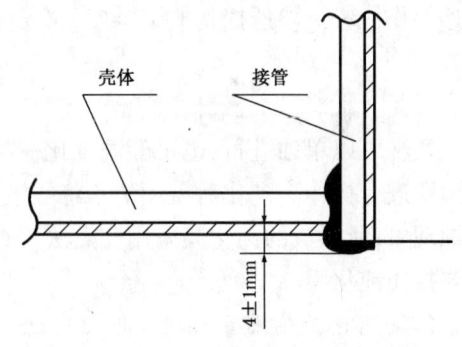

图 6-7-1 高堆焊层示意图

8. 复合板焊接

1) 焊接方法

基层焊接可采用手工电弧焊或自动埋弧焊,焊接材料可选用与基层材质相配的焊条或焊丝和焊剂;复层焊接可采用手工电弧焊或氩弧焊,焊接材料可选用与复层材质相配的焊条或焊丝,氩弧焊可采用 TIG 焊及 MIG 焊;基层与复层交界处的过渡层采用手工电弧焊及氩弧焊。焊接材料选用异种钢(基层与复层)焊接相配的过渡性焊条。

2) 焊前准备

参加焊接的焊工应持有相关资质资格,编制好焊接工艺并进行技术交底。对焊接元件的坡口要进行宏观检查,不得有裂纹和分层,并将坡口边缘油污处理干净,坡口打磨光滑,复层侧焊接前应有防飞溅措施。

3)焊接顺序

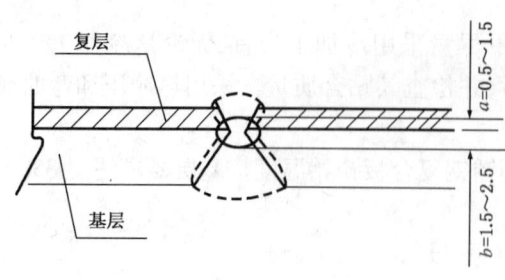

图6-7-2 过渡层厚度示意图

焊接顺序是先基层,再过渡层,最后复层。焊接基层第一层时,不得将基层金属沉积在复层上。基层焊接检查合格后才能进行过渡层焊接。焊接复层必须清除坡口边缘复层坡口上的飞溅物。过渡层的熔焊金属必须完全盖满碳钢层。如图6-7-2所示:过渡层总厚度为 $a+b$,其中 $a=0.5\sim1.5$mm, $b=1.5\sim2.5$mm。过渡层第一道焊接小规范反极进行直道的多道焊,以降低基层对复层的稀释。复层焊接层间温度控制在50℃以下,并检查无裂纹。

4)焊缝返修

用超声波确定缺陷位置深浅程度,决定以基层(或复层)侧清除缺陷,若从复层侧返修缺陷时,必须用机械方法清除后重焊。焊缝返修部位需作100%射线探伤检查。同一部位的返修一般不超过2次,避免返修处出现分层现象。

5)焊缝检验

(1)外观检查。焊缝表面及热影响区不允许有裂纹,复层焊缝表面不得有咬边、过烧、气孔。基层焊缝咬边不得大于0.5mm。

(2)无损探伤。复层焊缝应作渗透探伤检查。各开口接管和内构件与复层的角焊缝应作渗透探伤检查。渗透探伤按JB 4730规定。对基层焊缝按图纸或工艺进行射线或超声波探伤检查。

9. 复合板容器表面酸洗钝化

酸洗可以单独进行,也可酸洗钝化一次处理,但要注意严防过酸化。严格按酸洗钝化膏使用说明进行操作。钝化后需用清水将酸液洗净、呈中性,表面应呈银灰色,并且要均匀、无过度腐蚀现象,所形成的钝化膜采用蓝点法检查,无蓝点为合格。作过钝化处理的复合板,使用时不要损伤钝化膜。

(二)有色金属设备的制作与安装

本章仅介绍铝镁合金容器的制作与安装。

铝镁合金设备一般作为化工产品的储存容器,如在聚乙烯、聚丙烯装置中常用的铝镁合金料仓。

1. 材料的验收和保存

铝材较软,表面易擦伤,挤压易变形,遇酸、碱、铜、钢等易产生腐蚀和侵蚀。

(1)对铝镁材料到货检查时除必须有与设计相符合的合格证、质量证明书及备查技术资料外,还应检查材料表面有无严重损伤、污染和腐蚀。缺陷超标的不能使用。材料的规格、数量应与订货协议相符。

(2)铝镁材料的保管:材料的底部应铺上一层橡胶板或木板。板材应放在平整的平台上,材料存放处上面应搭设防护棚。

2. 铝镁合金设备的制作

(1) 铝镁合金设备的放样、下料、坡口加工等的程序和方法与钢制设备相同。

(2) 铝镁合金卷制时,卷板机的滚筒事先应衬胶,卷板过程防止铝板受损,卷好的弧形铝板应放置在同弧度的胎架上,下部应垫橡胶板。

(3) 铝镁合金材料组对时采用的卡具、销子应用不锈钢制作,组对及调整过程不允许用钢手锤等,应用木锤或橡皮锤。

3. 铝镁合金设备的焊接

1) 焊工管理

参加铝镁合金焊接的焊工必须具有与焊接材料、焊接位置相应的焊工资格证。

2) 焊接工艺评定

现场应有评定合格的焊接工艺评定。

3) 焊接方法

铝镁合金的焊接一般采用手工钨极氩弧焊,交流电源,或双面同步焊接。

4) 焊接材料

根据焊接工艺评定和图样要求选用焊接材料,如可选用焊丝 SALMG-5VCB 即 HS331,$\phi 3mm$、$\phi 4mm$、$\phi 5mm$、$\phi 6mm$;保护气体氩气纯度不低于 99.96%;钨极选用铈钨极,规格 $\phi 5mm$、$\phi 6mm$。

5) 焊接顺序

一般按先纵缝后环缝的原则,当筒体采取倒装法组装时,先将两节筒体纵缝焊完,组对焊接环缝,再组焊第三节筒体纵缝,再组焊环缝……以此顺序将筒体组焊完,最后焊接接管等附件。

6) 焊接要求

(1) 镁合金的焊接应严格执行焊接工艺,选择合理的焊接顺序,防止或尽可能减小焊接变形。

(2) 焊接前,应对焊丝、坡口表面进行化学清洗或机械打磨,焊缝坡口及附近应无水迹、碱迹等任何污染,清洗后的焊丝在 8h 内使用完,否则应再次清洗。

(3) 组对定位焊时,使用与正式焊接相同的焊接工艺和焊材。

(4) 纵缝焊接时应设置与母材同材质的引弧板和引出板。

(5) 正式焊接前,在试板上进行试焊,调整和确定工艺参数,经确认后开始正式焊接。

4. 铝镁合金设备制作及安装过程的吊装

(1) 根据吊装部件的重量及结构特征,设计吊耳,吊耳采用不锈钢材料,与吊装部件焊接。

(2) 当采用卡兰等夹具吊装铝板或铝材筒节时,卡兰不得直接接触铝板,卡兰与铝板之间应垫橡胶板等。

(3) 吊装过程应采取防止变形措施,筒节内部应设组对胀圈。采用倒装法组对筒体时,筒体上部应设胀圈(或加固圈),利用平衡梁吊装法吊装筒体。

(4) 卧式铝镁合金设备吊装时,在钢丝绳与设备之间垫橡胶板,防止钢丝绳与筒体直接接触以勒坏铝板表面。

(三) 复合钢板及有色金属容器的安装

(1) 用复合钢板制作的压力容器和用有色金属制作的容器,在现场安装的工序与碳素钢容器相同,但在安装过程中除应遵守一般容器安装的操作程序及技术要求以外,还应做好以下工作,确保容器顺利安装。

① 容器的存放场地、地面或支托架均应垫木料或橡胶板以防止设备外表面的污损。

② 容器的吊装应设计吊耳,采取合理的吊装索具,钢丝绳不得直接捆扎在容器上,钢丝绳绳套应加软质保护套。

③ 容器吊装过程应小心操作,严禁与他物碰撞。

(2)复合钢板或有色金属容器的安装应根据设备结构特点制定相应的安装工艺。

(四)复合钢板及有色金属容器制作安装的质量检验

(1)用复合钢板或有色金属设备制作及安装的质量检验应根据设计图纸的技术要求和相关的施工及验收规范的有关标准进行。

(2)设备制作安装前应根据以上规范、标准和技术要求编制设备制作安装的质量检验标准,以及保证设备制造安装质量的技术措施。

第八章　大型复杂钢结构构架制作与安装

一、学习目标

熟悉并掌握大型复杂钢结构构架制作和安装的施工工艺方法和质量验收标准,正确熟练地完成大型复杂钢结构构架的安装施工任务以及组织完成大型复杂钢结构构架的施工计划。

二、使用工具

金属结构制作工在大型复杂钢结构构架的制作安装过程中主要使用工具是钢尺、大小锤、直尺、弯尺等,以及自制的样板、组对胎模(具)等。主要使用的检测仪器及工具是焊接检验尺、经纬仪、全站仪等。

三、操作程序和工作内容

(一)大型复杂钢结构构架的制作

1. 原材料及成品的检查、检验

(1)钢材、钢铸件、焊接材料、钢结构连接用的高强度螺栓、普通螺栓、铆钉、地脚锚栓等紧固标准件及螺母、垫片等标准配件,其品种、规格、性能等应符合现行国家产品标准和设计要求。检查产品的质量合格证明文件、中文标志及检验报告等。

(2)检查钢板的厚度、型钢的几何尺寸及允许偏差符合其产品标准的要求。

(3)检查钢材的表面质量应符合规范要求。

(4)检查高强度螺栓连接副,应按包装箱配套供货,包装箱上应标明批号、规格、数量及生产日期。螺栓、螺母、垫片外观表面应涂油保护,不应出现生锈和沾染脏物,螺纹不应损伤。

(5)焊条外观不应有药皮脱落、焊芯生锈等缺陷;焊剂不应受潮结块。

2. 制定焊接工艺

施工单位对首次采用的钢材、焊接材料、焊接方法及焊后热处理等,应进行焊接工艺评定,制定焊接工艺。

3. 放样和号料

(1)钢构架各部件的放样在平整稳固的钢平台上进行,按图样及钢板、型材规格进行展开和放样。

(2)放样完成经检查合格后制作号料样板,样板的尺寸、角度等应控制在规范的允许偏差范围内。

(3)用钢尺或角度样板,型钢号料样板等在钢材上号料。

(4)号料后用钢尺、样板等复查是否正确。

4. 切割

(1)钢结构构件一般采用气体气割和机械剪切。

(2)切割作业时要注意环境温度是否适宜切割作业。

(3)气体切割与机械剪切的操作人员要严格按照操作规程进行,气割人员应具有上岗资质,机械剪切应由机械工操作机械。

(4)气体切割分手工切割和自动切割(半自动切割器)、精密切割(数控自动切割)。对于钢结构部件大多材料为型材,以手工切割为主。

(5)切割时应保证切割面平面度、割纹深度、局部缺口深度等在允许偏差范围内。

(6)切割后的切割面应清除钢渣、氧化铁打磨干净。

(7)对于焊接H型钢的腹板和翼缘板应采用剪板机剪切或自动(半自动)气割机切割。如采用自动(半自动)气割机沿宽度方向切割时,应采用两个或多个(多头)切割咀同时进行。

(8)对需要进行边缘加工的钢板,下料进至少留2.0mm以上加工余量。

5. 钻孔

(1)钻孔采用钻床或台钻进行。

(2)钻孔前对号孔尺寸进行复查符合要求后才可开始钻孔。

(3)钻孔时应用卡具对工件紧固,特别是用台钻钻孔时要控制台钻(压杆钻)不能晃动,工件水平放置,钻头垂直向下。

(4)钻孔后检查螺栓孔不得有裂纹、毛刺和大于1.0mm的其他缺陷。

(5)对不合格的螺栓孔,可用与母材匹配的焊材堆焊堵孔,经磨平后重新钻孔。

6. 矫正和成形

(1)对原材料在号料前应对其平整度、弯曲度、挠曲度等进行检查。不合格的应进行矫正后才号料。

(2)对经过号料、切割、钻孔、组焊后的部件、零件等,应对其直线度、平整度、挠曲度等进行检查,不合格的应进行矫正。

(3)矫正采用人工矫正和机械矫正。人工矫正指对局部少量变形情况用锤击或火焰加热等方法矫正。机械矫正指对变形较大的部位用千斤顶、压力机等机械进行矫正。

(4)对于碳素结构钢在-16℃以下、低合金钢在-12℃以下时不得进行冷矫正,钢材热矫正温度不大于900℃。

(5)对于高强度螺栓连接的摩擦面应用砂轮、钢丝刷或喷砂喷丸进行处理,并按批作抗滑移系数试验。

(6)经矫正合格的构件、部件应进行加固或妥善放置,防止再次变形。

7. 构件、部件的验收及存放

(1)钢结构的构件、部件制作完成,经检查合格后,做好标识,按组装顺序分别存放。

(2)构件、部件存放场地应平整,并设置垫木或垫块,采取防雨、防潮措施。

(3)构件厂制造的构件、部件出厂时应进行捆扎、包装、出具装箱清单和零部件质量合格证书。

(二)钢结构构架的现场组装

大型复杂钢结构构架一般在工厂(预制厂)单件或组合件制作后,运到安装现场进行成楊组装和整体组装,然后采取成楊或整体吊装就位。

1. 成楊组装

(1)构件的检查验收:成楊组装前现场安装人员要根据图纸对运到现场的钢构件进行检查验收、分类堆放做好标识;现场制作的部件也要做好标识,存在待组装区。

(2)在钢平台或型钢平台上放大样制作组对胎具。

(3)按照图纸在胎具上组对成楊钢构架、立体钢框架,并组对全部拉杆支架等。

(4)采用螺栓连接的部位(节点),将钢构件按放样位置放在胎架上,检查螺栓孔无误后用螺栓连接并拧紧,然后对焊接部位进行点固焊。

(5)当成楹构架组装完,检查材料、尺寸、位置等符合图纸要求后,进行焊接;焊接时从焊工分布、焊接顺序、焊接工艺参数控制等方面进行合理安排,以减少焊接变形。

(6)需要翻面进行焊接的成楹钢构架,吊装翻过时应采取防止吊装变形的措施,如临时加固、双车抬吊等。

2.钢构架整体组装

(1)根据大型钢结构构架的几何高度及长宽尺寸,以及结构特点,确定钢构架采取部分组装框架或整体组装框架形式。

(2)钢框架组装时应在平台上或钢制台架上进行,先将成楹钢构架吊立于平台上,确定位置及尺寸后,临时支撑固定,然后组装连架横梁(螺栓连接或焊接)、组装拉杆件等。

(3)当钢框架或钢结构总体组装完成后,复测各部件几何尺寸和水平度,对角线等符合要求后,进行焊接或螺栓连接。

(4)钢框架需要翻过时,应采取防变形措施。

(5)钢结构的焊接应严格按照焊接工艺进行,并采取防止焊接变形措施。

(6)钢构架结构采用螺栓连接时,每个节点应采用临时螺栓及冲钉先临时固定,临时螺栓数不少于螺栓总数的1/3,且不少于2个。

(7)对高强度螺栓的安装还应注意:

① 焊接和高强度螺栓并用的连接,设计无要求时应先栓后焊。

② 安装高强度螺栓时,螺栓应自由穿入孔内,不得强行敲打,并不得用气割扩孔。

③ 高强度螺栓的拧紧使用扭矩扳手和专用扳手,使用前必须校正。

④ 高强度螺栓的拧紧,应分初拧和终拧,对大节点应分初拧、复拧和终拧。初拧扭矩为施工扭矩的50%左右。复拧扭矩等于初拧扭矩。经过初拧和复拧的高强度螺栓在螺母上做好标记。

⑤ 当初拧、复拧进行完后,大六角高强度螺栓用扭矩扳手进行终拧;扭剪型高强度螺栓用专用扳手进行终拧,直至拧掉螺栓尾部梅花头。

⑥ 高强度螺栓在初拧、复拧、终拧时一般应由螺栓群中央向外顺序拧紧,并在当天终拧完,终拧后的高强度螺栓另行做出标记。

3.大型钢结构构架的整体吊装

(1)大型钢结构部分或整体吊装采用大型吊车或起重桅杆等机械设备进行。

(2)吊装前,混凝土基础上应在靠近地脚螺栓两边放置2组垫板,每组垫板不得多于5块,柱底板一般先不与立柱焊接,将柱底板套上地脚螺栓后放在垫板上,垫板与基础面和柱底板的接触应平整、紧密。当采用成对斜垫板时,叠合长度不小于垫板长度的2/3。

(3)大型钢构架整体吊装前应根据重量、几何尺寸、结构特点选择吊点位置,设置特殊吊耳,并采取防止变形的加固措施。

(4)吊装前应在钢框架上设置标识垂直度观测点,以便就位时,利用经纬仪进行垂直度调整。

(5)钢结构一般采用卧式组对,然后用一台主吊车提升、一台辅助吊车抬尾,将钢结构整体吊装就位。也可以用起重桅杆提升,吊车抬尾或滑动底排送进将其吊装就位。

(6)钢构架就位后,调整垫板,用经纬仪(两台)同时在互成90°方位上观测,使垂直度符合有关规定,然后将各组垫板点焊一体,柱底板与立柱焊接。

(7)钢构架安装在形成空间刚度单元后,及时对柱底板和混凝土顶面的空隙采用细石混凝土二次浇灌。

(8)钢构架吊装就位后,继续进行剩余连接梁、支架、拉杆以及平台及护栏的安装。

(9)当钢构架各层平台上设计安装设备和管线时,在安装横梁、支架等部件时应保证不影响设备及管线的安装,需要时在设备管线安装就位后才安装上述钢构件。

4. 大型钢构架的分段吊装

对于高度和质量都较大的钢构架,也可以采取分段吊装的方法安装。如某净化厂火炬烟囱系统工程的烟囱塔架的安装就采用此法。

1)烟囱塔架概况

烟囱塔架高度110m,总质量127.8t,塔体横截面为正方形,底部截面边长为20m,逐步缩小至顶部边长4m。塔架四根主肢(ϕ351mm×12mm/10mm)及横杆均由无缝钢管组对而成。

根据施工平面布置情况将地面平整后压实,铺设管平台。塔架分为五段预制,从下至上每段标高依次为:

第一段　　　　　　▽0.5m——▽30m
第二段　　　　　　▽30m——▽50m
第三段　　　　　　▽50m——▽78m
第四段　　　　　　▽78m——▽96m
第五段　　　　　　▽96m——▽110m

2)分段预制

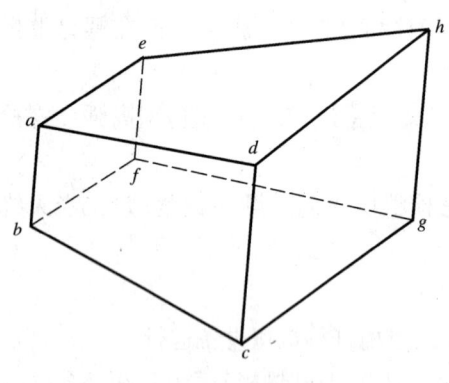

图6-8-1　分段塔架制作简图

分段塔架制作简图如图6-8-1所示。

分段塔架主肢、横梁、斜撑下料应严格按GB 50205执行,在钢平台上划线放样,预制时先组对 abcd 面及 efgh 面,组对时主肢、横梁斜支撑上全,然后把 abcd 面及 efgh 面分别绕 bc 和 fg 主肢翻转90°竖立于平台上,检查各部位尺寸,加以牢固支撑,搭设脚手架,安装上下两道连接梁、斜支撑组对成整段,然后进行焊接,安装平台、劳动保护,临时固定附属管线、电气、仪表等。

塔架分段拼装后,各杆件轴线应汇交于节点,平面对角线,空间对角线要严格控制在规范之内。

3)塔架组装

第一、二段塔架在吊装位置组对成大段,下部铺设管平台。管平台用 ϕ377mm×9mm 的螺旋钢管按塔架宽度制作龙门架式胎具,胎具位置及高度见图6-8-2,胎具两端支撑下部打混凝土基础,胎具之间用型钢连成整体。塔架组装前先用胎具调整第一段塔架高度,使塔架中心线处于预定位置,然后调整相邻的另一段塔架中心线,使其相吻合,焊接主肢连接支撑。组对详图如6-8-2所示。

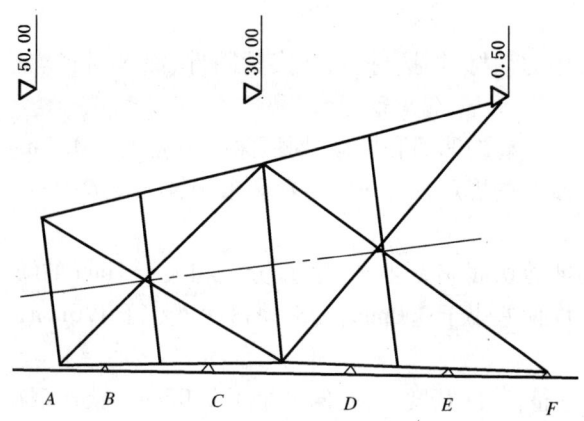

图6-8-2　烟囱塔架组对胎具布置图

	B	C	D	E	F
距A点距离,m	6	15	26	35	44
胎具高度,m	1.037	1.843	1.932	1.395	0.858

第三、四、五段分别在平台(胎架)上各组成一体,并进行焊接。

4)塔架的吊装

塔架的吊装总质量为127800kg,安装基础标高500mm,塔架顶标高110m,采用一台300t履带式起重吊车和一台50t汽车吊配合吊装,各段吊装参数见表6-8-1。

表6-8-1　塔架各段吊装参数

序号	分段标高位置 m	质量 t	安装顶标高 m	扒杆长度/作业半径 m	最大额定负荷 t
Ⅰ	0.5~50	67.569	50	90/18~20	84
Ⅱ	50~78	30.653	78	108/22~26	42
Ⅲ	78~96	16.762	96	120/26~30	28
Ⅳ	96~110	12.816	110	120/26~30	28

(1)用300t吊车作主吊车,50t吊车抬尾配合,将第一大段吊装就位到基础上,进行找正,紧固地脚螺栓。

(2)在上部接口以下1m左右搭设操作平台,并在主肢上焊接内套管、定位销及挡板等。

(3)用两台吊车配合吊装第二段与第一段连接,空中对口应严格控制各段平面对角线及空间对角线在允许偏差范围之内,组对时用经纬仪监测调整以保证塔架垂直度。

(4)依次吊装第三段、第四段,完成塔架吊装工作。

四、技术要求

大型复杂钢结构构架制作安装主要按下料、组对、安装的工序进行,各工序的技术要求和质量检验如下。

(一)钢结构部件下料、制作

1. 材料的检验

(1)所用钢材、焊接材料、连接紧固件的品种、型号、规格应符合图纸要求,质量应符合现行国家产品标准规定。

(2)钢结构工程所用的钢材、焊接材料、连接紧固件、涂装材料均应有质量证明文件及合格证。

(3)钢材表面不应有明显的凹面和损伤,划痕深度不应大于0.5mm。

(4)高强度螺栓应按有关规定进行扭矩系数和紧固轴力复验。

2. 切割

(1)钢材的切割面或剪切面应无裂纹、夹渣、分层和大于1mm的缺棱。

(2)气割时长度宽度偏差小于3.0mm,局部缺口深度小于1.0mm,气割后应清除熔渣和飞溅物。

(3)机械剪切面应平整,零件宽度、长度偏差小于3.0mm。碳素钢在环境温度低于-20℃,低合金钢在环境温度低于-15℃时,不得进行剪切、冲孔。

3. 矫正和成形

(1)碳素结构钢在环境温度低于-16℃,低合金结构钢在环境温度低于-12℃时,不得进行冷矫正和冷弯曲。

(2)加热矫正时,加热温度不得超过900℃,低合金结构钢加热矫正后应自然冷却。

(3)矫正后的钢材表面,不应有明显的凹面或损伤,划痕深度不大于0.5mm,且不应大于该钢材厚度负允许偏差的1/2;矫正后的尺寸允许偏差应符合《钢结构工程施工质量验收规范》的规定。

(4)加工及矫正成形的零部件几何尺寸符合图纸要求,并有标识。

4. 制孔

(1)A、B、C级螺栓孔的精度、孔壁表面粗糙度、孔径的允许偏差符合《钢结构工程施工质量验收规范》的规定。

(2)同一组内任意两孔间距离允许偏差±1.0mm;相邻两组的端孔间距离允许偏差根据组间距离分别符合《钢结构工程施工质量验收规范》的规定。

(二)钢构件组装

(1)组装的吊车梁和吊车桁架不应下挠。

(2)钢结构组装前,零件、部件应检查合格。

(3)板材、型材拼接应在组装前进行,对口错边量允许偏差$t/10$且不大于3.0mm。

(4)顶紧接触面应有75%以上的面积紧贴。

(5)桁架结构杆件轴线交点错位的允许偏差不得大于3.0mm。

(6)钢构件组装后外形尺寸允许偏差应符合《钢结构工程施工质量验收规范》附录的规定。部件组装后高度允许偏差±2.0mm,垂直度允许偏差$b/100$且不大于2.0mm;中心偏移小于2.0mm;型钢连接处错位小于1.0mm;箱形截面宽度偏差不大于±2.0mm。

(7)桁架结构杆件组装时,轴线交点的允许偏差不大于3.0mm。

(8)钢构架拼装时应符合下列规定:

① 对多节柱:拼装单元总长允许偏差±5.0mm;拼装单元弯曲允许偏差$L/1500$且不大于10.0mm;接口错边不大于2mm;拼装单元柱身扭曲允许偏差$h/200$且不大于5.0mm;顶紧面

至任一牛腿距离允许偏差 ±2.0mm。

② 对梁、桁架:跨度最外端两安装孔或两端支承面最外侧距离允许偏差 ±5.0mm;接口截面错位偏差小于2.0mm;对设计要求起拱的梁桁架,上拱度允许偏差 ±L/5000;接点处轴线错位允许偏差 3.0mm。

③ 塔架主体实样尺寸允许偏差:杆件长度 ±0.5mm;对角线长度 ±1.0mm;各节间距 ±2.0mm;各主肢向距 ±2.0mm;杆件汇交点偏移 2.0mm。

④ 塔架主杆和腹杆矫正后,侧向直线度偏差和挠曲部分的长度之比不应大于 L/1000,且全线直线度偏差不应大于 4.0mm。

(三)钢结构的安装

(1)基础的检查验收:

① 钢结构安装前应对基础定位轴线、标高、地脚螺栓的规格和位置进行检查,办理交接验收。

② 基础顶面或顶面预埋钢板作为主柱支承面时,支承面标高、水平度、地脚螺栓中心偏移允许偏差应符合《钢结构工程施工质量验收规范》的规定。

(2)单层钢结构主体结构的整体垂直度允许偏差 H/1000,且不大于 25.0mm。主体结构的整体平面弯曲允许偏差 L/1500,且不大于 25.0mm。

(3)多层及高层钢结构主体结构的整体垂直度允许偏差 H/2500 + 10.0mm,且不大于 50.0mm。主体结构的整体平面弯曲允许偏差 L/1500,且不大于 25.0mm。

(4)单层、多层及高层钢结构的立柱安装允许偏差应符合《钢结构工程施工质量验收规范》附录 E 的规定。其中:

① 型钢构架安装时,其定位轴线允许偏差为 ±L/20000,且不大于 ±3.0mm;

② 立柱中心线偏移允许 1.0mm;

③ 地脚螺栓偏移允许 2.0mm;

④ 底层柱基准标高允许偏差 ±2.0mm;

⑤ 单节立柱垂直度允许偏差 H/1000,且不大于 10.0mm;

⑥ 同一层柱各柱顶高度差为小于 5.0mm;

⑦ 同一根梁两端顶面高差小于 L/1000,且不大于 10.0mm;

⑧ 主梁和次梁表面高差允许 ±2.0mm;

⑨ 主体结构整体垂直度允许偏差 H/2500 + 10.0mm,且不大于 50.0mm;

⑩ 主体结构总高度允许偏差 ±H/1000,且不大于 ±30.0mm。

(5)钢结构中吊车梁或直接承受动力荷载的类似构件、檩条、墙架、钢平台、钢梯、栏杆等的安装允许偏差应符合《钢结构工程施工质量验收规范》附录 E 的规定。

(四)连接与固定

(1)钢构架的连接接头,应经检查合格后方可紧固连接或焊接连接。

(2)普通螺栓连接时,每个螺栓一端只能垫一个垫圈,螺栓拧紧后,外需螺纹不应少于两个螺距。

(3)大六角高强度螺栓终拧后用 0.3kg 小锤进行敲击普查,防止漏拧。

(4)大六角高强度螺栓终拧后,按节点数抽查 10% 但不小于 10 个节点;对每个节点螺栓数的 10% 但不少于两个进行扭矩检查。检查在终拧后 1h 至 48h 内完成。

(5)扭剪型高强度螺栓终拧后,以目测螺栓尾部梅花头拧断为合格。未拧断梅花头螺栓数不大于5%,对不能用专用扳手拧紧的螺栓全部按大六角高强度螺栓检查方法检查。

(6)参加大型钢结构焊接的焊工应经过考试并取得合格证后方可从事焊接工作。

(7)焊缝的外观质量应符合《钢结构工程施工质量验收规范》的有关规定。其中各级焊缝表面均不得存在裂纹、焊瘤等缺陷。一级焊缝不得有咬边、未焊满、根部受缩等缺陷。一、二级焊缝不得有表面气孔、夹渣、弧坑裂纹、电弧擦伤等缺陷。

(8)设计要求全焊透的一、二级焊缝应采用超声波探伤进行内部缺陷的检验,超声波不能对缺陷作出判断时,应采用射线探伤,其内部缺陷分级及探伤方法应符合现行国家标准的规定。

(五)检查数量和检查方法

钢结构工程施工质量的验收,其检查数量和检查方法按《钢结构工程施工质量验收规范》中的规定进行。

第九章　压力容器整体退火热处理和容器内壁脱脂

一、学习目标
(1) 了解并掌握压力容器整体退火热处理的施工工艺和操作技术。
(2) 了解并掌握容器内壁脱脂的施工工艺和操作技术。
(3) 能进行和组织压力容器整体退火热处理以及容器内壁脱脂的施工操作。

二、准备工作
(1) 具有带自动记录温度—时间曲线的大型箱式热处理炉。
(2) 测温用的所有仪表和热电偶都在有效鉴定期内。
(3) 压力容器外观几何尺寸检查合格,焊缝无损检测合格,并达到退火条件。
(4) 容器脱脂剂的准备。

三、工作程序
(一) 压力容器整体热处理
本章指的压力容器整体热处理不包括球形储罐整体热处理,仅指在制造厂内制造的、根据设计技术要求、规范规定范围需进行整体退火热处理的立式或卧式圆筒形压力容器。

1. 整体退火热处理工艺
(1) 根据 GB 150《钢制压力容器》中关于热处理的规定,符合应进行焊后热处理、受压元件冷成形后热处理、改善材料力学性能的热处理条件的压力容器应进行整体退火热处理。
(2) 热处理前应根据材料、制造条件、设计规定等编制热处理工艺。
(3) 热处理方法:
① 焊后热处理优先采用在炉内加热的方法,其操作应符合以下规定:
a. 焊件进炉时炉内温度不得高于 400℃;
b. 焊件升温至 400℃后,加热区升温速度不得超过 $5000/\delta$℃/h(δ 为焊接接头处钢材厚度,mm),且不得超过 200℃/h,最小可为 50℃/h;
c. 升温时,加热区内任意 5000mm 长度内的温差不得大于 120℃;
d. 保温时,加热区内最高与最低温度之差不宜超过 65℃;
e. 升温及保温时应控制加热区气氛,防止焊件表面过度氧化;
f. 炉温高于 400℃时,加热区降温速度不得超过 $6500/\delta$℃/h,且不得超过 260℃/h,最小可为 50℃/h;
g. 焊件出炉时炉温不得高于 400℃,出炉后应在静止空气中继续冷却。
② 焊后热处理允许在炉内分段进行,分段热处理时,其重复加热长度应不小于 1500mm。炉内部分的操作应符合 GB 150 的规定。炉外部分应采取保温措施,使温度梯度不致影响材料的组织和性能。

2. 程序和要求
(1) 按容器的材料、类型、结构和设计要求并依据 GB 150—1998 编制热处理工卡。
(2) 鉴定加热炉、燃烧系统和测温仪表的完整和可靠性。
(3) 装炉:

① 核对要进行热处理的容器和相应的热处理工艺。
② 容器底部要与炉底保持一定空间。
③ 根据容器的结构对容器进行适当有效的固定和加强,以防容器变形。
④ 法兰密封面、管嘴螺纹等密封部位应涂以石墨油膏进行保护。
⑤ 相同热处理工艺的不同设备可同炉热处理。

(4)封炉:
① 根据容器规格选择工位,炉门和炉体接口处要有效密封。
② 在火嘴与热处理工件之间安装挡火板,以防止容器局部过烧。

3. 热处理
(1)操作者按照热处理工艺将升降温速度、保温温度、保温时间等参数输入计算机内,对输入计算机内的热处理工艺参数由技术员确认后,方可点火。
(2)操作者在热处理全过程应监控炉内气氛,确保按热处理工艺要求进行升温、保温、降温。

4. 处理容器产品试板
容器产品试板和相应容器同时装炉并固定在适当位置。

5. 热处理后检查
(1)检查热处理曲线是否满足热处理工艺要求。
(2)检查容器外观,应无裂纹、无过烧、无异常变形。

(二)容器内壁脱脂

1. 投入使用前应进行内壁脱脂处理的容器
(1)容器储存的物料遇油脂等有机物可能发生燃烧或爆炸的。
(2)油脂与储存的物料相混合能改变物料的使用性能的。
(3)油脂等有机物对储存产品纯度及触媒的活性有影响的。
(4)容器酸洗后需进行脱脂处理的。

2. 容器内壁脱脂的一般规定
(1)容器脱脂应在系统气密性试验前进行。
(2)脱脂施工前,必须编制脱脂操作规程,参加脱脂施工人员必须熟悉有关规范及操作规程。
(3)脱脂剂应按设计要求选用,脱脂剂或用于配制脱脂剂的化学制品必须具有合格证。
(4)脱脂、检验及安装所用的工具、量具、仪表等必须按脱脂件的要求预先脱脂,并专用柜存放、专人保管。
(5)脱脂应在室外或有通风装置的室内进行,现场通风良好,脱脂剂不应受阳光直接照射。
(6)容器脱脂后应及时将内部的液态脱脂剂清除干净。可用清洁无油干燥的空气或氮气吹净,直至无残液无气味。
(7)容器脱脂后,必须经专职检查人员签证认为合格,方可进行下道工序。
(8)容器脱脂检查合格后,应用无油的氮气进行封闭,并加标志。

3. 容器的脱脂
1)容器脱脂操作程序

容器强度试验合格→脱脂准备(场地准备、脱脂剂配制及检验、工具及量具仪表等准备)→脱脂操作→检查验收→容器封闭及标记。

2) 容器脱脂的方法

根据介质、结构和油污程度不同,容器脱脂分别采用下列几种方法:

(1) 灌浸法。容积不大的设备,采用灌注溶剂浸泡方法脱脂,此时应旋转或反复倾斜设备,使需脱脂表面均匀地与溶剂接触,浸泡时间视污染程度而定,一般为1h。

(2) 擦拭法。较大的金属容器,当油污轻微时,可用清洁织物(纤维不易脱落的布、丝绸、玻璃纤维织物等)浸蘸脱脂剂擦洗。

(3) 喷淋法。大容器的内表面脱脂,可采用喷头喷淋脱脂剂的方法。喷头应上下升降,使溶剂均匀地喷淋到容器的全部需脱脂表面。

(4) 循环法。管式换热器的脱脂,可采用循环溶剂的方法。但必须使溶剂能循环到需脱脂的全部表面。循环时间不得少于30min。

(5) 槽浸法。允许拆卸的零部件,可直接浸入溶剂槽内浸泡。浸泡时间视污染程度而定,一般为1~10h。

3) 常用脱脂剂

(1) 工业二氯乙烷($C_2H_4Cl_2$):适用于金属件。

(2) 工业四氯化碳(CCl_4):适用于黑色金属、铜和非金属件。

(3) 工业三氯乙烯(C_2HCl_3):适用于金属件。

(4) 工业酒精(C_2H_5OH)浓度不低于95.6%:适用于脱脂要求不高的设备和零部件。

(5) 98%的浓硝酸:适用于浓硝酸装置的耐酸管件及瓷环。

(6) 碱性脱脂液:适用于形状简单、易清洗的零部件和管路。

(7) 非离子型金属清洗剂"664":适用于形状简单、易清洗的钢铁、铝等制件。

4. 容器脱脂的检验

容器脱脂后应经检验鉴定。检验标准应根据设在生产中的不同作用和因沾染油脂而造成的危险或危害程度按以下规定执行。

(1) 直接或能与氧、富氧、浓硝酸等强氧化性介质接触的设备、管子、管件、阀门等,可采用下述任意一种方法进行检验。

① 用波长320~380nm的紫外光检查脱脂件表面,无油脂荧光为合格;

② 用清洁干燥的白色滤纸擦抹脱脂件表面,纸上无油脂痕迹为合格;

③ 用无蒸汽吹洗脱脂件,取其冷凝液,放入一小粒(直径1mm以下)纯樟脑,以樟脑粒不停旋转为合格;

④ 不能用上述方法检验的脱脂件,可取样检查脱脂后的溶剂油脂含量不得超过350mg/L为合格。

(2) 用浓硝酸清洗的设备和管道应分析其酸中所含有机物量,以不超过0.03%为合格。

(3) 用溶剂脱脂的脱脂件必须将残存溶剂彻底吹除直至无溶剂气味为止。用碱液脱脂者必须用无油清水冲洗洁净至中性,然后干燥。用蒸汽吹除者,应及时将脱脂件干燥。用于冲洗奥氏体不锈钢的无油水,其氯离子含量不得大于25%。

(4) 设计有规定检验标准者,应按设计规定的标准检验。

5. 容器脱脂安全操作

（1）脱脂现场周围应清除一切易爆物及其他杂物，划分脱脂专责区域，无关人员不得入内。严禁烟火，消除一切可能发生火花的来源，并设置"严禁烟火"、"有毒物品"等标示牌。脱脂现场必须具有必要的防火、防毒设施，经常检查使之处于良好的备用状态。

（2）二氯乙烷、四氯化碳、三氯乙烯等溶剂是易挥发的有毒液体，能通过呼吸道中毒，侵害人体内脏和神经系统；二氯乙烷、四氯化碳还能通过完好的皮肤吸收中毒。脱脂工作应在室外或有通风装置的室内进行。工作时要加强个人防护，应穿戴工作服、口罩、防护眼镜、胶皮手套、围裙及长统套靴，必要时应戴防毒面具。脱脂场所严禁吸烟或进食，并应定期检查脱脂工作地点空气中的有害物质含量，其浓度不应超过规定。

（3）硝酸能侵害皮肤粘膜，用浓硝酸脱脂的人员应穿毛料、丝绸或胶质工作服，戴耐酸胶皮手套、防护眼镜和夹有小苏打的双层口罩，必要时应戴防毒面具。

（4）苛性碱能腐蚀皮肤粘膜，用碱液脱脂时，操作人员应穿戴胶质工作服、围裙、手套、长统套靴和防护眼镜。

（5）用浓硝酸或碱液脱脂的现场应安装临时冲洗水管。当酸或碱液滴于皮肤时，应立即用清水冲洗净，不得搓揉。

（6）三氯乙烯、二氯乙烷和酒精均属甲类火灾危险性物质。与空气混合接触火花即引起燃烧爆炸，与浓硝酸、氧化剂接触能引起自燃。在使用和储存时要严禁烟火，并与强酸和氧化剂等隔离。

（7）酒精不得和二氯乙烷等本规范所列的其他脱脂剂共同储存和同时使用。

（8）用二氯乙烷或酒精等易燃溶剂脱脂后，严禁用氧气或空气强力吹除的方法干燥残存溶剂。

（9）四氯化碳与火焰或灼热轻金属如钾、镁、钠、铝等及其他化学物品如电石、烯、二硫化碳等接触，能引起强烈分解，甚至发生爆炸。因此在储存和使用四氯化碳时，严禁烟火，不得与这些物质接触。

（10）三氯乙烯与火焰接触可生成光气，能与固体苛性钠或苛性钾反应引起爆炸，与水或其他杂质接触容易分解。因此在储存和使用三氯乙烯时，严禁烟火，且不得与这些物质接触。

（11）浓硝酸是一种强氧化剂，与有机物、松节油、水、有机织物接触即自燃，燃烧时产生过氧化氮等有毒气体。储存时必须将容器封严，防止受潮，漏损，且应专设库房，并与有机物、可燃物、酸类及其他氧化物隔离。

（12）脱脂剂应分别储存于密闭的玻璃瓶或铁桶内，避光保存于通风良好的干燥、凉爽仓库中。脱脂剂不得与强酸或强碱接触。

（13）应防止脱脂剂溅出和溢到地面上。溢出的溶剂应立即用木屑、沙子等将其吸干并和脱脂用过的织物一起收集在专用的密闭金属容器内，但对溢出的酸、碱应立即用大量的水冲洗至中性。

（14）把溶剂从一个容器倒入另一个容器时，应在露天，且穿戴好防毒面具等防护用具后，方可进行。

（15）严禁不同的溶剂混合和不按适用范围使用。

（16）脱脂残液及污物的排放，必须按《工业"三废"排放试行标准》的规定执行。

四、相关知识

（1）常用脱脂剂的部分特性见表6-9-1。

表6-9-1　常用脱脂剂的部分特性数据

名　　称	二氯乙烷($C_2H_4Cl_2$)	四氯化碳(CCl_4)	三氯乙烯(C_2HCl_3)	酒精(C_2H_5OH)
相对分子质量	98.97	153.84	131.40	46.07
相对密度(20℃)	1.255	1.594	1.477	0.789
蒸气相对密度（与同温同压空气相比）	3.5	5.3	4.54	1.613
闪点,℃	21	—	—	14
自燃点,℃	378	—	—	510~568
爆炸极限(空气中),%	6.2~15.9(20℃)	—	—	3.5~18.0(11℃~39℃)
熔点,℃	-35.3	-22.9	-73	-114.5

（2）碱性脱脂液配方及使用条件见表6-9-2。

表6-9-2　碱性脱脂液配方及使用条件

项　次	配方,%（质量分数）	适 用 范 围
1	氢氧化钠　　0.5~1 碳酸钠　　　5~10 硅酸钠　　　3~4 水　　　　　余量	适用于一般钢铁件
2	氢氧化钠　　1~2 磷酸钠　　　5~8 硅酸钠　　　3~4 水　　　　　余量	适用于一般钢铁件
3	氢氧化钠　　0.5~1.5 磷酸钠　　　3~7 碳酸钠　　　2.5 硅酸钠　　　1~2 水　　　　　余量	适用于一般铜及铜合金件
4	磷酸钠　　　　5~8 磷酸二氢钠　　2~3 硅酸钠　　　　5~6 烷基苯磺酸钠　0.5~1 水　　　　　　余量	碱性较弱,有除油能力,对金属腐蚀性较低,适用于钢铁件和铝合金件

注：脱脂在温度60~90℃间进行。对于一般钢制件,浸入脱脂温度不能低于80℃,喷洗的温度不宜低于60℃。对于有色金属一般在70~80℃间处理,要求常加搅拌。脱脂后,放入热水中洗涤,用清水冲洗洁净至中性,然后干燥。

(3) 非离子型金属清洗剂"664"配方及使用条件见表6-9-3。

表6-9-3 非离子型金属清洗剂"664"配方及使用条件

配方,%(质量分数)	性能与用途	清洗条件
脂肪醇聚氧乙烯醚　　12 椰子油烷基醇酰胺　　12 聚氧乙烯辛烷基酚醚　4~10 三乙醇胺油酸皂　　　50 水　　　　　　　　　20	不易燃、无毒性、溶液稳定,对于材质为钢铁、铝的精密件较适用,如需清洗铜制件,可适量添加0.2%的苯骈三氮唑。清洗后会产生发粘现象,必须用热水将脱脂件反复清洗干净	配制成2%~3%(质量分数)的水溶液,加热至(70±5)℃,脱脂件浸入溶液洗涤5~10min,取出后用热水漂洗干净,然后干燥

第十章 培 训

一、学习目标

掌握对金属结构制作工进行技术培训的步骤、内容和方法,能够对初、中、高级金属结构制作工进行技术培训。

二、准备工作

(1)教材准备:石油金属结构制作工培训教程(初级工、中级工、高级工部分)、其他关于铆工工艺的教材。

(2)场地准备:培训教室或施工现场。

三、工作内容

(一)教学环节

对金属结构制作初级工、中级工、高级工的培训工作主要按以下教学环节进行:

(1)根据企业或项目组织的培训计划确定对本工种的培训计划。

(2)根据培训计划决定参加对初级工、中级工、高级工培训的技师。

(3)由技师针对培训的对象编制教学计划。

(4)由技师编制教学大纲,确定培训教材或实际操作的项目。

(5)进行实际培训工作(授课或示范操作培训)。

(6)对参加培训人员进行考核。

(二)编制培训计划

由技师对初级工、中级工、高级工分别制定培训计划。培训计划主要包括以下内容:

(1)培训人员:对本项目、本施工队的金属结构初级工、中级工、高级工人员进行培训。

(2)培训时间:根据工作任务情况,与项目或施工队负责人协商确定培训的时间。

(3)培训地点:选择方便培训人员参加培训的合适地点或示范操作施工现场。

(4)培训内容:包括理论授课内容和实际示范操作的内容。

(5)其他对参加培训人员的要求。

(三)制定教学大纲

(1)确定培训的目标。

(2)对培训授课教学,编制教学大纲,其内容主要包括:

① 授课时间及日程安排;

② 授课教材(以本教程初级工、中级工、高级工培训教程中的内容为主);

③ 培训考核内容及要求。

(3)对示范操作技能培训制定教学大纲,其内容主要包括:

① 确定示范操作的项目;

② 明确示范操作的程序和技术要求;

③ 示范操作应作的准备工作;

④ 按照操作程序和技术要求进行示范操作(表演);

⑤ 对参加培训人员进行实际操作水平考核的标准和要求。

(四)教学和培训

(1)按教学大纲对参培人员讲课,并按要求进行考核。

(2)按教学大纲对参培人员进行示范操作技能培训,并对参培人员进行实际操作技能考核。

(3)考核在劳动人事部门组织,技术人员参加的情况下进行。

四、培训要求及注意事项

(1)技师对初级工、中级工、高级工的培训要结合施工过程的实际确定培训的项目和内容。

(2)以上培训是一种经常性的工作,培训可以集中进行,也可以分阶段进行,也可以对部分人员进行。

(3)技师应主动参加对高级工以下的工人的培训工作,并作好本人参加的培训工作的全过程的各种记录,以作为对技师的考核资料。

(4)以上培训过程要注意结合实际不走过场,以提高工人实际操作技术水平为主。

五、相关知识

见技师基础知识部分(第五部分)。

第七部分 技师和高级技师理论知识试题

鉴定要素细目表

行业:石油天然气　　工种:金属结构制作工　　等级:技师和高级技师　　鉴定方式:理论知识

行为领域	代码	鉴定范围 （重要程度比例）	鉴定比重	代码	鉴定点	重要程度
基本知识A 31%	A	金属材料的 基本知识 (02:06:02)	12%	001	金属性能、晶体结构与结晶	Z
				002	金属的塑性变形与再结晶	Y
				003	碳钢及工具钢牌号、性能及用途	X
				004	合金钢牌号、性能及用途	X
				005	铸铁牌号、性能及用途	Y
				006	铝及铝合金牌号、性能及用途	Y
				007	铜及铜合金牌号、性能及用途	Y
				008	钛及钛合金牌号、性能及用途	Y
				009	其他合金牌号、性能及用途	Z
				010	工程材料的选用	Y
	B	金属结构、压力容器 的强度计算 (00:02:00)	3%	001	金属结构的强度计算	Y
				002	压力容器的相关强度计算	Y
	C	复杂形体的 展开放样与计算 (05:00:00)	10%	001	不可展曲面的近似展开	X
				002	相贯构件的放样与展开	X
				003	画展开图时应考虑的问题	X
				004	典型构件的展开与放样	X
				005	典型构件的计算	X
	D	施工机具的使用与维护 (01:01:00)	2%	001	常用施工机具的使用与维护	Y
				002	典型施工机具的使用与维护	X
	E	编制施工组织设计 的程序与内容 (00:01:01)	2%	001	施工组织设计的编制程序及主要内容	Z
				002	典型组织设计的编制	Y
	F	自动化办公 的应用 (00:01:01)	2%	001	计算机的基础知识	Y
				002	OFFICE 和 AUTO CAD 等相关软件的使用	Z

续表

行为领域	代码	鉴定范围（重要程度比例）	鉴定比重	代码	鉴定点	重要程度
专业知识 B 46%	A	施工设备及辅助机具的设计（01:01:00）	4%	001	设计基础理论及概念	Y
				002	典型施工设备和辅助机具的设计	X
	B	大型钢结构件的装配制造（02:00:00）	4%	001	大型钢结构件的装配制造工艺及要点	X
				002	典型石油化工钢结构件的装配制造	X
	C	大型设备的制造与安装（07:00:00）	10%	001	球形储罐类设备的制造与安装	X
				002	圆筒形储罐、储槽类设备的制造与安装	X
				003	塔、容器类的制造与安装	X
				004	反应类的制造与安装	X
				005	工业炉设备的制造与安装	X
				006	火炬、烟囱类设备的制造与安装	X
				007	锅炉类设备的制造与安装	X
	D	设备焊接工艺的制定（02:01:00）	6%	001	焊接设备、方法、材料、防护措施的确定	X
				002	焊接工艺文件的编制	Y
				003	典型设备焊接顺序的制定	X
	E	焊接变形的预防与矫正（02:01:00）	6%	001	焊接变形的原因及种类	Y
				002	防止和减少焊接变形的措施	X
				003	典型焊接变形的矫正	X
	F	设备的质量检验（00:02:00）	4%	001	质量检验的分类及特点	Y
				002	常用质量检验的方法	Y
	G	设备热处理工艺的知识（00:02:00）	4%	001	热处理的目的、种类及方法	Y
				002	典型设备热处理工艺的确定	Y
	H	吊装索具的设计及机具的选择（00:02:00）	4%	001	常用吊装索具、机具的设计与选择	Y
				002	典型设备的吊装工艺	Y
	I	新工艺、新技术的掌握（00:02:00）	4%	001	新切割技术的种类、特点及用途	Y
				002	新成形工艺的种类、特点及用途	Y
相关知识 C 23%	A	其余相关工种的知识（00:02:03）	7%	001	电焊工、火焊工专业的相关知识	Y
				002	起重工专业的相关知识	Y
				003	管工专业的相关知识	Z
				004	电工专业的相关知识	Z
				005	钳工等专业的相关知识	Z
	B	建设工程项目管理知识（00:01:02）	3%	001	建设工程项目管理的基本概念	Z
				002	建设工程项目施工成本、进度、质量等控制	Y
				003	石油化工建设工程项目的管理	Z

续表

行为领域	代码	鉴定范围（重要程度比例）	鉴定比重	代码	鉴定点	重要程度
相关知识 C 23%	C	工程监督、监理的知识（00:02:01）	4%	001	工程监督的种类和意义	Y
				002	建设工程监理的概念、工作性质和工作任务	Y
				003	建设工程监理的工作方法	Z
	D	HSE安全管理（00:02:00）	2%	001	HSE管理的基本理论及方法	Y
				002	HSE体系的结构、模式和内容	Y
	E	人员理论和技能的培训及考评（00:02:00）	2%	001	人员理论和技能的培训	Y
				002	人员理论和技能的考评	Y
	F	工程项目的招标与投标（00:00:02）	2%	001	工程项目招投标的概念及相关法规	Z
				002	工程项目招投标文件的内容及编写方法	Z
	G	工艺文件的编制（00:02:01）	3%	001	工艺文件的基础知识	Y
				002	工艺规程的编制	Y
				003	材料定额和劳动定额的编制	Z

注：X—核心要素；Y—一般要素；Z—辅助要素。

理论知识试题

一、选择题(每题4个选项,只有一个是正确的,将正确的选项号填入括号内)

1. AA001　金属材料在荷载作用下抵抗塑性变形和断裂的能力称为强度。按荷载作用的方式不同,强度可分为抗拉强度、抗压强度、抗弯强度和抗剪强度,通常多以(　)作为基本的强度指标。
   (A) 抗拉强度　　(B) 抗压强度　　(C) 抗弯强度　　(D) 抗剪强度

2. AA001　一切物质都是由原子组成的,根据原子在物质内部排列的特征,固态物质可分为晶体与非晶体两类,下列属于非晶体的是(　)。
   (A) 金刚石　　(B) 固体合金　　(C) 石墨　　(D) 玻璃

3. AA002　按照金属在外力作用下的变形过程,下列属于变形过程的是(　)。
   (A) 弯曲变形　　(B) 塑性变形　　(C) 拉伸变形　　(D) 剪切变形

4. AA002　金属在外力作用下产生变形,若去除外力,变形也随即消失的变形叫做(　)。
   (A) 拉伸变形　　(B) 塑性变形　　(C) 弹性变形　　(D) 剪切变形

5. AA002　随着金属塑性变形程度的增加,金属的强度和硬度升高,而塑性和韧性下降的现象叫做(　)。
   (A) 加工硬化　　(B) 表面硬化　　(C) 弹性变形　　(D) 塑性变形

6. AA003　关于牌号为Q235—A·F的钢,说法不正确的是(　)。
   (A) Q 表示为钢材的屈服点
   (B) 235 表示屈服点不大于235MPa
   (C) A 表示质量等级为A级
   (D) F 表示冶炼时脱氧不完全(即沸腾钢)

7. AA003　下列属于优质碳素结构钢的是(　)。
   (A) Q255 - B　　(B) T10　　(C) ZG200 - 400　　(D) 60Mn

8. AA003　下列可用于制作大锤、手锤的钢种是(　)。
   (A) Q235 - A·F　　(B) T10　　(C) 20　　(D) 15Mn

9. AA003　锅炉用钢是(　)。
   (A) 16Mn　　(B) 20g　　(C) Q235A　　(D) T10

10. AA003　低碳钢的含碳量在(　)以下。
    (A) 0.12%　　(B) 0.25%　　(C) 0.6%　　(D) 3%

11. AA003　碳素工具钢属于(　)。
    (A) 低碳钢　　(B) 中碳钢　　(C) 高碳钢　　(D) 合金钢

12. AA003　钢号"30"表示钢的含碳量为(　)。
    (A) 0.03%　　(B) 0.30%　　(C) 3%　　(D) 30%

13. AA004　适用于制造各种工具、刃具、模具和量具的钢是(　)。
    (A) 合金工具钢　　(B) 合金结构钢　　(C) 特殊性能钢　　(D) 耐热钢

14. AA004　高合金钢合金元素总量(　)。

(A) 大于 10%　　　　　　　　　　(B) 在 5% ~ 10% 之间
(C) 小于 5%　　　　　　　　　　(D) 大于 30%

15. AA004　3Cr13Mo 是（　）。
(A) 合金结构钢　(B) 合金工具钢　(C) 不锈钢　(D) 耐热钢

16. AA004　下列属于合金结构钢钢号的是（　）。
(A) 40Cr　(B) 60Si2Mn　(C) ZGMn13　(D) 1Cr18Ni9Ti

17. AA005　可锻铸铁的牌号是（　）。
(A) "HT"　(B) "KT"　(C) "QT"　(D) "ZG"

18. AA005　灰铸铁、可锻铸铁、球墨铸铁、蠕墨铸铁中的碳主要以（　）形式存在。
(A) 石墨　(B) 渗碳体　(C) 铁素体　(D) 马氏体

19. AA005　可锻铸铁主要用于制作要求有一定强度、塑性和韧性的（　）。
(A) 薄壁、小型铸件　　　　　　(B) 厚大铸件
(C) 形状简单的厚壁铸件　　　　(D) 钢轨

20. AA005　灰铸铁的（　）与钢相当。
(A) 塑性　(B) 抗拉强度　(C) 抗压强度　(D) 含碳量

21. AA006　铝的熔点为（　）。
(A) 468℃　(B) 1500℃　(C) 758℃　(D) 658℃

22. AA006　下列铝合金中（　）是防锈铝合金。
(A) LF5　(B) LY11　(C) LD5　(D) LG1

23. AA006　下列铝合金中（　）是硬铝合金。
(A) ZL201　(B) LY11　(C) LD5　(D) LG1

24. AA006　固溶处理后的铝合金,在室温下放置足够长的时间,其强度和硬度提高的现象称为（　）。
(A) 人工时效　(B) 自然时效　(C) 回火　(D) 退火

25. AA007　下列材料中（　）是特殊黄铜。
(A) HPb59 - 1　(B) H62　(C) T3　(D) B10

26. AA007　下列材料中（　）是锡青铜。
(A) HSn62 - 1　(B) QSn4 - 3　(C) T3　(D) H62

27. AA007　普通黄铜牌号 H70 表示含铜量为（　）。
(A) 0.7%　(B) 7%　(C) 17%　(D) 70%

28. AA007　通常含锡量（　）的锡青铜,具有较好的塑性和适当的强度,适于压力加工。
(A) 小于 8%　(B) 大于 10%　(C) 大于 20%　(D) 小于 2%

29. AA008　钛具有同素异构现象,在 882℃以下为密排六方晶格,称为（　）。
(A) α - 钛　(B) β - 钛　(C) α + β - 钛　(D) 钛合金

30. AA008　α + β 型钛合金力学性能范围宽,可适应各种不同的用途,其中（　）应用最广。
(A) TC2　(B) TC1　(C) TC4　(D) TA3

31. AA009　ZchSnSb8 - 4 常用于（　）轴承。
(A) 高转速大负荷　(B) 低转速小负荷　(C) 低转速大负荷　(D) 高转速小负荷

32. AA009　YT15 硬质合金常用于切削（　）。
(A) 不锈钢　(B) 耐热钢　(C) 一般钢材　(D) 硬质合金

33. AA009　YG8 表示钨钴类硬质合金,其钴含量为(　　)。
　　　　　(A) 0.08%　　　(B) 0.8%　　　(C) 8%　　　(D) 80%
34. AA009　硬质合金的工作温度可达(　　)。
　　　　　(A) 600℃　　　(B) 900~1000℃　　(C) 1000~1500℃　　(D) 1500℃以上
35. AA010　下列材料中(　　)宜制作活塞。
　　　　　(A) ZL201　　　(B) ZCuSn10Zn2　　(C) H68　　　(D) 16MnR
36. AA010　发动机中滑动轴承可采用(　　)制作。
　　　　　(A) GCr15　　　(B) ZL105
　　　　　(C) ZSnSb12Pb10Cu4　　(D) 16MnR
37. AA010　普通机床床身和床头箱宜采用(　　)制作。
　　　　　(A) 45　　　(B) Q235　　　(C) HT200　　　(D) 20g
38. AA010　扳手、低压阀门和自来水管接头宜采用(　　)制作。
　　　　　(A) HT150　　　(B) KTH150-10　　(C) QT800-2　　(D) ZGMn13
39. AB001　在钢结构中,(　　)的韧性和塑性较好,变形也小,便于检验和维修,常用于承受冲击和振动荷载的构件。
　　　　　(A) 铆接　　　(B) 焊接　　　(C) 螺栓连接　　(D) 混合连接
40. AB001　对接后的换热管,应逐根作液压试验,试验压力为设计压力的(　　)倍。
　　　　　(A) 1倍　　　(B) 1.5倍　　　(C) 2倍　　　(D) 2.5倍
41. AB001　在高强度螺栓连接中,螺栓的预紧力越大,该连接所能承受的横向荷载(　　)。
　　　　　(A) 越大　　　(B) 越小　　　(C) 不变　　　(D) 与预紧力无关
42. AB002　中压容器的压力范围是(　　)。
　　　　　(A) 0.1MPa≤p<1.6MPa　　　(B) 0.5MPa≤p<1.0MPa
　　　　　(C) 1.0MPa≤p<10MPa　　　(D) 1.6MPa≤p<10MPa
43. AB002　在相同质量材料的前提下,(　　)结构的容积最大,承压能力最强。
　　　　　(A) 正方形　　(B) 椭球形　　(C) 圆柱形　　(D) 球形
44. AB002　压力容器的公称直径是筒体的(　　)。
　　　　　(A) 内径　　　(B) 外径　　　(C) 中径　　　(D) 名义直径
45. AC001　螺旋面是不可展曲面,形成螺旋面的素线是(　　)。
　　　　　(A) 曲线　　(B) 单向弯曲曲线　(C) 双向弯曲曲线　(D) 直线
46. AC001　在平面截切圆柱时,截切平面平行于圆柱轴线时,截面是(　　)。
　　　　　(A) 圆形　　　(B) 矩形　　　(C) 椭圆形　　(D) 正方形
47. AC002　当旋转体与球体相交,且球心位于旋转体的轴上时,其相贯线为(　　)。
　　　　　(A) 椭圆　　　(B) 抛物线　　(C) 圆　　　(D) 不规则曲线
48. AC002　常用(　　)来求取圆锥的素线线段实长。
　　　　　(A) 直角三角形法　(B) 旋转法　　(C) 三角形法　　(D) 放射线法
49. AC003　板厚处理的对象,是指板厚大于(　　)的各种构件。
　　　　　(A) 1mm　　　(B) 1.5mm　　　(C) 2mm　　　(D) 2.5mm
50. AC004　在平行线展开法中,展开方向和各素线是(　　)。
　　　　　(A) 平行的　　(B) 垂直的　　(C) 相交的　　(D) 交叉的
51. AC004　对于锥体的展开,多采用(　　)。

(A) 平行线法 　　(B) 放射线法 　　(C) 三角形法 　　(D) 旋转法

52. AC004　三角形展开法,略去了形体原来两素线间的关系,因而对(　)来说,它是一种近似的展开方法。
(A) 平面 　　　　　　　　　　　　(B) 曲面
(C) 简单的组合立体　　　　　　　(D) 所有可展立体

53. AC005　当相对弯曲半径 $\dfrac{R_内}{t} \le 5$ 时,中性层就会向(　)偏移。
(A) 内　　　(B) 外　　　(C) 上　　　(D) 下

54. AD001　剪板机的最大加工能力是按(　)材料设计的。
(A) Q235-A　(B) 45　(C) 16MnR　(D) 0Cr18Ni9Ti

55. AD001　在下列各种形式的剪板机中,只有(　)可以剪切曲线。
(A) 联合冲剪机　(B) 斜刃剪板机　(C) 平刃剪板机　(D) 振动剪床

56. AD001　不管使用何种弯管机,都要用到与管子截面(　)的模具。
(A) 相似　　(B) 吻合　　(C) 相切　　(D) 不同

57. AD001　无芯弯管是弯管机上利用(　)来控制管子断面变形的。
(A) 减少摩擦力方法　　　　　　(B) 反变形法
(C) 加大弯曲半径的方法　　　　(D) 加快变形速度

58. AD002　楔条夹具是利用楔条(　)将外力转变为夹紧力,从而达到夹紧零件的目的。
(A) 平面　　(B) 端面　　(C) 斜面　　(D) 重心

59. AD002　在设计模具时,模具的精度等级是根据冲压件的(　)来确定的。
(A) 生产批量　　　　　　　　(B) 尺寸精度要求
(C) 现有设备能力　　　　　　(D) 制模的技术条件

60. AD002　在设计模具时,必须使模具的压力中心与(　)重合。
(A) 零件的重心　　　　　　　(B) 零件的中心线
(C) 压力机滑块的中心线　　　(D) 压力机的中心

61. AD002　在设计模具时,模具钢应使用在模具的(　)零件。
(A) 工作部位　(B) 结构　(C) 辅助　(D) 支撑

62. AE001　在施工组织设计中,下列不属于其编制说明中的内容的是(　)
(A) 工程性质　　　　　　　　(B) 主要编制依据文件
(C) 建设的目的和意义　　　　(D) 工程所在地区特征

63. AE001　工程施工条件的内容不包括(　)。
(A) 施工场地平整、道路通畅情况及水电供应情况
(B) 主要工程材料准备情况、工艺设备到货情况及供货期限
(C) 施工图纸交付计划
(D) 地形、地址、气象及水文情况。

64. AE001　单位工程是(　)。
(A) 建设项目的组成部分,具有独立设计文件,建成后能够发挥生产能力或效益的生产设置(车间)或独立工程
(B) 单项工程中具有独立施工条件或独立使用功能的工程
(C) 以整个建设项目或群体工程为对象编制的工程施工统筹规划,是全局性、指

导性文件

(D) 按照总体施工规划的总体战略部署,以单项工程为对象编制的指导项目施工的战略部署,是单项(单位)工程施工的指导性文件,是编制专业施工技术措施的依据和基础

65. AE002　编制说明中应包括的主要内容是(　)。
(A) 工程施工条件
(B) 施工总体部署
(C) 施工进度计划
(D) 工程性质、建设的目的和意义及主要编制依据文件

66. AE002　工程概况中不包括的内容是(　)。
(A) 建设规模、工程地点、建筑总面积及占地总面积、工程承包施工合同工期
(B) 工程项目及主要工程量、工程特点
(C) 施工进度计划
(D) 工程所在地区特征、工程施工条件

67. AE002　确定施工组织机构及管理方式所包括的主要内容是(　)。
(A) 制定劳动力计划
(B) 设置项目经理部组织机构及人员定编定岗、划分职责、权限
(C) 制定施工生产计划
(D) 确定单项或单位工程施工顺序、划分施工阶段、明确阶段施工目标、制定交叉作业计划并明确重点工程项目、保证工程按计划实现施工工期目标

68. AF001　一个完整的计算机系统是由(　)组成的。
(A) 主机及外部设备　　　　　　(B) 主机、键盘、显示器和打印机
(C) 系统软件和应用软件　　　　(D) 硬件系统和软件系统。

69. AF001　在计算机内,信息的表示形式是(　)。
(A) ASCII 码　(B) 拼音码　(C) 二进制码　(D) 汉字内码

70. AF001　计算机病毒是指(　)。
(A) 编制有错误的程序
(B) 设计不完善的程序
(C) 已被损坏的程序
(D) 特制的具有自我复制和破坏性的程序

71. AF001　Windows98 是一种(　)的操作系统。
(A) 单任务　(B) 多用户　(C) 网络　(D) 多任务

72. AF001　存储器按所处位置的不同,可分为内存储器和(　)。
(A) 只读存储器　(B) 外存储器　(C) 软盘存储器　(D) 硬盘存储器

73. AF001　计算机的核心部件是(　)。
(A) 总线　(B) 微处理器　(C) 硬盘　(D) 内存储器

74. AF001　计算机内存比外存(　)。
(A) 便宜但能存储更多的信息　　(B) 存储容量大
(C) 存取速度快　　　　　　　　(D) 虽贵但能存储更多的信息

75. AF002　在 Word 中,一个文件编辑排版完成后要想知道打印效果,可以使用 Word 的

( )。
 (A) 打印预览　　(B) 模拟打印　　(C) 提前打印　　(D) 屏幕打印

76. AF002　以只读方式打开的 Word 2000 文档,做了某些修改后,要保存时,应使用菜单"文件"下的( )。
 (A) "保存"　　(B) "全部保存"　　(C) "另存为"　　(D) "关闭"

77. AF002　通常一个 Excel 文件就是( )。
 (A) 一个工作表　　　　　　　　(B) 一个工作表和统计表
 (C) 一个工作簿　　　　　　　　(D) 若干个工作簿

78. AF002　在 Excel 中,下列为相对地址引用的是( )。
 (A) F$1　　(B) $D2　　(C) D5　　(D) 3E$7

79. AF002　在 Excel 中,用( ),使该单元格显示 0.5。
 (A) 3/6　　(B) "3/6"　　(C) ="3/6"　　(D) =3/6

80. BA001　在设计模具时,必须使模具的压力中心与( )重合。
 (A) 零件重心　　　　　　　　(B) 零件的中心线
 (C) 压力机滑块的中心线　　　　(D) 压力机中心线

81. BA001　使用杠杆夹具时,在( )情况下省力。
 (A) 力臂大于重臂　(B) 力臂等于重臂　(C) 力臂小于重臂　(D) 以上均可

82. BA002　在设计模具时,模具的精度等级是根据冲压件的( )来确定的。
 (A) 生产批量　　　　　　　　(B) 尺寸精度要求
 (C) 现有设备能力　　　　　　(D) 制模的技术条件

83. BA002　在设计模具时,正确地确定压力中心有利于保护( )。
 (A) 压力机　　(B) 模具　　(C) 操作人员　　(D) 压力机和模具

84. BB001　下列不属于钢结构装配基本条件的是( )。
 (A) 支承　　(B) 定位　　(C) 钻孔　　(D) 夹紧

85. BB001　某桥式起重机梁的跨度为 10m,按规定其拱度应是( )。
 (A) 上拱 50mm　(B) 上拱 10mm　(C) 0mm　(D) 下拱 10mm

86. BB001　下列不属于大型复杂钢结构构架的制作安装过程中主要使用的检测仪器及工具的是( )。
 (A) 焊接检验尺　(B) 螺旋测微器　(C) 经纬仪　(D) 全站仪

87. BB001　一般可按 1:1 整体在样台上放样,当样较大时可以按分段放出。若按比例缩小放样时,一般比例不应超过( ),超过其放样精度就会降低。
 (A) 1:2　　(B) 1:3　　(C) 1:5　　(D) 1:10

88. BB002　焊接 H 形钢的翼缘板拼接缝和腹板拼接缝的间距不应小于( )。
 (A) 500mm　　(B) 100mm　　(C) 300mm　　(D) 200mm

89. BB002　焊接 H 形钢腹板拼接宽度不应小于 300mm,长度不应小于( )。
 (A) 1000mm　(B) 600mm　(C) 2 倍腹板宽　(D) 3 倍腹板宽

90. BB002　焊接 H 形钢的翼缘板拼接长度不应小于( )。
 (A) 2 倍翼缘板宽　(B) 1000mm　(C) 3 倍翼缘板宽　(D) 1 倍翼缘板宽

91. BB002　对于高强度螺栓连接的摩擦面应用砂轮、钢丝刷或喷砂吹扫进行处理,并按批作( )试验。

(A) 抗滑移系数　　(B) 硬度　　　　(C) 断裂　　　　(D) 冲击

92. BB002　高强度螺栓终拧时一般应由螺栓群（　）顺序拧紧,并在当天终拧完。
(A) 外向中央　　(B) 中央向外　　(C) 从下向上　　(D) 从右向左

93. BC001　下列不属于支柱式球罐支撑结构形式的是（　）。
(A) 赤道正切式　(B) V形支柱式　(C) 三柱合一式　(D) 一柱双基础式

94. BC001　下列不属于球壳板排板形式的是（　）。
(A) 足球式　　　(B) 橘瓣式　　　(C) 整体式　　　(D) 足球橘瓣式

95. BC001　当球壳板弦长不小于2000mm时,样板的弦长不得小于（　）。
(A) 3000mm　　(B) 2000mm　　(C) 1000mm　　(D) 500mm

96. BC001　对于容积为8000m³的球罐,适用的安装方法是（　）。
(A) 散装法　　　(B) 分带组装法　(C) 半球组装法　(D) 混合组装法

97. BC001　球片曲率的矫正次序是（　）。
(A) 先矫正高度方向,后矫正宽度方向
(B) 先矫正宽度方向,再矫正高度方向
(C) 先矫正外弧,后矫正内弧
(D) 先矫正内弧,后矫正外弧

98. BC002　罐底中幅板搭接接头三层钢板重叠部分,应将上层底板进行（　）处理。
(A) 钻孔　　　　(B) 切角　　　　(C) 打磨　　　　(D) 铆接

99. BC002　凡涉及材料规格、材质代用时,应办理有关手续,并经（　）签字认可。
(A) 监理单位　　(B) 建设单位　　(C) 施工单位　　(D) 原设计单位

100. BC002　下列不能对低压湿式气柜起防冻作用的是（　）。
(A) 蒸汽加热　　(B) 火焰加热　　(C) 热水加热　　(D) 电加热

101. BC002　浮顶罐的密封装置常采用（　）密封装置。
(A) 重锤式　　　(B) 炮架式　　　(C) 弹簧式　　　(D) 软

102. BC002　某炼油厂一台50000m³的外浮顶罐安装时比较适合的施工方法是（　）。
(A) 水浮法　　　(B) 气吹法　　　(C) 中心柱倒装法　(D) 整体安装法

103. BC002　油罐铺板,为了保证罐底排放及几何尺寸,一般采用（　）的铺板方法。
(A) 由外向里　　(B) 由里向外　　(C) 里外结合　　(D) 从人孔方向

104. BC002　铝制料仓采用垫铁安装时,与铝直接接触的垫铁材质应是（　）。
(A) 铸铁　　　　(B) 碳钢　　　　(C) 铝　　　　　(D) 以上均可

105. BC002　倒装内侧多桅杆拱顶罐时,桅杆的高度一般为（　）倍壁板的节高。
(A) 1.5～2.0m　(B) 2～3m　　　(C) 0～1.5m　　(D) 1.5～5.0m

106. BC002　大型油罐罐底边缘弓形板一般采用（　）形式。
(A) 对接　　　　(B) 搭接　　　　(C) 角接　　　　(D) 搭接或对接

107. BC003　某塔设计压力为9.6MPa,按压力等级划分,应属于（　）。
(A) 低压容器　　(B) 中压容器　　(C) 高压容器　　(D) 超高压容器

108. BC003　盛装液化天然气的铁路罐车属于（　）。
(A) 一类压力容器　　　　　　　　(B) 二类压力容器
(C) 三类压力容器　　　　　　　　(D) 常压容器

109. BC003　利用适当的液体为吸收剂以分离气体混合物中的不同组分可以在（　）中

实现。

(A) 精馏塔　　　(B) 吸收塔　　　(C) 解析塔　　　(D)萃取塔

110. BC003　奥氏体不锈钢制容器用水进行液压试验后应将水渍清除干净。当无法达到这一要求时,应控制水的氯离子含量不超过（　　）。

(A) 100mg/L　(B) 50mg/L　　(C) 25mg/L　　(D) 不要求

111. BC004　复合钢板的复层材质一般是（　　）。

(A) 不锈钢　　(B) 低合金钢　　(C) 耐热钢　　(D) 低温钢

112. BC004　下列不属于搅拌式反应器组成的是（　　）。

(A) 搅拌装置　(B) 传动装置　　(C) 轴封装置　　(D) 通风装置

113. BC004　某反应器整体到货,已经整体热处理完毕,安装时下列说法正确的是（　　）。

(A) 设备到货后,按设计及规范要求检查验收质量证明文件
(B) 检查发现反应器缺少一个接管,经安全主管人员同意后即进行安装焊接
(C) 为保证吊装安全,临时在筒体上焊接加固吊耳
(D) 内件安装完毕后,与管道连接为一个系统进行吹扫清理

114. BC005　下列不属于管壳式换热器类型的是（　　）。

(A) 固定管板式　(B) 浮头式　　(C) 平板式　　(D) U形管式

115. BC005　在换热器制造中,除图纸另有规定外,插入式接管、管接头等伸出管箱、壳体和头盖内表面的长度是（　　）。

(A) 100mm　　(B) 20mm　　　(C) 10mm　　　(D) 不伸出

116. BC005　下列不属于换热器检修内容的是（　　）。

(A) 堵管　　　(B) 防腐蚀　　　(C) 基础沉降观测　(D) 清洗

117. BC005　下列说法不正确的是（　　）。

(A) 重叠式换热器的每台换热器上应各有一块铭牌
(B) 工艺管线试压时,换热器如无旁路,可以不增设临时旁路
(C) 换热器铭牌应标明设备的名称和重量
(D) 换热器不得在超过铭牌规定的条件下运行

118. BC006　按辐射室的外观形状区分,下列不属于管式加热炉的是（　　）。

(A) 箱式炉　　(B) 立式炉　　　(C) 圆筒炉　　　(D) 裂解炉

119. BC006　对于辐射—对流式炉,其对流室炉管一般是（　　）。

(A) 水平式　　(B) 立式　　　　(C) 倾斜45℃　　(D) 倾斜60℃

120. BC006　在催化重整炉结构中,一般不用来做炉管的材质是（　　）。

(A) 1Cr5Mo　　(B) 16MnR　　　(C) 2.25Cr1Mo　　(D) 1Cr9Mo

121. BC006　下列不属于管式加热炉组成部分的是（　　）。

(A) 辐射室　　(B) 余热回收系统　(C) 搅拌系统　　(D) 燃烧器

122. BC006　在清洗钢管式空气预热器管内和管外时,一般不采用的方法是（　　）。

(A) 风扫　　　(B) 水扫　　　　(C) 机械清扫　　(D) 水浸

123. BC007　按锅炉出口工质压力分类,出口压力为9.8MPa 的锅炉属于（　　）。

(A) 中压锅炉　　　　　　　　　(B) 高压锅炉
(C) 超高压锅炉　　　　　　　　(D) 亚临界压力锅炉

124. BC007　炉膛表压力为2000～5000Pa,不需要引风机,宜于低氧燃烧的锅炉属于（　　）。

(A) 高压锅炉　　(B) 负压锅炉　　(C) 微正压锅炉　　(D) 增压锅炉

125. BC007　适用于小型快装锅炉的安装方法一般是（　　）。
(A) 整体安装法　　　　　　　　(B) 散装法
(C) 自然组件安装法　　　　　　(D) 组合安装法

126. BC007　一般来讲,适用于220~670t/h 锅炉安装的方法是（　　）。
(A) 整体安装法　　　　　　　　(B) 散装法
(C) 自然组件安装法　　　　　　(D) 组合安装法

127. BD001　电弧稳定性最好的焊机是（　　）。
(A) 弧焊变压器　(B) 弧焊整流器　(C) 弧焊发电机　(D) 交流弧焊电源

128. BD001　铝、镁及其合金钨极氩弧焊时,电源应采用（　　）。
(A) 交流　　　　　　　　　　　(B) 直流正接
(C) 直流反接　　　　　　　　　(D) 交流、直流均可

129. BD001　为了防止火灾,施焊处离可燃物品的距离至少为（　　）,并有防火材料遮挡。
(A) 2m　　　(B) 5m　　　(C) 10m　　　(D) 20m

130. BD002　焊接12CR1MOV 钢时,焊前预热温度为（　　）。
(A) 100~200℃　(B) 200~300℃　(C) 300~400℃　(D) 不需预热

131. BD002　热裂纹的产生部位通常在（　　）。
(A) 焊缝中　(B) 熔合线附近　(C) 焊趾处　(D) 热影响区

132. BD002　异种钢焊接时,预热温度应按（　　）来选择。
(A) 合金成分较低的一侧母材　　(B) 焊接性较差的一侧母材
(C) 二者的平均值　　　　　　　(D) 焊接性较好的一侧母材

133. BD002　如果要消除焊接接头的过热组织,应进行（　　）热处理。
(A) 回火　　(B) 调质　　(C) 正火加回火　　(D) 淬火

134. BD003　采用刚性固定法焊接时,焊件能够（　　）。
(A) 减少焊接应力　　　　　　　(B) 减少焊接变形
(C) 增大焊接变形　　　　　　　(D) 提高焊接质量

135. BD003　为了减少焊件的焊接残余变形,选择合理的焊接顺序的原则之一是（　　）。
(A) 对称焊　　　　　　　　　　(B) 先焊收缩量大的焊缝
(C) 尽可能考虑焊缝能自由收缩　(D) 提高焊接速度

136. BD003　下图中焊接顺序应该为（　　）。
(A) 3,2,1　　(B) 1,2,3　　(C) 2,1,3　　(D) 2,3,1

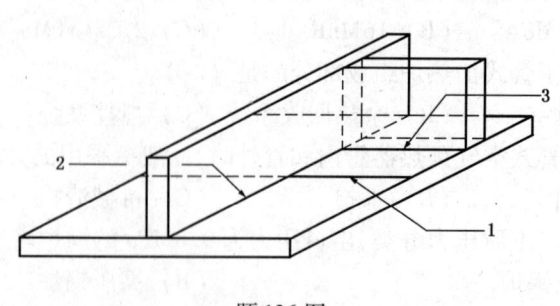

题136图

137. BE001　焊接梁柱管道等长焊缝时,常会产生（　）变形。
　　　　　　(A) 波浪　　　　(B) 扭曲　　　　(C) 角　　　　(D) 弯曲
138. BE001　焊接结构的刚性增大,焊后变形量（　）。
　　　　　　(A) 增大　　　　(B) 减小　　　　(C) 不变　　　　(D) 无影响
139. BE001　焊缝离断面中性轴越远,则（　）变形越大。
　　　　　　(A) 波浪　　　　(B) 扭曲　　　　(C) 角　　　　(D) 弯曲
140. BE002　T形焊接梁主要应防止（　）变形。
　　　　　　(A) 弯曲　　　　(B) 扭曲　　　　(C) 横向收缩　　(D) 失稳
141. BE002　反变形法广泛应用于防止局部的（　）变形。
　　　　　　(A) 弯曲　　　　(B) 扭曲　　　　(C) 角　　　　(D) 波浪
142. BE002　为了有效地减少焊接变形,应采用（　）坡口形式。
　　　　　　(A) V形　　　　(B) U形　　　　(C) 双面V形　　(D) 双面U形
143. BE002　断续焊缝产生的焊接变形（　）连续焊缝产生的焊接变形。
　　　　　　(A) 大于　　　　(B) 小于　　　　(C) 等于　　　　(D) 无法确定
144. BE003　锤击法适用于（　）矫正。
　　　　　　(A) 厚板　　　　(B) 薄板　　　　(C) 中厚板　　　(D) 所有厚度板
145. BE003　下列矫正方法不能消除焊接变形的是（　）。
　　　　　　(A) 机械矫正法　　　　　　(B) 整体热处理
　　　　　　(C) 火焰加热矫正　　　　　(D) 强电磁脉冲矫正
146. BE003　用火焰矫正薄板局部凸凹变形宜条用（　）。
　　　　　　(A) 点状　　　　　　　　　(B) 线状
　　　　　　(C) 三角形　　　　　　　　(D) 以上三种都可以
147. BF001　煤油试验属（　）检验。
　　　　　　(A) 外观　　　　(B) 致密性　　　(C) 无损探伤　　(D) 破坏性
148. BF001　外观检验前,应将焊缝附近（　）内的飞溅和污物清净。
　　　　　　(A) 0～5mm　　(B) 5～10mm　　(C) 10～20mm　(D) 20～30mm
149. BF001　煤油试验的持续时间与焊件厚度、缺陷大小及煤油量有关,一般为（　）。
　　　　　　(A) 0～5min　　(B) 5～10min　　(C) 10～15min　(D) 15～20min
150. BF002　射线探伤用符号（　）表示。
　　　　　　(A) RT　　　　(B) UT　　　　(C) MT　　　　(D) PT
151. BF002　超声波探伤的表示符号是（　）。
　　　　　　(A) RT　　　　(B) UT　　　　(C) MT　　　　(D) PT
152. BF002　大厚度焊缝内部缺陷检测效果最好的方法是（　）。
　　　　　　(A) X射线探伤　(B) 超声波探伤　(C) 磁粉探伤　　(D) 渗透探伤
153. BF002　水压试验时的试验最高压力一般是容器设计压力的（　）倍。
　　　　　　(A) 1　　　　　(B) 1.25　　　　(C) 1.5　　　　(D) 2
154. BF002　下列试验方法危险性最大的是（　）。
　　　　　　(A) 水压试验　　(B) 气压试验　　(C) 煤油试验　　(D) 沉水试验
155. BF002　检查气孔、渣等立体缺陷的最好方法是（　）。
　　　　　　(A) X射线探伤　(B) 超声波探伤　(C) 磁粉探伤　　(D) 渗透探伤

156. BG001　调质处理是指（　）的热处理。
　　　　　　（A）淬火+低温回火　　　　　　（B）淬火+中温回火
　　　　　　（C）淬火+高温回火　　　　　　（D）回火

157. BG001　零件渗碳后,一般需经（　）处理,才能达到表面硬度高而且耐磨的目的。
　　　　　　（A）淬火+低温回火　　　　　　（B）正火
　　　　　　（C）调质　　　　　　　　　　　（D）回火

158. BG001　临界冷却速度是表示钢材接受（　）能力大小的标志。
　　　　　　（A）回火　　　（B）正火　　　（C）淬火　　　（D）退火

159. BG001　将钢加热一定温度,保温一段时间在空气中冷却的方法是（　）。
　　　　　　（A）正火　　　（B）回火　　　（C）退火　　　（D）淬火

160. BG002　铆工需要淬火的工具为（　）。
　　　　　　（A）锤头、尺和錾子　　　　　　（B）样冲、线坠和划针
　　　　　　（C）样冲、划规尺和地规尺　　　（D）经纬仪

161. BG002　采用45钢制作的连杆,要求具有良好的综合力学性能,应采用（　）。
　　　　　　（A）退火　　　（B）正火　　　（C）调质　　　（D）淬火

162. BG002　T12钢制作锉刀,最终热处理应采用（　）。
　　　　　　（A）淬火+低温回火　　　　　　（B）正火
　　　　　　（C）球化退火　　　　　　　　　（D）淬火

163. BG002　65Mn钢制作的螺旋形弹簧,经冷成形后应进行（　）。
　　　　　　（A）正火　　　　　　　　　　　（B）去应力退火
　　　　　　（C）淬火+高温回火　　　　　　（D）调质

164. BH001　钢丝绳的安全系数在数值上等于（　）的比值。
　　　　　　（A）所容许的最大工作应力与极限应力
　　　　　　（B）钢丝绳的破断拉力与使用状态的最大受力
　　　　　　（C）使用状态的最大受力与钢丝绳的破断拉力
　　　　　　（D）钢丝绳的破断拉力与极限应力

165. BH001　焊接板式吊耳时,塔体板厚度小于2/3吊耳板厚应考虑增加（　）。
　　　　　　（A）补强筋板　（B）补强垫板　（C）补强肋板　（D）补强耳板

166. BH001　履带起重机吊臂属于（　）。
　　　　　　（A）弯曲杆　　（B）偏心压杆　（C）压杆　　　（D）桅杆

167. BH001　起重桅杆的危险截面一般在桅杆的（　）。
　　　　　　（A）上部　　　（B）中部　　　（C）下部　　　（D）底座

168. BH002　选择吊装工艺时,应选（　）的方案。
　　　　　　（A）起重机具少、受力直观、便于操作　（B）突出先进吊装工艺
　　　　　　（C）机械化程度高、起重机具多　　　　（D）取费高、经济效益好

169. BH002　选择先进合理的吊装工艺,应重点考虑（　）。
　　　　　　（A）减少起重机具用量　　　　　（B）提高经济效益
　　　　　　（C）减轻操作者的体力劳动强度　（D）缩短施工工期

170. BH002　一般设备吊装时,加固位置通常为（　）。
　　　　　　（A）容器的前端　（B）容器的中部　（C）容器的重心处　（D）吊点处

171. BH002　吊耳设计的起吊(吊装)角一般不大于（　）。
　　　　　(A) 10°　　　(B) 15°　　　(C) 25°　　　(D) 30°
172. BH002　格够式桅杆起重机 500t/62m 的含义是（　）。
　　　　　(A) 桅杆高度为 62m,能吊起 500t 的重量。
　　　　　(B) 桅杆公称高度为 62m 时,主吊滑轮组受力为 500t
　　　　　(C) 桅杆公称高度为 62m 时,且在一定主吊偏角时,额定起重量为 500t
　　　　　(D) 桅杆公称高度为 62m,且在一定主吊偏角时,主吊滑轮组受力为 500t
173. BI002　火焰成形,采用正面跟踪水冷的火焰加热法简称为（　）。
　　　　　(A) 正冷　　　(B) 背冷　　　(C) 空冷　　　(D) 缓冷
174. BI002　光电跟踪切割机仿形图采用线条的粗细为（　）。
　　　　　(A) 0.2~0.3mm　(B) 0.5~1.0mm　(C) 2~3mm　(D) 5~10mm
175. BI002　将焊件回转或倾斜,使接头处于水平或船形位置的装置叫（　）。
　　　　　(A) 定位器　　　　　　　　(B) 手动螺旋夹紧器
　　　　　(C) 手动拉紧器　　　　　　(D) 焊接变位机
176. CA001　手工电弧焊时,板厚（　）必须开坡口以保证焊透。
　　　　　(A) 不大于6mm　(B) 小于12mm　(C) 大于6mm　(D) 不小于12mm
177. CA001　同样条件下,采用（　）坡口,焊接变形最大。
　　　　　(A) V形　　　(B) X形　　　(C) U形　　　(D) I形
178. CA001　碳钢中厚板不开坡口的对接平焊,应留（　）的焊缝间隙。
　　　　　(A) 小于2.5mm　(B) 大于3.5mm　(C) 2.5~3.5mm　(D) 1mm
179. CA002　液压千斤顶利用了（　）工作原理。
　　　　　(A) 杠杆　　　(B) 摩擦　　　(C) 斜面　　　(D) 液压
180. CA002　撬棍使设备翘起是利用了（　）。
　　　　　(A) 杠杆原理　(B) 摩擦原理　(C) 斜面原理　(D) 液压原理
181. CA002　可以省力,不可以改变方向的是（　）。
　　　　　(A) 定滑车　　(B) 动滑车　　(C) 导向滑车　(D) 平衡滑车
182. CA002　当输电线路电压为 35~110kV 时,缆风绳、吊臂、起重设备与高压输电线路的最小安全距离为（　）。
　　　　　(A) 1.5m　　　(B) 2m　　　(C) 4m　　　(D) 5m
183. CA002　汽车和轮胎式起重机的稳定性包括（　）。
　　　　　(A) 纵向稳定性和横向稳定性
　　　　　(B) 静稳定性和动稳定性
　　　　　(C) 行驶状态稳定性和作业状态稳定性及非工作状态稳定性
　　　　　(D) 变幅和旋转时的稳定性
184. CA003　公称（　）表示的是管子的名义直径,它不等于内径也不等于外径。
　　　　　(A) 口径　　　(B) 尺寸　　　(C) 直径　　　(D) 管径
185. CA003　在实际放样中,可根据已知的（　）作出展开图。
　　　　　(A) 平面图　　(B) 投影图　　(C) 侧面图　　(D) 俯视图
186. CA003　制作焊制多节弯头时,理论上组对时的弯曲角应比实际要求的小（　）左右,以补偿焊接变形。

(A) 0°　　　　(B) 2°　　　　(C) 5°　　　　(D) 10°

187. CA004　交流电的有效值和最大值之间的关系是（　）。

(A) $Im = \sqrt{2}I$　　(B) $Im = \dfrac{\sqrt{2}}{2}I$　　(C) $Im = I$　　(D) $Im = 2I$

188. CA004　二极管桥式整流电路,需要（　）二极管。
(A) 2只　　　　(B) 4只　　　　(C) 6只　　　　(D) 3只

189. CA004　如果触电者心跳停止而呼吸尚存,应立即对其施行（　）急救。
(A) 仰卧压胸法　　　　　　　　(B) 仰卧压背法
(C) 胸外心脏按压法　　　　　　(D) 口对口呼吸法

190. CA004　在电动机过载保护的自锁控制线路中,必须接有（　）。
(A) 熔断器　　(B) 热继电器　　(C) 时间继电器　　(D) 中间继电器

191. CA005　砂轮机的搁架与砂轮间的距离,一般应保持在（　）。
(A) 10mm　　(B) 5mm　　(C) 3mm　　(D) 1mm

192. CA005　攻螺纹前的底孔直径必须（　）螺纹标准中规定的螺纹小径。
(A) 小于　　(B) 大于　　(C) 等于　　(D) 不大于

193. CA005　精密滑动轴承工作时,为了平衡轴的载荷,使轴能浮在油中,必须做到（　）。
(A) 有足够的压力差　　　　　　(B) 有一定的压力油
(C) 轴有一定的旋转速度　　　　(D) 轴不能转动

194. CA005　钳工锉的主锉纹斜角为（　）。
(A) 45°~52°　　(B) 65°~72°　　(C) 90°　　(D) 0°~530°

195. CB001　项目管理的核心任务是项目的（　）。
(A) 目标控制　　(B) 成本控制　　(C) 投资控制　　(D) 进度控制

196. CB001　控制项目目标的措施中最重要的措施是（　）。
(A) 组织措施　　(B) 管理措施　　(C) 经济措施　　(D) 技术措施

197. CB001　以下对施工企业项目经理任务说明,不正确的是（　）。
(A) 施工企业项目经理与建设单位签订工程承包合同
(B) 施工单位项目经理与本企业法定代表人签订项目承包合同
(C) 项目经理的权力需要企业法定代表人授权
(D) 项目经理负责组织项目管理班子

198. CB001　建设工程项目总承包的项目管理工作涉及（　）全过程。
(A) 设计前的准备阶段→保修期
(B) 设计阶段→动用前准备阶段
(C) 设计前准备阶段→动用前准备阶段
(D) 设计阶段→保修期

199. CB001　工程总承包企业按照合同约定,承担工程项目的设计、采购、施工、试运服务等工作,并对承包工程质量、安全、工期、造价全面负责的模式是（　）。
(A) 设计施工总承包　　　　　　(B) EPC 总承包
(C) CM 总承包　　　　　　　　(D) 三角承包

200. CB001　基本的组织工具不包括（　）。
(A) 组织结构图　　　　　　　　(B) 管理职能分工表

(C) WBS　　　　　　　　　　　　(D) 任务分工表

201. CB001　（　）是指导项目管理工作纲领性文件。
　　　　（A）项目组织结构图　　　　　（B）项目结构图
　　　　（C）WBS　　　　　　　　　　（D）建设工程项目管理规划

202. CB001　指令源有两个的组织机构是（　）组织机构。
　　　　（A）职能　　（B）线性　　（C）矩阵　　（D）事业部

203. CB001　以下对项目管理说法正确的是（　）。
　　　　（A）项目管理的对象就是建设工程
　　　　（B）建设工程一定要有明确的目标
　　　　（C）没有明确目标的建设工程不是项目管理对象
　　　　（D）无论目标是否明确，建设工程都是项目管理对象。

204. CB002　施工成本管理的任务有6项，其中应贯穿施工项目从投标阶段开始直至项目竣工验收全过程的任务是（　）。
　　　　（A）成本预测　　（B）成本计划　　（C）成本控制　　（D）成本考核

205. CB002　下面不属于成本管理措施的是（　）。
　　　　（A）技术措施　　（B）经济措施　　（C）合同措施　　（D）行政措施

206. CB002　施工成本控制的步骤主要包括：(1)分析；(2)比较；(3)预测；(4)纠偏；(5)检查。其正确的顺序为（　）。
　　　　（A）(1)(2)(3)(4)(5)　　　　　（B）(2)(1)(3)(4)(5)
　　　　（C）(3)(4)(5)(1)(2)　　　　　（D）(2)(1)(3)(5)(4)

207. CB002　进度控制的目的是通过控制以（　）。
　　　　（A）控制设计工作进度目标　　　（B）控制施工进度目标
　　　　（C）控制物资采购进度　　　　　（D）实现工程的进度目标

208. CB002　GB/T 19000—2000 质量管理体系标准是我国按（　）从2000版ISO 9000族国际标准转化而成的。
　　　　（A）互利原理　　（B）系统原理　　（C）等同原则　　（D）目标原则

209. CB002　我国国家标准 GB/T 19000—2000 对质量的定义是（　）。
　　　　（A）满足要求能力
　　　　（B）产品的特性
　　　　（C）产品、体系或过程的一组固有特性满足顾客和其他相关方要求的能力。
　　　　（D）产品满足全国和其他相关方要求的能力。

210. CB002　影响施工质量的要素主要有（　）个。
　　　　（A）5　　（B）4　　（C）6　　（D）7

211. CB002　施工工序质量控制的基本要求是（　）。
　　　　（A）全过程控制　　　　　　　　（B）巡查与检查制度
　　　　（C）全员参与控制　　　　　　　（D）预防为主

212. CB002　项目质量控制系统的运行机制中的核心是（　）。
　　　　（A）动力机制　　（B）约束机制　　（C）反馈机制　　（D）激励机制

213. CB003　容器最高工作压力（　）属高压容器。
　　　　（A）不小于100MPa　　　　　（B）在 $1.6MPa \leqslant p < 10MPa$ 范围

—465—

(C) 在 $10\text{MPa} \leqslant p < 60\text{MPa}$ 范围   (D) 在 $10\text{MPa} \leqslant p < 100\text{MPa}$ 范围

214. CB003   某液化石油气球形储罐设计参数：球罐体积为 1000m^3，设计压力为 1.77MPa、材质为 16MnR、名义厚度为 40mm、工作介质为液化石油气属于（　　）压力容器。
    (A) Ⅰ类   (B) Ⅱ类   (C) Ⅲ类   (D) 非压力容器

215. CB003   修补后的环向焊接接头，按管与筒体或封头连接的焊接接头，可采用（　　）。
    (A) 炉内整体热处理   (B) 炉外整体热处理
    (C) 分段热处理   (D) 局部热处理

216. CB003   焊工合格证(合格项目)有效期为（　　）年。
    (A) 1   (B) 2   (C) 3   (D) 4

217. CB003   根据各控制点对工程质量影响程度，必须由施工承包方(分包方)、监理方和业主方质检人员共同检查确认并签证的属（　　）控制点。
    (A) A 级   (B) B 级   (C) C 级   (D) D 级

218. CB003   当工程质量有明显问题，对结构、安全有重大影响，又无法通过修补办法纠正所出现的缺陷时，可以做出（　　）的决定。
    (A) 修补处理   (B) 返工处理   (C) 限制使用   (D) 不作处理

219. CB003   工程交接是（　　）完成以后，施工单位按设计文件规定的施工内容全部建成后交由建设单位管理的交接工作。
    (A) 工厂全部装置在联运试车   (B) 工厂全部装置在预试车
    (C) 工厂全部装置在单体试车   (D) 单项工程在试车

220. CC001   业主择优选定监理单位的主要方式是（　　）。
    (A) 公开招标   (B) 邀请招标   (C) 议标   (D) 直接委托

221. CC001   在监理工作过程中，工程监理企业一般不具有（　　）。
    (A) 工程建设重大问题的决策权   (B) 工程建设重大问题的建议权
    (C) 工程建设有关问题的决策权   (D) 工程建设有关问题的建议权

222. CC001   按有关规定精神，在监理过程中，（　　）应当负责与工程项目建设的外部关系的组织协调工作。
    (A) 项目业主   (B) 监理单位
    (C) 承建单位   (D) 业主和监理单位共同

223. CC001   施工竣工验收阶段建设监理工作的主要内容不包括（　　）。
    (A) 受理单位工程竣工验收报告
    (B) 根据施工单位的竣工报告提出工程质量检验报告
    (C) 组织工程预验收
    (D) 组织竣工验收

224. CC001   按照我国工程建设监理的规定，（　　）实行总监理工程师负责制。
    (A) 工程项目建设监理   (B) 工程项目建设
    (C) 监理单位   (D) 建设项目管理

225. CC001   《建设工程监理规范》规定，总监理工程师应由具有（　　）的人担任。
    (A) 3 年以上监理工作经验   (B) 3 年以上同类工程监理工作经验
    (C) 5 年以上监理工作经验   (D) 5 年以上同类工程监理工作经验

226. CC001   总监理工程师对外应向（　　）负责。

(A) 业主　　　(B) 监理单位　　　(C) 项目　　　(D) 承包单位

227. CC001　我国的监理工程师是指（　）的一类人。
(A) 具有中级以上专业技术职称的从事监理工作。
(B) 取得监理工程师资格证书
(C) 取得监理工程师岗位证书
(D) 监理单位从事工程技术管理工作

228. CC001　遵守（　）准则,是监理工程师注册的重要条件。
(A) 监理工程师职业道德　　　(B) 公正、独立、自主
(C) 诚信、公正、科学　　　(D) 热情服务

229. CC001　监理工程师的业务内容具有很强的（　）特点。
(A) 理论性　　　(B) 前瞻性　　　(C) 实践性　　　(D) 社会性

230. CC001　施工阶段项目监理机构的监理人数不得少于（　）。
(A) 4 个　　　(B) 10 个　　　(C) 5 个　　　(D) 3 个

231. CC002　工程建设监理是指监理单位接受业主的委托和授权,根据国家批准的工程项目建设文件,有关法律、法规和监理合同以及其他工程建设合同对工程建设实施的（　）。
(A) 监督管理　　　(B) 质量、进度、费用控制
(C) 协调、监控　　　(D) 目标控制管理

232. CC002　我国建设工程监理的特点之一是作为（　）。
(A) 政府管理职能的补充　　　(B) 政府管理职能的转变
(C) 国家强制推行的制度　　　(D) 国家鼓励发展的制度

233. CC002　工程建设监理是针对（　）实施的。
(A) 工程建设项目　　　(B) 工程实施项目
(C) 工程设计项目　　　(D) 工程勘察项目

234. CC002　根据工程建设监理的（　），我国工程建设监理主管部门要求监理单位按照"高智能原则"组建。
(A) 独立性　　　(B) 公证性　　　(C) 科学性　　　(D) 服务性

235. CC002　工程建设监理的性质是（　）。
(A) 公证性、独立性、公开性　　　(B) 服务性、科学性、公证性
(C) 公证性、严格性、服务性　　　(D) 服务性、独立性、公证性、科学性

236. CC002　监理单位没有任何合同责任和义务为被监理方提供直接服务,这说明建设工程监理具有（　）。
(A) 公证性　　　(B) 独立性
(C) 存取速度快的特点　　　(D) 虽贵但能存储更多的信息的特点

237. CC002　工程建设监理的中心任务是（　）。
(A) 对工程建设质量进行监督
(B) 节约工程建设成本
(C) 控制工程项目的投资、进度和质量目标
(D) 帮助业主获得最大利益

238. CC002　从管理理论和方法的角度看,我国的建设工程监理与国际上通称的建设项目管

理是一致的。我国的建设工程监理是（　　）。
（A）建设项目管理
（B）建设单位项目管理
（C）建设单位或承建单位项目管理
（D）专业化、社会化的建设单位项目管理

239. CC003 《工程建设监理规定》明确指出,监理单位应按照（　　）的准则开展工作,公平地维护项目法人与被监理单位的合法权益。
（A）严格监理、热情服务　　　　（B）公正、独立、自立
（C）公开、公正、平等　　　　　（D）守法、诚信、公平、科学

240. CC003 下面不属于工程建设监理的主要内容的是（　　）。
（A）控制工程建设的投资、工期、质量
（B）进行工程建设合同管理
（C）协调有关单位的工作关系
（D）搞好工程建设项目的信息管理

241. CC003 下面不属于工程建设监理基本方法的是（　　）。
（A）科学管理、依法监督　　　　（B）合同管理
（C）组织协调、信息管理　　　　（D）目标规划、动态管理

242. CC003 对实行强制监理的工程范围作出具体规定的法规是（　　）。
（A）《中华人民共和国建筑法》
（B）《建设工程质量管理条例》
（C）《建设工程监理范围和规模标准规定》
（D）《国家重点建设项目管理办法》

243. CC003 建设工程的目标控制是一个（　　）。
（A）循环过程　（B）有限循环过程　（C）无限循环过程　（D）非循环过程

244. CC003 下面不属于工程建设监理基本依据的是（　　）。
（A）国家批准的工程项目建设文件
（B）工程建设的法律、法规、技术范围、标准
（C）质量监督部门要求
（D）工程建设监理合同和其他工程建设合同

245. CC003 项目业主与监理单位之间存在着（　　）。
（A）雇佣与被雇佣的关系　　　　（B）委托与服务关系
（C）委托与代理　　　　　　　　（D）领导与被领导

246. CC003 工程监理企业有权对承建单位（　　）进行监督。
（A）建设行为　（B）不当建设行为　（C）经营活动　（D）不当经营活动

247. CD001 HSE 管理体系的3个字母分别表示（　　）。
（A）安全、健康、环境　　　　　（B）环境、安全、健康
（C）健康、安全、环境　　　　　（D）职业健康和安全

248. CD001 （　　）是本单位 HSE 体系运行的第一责任人。
（A）主管生产的领导　　　　　　（B）第一把手
（C）HSE 部门领导　　　　　　　（D）安全员

249. CD001　HSE 管理体系的运行模式是（　　）。
　　　　　　（A）经常检查　　　　　　　　　（B）计划—实施—检查—改进
　　　　　　（C）实施—检查—处置　　　　　（D）行动—评审—提高

250. CD002　我国的安全生产方针为（　　）。
　　　　　　（A）以人为本，安全第一　　　　（B）安全第一，预防为主
　　　　　　（C）领导重视，全员参与　　　　（D）安全生产，人人有责

251. CD002　额定电压为 220V 的手持式电动工具必须有（　　）保护。
　　　　　　（A）漏电保护器　（B）绝缘橡皮　（C）熔断器　（D）接触器

252. CD002　起重工、爆破工、电工、（　　）等属于特种作业人员，应经安全技术培训、考核，合格持证后方能上岗作业。
　　　　　　（A）车工　　　（B）钳工　　　（C）焊工　　　（D）安全员

253. CE001　在(1)知识、(2)管理、(3)技能、(4)创造 4 个方面，普通员工的培训一般侧重于（　　）水平的提高。
　　　　　　（A）(1)(2)　　（B）(3)(4)　　（C）(1)(3)　　（D）(2)(4)

254. CE001　职业培训的特点之一是突出技能训练的（　　）。
　　　　　　（A）非学历性　（B）专业性　（C）操作性　（D）即时性

255. CE001　在(1)知识、(2)技能、(3)态度、(4)行为 4 个方面，培训即通过教学或实际操作等方法使人的（　　）有所改进。
　　　　　　（A）(1)
　　　　　　（C）(1)(2)(3)
　　　　　　（B）(1)(2)
　　　　　　（D）(1)(2)(3)(4)

256. CE001　(1)职业培训、(2)新员工培训、(3)全员培训、(4)企业骨干培训 4 个等级中，按培训对象不同培训可分为（　　）等。
　　　　　　（A）(1)(2)(3)　（B）(2)(3)(4)　（C）(1)(3)(4)　（D）(2)(4)(3)

257. CE002　(1)思想品德评价、(2)劳动态度评定、(3)理论知识考试、(4)操作技能考核 4 个方面，鉴定实施按鉴定内容可分为（　　）。
　　　　　　（A）(1)(2)　　（B）(3)(4)　　（C）(1)(3)　　（D）(2)(4)

258. CE002　在(1)针对性、(2)灵活性、(3)可操作性、(4)快速性 4 个方面，鉴定规范作为鉴定工作的直接依据具有（　　）。
　　　　　　（A）(1)(2)(3)　（B）(2)(3)(4)　（C）(1)(3)(4)　（D）(1)(2)(4)

259. CE002　技能操作考核实施前应做好如下工作（　　）。
(1)场地准备；(2)设备、工具准备；(3)考评员选用与数量配备；(4)原材料准备。
　　　　　　（A）(1)
　　　　　　（C）(1)(2)(3)
　　　　　　（B）(1)(2)
　　　　　　（D）(1)(2)(3)(4)

260. CF001　建设项目施工规模在（　　）以上估算价的必须进行招标。
　　　　　　（A）50 万元人民币　　　　　　（B）100 万元人民币
　　　　　　（C）200 万元人民币　　　　　　（D）300 万元人民币

261. CF001　根据《工程建设项目招标范围和规模标准规定》，属于工程建设项目招标范围的工程建设项目重要设备、材料等货物采购，单项合同估算价在（　　）以上的，必须进行招标。
　　　　　　（A）150 万元人民币　　　　　　（B）100 万元人民币

(C) 200万元人民币　　　　　　(D) 50万元人民币

262. CF001　招标投标是市场经济条件下进行大宗货物买卖、工程建设项目的采购与供货所使用的（　）。
(A) 政策规定　(B) 交易方式　(C) 管理方式　(D) 科学方法

263. CF001　下例不属于招标活动基本原则是（　）。
(A) 公开原则　(B) 公平原则　(C) 平等互利原则　(D) 诚实信用原则

264. CF001　邀请招标工程，参加招标的单位不得少于（　）家。
(A) 3　(B) 2　(C) 5　(D) 没限制

265. CF001　公开招标与邀请招标在招标程序上主要差异表现为（　）。
(A) 是否进行资格预审理　(B) 是否组织现场考察
(C) 是否解答招标单位质疑惑　(D) 是否公开开标

266. CF001　《中华人民共和国招标投标法》规定，应由（　）监督活动是否依法进行。
(A) 招标人董事会　(B) 招标代理机构
(C) 仲裁机构改革　(D) 建设行政部门

267. CF001　应以（　）为最优投标书。
(A) 投标价最低　(B) 评审标价最低
(C) 评审标价最高　(D) 评标得分最低

268. CF001　工程建设项目招标范围不包括（　）。
(A) 大型基础设施，公用事业等关系社会公共利益、公众安全项目
(B) 一切项目
(C) 使用国际组织贷款的项目
(D) 使用国家融资项目

269. CF001　投标人以行贿手段谋取中标的法律后果不包括（　）。
(A) 中标无效
(B) 有关单位责任人应当承担相应行政责任
(C) 给他人造成损失的有关责任人和单位应承担民事赔偿责任
(D) 吊销营业执照

270. CF002　招标公告的作用让潜在投标人获得（　），以便进行项目筛选，确定是否参与竞争。
(A) 招标信息　(B) 工程概况　(C) 投标要求　(D) 工程资料

271. CF002　资格预审的目的，是对潜在投标人进行资格审查，主要考察该企业（　）是否具备完成招标工作所要求的条件。
(A) 资质条件　(B) 总体能力　(C) 技术水平　(D) 商业信誉

272. CF002　资格预审文件分为资格预审须知和（　）两大部分。
(A) 投标人基本要求　(B) 投标人资质能力
(C) 资格预审表　(D) 投标人实施能力

273. CF002　招标文件，它是投标人编制（　）的依据。
(A) 投标文件　(B) 报价
(C) 合同条件　(D) 投标文件和报价

274. CF002　招标文件通常分为投标须知、合同条件、图纸、技术规范、技术资料，除此之外还

应当有（　　）。
(A) 工作范围　　(B) 工程量清单　　(C) 投标要求　　(D) 资格审查条件

275. CF002　为了使投标人了解工程项目的现场条件、自然条件、施工条件及周围环境条件，以便编制投标书，投标人应在规定时间（　　）。
(A) 参加标前会　　　　　　　　(B) 进行现场考察
(C) 自费进行现场考察　　　　　(D) 参加标前答疑

276. CF002　根据《中华人民共和国招标投标法》规定，评标委员会由招标人代表和有关技术、经济等方面专家组成，成员为（　　）以上单数。
(A) 3人　　(B) 5人　　(C) 7人　　(D) 9人

277. CF002　招标人和中标人应当自中标通知书发出之日起（　　）内，按照招标文件和中标文件订立书面合同。
(A) 10日　　(B) 15日　　(C) 30日　　(D) 3个月

278. CF002　评标方法通常采用（　　）方法。
(A) 综合评分法和评标价法　　　(B) 综合评分法
(C) 评标价法　　　　　　　　　(D) 专家评议法

279. CG001　对于需要焊后热处理的工作，有关热处理的工艺文件应该（　　）。
(A) 提出热处理的类型和热处理工艺曲线
(B) 说明产品零部件冷、热加工成形的工艺过程和要求
(C) 说明产品零部件组装的工艺和组装尺寸公差、工装胎具和要求等
(D) 说明产品的试验方法和检测方法及检测部位、检测比例等

280. CG002　对产品制造工艺的文字表达要求不正确的是（　　）。
(A) 准确
(B) 简明严谨、逻辑性强
(C) 辞藻要华丽
(D) 图表要清晰、术语、符号、代号要与有关技术标准一致

281. CG002　未经审核、批准的产品制造工艺文件（　　）。
(A) 如果情况紧急可以投入使用
(B) 按照经验觉得没有问题的可以投入使用
(C) 有一个领导同意就可以投入使用
(D) 不得投入使用

282. CG002　产品制造过程中如需要更改产品制造工艺，下面不正确的做法是（　　）。
(A) 经现场主管领导批准，以不耽误生产为准
(B) 按规定的程序和要求进行更改和审批
(C) 应有书面审核批准文件
(D) 应经原审核批准人和主管部门批准

二、判断题（对的画"√"，错的画"×"）

（　）1. AA001　硬度是指金属材料抵抗比它更硬物体压入其表面的能力，即抵抗局部塑性变形的能力。生产中应用最广泛的方法是布氏硬度试验法、洛氏硬度试验法和维氏硬度试验法。

（　）2. AA001　金属材料在荷载作用下，产生弹性变形而不被破坏的能力叫塑性。常用塑性

值的指标是伸长率和断面收缩率。

( ) 3. AA002 所谓再结晶就是在金属塑性变形后,当升高温度时,由于原子活动能力增大,金属的显微组织发生明显的变化,破碎的、被拉长或压扁的晶粒变为均匀细小的等轴晶粒。

( ) 4. AA002 所谓弹性变形,就是金属在外力作用下产生变形,若去除外力,变形不能随即消失。

( ) 5. AA002 一般情况下,金属晶粒越细小,金属的强度、塑性和韧性越好。

( ) 6. AA002 在金属热变形加工时,若热加工温度过高,可能使金属的晶粒粗大,性能下降。

( ) 7. AA003 按钢的用途,碳钢可分为碳素结构钢、碳素工具钢和铸钢。

( ) 8. AA003 中碳钢通过适当热处理(调质、表面淬火等)也不可制作有良好综合力学性能要求的机件及表面耐磨、心部韧性好的零件,如传动轴、发动机连杆、机床齿轮等。

( ) 9. AA003 铸钢的铸造工艺性差,易出现浇不足、缩孔和晶粒粗大等缺陷。

( ) 10. AA003 碳钢按质量可分为普通碳素钢、合金钢和优质碳素钢。

( ) 11. AA003 压力容器应用最广的低合金钢是16MnR。

( ) 12. AA003 由于碳钢的机械性能较好,所以具有较好的工艺性能。

( ) 13. AA003 碳素工具钢均为优质钢。

( ) 14. AA004 因为20Cr钢是合金钢,所以具有高的强度和硬度。

( ) 15. AA004 GCr9中铬的质量分数为9%。

( ) 16. AA004 高速工具钢不仅硬度高、耐磨性好,而且温度达到600℃左右时,硬度值仍无明显下降。

( ) 17. AA004 Cr115,GCr15SiMn等是专用的滚动轴承钢,不能挪作他用。

( ) 18. AA005 可锻铸铁具有较高的塑性和韧性,它是一种可以进行锻造的铸铁。

( ) 19. AA005 因为铸铁中的石墨对力学性能产生不利影响,所以它是有害无益的。

( ) 20. AA005 通过热处理可以改变铸铁的基体组织,故可显著提高其力学性能。

( ) 21. AA005 常用铸铁中,球墨铸铁的力学性能最好,它可以代替钢制作形状复杂、性能要求较高的零件。

( ) 22. AA006 变形铝合金都不能用热处理强化。

( ) 23. AA006 铸造铝合金的铸造性能好,但塑性较差,通常采用铸造成形,一般不进行压力加工。

( ) 24. AA006 强化纯铝和防锈铝合金可采用冷变形强化。

( ) 25. AA006 有色金属铝的加工采用割矩切割。

( ) 26. AA006 工业纯铝中杂质含量较高,其导电性、耐蚀性及塑性较低。

( ) 27. AA007 特殊黄铜是在锡青铜的基础上再加入其他元素的黄铜。

( ) 28. AA007 含锌量为30%左右的普通黄铜,塑性最好。

( ) 29. AA007 黄铜是铜锡合金,青铜是铜锡合金。

( ) 30. AA007 含锡量大于10%的锡青铜,塑性较差,只适于铸造加工。

( ) 31. AA008 钛合金牌号用"T+合金类别代号+顺序号"表示。

( ) 32. AA008 纯钛是银白色金属,密度小、熔点高、热膨胀系数小。

( ) 33. AA008　α型钛合金不能热处理强化,而α+β型钛合金可以热处理强化。
( ) 34. AA008　钛不具有同素异构现象。
( ) 35. AA008　钛合金中加入的主要元素,根据其作用的不同可分为α相稳态元素和β相稳态元素。
( ) 36. AA008　α+β型钛合金力学性能范围宽,可适应各种不同的用途,其中钛—铝—钒合金应用最广。
( ) 37. AA008　工业纯钛的牌号有TA1,TA2,TA3三种,顺序号越大,杂质含量越低。
( ) 38. AA009　常用轴承合金有:锡基轴承合金、铅基轴承合金和铝基轴承合金三大类。
( ) 39. AA009　硬质合金中,碳化物含量越高,钴含量越低,则其硬度和韧性越高。
( ) 40. AA009　YG类硬质合金适宜加工塑性材料,YT类硬质合金适宜加工脆性材料。
( ) 41. AA010　高精度量具一般选用滚动轴承钢和低合金工具钢。
( ) 42. AA009　滑动轴承通常采用GCr9和GCr15等钢材。
( ) 43. AA010　可锻铸铁件主要用于制作形状复杂、要求较高塑性和韧性的薄壁中小型零件。
( ) 44. AA009　碳素结构钢和低合金高强度结构钢主要用于制作机械零件。
( ) 45. AA010　由于铜的强度不高,所以一般用于制作结构零件。
( ) 46. AB001　在三角形铆接桁架中存在着的内应力最大。
( ) 47. AB001　在钢结构中,要保证某一构件能处于稳定的平衡状态,则该构件只需符合强度条件即可。
( ) 48. AB001　计算铆钉的挤压面积时,是按铆钉直径与板厚为边长的矩形计算的。
( ) 49. AB002　压力容器都是以内压进行压力试验。
( ) 50. AB002　压力容器上所指的压力均是指实际压力。
( ) 51. AB002　气压试验是压力试验而气密性试验是致密性试验,所以,尽管做法相似但目的不同。
( ) 52. AC001　所有的不可展开曲面都可用近似的方法进行展开。
( ) 53. AC001　正螺旋面的表面素线是直线,所以正螺旋面是可展的。
( ) 54. AC001　螺旋面的展开一般都采用计算法来进行。
( ) 55. AC002　辅助球面法适用于求作任何轴线相交的两回转体的相贯线。
( ) 56. AC002　平面体和平面体相交,其相贯线一定是由直线构成的。
( ) 57. AC003　一般位置直线在任一投影面上的投影均小于该线段实长。
( ) 58. AC003　一般位置直线倾斜于各投影面,它在各投影面上的投影有的反映实长,有的不反映实长。
( ) 59. AC003　展开图上所有的线都应反映构件的实际尺寸。
( ) 60. AC003　侧面倾斜的构件高度,画放样图或展开图时,以板厚中心层高度为准。
( ) 61. AC004　三角形展开法适用于一切可展立体的表面展开。
( ) 62. AC004　用放射线法展开锥面时,等分的圆弧段数越多,所得的扇形展开图的误差就越大。
( ) 63. AC005　弯板中性层就是中心层,与弯曲半径R和板料厚度t无关。
( ) 64. AC005　槽钢的内弯是指槽钢弯曲后开口的一面向里的弯曲。
( ) 65. AC005　槽钢和工字钢的平弯可按中心径来计算展开料长。

( ) 66. AD001　G01-30-2 型割嘴割圆规,只能割制直径为 30mm,板厚为 2mm 的圆形件。
( ) 67. AD001　在三辊轴滚机上只能滚制筒形工件,不能滚制圆锥面。
( ) 68. AD002　斜刃冲裁就是将冲裁模凸模和凹模刃口制出一定角度,是凸、凹模刃口相对呈现一定夹角的做法。
( ) 69. AD001　设计弯曲模时,U 形管件弯曲模存在凸、凹模间隙的取值问题;V 形管件弯曲模则可不考虑间隙取值问题。
( ) 70. AD001　安装模具时,要使模具压力中心与冲床压力中心相吻合,且保证凸、凹间隙均匀。
( ) 71. AD001　在压制成形中,防止偏移的方法是采用压料装置或用孔定位。
( ) 72. AD002　对于单件生产的模具或冲制复杂零件的模具,其凸、凹模常常采用配合加工的方法。
( ) 73. AD002　在楔条夹具中,为保证楔能自锁,楔角不能太大,但应大于摩擦角。
( ) 74. AE001　施工组织设计编制内容涉及的范围应包括施工准备、施工、预试车中的单机试车三个阶段的工作。
( ) 75. AE001　公司承建大型建设项目的总体施工规划由承担该工程的项目总工程师领导组织、项目技术部及相关人员进行编制。
( ) 76. AE001　在建设项目总体施工组织设计范围内的单项工程,可不编制单项工程施工组织设计,也不用编制单项工程或单位工程施工方案。
( ) 77. AE001　单项(单位)工程施工组织设计由承担该工程的项目总工程师组织该项目相关人员编制。
( ) 78. AE001　编制施工组织设计应符合建设项目的计划要求,但可以不符合施工合同条款。
( ) 79. AE002　施工组织设计一般包括主要 14 个方面的内容。
( ) 80. AE002　如果工程施工中采用新材料、新工艺、新技术以及特殊工艺,施工组织设计主要施工技术方法中应包括技术新材料、新工艺、新技术以及特殊工艺施工方法。
( ) 81. AE002　HSE 管理规定不是施工组织设计中的主要内容。
( ) 82. AE002　编制施工机具设备使用计划应满足施工工艺要求。
( ) 83. AE002　施工总平面布置应按照自己施工的需要进行设计,只要满足临时性施工需要就可以了。
( ) 84. AF001　当菜单项呈浅灰色时,表示该菜单项为当前可执行的。
( ) 85. AF002　AutoCAD 2002 支持多文档操作,即同时可以打开多个图形文件。
( ) 86. AF002　AutoCAD 2002 不允许用户创建各种形式的基本曲面模型和基本实体模型。
( ) 87. BA001　胎具架的材料一般选用碳钢钢材。若运输部件为不锈钢或其他有色金属与其接触部位的材料不能为碳钢。
( ) 88. BA001　模具的标准化既可以简化模具设计,也有利于加工和维修。所以,条件允许应尽可能采用标准模具。
( ) 89. BB001　钢结构焊钉焊接后应进行弯曲试验检查,其焊缝和热影响区不应有肉眼可见的裂纹,检验方法是将焊钉弯曲 30°后用角尺检查和观察检查。
( ) 90. BB001　钢结构钻孔时,对不合格的螺栓孔,可用与母材匹配的焊材堆焊堵孔,经磨平后重新钻孔。

( ) 91. BB001 高强度、大六角头螺栓连接副终拧完成 1h 后,72h 内应进行终拧扭矩检查。
( ) 92. BB001 在钢结构产品的图样上,标注对角线的地方不多,但对角线却经常用来检查钢结构产品质量的一项技术要求。
( ) 93. BB002 箱型梁焊接前,主梁上拱度较低时,应先焊下盖板左右的两条焊缝。
( ) 94. BB002 多层钢结构安装柱时,每节柱的定位轴线可以从下层柱的轴线引上。
( ) 95. BB002 钢网架结构安装时,支承垫块的种类、规格、摆放位置和朝向,必须符合设计要求和国家现行有关标准的规定。橡胶垫块与刚性垫块之间或不同类型刚性垫块之间可以互换使用。
( ) 96. BC001 球罐按壳体层数可分为单层球罐和双层球罐两种。
( ) 97. BC001 分瓣组装法是将瓣片或多瓣直接吊装成整球的安装方法,其最大特点是不需要很大起重能力的设备,大多适用于大型球罐的组装。
( ) 98. BC001 通常,将储存介质低于 0℃ 的球罐称为低温球罐。
( ) 99. BC002 储罐施工时,普通碳素结构钢在工作环境温度低于 -16℃ 时,不得进行冷矫正、冷弯曲和剪切加工。
( ) 100. BC002 铝制料仓安装焊接时,母材切条不可以作为焊接填充材料。
( ) 101. BC002 储罐底圈壁板接管底层焊后要进行着色检测,全部焊完后进行渗透检测,补强圈与罐壁焊缝做表面渗透检测。
( ) 102. BC003 容器热处理进炉时炉内的温度不得高于 400℃。
( ) 103. BC003 新疆某炼油厂一高度为 50m 的塔采取地面组对成整体,在中午阳光下直线度检查合格后即开始焊接。
( ) 104. BC004 管式反应器是在管内完成化学反应过程的反应器,有管式(裂解)炉和圆筒管式炉等。
( ) 105. BC004 复合板可采用机械切割和热切割的方法,采用机械切割一般采用剪板机剪切,剪切时复层朝下。
( ) 106. BC004 复合板滚圆前,先将滚板机各辊用麻绳或橡皮缠绕包裹,缠绕应均匀无结疤、无硬块,干净而无污染,复合板的校圆垫块应用木制垫块。
( ) 107. BC004 反应器可拆卸内件,安装合格后可以采用干净水进行压力试验。
( ) 108. BC005 设备补强圈的信号孔,应在压力试验后通入 0.4~0.5MPa 的压缩空气检查焊接接头质量。
( ) 109. BC005 重叠换热器制造时,重叠支座间的调整板应在压力试验合格后点焊于下台换热器的重叠支座上,并在重叠支座和调整板的外侧标有永久性标记,以备现场组装对中。
( ) 110. BC005 在所有胀接结构形式中,开槽胀接加填充式端面焊是连接强度最高的一种。
( ) 111. BC006 加热炉翅片管的翅片与炉管焊接时,一般采用手工电弧焊进行焊接。
( ) 112. BC006 安装加热炉底燃烧器时,一般将炉底筑炉完成后再进行。
( ) 113. BC006 对于材质为 1Cr5Mo 和 1Cr9Mo 的炉管,无损检测应在焊接完毕 24h 后进行。
( ) 114. BC007 锅炉是利用燃料等燃烧释放的热能或工业生产中的余热,将工质加热成某一温度和压力的蒸汽或热水的设备,产生蒸汽的锅炉也称为蒸汽发生器。

( ) 115. BC007　额定容量为 220t/h 的锅炉属于大型锅炉。

( ) 116. BC007　型号为 HG 220/9.8 – L1YM15 的锅炉是上海锅炉厂生产的,额定蒸发量为 220t/h,额定蒸汽压力为 9.8MPa。

( ) 117. BD001　Q235 焊条电弧焊时,应选用 J422 焊条。

( ) 118. BD001　推丝式送丝机构适用于长距离输送焊条。

( ) 119. BD001　焊工在焊接过程中经常处于带电作业状态。

( ) 120. BD002　焊电流太小、电弧偏吹、待焊金属表面不干净是产生未熔合的主要原因。

( ) 121. BD002　焊接时采用直流正接,能够减少气孔。

( ) 122. BD002　消氢处理的目的是减少焊缝和热影响区的氢含量,防止产生热裂纹。

( ) 123. BD003　焊缝不对称的焊件,应该先焊焊缝少的一侧,以减少挠曲变形量。

( ) 124. BD003　为了减少应力,应该先焊结构中收缩量最小的焊缝。

( ) 125. BD003　适当的减少焊缝尺寸,有利于减少焊接残余变形。

( ) 126. BE001　焊接是一个不均匀加热和不均匀冷却的过程。

( ) 127. BE001　焊接长焊缝时,连续焊变形最大。

( ) 128. BE001　焊接角变形是指焊接时焊接区沿板材厚度方向由横向收缩而引起的变形。

( ) 129. BE001　角变形属于钢结构的整体变形。

( ) 130. BE001　焊接变形是由于焊接热源的温度过高引起的。

( ) 131. BE002　采用对称的焊接方法,可以减少焊件的波浪变形。

( ) 132. BE002　采用刚性固定法后,焊件不会产生残余变形。

( ) 133. BE002　分段退焊法可以减小焊件残余变形。

( ) 134. BE002　机械拉伸法是对焊件进行加载,以减少因焊接引起的压缩塑性变形量。

( ) 135. BE003　碾压法可以消除薄板变形。

( ) 136. BE003　散热法主要用来减小大型构件的残余变形。

( ) 137. BE003　对于厚度较大、刚性较强的焊件,可以利用三角形加热来矫正其焊接残余变形。

( ) 138. BE003　火焰矫正变形时,火焰应采用氧化焰,因为氧化焰温度高。

( ) 139. BE003　用三角形加热法矫正 T 形焊接梁的弯曲变形,则三角形加热区的顶点朝向与起拱方向一致。

( ) 140. BF001　对焊接质量的检验,就是对成品焊接缺陷的检验。

( ) 141. BF001　焊接质量检验包括焊前检验、焊接过程检验和成品检验。

( ) 142. BF001　样板检验外观是常用的破坏性检验。

( ) 143. BF001　力学性能试验是常用的破坏性检验。

( ) 144. BF001　焊前检验的目的是预防和减少焊接时产生缺陷的可能性。

( ) 145. BF001　无损探伤检验方法属于成品检验。

( ) 146. BG001　改善 20 钢的切削加工性能,可以采用完全退火。

( ) 147. BG001　除应力退火的目的是消除铸件、焊接件和切削加工件的内应力。

( ) 148. BG001　一般工件淬火冷却时,合金钢通常用水冷,而碳素钢则用油冷。

( ) 149. BG001　一些形状复杂、截面不大、变形要求严的工件用分级淬火比双液淬火能更有效地减少工件的变形开裂。

( ) 150. BG002　制作小尺寸(截面尺寸小于 10 ~ 15mm)的螺旋形弹簧,可采用冷拔弹簧钢丝进行冷卷成形,然后进行去应力退火。

( ) 151. BG002　大型螺旋压缩弹簧可以采用热卷成形,热成形后立即淬火冷却。

( ) 152. BG002　选用45钢制作车床主轴,毛坯锻造后进行正火主要是为了消除毛坯的锻造应力。

( ) 153. BG002　选用20CrMnTi的锻件毛坯制作齿轮渗碳后要进行淬火加高温回火才能提高硬度。

( ) 154. BH001　按《石油化工施工安全技术规程》(SH 3535—1999)对钢丝绳安全系数的规定,大行吊装时某吊装用钢丝绳的计算安全系数为6,则该钢丝绳可用于跑绳、吊绳、缆风绳和捆绑绳。

( ) 155. BH001　吊耳结构应满足自身强度需要,可忽略设备局部强度要求。

( ) 156. BH001　平衡梁能承受因倾斜吊装所产生的水平分力。

( ) 157. BH001　起重桅杆除了进行强度校核外,还需进行稳定性校核。

( ) 158. BH002　大型塔类设备吊装应成立现场吊装组织,明确起重、安全、设备、焊接、质检等专业负责人及其职责。

( ) 159. BH002　吊装方案优化是指拟定多种吊装方案,并相互比较,从中选取最为经济的吊装方案。

( ) 160. BH002　在选择大型桅杆和移动式起重机联合作业吊装方案时,应以移动式起重机为主。

( ) 161. BH002　《大型塔类设备吊装安全规程》规定:大型塔类设备是指质量大于或等于80t,或高度大于或等于60m的立式设备和钢结构。

( ) 162. BI001　电弧熔割混凝土新工艺具有热源温度高、热量集中、熔割构件受热面积小、操作简便、工效高、费用低等优点。

( ) 163. BI001　GJ-12型混凝土熔割器,可全位置熔割混凝土等非金属材料,也可焊接有色金属及切割铸铁、不锈钢等。

( ) 164. BI001　GJ-12型熔割器,由主钳和副钳组成,副钳起引弧、熔割、吹渣的作用,而主钳仅起与副钳回路引弧的作用。

( ) 165. BI001　光电跟踪切割机一般可分为小车式和坐标式两种。

( ) 166. BI001　数控自动切割机可以用来完成钢板的切割、划线和套料工作,在造船、锅炉压力容器等行业中广泛应用。

( ) 167. BI001　计算机控制的自动切割机是由数控装置和执行机构两大部分组成的。

( ) 168. BI001　等离子弧可以切割铝、铜、铸铁、不锈钢及难熔金属等。

( ) 169. BI001　非转移性等离子弧可切割金属和非金属材料。

( ) 170. BI001　联合型等离子弧主要用微束等离子焊接。

( ) 171. BI002　激光是一种亮度高、方向性好、单色性好的相干光,温度达万度左右,可用于切割加工或焊接。

( ) 172. BI002　CO_2气体激光切割机,由激光器、聚焦系统、电源系统三大部分组成。

( ) 173. BI002　工业机器人是一种具有自动控制的操作和移动功能,能完成各种作业的可编程操作机。

( ) 174. BI002　利用火焰局部加热把平直的钢板加热弯曲成各种曲面,这种方法称为火焰成形。

( ) 175. BI002　等离子弧工作电压和电源空载电压都很低,操作时不必注意安全用电。
( ) 176. CA001　几乎所有的金属材料都可用气焊方法焊接。
( ) 177. CA001　气割 6~30mm 厚钢板时,割嘴应垂直割件。
( ) 178. CA001　连接焊炬或割炬的橡皮管一般在 5m 左右为。
( ) 179. CA001　E4303 是典型的碱性焊条。
( ) 180. CA002　定滑轮与动滑轮的效果是一样的。
( ) 181. CA002　在起吊与运输设备过程中,卷扬机安装好坏将直接影响到设备安全及可靠的吊装与运输。
( ) 182. CA002　起重机抬吊重物时,提升速度快的一侧抬吊力增加,提升速度慢的一侧抬吊力减小。
( ) 183. CA002　二力平衡的条件是力的大小相等、方向相反。
( ) 184. CA003　测量制作三通时,支管与主管不能有横向位移。
( ) 185. CA003　凸凹法兰的凸面与法兰榫面应配合成套使用。
( ) 186. CA004　携带型接地线在安装时先装三相端,再装接地端,拆时先拆接地端再拆三相端。
( ) 187. CA004　导体的电阻只与导体的材料有关。
( ) 188. CA004　使用电钻钻孔时,必须戴上线手套。
( ) 189. CA004　四芯电缆中,中性芯主要是流过不平衡电流。
( ) 190. CA004　闸刀开关(开启式负荷开关)可用于功率小于 15kW 的电动机控制电路。
( ) 191. CA005　当游标卡尺两量爪贴合时,尺身和游标的零线要对齐。
( ) 192. CA005　平面画线只需选择一个画线基准,立体画线则要选择两个画线基准。
( ) 193. CA005　螺纹精度由螺纹公差带和旋合长度组成。
( ) 194. CA005　柴油机工作时进气行程活塞由上止点到达下止点,汽缸内气压低于外界大气压力。活塞由下止点到达上止点,汽缸内气压则高于外界大气压力。
( ) 195. CD001　风险辨识和评价是所有 HSE 要素的基础。
( ) 196. CD001　制定的 HSE 方针应符合国家法规要求,相关的地方法规可参考执行。
( ) 197. CD001　培训和能力评价是 HSE 体系运行的重要要素。
( ) 198. CD002　发现安全隐患,应立即消除,自己不能解决的,应立即报告。
( ) 199. CD002　《中华人民共和国安全生产法》规定,从业人员作业过程中应严格遵守本单位的安全生产规章制度,服从管理,正确佩戴和使用劳动防护用品。
( ) 200. CD002　施工时可以用 1 个电气开关控制 2 台电动设备。
( ) 201. CD002　6 级风以上禁止在现场进行吊装作业。
( ) 202. CD002　多台电焊机的接地保护应该用串联的方式连接。
( ) 203. CE001　《中华人民共和国劳动法》规定,从事技术工种的劳动者,上岗前可以经过培训。
( ) 204. CE001　由于培训是一种特殊的教育,所以从设计到完成不需要有一个基本程序。
( ) 205. CE001　大力开展员工的理论和技能培训对企业的长远发展影响不大。
( ) 206. CE001　人员理论和技能的培训可以使企业人力资本存量继续增加。
( ) 207. CE002　按照某一职业的要求,对劳动者的技能水平进行评价和认证的活动,称之为职业技能鉴定。

( ) 208. CE002　实行职业技能鉴定、推行职业资格证书制度是我国人力资源开发的一项战略措施。

( ) 209. CE002　在鉴定理论知识要求中,专业知识所占比例要小于基础知识所占比例。

( ) 210. CE002　客观公正原则是贯穿于职业技能鉴定考评全过程的基本原则。

( ) 211. CG001　工艺文件目次包括章节号、章节标题或工艺表格名称及所在页码。

( ) 212. CG001　编制说明内容包括工艺文件名称、产品名称、规格、合同号、产品编号以及编制人、审核人、批准人等。

( ) 213. CG001　对于制造用原材料,工艺文件应说明原材料的规格型号、材质以及原材料验收、检验的要求。压力容器产品用钢板、锻件等零件应明确验收和复验标准。

( ) 214. CG001　产品的试验方法主要包括液压试验、气压试验、致密性试验和单体试车等。

( ) 215. CG001　有关下料的工艺文件应说明材料下料的切割方法、尺寸要求和材料标识。

( ) 216. CG001　对工艺产品或半成品的表面处理是指按照设计或规范标准要求对产品表面清理除锈、涂漆的方法和要求。

( ) 217. CG002　产品制造单位的工艺部门或技术科是产品制造工艺编制的主管机构并应按照有关规定明确工艺责任工程师,负责产品制造工艺的编审组织工作。

( ) 218. CG002　工艺技术人员要在充分熟悉产品图纸和有关技术标准、规范的基础上,编制产品制造工艺文件。

( ) 219. CG002　只有多台同种产品制造加工时才应编制制造工艺。

( ) 220. CG002　产品制造工艺的编制要力求合理、经济、先进,要努力提高制造工艺技术水平,提高劳动生产率,确保产品制造质量。

( ) 221. CG002　经过审核和批准后的产品制造工艺,即是产品制造和管理的依据,但在实际执行过程中可以按照需要进行更改。

( ) 222. CG002　产品制造工艺编制人员应向制造车间有关人员进行技术交底,除说明制造工艺外,还要交待设计图纸的技术要求、重点工序、工艺难点、质量标准等。

( ) 223. CG003　在实际施工中,凡是安装材料的品种、规格、数量等与定额不服,可以调整。

( ) 224. CG003　在油罐附件的量油管预制安装定额内所包含的材料若与设计用量不同时不可以按照设计用量调整。

( ) 225. CG003　现场组装平台属周转材料。

( ) 226. CG003　一般起重机具的摊销费中已包括了折旧费,不能另行计算。

( ) 227. CG003　带法兰的管件已经套用法兰安装定额,可不再套用管件连接定额,带法兰的管件主材也应不再另行计算。

( ) 228. CG003　一般机具摊销费为8.74元/t,各地区可以根据情况换算。

( ) 229. CG003　金属油罐制作安装定额选用的15t履带起重机,而现场实际使用的是25t吊车,定额应根据实际使用进行调整。

三、简答题

1. AA001　疲劳断裂产生的原因是什么?
2. AA001　如何提高零件的疲劳强度?
3. AA001　简述布氏硬度的试验原理和应用范围。
4. AA001　简述金属结晶的一般过程。

5. AA002　金属加工硬化有何利弊？
6. AA002　热变形加工对金属组织和性能有何影响？
7. AA003　钢中常存哪些杂质？对钢的性能有何影响？
8. AC001　什么是不可展曲面？如何对不可展曲面进行近似展开？
9. AC002　什么是相贯线？相贯线有哪些基本特点？
10. AC002　平面截切正圆锥可能出现哪些情况？
11. AC003　什么叫板厚处理？
12. AC003　板厚处理的一般原则是什么？
13. BA001　简述夹具设计的一般要求。
14. BA001　模具交付生产前，为什么要进行模具的试验？模具的试验目的是什么？
15. BA001　弯曲模结构设计的要点是什么？
16. BB001　简述钢结构装配基准选择的原则。
17. BB002　简述有色合金材料的制造特点。
18. BB002　构件"一次装成"和"多次装成"的选取原则是什么？
19. BC001　球罐施焊时，应遵循哪些原则？
20. BC001　以一台 2000m^3 四带（赤道带、上温带、下极带、上极带）球罐为例，简述采用无中心柱组装法的安装程序。
21. BC001　以一台支柱式 5000m^3 五带球罐（赤道带、下温带、上温带、下极带、上极带）为例，简述采用有中心柱组装法的安装施工程序。
22. BC001　简述大型球罐整体热处理工艺主要组成系统。
23. BC002　简述储罐边柱倒装法施工原理。
24. BC002　简述储罐水浮法施工的基本原理。
25. BC002　简述拱顶储罐充水试验检查的内容。
26. BC002　简述储罐气吹顶升的施工原理及要点。
27. BC002　简述低压湿式气柜升降试验的原理。
28. BC002　储罐充气顶升时为什么要设置平衡装置？
29. BC003　如何进行压力容器的耐压试验。
30. BC003　压力容器气压试验时，应注意什么？
31. BC003　压力容器的致密性试验方法有哪几种？
32. BC003　夹套容器的耐压试验有哪些步骤？
33. BC003　简述容器脱脂操作程序。
34. BC003　简述容器脱脂的方法。
35. BC004　简述爆炸成形的特点。
36. BC004　简述层板包扎式高压反应器筒体的制造要点。
37. BC004　在复合板反应器中，对承受较大负荷的附件，如梁的支腿和搅拌器的底座的安装有什么要求？
38. BC005　简述换热器组装的工艺要求。
39. BC005　对换热器滑动支座安装时有何要求？
40. BC005　简述换热器管束组装的工艺要求。
41. BC006　简述管式加热炉系统的一般组成。

42. BC007　锅炉安装时,采用组合安装法的优缺点是什么?

43. BC007　余热锅炉检修时,对于不可拆卸管束的检修应包括哪些内容?

44. BC007　余热锅炉检修时,应包括哪些内容?

45. BC007　大型锅炉安装工艺的基本要求是什么?

46. BC007　汽包在水压试验时为什么要用热蒸馏水?

47. BD002　制定返修焊措施的依据是什么?

48. BD003　制定焊接顺序方案的依据是什么?

49. CA003　简述管汇的特点。

50. CE001　HSE 体系判定风险级别主要从哪两个方面考虑?

51. CE001　HSE 记录填写的内容有哪些?

四、计算题

1. AB001　在抗剪强度为100MPa,厚度为6mm 的铝板上冲一直径为200mm 的圆孔,试计算所需要的冲裁力。

2. AB001　在抗剪强度为420MPa,厚度为1.5mm 的钢板上冲制如图所示工件,试计算所需要的冲裁力。

3. AB001　一铆接接头承受荷载 $F=220\text{kN}$,铆钉数量 $n=5$,如图所示。铆钉剪切许用应力 $[\tau]=145\text{MPa}$。计算应选用铆钉的最小直径(整数)是多少?

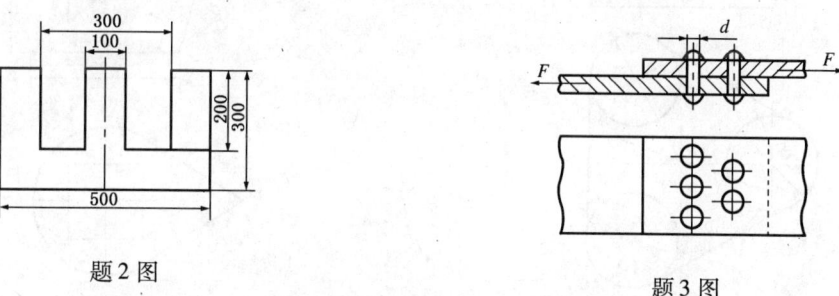

题2图　　　　　　　　　　题3图

4. AC001　某压力容器两侧封头采用标准椭圆封头 $DN1000\text{mm}$,直边 $h=50\text{mm}$,筒体长 19900mm,封头、筒体均采用 $t=20\text{mm}$ 钢板制成,求在水压试验时,该容器和水的总质量为多少?(不计任何附件质量,椭球体积公式为:$V=\dfrac{4}{3}\pi a^2 b$,式中 a 为椭球长半轴;b 为椭球短半轴。椭圆封头展开直径 $D=1.21DN+2h$)

5. AC001　设圆柱螺旋面的外圆直径 $D=310\text{mm}$,内径 $d=140\text{mm}$,导程 $h=300\text{mm}$,用计算法求出展开图的主要参数,并作出展开图。

6. AC001　作出半球封头圆的展开图。

7. AC002　作出如图所示水壶的展开图。
说明:(1)作图时不考虑构件壁厚;(2)展开所需各点、线要表达清楚、准确、保留求解所作各线。

8. AC002　作出如图所示圆管渐缩四通管的展开图。

9. AC002　作出如图所示方管直交斜锥的展开图。

10. AC004　作出如图所示三节圆管弯头的展开图。

11. AC004　作出如图所示圆管渐缩三通管的展开图。

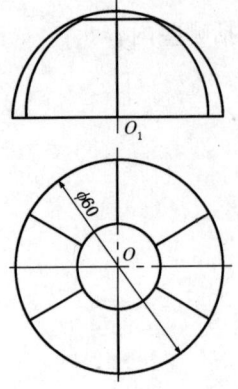

题 6 图

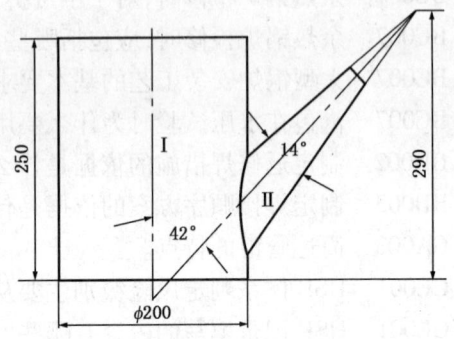

题 7 图

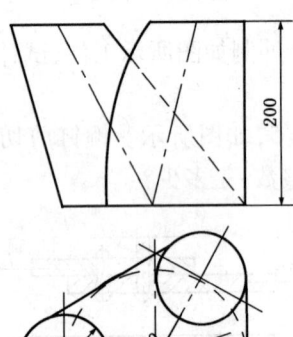

题 8 图

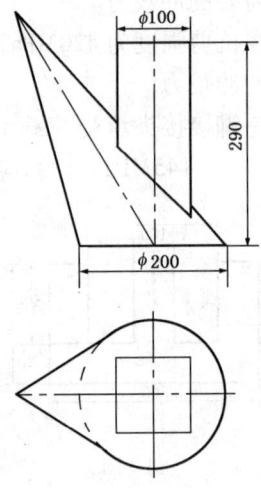

题 9 图

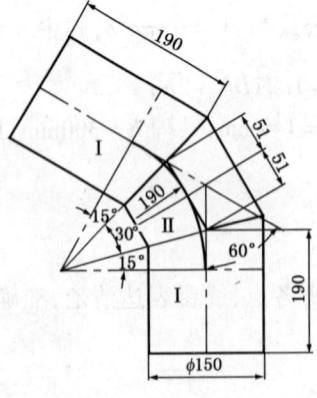

题 10 图

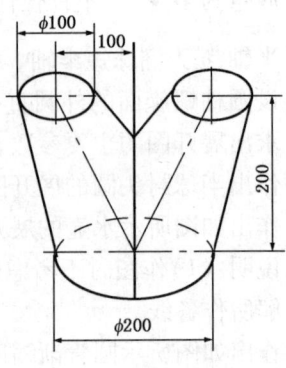

题 11 图

12. AC004　作出如图所示圆—椭圆鞍形接管的展开图。

13. AC005　已知：圆钢弯曲腰圆环如图所示，$l = 400\mathrm{mm}$，$R = 180\mathrm{mm}$，圆钢直径 $d = 15\mathrm{mm}$，求该圆钢展开料长。

14. AC005　已知：Ω 形板如图所示，$l = 400\mathrm{mm}$，$R = 80\mathrm{mm}$，$h = 200\mathrm{mm}$，$r = 20\mathrm{mm}$，板厚 $t = 10\mathrm{mm}$。求该 Ω 形板的展开料长（不计中性层位置系数）。

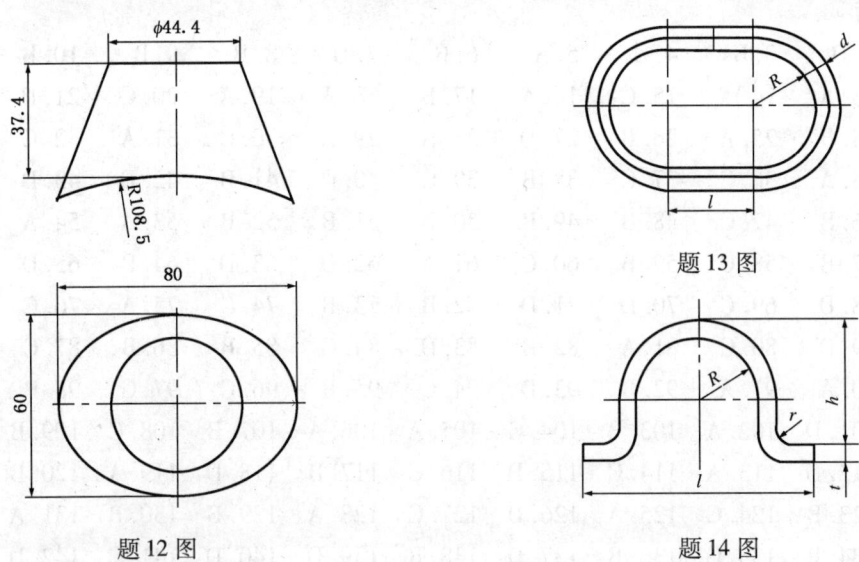

题 12 图　　题 13 图　　题 14 图

15. AC005　已知：采用 $50\mathrm{mm} \times 50\mathrm{mm} \times 5\mathrm{mm}$ 等边角钢内弯如图所示，计算其展开料长和质量（每米角钢质量为 $3.77\mathrm{kg}$）。

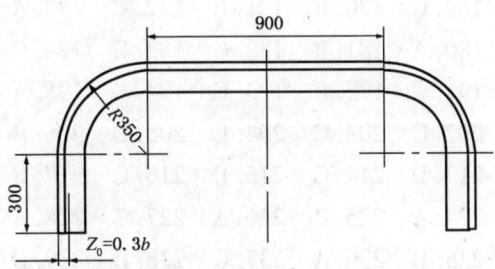

题 15 图

16. AC005　用 20 号工字钢组焊的三角架结构，如图所示，计算尺寸 B 是多少？

17. CA003　用 $\phi108\mathrm{mm} \times 4\mathrm{mm}$ 碳钢无缝管制作方形补偿器，其臂长为 $1700\mathrm{mm}$，试计算补偿能力。

注：$L = \left[\dfrac{1.5\Delta LED_\mathrm{W}}{[\sigma](1+6K)}\right]^{\frac{1}{2}}$，$[\sigma] = 75\mathrm{MPa}$，$K = 1$，$E = 2 \times 10^5 \mathrm{Pa}$。

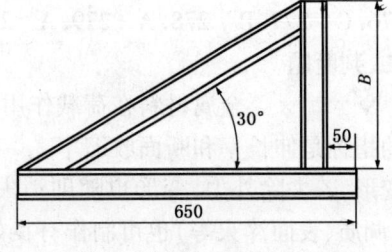

题 16 图

理论知识试题答案

一、选择题

1. A	2. D	3. B	4. C	5. A	6. B	7. D	8. B	9. B	10. B	11. C
12. B	13. A	14. A	15. C	16. A	17. B	18. A	19. A	20. C	21. D	22. A
23. B	24. B	25. A	26. B	27. D	28. A	29. A	30. C	31. A	32. C	33. C
34. B	35. A	36. C	37. C	38. B	39. C	40. C	41. B	42. D	43. D	44. A
45. D	46. B	47. C	48. B	49. B	50. C	51. B	52. B	53. C	54. A	55. D
56. B	57. B	58. C	59. B	60. C	61. A	62. D	63. B	64. B	65. D	66. C
67. B	68. D	69. C	70. D	71. D	72. B	73. B	74. C	75. C	76. C	77. C
78. C	79. D	80. C	81. A	82. B	83. D	84. C	85. B	86. B	87. C	88. D
89. B	90. A	91. A	92. B	93. D	94. C	95. B	96. C	97. C	98. B	99. D
100. B	101. D	102. A	103. B	104. C	105. A	106. A	107. B	108. C	109. B	110. C
111. A	112. D	113. A	114. C	115. D	116. C	117. B	118. C	119. A	120. C	121. C
122. D	123. B	124. C	125. A	126. D	127. C	128. C	129. C	130. A	131. B	132. B
133. C	134. B	135. C	136. B	137. B	138. C	139. D	140. C	141. C	142. C	143. B
144. B	145. B	146. C	147. B	148. B	149. D	150. C	151. B	152. B	153. B	154. B
155. B	156. C	157. C	158. C	159. A	160. C	161. C	162. C	163. C	164. C	165. B
166. B	167. B	168. C	169. C	170. B	171. B	172. C	173. A	174. A	175. D	176. C
177. C	178. C	179. D	180. C	181. B	182. C	183. C	184. C	185. B	186. B	187. A
188. B	189. C	190. B	191. C	192. B	193. C	194. B	195. B	196. A	197. A	198. A
199. B	200. C	201. D	202. C	203. C	204. C	205. D	206. C	207. D	208. C	209. C
210. A	211. D	212. C	213. D	214. C	215. D	216. C	217. B	218. C	219. B	220. B
221. A	222. A	223. D	224. A	225. C	226. A	227. C	228. B	229. C	230. D	231. B
232. C	233. A	234. C	235. D	236. B	237. C	238. C	239. D	240. D	241. A	242. C
243. B	244. C	245. B	246. B	247. C	248. B	249. B	250. B	251. A	252. B	253. C
254. C	255. A	256. C	257. B	258. C	259. C	260. C	261. D	262. B	263. C	264. A
265. A	266. D	267. C	268. B	269. D	270. C	271. C	272. C	273. B	274. C	275. B
276. C	277. B	278. A	279. A	280. C	281. D	282. A				

二、判断题

1. √ 2. × 金属材料在荷载作用下,产生塑性变形而不被破坏的能力叫塑性。常用塑性值的指标是伸长率和断面收缩率。 3. √ 4. × 所谓弹性变形,就是金属在外力作用下产生变形,若去除外力,变形也随即消失。 5. √ 6. √ 7. √ 8. × 中碳钢通过适当热处理(调质、表面淬火等)也可制作有良好综合力学性能要求的机件及表面耐磨、心部韧性好的零件,如传动轴、发动机连杆、机床齿轮等。 9. √ 10. × 碳钢按质量可分为普通钢、优质钢和高级优质钢。 11. √ 12. √ 13. √ 14. × 20Cr 钢是合金渗碳钢,所以表面具有高的强度和硬度。 15. × GCr9 中铬的质量分数为 0.9%。 16. √ 17. × GCr15,

GCr15SiMn 等是专用的滚动轴承钢,还可用于制作刀具、量具、冷冲模及性能要求与滚动轴承相似的耐磨零件。 18.× 可锻铸铁具有较高的塑性和韧性,但是它不可以进行锻造加工。 19.× 石墨虽然降低了铸铁的力学性能,但由于石墨的存在,也使铸铁具有了其他一些优异的性能。 20.× 通过热处理可以改变铸铁的基体组织,但不能改变石墨的形态和分布,因而对提高铸铁的力学性能影响不大。 21.√ 22.× 变形铝合金中,防锈铝合金不能用热处理强化,但硬铝合金、超硬铝合金、锻铝合金都能用热处理强化。 23.√ 24.√ 25.× 有色金属铝的加工采用机械切割。 26.√ 27.× 特殊黄铜是在普通青铜的基础上再加入其他元素的黄铜。 28.√ 29.× 黄铜是铜锡合金,青铜是除了黄铜和白铜外,所有的铜基合金。 30.√ 31.√ 32.√ 33.√ 34.× 钛与铁一样具有同素异构现象。 35.√ 36.√ 37.× 工业纯钛的牌号有 TA1,TA2,TA3 三种,顺序号越大,杂质含量越高。 38.√ 39.× 硬质合金中,碳化物含量越高,钴含量越低,则其硬度和韧性越低。 40.× YG 类硬质合金适宜加工脆性材料,YT 类硬质合金适宜加工塑性材料。 41.√ 42.× 滚动轴承通常采用 GCr9 和 GCr15 等钢材。 43.√ 44.× 碳素结构钢和低合金高强度结构钢主要用于制作钢结构件。 45.√ 46.× 在超静定焊接桁架中存在着的内应力最大。 47.× 在钢结构中,要保证某一构件能处于稳定的平衡状态,则该构件必须符合强度和刚度条件。 48.√ 49.× 内压容器以内压进行压力试验,外压容器和真空容器以外压进行压力试验。 50.× 压力容器上所指的压力均是指表压力。 51.√ 52.√ 53.× 正螺旋面的表面素线是直线,但是正螺旋面是不可展的。 54.√ 55.√ 56.√ 57.√ 58.× 一般位置直线倾斜于各投影面,它在各投影面上的投影均不反映实长。 59.√ 60.√ 61.√ 62.× 用放射线法展开锥面时,等分的圆弧段数越多,所得的扇形展开图的误差就越小。 63.× 当相对弯曲半径 $R_内/t > 5$ 时,弯板中性层就是中心层。 64.√ 65.√ 66.× G01-30-2 型割嘴割圆规,可以割制任意直径和任意板厚的圆形件。 67.× 截头圆锥小口直径在 500mm 以上者,可用三辊轴滚机滚制。 68.√ 69.√ 70.√ 71.√ 72.√ 73.× 在楔条夹具中,为保证楔能自锁,楔角不能太大,但不应大于摩擦角。 74.√ 75.× 公司承建大型建设项目的总体施工规划由公司总工程师领导组织、公司技术部及相关人员进行编制。 76.× 在建设项目总体施工组织设计范围内的单项工程,可不编制单项工程施工组织设计,但应编制单项工程或单位工程施工方案。 77.√ 78.× 编制施工组织设计应符合建设项目的计划要求,符合施工合同条款。 79.√ 80.√ 81.× HSE 管理规定是施工组织设计中的主要内容。 82.√ 83.× 施工总平面应结合现场地形、永久性设施、道路等进行综合安排,紧凑合理、节约用地,符合安全及环境保护规定,不影响永久性工程施工。 84.× 当菜单项呈浅灰色时,表示该菜单项当前不可用。 85.√ 86.× AutoCAD 2002 允许用户创建各种形式的基本曲面模型和基本实体模型。 87.√ 88.√ 89.√ 90.√ 91.× 高强度、大六角头螺栓连接副终拧完成 1h 后,48h 内应进行终拧扭矩检查。 92.√ 93.× 箱型梁焊接前,主梁拱度较低时,应先焊上盖板左右的两条焊缝。 94.× 多层钢结构安装柱时,每节柱的定位轴线应从地面控制轴线直接引上,不得从下层柱的轴线引上。 95.× 钢网架安装时,支承垫块的种类、规格、摆放位置和朝向,必须符合设计要求和国家现行有关标准的规定。橡胶垫块与刚性垫块之间或不同类型刚性垫块之间不得互换使用。 96.× 球罐按壳体层数可分为单层球罐、多层球罐、双金属层球罐和双重壳球罐。 97.√ 98.× 通常,将储存介质低于 −20℃ 的球罐称为低温球罐。 99.√ 100.× 铝制料仓安装焊接时,母材切条可以作为焊接填充材料。 101.√ 102.√ 103.× 新疆某炼油厂一高度为 50m

的塔采取地面组对成整体,应在早晨、傍晚或有遮阳措施下直线度检查合格后方可开始焊接。 104.√ 105.× 复合板可采用机械切割和热切割的方法,采用机械切割一般采用剪板机剪切,剪切时复层朝上。 106.√ 107.× 反应器可拆卸内件,安装应在压力试验合格后进行。 108.× 设备补强圈的信号孔,应在压力试验前通入0.4~0.5MPa的压缩空气检查焊接接头质量。 109.√ 110.√ 111.× 加热炉翅片管的翅片与炉管焊接时,一般采用电阻焊或高频焊进行焊接。 112.× 安装加热炉炉底燃烧器时,应在炉底筑炉的同时配合安装。 113.√ 114.√ 115.× 额定容量为180t/h的锅炉属于小型锅炉。 116.× 型号为HG 220/9.8-L1YM15的锅炉是哈尔滨锅炉厂生产的,额定蒸发量为220t/h,额定蒸汽压力为9.8MPa。 117.√ 118.× 推丝式送丝机构适用于短距离输送焊丝。 119.√ 120.√ 121.× 对于碱性焊条焊接时采用直流反接,能够减少气孔。 122.× 消氢处理的目的是减少焊缝和热影响区的氢含量,主要是防止产生冷裂纹。 123.√ 124.× 为了减少应力,因该先焊结构中收缩量最大的焊缝。 125.√ 126.√ 127.√ 128.√ 129.× 角变形属钢结构的局部变形。 130.× 焊接变形是由于焊件的不均匀加热和冷却引起的。 131.× 采用对称的焊接方法,不能减小焊件的波浪变形。 132.× 采用刚性固定法后,可减小焊件残余变形。 133.√ 134.√ 135.√ 136.× 散热法主要用来减小小零件的残余变形。 137.√ 138.× 火焰矫正变形时,应采用中性焰。 139.× 应为用三角形加热法矫正T形焊接梁的弯曲变形,则三角形加热区顶点朝向与起拱的方向相反。 140.× 对焊接质量的检验,是指对焊接结构生产过程中,每道工序进行的质量检验。 141.√ 142.× 样板检验外观是常用的非破坏性检验。 143.√ 144.√ 145.√ 146.× 改善20钢的切削加工性能,可以采用正火。 147.√ 148.× 一般工件淬火冷却时,合金钢通常用油冷,而碳素钢则用水冷。 149.√ 150.√ 151.√ 152.√ 153.× 选用20CrMnTi的锻件毛坯制作齿轮渗碳后要进行淬火加低温回火才能提高硬度。 154.× 按《石油化工施工安全技术规程》(SH 3535—1999)对钢丝绳安全系数的规定,大型吊装时某吊装用钢丝绳的计算安全系数为6,则该钢丝绳可用于跑绳、吊绳和缆风绳。 155.× 吊耳结构应满足自身强度需要,也要满足设备局部强度要求。 156.× 平衡梁不能承受因倾斜吊装所产生的水平分力。 157.√ 158.√ 159.× 吊装方案优化是指拟定多种吊装方案,并相互比较,从中选取最为安全可靠、经济合理的吊装方案。 160.× 在选择大型桅杆和移动式起重机联合作业吊装方案时,应以桅杆式起重机为主。 161.√ 162.√ 163.√ 164.× GJ-12型熔割器,由主钳和副钳组成,主钳起引弧、熔割、吹渣的作用,而副钳仅起与主钳回路引弧的作用。 165.√ 166.√ 167.√ 168.√ 169.√ 170.√ 171.√ 172.√ 173.√ 174.√ 175.× 等离子弧工作电压和电源空载电压都很高,操作时必须注意安全用电。 176.√ 177.√ 178.× 连接焊炬或割炬的橡皮管一般在10~15m为宜。 179.× E4303是典型的酸性焊条。 180.× 定滑轮与动滑轮的效果是不一样的。 181.√ 182.√ 183.× 二力平衡的条件是力的大小相等,方向相反,作用在一条直线上。 184.√ 185.√ 186.× 携带型接地线在安装时先装接地端,再装三相端,拆时先拆三相端再拆接地端。 187.× 电阻与电阻率、导线长度及截面积均有关系,其计算式为:$R = \rho \dfrac{L}{S}$。 188.× 使用电钻钻孔时,一定不要戴手套。 189.√ 190.× 闸刀开关(开启式负荷开关)可用于功率小于5.5kW的电动机控制电路。 191.√ 192.× 平面画线只需选择2个画线基准,立体画线则要选择3个画线基准。 193.√ 194.√ 195.√

196. ×　制定的 HSE 方针应满足法律、法规及相关的 HSE 管理规定。　197.√　198.√　199.√　200.×　施工时不可以用 1 个电气开关控制 2 台电动设备。　201.√　202.×　多台电焊机的接地保护应该用并联的方式连接。　203.×　《中华人民共和国劳动法》规定,从事技术工种的劳动者,上岗前必须经过培训。　204.×　由于培训是一种特殊的教育,所以从设计到完成需要有一个基本程序。　205.×　大力开展员工的理论和技能培训对企业的长远发展具有战略意义。　206.√　207.√　208.√　209.×　在鉴定理论知识要求中,专业知识所占比例要大于基础知识所占比例。　210.√　211.√　212.×　编制说明内容包括编制产品制造工艺执行的设计图纸、主要技术标准、规范、有关技术文件以及对该产品制造工艺编制的必要说明。　213.√　214.√　215.√　216.√　217.√　218.√　219.×　单台产品或多台同种产品都应编制制造工艺。　220.√　221.×　经过审核和批准后的产品制造和管理的依据,未经许可不得更改。　222.√　223.×　凡是定额说明中没有规定可以调整的内容,都不允许调整。　224.×　在油罐附件的量油管预制安装定额内所包含的材料若与设计用量不同时可以按照设计用量调整。　225.√　226.√　227.×　带法兰的管件已经套用法兰安装定额,可不再套用管件连接定额,但带法兰的管件主材应另行计算。　228.×　一般机具摊销费 8.74 元/t 是不变价格,各地区均按此价格计算。　229.×　定额内的机械化程度和方法是综合考虑的,因此实际使用与定额不符也不能调整。

三、简答题

1. (1)主要由于材料内部有组织缺陷(如气孔、疏松、夹杂物等);(2)表面划痕;(3)其他能引起应力集中的缺陷而导致产生微裂纹;(4)这种微裂纹随着应力循环次数的增加而逐渐扩展,最后使零件突然产生破坏。

    评分标准:点(1)(2)(3)各 20%,点(4)40%。

2. 提高疲劳强度主要有:(1)改善内部组织和外部结构形状;(2)降低零件表面粗糙度;(3)采取表面强化的方法(如表面淬火、喷丸处理、表面滚压等)。

    评分标准:点(1)(2)各 30%,点(3)40%。

3. 布氏硬度的试验原理:(1)用一定直径的淬火钢球或硬质合金球做压头,以相应试验力压入被测金属表面,经规定的保持时间后,卸除试验力,随即在金属表面出现一个压坑(或压痕),以压痕单位面积上所承受试验力的大小,确定被测金属材料的硬度值,用符号 HB(单位:kgf/mm^2)表示。(2)即 $HB = F/(\pi Dh)$

    式中　F——试验力,kgf;

    　　　h——压痕深度,mm;

    　　　D——压头直径,mm。

    (3)布氏硬度主要应用于测定灰铸铁、有色金属以及经退火、正火和调质处理的钢材等。

    评分标准:点(1)(2)各 40%,点(3)20%。

4. (1)液态金属的结晶过程包括晶核的形成和长大两个基本过程。(2)金属结晶时,首先从液态金属中形成一些极细小的晶体称为晶核,它不断吸附周围液体中的原子而长大。(3)与此同时,在液体中又不断产生新的晶核并且长大,直到全部液态金属凝固为止,最后金属便由许多外形不规则的小晶体组成。

    评分标准:点(1)(2)各 30%,点(3)40%。

5. (1)强化金属提高强度、硬度和耐磨性;(2)有利于金属进行均匀的变形;(3)提高构件在使用过程中的安全性;弊:(4)使金属塑性降低,给进一步塑性变形带来困难;(5)金属耐腐蚀性降低。

评分标准:每点20%。

6. (1)使金属中的夹杂物沿金属的变形方向被拉长,形成纤维组织;(2)细化晶粒,提高力学性能;(3)使铸态组织中的缩孔、疏松等孔洞压合,提高金属的致密度。

评分标准:点(1)(2)各35%,点(3)30%。

7. (1)钢中常存杂质有锰、硅、硫、磷;(2)锰:提高钢的强度和硬度;硅:提高钢的强度和硬度,降低塑性和韧性;硫:使钢材出现热脆现象;磷:提高钢的强度和硬度,显著降低塑性和韧性,出现冷脆现象,使焊接性变差。

评分标准:每点50%。

8. (1)如果物体表面不能推平到一个平面上,就称为不可展曲面;(2)在物体表面有规律地划分成一系列小单元;(3)当这些小单元满足一定条件时,可以将其近似地看作是平面或单向弯曲的曲面,进而将其展开。

评分标准:点(1)(2)各35%,点(3)30%。

9. (1)两个或两个以上基本几何体相交称为相贯,相交的交线称为相贯线。相贯线有两个基本特性:(2)相贯线是两物体表面的共有线也是分界线;(3)相贯线是空间封闭的。

评分标准:点(1)30%,点(2)(3)各35%。

10. (1)当截切平面垂直于正圆锥轴时,截面是圆形;(2)当截切平面平行于正圆锥轴时,截面是抛物线轮廓平面;(3)当截切平面过正圆锥锥顶时,截面是等腰三角形;(4)当截面处于一般位置时,截面是椭圆或椭圆的一部分。

评分标准:每点25%。

11. (1)生产中应用的管材、型材或板材都有一定的厚度,在不同情况下,板厚对构件尺寸和形状产生不同的影响;(2)为了消除板厚对构件尺寸和形状的影响,要采取相应措施;(3)根据构件的形状、角度、接口等不同具体情况作不同处理,确定按里皮、外皮或板厚中心去放样展开,这些措施的实施过程就叫做板厚处理。

评分标准:点(1)(2)各35%,点(3)30%。

12. (1)凡断面为曲线形的构件,下料时展开长度以中心层的展开长度为准;凡断面为折线形时,以板的里皮长度为准。(2)侧面倾斜的构件高度,在画放样图和展开图时,以板厚中心层的高度为准。(3)相交零件的放样高度和展开高度,则以构件接触处的高度为准。

评分标准:点(1)30%,点(2)(3)各35%。

13. (1)属于对零件施加夹紧力的夹具,要保证强度,在坚固耐用的前提下,可分开档次,以便适用于不同的使用要求;(2)通用夹具的通用性要好;(3)通用夹具多为手工操作,因此要力争轻便、灵巧、适用;(4)设计专用夹具时,要明确其主要用途;(5)夹具的结构要简单合理,操作要方便、可靠,并便于维修。

评分标准:每点25%。

14. (1)因为一套模具经过设计、制造、装配等几个过程,其中任何一项工作的疏忽,都可能造成模具不符合使用要求;(2)通过模具的试验,发现缺陷,分析产生的原因,设法解决;(3)使模具不仅能加工出合格的制件,而且能安全稳定地投入生产使用。

评分标准:点(1)30%,点(2)(3)各35%。

15. (1)毛坯应有可靠的定位,以防弯曲过程中毛坯可能发生偏移;(2)模具结构应使毛坯尽可能产生纯弯曲变形,以免产生严重的局部变薄;(3)作用在毛坯上的外力要尽量对称,避免毛坯产生横向错移;(4)弯曲区能得到校正,尽可能减少回弹;(5)有补偿和调整回弹量的可能。

    评分标准:每点20%。

16. (1)当钢结构的外形有平面和非平面时,应以平面作为装配基准面;(2)在工件上有若干个平面的情况下,应选择尺寸较大的平面作为装配基准面;(3)根据钢结构的用途,选择重要的工作面作为装配基准面;(4)选择的装配基准面,应使装配过程能够容易对零件施行定位和夹紧。

    评分标准:每点25%。

17. (1)有色金属制造,必须有一个专用制造车间和场地,不能与黑色金属制品或其他产品混杂生产;(2)工作场地应保清洁、干燥、严格控制灰尘;(3)加工成形和焊接,应有满足需要的专用工装和设备;(4)材料运输和保管,以及制造过程中均应妥善保护其表面不受机械损伤或焊接飞溅物沾污。

    评分标准:每点25%。

18. (1)某些构件的焊缝可以被零件覆盖,如一次装成,内部焊缝就无法施焊,这样的构件应多次装成;(2)有些构件尺寸和余量超过了制造车间或现场加工和起吊设备能力范围或由于场地的原因使其无法一次装成,则选择多次装成;(3)对钢性大、结构复杂、受力较大的部件,为防止焊接裂纹和便于检查,可分别先组装并焊接成若干分部件,将诸部件热处理后再装焊在一起;(4)一般构件应尽量一次装成,其优点是可以减少焊接变形,容易校正,减少现场施工周转,缩短生产周期,提高生产效率。

    评分标准:每点25%。

19. (1)先焊接纵向焊缝,后焊接环向焊缝;(2)先焊赤道带,后焊温带、极带;(3)先焊大坡口面焊缝,后焊小坡口面焊缝;(4)焊工均匀分布,并同步焊接。

    评分标准:每点25%。

20. (1)外脚手架搭设→(2)支柱安装→(3)赤道带组装→(4)上温带板组装→(5)下极带组装→(6)上极带组装→(7)组装质量检查→(8)内脚手架搭设→(9)防护棚搭设→(10)各带焊接→(11)热处理→(12)附件安装。

    评分标准:少一点扣10%。

21. (1)支柱安装→(2)内脚手架搭设→(3)赤道带组装→(4)外脚手架搭设及中心柱安装→(5)下温带板组装→(6)上温带板组装→(7)下极带组装→(8)上极带组装→(9)组装质量检查→(10)防护棚搭设→(11)各带焊接→(12)热处理→(13)附件安装。

    评分标准:少一点扣10%。

22. 热处理工艺主要包括:(1)控制系统;(2)燃烧装置;(3)测温装置;(4)柱腿移动装置;(5)排烟系统组成。

    评分标准:每点20%。

23. (1)利用均布在罐内侧带有提升机构的边柱提(顶)升与壁板下部临时胀紧固定的胀圈;(2)使上节壁板随胀圈一起上升到预定高度,组焊第二圈壁板;(3)然后将胀圈松开,降至第二圈壁板下部胀紧,固定后,再次起升;(4)如此往复,直至组焊完。

    评分标准:每点25%。

24.(1)利用浮盘作为内操作平台;(2)每组装完一圈壁板后,向罐内充水;(3)使浮盘上升,再组装第二圈壁板;(4)直至全部组完。

评分标准:每点25%。

25.(1)罐底的严密性;(2)罐壁强度及严密性;(3)固定顶的强度、稳定性及严密性;(4)基础的沉降。

评分标准:每点25%。

26.(1)利用罐体本身的结构特点,将罐体所有的缝隙用胶皮密封;(2)再用离心式鼓风机把空气不断送入罐内,罐内空气压力超过所需浮升罐体重量在横断面单位平均压力时,罐体上升;(3)当罐体上升到所需高度时,控制进风量,使之向罐内鼓入的空气量与泄漏量相等;(4)这时,罐体即可保证一定高度,以达到组对的目的。

评分标准:每点25%。

27.(1)鼓风机向柜内充气,压力达到一定值时,最上一节上升,此时压力不变;(2)当挂上一节,压力增加到一定值时,该节又上升,以此类推,直至各塔节升到设计高度;(3)塔节下降时,只需打开各排气孔,依靠气柜塔节自重下降即可。

评分标准:点(1)(2)各35%,点(3)30%。

28.(1)拱顶储罐充气升时,罐壁两带板间靠得很紧;(2)由于圆周各点间隙不一致,当内层壁板向上运动时,产生了不同的摩擦力;(3)从而使罐体受到不同的阻力,阻力大的地方上升速度慢,阻力小的地方上升速度快,造成罐顶在顶升时的倾斜;(4)为了避免罐体倾斜,实现均匀地同步上升,故储罐顶升必须设置平衡装置。

评分标准:每点25%。

29.(1)检查各部尺寸及焊缝,清理容器内杂物并进行必要的封闭,合格后充满试验介质(一般用水做介质);(2)容器壁与液体温度相同时,缓慢升压至规定试验压力;(3)根据容器大小,试验压力保持10～30min;(4)将压力降到设计压力,至少保持30min,同时进行检查;(5)合格后放水,将容器内残留液体排净,并用压缩空气或惰性气体将容器内表面吹干。

评分标准:每点20%。

30.(1)压力容器气压试验时,试验的介质应为干燥洁净的空气、氮气或其他惰性气体,气体温度不低于15℃;(2)做容器定期检验时,若容器内残留有易燃易爆气体会导致爆炸,则不能使用空气做试验介质。

评分标准:每点50%。

31.(1)一般包括透油试验;(2)水压试验;(3)气压试验;(4)沉水试验和氨检查等。

评分标准:每点25%。

32.(1)对夹套容器应先进行内筒耐压试验,合格后组焊夹套,并对夹套做耐压试验;(2)其他步骤与单层容器的试验要求相同。

评分标准:点(1)80%,点(2)20%。

33.(1)容器强度试验合格→(2)脱脂准备(场地准备、脱脂剂配制及检验、工具及量具仪表等准备)→(3)脱脂操作→(4)检查验收→(5)容器封闭及标记。

评分标准:每点20%。

34.(1)灌浸法。容积不大的设备,采用灌注溶剂浸泡方法脱脂,此时应旋转或反复倾斜设备,使需脱脂表面均匀地与溶剂接触,浸泡时间视污染程度而定,一般为1h。(2)擦拭法。较大的金属容器,当油污轻微时,可用清洁织物(纤维不易脱落的布、丝绸、玻璃纤维织物等)

浸蘸脱脂剂擦洗。(3)喷淋法。大容器的内表面脱脂,可采用喷头喷淋脱脂剂的方法。喷头应上下升降,使溶剂均匀地喷淋到容器的全部需脱脂表面。(4)循环法。管式换热器的脱脂,可采用循环溶剂的方法。但必须使溶剂能循环到需脱脂的全部表面。循环时间不得少于30min。(5)槽浸法。允许拆卸的零部件,可直接浸入溶剂槽内浸泡。浸泡时间视污染程度而定,一般为1~10h。

评分标准:每点20%。

35. (1)间隙小,精度高、质量好;(2)设备及模具简单;(3)操作简便、成本低,产品制造周期短。

评分标准:点(1)(3)各40%,点(2)20%。

36. (1)层板包扎式高压反应器是将薄板分别卷制,然后逐层包扎和焊接在内筒之外,形成厚壁筒节。(2)在每次包扎层板时,都利用油压作用拉紧的钢丝绳,将所包层板拉紧,然后进行其纵焊缝的点焊。(3)点焊合格后将钢丝绳松开,取下筒节进行纵缝焊接。(4)由于钢丝绳的拉紧力和焊缝的收缩力,使每层层板都紧密贴合在所包层的表面,并形成一定的预应力。

评分标准:每点25%。

37. (1)操作温度高于400℃时,复层部分用碳弧气刨剥开,加一个与复合板材相配的托架焊于基层钢板壳体上,再将剥掉的复堆焊。应将堆焊处表面磨平,并进行100% PT检查。(2)操作温度低于或等于400℃时,复层部分先剥开,剥开部分用堆焊法修复,再用实心不锈钢架焊在堆焊层上。(3)对设备复合板卷制的人孔或接管时,要选取相应牌号的电焊条进行堆焊,使接管端面及焊缝应有4mm±1mm高堆焊层,以防止腐蚀介质的侵蚀。

评分标准:点(1)30%,点(2)(3)各35%。

38. (1)换热器零部件在组装前,应认真检查和清扫,不应留有焊疤、焊接飞溅物、浮锈及其他杂物等;(2)吊装管束时,应防止管束变形和损伤换热管;(3)螺栓的紧固至少分3遍进行,每遍的起点应相互错开。

评分标准:点(1)30%,点(2)(3)各35%。

39. (1)滑动支座上的开孔位置、形状及尺寸,应符合设计图纸的要求;(2)地脚螺栓与相应的长圆孔两端的间距,应符合设计图纸或技术文件的要求,不符合要求时,允许扩孔修理;(3)换热设备安装合格后,应及时紧固地脚螺栓;(4)换热器工艺配管完成后,应松动滑动端支座螺母,使其与支座面间留有1~3mm的间隙,然后再安装一个锁紧螺母。

评分标准:每点25%。

40. (1)拉杆上的螺母应拧紧,以免在装入和抽出管束时,因折流板窜动而损伤换热管;(2)穿管时不应强行敲打,换热管表面不应出现凹瘪或划伤;(3)除换热管与管板间以焊接连接外,其他任何零件均不准与换热管相焊。

评分标准:点(1)(3)各35%,点(2)30%。

41. (1)一般主要包括辐射室、对流室、余热回收系统、燃烧器、通风系统和主要结构。(2)其结构主要包括钢结构、炉墙、炉管和其他配件等。

评分标准:每点50%。

42. 优点:(1)扩大施工面,建筑工程和安装工程可以交叉进行;(2)减少高空作业,提高施工的安全性,有利于文明施工;(3)有助于提高工程质量和工效;(4)及时发现设备问题,及时处理解决;(5)提高机械使用率,加快施工工期。

缺点:(6)需要一定量的组合场地;(7)需要配备大型起重机械;(8)设备供货要求早,且零部件要齐。

评分标准:少一点扣15%。

43.(1)清洗、清理管束;(2)对管束进行气密性试验和试漏;(3)如管子和管板连接处有缺陷应进行补焊、补胀和堵管;如果泄漏的管子较多,应更换管束;(4)换热管如有振动断裂、电化学腐蚀,应及时更换;(5)管板、管端耐热防护层检查和修复;(6)对于炉管应进行无损探伤,并对管内壁的污垢进行吹扫和除尘。

评分标准:少一点扣15%。

44.(1)清理和清扫管程和壳程的污垢和积灰;(2)按锅炉监察规程进行外观检查和检测;(3)用水进行查漏和处理;(4)受压元件的宏观检查和无损探伤;(5)耐热层和隔热材料的检查;(6)管程和壳程的气密性试验和试压;(7)附件的检修、检查;(8)密封部位的检验和修理。

评分标准:少一点扣15%。

45.(1)准确性:各工件之间施工精度保持在允许的误差范围内,从而保证准确的装配;(2)管箱内部畅通洁净,为了保证管箱内的畅通洁净,应采取一系列的措施,如吹扫、铲刷、通球、化学清洗、蒸汽冲管等;(3)热胀处理:现场应备有热胀系统图,作为施工的依据,以便为施工人员了解、掌握和正确处理各部件的热胀问题;(4)严密性:在对所有焊缝、拼缝接口、密封、防漏装置等检查其严密性;(5)结构牢固:安装时必须重视结构牢固,安全操作。

评分标准:每点20%。

46.(1)汽包在水压试验时,必须注意试压需用蒸馏水,并且水温需在50℃以上;(2)由于汽包上还装有管接头或其他附属装置,所以各部分强度不完全一致;(3)因此在高压试验时,可能导致汽包最弱点产生塑性变形;(4)若变形时汽包的温度低于裂纹扩展终止温度时,就有可能产生脆性破坏的危险;(5)因此水温必须控制在汽包材料的脆性转变温度以上。

评分标准:每点20%。

47.(1)相关标准和规程;(2)应力状态的高低和种类;(3)材料的种类;(4)同时必须考虑施焊部位新的热输入产生。

评分标准:每点25%。

48.(1)法规、技术规范或供货协议;(2)最佳经济性;(3)最小的焊接变形及内应力;(4)构件的焊接可焊性。

评分标准:每点25%。

49.(1)它是由若干小直径管子与汇管相连接的组合体;(2)是油气田集输工程中常用的金属构件;(3)它承受压力,但又不属于压力容器。

评分标准:点(1)30%,点(2)(3)各35%。

50.(1)应从风险发生的可能性以及风险失控;(2)发生事故后其后果的严重程度来考虑。

评分标准:每点50%。

51.应包括:(1)记录名称;(2)记录的编码和顺序号;(3)记录的事项内容;(4)记录人员和记录时间;(5)记录的保存期和保存部门。

评分标准:每点20%。

四、计算题

1. 解:冲裁件裁口长度为:
$$L = \pi D = \pi 200 = 628.3(\text{mm})$$
冲裁力为:
$$F = KTL\tau$$
$$= 1.3 \times 6 \times 628.3 \times 100$$
$$= 490.1(\text{kN})$$

答:冲裁力为490.1kN。

评分标准:公式40%,过程40%,结果20%。

2. 解:冲裁件裁口长度为:
$$L = 2 \times 500 + 2 \times 300 + 4 \times 200$$
$$= 2400(\text{mm})$$
冲裁力为:
$$F = KTL\tau$$
$$= 1.3 \times 1.5 \times 2400 \times 420$$
$$= 1965.6(\text{kN})$$

答:冲裁力为1965.6kN。

评分标准:公式40%,过程40%,结果20%。

3. 解:根据所给条件,代入公式:
$$d = \sqrt{\frac{4F}{n\pi[\tau]}} = \sqrt{\frac{4 \times 220 \times 10^3}{5\pi \times 145}} \approx 19.7(\text{mm}) \approx 20\text{mm}$$

答:应选用的铆钉最小直径为20mm。

评分标准:公式40%,过程40%,结果20%。

4. 解:椭球体积:$V_1 = \frac{4}{3}\pi a^2 b = \frac{4}{3}\pi \times (500)^2 \times 250 \times 10^{-9}$
$$= 0.26(\text{m}^3)$$

筒体体积:$V_2 = SL = \pi R^2 L$
$$= \pi(500)^2 \times (19900 + 2 \times 50) \times 10^{-9}$$
$$= 15.7(\text{m}^3)$$

盛水质量:$m_1 = V\rho = (2V_1 + V_2)\rho$
$$= (2 \times 0.26 + 15.7) \times 1 \times 10^3$$
$$= 16220(\text{kg})$$

封头展开直径:$D = 1.21DN + 2h$
$$= 1.21 \times 1000 + 2 \times 50$$
$$= 1310(\text{mm})$$

单个封头质量:$m_2 = V\rho = St\rho = \pi R^2 t\rho$
$$= \pi\left(\frac{1310}{2}\right)^2 \times 20 \times 10^{-9} \times 7.85 \times 10^3$$
$$= 211.6(\text{kg})$$

筒体展开长度:$L_{筒} = \pi D$
$= \pi \times (1000 + 20)$
$= 3204.4 (mm)$

筒体质量:$m_3 = V\rho = St\rho$
$= L_{筒} H t\rho$
$= 3204.4 \times 19900 \times 20 \times 10^{-9} \times 7.85 \times 10^3$
$= 10011.5 (kg)$

水和容器的总质量:$m = m_1 + 2m_2 + m_3$
$= 16220 + 2 \times 211.6 + 10011.5$
$= 26654.7 (kg)$

答:水和容器的总质量为26654.7kg。

评分标准:公式40%,过程40%,结果20%。

5. 解:$L = \sqrt{(\pi D)^2 + h^2} = \sqrt{(310\pi)^2 + 300^2}$
$= 1019 (mm)$

$l = \sqrt{(\pi d^2) + h^2} = \sqrt{(140\pi)^2 + 300^2}$
$= 532.4 (mm)$

$b = \dfrac{1}{2}(D - d) = \dfrac{1}{2} \times (310 - 140) = 85 (mm)$

$r = \dfrac{lb}{L - l} = \dfrac{532.4 \times 85}{1019 - 532.4} = 93 (mm)$

$R_1 = b + r = 85 + 93 = 178 (mm)$

$\alpha = 360° \times \left(1 - \dfrac{L}{2\pi R_1}\right) = 360° \times \left(1 - \dfrac{1019}{2\pi \times 178}\right) = 32°$

答:$L = 1019 mm, l = 532.4 mm, b = 85 mm, r = 93 mm, R_1 = 178 mm, \alpha = 32°$。

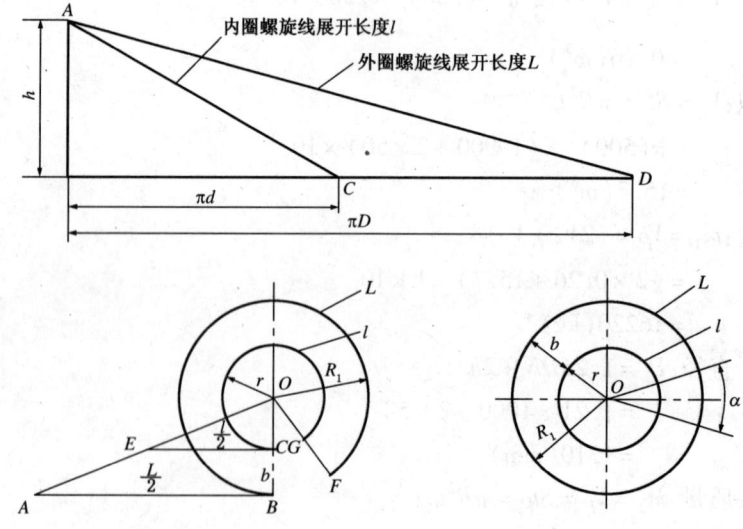

评分标准:公式20%,过程20%,结果10%;图每错1个扣15%。

6.作图：

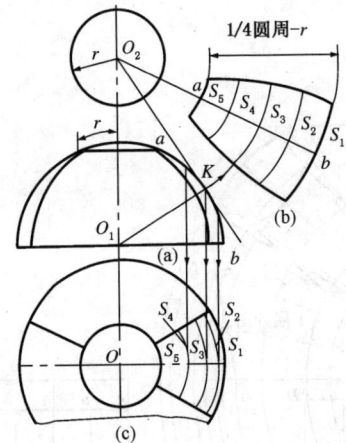

评分标准：(a)(b)(c)三个作图过程各1/3，根据步骤和准确性酌情给分。

7.作图：

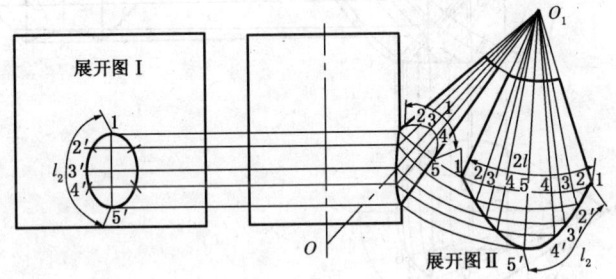

评分标准：每个展开图各50%，根据步骤和准确性酌情给分。

8.作图：

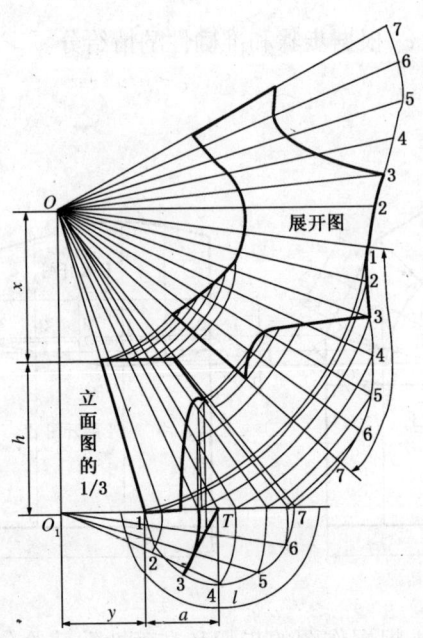

评分标准：展开图和立面图各50%，根据步骤和准确性酌情给分。

9. 作图:

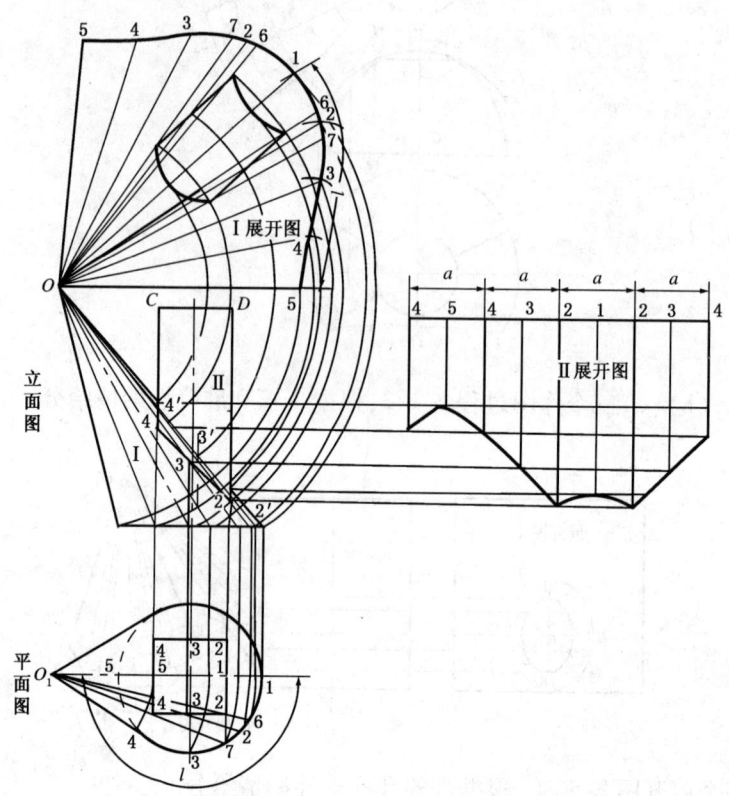

评分标准:每个展开图50%,根据步骤和准确性酌情给分。

10. 作图:

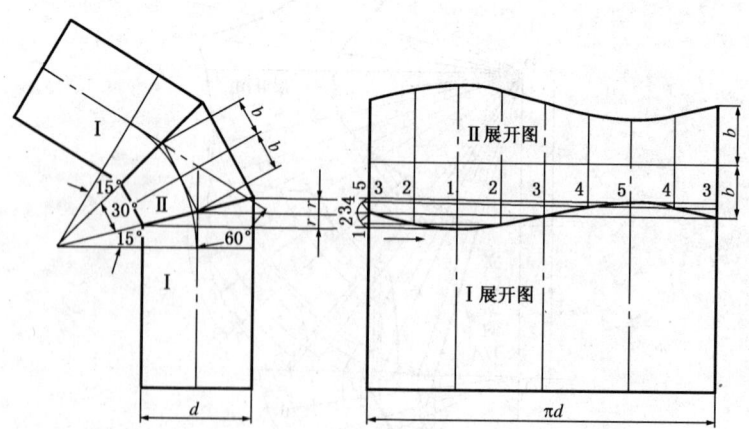

评分标准:展开图各50%,根据作图的步骤和准确性酌情给分。

11. 作图:

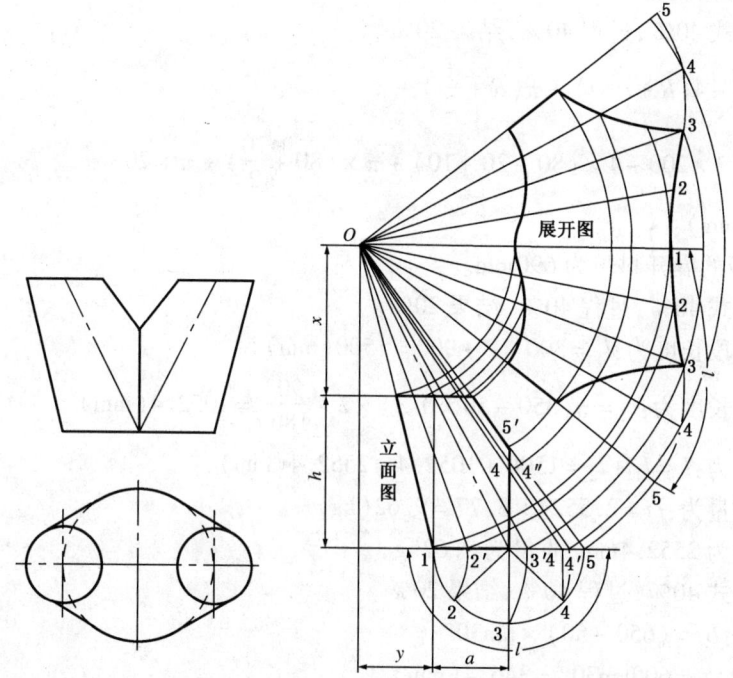

评分标准:放样图 30%,展开图 70%,根据作图的步骤和准确性酌情给分。

12. 作图:

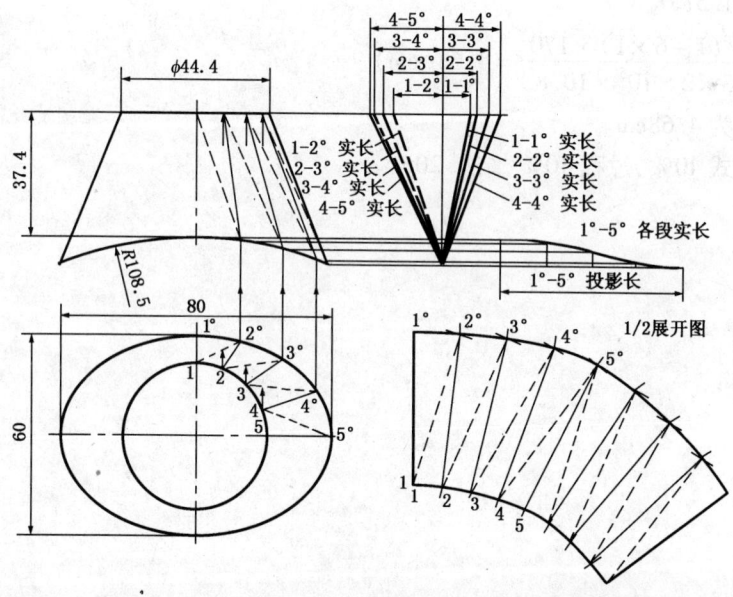

评分标准:求取实长 30%,展开图 70%,根据作图的步骤和准确性酌情给分。

13. 解:$L = 2l + \pi(2R + d)$
    $= 2 \times 400 + \pi(2 \times 180 + 15)$

$$= 1978.1(\text{mm})$$

答：该圆钢展开料长为1978.1mm。

评分标准：公式40%，过程40%，结果20%。

14. 解：$L = l + 2h - 4(R + r + t) + \pi\left(R + \dfrac{1}{2}\right) + \pi r$

$$= 400 + 2 \times 200 - 4 \times (80 + 20 + 10) + \pi \times \left(80 + \dfrac{10}{2}\right) + \pi \times 20$$

$$= 690(\text{mm})$$

答：该Ω形板的展开料长为690mm。

评分标准：公式40%，过程40%，结果20%。

15. 解：角钢直线段长度为：$l_1 = 300 \times 2 + 900 = 1500(\text{mm})$

角钢圆弧长度为：$l_2 = \pi(350 - 50 \times 0.3) \times 2 \times \dfrac{90°}{180°} = 1052.4(\text{mm})$

角钢总长为：$L = l_1 + l_2 = 1500 + 1052.4 = 2552.4(\text{mm})$

角钢的质量为：$m = 2.5524 \times 3.77 = 9.62(\text{kg})$

答：展开料长为2552.4mm，质量为9.62kg。

评分标准：公式40%，过程40%，结果20%。

16. 解：B 长度为：$B = (650 - 50) \times \tan 30°$

$$= 600\tan 30° = 346.4(\text{mm})$$

答：B 长度为346.4mm。

评分标准：公式40%，过程40%，结果20%。

17. 解：$\Delta L = \dfrac{[\sigma](1 + 6K)L^2}{1.5ED_\text{W}}$

$$= \dfrac{75 \times (1 + 6 \times 1) \times 170^2}{1.5 \times 2 \times 10^5 \times 10.8} = 4.68(\text{cm})$$

答：补偿能力为4.68cm。

评分标准：公式40%，过程40%，结果20%。

第八部分　技师和高级技师技能操作试题

考核内容层次结构表

级别	识图	手工成形	机械成形	装配	连接	矫正	制造	展开放样	安装	安全	合计
初级工	60分 30~90min	40分 120~180min									100分 150~270min
中级工	40分 60~120min	30分 120~180min	30分 60min 选一项								100分 240~360min
高级工	40分 60~180min	30分 60~180min 选一项		30分 60~180min 选一项							100分 180~540min
技师							20分 150min	30分 60min	20分 60min	30分 60min	100分 330min

鉴定要素细目表

行业:石油天然气　　　工种:石油金属结构制作工　　　级别:技师和高级技师　　　鉴定方式:技能操作

行为领域	鉴定范围			鉴定点		
	代码	名称	鉴定比重	代码	名称	重要程度
技能操作 A 100%	A	制造	20%	AA001	压力容器凸形封头的加工制作	Y
				AA002	大型分段、分片折边锥壳的制造	X
				AA003	大型球罐盘梯制作和安装	Y
				AA004	筒体组对缺陷的产生原因和预防措施	X
				AA005	球壳瓣的净料计算和净料样板的制作	X
	B	展开放样	30%	AB001	带补料的等径三通制作	X
				AB002	三节等径变向、变位圆管弯头	X
				AB003	圆筒上斜交圆锥管	X
				AB004	变形接头	X
				AB005	圆管－圆锥－圆管三节直角换向连接管	X
	C	安装	20%	AC001	编制拱顶罐充气顶升施工方案	X
				AC002	编制催化裂化装置再生器现场组装施工方案	X
				AC003	编制圆筒形管式加热炉安装施工方案	X
				AC004	编制 CO 蒸汽锅炉安装施工方案	Y
				AC005	编制球形储罐现场组装施工方案	X
	D	安全	30%	AD001	编制出现人员受物体打击的应急措施	X
				AD002	编制出现物体高处坠落人员受伤的应急措施	X
				AD003	编制出现火灾情况的应急措施	Y
				AD004	编制出现人员高处坠落的应急措施	Y
				AD005	编制出现人员触电时的应急措施	X

注:X—核心要素;Y—一般要素。

技能操作试题

一、AA001　压力容器凸形封头的加工制作

1. 准备要求

（1）鉴定机构准备：教室1间，能容纳30～50人，通风、光线良好，整洁规范无干扰；A4答题纸2张；A3绘图纸2张。

（2）考生准备：钢笔，铅笔，计算器，圆规，三角板，橡皮。

2. 编制说明

凸形封头是非标准压力容器设备制造中的主要组成部件，其加工成形方法有压制法（即冲压法——整体一次压制成形和瓣片压制成形后再组焊成整体，点压法——多次压制成形）和旋压法（先压制后旋压或先滚制后旋压）两种，加工成形方式有热成形（高温状态下成形）和冷成形（常温状态下成形）两种。

3. 考核要求

（1）写出图示4种封头整体冲压下料圆板坯料直径的计算公式。

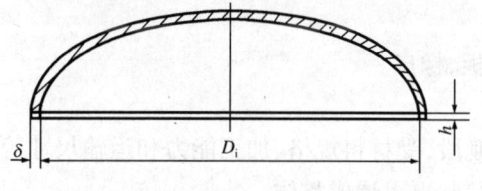

题 AA001 图1　标准椭圆形封头

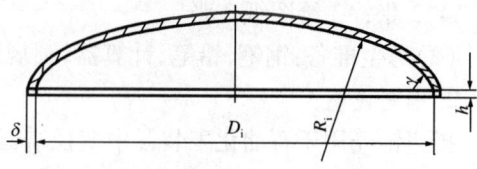

题 AA001 图2　碟形封头

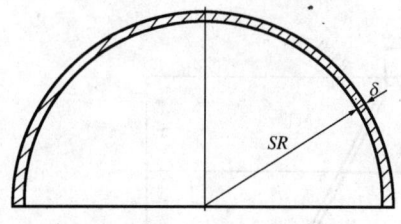

题 AA001 图3　半球形封头

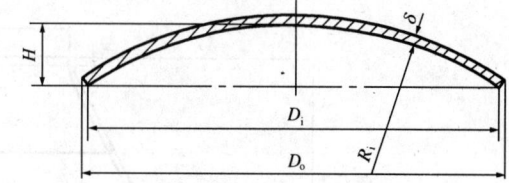

题 AA001 图4　球冠形封头

（2）封头的加工方法和成形方式应根据其具体形状、材料尺寸、加工的可行性和择优性原则确定。根据上述原则，分别对四种凸形封头（椭圆形封头、碟形封头、半球形封头、球冠形封头）确定合理的加工方法和成形方式。

（3）提出热压整体椭圆形封头减薄产生的原因及控制措施。

（4）瓣片压制成形封头的组对方法和预防焊接变形的措施。

4. 考核时限

准备时间5min，正式操作时间150min，每超时1min从总分中扣2分，超时10min停止操作。

5. 配分与评分标准

序号	评分标准	配分	扣分	得分	备注
1	写出计算公式:标准椭圆形封头 3 分;碟形封头 5 分;半球形封头 3 分;球冠形封头 4 分	15			
2	叙述四种凸形封头的加工方法和成形方式,少一种扣 5 分	20			
3	热压整体椭圆形封头减薄产生的原因叙述要全面,满分 10 分;控制措施从坯料的尺寸、模具设计和加工操作三方面叙述,缺一处扣 5 分	25			
4	瓣片压制成形封头的组对方法,应涉及组对平台及各种手段用料、组对基准、组对间隙的确定,组对后的周长应有说明,缺一项扣 6 分;预防焊接变形的措施应涉及焊接工艺参数、焊接次序及方法,缺一项扣 5 分	40			
	合　　计	100			

考评员:_____　　　记分员:_____　　　____年____月____日

二、AA002　大型分段、分片折边锥壳的制造

1. 准备要求

(1)鉴定机构准备:教室 1 间,能容纳 30~50 人,通风、光线良好,整洁规范无干扰;答题纸(A4)2 张;A3 绘图纸 2 张

(2)考生准备:钢笔、铅笔、计算器、圆规、三角板、橡皮。

2. 编制说明

折边锥壳用于石油化工装置中变径塔器的过渡段,受材料规格、加工能力和运输尺寸等条件的限制,大型折边锥壳的制作,只能分段、分片预制,再组焊成整体。

3. 考核要求

(1)叙述如图 1 所示锥壳分段位置、尺寸,等分片数所考虑的因素。

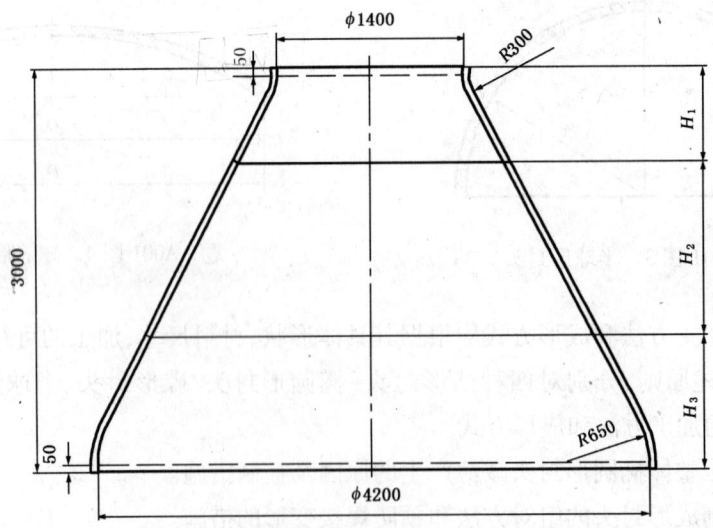

题 AA002 图 1

(2)叙述H_1段、H_2段、H_3段各段可能采用的成形方法。

(3)对H_1段采用分片冲压法成形时,请叙述冲压胎具的制作方法及在冲压过程中如何保证冲压质量。

(4)对H_3段采用旋压法成形时,当$H_3 = 1000$mm,分1/4等份,计算下料单片净料展开尺寸,写出计算步骤并把计算结果添入图2中。

(5)叙述锥壳大小端口的净料方法。

4. 考核时限

准备时间5min,正式操作时间150min,每超时1min从总分中扣2分,超时10min停止操作。

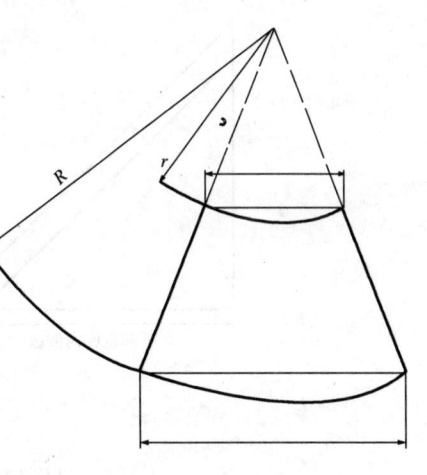

题 AA002 图2

5. 配分与评分标准

序号	评分标准	配分	扣分	得分	备注
1	考虑因素应涉及设备加工能力、材料规格、运输能力,缺一项扣5分	15			
2	H_1段应确定是整体还是分片冲压,再确定成形方法,10分;H_2段的成形方法4分;H_3段的成形方法6分	20			
3	冲压胎具的制作方法,分上胎、下胎、压环分别叙述,少一项扣5分;冲压过程中保证冲压质量,应涉及加热过程、冲压过程,叙述不详一处扣5分	25			
4	下料单片净料展开尺寸不正确一处扣5分;计算步骤不详,每处扣2.5分	20			
5	叙述锥壳大小端口的净料方法,叙述不详一处扣5分	20			
	合 计	100			

考评员:_____   记分员:_____   ____年___月___日

三、AA003 大型球罐盘梯制作和安装

1. 准备要求

(1)鉴定机构准备:教室1间,能容纳30~50人,通风、光线良好,整洁规范无干扰;答题纸(A4)2张;A3绘图纸2张

(2)考生准备:钢笔,铅笔,计算器,圆规,三角板,橡皮。

2. 编制说明

大型球形储罐到达罐顶操作平台使用的梯子通常包括直梯、柱盘梯和球盘梯三部分。梯子由内外侧板、踏步和栏杆组成,梯子依靠连接件与球罐固定。现以$650m^3$球罐盘梯为例,已知踏步宽为800mm,侧板宽为180mm,侧板厚为8mm。

3. 考核要求

(1)下部盘梯采用的是圆柱螺旋形盘梯,计算出如图1所示$650m^3$球罐下部盘梯内、外侧板的展开尺寸;并把计算结果标在图1上。

(2)上部盘梯设计采用的是近似球面螺旋形盘梯。做出图2所示$650m^3$球罐上部盘梯内侧板展开图,等份自定,要求步骤清晰,保留辅助线,在绘图纸上做出。

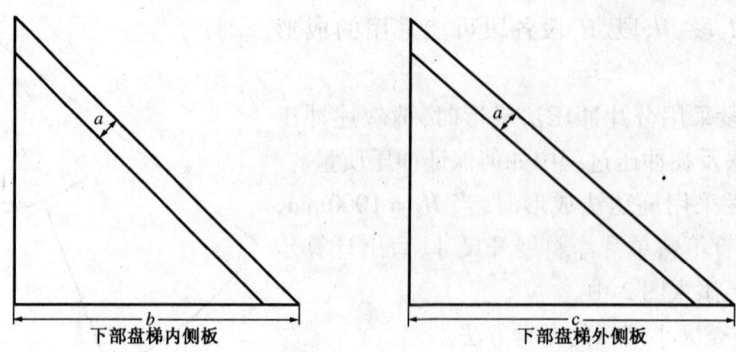

题 AA003 图 1

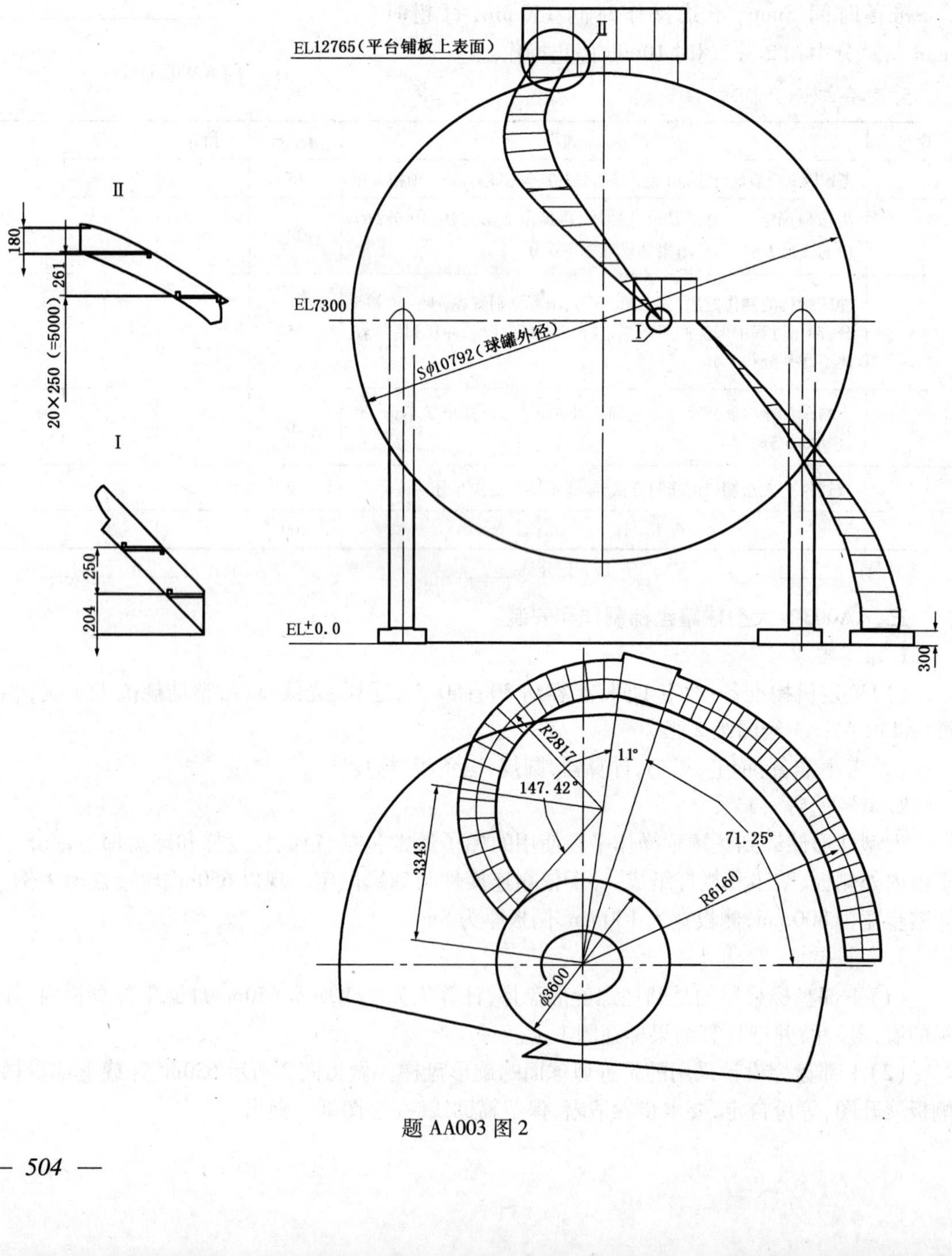

题 AA003 图 2

(3)叙述上部盘梯和下部盘梯的踏步定位划线及定位焊接的方法。

4. 考核时限

准备时间5min,正式操作时间150min,每超时1min从总分中扣2分,超时10min停止操作。

5. 配分与评分标准

序号	评分标准	配分	扣分	得分	备注
1	计算出(图一)所示 a 值得5分;写出 b 值计算公式得4分,计算结果得3分;写出 c 值的计算公式得5分,计算结果得3分	20			
2	内侧板展开图要求画出坐标轴及内侧板的假想球面,缺一项扣5分;踏步等分不正确扣10分;展开方法不正确扣10分;辅助线要清晰,画出内侧板的展开轮廓线,否则扣10分	40			
3	叙述上部盘梯定位线的画法,不正确扣20分;叙述下部盘梯定位线的画法,不正确扣10分;定位焊顺序叙述不正确扣10分	40			
	合　　计	100			

考评员:_____　　　　记分员:_____　　　　____年____月____日

四、AA004 筒体组对缺陷的产生原因和预防措施

1. 准备要求

(1)鉴定机构准备:教室1间,能容纳30~50人,通风、光线良好,整洁规范无干扰;答题纸(A4)2张;A3绘图纸2张

(2)考生准备:钢笔,铅笔,计算器,圆规,三角板,橡皮。

2. 编制说明

在筒体的组对中,由于下料尺寸不准确,或预成形粗糙,或焊接变形等原因,组对时会产生组对缺陷。这些缺陷主要有对口错边、棱角过大、直线度超差、强行组对和焊缝距离太近等。

3. 考核要求

(1)叙述筒体组对中出现对口错边过大的主要原因及预防措施。

(2)叙述什么是筒体组对中的棱角,产生棱角过大的原因及预防措施。

(3)叙述筒体直线度超差产生的原因、预防措施及矫正措施。

4. 考核时限

准备时间5min,正式操作时间150min,每超时1min从总分中扣2分,超时10min停止操作。

5. 配分与评分标准

序号	评分标准	配分	扣分	得分	备注
1	筒体组对中对口错边涉及纵缝、环缝两类,应分开叙述,同时涉及滚制、尺寸误差产生的原因以及预防的措施,少一项扣5分	30			
2	筒体组对中的棱角应分纵缝、环缝叙述,测量方法要正确,少一项扣6分;合格标准叙述不正确扣7分;棱角过大的预防措施从滚制、组对、焊接三方面要求,少一项扣7分	40			
3	超差原因和预防措施从下料、组对和焊接三方面叙述,少一项扣5分;矫正措施叙述不具体扣5分	30			
	合　　计	100			

考评员:_____　　　　记分员:_____　　　　____年____月____日

五、AA005 球壳瓣片的净料计算和净料样板的制作

1. 准备要求

(1)鉴定机构准备:教室1间,能容纳30~50人,通风、光线良好,整洁规范无干扰;答题纸(A4)2张;A3绘图纸2张。

(2)考生准备:钢笔、铅笔、计算器、圆规、三角板、橡皮。

2. 编制说明

球形储罐和大型半球形封头的壳体都是分瓣片成形后,再组焊成整体的。球壳瓣片属不可展部件,其制造工序可简单描述为下瓣片坯料—瓣片压制成形—瓣片净料—组焊成整体。瓣片净料的重要内容为净料计算和制作净料样板。本题要求净料样板为柔性净料样板。以2000m³ 球形储罐为例,尺寸如图1所示。

3. 考核要求

(1)做出图1所示2000m³ 球形储罐球壳上温带(24等份)单片净料的展开图,在图2上做出。

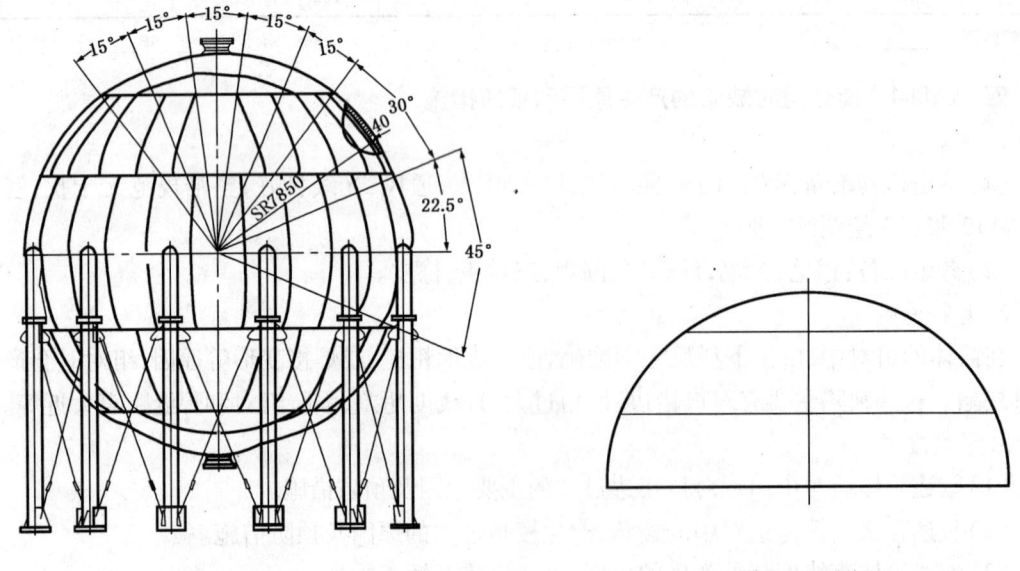

题 AA005 图 1   题 AA005 图 2

(2)列出2000m³ 球形储罐球壳温带(24等份)单片净料的计算公式,并计算出净料线。

(3)叙述球壳净料样板的制作方法,从以下三方面叙述:① 选择样板用材料;② 样板坯料的制作;③ 样板净料的制作。

4. 考核时限

准备时间5min,正式操作时间150min,每超时1min从总分中扣2分,超时10min停止操作。

5. 配分与评分标准

序号	评分标准	配分	扣分	得分	备注
1	上温带单片按中径展开并标出中径尺寸,否则扣5分;作图方法不正确扣10分;视图辅助线不正确扣5分;未连接轮廓线扣5分	25			
2	未推导出上温带单片计算的数学模型扣11分;上温带计算尺寸共6项,少一项尺寸扣4分	35			

续表

序号	评分标准	配分	扣分	得分	备注
3	球壳净料样板材料选择不正确扣5分;样板制作应包括①对毛料球片的要求,②划线方法,③样板组装钉制的方法,④净料样板周边的处理方法,⑤样板的验证,少一项扣7分	40			
	合　计	100			

考评员:_____　　　记分员:_____　　　　____年____月____日

六、AB001　带补料的等径三通制作

1. 准备要求

(1)鉴定机构准备:教室1间,能容纳30~50人,通风、光线良好,整洁规范无干扰;A3绘图纸2张。

(2)考生准备:HB、2B铅笔,200mm三角尺,300mm直尺,圆规,橡皮,计算器,刀片。

2. 考核要求

(1)在白纸上作可选比例1:1。

(2)作图时不考虑构件的壁厚。

(3)展开所需的各点、线表达清楚、准确,保留求解所作的各辅助线。

(4)作图清晰准确,尺寸正确。

(5)展开圆周时,以12等分圆周为准。

3. 操作程序

(1)准备工作。

(2)画Ⅰ管展开图。

(3)画Ⅱ管展开图。

(4)画Ⅲ管展开图及开孔图。

(5)作实长线。

4. 考核时限

准备时间15min,正式操作时间60min,每超时1min从总分中扣2分,超时10min停止操作。

5. 工件图

见题AB001图。

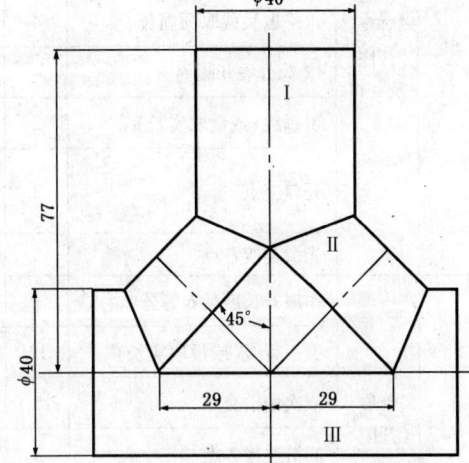

题AB001图

6. 配分与评分标准

序号	考核项目	评分要素	配分	评分标准	扣分	得分	备注
1	准备工作	工具、用具准备	5	工具、用具少一件扣2分,选错工具每件扣2分			
2	画实样图	根据试题要求画出实样图尺寸	5	实测误差在±0.5mm之间不扣分,每超差1mm扣1分			

续表

序号	考核项目	评 分 要 素	配分	评 分 标 准	扣分	得分	备注
3	画Ⅰ管展开图	画1/4(或1/2)断面圆	3	圆心、半径选取错误每处扣1分			
		3等分1/4圆周(或6等分1/2圆周)	4	等分点位置允差±1mm,每超差1mm扣1分			
		等分点引上垂线	4	垂直度允差±1mm,每超差1mm扣1分			
		延长线上截取圆周长	4	展开长度允差±1mm,每超差1mm扣1分			
		12等分展开圆周	4	等分点位置允差±1mm,每超差1mm扣1分			
		引水平线(或量取实长)	2	实长尺寸允差±1mm,每超差1mm扣1分			
		做出交点	3	应一一对应得交点,位置错误每点扣1分			
		光滑连接各点	3	不光滑每处扣1分			
4	画Ⅲ管展开图及开口	画1/4(或1/2)断面圆	3	圆心、半径选取错误每处扣1分			
		3等分1/4圆周(或6等分1/2圆周)	4	等分点位置允差±1mm,每超差1mm扣1分			
		等分点引水平线	4	水平度允差±1mm,每超差1mm扣1分			
		水平取线截取圆周长	4	展开长度允差±1mm,每超差1mm扣1分			
		12等分展开圆周	4	等分点位置允差±1mm,每超差1mm扣1分			
		引垂线(或量取实长)	2	实长尺寸允差±1mm,每超差1mm扣1分			
		开口交点	3	投影线与垂直距离一一对应得交点,位置错误每点扣1分			
		光滑连接各点	3	不光滑每处扣1分			
5	画Ⅱ管展开图	作展开长度且6等分	3	端点位置不正确,每错一处扣1分			
		引平行线(或量取实长)	12	取线不正确,每错一处扣2分			
		依次做出交点	5	一一对应得交点,位置错误每点扣1分			
		圆滑连接各点	3	不光滑每处扣1分			
		作出补料三角形	3	实长尺寸允差±1mm,每超差1mm扣1分			
6	样板	轮廓线	10	边缘有明显缺陷不得分;每一不光滑处扣1分,每个样板最多扣2分			
7	安全生产	按国家颁发有关法规或企业自定有关规定		劳保用品少穿一件从总分中扣2分;违规操作,一次从总分中扣除3分,严重违规停止操作;工作场地整洁,工具摆放整齐合理不扣分,稍差扣1分,很差扣3分			
8	考核时限	超时		每超时1min从总分中扣2分;超时10min停止操作			
		合　计	100				

考评员：_____　　　　　记分员：_____　　　　　___年___月___日

七、AB002　三节等径变向、变位圆管弯头

1. 准备要求

(1)鉴定机构准备：教室1间，能容纳30~50人，通风、光线良好，整洁规范无干扰；A3绘图纸2张。

(2)考生准备：HB、2B铅笔，200mm三角尺，300mm直尺，圆规，橡皮，计算器，刀片。

2. 考核要求

(1)在白纸上作可选比例1:1。

(2)作图时不考虑构件的壁厚。

(3)展开所需的各点、线表达清楚、准确，保留求解所作的各辅助线。

(4)作图清晰准确，尺寸正确。

(5)展开圆周时，以8等分圆周为准。

3. 操作程序

(1)准备工作。

(2)求作展开图所需尺寸。

(3)展开Ⅱ管。

(4)展开Ⅲ管。

4. 考核时限

准备时间15min，正式操作时间60min，每超时1min从总分中扣2分，超时10min停止操作。

5. 工件图

见题AB002图。

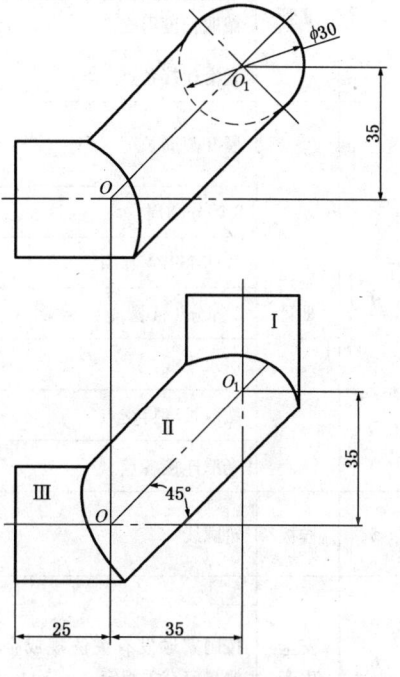

题AB002图

6. 配分与评分标准

序号	考核项目	评分要素	配分	评分标准	扣分	得分	备注
1	准备工作	工具、用具准备	5	工具、用具少一件扣2分，选错工具每件扣2分			
2	求作画展开图所需尺寸	一次变换投影图	5	做法正确得5分，否则不得分			
		二次变换投影图	5	做法正确得5分，否则不得分			
		三次变换投影图	5	做法正确得5分，否则不得分			
		作出Ⅱ管截面	4	截面垂直Ⅱ管中心线，否则不得分			
		求出错心差	4	做法错误不得分			
3	展开Ⅱ管	展开圆周长度	5	不正确不得分；长度允差±1mm，每超差1mm扣1分			
		8等分圆周	4	等分点位置允差±1mm，每超差1mm扣1分			
		画两个1/4圆周	4	圆心位置、半径尺寸错不得分			
		2等分1/4圆周	4	等分点位置允差±1mm，每超差1mm扣1分			

续表

序号	考核项目	评分要素	配分	评分标准	扣分	得分	备注
3	展开Ⅱ管	作出错心差	4	位置错误不得分			
		引水平线	4	水平度允差±1mm,每超差1mm扣1分			
		截取长度得交点	4	应一一对应得交点,位置错误每点扣1分			
		光滑连接各点	4	不光滑每处扣1分			
4	展开Ⅲ管	展开圆周长度	5	不正确不得分;长度允差±1mm,每超差1mm扣1分			
		8等分圆周	4	等分点位置允差±1mm,每超差1mm扣1分			
		画两个1/4圆周	4	圆心位置、半径尺寸错不得分			
		2等分1/4圆周	4	等分点位置允差±1mm,每超差1mm扣1分			
		引水平线	4	水平度允差±1mm,每超差1mm扣1分			
		截取长度得交点	4	应一一对应得交点,位置错误每点扣1分			
		光滑连接各点	4	不光滑每处扣1分			
5	样板	轮廓线	10	边缘有明显缺陷不得分;每一不光滑处扣1分,最多扣5分			
6	安全生产	按国家颁发有关法规或企业自定有关规定		劳保用品少穿一件从总分中扣2分;违规操作,一次从总分中扣除3分,严重违规停止操作;工作场地整洁,工具摆放整齐合理不扣分,稍差扣1分,很差扣3分			
7	考核时限	超时		每超时1min从总分中扣2分;超时10min停止操作			
	合 计		100				

考评员：_____　　　记分员：_____　　　　　　年___月___日

八、AB003　圆筒上斜交圆锥管

1. 准备要求

(1)鉴定机构准备:教室1间,能容纳30~50人,通风、光线良好,整洁规范无干扰;A3绘图纸2张。

(2)考生准备:HB、2B铅笔,200mm三角尺,300mm直尺,圆规,橡皮,计算器,刀片。

2. 考核要求

(1)在白纸上作可选比例1:1。

(2)作图时不考虑构件的壁厚。

(3)展开所需的各点、线表达清楚、准确,保留求解所作的各辅助线。

(4)作图清晰准确,尺寸正确。

(5)展开圆锥管时,以12等分圆周为准。

3. 操作程序

(1) 准备工作。

(2) 求作接合线。

(3) 展开圆锥管Ⅱ。

(4) 求作圆管Ⅰ上开孔样板。

4. 考核时限

准备时间 15min,正式操作时间 60min,每超时 1min 从总分中扣 2 分,超时 10min 停止操作。

5. 工件图

见题 AB003 图。

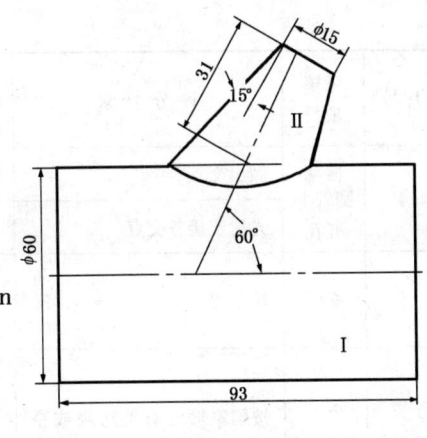

题 AB003 图

6. 配分与评分标准

序号	考核项目	评分要素	配分	评分标准	扣分	得分	备注
1	准备工作	工具、用具准备	5	工具、用具少一件扣 2 分,选错工具每件扣 2 分			
2	求作接合线	根据试题要求画出实样图尺寸	5	实测误差在 ±0.5mm 之间不扣分,每超差 1mm 扣 1 分			
		画断面圆	4	圆心半径选取正确,各得 2 分,否则不得分			
		得侧视图交点	5	交点不正确每点扣 1 分			
		作水平线,与主视图相交得交点	6	水平线位置不正确每点扣 1 分			
		连点得接合线	4	连接不正确,每条线扣 2 分			
3	展开圆锥管	圆锥顶点	5	做法不正确不得分			
		12 等分圆周	6	长度允差 ±1mm,每超差 1mm 扣 1 分;等分点允差 ±1mm,每超差 1mm 扣 1 分			
		等分点引圆锥顶点素线	5	素线允差 ±1mm,每超差 1mm 扣 1 分			
		在素线上画出小圆锥展开半径	3	展开半径 ±1mm,每超差 1mm 扣 1 分			
		连线得交点	3	交点位置每错一处扣 1 分			
		交点引平行线	4	平行度每超差 1mm 扣 1 分			
		在素线上画圆弧得交点	10	圆心、半径选取错误一处扣 1 分;一一对应得交点,位置错误每点扣 2 分			
		光滑连接各交点	4	不光滑每处扣 1 分			
4	展开圆管上开孔	由各交点引垂线	4	垂直度允差 ±1mm,每超差 1mm 扣 1 分			
		量取侧视图中对应的弧长作水平线	4	尺寸长度允差 ±1mm,每超差 1mm 扣 1 分;水平度允差 ±1mm,每超差 1mm 扣 1 分			

续表

序号	考核项目	评 分 要 素	配分	评 分 标 准	扣分	得分	备注
4	展开圆管上开孔	做出交点	8	交点位置不正确每一处扣1分			
		光滑连接各交点	5	不光滑每处扣1分			
5	样板	轮廓线	10	边缘有明显缺陷不得分;每一不光滑处扣1分,最多扣5分			
6	安全生产	按国家颁发有关法规或企业自定有关规定		劳保用品少穿一件从总分中扣2分;违规操作,一次从总分中扣除3分;严重违规停止操作;工作场地整洁,工具摆放整齐合理不扣分,稍差扣1分,很差扣3分			
7	考核时限	超时		每超时1min从总分中扣2分;超时10min停止操作			
	合　　　计		100				

考评员:_____　　　　　记分员:_____　　　　　____年____月____日

九、AB004　变形接头

1. 准备要求

(1)鉴定机构准备:教室1间,能容纳30~50人,通风、光线良好,整洁规范无干扰;A3绘图纸2张。

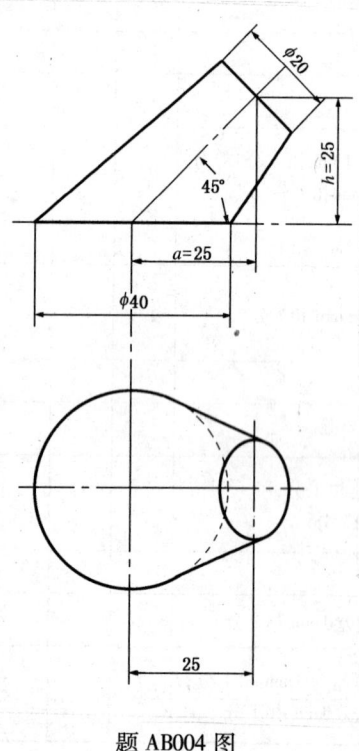

题 AB004 图

(2)考生准备:HB、2B铅笔,200mm三角尺,300mm直尺,圆规,橡皮,计算器,刀片。

2. 考核要求

(1)在白纸上作可选比例1:1。

(2)作图时不考虑构件的壁厚。

(3)展开所需的各点、线表达清楚、准确,保留求解所作的各辅助线。

(4)作图清晰准确,尺寸正确。

(5)展开圆锥管时,以12等分圆周为准。

3. 操作程序

(1)准备工作。

(2)展开变形接头。

4. 考核时限

准备时间15min,正式操作时间60min,每超时1min从总分中扣2分,超时10min停止操作。

5. 工件图

见题AB004图。

6. 配分与评分标准

序号	考核项目	评分要素	配分	评分标准	扣分	得分	备注
1	准备工作	工具、用具准备	5	工具、用具少一件扣2分,选错工具每件扣2分			
2	用三角形法求作实长线	根据试题要求画出实样图尺寸	5	实测误差在±0.5mm之间不扣分,每超差1mm扣1分			
		作出俯视图的椭圆	5	应根据主视图顶圆的正投影作,错误不得分			
		分别等分两断面圆周,6等分1/2圆周	5	分点要选择合理,每错一点扣1分			
		分别连出12个三角形	5	点要一一对应,每错一处扣1分			
		作水平线	12	水平度允差±1mm,每超差1mm扣1分			
		截取水平距离	12	截取距离不正确,每错一处扣1分			
		得实长线	12	一一对应得实长线,每错一处扣1分			
3	作展开图	用三角形法作展开图	5	方法错不得分			
		取主视图实长线	5	直线应竖直,偏斜允差±1mm,每超差1mm扣1分;长度允差±2mm,每超差1mm扣1分			
		依次画弧得交点	15	圆心位置、半径选取不正确,每错一处扣2分			
		光滑连接各点	4	不光滑每处扣1分			
4	样板	轮廓线	10	边缘有明显缺陷不得分;每一不光滑处扣1分			
5	安全生产	按国家颁发有关法规或企业自定有关规定		劳保用品少穿一件从总分中扣2分;违规操作,一次从总分中扣除3分;严重违规停止操作;工作场地整洁,工具摆放整齐合理不扣分,稍差扣1分,很差扣3分			
6	考核时限	超时		每超时1min从总分中扣2分;超时10min停止操作			
	合 计		100				

考评员:_____　　　记分员:_____　　　___年___月___日

十、AB005　圆管-圆锥-圆管三节直角换向连接管

1. 准备要求

(1)鉴定机构准备:教室1间,能容纳30~50人,通风、光线良好,整洁规范无干扰;A3绘图纸2张。

(2)考生准备:HB、2B铅笔,200mm三角尺,300mm直尺,圆规,橡皮,计算器,刀片。

2. 考核要求

(1)在白纸上作可选比例1:1。

(2)作图时不考虑构件的壁厚。

(3)展开所需的各点、线表达清楚、准确,保留求解所作的各辅助线。

(4)作图清晰准确,尺寸正确。

(5)展开圆锥管时,以 8 等分圆周为准。

3. 操作程序

(1)准备工作。

(2)求作接合线。

(3)圆管Ⅰ、Ⅲ展开。

(4)圆锥管Ⅱ展开。

(5)样板。

4. 考核时限

准备时间 15min,正式操作时间 60min,每超时 1min 从总分中扣 2 分,超时 10min 停止操作。

5. 工件图

见题 AB005 图。

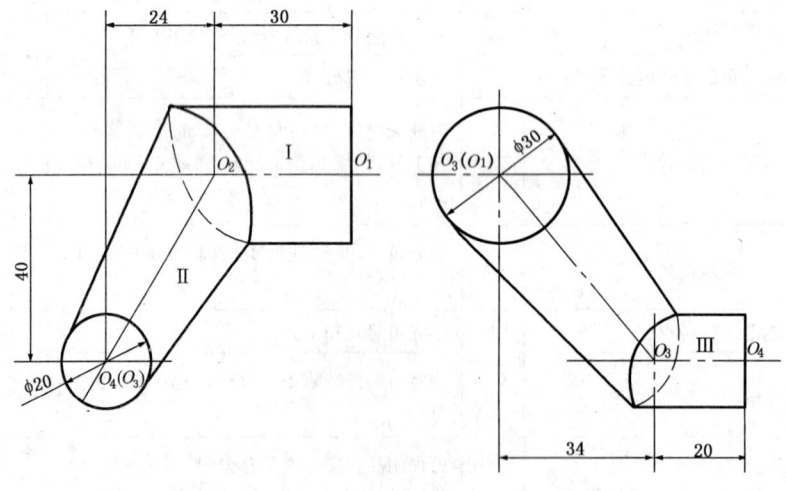

题 AB005 图

6. 配分与评分标准

序号	考核项目	评分要素	配分	评分标准	扣分	得分	备注
1	准备工作	工具、用具准备	5	工具、用具少一件扣 2 分,选错工具每件扣 2 分			
2	求作大管与圆锥管接合线	作大管与圆锥管中心线的夹角	2	做法不正确不得分			
		作圆锥管中心线实长线	2	做法不正确不得分			
		画两个断面圆	2	圆心、半径选择错误一处扣 1 分			
		连公切线	2	切点位置错不得分			
		连点得接合线	2	连点不正确不得分			

— 514 —

续表

序号	考核项目	评分要素	配分	评分标准	扣分	得分	备注
3	求作小管与圆锥管接合线	作小管与圆锥管中心线的夹角	3	做法不正确不得分			
		画两个断面圆	3	圆心、半径错,不得分			
		连公切线	3	切点位置错不得分			
		连点得结合线	3	连点正确,每条线得1分			
4	大小圆管展开	8等分展开圆周	6	以中径展开得2分,否则不得分;展开长度允差±3mm,每超差1mm扣1分			
		截取长度	4	等分点允差±2mm,每超差1mm扣1分;截取不正确扣2分			
		等分点作水平线	4	等分点位置允差±2mm,每超差1mm扣1分;水平度允差±1mm,每超差1mm扣1分			
		做出交点	6	应一一对应得交点,位置错误每点扣1分			
		光滑连接各点	5	不光滑每处扣1分			
5	圆锥管展开图	圆锥顶点	5	做法不正确不得分			
		4等分圆周引平行线	4	4等分点位置允差±2mm每超差1mm扣1分			
		引延长线得交点	3	交点位置错误每处扣1分			
		交点引平行线	3	水平度允差±1mm,每超差1mm扣1分			
		8等分展开圆周	6	不以中径为基准不得分;展开长度允差±3mm,每超差1mm扣1分;等分点位置允差±2mm,每超差1mm扣1分			
		画圆弧得交点	12	圆心、半径不正确每处扣1分;应一一对应得交点,位置错误每点扣1分;正反曲不标注或标注错误扣3分			
		光滑连接各点	5	不光滑每处扣1分			
6	样板	轮廓线	10	边缘有明显缺陷不得分;每一不光滑处扣1分,最多扣6分			
7	安全生产	按国家颁发有关法规或企业自定有关规定		劳保用品少穿一件从总分中扣2分;违规操作,一次从总分中扣除3分,严重违规停止操作;工作场地整洁,工具摆放整齐合理不扣分,稍差扣1分,很差扣3分			
8	考核时限	超时		每超时1min从总分中扣2分;超时10min停止操作			
		合 计	100				

考评员:_____   记分员:_____   ___年___月___日

十一、AC001　编制拱顶罐充气顶升施工方案

1. 准备要求

(1)鉴定机构准备:教室1间,能容纳30~50人,通风、光线良好,整洁规范无干扰;白纸若干。

(2)考生准备:钢笔,铅笔。

2. 编制说明

(1)储罐技术参数:

储罐名称:污水罐;公称容积:10000m³;储罐内径:27500mm;罐壁高度:22100mm;共有11圈壁板构成,从下到上壁板厚度(mm)依次为26、26、24、24、20、20、20、16、16、12、12;钢板到货规格均为8000mm×2100mm;罐顶质量为76t(含包边角钢和顶部平台);底板厚度7mm;弓形边缘板厚度16mm。

(2)方案所用机具:

50t、25t汽车吊各1台,鼓风机1台,36mm×3000mm滚板机1台,半自动火焰切割机3台,电焊机40台,2t、5t倒链各4台,大锤5把,10t千斤顶4台,φ12mm圆钢100m,⊏25槽钢250m,厚度为10mm、12mm的Q235B钢板各10m²,厚度为6mm的Q235B钢板15m²,密封胶皮100m²,其他施工工具和手段用料按需供应。

3. 考核要求

(1)方案切实可行、安全可靠。

(2)方案需按步骤编写。

4. 考核时限

准备时间5min,正式操作时间60min,每超时1min从总分中扣2分,超时10min停止操作。

5. 配分与评分标准

序号	评分标准	配分	扣分	得分	备注
1	方案需按步骤编写,不按步骤编写扣10分	10			
2	所提供机具和手段用料应全部使用,并注明机具和手段用料的用途,少用一件扣4分,补充内容不合理的一件扣4分	20			
3	方案中应体现提升最大风压和风量计算过程,提供风机选用依据,缺一项扣10分	20			
4	方案中应涉及提升过程的平衡和限位措施,缺一项扣10分	20			
5	方案中应涉及滚板胎具、背杠以及组对工具、卡具的制作,缺一项扣5分	15			
6	叙述不详一处扣5分	15			
	合　　计	100			

考评员:＿＿＿＿＿　记分员:＿＿＿＿＿　　　　　＿＿＿年＿＿＿月＿＿＿日

十二、AC002　编制催化裂化装置再生器现场组装施工方案

1. 准备要求

(1)鉴定机构准备:教室1间,能容纳30~50人,通风、光线良好,整洁规范无干扰;白纸若干。

(2)考生准备:钢笔,铅笔。

2.编制说明

(1)再生器技术参数：

设备名称:140×10^{4}t/a 催化裂化装置再生器;几何尺寸(mm):8600/5400×42000×22/24/26;安装标高:17.00m;设备材质:20R,分片到货,现场预制、分段吊装,衬里为支模浇筑。

(2)方案所用机具：

150t 履带吊、50t 汽车吊各1台(只考虑现场组对,不考虑吊装就位),电焊机40台,厚度为20mm 的 Q235B 钢板200m^2,2t、5t 倒链各10台,大锤5把,5t、10t 千斤顶各4台,∠75mm×75mm×5mm 角钢和 ϕ89mm、ϕ168mm 钢管各250m,厚度为10mm、12mm 的 Q235B 钢板各10m^2,其他施工工具和手段用料按需供应。

3.考核要求

(1)方案切实可行、安全可靠。

(2)方案需按步骤编写。

4.考核时限

准备时间5min,正式操作时间60min,每超时1min 从总分中扣2分,超时10min 停止操作。

5.配分与评分标准

序号	评分标准	配分	扣分	得分	备注
1	方案需按步骤编写,不按步骤编写扣10分	10			
2	所提供机具和手段用料应全部使用,并注明机具和手段用料的用途,少用一件扣4分,补充内容不合理的一件扣4分	20			
3	因支模衬里需要,方案中应体现封头和过渡段的翻转,缺一项扣10分	20			
4	方案中应涉及压力容器检查和与土建基础、焊接、衬里等工序的过程交接的要求,缺一项扣5分	20			
5	方案中应涉及现场开孔的技术要求和内部旋风分离器的安装以及组对工具、卡具的制作,缺一项扣5分	15			
6	叙述不详一处扣5分	15			
	合　　计	100			

考评员:＿＿＿＿＿　　　　记分员:＿＿＿＿＿　　　　＿＿＿年＿＿＿月＿＿＿日

十三、AC003　编制圆筒形管式加热炉安装施工方案

1.准备要求

(1)鉴定机构准备:教室1间,能容纳30~50人,通风、光线良好,整洁规范无干扰;白纸若干。

(2)考生准备:钢笔,铅笔。

2.编制说明

(1)加热炉技术参数：

设备名称:250×10^{4}t/a 常压蒸馏装置减压炉;加热炉内径:7500mm;加热炉高度:42100mm;由炉底钢结构、辐射室、对流室、烟囱等构成。

(2)方案所用机具：

50t、25t 汽车吊各1台(只考虑现场组对,不考虑吊装就位),厚度为20mm 的 Q235B 钢板

150m²,20mm×2000mm 滚板机 1 台,电焊机 40 台,半自动火焰切割机 3 台,2t、5t 倒链各 5 台,大锤 5 把,5t、10t 千斤顶各 4 台,∠75mm×75mm×5mm 角钢和 φ89mm、φ114mm 钢管各 150m,厚度为 10mm、12mm 的 Q235B 钢板各 10m²,其他施工工具和手段用料按需供应。

3. 考核要求

(1)方案切实可行、安全可靠。

(2)方案需按步骤编写。

4. 考核时限

准备时间 5min,正式操作时间 60min,每超时 1min 从总分中扣 2 分,超时 10min 停止操作。

5. 配分与评分标准

序号	评分标准	配分	扣分	得分	备注
1	方案需按步骤编写,不按步骤编写扣 10 分	10			
2	所提供机具和手段用料应全部使用,并注明机具和手段用料的用途,少用一件扣 4 分,补充内容不合理的一件扣 4 分	20			
3	方案中应体现天圆地方制作和炉管的焊接、试压以及烘炉等关键工序,缺一项扣 5 分	20			
4	方案中应涉及与土建基础、焊接、衬里、吊装等工序的过程交接的要求,缺一项扣 5 分	20			
5	方案中应涉及炉管组对和滚板胎具制作、背杠以及组对工具、卡具的制作,缺一项扣 5 分	15			
6	叙述不详一处扣 5 分	15			
	合　　计	100			

考评员:_____　　　　　记分员:_____　　　　　___年___月___日

十四、AC004　编制 CO 蒸汽锅炉安装施工方案

1. 准备要求

(1)鉴定机构准备:教室 1 间,能容纳 30~50 人,通风、光线良好,整洁规范无干扰;白纸若干。

(2)考生准备:钢笔,铅笔。

2. 编制说明

(1)加热炉技术参数:

设备名称:140×10⁴t/a 催化裂化装置 CO 锅炉;锅炉高度:42100mm;由锅炉钢结构、上下锅筒、过热器、省煤器、水冷壁、烟风道等构成,炉管与锅筒胀管连接。

(2)方案所用机具:

50t、25t 汽车吊各 1 台(只考虑现场组对,不考虑吊装就位),厚度为 20mm 的 Q235B 钢板 150m²,电焊机 40 台,胀管器 5 台,半自动火焰切割机 3 台,2t、5t 倒链各 5 台,大锤 5 把,5t、10t 千斤顶各 4 台,∠75mm×75mm×5mm 角钢和 φ89mm、φ114mm 钢管各 150m,厚度为 10mm、12mm 的 Q235B 钢板各 10m²,其他施工工具和手段用料按需供应。

3. 考核要求

(1)方案切实可行、安全可靠。

(2)方案需按步骤编写。

4.考核时限

准备时间 5min,正式操作时间 60min,每超时 1min 从总分中扣 2 分,超时 10min 停止操作。

5.配分与评分标准

序号	评分标准	配分	扣分	得分	备注
1	方案需按步骤编写,不按步骤编写扣10分	10			
2	所提供机具和手段用料应全部使用,并注明机具和手段用料的用途,少用一件扣4分,补充内容不合理的一件扣4分	20			
3	方案中应体现炉管到货验收中的校管和通球检查,施工准备的试胀过程以及炉管的焊接、试压以及烘炉等关键工序,缺一项扣5分	30			
4	方案中应涉及与土建基础、焊接、衬里、吊装等工序的过程交接的要求,缺一项扣2.5分	10			
5	方案中应涉及校管胎具制作以及钢筒找正、烘炉、煮炉等内容,缺一项扣5分	15			
6	叙述不详一处扣5分	15			
	合　　计	100			

考评员:_____　　　　　记分员:_____　　　　　____年____月____日

十五、AC005　编制球形储罐现场组装施工方案

1.准备要求

(1)鉴定机构准备:教室 1 间,能容纳 30~50 人,通风、光线良好,整洁规范无干扰;白纸若干。

(2)考生准备:钢笔,铅笔。

2.编制说明

(1)球形储罐技术参数:

设备名称:球形储罐;公称容积:1000m^2;设计温度 40℃;设计压力:2.5MPa,几何尺寸:ϕ12300mm×34mm;设备材质:16MnR,分片到货,现场组装、焊接和热处理,要求气密性试验。

(2)方案所用机具:

50t、25t 汽车吊各 1 台(只考虑现场组对,不考虑吊装就位),电焊机 30 台,组装卡具 1 套,5t 倒链 10 台,2t 倒链 20 台,大锤 5 把,5t、10t 千斤顶各 4 台,∠75mm×75mm×5mm 角钢和 ϕ89mm、ϕ168mm 钢管各 100m,厚度为 10mm、12mm 的 Q235B 钢板各 10m^2,其他施工工具和手段用料按需供应。

3.考核要求

(1)方案切实可行、安全可靠。

(2)方案需按步骤编写。

4.考核时限

准备时间 5min,正式操作时间 60min,每超时 1min 从总分中扣 2 分,超时 10min 停止操作。

5. 配分与评分标准

序号	评分标准	配分	扣分	得分	备注
1	方案需按步骤编写,不按步骤编写扣10分	10			
2	所提供机具和手段用料应全部使用,并注明机具和手段用料的用途,少用一件扣4分,补充内容不合理的一件扣4分	20			
3	方案中应体现到货验收的主要内容:配件清点、测厚、几何尺寸、超声检查等,缺一项扣5分	20			
4	方案中应涉及压力容器检查和与土建基础、焊接、热处理、水压试验、气密试验等工序的过程交接的要求,缺一项扣5分	30			
5	方案中应涉及现场组装伞架和防风棚及脚手架的搭设技术要求,缺一项扣5分	15			
6	叙述不详一处扣5分	15			
	合　计	100			

考评员：_____　　　　记分员：_____　　　　___年___月___日

十六、AD001　编制出现人员受物体打击的应急措施

1. 准备要求

(1) 鉴定机构准备:教室1间,能容纳30~50人,通风、光线良好,整洁规范无干扰;白纸若干。

(2) 考生准备:钢笔、铅笔、三角板、橡皮。

2. 编制说明

紧急状况描述:在某石化装置施工现场,铆焊队正在进行再生器环形口的组对。由于焊接变形,筒体的椭圆度较大。在组对过程中,由于电焊工在焊接挡板时,焊缝焊肉较薄,导致挡板焊缝断裂,挡板飞出,碰到了正在指挥组对的张某的头部,张某遂即昏倒。

3. 考核要求

(1) 详细叙述所应采取的应急措施,包括所用的应急设施。
(2) 采取措施切实可行,安全可靠,所采用的应急手段应合理、科学。
(3) 应急措施需按所采取的步骤顺序编写。
(4) 画出所采取应急措施流程图。

4. 考核时限

准备时间5min,正式操作时间60min,每超时1min从总分中扣2分,超时10min停止操作。

5. 配分与评分标准

序号	评分标准	配分	扣分	得分	备注
1	应急措施需按所采取的步骤顺序编写,不按顺序编写扣10分,每少一步扣5分,叙述不详一处扣3分	60			
2	所采用的急救手段应合理,否则扣10分	10			
3	所用的应急设施合理,否则扣10分	10			
4	采取的通讯联络手段合理,否则扣10分	10			
5	画出所采取应急措施流程图,画错扣10分	10			
	合　计	100			

考评员：_____　　　　记分员：_____　　　　___年___月___日

十七、AD002　编制出现物体高处坠落人员受伤的应急措施

1. 准备要求

（1）鉴定机构准备：教室1间，能容纳30～50人，通风、光线良好，整洁规范无干扰；白纸若干。

（2）考生准备：钢笔，铅笔，三角板，橡皮。

2. 编制说明

紧急状况描述：在某施工现场，一石油化工塔类设备已吊起准备就位。铆工作业人员在进行塔类设备的就位安装。设备采用的是整体吊装，为减少高处作业，塔体上的劳动保护平台已在筒体卧式组对时安装。由于吊装前的安全检查不到位，有一小铁块遗留在平台上。塔体就位时，由于晃动，小铁块从高处坠落，砸到了铆工作业人员李某的胳膊，李某的胳膊受伤且不能动。

3. 考核要求

（1）详细叙述所应采取的应急措施，包括所用的应急设施。

（2）采取措施切实可行，安全可靠，所采用的应急手段应合理、科学。

（3）应急措施需按所采取的步骤顺序编写。

（4）画出所采取应急措施流程图。

4. 考核时限

准备时间5min，正式操作时间60min，每超时1min从总分中扣2分，超时10min停止操作。

5. 配分与评分标准

序号	评分标准	配分	扣分	得分	备注
1	应急措施需按所采取的步骤顺序编写，不按顺序编写扣10分，每少一步扣5分，叙述不详一处扣3分	60			
2	所采用的急救手段应合理，否则扣10分	10			
3	所用的应急设施合理，否则扣10分	10			
4	采取的通讯联络手段合理，否则扣10分	10			
5	画出所采取应急措施流程图，画错扣10分	10			
	合　　计	100			

考评员：_____　　　记分员：_____　　　___年___月___日

十八、AD003　编制出现火灾情况的应急措施

1. 准备要求

（1）鉴定机构准备：教室1间，能容纳30～50人，通风、光线良好，整洁规范无干扰；白纸若干。

（2）考生准备：钢笔，铅笔，三角板，橡皮。

2. 编制说明

紧急状况描述：某石化厂的生产装置由于运行时间较长，正停产检修。在检修现场，由于地面存在易燃物质，而操作人员认为不会有险情出现，没有进行必要的处理。当操作人员进行气割作业时，地面起火。

3. 考核要求

（1）详细叙述所应采取的应急措施，包括所用的应急设施。

(2)采取措施切实可行,安全可靠,所采用的应急手段应合理、科学。
(3)应急措施需按所采取的步骤顺序编写。
(4)画出所采取应急措施流程图。

4.考核时限

准备时间5min,正式操作时间60min,每超时1min从总分中扣2分,超时10min停止操作。

5.配分与评分标准

序号	评分标准	配分	扣分	得分	备注
1	应急措施需按所采取的步骤顺序编写,不按顺序编写扣10分,每少一步扣5分,叙述不详一处扣3分	60			
2	所采用的急救手段应合理,否则扣10分	10			
3	所用的应急设施合理,否则扣10分	10			
4	采取的通讯联络手段合理,否则扣10分	10			
5	画出所采取应急措施流程图,画错扣10分	10			
	合　　计	100			

考评员:_____　　　记分员:_____　　　___年___月___日

十九、AD004　编制出现人员高处坠落的应急措施

1.准备要求

(1)鉴定机构准备:教室1间,能容纳30～50人,通风、光线良好,整洁规范无干扰;白纸若干。

(2)考生准备:钢笔,铅笔,三角板,橡皮。

2.编制说明

紧急状况描述:在某钻井作业施工现场,铆焊操作人员正在进行井架的立式组对安装。由于劳动保护平台的围栏焊接质量不好,加之在其上操作时,操作人员王某在操作时用力挤靠围栏,导致围栏扁铁间的焊缝断开,王某站立不稳,从10m高的平台坠落至地面。

3.考核要求

(1)详细叙述所应采取的应急措施,包括所用的应急设施。

(2)采取措施切实可行,安全可靠,所采用的应急手段应合理、科学。

(3)应急措施需按所采取的步骤顺序编写。

(4)画出所采取应急措施流程图。

4.考核时限

准备时间5min,正式操作时间60min,每超时1min从总分中扣2分,超时10min停止操作。

5.配分与评分标准

序号	评分标准	配分	扣分	得分	备注
1	应急措施需按所采取的步骤顺序编写,不按顺序编写扣10分,每少一步扣5分,叙述不详一处扣3分	60			
2	所采用的急救手段应合理,否则扣10分	10			
3	所用的应急设施合理,否则扣10分	10			
4	采取的通讯联络手段合理,否则扣10分	10			
5	画出所采取应急措施流程图,画错扣10分	10			
	合　　计	100			

考评员:_____　　　记分员:_____　　　___年___月___日

二十、AD005 编制出现人员触电时的应急措施

1. 准备要求

(1)鉴定机构准备:教室1间,能容纳30~50人,通风、光线良好,整洁规范无干扰;白纸若干。

(2)考生准备:钢笔,铅笔,三角板,橡皮。

2. 编制说明

紧急状况描述:在某施工现场,铆焊队正在进行化工塔类设备的组对。因交叉作业,电焊工也在进行焊接作业。由于没有采取接地措施,在组对过程中,铆工操作人员孙某在组对筒体时触电倒地。

3. 考核要求

(1)详细叙述所应采取的应急措施,包括所用的应急设施。

(2)采取措施切实可行,安全可靠,所采用的应急手段应合理、科学。

(3)应急措施需按所采取的步骤顺序编写。

(4)画出所采取应急措施流程图。

4. 考核时限

准备时间5min,正式操作时间60min,每超时1min从总分中扣2分,超时10min停止操作。

5. 配分与评分标准

序号	评分标准	配分	扣分	得分	备注
1	应急措施需按所采取的步骤顺序编写,不按顺序编写扣10分,每少一步扣5分,叙述不详一处扣3分	60			
2	所采用的急救手段应合理,否则扣10分	10			
3	所用的应急设施合理,否则扣10分	10			
4	采取的通讯联络手段合理,否则扣10分	10			
5	画出所采取应急措施流程图,画错扣10分	10			
	合　　计	100			

考评员:_____　　　　　记分员:_____　　　　　___年___月___日

参 考 文 献

[1] 国家质量技术监督局. 压力容器安全技术监察规程. 北京:中国劳动社会保障出版社,1999

[2] 国家质量技术监督局. 压力容器安全技术监察规程及解析. 北京:中国劳动社会保障出版社,1999

[3] 翟洪绪. 实用铆工手册. 北京:化学工业出版社,1998

[4] 劳动和社会保障部教材办公室. 冷作钣金工. 北京:中国劳动社会保障出版社,2001

[5] 王维中,付文俊. 铆工. 北京:化学工业出版社,2001

[6] 国家机械工业委员会. 铆工工艺学. 北京:机械工业出版社,1988

[7] 机械电子工业部. 铆工基本操作技能. 北京:机械工业出版社,1996

[8] 机械工业职业技能鉴定指导中心委员会. 冷作工技术. 北京:机械工业出版社,2001

[9] 夏巨谌,陈国清,王英等. 实用钣金工. 北京:机械工业出版社,2001